2000-2015

深圳当代建筑
SHENZHEN CONTEMPORARY ARCHITECTURE

编著　深圳市规划和国土资源委员会
《时代建筑》杂志
Urban Planning, Land & Resources Commission of Shenzhen Municipality
Time + Architecture Journal

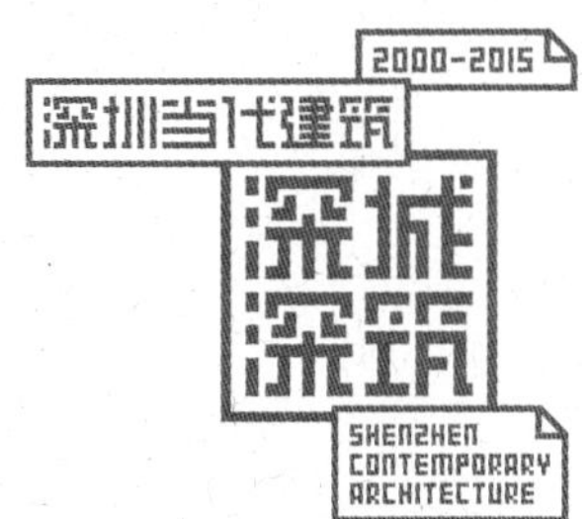

编委会

王幼鹏、薛峰、徐荣、伍江、崔愷、孟建民、张宇星、周红玫、朱荣远、饶小军、孟岩、冯原、黄伟文、龚维敏、刘珩、汤桦、赵晓东、王维仁、费晓华、史建、曾群、韩家英、张达利

编撰团队

策划：周红玫

主编：戴春、支文军、周红玫

研究与编撰审核：李明、韩秋、徐洁、王国伟、茹雷、黄茜芳、张俊

编辑成员：黄数敏、王秋婷、刘一歌、莫万莉、徐希、周希冉

书籍设计：SenseTeam 感观 · 山河水

设计总监：黑一烊

设计团队：赵荷花、张恒、陈艺菀、王小阳

英文校译：周梦莹、吴彦、茹雷

新媒体与活动合作：境现传媒

出版统筹：冯九实

协助：陈海霞、苏杭、李迅、杨宇、史艺林、谷兰青、杨晅冰

Editorial Committee

WANG Youpeng, XUE Feng, XU Rong, WU Jiang, CUI Kai, MENG Jianmin, ZHANG Yuxing, ZHOU Hongmei, ZHU Rongyuan, RAO Xiaojun, MENG Yan, FENG Yuan, HUANG Weiwen, GONG Weimin, LIU Heng, TANG Hua, ZHAO Xiaodong, WANG Weiren, FEI Xiaohua, SHI Jian, ZENG Qun, HAN Jiaying, ZHANG Dali

Executive Editorial Team

Planning: ZHOU Hongmei

Chief Editor: DAI Chun, ZHI Wenjun, ZHOU Hongmei

Research and Review: LI Ming, HAN Qiu, XU Jie, WANG Guowei, RU Lei, HUANG Qianfang, ZHANG Jun

Editor: HUANG Shumin, WANG Qiuting, LIU Yige, MO Wanli, XU Xi, ZHOU Xiran

Book Design: SenseTeam

Design Director: HEI Yiyang

Design Team: ZHAO Hehua, ZHANG Heng, CHEN Yiwan, WANG Xiaoyang

English Proofreading: ZHOU Mengying, WU Yan, RU Lei

New Media and Event: Archinsight Media

Publishing Coordinator: FENG Jiushi

Assistant: CHEN Haixia, SU Hang, LI Xun, YANG Yu, SHI Yilin, GU Lanqing, YANG Xuanbing

编者的话
Editorial

缘起
Origin

前言
Preface

缘起
Origin

众所周知，深圳 30 年的快速发展引起了国际上惊奇的目光和持续的关注

——作为快速发展城市规划建设的典范，深圳城市总体规划获得世界建筑师协会（UIA）颁发的城市规划工作最高成就奖——“阿伯克隆比爵士奖”（Sir Patrick Abercrombie Prize, UIA）荣誉提名。

——雷姆·库哈斯（Rem Koolhas）在德国卡塞尔艺术文献展上展出深圳等六个珠三角城市的研究成果，并出版《大跃进》（*Great Leap Forward*）一书。

——美国著名社会学者斯科特·拉什（Scott Lash）将深圳列入未来十年全球新型国际化、城市化研究计划中。

——美国城市学者理查德·佛罗里达（Richard Florida）撰写的《你属于哪座城？》（*Who's your city ?*）一书中，深港西部走廊（Hong-Zhen Corridor）位列符合超级区域（mega-region）标准的全球 40 个城市之一，所谓的超级区域，是一个在高人口之上，拥有强大经济能量、创意活动和人才的集合城市（conurbation）。

……

大多数人对深圳的解读还停留在一个小渔村 30 年快速蜕变的“城市奇迹”的套话上

时至今日，这种粗浅的解读还在蔓延，这无疑是一种文化上的忽视。它也暴露出我们缺乏长远的文化战略眼光，以及对城市品牌运营的不足。这是一项永不止息的人文建设工程，对深圳本土文化的发展至关重要。

深圳这座大都会早已走出了“城市奇观”的状态，有更深层的文化和社会内涵。值得注意的是，国际建筑界、知名研究机构、评论界和媒体纷纷将聚焦于深圳城市发展的目光投注在对建筑本身的好奇上，但深圳建筑大多仍代表着快速巨大的“量的堆聚”，而并非与创意、设计、文化的质量相关。

已有的报道都是零星完成的个案，缺乏系统性记录、整理、研究和出版

近十几年，深圳已经建造了相当多具有一定质量和知名度的建筑作品，它们之中既有国际建筑大师斯蒂芬·霍尔（Steven Holl）设计的万科中心，普利兹克奖获得者雷姆·库哈斯设计的深圳证券交易所，意大利著名建筑大师福克萨斯（Massimliano Fuksas）设计的深圳新机场，也有本地建筑团队都市实践设计的华美术馆、大芬美术馆等，均在国际上获得重要国际奖项，如 Green Good Design Award (USA, 2010)、AIA NY Architecture Honor Award (USA, 2010, 2011)、Architectural Record Award 等。一些优秀的建筑被前沿的专业建筑媒体、设计杂志广泛报道；《纽约时报》《商业周刊》等国际知名媒体也时有关于深圳建筑的报道；并且这些建筑也在纽约、罗马、巴塞罗那、巴黎等著名国际设计展中频频亮相。

把每个建筑个案的影响力汇聚在一起，呈现“深圳当代建筑”的整体面貌

深圳城市\建筑双年展以及“设计之都”的称号在专业设计圈已形成一定影响力，但依然是一个模糊的抽象的认知。我们一直感觉很有责任为深圳城市和建筑发展做些工作，把深圳当代建筑放在广阔的国际背景下考量，向世界发出文化和学术的声音，像纽约、东京等国际大都会那样做具有国际影响力的城市建筑书刊出版。纽约建城 200 年，一直有十分清晰的

深圳市规划和国土资源委员会
《时代建筑》杂志
Urban Planning, Land & Resources Commission of Shenzhen Municipality
Time+Architecture Journal

城市建筑档案、文献，现已出版了 NY 1900、1930、1960、1990 等，每 30 年做一次系统的记录、总结。深圳已有 35 年历史，也到了系统性梳理、探索和研究、总结的时候。此次，我们以《深圳当代建筑》的编撰为开端，陆续整理深圳当代城市与建筑发展的历史，弥补深圳当代城市与建筑研究方面的空白。

有助于市民建立属于自己城市的文化经验和意识形态，产生更多的身份认同

为此我们借助深圳市规划与国土资源委员会和《时代建筑》杂志的资源优势，共同编撰具备相当专业和学术份量的《深圳当代建筑》专著，以求高不求全的精品策略，作为国际交流、发声的重要名片。我们主要关注近 15 年深圳当代建筑的创作和实践，借此建立城市建筑研究档案，为国际、国内建筑的长远研究提供珍贵的参考文献。这是对深圳创意设计文化的一次深入探索、反思与梳理，针对政府、市民、设计师所焦虑及密切相关的文化症结，将年轻鲜活的观点和创作推到前台，有助于推动市民以建筑作为连接过去、现在和未来的载体，建立属于自己城市的文化经验和意识形态，产生更多的身份认同。提倡深圳设计的共同价值观，繁荣本土建筑文化，为深圳创意文化发展贡献智慧。

《深圳当代建筑》（中英文版）将向全球发行，展现深圳建筑整体面貌，引起更多业内业外人士关注，提高"深圳设计"的影响力与辐射力，彰显一个世人瞩目的年轻城市深层的社会及文化内涵，达到交流和传播的目的，提升城市的国际影响力。

It's a fact universally known, that Shenzhen's rapid development in the past three decades has attracted astonishing responses and continuing attention of the world

*As an urban planning and construction model for rapid development, the master plan of Shenzhen was nominated for Sir Patrick Abercrombie Prize, the highest honor for city planning work awarded by UIA.

*Documenta X showed the research project of six Pearl Delta cities including Shenzhen done by Rem Koolhaas and his Harvard graduate students, and published *Great Leap Forward* aftrwards.

*American sociologist Scott Lash included Shenzhen into his huge research project to study new international cities across the globe.

*In American urbanist Richard Florida's *Who's your city ?*, Hong-Zhen corridor is one of the fourty mega-cities, conurbations that have powerful economy, creative activities, talent pool along wirh large population,

……

The reading of Shenzhen by most people is still filled with cliches in which a small fishing village has been transformed into an urban miracle

Even today, such a superficial reading is still permeating, undoubtly a sign showing the city has been culturally overlooked. This also reveals the wanting of deep cultural strategic perspective, and exposes the lack of city's branding and marketing. This is a perpetual civic cultural program which is vital to the development of Shenzhen's local culture.

As a metropolis, Shenzhen has ventured beyond the state of "urban spectcle", and obtained broder and further cultural and social contents. Which is worth pointing out that, while international architectural world, renowned research institutes, critics, and media are curiously putting their foci of Shenzhen's development on building itself, Shenzhen's most buildings still reflect speedy and large amount of "cumulation of quantity", and have no relevance with quality of creativity, design, culture.

All the existing reports are about sporadic individual case, lacking a systematic documentation, rearrangement, research, and publication

In more than ten years recently, Shenzhen has built quite a lot architectural works with certain quality and reputation. Among them are Wanke Center by Steven Holl, Shenzhen Stock Exchange by Plitzker laureate Rem Koolhaas, and New Airport by Italian firm FUKSAS. There are Hua Museum and Dafen Museum designed by the local based Urbanus, which are frequent recipients of major internationl awards, such as Green Good Design Award (USA, 2010), AIA NY Architecture Honor Award (USA, 2010, 2011), Architectural Record Award. Some outstanding buildings are widely reported by cutting-edge professional media, design magazines. Prestigious internationl media such as *New York Times*, ***Businessweek*** have reports on Shenzhen's architecture as well, furthermore, these architecture made frequent appeareances in New York, Rome, Barcelona, Paris design shows.

Putting the individual impact of every architectural case together, demonstrating a complete image of "Shenzhn Contemporary Architecture"

Although Shenzhen City \ Architecture Biennale and the lable of "Design Capital" has made impacts upon professional design world, the recognition is still an ambigious and abstract one. We share the responsibility to do some work for the development of Shenzhen's city and architecture, putting its contemporary architecture upon a broad international background, having cultural and artistic voice acrossed, and publishing city architectural books with international influence as New York and Tokyo have done. The New York Bicentenial has always maintained a clear city architecture archive, documentation, and has published NY1900, 1930, 1960, 1990, etc., having systematic recording and reviewing every three decades. Shenzhen is 35 years old, and it's time to systematically gather, explore, research, and review. Therefore, with the editing of *Shenzhen Contemporary Architecture* as the starting point, we are to study and write about a history of Shenzhen's contemporary city and architecture development, mapping the previously uncharted area.

Helping the citizens to establish cultural experiences and ideology, generating further local identification

With the combined advantages of Shenzhen Municipal Planning and Land Resource Comittee and *Time+Architecture* Journal, we are editing *Shenzhen Contemporary Architecture*. The objective is professionalism and scholarship, comprehensive instead of cornering every corner, making the book a business card for international exchange and dialogues. We focus mainly on Shenzhen's contemporary creative works and practices in the past 15 years, building up a city architecture archive for study, and providing valuable documents for further study on domestic and international architecture. This is an insightful exploration, reviewing, and documenting, answering to the anxiety and cultural problems related to government, citizens, and designers. It presents fresh and youthful ideas and works to the front, helping citizen to regard architecture as vehicle to building past, present, and future, constructing a cultural experiences and ideologism and generateing further local identification, to further benefit the local architectural culture, and making contribution to the wisdom of creative culture development.

Shenzhen Contemporary Architecture is distributing worldwide. It is to demonstrate a complete image of Shenzhen's architecture, gaining more attentions from people across professional spectrum, and amplifying Shenzhen's impacts and influences. It will reveal the deeper social and culture core of a young and remarkable city, achieving the objectives of communication and dialogue, and further promote the city's international profile.

前言
Preface

深圳在中国改革开放的历史中是一个无法绕过的城市，是世界城市化发展史上的一个奇迹。作为中国改革开放的试验田，其先锋性和示范性令深圳在很长一段时间内成为其他中国城市追赶的目标。若以当代遗产的视角观察这个速生城市，那么深圳不仅是中国改革开放初期的历史见证者，而且是中国城市与建筑先锋探索独一无二的宝地，更是各种探索的历史空间记忆的载体。从深圳 “城”的发展，进而关注“筑”的价值是此次编写的逻辑线索。我们关注深圳城市与建筑相互相生的一系列话题。

在“历史结构中的中国经验”篇章中，冯原将深圳近 35 年的建造进程纳入近现代中国历史的视域之中，讨论城市与历史的关系，着力于对始于 18 世纪的中国历史性结构的挖掘，探讨以深圳建造为表征的中国经验的特殊意义。饶小军尝试从社会观念考察和思想史批判的角度，勾勒深圳 30 多年发展中的 3 个重要建筑事件，梳理当代深圳建筑发展的观念历程。肖毅强关注深圳改革开放早期 20 年的建筑实践状态，指出宽松环境下建筑师的主体意识被加速唤醒，他们富于创新性的实践，奠定深圳后来建筑创作发展的内在规则与资源基础。尤涛探讨了国际当代遗产的价值体系与深圳改革开放初期实践的历史价值。

在“城市理想中的建筑探索”中，邹兵选取深圳经济特区的组团空间结构、成片开发建设模式、法定图则制度、基本生态控制线作为城市规划实践的典型案例，阐述深圳实践的核心思想和特定历史时期对城市健康发展的重要影响。王富海总结历次深圳总体规划，指出正是深圳特区内外复杂的多元主体导致了类型丰富的城市设计及建设状态，这是深圳多元包容特质的关键所在。张宇星分析深圳城市设计管理和运作方式，指出深圳的城市设计运作路径的变化，是一个与城市发展高度契合的演变过程。周红玫从制度创新的角度分析了深圳的公开竞标制度，指出带有建筑文化价值观输出特征的独特制度设计令“深圳竞赛”成为具有公信力的城市品牌。黄伟文回顾了创立于 2005 年的深圳 · 香港城市 \ 建筑双城双年展，分析了 10 年来双年展在开拓城市观念和方法上的价值。饶小军撰文评价中国建筑传媒奖对专业和大众带来的广泛影响。徐挺阐述深圳被授予联合国教科文组织“设计之都”的缘由，分析它给深圳设计行业的发展、城市形象的提升、对外交流的加强等方面带来的积极作用。在深圳的文化理想探索方面，深圳大学校园是其中重要的成功案例，龚维敏对这所代表着 20 世纪 80 年代以来中国新兴大学校园的发展历程进行解析，指出顺势造园、一体化校园场所营造、地域现代主义建筑设计等方面的独特价值。汤朔宁、钱锋、余中奇对深圳大运会的建筑场馆进行分析，呈现深圳在体育建筑前沿领域的创新探索，以及设计和管理创新在赛后运营中的示范意义。

在“速生城市中的快速建造”中，朱荣远首先指出“华侨城现象”不仅是一种文化现象，而且创造了一种新的生活方式。陈一新回顾福田中心区从规划畅想到今天蓝图实现的历程，指出方格形路网、公建和市政配套设施按高容量方案实施等经验，对国内规划建设工作有一定的借鉴意义。覃力梳理了近 30 年来深圳高层建筑的探索与进步，突出反映深圳高层在注重城市空间关系、生态融入、强调理性和务实表达的设计趋势。艾侠在建筑学和社会学的双重语境下分析速生城市之中的“巨构建筑”，在不同的时代背景、不同的技术条件下解读深圳万科中心、T3 航站楼等代表性“巨构建筑”的创意与价值。赵晓东通过回顾深圳住宅规划与建筑设计历程，分析其中创造性住宅设计的典型案例及其背后挑战当时潮流、引领设计和相关行业发展之缘由所在。

在“自发生长中的建筑现象”中，几位学者首先对城中村话题进行了探讨。马立安介绍了一个在城中村展开的公共艺术项目，试图通过参与者的城市对话探讨城中村对城市未来能有什么样的潜在贡献。杜鹃的研究深刻地表明，在全球争相建立经济特区的浪潮中，城中村带给深圳的人文和地域特色对于一座城市而言有着不可分割、无法复制的独特价值。万妍调

深圳市规划和国土资源委员会
《时代建筑》杂志
Urban Planning, Land & Resources
Commission of Shenzhen Municipality
Time+Architecture Journal

研对比四座城中村的差异性发展，提出认识城中村的不同视角。对于深圳华强北商圈话题，刘晓都将其独特的空间特质及其商业活力的延续作为研究课题，提出“基础街”策略并在“回酒店”等多个建筑实践项目中不断反思修正。孟岩的文章通过都市造园案例论述如何将零星的项目机会总结为系统化的城市设计策略。张之扬的文章反映了深圳建筑师对自下而上，反应敏捷，随时对城市角落问题进行自我填补或修复方法的日常思考，积极通过“趣城”等“逆城市”计划提升城市空间品质。

在“都市边缘中的特殊建造”中，涂劲鹏从特区口岸的窗口意义着眼，阐述了这道“无形的墙”的角色 30 多年来不断转变，影响着深圳、深港关系乃至珠三角地区的发展。郭湘闽以深圳滨海变迁为线索，捕捉深圳城市进化的轨迹以及深圳城市定位的转变。程亚妮、金延伟简述了前海规划设计中把设计之“体”与发展之“用”对应起来思考，力图形成创新示范效应的工作特点。应该说深圳定位的不断转变，从内陆型发展转向滨海延展，进而朝向能够在区域中发挥重要作用的湾区城市方向发展。

此外，我们还采访了在深圳有实践或研究的多位国际知名建筑师，他们阐述了对深圳城市与建筑实践的看法；同时，我们配合每个篇章探讨的主题，选取了深圳近 15 年来值得推荐的优秀建筑进行介绍与分析。期待大家能从我们的宏观梳理与微观叙事中，理解深圳城市与建筑发展的特质与值得推荐的价值观。

As a testing ground for reform and opening-up policies, its pioneering and exemplary characters had inspired emulation from other cities in China for a long period of time. In terms of contemporary heritage, as an instant city, Shenzhen not only bears witness to the starting point of reform and opening-up, but also provides a unique site for groundbreaking experimentations with Chinese urbanism and architecture. Moreover, it is a vehicle for exploring spatial memories of history. The editorial logic of this publication is to trace from Shenzhen's "city" development to its "building" values. Our focus centers on the topics exploring the interactivity between city and architecture in Shenzhen.

First of all, in the section of "Chinese Experiences in a Historical Frame", by positioning nearly 35 years of building process in Shenzhen in the context of modern Chinese history, Feng Yuan examines the relationship between history and city. He exploits the historical structures in China since 18th century with an attempt to investigate the particular significance of Chinese experience characterized by the establishment of Shenzhen. Departing from a study of social ideologies and critical reflections on the history of thought, Rao Xiaojun delineates three architectural milestones in the thirty-year development of Shenzhen, as a way to tease out a passage of contemporary architectural thoughts in Shenzhen. Xiao Yiqiang focuses on the conditions of architectural practice in the first two decades of Shenzhen's history, and points out that under less-stringent circumstances, the architects's subjectivity had experienced an accelerated process of awakening. Their innovative approaches has laid the groundwork for the subsequent development of architectural practice in terms of internal rules and basic resources. You Tao discusses the value system of international contemporary heritage and historical significance of early stage of Shenzhen's reform and opening-up practice.

In the section of "Architectural Experiments in an Urban Vision", through case studies of how polycentric spatial structure, block development model, statutory planning guides, and basic ecological controls are applied in the development of the Shenzhen Special Economic Zone (SEZ) as the defining factors of urban planning practice, Zou Bing elaborates on the key thinking underlining Shenzhen's planning practice and the crucial impact that it has on the healthy development of the city during a particular period. Reflecting on the previous versions of Shenzhen's master plan, Wang Fuhai asserts the complex, plural entities inside and outside the Shenzhen SEZ have led to a great variety of urban design approaches and architectural styles, which essentially characterizes the inclusive and diverse aspects of Shenzhen practice. Zhang Yuxing analyzes the management and operation of urban design process in Shenzhen, and comes to a conclusion that the shifting mode of operation in urban design process can be considered as a direct response to the evolving process of urban development. From the viewpoint of innovative ways of institutional design, Zhou Hongmei examines the open tender system in Shenzhen and points out that the unique approach of institutional design with an imprint of the city's architectural values has transformed the "Shenzhen Competition" into a credible urban brand. Huang Weiwen reflects on the trajectory of the Bi-City Biennale of Urbanism / Architecture (Shenzhen) since its inception in 2005, and gives a detailed account on its significance in exploiting urban concepts and methodologies over the past decade. Rao Xiaojun discusses the extensive influence the China Architecture Media Awards has brought to the industry and the general public. Xu Ting explains how Shenzhen was appointed as the "City of Design" by the UNESCO and analyzes the productive impact it has generated on the development of the city's design industry, improving the city's image, and fostering international exchange activities. In terms of cultural development in Shenzhen, the Shenzhen University is considered as one of the major success stories. Gong Weimin traces the development of its campus which is representative of a wave of new university campuses since the 1980s in China, and highlights its unique values in the approach of site-oriented garden making, integrated design of campus making, and the modernist architectural design with regional characteristics. Tang Shuoning, Qian Feng, and Yu Zhongqi review the venues and facilities constructed for the 26th Summer Universiade in Shenzhen, with a focus on how they reflect Shenzhen's innovative approach in the design of sport facilities and how the design itself and its inventive way of management can benefit the post-game operation.

In the section of "Instant Building in an Instant City" , Zhu Rongyuan argues that the "OCT phenomenon" is not a mere cultural phenomenon, rather it has generated a new way of living. Chen Yixin reflects on the development of the new Futian Central District, from the planning stage to its full realization, and points out the significance of square-grid street network, public building and civic infrastructure based on high-density projects to the practice of planning and construction in China. Qin Li teases out the experimentations and improvements achieved in the design of high-rise buildings in Shenzhen throughout the past 30 years, and highlights a trend that focuses on urban spatial relations, ecological integration, and rational, pragmatic expression reflected in the design of high-rises in Shenzhen. In the twofold context of architectural studies and sociology, Ai Xia investigates the existence of "Megastructure" in an instant city, interpreting the concept and value of representative "Megastructures" such as Shenzhen Vanke Center and T3 terminal with respect to their differences in historical background and technological conditions.

By looking back on the planning and architectural design of residential housings in Shenzhen, Zhao Xiaodong examines typical designs of innovative housings and the kind of challenges they were faced with in relation to industrial trends, leading designs, and development of related industries at the time.

In the section of "Architectural Phenomena of Spontaneous Growth", several scholars explore the phenomenon of urban villages. In "Villagehack Note", Mary Ann O'Donnell introduces a public art project situated itself in one urban village. By engaging participants in direct dialogues with the city, the project opens up the potentials of urban village for future development of the city. In comparison to a global trend of SEZ, Juan Du's research offers insights into the unique value of urban villages in shaping the humanities and geographical characteristics of Shenzhen that is inseparable and irreproducible to the city. In a comparative study of four urban villages with different trajectories of development, Wan Yan suggests an alternative perspective in understanding urban villages. In the case of Huaqiangbei shopping district, Liu Xiaodu's research subject is revolved around its unique spatial quality and the continuation of its commercial viability. He proposes the working concept of "Street Basis" and contemplates how it is reflected in the design of Hui Hotel and some other projects. Meng Yan's article sheds light on urban landscape design, and discusses how discursive projects can potentially be unified as one systematic strategy of urban design. Zhang Zhiyang reflects on Shenzhen architects' daily contemplation on bottom-up, flexible, and instantaneous approaches to the problem of urban corners, through "counterurbanization" strategies such as "fun city" to improve the quality of urban space.

In the section of "Unusual Construction along the Urban Edge", by pondering the significance of the SEZ's ports as a window, Tu Jingpeng details the evolving role of this "invisible wall" over the course of thirty years, and how it has implicated the development of Shenzhen, the relation of Shenzhen to Hong Kong and even to the entire pearl delta region. Guo Xiangmin unearths the evolvement of the coastal area in Shenzhen in an attempt to capture the trajectory of urbanization in Shenzhen and the transition of the city's position. Chen Ya'ni and Jin Yanwei outline how a parallel thinking that unifies the body of design with the plan of function was implemented in the Qianhai Development Plan and why it can become an innovative way of working. Needless to say, the position of Shenzhen has been constantly evolving, shifting towards the expansion of coastal areas from inland development, and thus towards the direction of a bay city that can play an important role in the regional development plan.

Furthermore, we have interviewed a group of internationally renowned architects, who have worked or researched in Shenzhen, about their impression of Shenzhen as a city and its architecture. Meanwhile, in response to the subject matters of each section, we have selected some exceptional architectural projects from past fifteen years to accompany the texts as a way to engage further discussion on the topics. We hope that, through both macro and micro lens provided in this publication, one can have a better understanding of the characteristics of urban and architectural development in Shenzhen and the values that are well worth sharing.

目录
CONTENTS

为深圳而设计
DESIGN FOR SHENZHEN

国际建筑大师访谈
Interviews with International Architects

建筑师说
Architects' Words

沃尔夫·普瑞克斯
WOLF PRIX

When I firs
Shenzhen,

“当我第一次来深圳的时候，在我的印象中它是一座非常具有生气和活力的城市。事实上也确实如此。”

深圳是地球上发展速度最快 这无疑是21世 人惊诧的事实。当我亲眼见到这座城市之后，尤其是看到它的热带花园景观，看到在被规划部门保留为绿地的空间上郁郁葱葱的自然景观后，我深受启发。

斯蒂芬·霍尔
STEVEN HOLL

It's the fastest gro
history of the plane
quite an amazing re
century. When I saw the
the tropical garden spa
planning department ha
planting and green and
natural landscape grow t
inspired.

陆轶辰
LU Yichen

最切身的感受就是 圳业主的实际和 效——做设计前把话都讲明了，对境外建筑师来说，更容易理解业主的意图。

矶崎新＋胡倩
ISOZAKI+HU Qian

深圳政府的这种高效率以及开展国际竞赛流程的规范程度令我们印象深刻。

“We were really impressed by the
s well
the
s a
and
its

它是一张白纸上的一座城市，而我们的任何创新和设计都将成为它的一段历史和文脉。

关于深圳的印象
Your impression about Shenzhen

这个仅有30余年历史的钢筋丛林，似乎既无法在传统南粤建筑中找到归宿感，又无法在千篇一律的现代建筑中寻找到自身的文化独特性。

It was a young city on a piece of blank paper and anything newly designed would be its future history and context.

"The
charac
it's a v
have
the baggage of tradition nor that of history. We could also say that it doesn't have much nativistic baggage."

黄宇奘
HUANG Yuzang

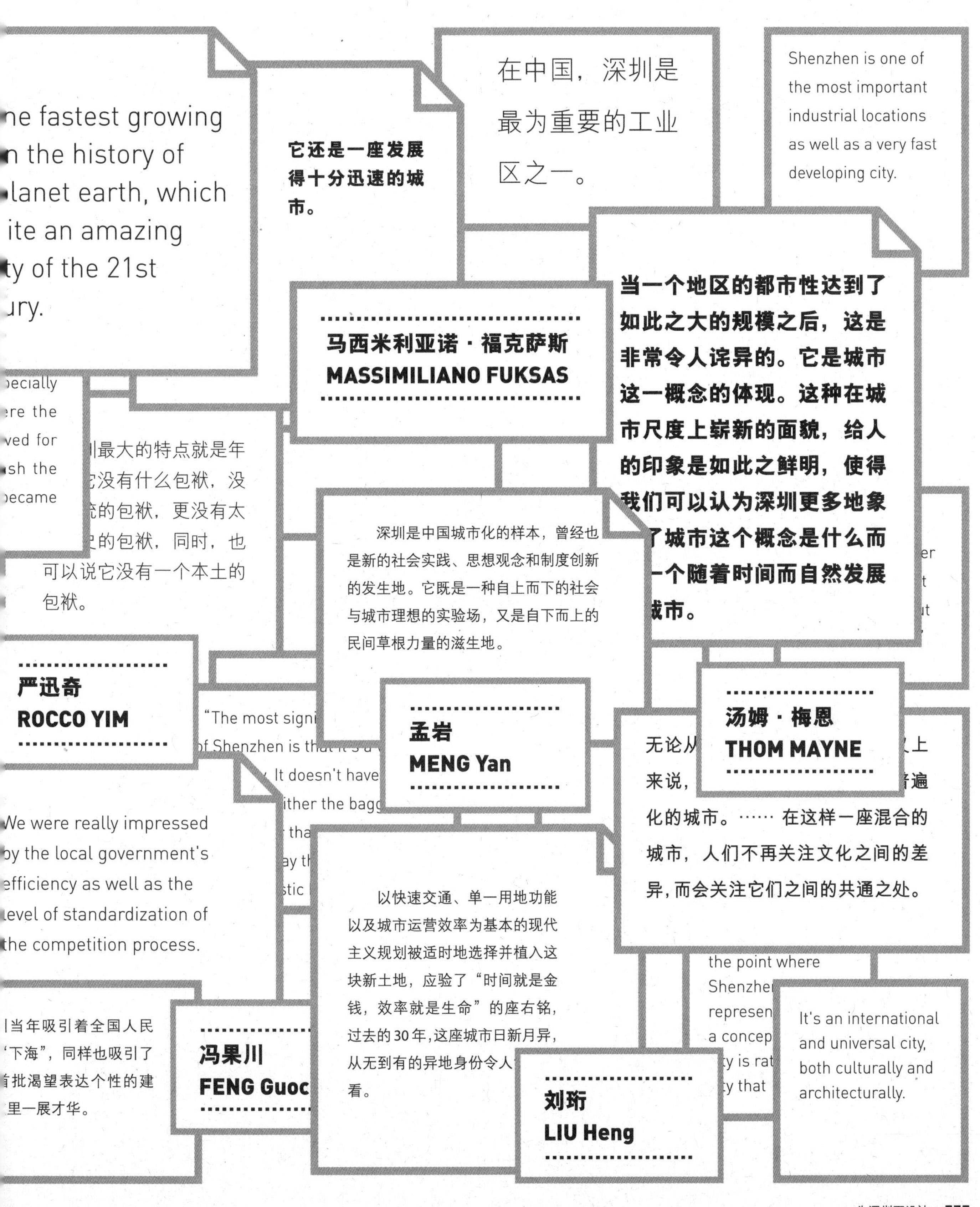
ne fastest growing
n the history of
lanet earth, which
ite an amazing
ty of the 21st
ury.
它还是一座发展
得十分迅速的城
市。
在中国，深圳是
最为重要的工业
区之一。
Shenzhen is one of
the most important
industrial locations
as well as a very fast
developing city.
马西米利亚诺 · 福克萨斯
MASSIMILIANO FUKSAS
当一个地区的都市性达到了
如此之大的规模之后，这是
非常令人诧异的。它是城市
这一概念的体现。这种在城
市尺度上崭新的面貌，给人
的印象是如此之鲜明，使得
我们可以认为深圳更多地象
了城市这个概念是什么而
一个随着时间而自然发展
城市。
pecially
ere the
ved for
sh the
became
川最大的特点就是年
它没有什么包袱，没
统的包袱，更没有太
史的包袱，同时，也
可以说它没有一个本土的
包袱。
深圳是中国城市化的样本，曾经也
是新的社会实践、思想观念和制度创新
的发生地。它既是一种自上而下的社会
与城市理想的实验场，又是自下而上的
民间草根力量的滋生地。
严迅奇
ROCCO YIM
"The most signi
of Shenzhen is th
It doesn't have
ither the bagg
孟岩
MENG Yan
汤姆 · 梅恩
THOM MAYNE
无论从
来说，
化的城市。…… 在这样一座混合的
城市，人们不再关注文化之间的差
异，而会关注它们之间的共通之处。
We were really impressed
by the local government's
efficiency as well as the
level of standardization of
the competition process.
以快速交通、单一用地功能
以及城市运营效率为基本的现代
主义规划被适时地选择并植入这
块新土地，应验了"时间就是金
钱，效率就是生命"的座右铭，
过去的30年，这座城市日新月异，
从无到有的异地身份令人
看。
the point where
Shenzhen
represen
a concep
ty is rat
ty that
It's an international
and universal city,
both culturally and
architecturally.
当年吸引着全国人民
'下海"，同样也吸引了
首批渴望表达个性的建
里一展才华。
冯果川
FENG Guoc
刘珩
LIU Heng

Every day, I paint waterc
in the morning for two h
about the project that I'm
working on. Sometimes,
become buildings. " "I th
that the actual project th
did in Shenzhen is specif
that site. It faces the sou
which is the ocean, in an
embracing shape
back to the mo
north.

水平向的建筑元素高高地漂浮在空中，而这些植被能够获得充沛的阳光，茁壮生长。因此，水平摩天大楼这一想法十分契合深圳的气候特点。

vegetation plenty of
growing in healthy c
there. Therefore, the
of horizontal skyscr
perfectly suited for

每天早晨，我会花 2 个小时以水彩的方式画一些设计中的项目。有时候，这些水彩画就变成了建筑……我觉得万科项目是为了那块场地而设计的。它背靠群山，以拥抱的姿态面向位于其南面的大海。

斯蒂芬·霍尔
STEVEN HOLL

The project site is
between green hi
academic district,
ambience that ins
planning concept
Forest/Courtyard"
by designing first
fabric. From this
the architecture b
of the buildings, t
connectivity and t
and public space,

我们首先希望它有一定的标志性作用，我们也希望它如有 50 年到 100 年的结构生命力那样拥有生存的可能性。

我们融合了中国传
统哲学
方现
手法
出一
的形象

我们突破了设计条件，希望能够实现一个一体的、图书馆和音乐厅之间能够产生互动的设计……我们运用了"黄金树""三本书""人工平台""黑墙"和"竖琴幕墙"这五个元素。

一座艺术和建筑的博物馆与一个购物中心或是一幢办公楼是完全不同的。它必须要具有标志性的形态，来象征艺术发展中的活力。

矶崎新 + 胡倩
ISOZAKI+HU Qian

沃尔夫·普瑞克斯
WOLF PRIX

关于您在深圳的项目 About your project in Shenzhen

ed
eveloped
ate an
campus
ain/
ed out
y and its
conceived
nteractions
ues, the
of private

this project, we first hoped that it was, to
e extent, iconic and we also hoped that
ad a structural vitality of fifty years to a
dred years." "We challenged the planning
uirement and proposed an integral scheme
allowed for the interplay between the two
grams." "Five elements are included and
y are Golden Trees, Three Books, Artificial
tform, Black Wall and Harp Curtain Wall.
created an iconic image for Shenzhen with
...phy
...e in

与汉京中心的竞赛之时，
户用了"抒情"这样一
容我们的方案。……这
疑是十分复杂的。

这座山，以及它面向已经建好的教学区，都带出一种氛围，是我们设计概念"山、林、院"的一个启发。

严迅奇
ROCCO YIM

我们创造一个"微型城市"，把整个城区的肌理营造好，然后按照这个肌理，来设计我们建筑的互动、关联、对话以及私人空间和公共空间的结合。

马西米利亚诺·福克萨斯
MASSIMILIANO FUKSAS

Airport is city nowadays. If you design an airport, now you have to throw away all that was there before and rethink completely the whole concept of airport and its system.

在今天，机场就是城市。如果我们要设计一座机场，我们必须抛弃所有的过去想法，完完全全地重新思考机场的概念和其中的系统。

I wanted to imagine the project like a living fish. A manta ray that breathes, changes shape, that flexes, varies, with its sweetness, taking light, releasing light, filtering it inside.

我希望将这个项目想象成一条鲜活的鱼，就像一条蝠鲼，它能够呼吸和改变自己的形态。它时而蜷曲，时而变形，它吸收光线，也释放光线，将其滤进自己的体内，令人愉悦。

汤姆·梅恩
THOM MAYNE

...这是世界上最高的具有分离式核心筒的建筑。

...当我来...
参与到它...
独特的作品。它不需要是美的，但却一定得是扣人心弦的。

槙文彦
...HIKO MAKI

We wanted this building to offer easy choices for visitors with different purposes. …… this happens in an easy way b... choices, instead of in a for... Basically, this architectu... people.

我们希望它能够为目的不同的来访者提供各种活动的轻松选择。……
这一过程是通过一种可以由来访者选择的轻松的方式而非一种强迫的方式发生的。从根本上来说，它是一栋为市民而设计的建筑。

关于您在深圳的项目
About your project in Shenzhen

30年来，深大建筑学院、设计院一直坚持“产、学、研”一体化的工作模式，设计实践与教学紧密结合。

师们的设计作
生的素质证
模式的价值和意
继续保持及进一

龚维敏
GONG Weimin

URB更像一个开放的平台和插件，通过与国内、国外大学和研究机构以及独立研究人员的广泛合作，从一个项目切入一个片区、一种特定产业或社会问题。我们最终期望，将设计工作导向更准确地解决问题且富于更远大社会目标的设计实践。

孟岩
MENG Yan

gmp在这时候表现出了对中国城市、中国文化的洞悉，采用近似的建筑语言和几何关系，统一的建筑材料，充分表达“山、水、石”的中国传统绘画对自然景观的诠释，以及运用“竹林上漂浮的云”表达出岭南建筑“通、轻、透”的感觉。

吴蔚
WU Wei

改造之前
森严的边
深圳人望
而不敢亲
后，它风
人民蜂拥
接触，成
的边境管

改造大浪区的工厂作为一个打印公司的总部也是个特殊的经验，这些偏远的地方由于工
另一种商业模
金令某些公司
这不停更新的
这次改造也是
作出非常小的
要求。

“U站”改造工作基于2011年大运会后留下的建设，近800个“U站”散落在深圳的不同地方，当时思考如何利用设计去激活街道空间，尤其在南方这
环境下。

冯国安
FENG Guo'an

我提议将理念定为“走向公民建筑”，从建筑专业立场出发，弘扬公民社会建设。后来建筑传媒奖在赵磊的主持下办得有声有色。这除了得益于很多人的共同努力之外，也深深受惠于深圳这座城市的开放气氛。

朱涛
ZHU Tao

面对没有历史没有地域的轻，面对没有理由只有强迫症的快，我们如何能超越来自于前世的重与慢，而且还要更轻更快，这些问题无疑成为我们在深圳做建筑的突破点。

唐崇武
TANG Chongwu

而 BIM 工具的产生与应用，也将建筑从二维图纸中跳脱出来，以更为直观和立体的形式同步于建筑本体，让数据伴随建筑形态，创建未来智慧城市的蓝图。

区别于传统建筑设计建造技法的建筑产业化，以工业化的设计概念理性地还原建筑设计本质，构件预制和现场拼装则用更为集约的方法来面对资源日益匮乏的现今社会。

通过一个个具体尺度的建筑实践甚至是装置实践，用不同的“轻”策略，来实现我们贯穿于以往各种尺度的研究里对城市隐性基因的“重”——历史、地域、社区和公共生活的思考。

是壁垒
线”，
，靠海
道建成
，鹏城
它亲密
最特殊

刘珩
LIU Heng

借助“冷巷”的原理，我在建筑群不同体量的建筑里寻找不同的空间和形态策略，来适应南方气候特征，并由此诞生丰富而有校园气氛的公共空间。

费晓华
FEI Xiaohua

我思故我“轻”，“轻”是
度和立场，也算是我们在深
结。

庄葵
ZHUANG Kui

沈驰
SHEN Chi

势而设计的架空平台实现了垂
划，平台的上、中、下空间综
决了项目与城市的界面、居民
更利性、绿化、交通和社区安
问题。我们摒弃了传统的封闭
区方式，通过开放式社区的方
都市化与居民日常生活结合，
商业围绕社区发展，随着一定
深与内部空间相互渗透，形成

这些年来，我们都是在“上、下、左、右”之间选择，做“合适”的建筑，每一次选择我们也都会回到“中间”去审视我们的设计，当然，从另一个角度看“中间”又何尝不是一个“原点”呢？

设计中国高新技术交易会展馆，可以说是深圳第一座承办国家级商业会展活动的建筑，在材料、构造以及工程策划方面都力图有所创新，但从设计到建成只有八九个月，时间紧，任务重，从政府城建主管部门到各级单位的压力虽大，但可以感知到方方面面对建筑师的信赖。

吴钢
WU Gang

王晓东
WANG Xiaodong

说到“深圳设计”的特色，我想到主要有三点：一是“吸收创新”；二是“服务至上”；三是“努力求精”。

赵晓钧
ZHAO Xiaojun

当这些重要的建筑建成之后，它们往往要屹立 50 年甚至是 70 年的时间。正因为它们是公共的，所以它们必须要得到人们的喜爱……这也是我们在任何地方和环境中设计项目时的最为重要的目的。

槙文彦
FUMIHIKO MAKI

such important
s are built, they last
years, or even seventy
years. Since they're public at
large, these buildings must be
the public." " This

我希望它可以有更多香港的优点，而没有香港的缺点。整体城市肌理更紧密一点，公共和私人空间融合得更完全一点。而香港所缺失的追求创新的这种心态能够被加强，而不要被淡化。

严迅奇
ROCCO YIM

中国对于我来
来的最好途径。
它正成为中国
象征。

In gene
the bes
the future." "The cit
come to
economic

随着我们有更好
物的产生、更多
和"设计之都"
"设计之都"还
甚至更长时间的
的公认。

我也越来越认识到
仅可以通过设计建筑去影响
社会，也可以将建筑学作为
思维方式应用到更广泛
会实践中，而深圳恰恰
开这种社会介入的一个
的起点。

我们希望在将来，深圳能够在软件方面也赶上硬件的发展，作为中国的南大门，继续突出它在中国的改革开放中的决定性作用。

矶崎新 + 胡倩
ISOZAKI+HU Qian

冯果川
FENG Guochuan

It is our hope that, in the future, its software will catch up with its hardware and it will continue its critical role in the Reform as the south gate of China.

关于深圳的未来
About Shenzhen's future

深圳有着城市管理与市
高度配合的特点，集合
集体与民间的资源，巧
用时间差挖掘地块的
值，充分发挥建筑师的
探索了一种未来城市更新

施国平　黄晓江
SHI Guoping, HUANG Xiaojia

解未

起的

利亚诺 · 福克萨斯
MILIANO FUKSAS

E、更多人
E，深圳才
深圳作为
年、20 年
能得到世界

孟建民
MENG Jianmin

E深圳这个“理想城市”
我们对建筑的追求，也
该是一种完全个人化的
理想的追求，而应该是
竟界——是对社会负责
中追求，是非理想主义
之。

杜昀
OU Yun

The next phase for Shenzhen is going to be re-stitching.

它也需要发展出像纽约的苏荷区、东村或是中城这样的具有可识别性和自己独特的受众和特点的街区。

In the next phase, it's going to become more pedestrian-oriented. As the city starts developing more of a ... unique ... rge ... ge, ... k), ... tify ... wn

在下一个阶段深圳将要做的是重新缝合…… 它应更提倡步行。当它开始有一种街道生活之后，像纽约的苏荷区、东村或是中城这样的具有可识别性和自己独特的受众和特点的街区也会随之出现。它需要变得更具人性、更具个性。它不一定需要变得更美，却需要变得更可居住、更有趣、更具活力。

汤姆 · 梅恩
THOM MAYNE

深圳已经拥有了非常知名的开发机器人的公司。我希望他们能够继续发展，改变建筑行业的思维方式。如果这能够发生的话，深圳将站在一种全新的建造方式的起点。伴随着这种新的建造方式，建筑将不再局限于令人乏味的方盒子了。

the point of ... way of buil... which will ... tedious box...

沃尔夫 · 普瑞克斯
WOLF PRIX

在深圳，万科中心是我的第一个项目，而我认为它为深圳树立了一种截然不同的水平发展模式的典型。成为一个郁郁葱葱的热带景观城市将会给深圳带来更大的发展潜力。

斯蒂芬 · 霍尔
STEVEN HOLL

国际建筑大师访谈
Interviews with International Architects

首先，我们想了解一下您对深圳的印象。您的事务所在中国的不同地区均有实践，完成了许多十分重要的项目，其中也包括深圳。与北京和上海相比，您觉得深圳最独一无二的特点是什么呢?

在中国，深圳是最为重要的工业区之一，它也是非常热门的旅游胜地。与此同时，它还是一座发展得十分迅速的城市。它位于广东省南部，毗邻珠江三角洲和香港，这一区位使得它在经济发展上有着地理优势。

一座机场往往是人们对一座城市的第一印象。在深圳宝安国际机场 T3 航站楼项目中，您创造出一个被白色双层蜂窝状表皮包裹的自然而优雅的形态。在这个项目中，您的灵感来源是什么?

我希望将这个项目想象成一条鲜活的鱼，就像一条蝠鲼，它能够呼吸和改变自己的形态。它时而蜷曲，时而变形，它吸收光线，也释放光线，将其滤进自己的体内，令人愉悦。它有着双重“皮肤”，外皮和内皮如同一件巨大的雕塑一般变化着。在这两层“皮肤”之间的则是所有的结构系统，它旨在最小化能源消耗和排放。

在创造和建造这样一个极其庞大而优美的项目过程中，您遇到的最大挑战是什么?

深圳宝安国际机场是我们第一个机场设计项目。但当我们在设计米兰新贸易会展中心时，项目中的一条两层、1.6km 长的通道就让我想到一座机场。在今天，机场就是城市。如果我们要设计一座机场，必须抛弃所有过去的想法，完完全全地重新思考机场的概念和其中的系统。

我们的中国客户告诉我们，“设想一下机场中的乘客再来设计一座机场吧。它应该是一个可以让乘客们在航班延误时还能感觉舒适的场所。”这就是最大的挑战。在今天，这些巨构项目必须能够将质量重新带回到人们的生活中。

深圳可以说是中国发展速度最快的城市。您能够分享一下您对于未来深圳的展望吗?

中国对于我来说是理解未来的最好途径。而深圳，它是世界上发展速度最快的城市之一，它有着继北京、上海、广州之后的中国第四大机场。可以说，它正在成为中国经济崛起的象征。

Photo © Fabio Lovino

马西米利亚诺·福克萨斯

福克萨斯工作室的创始人。曾获得包括法国国家建筑大奖 (1999)、意大利部长理事会主席勋章 (2012) 等多项荣誉。2010 年被法国总统授予荣誉团勋章，也曾在纽约哥伦比亚大学、巴黎建筑学校等诸多大学担任访问教授。

Massimiliano Fuksas

Fuksas is the founder of Studio Fuksas. Over the years, he has received many awards including Grand Prix National d'Architecture Francaise in 1999, the Medal of the Presidency of the Council of Ministers in Italy in 2012. He was decorated with Legion d'Honneur by the French President in 2010. He has been Visiting Professor at a number of Universities such as Columbia University in New York, the École Spéciale d'Architecture in Paris and etc. Founder of Let's talk, Organizer of Urban Mirco Space Rivival Plan, Co-founder of the Gallery Space.

First of all, We would like to know your impression about Shenzhen. Your office practices in different regions in China and has accomplished a lot of significant projects in those places, with Shenzhen included. Compared to cities like Beijing and Shanghai, what do you think is the most unique character of Shenzhen?

Shenzhen is one of the most important industrial locations as well as a very popular tourist destination in China and also a very fast developing city. It is located in the south of the Guangdong Province, neighbouring the Pearl River delta and Hong Kong: its location gives the city a geographical advantage for economic development.

An airport is usually people's first impression of a city when they arrive. For the T3 Terminal of Shenzhen Bao'an International airport, you created a very organic and elegant shape wrapped with double honeycomb white skin. What inspired the design and what

kind of message about Shenzhen you intended to pass to the passengers through the design?

I wanted to imagine the project like a living fish. A manta ray that breathes, changes shape, that flexes, varies, with its sweetness, taking light, releasing light, filtering it inside. With a double skin: the external one and the internal one that inside changes as well as a large sculpture. And in the middle, between the two skins, there is the whole system of the structures, that aims to minimize the energy consumption and emissions.

In creating and building such an incredibly enormous and beautiful project, what was the biggest challenge?

The Shenzhen Bao'an International Airport project is our first airport design work, but when we designed the New Trade Fair in Milan I thought about an airport, a long path of 1.6km on two levels. Airport is city nowadays. If you design an airport, now you have to throw away all that was there before and rethink completely the whole concept of airport and its system.

Our Chinese client told us: "Create an airport and do it thinking about the people that are in. A place where you can feel fine even if the plane is delayed". That was the biggest challenge. Today projects must be macrostructures which bring quality back to people's lives.

Shenzhen is perhaps the most rapid-growing city in China. Could you share your vision for the future Shenzhen?

In general China is for me the best way to understand the future. Shenzhen is one of the fastest growing city in the world and has the fourth largest airport in China following Beijing, Shanghai and Guangzhou. The city has come to symbolize the economic rise of China.

（采访及文字整理：莫万莉）

1~2. 深圳宝安机场

1~2. Shenzhen Bao'an International Airport

Photo © Keizo Kioku

砚崎新

砚崎新设计室创始人，日本一级注册建筑师，东京大学建筑学博士。曾在东京大学、加州大学洛杉矶分校、哈佛大学、哥伦比亚大学等学校担任客座教授。他也曾在世界各地举办过建筑展、艺术展、演讲和研讨会等，并且曾在多个国际竞赛中担任评委。

Arata Isozaki

Arata Isozaki is the founder of Arata Isozaki & Associates. He is a registered architect in Japan. He received his Doctor's Degree in Architecture from the University of Tokyo. He was visiting professor University of Tokyo/The University of California in Los Angeles/Harvard University/Columbia University and etc. He has also hosted architecture and art exhibitions, gave lectures, attended seminars around the world. He was also served as the jury of several international competitions.

胡倩

砚崎新上海工作室负责人，日本一级注册建筑师，日本早稻田大学建筑学硕士。曾获得过早稻田大学建筑学科造型设计特别奖，并曾翻译砚崎新所著的《反建筑史》。

Hu Qian

Hu Qian is the person in charge of Arata Isozaki & Associates Shanghai. She is a registered architect in Japan. She earned her master's degree in architecture from Waseda University. She has received Waseda University Architecture Design Especially Prize. She was also the Chinese translator of Arata Isozaki's book *Unbuit*.

首先，我们想了解一下您对深圳的大致印象。您觉得与其他中国城市相比，深圳是否也有一种它独有的特性呢？

我来说一下当时我们设计深圳文化中心时的一些感受吧。我们是 1997 年参与到这个项目的国际竞赛中来的，这是我们第一次在中国参与国际竞赛。在不太了解中国建筑设计竞赛的情况下，抱着一种平常的心态参与了竞赛。中外评委很快地评出了结果，我们的方案获得了第一名。之后在一个月内，深圳市政府就确认了我们的中标方案能予以实施。深圳政府的这种高效率以及开展国际竞赛流程的规范程度令我们印象深刻。

其次，我们深圳文化中心设计方案的灵感也来源于深圳这个城市的特点。我们设计的一个理念就是“以没有风格为风格”。这里的风格我们不能简单地理解为一种形式语言，比如说像解构主义这样的风格，而需要从一种历史的层面来理解。我们会站在当代建筑和西方建筑的层面上来设定和研究一系列涉及建筑与艺术、哲学、社会等各方面关系的问题。对于任何项目，在我们工作室中，都会在这个历史层面及时代环境上去设定问题。

在这个项目开始时，深圳仅有 25 年的发展经历，如此年轻的城市让我们很难从它本身的历史中去发现一些设定。25 年的历史对于中国五千年的历史来说，如同一张白纸。我们抓住这个特点，即它是一张白纸上的一座城市，而我们的任何创新和设计都将成为它的一段历史和文脉。所以，我们认为这个项目需要具有一定的标志性，它能够成为深圳城市历史的一个重要组成部分。

在深圳文化中心项目中，您采取一种后现代的建筑策略。诸如分叉的柱子和起伏的玻璃幕墙等元素都似乎在向参观者暗示着一种特殊的意义和联想。对于这个项目，您的灵感来源是什么？

我们现在依然处于后现代的时期。在现代主义之后，很多建筑师都在思考建筑应该向什么方向去突破和发展。就如之前提到的历史层面，我一直关注一个地方是否有历史，是怎样的历史，一个建筑作品是否能有时间的沉淀。在这个项目中，我们首先希望它有一定的标志性作用，我们也希望它如有 50 ~100 年的结构生命力那样拥有生存的可能性。深圳文化中心包括图书馆和音乐厅两个截然不同的功能，在竞赛的规划要求中，整个基地被一条城市道路穿过一分为二，图书馆和音乐厅分别位于不同的地块。我们认为这样的用地条件使得整个文化中心被割裂，因此，我们突破了设计条件，希望能够实现一个一体的、图书馆和音乐厅之间能够产生互动的设计。我们首先在地下做了连接，接着又在 6m 标高处设计了一个人工地面，它是一个公共平台，也是建筑的主入口，跨越城市道路，连接两侧的功能。

在这个项目中，我们运用了“黄金树”“三本书”“人工平台”“黑墙”和“竖琴幕墙”五个元素。“黄金树”立于 6m 标高的人工平台上，它既在入口大厅形成独特的景观，也是多面体玻璃幕墙的结构。音乐厅采用葡萄园式的格局，拥有 2 200 个座位。图书馆的密集书库成为“三本书”，而它的阅读大厅采用错落开放的形式，通过正立面的玻璃幕墙进行自然采光。音乐厅一侧的玻璃幕墙波浪状弯曲，仿佛竖琴琴弦，因而得名“竖琴幕墙”。背立面则是对应城市尺度的“黑墙”。此外，在色彩上，也用了红、白、黑、青、黄五种颜色，这五个元素和色彩的运用汲取中国五行的学说。因此可以看到，这个项目中融合中国传统哲学思想和西方现代主义建筑手法来为深圳创造出一个具有标志性的形象。

深圳文化中心是您工作室在中国的第一个建成项目。就深圳市来说，它应该也是第一个境外建筑设计事务所参与主持的项目。在它的设计和施工过程中，您遇到的最大挑战是什么？

对，这一项目对于我们工作室和深圳市来说都是第一次。我们遇到的一个非常大的挑战就是它的钢结构。在当时，国内尚处在轻钢结构技术层面，对此项目的幕墙和复杂钢结构，无论是设计院或是钢结构加工和在设计与施工上能力都比较弱。于是在每个阶段，我们都会有工程师从日本过来进行现场指导。但从 1997 年开始设计到 2007 年这一项目最终完工，我们能很清晰地感受到这 10 年间中国在钢结构设计和施工方面发展的突飞猛进。

最后，您能够描绘一下您想象中的深圳的未来会是怎么样的吗？

深圳文化中心从设计到运营一共花了 10 年时间。在这之后，我们也通过作为竞赛评委、论坛嘉宾、会议顾问等形式继续和深圳保持联系。在这些年间，像一开始提到的，我认为深圳市政府和规划部门在全国范围内来说，在城市和建筑作为硬件方面的管理是十分出色的。然而，建筑的硬件是为了将来软件能够很好的运行。倘若软件不能很好的运行，那么建筑在落成之时也失去了它的生命力。我们所设想的希望一座建筑能够成为历史的沉淀，从很大程度上来说，依赖于后期的软件。在 20 年间，我们看到深圳在硬件层面上已经有了很大发展，但在软件方面仍十分欠缺，缺乏优秀的策划师。只有软件和硬件结合在 起，才能让建筑真正发挥它的生命力。因而，我们希望在将来，深圳能够在软件方面也赶上硬件的发展，作为中国的南大门，继续突出它在中国改革开放中的决定性作用。

First of all, We would like to know your impression about Shenzhen. What do you think is the city's most unique character compared to other cities in China?

I'll just talk about our impression at the time of working on the Shenzhen Cultural Center. We participated in the international competition in 1997. This was our first international competition in China and we barely knew anything about the process by then. So we participated in the competition with a really relaxed mindset. With a group of Chinese and foreign juries, the result came out really soon and we won the competition. Within one month after that, the Shenzhen government approved our scheme. We were really impressed by the local government's efficiency as well as the level of standardization of the competition process.

The unique character of Shenzhen was also the inspiration of the project. Our design philosophy is based on a style without style. Here, the style that we're referred to could not be simply understood as a formal language, such as de-constructivism, but we need to understand the term in respect to a historical perspective. In our office, for each project, we would set up certain propositions from both a historical perspective and the context of an era, meaning that we would set up and study a series of propositions concerning the relationships between architecture, art, philosophy, society and etc.

At the beginning of the project, Shenzhen had merely 25 years of development and thus it was difficult for us to set up propositions within its own history. Compared with the 5,000 years history of China, 25 years is like a piece of blank paper. That was its unique character that we grasped. It was a young city on a piece of blank paper and anything newly designed would be its future history and context. That's why we believed that the project should be iconic and could make itself a crucial part of Shenzhen's history.

In the Shenzhen Cultural Center project, it seems that you took a post-modern approach in which each element like the branched columns and the waved glass curtain walls developed a special meaning and association for visitors. What was your inspiration for the project?

We're still in a post-modern period. After modernism, many architects explored new directions of architecture. As I mentioned earlier about the historical perspective, I have been concerned with such problems as whether a place has its own history, what kind of history is that and ultimately, if the architecture can be sediment of time. In this project, we first hoped that it was, to some extent, iconic and we also hoped that it could exist as a structure that has a vitality of fifty years to a hundred years. The Shenzhen Cultural Center contains a library and a music hall, which are two very distinct programs. The planning requirement of the competition demanded that the site was divided into two parts by a city road and each part housed one program. We thought that such condition would break the integrity of the cultural center. Therefore, we challenged the planning requirement and proposed an integral scheme that allowed for the interplay between the two programs. We first connected two parts below the grade. Then, we designed an artificial platform at the level of 6 meters. It's a public platform as well as the main entrance of the building. It spans over the city road and connects programs on two sides.

In the project, five elements are included and they are Golden Trees, Three Books, Artificial Platform, Black Wall and Harp Curtain Wall. Golden Trees are located on the artificial platform at the 6 meter level. It's a unique feature of the lobby as well as the structure of polyhedral curtain wall. The music hall follows a vineyard layout and houses 2,200 seats. Three Books refers to the compact stacks of the library. The main reading room is terraced and open toward the front façade. It is naturally lit with the curtain walls. The curtain walls of the music hall waves and looks like the harp strings. That's why it's called Harp Curtain Wall. The Black Wall is the back façade that responses to the urban scale. Moreover, in respect to the color scheme, we used red, white, black, cyan and yellow. The five elements and five colors were inspired by the discourse of Five Elements in China. Therefore, we created an iconic image for Shenzhen with an integration of traditional Chinese philosophy and Western modern architectural language in the project.

The Shenzhen Cultural Center was your office's first project in China. It's also the first architectural project designed by an overseas office in Shenzhen. What was the biggest challenge in the design and construction process of the Shenzhen Cultural Center?

Yes. It was a first time for both our office and the city of Shenzhen. I think one of the greatest challenges that we had is its steel structure. At that time, China's experience with steel structure stayed at the level of light structure. When it came to the steel structure design and construction for curtail walls, both the local design institution and the manufacturing company had very little experience. So during the every phase of the project, we had our own engineers from Japan on site for guidance. From 1997 to 2007, from the start of our design work to the completion of the project, we can clearly see great progress in steel structure design and construction in China.

Finally, could you share your vision for the future Shenzhen?

From design to operation of the Shenzhen Cultural Center, it took almost a decade. After that, we kept in touch with the city serving as competition jury, forum guest, consultant and etc. During the past years, as I have mentioned earlier, the Shenzhen government and the Planning Bureau has accomplished an excellent job in respects to architecture and city as hardware in China. However, the architectural hardware is set for the smooth functioning of the software. If the software could not function properly, the building would lose its vitality at the time it's completed. Our proposition that architecture can be sediment of time is, to some degree, relies on the later software. In the past twenty years, Shenzhen has advanced greatly in its hardware, but still lacks in terms of software as it lacks outstanding planners. Therefore, it is our hope that, in the future, its software will catch up with its hardware and it will continue its critical role in the Reform as the south gate of China.

（采访及文字整理：莫万莉）

3~4. 深圳文化中心

3~4. Shenzhen Cultural Center

首先，我们想了解一下您对深圳的大体印象。对您来说，深圳最为特别的一点是什么呢？

深圳是地球上有史以来发展速度最快的城市，这无疑是 21 世纪一个令人惊诧的事实。在去深圳之前，我对于自己读到的关于这个城市的故事感到怀疑，然而当我亲眼见到这座城市之后，尤其是看到它的热带花园景观，看到在被规划部门保留为绿地的空间上的郁郁葱葱的自然景观后，我深受启发。这或许就是这座城市的发展方向，一个与其他快速发展的城市截然不同的方向。与不断建造标志性的玻璃摩天大楼相比，我认为这是一种能使之成为一个独特城市的发展方式。作为一个郁郁葱葱的热带景观城市将会给深圳带来更大的发展潜力。

您提到的这点非常有意思，也联系到了第二个关于万科中心项目的问题。在过去的几十年中，深圳如同大多数中国大城市一样，不断地垂直发展。然而，您为万科中心提出一个悬浮于绿地之上的水平构筑物的想法。您提到这一想法的灵感来源于深圳的繁茂的热带景观。那您认为这种水平模式能够为城市发展提供一个不同的思路吗？

是的。我认为我们能够在提供更多的开放空间的同时达到一个相近的密度。正是因为热带植物的特性，我们可以在地面上种植大量的植被，这一点在其他城市是很难做到的。水平向的建筑元素高高地漂浮在空中，而这些植被能够获得充沛的阳光，茁壮生长。因此，水平摩天大楼这一想法十分契合深圳的气候特点，然而在更北一些的城市却不太适用。这确实是一个专门为深圳量身打造的想法，它体现了对深圳作为一个独特的热带城市的思考。

Photo © Mark Heitoff

对，热带气候是深圳所独具的。除去提供更多的绿化，悬浮于景观之上的万科中心也为城市提供了更多的公共空间。

是的，我认为这一点也十分重要。当代城市通常会面对这样一个问题，即国际化的资本主导的发展常常会最大化可收租空间而忽视了公共空间的塑造。这些建筑常常紧挨着，遮挡住街道上的阳光，甚至不能形成公共空间。从我的办公室中，可以看到赫德森场地。这是纽约市一个正在进行中的开发项目。我认为这个项目完全错失良机。这些顶部各异、互相紧挨的玻璃塔楼完全遮挡了公共空间的阳光，并且完全占据了本有可能成为公共空间的地方。我想，这些不应该再发生在深圳。在深圳这座美丽的城市，它有着巨大的机会和潜力，有着完全不同的可能性。这也是我觉得深圳最为激动人心的一点。

接下来让我们谈谈您的标志性的水彩画。您曾说过水彩画是您的一种捕获灵感的方式。我们很荣幸能够在书中呈现您的画作。水彩画是如何帮您发展灵感的呢，尤其是在这一项目中？

每天早晨，我会花 2 个小时以水彩的方式画一些设计中的项目。有时候，这些水彩画就变成建筑。我有着大约超过 25 000 张水彩画，它们成箱地收藏在我的办公室中。这些水彩画最早可以追溯到 1979 年。所以，我有很多愿景。而在我的职业生涯中发生的一件让我觉得特别幸运的事就是我能够遇到有远见的客户，愿意将我的愿景化为建筑。万科集团的创始人王石就是其中之一。我有许多灵感，现在依然每天坚持画一些水彩画。希望将来能够有机会再为深圳而设计。

斯蒂芬·霍尔

斯蒂芬·霍尔建筑师事务所的创始人和总监，哥伦比亚大学建筑与规划研究生院终身教授。曾被授予诸多建筑界声誉最高的奖项，包括 2014 年高松宫殿下国际艺术奖建筑类、2012 年美国建筑师协会金奖、2010 年英国皇家建筑师协会詹克斯奖和 2009 年西班牙对外银行基金会知识前沿奖的第一个艺术类奖项。曾任教于华盛顿大学、普瑞特艺术学院、宾夕法尼亚大学，并曾大量地发表演讲、参与展览以及刊登文章。

Steven Holl

Steven Holl is the founder and principal of Steven Holl Architects and a tenured Professor at Columbia University's Graduate School of Architecture and Planning. He has been recognized with architecture's most prestigious awards and prizes. He has received the 2014 Praemium Imperiale International Arts Award for Architecture, the 2012 AIA Gold Medal, the RIBA 2010 Jencks Award, and the first ever Arts Award of the BBVA Foundation Frontiers of Knowledge Awards (2009). He has also taught at the University of Washington, the Pratt Institute, and the University of Pennsylvania and has lectured and exhibited widely and has published numerous texts.

在此之前，您曾有过关于水平摩天大楼的构思吗？

这个想法是我在参与万科项目的竞赛时产生的。但在水彩画中，我画过许多和这一想法相关的不同版本。有人认为这一构思在我 1990 年设计的、位于亚利桑那州凤凰城的空间保留酒吧（Spatial Retaining Bars）项目中就有了。那是一个幻想式的项目。但对我来说却不是这样的。我觉得万科项目是为了那块场地而设计的。它背靠群山，以一种拥抱的姿态面向位于其南面的大海。由此，它契合了风水的概念。我认为这些和风水有关的概念使得这一项目更上一层楼。它是一个与众不同的项目。

您也画了不少关于室内设计的水彩画。

是的。在室内设计上，万科和我们一起合作，他们希望能够在室内使用当地的竹材。因此，我们研发了不同的技术来以不同的方式数字化地切割和定形竹子。我们和一些来自于杭州的、十分能干的中国工匠一起工作。他们能够实现我们所期望的所有效果。并且，万科中心也是一座十分符合可持续理念的建筑。它是中国第一座获得 LEED 铂金认证的建筑。

如果说万科中心可以形容为 21 世纪热带可持续发展的愿景，那您对于 21 世纪深圳的愿景是什么呢？

在深圳，万科中心是我的第一个项目，而我认为它为深圳树立了一种截然不同的水平发展模式的典型。这种模式不但呼应了热带景观，也能够向公众开放。这一策略并非一定是按照我所设计的那样，我认为它能够应用在不同层面上。它可以以多种综合气候、技术可能性和建筑师有远见的方式去实施。我期待着在未来能够有机会回到深圳进行设计。

First of all, We would like to know your general impression about Shenzhen. What do you think is Shenzhen's most unique character?

It's the fastest growing city in the history of the planet earth, which is quite an amazing reality of the 21st century. When I read about the city before I first visited it, I was quite skeptical. But when I saw the city, especially the tropical garden space where the planning department has reserved for planting and green and how lush the natural landscape grow there, I became inspired that that could be the direction for the city. A direction that is different from other fast-growing cities. Compared with repeating glass skyscrapers with iconic shapes, I think this is the right development model for Shenzhen in order to make it special. Shenzhen has much more potential as a city of lush tropical landscape.

It's a very interesting point, which also relates to our second question about your project there, the Vanke Center. In the past decades, Shenzhen, like most other big cities in China, developed vertically. However, in the Vanke Center, you proposed a horizontal structure that is floating over a green landscape. You mentioned that the inspiration for the project came from its lush tropical landscape. Do you think this horizontal model provide an alternative approach to urban development?

Yes. I believe that you could achieve a similar density, but you could achieve it with much more open space. Because of the nature of the tropical plants, you could have a lot of natural vegetation growing on the horizontal plane in ways that you could not do in other cities. These horizontal elements are high enough in the air to get vegetation plenty of sunlight to growing in healthy conditions there. Therefore, the idea of horizontal skyscraper is perfectly suited for Shenzhen climate, but would be not correct to put in too far a northern city. It's really an idea that is made especially for Shenzhen, which also indicates a way of thinking about Shenzhen as a special tropical city.

We agree that the tropical climate is something unique about Shenzhen. Besides vegetation, by hovering over landscape, the Vanke project also provides open space for the city.

I think that's very important. The problem with the idea of globalized capitalism development is that usually it ignores public space, tries to maximize rent collecting space and builds buildings that are close together. They drew too much shadow on the street space and don't form public space. From my office, I can see Hudson Yards, which is an on-going development in New York City. I think it's a complete missed opportunity. It's a bunch of glass skyscrapers with twists on the top. They're jammed close together, blocking all the light and taking up all the space that could be public space. It's just the opposite of what I think you should do in Shenzhen. There, you have a beautiful city, opportunities, and potentials with future development. You have the possibility to do things differently and I think that's something exciting about Shenzhen.

Let's talk about your famous watercolour paintings. You once talked about capturing ideas for projects in watercolors and we are very delighted to feature some of them in the book. How do watercolors help develop ideas for your project, in particular this project?

Every day, I paint watercolors in the morning for two hours about the project that I'm working on. Sometimes, they become buildings. I have more than 25 thousand watercolors in my office. They're in boxes that go all the way back to 1979. So I have a lot of visions. One of the things that happened in my life was that I was fortunate enough to find visionary clients like Wang Shi, the head of Vanke, who would build my visions. I have a lot of ideas and I'm still making watercolours. I hope to build something else in Shenzhen in the future.

Do you have this vision of horizontal skyscraper in your watercolors before?

I had this idea when we were working on the competition. But I have many versions of it in watercolors. Some people say that I had this idea back in 1990 when I did a project called Spatial Retaining Bars for Phoenix, Arizona, which is a visionary project. To me, this is not necessarily true. I think that the actual project that I did in Shenzhen is specific to that site. It embraces the concept of Fengshui. Because it faces the south, which is the ocean, in an embracing shape and has its back to the mountains in the north. I think all the concepts of Fengshui are completed better on that project and I see it as an individual unique work.

There are also several watercolors on the interior design concepts.

Yes. I worked with the director from Vanke and he wanted to use bamboo, which is a local material, in the interior. So we developed different techniques for digitally cutting and shaping bamboo in different ways. We have some very great Chinese craftsmen, who are from Hangzhou. They were able to do everything that we conditioned. The Vanke Center is a very sustainable building and it was the first LEED Platinum certified building in Southern China.

If the Vanke Center could be described as a vision of tropical sustainability of the 21st century, what's your vision of the 21st century Shenzhen?

I started with the Vanke Center and I think that our project sets an example of how different kinds of horizontal development could be developed in concert with tropical landscaping that could be open to the public. I think it is the strategy that could be applied in Shenzhen in different ways that doesn't need to be what I did. It could be different ways of taking into consideration that great climate, the potential of the technology today and the vision of architects. I look forward to coming back in the future.

（采访及文字整理：莫万莉）

5~10. 万科中心

5~10. Vanke Center

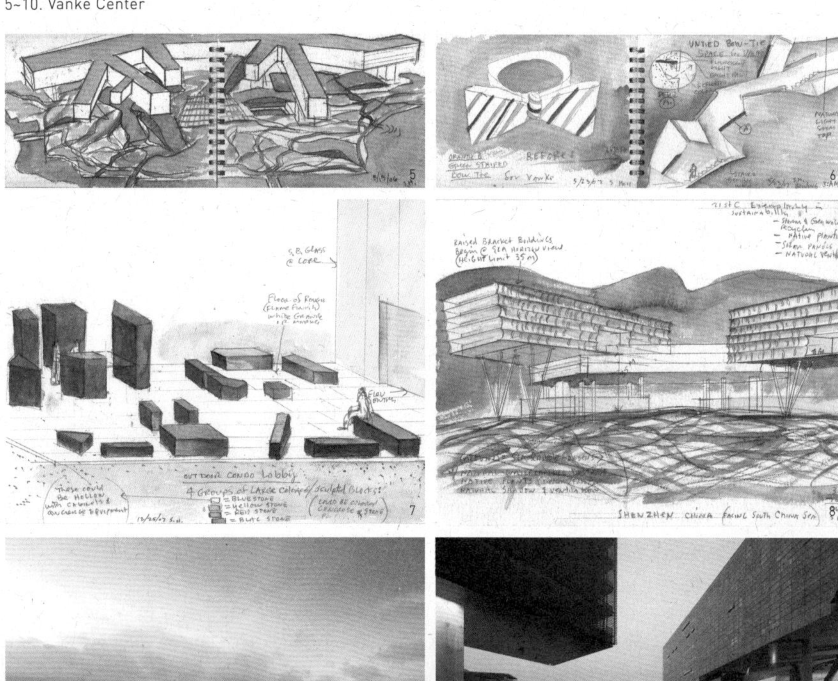

您对珠江三角洲地区的兴趣可以追溯至 20 世纪 90 年代您在哈佛设计研究生院指导的关于这一地区的研究。在那时，珠三角的什么特点吸引了您，而您觉得自那时起深圳发生了什么变化吗？

在那时我就有一种直觉，在欧美之外的动向已经比欧美的思想更为重要。我听说过许多关于中国城市难以置信的建设速度的“传言”。这正是我出任哈佛教授的原因。我并不希望用传统的方式来授课，而是想以哈佛来研究在那时我们尚未知晓或不理解的事情。我们投入一年的时间在那里观察那种速度。我们没有预设任何观点，而只是观察它的机制。第一次去深圳是使我成为一名教授并且去改变整个有关教授的理念的原因之一。我们和学生以一种研究员的方式工作，共同开始理解这一现象。

自那时至今已有 20 多年，我不得不说这真是一个小渔村令人惊讶的巨变。这座城市变得有 10 倍之原大，且内涵丰富，并正因如此而不同。即便在那时，它的雄心就已经十分明确，它的规划机构的能量也显而易见。深圳正是以这种方式融入珠江三角洲的整体愿景中。我认为它的基因在当时就已经存在，并令人印象深刻。

Photo © Fred Ernst

当您在中国的不同城市实践时，您觉得深圳和北京或上海这样的中国主要城市相比，它最大的区别在哪里？

巨大的差异当然存在，部分源于深圳本身是一座崭新的城市。正因其新，它更多地经由规划而形成。若与欧美当下的规划思想比，我想说深圳是世界上最近一个从零开始规划而成的示范城市。我不认为目前其他地方会有能量或是奢望规划如此大规模的城市。自从 90 年代早期开始，大区域规划的远见就不再存在。

雷姆·库哈斯

1944 年出生于鹿特丹。1975 年，和伊利亚·曾格里斯、佐伊·曾格里斯以及玛德隆·维森朵共同创建 OMA。他毕业于伦敦的 AA。1978 年，出版《癫狂的纽约：给曼哈顿补写的宣言》一书。1995 年，《小，中，大，超大》以一种“建筑的小说”的方式回溯了 OMA 的作品。他是 OMA 及其下属的研究分支机构 AMO 的领头人。 AMO 的研究涉及建筑之外的媒体、政治、可持续能源及时尚领域。库哈斯任教于哈佛大学，并在那里开展着关于城市的研究项目。2014 年，他担任了以“基本法则”为主题的第 14 届威尼斯国际建筑双年展的总监。

Rem Koolhaas

Rem Koolhaas (Rotterdam, 1944) founded OMA in 1975 together with Elia and Zoe Zenghelis and Madelon Vriesendorp. He graduated from the Architectural Association in London and in 1978 published *Delirious New York: A Retroactive Manifesto for Manhattan*. In 1995, his book *S,M,L,XL* summarized the work of OMA in "a novel about architecture". He heads the work of both OMA and AMO, the research branch of OMA, operating in areas beyond the realm of architecture such as media, politics, renewable energy and fashion. Koolhaas is a professor at Harvard University where he conducts the Project on the City.

Architecture Exhibition of the Venice Biennale, entitled "Fundamentals".

深圳证券交易所是深圳最具标志性的建筑之一，它抬起的裙房独具特点，这样的设计策略是受到什么启发？

我想我并不会称它为一座地标性的建筑，它醒目却低调。这是我们在 CCTV 之后的一个项目，那时，我开始担心若我们所设计的每一座建筑都要富于雄心、不同寻常和标新立异的话，我们或将踏上某种与建筑的理性需求相违之路。因此，这座建筑引人注目却又张弛有度。裙房从地面抬起，一举创造出一个公共空间。它不必是地标，而是一座因策略性地创造了公共空间而受到关注的建筑。

您是如何平衡创造公共空间与私人利益之间的关系的呢？

在每一个项目中，我们都尽量考虑业主的要求、需求和项目的潜力。但这三者往往并不一致。在这种情况下，我们会很认真地考虑业主的需求，也会自主地探索其他可能的维度或是业主需求中潜在的目标。我们从来都不是只希望满足业主的需求，而是努力尝试在满足业主的需求以及社会需求的基础上更进一步。

至少就目前来说，在深圳证券交易所大楼中，这一在抬升的裙楼下为城市创造出一片公共空间的愿望似乎并不像最初设想的那样实现。

我认为没有事物能够在一开始就如设想的一样运作。建筑是为长久的存在，尤其是在中国这样一个不断变化的环境中，重要的是我们不仅需要思考我们今天能够实现什么，更需要去思考我们在未来能够实现什么。也许，深圳市在争取公共空间上需要更有闯劲。

您对于深圳未来的直觉判断是什么？

我认为它并不一定是针对深圳，而是关于都市主义和城市未来发展方向的新直觉。现在我对城市的研究比之前少，我开始关注乡村。我不是以一种传统的方式研究。传统观念中，乡村基本上被看成是农业地域，但我感兴趣的却是像美国内华达州雷诺市这样一片有着庞大的基础设施以及数据储存中心、电池工厂等巨大建筑物的区域。它们的工业区延及的范围大约相当于一个小型城市，但由于这些建筑基本都是自动化的或是由机器人控制的，当地居民的数量非常稀少。

Your interests in this region went back to the 1990s when you led a study on Pearl River Delta at Harvard GSD. What attracted you about the region at that time and do you think things have been different in Shenzhen since then?

At that time, I had the instinct that initiatives outside Europe and America became more important than the thinking in Europe and America. I heard a lot of rumors about the incredible speed with which cities are built in China. This was the reason that I became a professor at Harvard. I didn't want to teach in a traditional way. Instead, I wanted to use Harvard as a tool to study things that we didn't know and understand at that time. We went there for a year to see that speed. We didn't have any kind of premises or opinions, but we wanted to simply observe how it worked. This first visit to Shenzhen is one of the reasons for me to become a professor and to change the whole notion of professorship. We worked with students in a way as researchers to collectively begin to understand the phenomenon.

From then which is more than twenty years ago, I must say that it was a really amazing transformation of a fishing village. The city has become ten times as big. Particularly, there's more of it and because of that, it's different. But even then, the ambition was very clear. The energy of the planning bureau was also clear. So was the way in which Shenzhen fitted into the overall vision of the Pearl River Delta. I think that the DNA was there at that point already and that was quite impressive.

When you practice in different cities in China, what do you think is the biggest difference between Shenzhen and other major Chinese cities like Beijing and Shanghai?

Of course there's a huge difference. Part of the difference comes from that it's new. Because it's new, it's also more planned. If you compare with the current thinking of planning in Europe and America, I would say that Shenzhen is one of the last demonstrations worldwide that the entire city can be planned from scratch. I don't think there's much energy or appetite currently to plan something as big as it in other places. Since the early 90s, the vision to plan a large territory simply didn't exist anymore.

Shenzhen Stock Exchange Headquarter is one of the most iconic buildings in the city with its lifted podium. What inspired this strategy in the project?

I think I wouldn't say that it's an iconic building. It's noticeable in its discretion. It's a building that we did after the CCTV when I began to worry that if every building that we design would be that ambitious, exceptional and unique, we would place ourselves in a way that is against the rational demand of architecture. So this is a building that can be noted but it's not extravagant. Through a single gesture of raising the podium from the ground floor, it creates a public space. I think it's not necessarily an iconic building, but a building that develops a strategy to be noticed through the creation of public space.

How do you balance this creation of public space and the private interest?

In every project, we try to take into consideration the client's demands, needs and potentials. But those three are not always the same. In these cases, we take the client's needs very seriously, but we also take the freedom to think of other dimensions that are possible or other ambitions that are latent in the client's needs. We try to go further and we always base ourselves on the client's needs as well as the society's needs. It's never the client alone that we want to satisfy.

As in the case of Shenzhen Stock Exchange building, at least for now, this ambition of creating a public space beneath the raised podium for the city doesn't seem to work as intended.

I would say that nothing works at the very beginning as the way it is intended. Architecture is there for a very long time. Particularly in a changing situation like China, it's important to think in terms of not only what we can realize now but also of what is going to be realized in the future. Perhaps, the city of Shenzhen needs to be a bit more aggressive in claiming this public space.

What's your hunch of the future Shenzhen?

I think it's not necessarily a new hunch about Shenzhen, but a new hunch about urbanism and about the direction in which cities are growing. I'm not studying cities as much any more, but I started looking into the countryside. I'm not looking into it in an old fashion way in which

11. 深圳证券交易所
11. Shenzhen Stock Exchange

it is basically considered as an agricultural terrain. But I'm interested in regions like Reno, Nevada, which has a huge infrastructure and enormous buildings such as data storage and battery factories. Its industrial zone covers enormous areas that are as big as a city, but because the buildings are typically automatized or robotized, the number of the inhabitants is very small.

（采访：吴然；文字整理：莫万莉）

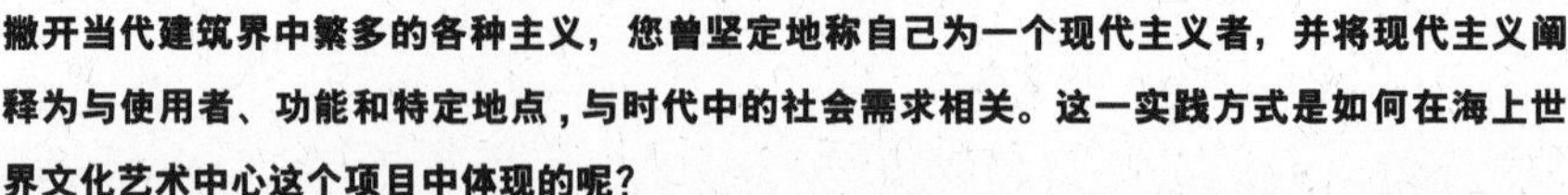

撇开当代建筑界中繁多的各种主义，您曾坚定地称自己为一个现代主义者，并将现代主义阐释为与使用者、功能和特定地点，与时代中的社会需求相关。这一实践方式是如何在海上世界文化艺术中心这个项目中体现的呢？

槙文彦：我们有过很多关于这个项目构思的讨论。在思考它的场地问题时，我们认为它应该像一个广场一样能够被所有人使用。正如你在实物模型中可以看到的，这一项目位于一处面对大海的重要场地。我们认为整个建筑的形态需要与它的周边环境产生关联。与此同时，我们也认为这个项目应该欢迎所有前来的市民。因此，我们设计两个大台阶，人们能够拾级而上直至屋顶平台，在那里尽享大海和公园的美丽景色。这就是我们最为基本的整体概念。

因而它不仅仅是一个市民能前来使用它的各种设施的场所，也为城市提供了一个开放的公共空间。

槙文彦：这一项目包含画廊、图书馆、儿童博物馆等设施。我们希望它能够为目的不同的来访者提供各种活动的轻松选择。比如说，有人或许会专程前来参观画廊，而当他们从展厅出来时，他们会看到贯通多层并在水平或是垂直方向上都四通八达的巨大的中庭空间，于是他们会说：“让我们带着孩子去儿童博物馆逛逛吧。”或是说：“让我们去位于中央的餐厅吃饭吧。”这一独特的空间布局使得来访者感受到仿佛沉浸在这空间之中，同时又能够让他们觉得自己受到了这其中的各种机构设施的欢迎。但这一过程是通过一种可以由来访者选择的轻松的方式而非一种强迫的方式发生的。这一点非常重要。从根本上来说，它是一栋为市民而设计的建筑。

槙文彦

1928年出生于日本东京。曾在东京大学、哈佛大学设计学院求学及任教。从1965年以来，他是槙文彦设计事务所——一家位于东京的国际化的建筑设计事务所的总监。他目前是日本和德国注册的建筑师，并在诸多国际组织中获得荣誉称号。

槙文彦的成就被广泛地出版、展览和建筑行业的一系列最高荣誉所认可。他曾获得的奖项包括普利茨克建筑奖、国际建筑师协会金奖、沃尔夫奖、威尔士亲王奖城市设计类、日本艺术协会奖和美国建筑师协会金奖。他也曾在诸多国际竞赛中担任评委。

Fumihiko Maki

Fumihiko Maki was born in Tokyo, Japan in 1928, and has studied and taught at the University of Tokyo and Graduate School of Design, Harvard University. Since 1965, Maki has been the principal of Maki and Associates, an international architecture firm based in Tokyo. Maki is currently a registered architect in Japan and Germany and has been awarded honorary fellow status in numerous international organizations.

Maki's achievements have been widely, recognized through publications, exhibitions, and with some of the profession's highest honors, including the Pritzker Architecture Prize, the Union of International Architects Gold Medal, the Wolf Prize, the Prince of Wales Prize in Urban Design, the Praemium Imperiale, and the AIA Gold Medal. He also served as a jury member of many international competitions.

正如您刚刚提到的，这一项目一方面在体量上简洁优雅，暗示一种与大海、公园和山体的关系，另一方面它的内部空间又由于三个广场而平添生趣。这三个广场既是贯通多层的空间停顿点，又使得来访者能够一眼看到不同楼层的景致。那么，这个方案的设计过程是怎样的呢？

槙文彦：我不能一一介绍我们的一百个过程方案。在出版物中，除非有一百页的空间，否则我们只能强调最终的方案。

奥山靖子：我们的设计团队在福永知义先生和长谷川龙友先生的带领下，研究了很多工作模型和方案。我们花费了很多努力才最终形成了这个方案。

槙文彦：这个项目也经历了两轮国际竞赛。我们曾提出过许多不同的模型和研究方案。

您能够简短地介绍一下关于这一项目的内部空间，尤其是三个广场——文化广场、中央广场、滨水广场背后的设计概念吗？

槙文彦：我们在平面上布置了一条中脊和两个主入口。在中脊两侧则布置了一些诸如画廊和剧场等重要设施。在一层，我们有V&A展厅、零售和一些咖啡厅。当来访者往上走时，则会有一些其他的设施，比如说儿童博物馆、书店等等。

奥山靖子：这条中脊则串联了三个主要的广场。正如桢文彦先生之前提到的，这三个广场提供垂直方向的视线联系和到达不同功能的交通联系。在这一综合体中，三个广场被赋予了不同的颜色特点。文化广场以红色砂岩为特点，中央广场则以绿色花岗岩为特点，来访者也可以看见庭院中的绿色植被。最后，滨水广场则以蓝色花岗石以及远处的海景为特点。

您曾经说过，“在今天，建筑作为人类与一个在不断变化的环境之间的连结，它的影响或许将更为深远。”对于这个项目来说，您觉得它会对深圳产生怎样的影响呢？

槙文彦：正如我们所知道的，当这些重要的建筑建成之后，它们往往要屹立50年甚至是70年的时间。正因为在很大程度上它们是公共的，所以它们必须要得到人们的喜爱。这也是我们在任何地方和环境中设计项目时的最为重要的目的。我们希望它们能够得到公众的喜爱。由于我们有着超过50多年的经验，因此我们了解怎样的布局、设施或者空间是人们所希望的。这也是我们在我们的项目中试图实现的。在这之外，我还不能证明深圳市民会喜爱这栋建筑。让我们拭目以待吧。

Despite the many-isms in contemporary architectural world, you have unequivocally called yourself a modernist and have described how modernism was to relate to the users, the program, as well as the desires of society in a given place and time. How is this approach manifested in the Shenzhen Seaworld Cultural and Arts Center?

Maki: We have made many discussions about how to approach this project. We explored the issues of its site and thought this facility should be used by all people like a plaza. As you can see in the physical model, the project sits on a very prominent site facing the ocean. We thought that the overall form should relate to its surroundings. And also, we thought that this project should be enjoyed by everybody who is visiting. Therefore, we designed two grand stairs to invite people to the roof garden to appreciate the wonderful views of the ocean as well as the park. So, that is the basic overall concept that we have established.

It's not only a place that people could visit and enjoy its facilities, but also a place that provides open public spaces to the city.

Maki: This particular project contains galleries, libraries, Children's museum and other facilities. We wanted this building to offer easy choices for visitors with different purposes. For instance, some people may come to the gallery, but as they come out, there awaits a large multi-story plaza that is both horizontally and vertically accessible. And people may say, " We'd like to take our kids to the Children's museum" or "We'd like to go to the restaurant in the center". This particular spatial arrangement makes it possible for visitors to be immersed into the space and makes them feel welcomed to the facilities within. This happens in an easy way by visitors' choices, instead of in a forceful way. This is very important. Basically, this architecture is for people.

As you mentioned earlier, the project has an elegant simplicity in its massing, which suggests a very clear relationship with its context: the sea, the park, the city and the mountains. Yet at the same time it is spatially sophisticated with three plazas serving as multi-story nodes that provide spatial breaks and offer glimpses across different levels. What is the design process like for the project?

Maki: Well, I can't show you our past hundred schemes. In a publication, only the final scheme could be emphasized unless we are provided with a hundred pages.

Okuyama: Our design team, led by Tomoyoshi Fukunaga and Tatsutomo Hasegawa, has worked with many models and studies. There's a lot of effort involved to get to this final scheme.

Maki: This project has been under international competition twice. We have presented many alternative models and studies.

Could you briefly talk about the interior design concept, mainly about the three plazas, the Culture Plaza, the Central Plaza and the Waterfront Plaza?

Maki: We have a spine and two important entries as you could see in the plan. Then important facilities such as galleries and theaters are placed along the spine. On the ground floor, we have the V&A exhibition hall, retail and cafes. And as you go up, there are other facilities like the Children's Museum, bookstore, etc.

Okuyama: The spine connects the three main plazas. As Mr.Maki said earlier, they provide vertical links for viewing and access to various functions. In the complex, three plazas are designated with different colors. The red sandstone marks the Culture Plaza. The green granite marks the Central Plaza, and you could also see the greenery in the courtyard. Lastly, the Waterfront Plaza is marked with blue stone walls and the ocean view beyond.

You once mentioned that "architecture may have an even greater influence today as the link between human beings and a constantly changing environment." In this project, what impact do you think it'll have on Shenzhen?

Maki: As you know, when such important buildings are built, they last for fifty years, or even seventy years. Since they're public at large, these buildings must be appreciated by the public. This is the biggest purpose we have in any project in any place and context. They must be liked by the people. Since we have over fifty years of experience, we know what kind of arrangement, facilities and spaces that people like and we try to execute this in our projects. Beyond that, I can't yet prove that this project will be liked by the people. We shall see.

（采访及文字整理：莫万莉）

12. 深圳海上世界文化艺术中心

12. Shenzhen Sea World Cultural and Arts Center

首先，我们想了解一下您对于深圳的印象。您觉得深圳最为独特的一点是什么呢？

我想对于大多数人包括建筑师和规划师来说，深圳代表了一种 20 世纪末和 21 世纪所独有的现象：一个二三十年前的小渔村，如今却已迅速发展成为了一个巨大的都市。可以说深圳是看不出明显历史的城市，这一点是极其不同寻常的。在深圳，我们看到的是一个崭新的环境，公交车、街道、建筑、公园，一切都是崭新的。这种在城市尺度上崭新的面貌，给人的印象是如此之鲜明，使得我们可以认为深圳更多地象征了“城市是什么”这个概念，而非一个随着时间而自然发展的城市。这在它的局限于小范围的建造技术和建筑风格的城市肌理中得到了体现。

无论从文化意义还是建筑意义上来说，深圳也是一座国际化和普遍化的城市。我生活在洛杉矶。在 20 世纪 60 年代，在我这一代人中，没有人“来自”洛杉矶。每个人都来自其他不同的地方。在深圳也是这样，人们来自全中国和全世界不同的地方。当然，在他们之间会有细微的文化差异，但在我看来，比起他们之间的不同，他们有着更多的相同点。和洛杉矶这样一座混合的城市一样，人们不再关注文化的差异，而会关注相似的兴趣。

但在深圳，我们为生活在这里的人们建造新的建筑，却尚未开始为它城市文化的精髓而建造。因此这一点就变得十分激动人心。我们正处在一个书写其历史开端的地方。或许距这开端 200 年之后，人们会说，“这就是深圳。”

您的项目以其不同寻常的复杂形态而闻名。在汉京中心中，您认为最大的设计创新是什么？

作为一个建筑师，我希望能够创造出更特别和更具有个人表现力的设计。在深圳，正因为它是如此之新，我认为我们不在文脉之中创造，相反地，我们在创造文脉。对我来说，大多数的建筑，如果撇开他们外表上的区别，基本上都是相同的。在平面上它们遵循了相同的组织模式，它们具有相同的性能，它们被相同的规则所限定。所以，当我来到这座城市，我希望能够参与到它的历史中，为它设计一件独特的作品。它不需要是美的，但却一定得是扣人心弦的。对我来说，建筑需要人们来对其进行诠释，它就像一部电影或是一本小说，能够开拓人们的认知。一件创造物，它所开拓的认知越广泛、越强烈、越多样，它本身就变得越有价值。这正体现了它以一种主观与可被诠释的方式和人们艺术化地进行了交流。当我们在汉京中心竞赛中展示了我们的设计后，我们的客户用了“抒情”这样一个词来形容我们的方案。一个商人用这样一个词是十分不同寻常的，他希望他的建筑是优雅独特和见所未见的，而这也是我们在项目中所追求的。

Photo © Michael Powers

汤姆 · 梅恩

墨菲西斯建筑设计事务所的创立者和设计总监，美国加州大学洛杉矶分校建筑与城市设计学院的终身教授。获得的众多荣誉中包括 2005 年普利茨克奖和 2013 年美国建筑师协会金奖。

Thom Mayne

Thom Mayne is the founder and Design Director of Morphosis. He is also a tenured professor at UCLA Architecture and Urban Design. His distinguished honors include the Pritzker Prize (2005) and the AIA Gold Medal (2013).

将一个方案落地是一个十分困难的过程，更别提像汉京中心这样一个无论从形式上还是结构上来说都十分复杂的项目。迄今为止，汉京中心的设计和施工过程中遇到的最大的挑战是什么？

最大的挑战是在工程上。我们对施工质量十分苛求，我们也十分积极地参与到施工过程中。我们和客户、当地设计院以及建筑工人们密切合作，来确保施工质量能够达到我们的要求。我们试图解决甚至预见到每一个问题。这座建筑无疑是十分复杂的。世界上大多数的塔楼建筑都遵循了核心筒位于平面中央的常规布局，但在这个项目中，我们通过将核心筒布置到建筑外一侧而颠覆了这种类型。这种做法使得平面获得了完全的自由。这是世界上最高的具有分离式核心筒的建筑。在第二高的此类建筑——理查德 · 罗杰斯设计的位于伦敦的劳埃德大厦中，从技术角度来说，核心筒仅仅是被平移而非真正地和建筑脱离开。因此，我们可以说是独一无二的。但我们和工程师一起解决了这些难题。

高科技产业无疑将在深圳未来的发展中扮演一个更为重要的角色，而汉京中心无疑将成为其中新的标志。您对未来深圳的展望是什么？

我认为在下一个阶段深圳将要做的是重新缝合。目前深圳的规划模型是基于汽车的，没有车几乎寸步难行，接下来，它应更提倡步行。当它开始有一种街道生活之后，像纽约的苏荷区、东村或是中城这样的具有可识别性，有自己独特受众与特点的街区也会随之出现。

对我来说，那种看着一个城市而规划出它 20 年后将是怎样的规划理念在 20 世纪 70 年代末就已经死亡了。今天的大城市受到来自全球的经济、文化、社会和基础设施的影响。正因为如此，我们无法再准确地预测一个地方的未来。当然，我们依然会有规划，但它们仅仅是一种准备而不再被认为是确定的。因而，我们现在会参与一些更小尺度的、和基础设施相关的项目中去。

当我再次来到深圳，看到它的街道之时，我会从一种日常生活世界的角度去思考它。这时，它不再是纯粹的，不再是一种类型的建筑能够主导整个城市的风格。建筑师不太会喜欢这样的状态，但这种多样性对于城市来说却是非常有趣和重要的。这也是将来深圳需要继续做的，它需要变得更具人性、更具个性，它不一定需要变得更美，却需要变得更可居住、更有趣、更具活力。

First of all, We would like to know your impression of Shenzhen. What do you think is the most unique character of Shenzhen?

I think that to most people, certainly to architects and urban planners, Shenzhen is seen as a phenomenon specific to the late 20th and 21st century, in which a fishing village has rapidly grown into an enormous metropolitan center over the course of only two or three decades. It's an extremely unusual situation, where a major city has basically no visible history. In Shenzhen, you're looking at a fresh-built environment. Everything is new, the bus, the street, the building, the park. The "newness" of everything is at an urban scale, perceivable to the point where Shenzhen begins to represent more of a concept of what a city is rather than a city that has developed organically over time. This is evident in the urban fabric, which is predominated by a very small range of building technologies and styles.

Also, it's an international and universal city, both culturally and architecturally. I live in Los Angeles, and in my generation, in the 1960s, nobody "came" from Los Angeles - we all came from somewhere else. So is the same here in Shenzhen – the people in the city come from across the country and across the world. Surely, there are cultural nuances between them. But in my opinion, the focus is more on what they share than on how they differ. I think it's similar to Los Angles in that in such a mixed place, it's no longer about the different cultures, but about similar interests.

Yet in Shenzhen, we build new architecture for its people and not yet a cultural essence of Shenzhen as a place. So what is interesting is that you're in a place that is in the beginning of writing its own history, the beginning of a starting of something that 200 years from now, people would say that "this is Shenzhen".

Your projects have always been noted for their unconventional and complicated forms. What is the greatest design innovation in the Hanking Center Tower?

As an architect, I'm interested in making things more idiosyncratic and personal. In Shenzhen, I think we're not working so much with context, because it is so new. Instead, we're making context. To me, most of the buildings here, if we do not count stylistic differences, are more or less the same. They're of the same organizational model in plan. They're of the same performance. They're guided by the same rules. So when I come here, I'm interested in participating in the city's history and giving it something unique. It does not need to be beautiful, but it should be compelling. For me, architecture is open for interpretation. It's like a movie or a novel, opening up people's perception. The broader, denser and more diverse the perception is, more valuable the creation becomes—meaning that it's communicating artistically in a subjective and interpretive way. When we presented our design for the competition for the Hanking Center, the client used the word lyrical to describe our project. It's very unusual for a businessman to use such a word. He wanted something that is elegant, unique, and has never been seen before. We pursued this in the project.

It's never easy to have a design proposal built, not to mention a project with such formal and structural complexity. What was the biggest challenge during the design and construction process of the Hanking Center Tower so far?

The biggest challenge for the project is the engineering. We're very demanding in the quality of construction and very hands-on in the construction process. We work closely with the client, the LDI and the construction workers to make sure the quality of construction is at the level we require. We try to solve every problem and even to predict it ahead of time.

The building is incredibly complicated. There are only a few buildings in the world that don't use the conventional tower layout, where the core is situated inside the building, at the center of the floor plate. In this project, we challenged this convention by shifting the core to the side and leaving the floor space completely open. It's the tallest building in the world with a detached elevator core. And in the second tallest detached core building, Richard Rogers's Lloyd building in London, the core is off-set and not fully detached in technical terms. So we're really in a category of our own. Yet we figured it out, and our engineers figured it out.

The Hanking Center Tower creates a new icon for Shenzhen's high-tech industries which are more and more crucial to the city's future development. Could you share your vision for the future Shenzhen?

I think that the next phase for Shenzhen is going to be re-stitching. The planning model for Shenzhen now is based on the automobile, and it's impossible to move around without a car. In the next phase, it's going to become more pedestrian-oriented. As the city starts developing more of a pedestrian street life, unique neighborhoods will emerge (similar to SOHO, East Village, or Mid-town in New York), places that people can identify with and that have their own culture and character.

I think that the concept of a master plan, which is the idea that you could look at a city and say what it's going to like in 20 years, died in the late 70s. Cities today operate within global economical, cultural, social and infrastructural forces, and we cannot anymore predict with any accuracy of the future of a place. Surely, there are plans - but they're provisions and are no longer seen in a fixed sense. So now, we deal with smaller infrastructure projects.

When I come back to Shenzhen and look down at the streets, I think of it in terms of the world of everyday life. It's no longer pure, and no longer resonates with the idea that a single kind of architecture could take over. It's something that some architects wouldn't like, but for a city, this diversity is very interesting and important. I think that's also the next stage. Humanize the city. Add more individuality. Make its not necessarily more beautiful, but more livable, intriguing and energetic.

（采访：吴然；文字整理：莫万莉）

13~14. 深圳汉京大厦

13~14. Shenzhen Hanking Center Tower

首先，您对深圳的第一印象是什么？

当我第一次来深圳的时候，在我的印象中它是一座非常具有生气和活力的城市。事实上也确实如此。当我在设计深圳当代艺术博物馆和城市规划展览馆（MOCAPE）时，我意识到我的第一印象是正确的。我觉得这座成长中的城市也需要一些具有活力的建筑，它不该只有普通、常规的建筑，也需要有像即将建成的中心那样充满活力的介入。

MOCAPE 位于深圳的核心区域，它和其他一些重要的文化和公共设施沿城市的中央区中轴分布。在这些文化建筑群中，您为 MOCAPE 创造了一个非常独特而充满活力的形象，就如同一朵蜷曲的云。您的灵感来源是什么？

我认为艺术和建筑需要有标志性的构筑物来承载它们。一座艺术和建筑的博物馆与一个购物中心或是一幢办公楼是完全不同的，它必须具有标志性的形态，来象征艺术发展中的活力。MOCAPE 的形态来源于一种城市策略。它的主入口位于服务基底之上，俯瞰着地铁站，所以，当人们从地铁站出来之时，他们会立刻看到 MOCAPE 的具有欢迎姿态的大台阶。大台阶通向了两个机构之间的公共空间——开放"广场"，从那里，人们可以进入到当代艺术博物馆或是城市规划展览馆之中。整个建筑的形态朝向周边一座重要的文化建筑微微扭动。这是一种来源于城市文脉的、非常富有逻辑的形态策略。

在这个项目中，您建议过采用机器人技术来建造如此富于动态而复杂的形态。您认为这门技术是怎样影响这一项目以及建筑的呢？

我不得不很遗憾地说，最终我们的客户没有雇用那家机器人公司，但我认为这将是未来建筑的建造方式。通过使用机器人技术，即使是最为复杂的形态也能够很轻松地建造出来。所以，就施工时间来说，它是十分经济的，因为它意味着在施工现场将会需要更少的工人。但这也是现在需要反思的一个不利因素，机器人的发展将使得建筑工人失去工作。我认为我们需要在那发生之前就训练他们，使他们能够具备操作机器人的技能。

您是建筑领域探索机器人技术的先锋之一，而深圳恰恰也在这一领域处于领先地位。您对于深圳将来的建筑与城市发展的愿景是什么？

我希望将来机器人技术能够被运用到建筑行业中来。深圳已经拥有了非常知名的开发机器人的公司。我希望他们能够继续发展，改变建筑行业的思维方式。如果这能够发生的话，深圳将站在一种全新建造方式的起点，伴随着这种新的建造方式，建筑将不再局限于令人乏味的方盒子了。

Photo © Manfred Klimok

沃尔夫·D·普瑞克斯

蓝天组建筑设计事务所的联合创始人、设计总监和首席执行官，曾任教于耶鲁大学、哈佛大学、SCI-ARC 学院等。他曾获得包括大奥地利国家奖、是奥地利科学与艺术荣誉勋章等诸多奖项，奥地利艺术委员会和欧洲科学与艺术学院的永久成员。他被认为是解构主义建筑运动的发起人之一，于 2003 年起开始担任奥地利维也纳应用艺术大学副校长及建筑学院院长。

Wolf D. Prix

Wolf D. Prix, born in 1942 in Vienna, is co-founder, Design Principal and CEO of COOP HIMMELB(L)AU. He studied architecture at the Vienna University of Technology, the Architectural Association of London as well as at the Southern California Institute of Architecture (SCI-Arc) in Los Angeles. Amongst others, Wolf D. Prix is a member of the Österreichische Bundeskammer der Architekten und Ingenieurkonsulenten, the Bund Deutscher Architekten, Germany (BDA), the Royal Institute of British Architects (RIBA), the Architectural Association Santa Clara, Cuba, and Fellow of the American Institute of Architecture (FAIA).

First of all, what's your first impression of Shenzhen?

When I first came to Shenzhen, I had the impression that the city was very lively and dynamic. It turned out that it was true. I figured that out when I was building the Museum of Contemporary Art and Planning Exhibition (MOCAPE). I realized that I didn't need to correct my first impression. I also thought that this growing city needed dynamic buildings: not only normal and regular building, but also dynamic intervention in the creation of the upcoming new center.

MOCAPE is situated at the heart of Shenzhen along the axis of its central district with

some other prominent cultural and civic facilities in Shenzhen as its neighbors. Among them, you create something very iconic and dynamic, like a curling cloud. What's your inspiration for the project?

I think that art and architecture deserve iconic buildings. A museum for art and architecture is not a shopping mall or an office building. It has to have identifiable form, representing the dynamic of the development of art. The shape of MOCAPE comes from an urban strategy. The entrance is above the service base looking down at the subway station. So when people come up from the subway, they will immediately see the inviting gesture of the grand stair leading up to the "plaza". The open "plaza" is the public space between the two facilities. From there, people could enter the museum of contemporary art or to the urban planning exhibition. The shape is a little bit twisted because it's directed to the other major cultural building. It's a very logical formal strategy coming from an urban context.

In the project, you proposed to use robotic technologies in order to construct such a dynamic and complex shape. How does it influence the project and architecture in general?

I'm sorry to say that the client didn't hire the robotic company eventually. But I think that this is the way of building architecture in the future. With the help of robotic technologies, the most complex shape could be built very easily. Therefore, it's very economic in terms of time, since you don't need to have many construction workers on the site. This is also a disadvantage that we need to reflect now, which is that construction workers will lose their jobs because of the development of robots. I think we have to train them to operate the robots beforehand.

You're one of the pioneers in robotic technology in the architectural field and Shenzhen is also one of the pioneering cities in the same field. What's your vision of the future architectual and urban development in Shenzhen?

I hope that robotic technologies will be used in the building industry in the future. In Shenzhen, there are already some very well-known companies developing robots. I hope that they will develop and change the mentality of the building industry. If this will happen, Shenzhen will be the point of departure of a new way of building architecture, which will no longer be only tedious boxes.

（采访：闵嘉剑，文字整理：莫万莉）

15. 深圳当代艺术博物馆与城市规划展览馆
15. Shenzhen Museum of Contemporary Art & Planning Exhibition

首先想问问严先生对深圳的印象。您的设计事务所在中国的不同城市都有实践，其中也包括深圳。那么与诸如香港、北京、上海这样的大城市相比，您觉得深圳这座城市最为独特的是哪一点？

我觉得深圳最大的特点就是年轻。它没有什么包袱，没有传统的包袱，更没有太多历史的包袱，同时，也可以说它没有一个本土的包袱。它源于本土的人口很少，居民现在基本上都来自全国各地。

您提到深圳的一个特点是它的年轻。我们也知道，在改革开放前，深圳只是一座小渔村。但在短短的35年中，它就变成了中国最为重要和最具活力的城市之一。这种飞速发展一方面令人惊叹，另外一方面也会给建筑师带来一些挑战，比如会出现如您曾经形容的“文脉真空”的状态，那么，您觉得这种状态和您在深圳实践的关系是怎么样的？

说得对。“文脉真空”是我们需要面对的一个缺点吧。深圳没有包袱，因此也可以说缺乏文脉；文脉是两方面的，一方面是建成环境的文脉，而深圳缺少古旧建筑或村落等这些建成环境的文脉；另一方面是文化的文脉，深圳原来是一个小小的村落，因此它没有一种独特、显著的生活方式。但这种情况现在可能开始有所不同了：有的地方已经有了比较成熟的城区及有个性的小区；有的地方虽然没有一个建筑的古老聚落，可是它还是有一种自然资源文脉的，比如说海岸线和山脊——在南山区，在宝安，在龙岗。

在我们的设计项目中，有些地方就有比较明显的文脉。比如说深圳香港中文大学项目，它位于龙岗，既有文化的文脉，也有建成环境的文脉。文化的文脉是什么呢？因为这个大学是中文大学，所以它的传统是基于香港中文大学，传统包括公共空间需要迎合的功能活动，教学所需要的跨系互动，不定性的、可以互动的学习空间，也包括它的教学方法和课程设置。另外，这个项目的基地背山面城，是在深圳比较特别的环境。这座山，以及它面向已经建好的教学区，都带出一种氛围，是我们设计概念“山、林、院”的一个启发。所以这个项目，虽然处于深圳这座年轻的城市，但我们还是有足够的文化文脉和建成环境文脉作为依据。另外我们所设计的安信总部，它所处的城区也是比较成熟的。它一侧是一个很大的高尔夫球场，另一侧则是深圳一条比较人性化的道路，包括一系列已建成的大型建筑，所以这个建筑的朝向和空间布局都可以和城市的现有的文脉产生关系。另外，我们所设计的安信大楼是一个公司的总部，而这个公司已经有了一定的公司文化，对工作环境有一定的要求，因此这个项目也有一定的文脉。在这种情况下，我们的设计亦能有依据地响应。然而在某些项目中，比如说前海交易广场，它的文脉是比较弱的。因为基本上，前海是一块大空地，所以我们只可以自己创造文脉。在这个项目中我们基本上不是做建筑设计，而是做城区设计。我们创造一个“微型城市”，把整个城区的肌理营造好，然后按照这个肌理，来设计我们建筑的互动、关联、对话以及私人空间和公共空间的结合等等。当然这种策略是否能取得成功现在还很难说。

您的设计事务所一些在深圳的正在进行中的项目有几个是属于塔楼的类型。我们知道，塔楼有时候会因为它和公共空间的割裂而被认为是形成了城市中一个隶属于私人空间的飞地。而在您的项目中，可以看到，您试图通过一些建筑手法上的处理，在寻求另一种更为积极的公共与私人空间之间的关系。您能够更为详细地阐释一下在这个方面的想法吗？

实际上这里有一点非常重要，就是在塔楼公私领域交接的底部的设计中，应该尽量把公共空间和私人空间融合在一起，尽量把公共空间和私人空间的界线设计得模糊一些。当一个人走进这幢大厦的范围时，最好不能让他能察觉到哪里是私人空间和公共空间的界线。当然

严迅奇

博士，铜紫荆星章获得者，太平绅士；

许李严建筑师事务有限公司执行董事；

香港中文大学社会科学院名誉教授；

香港大学建筑系名誉教授；

康乐及文化务署博物馆专家顾问，

南加州大学 IAF Council 国际顾问。

Rocco Yim

DR, BBS, JP

Executive Director of Rocco Design Architects Ltd.

Honorary Professor at CUHK in the Faculty of Social Science

Honorary Professor at HKU Department of Architecture

Museum Adviser to LCSD

A member of the IAF Council of International Advisors for the University of Southern California

这也是一个管理上的问题，不完全是由空间设计上可以决定的。但如果可能的话，我们一向都尝试造成私人空间是公共空间的延续这样一种状态。假若建筑的性质及功能允许的话，这样的空间也可以延伸至二层或者三层。

您提到在像前海交易广场所在的这样一个文脉比较弱的环境中，建筑师需要自己去创造文脉。在这个过程中，作为建筑师，我们需要能够想象未来是怎么样，从而来考虑我们的设计是如何来实现这个对于未来的展望。那在设计中，您是如何去展望这个未来的呢？您希望看到一个怎样的未来深圳呢？

要预测未来基本上是不实际的。没有人可以预计到未来是会怎么样。可是我觉得我们可以把希望看见的未来作为设计的一个目标，一个愿景。当然，这个“希望看见的未来”是基于看到它的现状、它的过去和它的发展足迹，这样才能够有一个比较真实的愿景。对于深圳的未来，简单一点来说，我希望它可以有更多香港的优点，而没有香港的缺点。整体城市肌理更紧密一点，公共和私人空间融合得更完全一点。而香港所缺失的、追求创新的这种心态能够被加强，而不要被淡化。作为城市来说，深圳还是一个小孩子，不过它长大得很快。成长得快是件好事，可最重要的是不要忘记孩时的梦想。就像《小王子》这本书里说的，长大不是问题，丧失梦想才是悲哀。对深圳来说，它的梦想就是抛弃包袱，打破限制，追求什么都可以发生的地方。

First of all, I would like to know your impression about Shenzhen. Your office has practiced in different cities around China and has accomplished a lot of significant projects in those places, with Shenzhen included. What do you think is the most unique character about Shenzhen compared to other big cities like Beijing and Shanghai?

I think the most significant character of Shenzhen is that it's a very young city. It doesn't have much baggage, neither the baggage of tradition nor that of history. We could also say that it doesn't have much nativistic baggage. Its indigenous population is fairly small, and most of its current population came from different regions in China.

You mentioned that Shenzhen is a young city. We know that before the Reform, Shenzhen was just a small village and in only 35 years, it has become one of the most important and vibrant cities in China. Yet such rapid development also posed great challenges for architects as what you described once before as "vacuum of context". So how do you see the relationship between this condition and your projects in Shenzhen?

You're right. "vacuum" is perhaps a negative aspect that we need to face. The fact that Shenzhen is free from baggage unfortunately means it does not have much context. Here, the meaning of context is twofold. On the one hand, it refers to the physical context. The city have scarce heritage buildings or settlement. On the other hand, there is the cultural context. Shenzhen has traditionally not possessed a unique or character-full way of life. However, the situation is perhaps a little different nowadays. In some places, there's already a maturing urban environment with established and dynamic communities. In other places, there are natural contexts such as the shoreline and the mountains; in places such as Nanshan

District, Bao'an and Longgang.

In certain of our projects, meaningful contexts can indeed be detected. In the Shenzhen Campus of Chinese University of Hong Kong, which is located in Longgang, there are both relevant cultural and physical contexts. Since it's the Chinese University, its cultural context comes from the tradition of the CUHK, such as the variety of programs designated for the various public spaces, requirements for inter-departmental interactions, aspirations for ambiguous and interactive study spaces, all based on the experience, the teaching methods and curriculum of the CUHK. Meanwhile, the project site is sandwiched between green hills and a developed academic district, which create an ambience that inspires our campus planning concept of "Mountain/Forest/Coustyard". So even though this project is located in a young city, significant contextual references come into play. In the project for Headquarters of Essence Financial Securities, the site is within a mature urban district. There is a large Gulf course on one side, and human-scaled thoroughfares on the other side. It's also flanked by a series of completed buildings. Thus we could relate the siting and spatial configuration of the project to the existing urban footprint. And since it is a corporate headquarters, we could find contextual references from its company culture and the aspirations and habits of its workforce in the conception of the architectural design. However, in some of our other projects such as the Qianhai Trading Plaza, context is basically absent, and we need to create our own. Instead of designing buildings, we started out by designing first a mini-city and its fabric. From this fabric, we conceived the architecture based on interactions of the buildings, their dialogues, the connectivity and the fusion of private and public space, and so on. Yet it's perhaps too early to tell whether this strategy of creating one's own context will be proved successful.

Some of your office's on-going projects in Shenzhen belong to the tower typology, which is usually criticized for its enclave of private space. However, in your projects, e.g. CITIC Finantial Center and Headquarters of Essence Financial Securities , it seems that you are exploring an alternative possibility between public and private space. Could you elaborate a bit more on it?

It's very crucial that in the design of towers, when the private and public domains interface at the base, the boundaries between public/private spaces be blurred as much as possible. When one enters the site, he or she should ideally not be able to perceive the threshold between the public and the private. It's also a management problem which could not entirely be resolved through design, but in our projects, we always adopt a strategy in which private space is regarded as an extension of the public space. Wherever possible, such extension should also be carried on to the second floor or the third floor, depending on the building's nature and program.

You mentioned that architects need to create context when it is weak as in the case of Qianhai Trading Plaza. In this process, as architects, we need to understand what it would be like in the future and how the architecture that we are creating could help shape that future. How do you vision that future and what kind of vision do you have for Shenzhen?

As a matter of fact, it's never realistic to predict the future. Nobody could predict the future. However, I think it is desirable that we have a vision of the future that we can set as a design goal: a vision based on a city's present, past and its trajectory of development. In the case of Shenzhen's future, to put it simplistically, I hope it will be a city with more of the strengths of Hong Kong and less its deficiencies. A more compact and fine-grained urban fabric, for instance, and genuine interaction between public and private domains. An enhancement in its environment for creativity and innovation, something which Hong Kong lacks, and a robust protection of such zeal. For a city, Shenzhen is in fact still a child. Yet she grows fast. This is a good thing, but what is crucial, as per the core message of the book *Little Prince*, is that the process of growing-up should not be allowed to jeopardize the memory of childhood dreams. It would be tragic if such dreams are erased. And for Shenzhen, this dream is that of a city which is without baggage and therefore without limits, and where everything and anything could happen.

（采访及文字整理：莫万莉）

16~17. 香港中文大学（深圳）规划

16~17. Master Plan of Chinese University of Hong Kong (Shenzhen)

16

17

建筑师说
Architects' Words

都市实践在深圳
URBANUS @ Shenzhen

孟岩 MENG Yan

URBANUS 都市实践建筑事务所创建合伙人、主持建筑师

为深圳而设计

都市实践为什么会在深圳起步？为什么至今仍然坚守深圳？ 这几乎是所有到访都市实践的人最先要问的。进一步的问题是深圳对于设计型事务所究竟有什么吸引力？深圳的设计土壤还有没有足够的营养不断滋养新的年轻设计事务所？

15 年前都市实践来到这座陌生城市时，我们从未对它抱有任何浪漫想象，而仅仅是带着问题也是冲着解决问题而来，自此就开始了与这个刚刚发展了 20 年的既单薄又粗粝的年轻城市共同生长的经历。不断的机遇与失败让我们对深圳有着爱恨交加的复杂感情，从最初带着文化优越感的挑剔目光审视，到置身于不断变化的当下现实中学习，我们正是通过持续的建造和研究而逐渐认识这座城市。2009 年都市实践成立 10 周年之际也恰逢深圳特区成立 30 周年，在那一刻我们强烈意识到一座城市与和它共度三分之一历史之久的建筑事务所之间特殊的关联。同一年都市实践作为总策展机构，集合了大批艺术家和专业学者，策划和设计了上海世博会最佳城市实验区的深圳案例馆，并以此为契机更加多维度地对深圳城市历史和文化进行了深入的研究。

深圳是中国城市化的样本，曾经也是新的社会实践、思想观念和制度创新的发生地。它既是一种自上而下的社会与城市理想的实验场，又是自下而上的民间草根力量的滋生地。边缘的地缘政治、移民社会的性格以及文化传统的缺失使得深圳难以产生任何足以一统天下的支配性的观念力量。也正因如此，企业力量、专业精神、包容开放的城市性格得以保存。35 年前邓小平少谈主义、不论姓氏（姓“资”姓“社”）、专注发展（“黑猫白猫”）的中国式智慧造就了深圳，35 年之后的深圳虽然早已停止了当年“蛇口精神”、“深大实验”式的种种理想主义的乌托邦实验，然而一种不问出处、注重实干，兼顾了实用主义做派和理想主义情结的深圳式的精神遗存仍在这座城市的血脉中流淌。

深圳作为改革开放的“排头兵”和新观念的实验场已经完成了历史使命，从“前卫”进入了主流化的进程。无论是媒体上的“被抛弃说”还是知识界广泛讨论的城市发展战略上的定位不清，总之深圳城市的大叙事年代已经结束。十几年来我们一直在批判深圳创新精神的褪色和城市中产阶级化的保守趋势，然而深圳仍有城市管理者、企业家、文化人和很多专业人士不断通过对城市现状的批判和文化反思表达出强烈的创新渴望。

在我看来，恰恰就是在这种不确定的大背景之下，深圳仍然有着在微观层面持续创新的机制和土壤。记得一次与英国著名社会文化学者斯科特 · 拉什（Scott Lush）先生探讨深圳的未来时，我们就同意深圳当下的某种定位不清和前路不明，而且有被一种暗自涌动的自下而上的力量簇拥着不断摸索的状态可能是最好的状态。正是这一点使得深圳一直是最具自我批判精神的中国大城市，在不断的自我否定、与他者比拼和试图超越之间不断痛苦转身却永不停歇。更重要的是深圳在此转型过程中仍在不断推出新的问题并急迫需求新的解决方案，而这正是都市实践以解决城市问题为动力的设计实践最佳的生存土壤，相信它也仍会不断催生出新的专注于城市实践的年轻设计力量。

研究引领设计

都市实践在成立之初就提出了要“为新世纪不断产生的城市问题寻找新的解决方案”的目标，从一开始就与深圳的城市化进程紧紧捆绑在了一起。在设计过程中注重直接观察、体验和深入的研究以求清晰地把握问题成了设计开始的基本途径。在 2003 年开始的“华侨城创意园”规划已经开始了较为详尽的对于区域历史、文化、社会结构等方面的研究，接下来进行了罗湖和华强北片区的城市设计研究，之后的“土楼公舍”项目又启动了对于低收入阶层

生活状况、住宅类型和市场需求的研究，此外还有从 2004 年开始持续了十年的深圳城中村研究等等。经过不断积累，在 2011 年正式成立了都市实践研究部（URB），使研究更加系统和专业化。

URB 更像一个开放的平台和插件，通过与国内、国外大学和研究机构以及独立研究人员的广泛合作，它往往从一个项目切入一个片区、一种特定产业或社会问题，我们最终期望将设计工作导向更准确地解决问题且富于更远大社会目标的设计实践。同时研究引领下的设计成了一种新的系统性的知识积累，它是我们不断加深对深圳这座城市认识的有效途径。与深圳当下的发展热点同步，研究部近期的研究项目大多聚焦于正在进行中的旧城和旧村改造，例如在蔡屋围和华强北片区的城市改造研究中，建筑师和研究者试图平衡城市、开发商以及公众对保存城市记忆、区域更新、产业升级的需求以及关注创造新的垂直城市类型的潜在机遇。白石洲与湖贝村的城中村改造研究一方面探讨超高密度的城市街区如何回应原有村民生活方式和租户社区结构改变，使空间升级与社会升级同步；另一方面对于原有湖贝旧村希望通过渐进改造的模式以保留历史记忆和文化遗产。为此我们起初在没有委托的情况下独立作了研究并把研究报告上交给区政府和相关管理机构，并通过组织设计工作坊和各方面专家学者的参与，一定程度上促成了开发商和设计机构对原先全部推倒重来式改造方案的重新思考。

湖贝旧村保护与更新的研究是一个典型的建筑师“主动出击”，在城市中通过仔细观察，发现问题并提供针对性的研究，进而通过与相关机构的沟通介入城市改造决策者的视野。都市实践此时介入的目标不是试图获得一个项目，而是希望作为城市敏锐的观察者和研究者对城市未来提出富于洞见的创新构想。虽然这样的努力并不一定都会被甲方接受，但至少通过积极介入的方式，尽力平衡各方利益，有可能最大限度地争取对决策者施加一定的影响。

全球化下的地方性实践

在全球化的当下，当建筑师们热衷往返于全球各地，输出设计，为全球化所提供的机遇而兴奋不已之际，那些还能专注于一座城市，通过默默耕耘而改变一个城市的建筑师似乎更应受人尊敬。像西扎之于葡萄牙的波尔图，还有很多不知名姓的建筑师与他们所在的城市长期保持着紧密的互动关系，日积月累地改变着自己生活的城市。值得注意的是即使是像库哈斯这样似乎更全面拥抱全球化的建筑师如今也在反思地方性和民族性的丧失或许正是世界各国近百年来全面吸收现代性的负面结果。当下建筑师职业过度商业化、建筑的产品化，尤其是研究的缺失进一步导致了当代建筑在世界范围内的同质化和一般化。建筑不再回应一座城市、一个地区的独特语境和文化特征，不再具有清晰的社会目标和文化使命，这是当代建筑学面临的深刻危机。

最后，全球和地方、中心与边缘在当下早已不是彻底的二元对立，在网络化、信息化的世界里这种时空概念的边缘已经十分模糊。传统的欧洲中心主义视野下的地方性和边缘性概念早已开始松动，在昔日的所谓“边缘”和“地方”的影响力早已不容忽视，并业已形成对传统“中心”的挑战和对全球化的补充。而此时的深圳也再次处于这种角色的转换和重新定位的状态中，由最初的边缘到 20 世纪 80 年代的中心（经济的和观念的），直到现在的既非中心也非边缘的游离状态。重回中心（观念、技术、文化、设计等）、或挑战中心以重树文化自信的强烈渴望正呼唤着新一轮的创新实践。在此种背景下，都市实践的设计和研究会更加专注于特定地域文化的当下转型及其社会及空间呈现，我们相信只有如此才能真正做到具有全球化视野的同时又深深植根于本土的当代建筑实践。

我思，故我在
我在深圳做建筑
I Think, Therefore I Am
My Practice in Shenzhen

刘珩 LIU Heng

香港南沙原创建筑工作室创建人、主持建筑师

很多人认识我们是因为南沙；南沙与深圳像是地球的两极，一慢一快，一南一北，一东一西，一乡一城。五年前，我选择了从一极来到另一极，尝试一种反向的生活。

深圳对于广州长大的我，是个异邦：它是一个快速成长的城市，相比北方的城市和西方的城市它很轻，轻得让人经常怀疑自己“我是谁，我从哪里来，我要到哪里去”。

35 年造就了一座 1 200 万人口的城市，在世界城市化的历史上应该是史无前例的。而岭南是“山高皇帝远”的一方水土，但空降在岭南的它让人觉得距离皇帝如此之近，那种气势，那种尺度，那种生活；而所谓的“西方的城市”，源于这个城市对速度与效率的追求，这多半让人联系起它对现代主义规划的忠诚，事实上它也是按这个逻辑起步的。以快速交通、单一用地功能以及城市运营效率为基本的现代主义规划被适时地选择并植入这块新土地，应验了“时间就是金钱，效率就是生命”的座右铭，过去的 30 年，这座城市日新月异，从无到有的异地身份令人刮目相看。

所有这些就构成了我对深圳这座城市的感觉——“轻”。几乎所有的人都来自异乡，不接地气，没有凉茶。我水土不服，但又不得不很快融入快速的造物者行列。但不能质疑，深圳的“轻”和“快”造就了今天华丽强势的它，彼得 · 霍尔（Peter Hall）在他著名的规划著作《明日之城》里说过：“历史像是一张无缝的网，一个打不开的戈尔迪之结，总是需要或多或少的一些随意的撕裂，才能找到突破口。”深圳就是中国历史的突破口，上下五千年之后的零起点，北方于南方，西方于中国，资本于共产，它选择“空白”和一无所有的原点，凸显自己建立异身份的勇气，给人一种亢奋和异常的快感。但从原点出发到了三十而立的阶段，似乎这轻，轻得无所适从，让人不禁思考：建筑设计带给城市的是建设的力量，破坏的力量还是平衡的力量？

面对没有历史、没有地域的轻，面对没有理由只有强迫症的快，我们如何能超越来自于前世的重与慢，而且还要更轻更快，这些问题无疑成为我们在深圳做建筑的突破点。在唯物主义（Materialism）的世界观里，物质造就了意识，造就了世界；在近 30 年来，唯物主义演变成一场城市化的唯物运动，它带给我们一个“轻”和“快”的崭新世界的同时，作为造物者的本体的“人”在哪？这似乎又把我们拉回了建筑的原点和终点。

在这样的思考框架下，这五年，我们从超尺度的 2012 年奥迪城市未来大奖“从困到闲——关于深圳 2030 年的研究”中探讨生命、空间、边界以及流动性在快速城市化进程中的冲突与解决冲突的设计路径，到以 1km^2 为单位的城市片区的城市设计例如“互育城市——龙华观澜河的改造升级”“华强北升级改造”等关于产业转型期里提升空间形象。同时，重点探讨如何通过设计有效地改善伴随快速城市化历程同步生长的社区环境和公共服务设施，以及提升社区的公共生活和质量；还有小于 1km^2 的老工业区一个街区的整体建筑改造，例如 2013 年“浮法玻璃厂”和 2014 年“大成面粉厂”等，探讨被遗弃的空间资源再生，探索重归未来生活的可能性，最后通过一个个具体尺度的建筑实践甚至是装置实践，用不同的“轻”策略，来实现我们贯穿于以往各种尺度的研究里对城市隐性基因的“重”——历史、地域、社区和公共生活的思考。

此轻非彼轻：正如保罗瓦莱里所说，“应该轻得像鸟，而不是羽毛”，也只有懂得重，才能让它轻。

我思因我“重”，我思故我“轻”，“轻”是我们的一种设计态度和立场，也算是我们在深圳实践的进行时总结。

深圳建筑的幸运基因
Lucky Genes of Shenzhen Architecture

赵晓钧　ZHAO Xiaojun

悉地国际（CCDI）总裁，国家一级注册建筑师

深圳是创业的热土，也是创意的热土。中国第一代市场化的建筑设计机构大多集聚于此，从深圳走向全国，走向国际舞台。我们置身历史浪潮中，有幸经历了这个充满故事的时代。在深圳的初创岁月，构成了第一代悉地国际（CCDI）人不可磨灭的印记和回忆。我自己生命中非常重要的 10 年，大约是从 1993 年到 2003 年，主要在深圳从事建筑设计，回望当年留下的这些项目，代表着一个时代的进取和探索，其中遗憾不少，却也无比真实。有了深圳这个起点，也就有了 CCDI 后来遍布全国的各类作品。20 年来，公司一批最强的建筑创作团队依然扎根在深圳，他们积极参加各类设计竞赛和双年展活动，保持着旺盛的创造力和思考力，从一个侧面验证着“深圳创作”的鲜活。

今日再看深圳这座城市，逐渐从国家政策的试验地，一步步走出自己的风格，以“设计之都”为目标，演进为文化创意与设计产业的重要集聚地，吸引了大量的创新人才，成为当代中国独一无二的范本。在这可喜的局面中，我们也不妨反思：究竟是怎样一种文化基因，促就了深圳城市的跃变？

在建筑学的专业语境中，创新与合作是无法回避的两个主题。在现实中，面对这两个主题，我们依然感到压抑和限制。当我们反思创新无力、合作不畅之时，也许可以从“纵横”二字加以解释，我曾在为《商业评论》撰写的一批主题文章中提到这样一种假设：当代社会是一个蕴含复杂系统的利益集合体，我们把其中反映高低序位、带有支配和从属特征的关系称为“纵向联系”；而把不同利益个体之间带有合作、契约、价值交换的关系称为“横向联系”。我们无比肯定地说，建筑设计作为一种商业社会中的智力服务，当横向成分占据主导时，创意和创新会得到更好地驱动；而当纵向成分占据主导时，规矩和复制会成为常态，内外的创新都首先会被理解为一种威胁，进而受到限制。

我们观察到一个有趣的现象，那些有着悠长历史的城市，在岁月的积淀中，出于传统文化的基因，比较容易形成“纵向关系”的羁绊，在建筑创新方面的分寸和火候，显示出特别的小心和谨慎，即使有，也是极度压抑之中的爆发；而往往是那些没有足够历史积淀的城市，在自我实现的发展诉求中，比较容易营造代表“横向关系”的合作、服务、价值交换，城市建筑设计受到的桎梏不多，新建筑的需求和活力都比较旺盛。也许正是中国传统骨子里的纵向意识，限制了很多历史文化名城的建筑创新，反而让深圳这座散发横向气质的年轻城市占得先机。

记得 1999 年我们主持设计深圳中国高新技术交易会展馆，可以说是深圳第一座承办国家级商业会展活动的建筑，在材料、构造以及工程策划方面都力图有所创新，但从设计到建成只有八九个月，时间紧，任务重，从政府城建主管部门到各级单位的压力虽大，但可以感知到方方面面对建筑师的信赖，“互助合作”的横向联系较一般的政府项目多了不少，实属不易。早在 90 年代，深圳主管城建的政府部门普遍早于内地实现专业化和年轻化，这使得城市规划和建设管理的价值观充满专业、科学和开放精神。这种可贵的城市精神造就一批幸运的建筑，也成就一批从深圳走向国际舞台的优秀建筑师。再看今日深圳前海如火如荼的国际设计竞赛，科技园中如雨后春笋般出现的“B.A.T.”①创意办公楼，无不放大着这种横向价值的扩散。

反观当代中国社会的方方面面，商业社会所必须具备的横向意识面临着成长的艰难，而深圳却在不知不觉中形成了一种幸运的基因。特区的政策、移民的聚落、香港的辐射、草根的崛起……都可以成为这种横向基因的外在解释，我们有理由为其呐喊，我们也有理由期盼“深圳速度”可以减去几分急躁，控制一下节奏，让与生俱来的幸运基因得以健康延续。

注释 (Notes):

① B.A.T. 为百度、阿里巴巴、腾讯三大互联网企业首字母缩写，成为新一代科技创新代名词。

由速生城市转向自然生长
From Instant City to Natural-growing City

孟建民 MENG Jianmin

中国工程院院士，深圳市建筑设计研究总院有限公司总建筑师，华南理工大学教授

深圳的城市文化是一种面向未来的城市文化。深圳最大的优势就是靠近香港——深港双城，我觉得未来双城之间的关系会越来越紧密，甚至合而为一。这是我们在深圳感觉和其他城市不一样的地方，应该说是受香港文化的影响还是比较多的。深圳城市的这一快速发展状况是改革开放政策下的历史必然，我们不能单纯用好或坏、优或劣来评价它。

深圳建筑规划设计行业的发展经历了30多年，大约分前后两个阶段。第一个阶段是"仿学"阶段，80年代进入大建设、大发展时期，国内的设计师主要模仿国外的设计作品，发展迅速。不仅是深圳，现在全国几乎所有城市都存在"快速建设""拿来主义""仿学抄袭"的现象。或许应该说，每个建筑师都经历过这样一个阶段，都参与过快速建设的过程。有些人习惯"快餐式"设计，习惯于"抄"，尽管可以分为会抄和不会抄两种，但不管哪一种对创作而言都是消极的。也有人还保持着创作追求，形成一种反差，他们对抄来抄去的做法持有一种质疑和警觉。深圳速度是我国城市发展史历史阶段中一定要经历的过程，如今积累到一定程度，不论哪个方面，都需要认真反思，调整自己，将速度缓下来。由解决有无到解决好坏，进而提高质量，追求原创的更高层面。

第二个阶段就是21世纪开始到现在，进入了"追求原创"的阶段，设计师们开始追求设计的原创性。这个"原创阶段"只是开端，并未成熟，现在中国建筑原创还比较稚嫩，还需要相当长的过程才能产生真正的、在国际上有影响的设计人物和作品。这10年是非常关键的，再往以后，得到国际的承认会更多，随着我们有更好作品的产生、更多人物的产生、更多思想的产生，深圳才和"设计之都"真正相称。深圳作为"设计之都"还得经过10年、20年甚至更长时间的努力，才能得到世界的公认。

生长在深圳的我和我们
I and We in Shenzhen

沈驰 SHEN Chi

中外建工程设计与顾问有限公司深圳公司总建筑师、合伙人，国家一级注册建筑师、高级建筑师

在很多人心目中，深圳是个简单而缺乏厚度的城市，深圳的建筑和建筑师圈儿也是如此，但这些年，它们却呈现出丰富而有趣的状态。

深圳有着最市场化的设计机构，又有着中国最具专业性和理想主义的规划主管部门。

深圳不是中国建筑最主流话语权的阵地，却是很多当代最有影响力的建筑师成长过的重要地方。

深圳是大轴线、大绿化、大马路式新城规划的始作俑者，却又是正面研究"城中村"的先行家。

深圳是最商业化的城市，又是倡导"公民建筑"的"中国建筑传媒奖"发源地，也是目前中国最具学术性的"深港城市\建筑双城双年展"的举办地，等等。

深圳的建筑行业，没有北京的政府资源，也比不了上海的国际范儿；深圳的建筑师，不比北京有那么多做"高大上"项目的机会，也没有像上海那样热衷于令人玩味的"小清新"建筑。深圳的建筑师无法回避商业，只能在现实的世界中寻找空间，在没有强势文化的环境中，常常表现出一种基于社会性的先锋精神。

城市与行业的状态是诸多个体状态的集体呈现。很长一段时间，我和很多建筑师朋友都保持着单纯的心态和理想主义的追求，努力从平凡的项目中去挖掘闪光点。在参与完成建科大楼的设计之后，我对具有气候适应性的建筑空间和形态产生了兴趣，并在之后几年的实践中进行探索，那时，我极少看到有建筑师在这个领域有好的实践。2007年开始，我负责设计"深圳2011年世界大运会运动员村（深圳信息技术学院）"的部分公共建筑群（也是校园的北校

区），这个项目对我来说是个绝佳的探索机会。借助“冷巷”的原理，我在建筑群不同体量的建筑里寻找不同的空间和形态策略，来适应南方气候特征，并由此诞生丰富而有校园气氛的公共空间。这组建筑外在不抢眼，但空间逻辑却是大胆而具有探索性的。理念虽易，过程艰难，建筑师在面对市场压力的同时坚持为自己选择研究的方向并付诸实践——这是不少深圳建筑师的共性。

回头看看，我们的建筑道路与这座城市的某种特质似乎有着关联，少有约束、崇尚探索，还有永远不会自我膨胀的谦卑心态。这座城市的单纯性和丰富性一直在影响着我们，她的现实主义和理想主义也从一开始就深深地扎根在我们的心中，行业今天的丰富面貌正是从这个草根城市的土壤中孕育而生！

时效性与适应性 Timeliness and Adaptability

施国平，黄晓江
SHI Guoping, HUANG Xiaojiang

施国平 美国注册建筑师，美国 PURE 建筑师事务所 合伙人
黄晓江 美国 PURE 建筑师事务所 合伙人
国家一级注册建筑师、高级建筑师

以前进出深圳市区需要办“特区通行证”，称为“关内”，而位于深圳北部的龙岗区属于“关外”，这里有大量利用廉价土地与劳动力优势形成的工业厂房，为早期深圳产业发展注入强劲的动力。但是随着 2005 年特区关口通行证的取消以及近年来深圳产业转型，这些工业建筑原来的使用功能逐渐消失，而地块周边又尚未成熟到马上进行重新规划建设；同时由于历史原因，这里一个小的园区里可能包含了政府、集体和个人多种所有权，集中开发建设难度很高，且原有厂房缺乏统筹规划，功能单一重复，建筑质量低。过去 4 年我们通过竞赛中标参与了两个龙岗工业园改造项目实践，让我们感受到当地城市管理者的智慧与能力——一种时效性与适应性。

大运文化园地块位于龙岗大运会主场馆西侧，由 7 幢已建成约 10 年的厂房组成。原厂业主为香港文具制造厂商，2008 年金融危机后工厂基本处于停业状况。大运会前先将此项目建设为大运会配套展示服务的文化园，待大运会结束后作为文化创意园区经营，直到整个区域成熟后再统一规划建设。考虑到项目功能的“临时性”，设计上主要进行模数化“外表皮”改造以控制成本，而平面上主要是进行梳理以满足未来功能的灵活需求；同时为了配合大运会的特性，外表皮采用了时尚活跃的彩色肌理，塑造了从市区进入大运会场馆的标志门户。大运会刚结束，文化园被深圳市作为附属设施赠送给了香港中文大学开办深圳校区，又进行了新一轮改造以满足其校园建筑的身份。整个过程，设计的“临时性”得到充分反映。

大运软件园项目占地 14 万 m^2，总共有近 70 栋建于 20 世纪的多层厂房与宿舍。基地位于大运轻轨站旁，区位优势明显，未来规划为大型城市综合体。但距离地块成熟推动尚有近 10 年的时间。利用这个时间段的空隙，区政府争取到市里政策扶持，将本项目作为市级综合整治试点来打造示范性高科技软件园区。与文化园不同的是，原厂房分属于多个不同属性的业主，城投公司一方面采取了统租的方式，集中进行改造与经营工作；对少量私营业主，鼓励其在满足园区总体规划要求的前提下自主改造与经营，实现政府主导与社会参与相结合的崭新开发模式。同时，通过设置公共广场、街道与企业专属庭院在城市空间的公共性与个体使用者的专属性中间寻求平衡，让园区一方面成为当地社区的公共活动中心，另一方面满足未来入驻企业自身的灵活功能需求。

深圳有着城市管理与市场效率高度配合的特点，集合政府、集体与民间的资源，巧妙地利用时间差挖掘地块的潜在价值，充分发挥建筑师的作用，探索了一种未来城市更新发展的新模式。

东张西望
Between East and West

汤桦　TANG Hua

重庆大学建筑城规学院教授，深圳汤桦建筑设计事务所有限公司总建筑师

记得是在20世纪的80年代后期，中国进入改革开放。那年我在学校教书，结婚生子，颇有安居乐业的味道。刚从研究生毕业，很喜欢教学，和同学们打成一片，书生意气，激扬文字。在图书馆钻故纸堆查资料（那个时候没有电脑互联网），成天琢磨怎么能把同学培养成大师级的建筑师。同时还和留校工作的其他老师同学一起在教学之余做设计，忙得不亦乐乎。突然有一天，系主任李再琛教授把我叫到办公室，问我要不要去深圳工作，有个设计项目需要派人去。对于这样一个在当时是如此沿海的、如此“资本主义”的地方，其中可能蕴含的种种建筑师的机会终于在48小时之内诱惑一个年轻的建筑学教书匠。

从地理位置来看，深圳是华南，古时与川渝一样，同属南蛮之地。只因国家的逐渐开放和相对于香港的政治意义，所谓现代化程度不断提高，从经济地理上被划入了相对于内地而言的“东部”。而我的学校也就理所当然地地处西部了。

尽管在深圳一待就是28年，但是毕竟是来自西部，感觉也就不太一样。西部就像故乡，而且由于工作的原因，常常来往于东西部之间，在感受其间的差异的同时，也更加深切地感受到西部的不可替代的分量。

记得大三在沙坪坝念书的时候，尹培桐教授、邵俊仪教授上课时谈到西方的现代建筑、日本的现代建筑、中国的现代建筑、中国的传统建筑，谈到四川的民居、重庆的吊脚楼，如数家珍。后来就迷上了各种各样的传统建筑，从宫殿庙宇到民居。也许我们这代人就是这样背上了十字架，好像已经背负了传承中国建筑的重任。

但是深圳却大不一样，似乎没有传统，好像也没有历史，建筑师都来自天南地北，汇聚在这个面对花花世界的热土。从地域的角度而言，广东人要务实很多，沉默寡言，埋头苦干，闷声发财。建筑师也似乎被传染，沉溺于图纸和工地，不太注意学术和主义。当然，建筑师这种动物对于新鲜的东西在感情上几乎总是先入为主地热爱，因此，面对我们的各种甲方，面对“时间就是金钱”的高速发展，泛滥在图板之上的是各种自己想象出来的新颖和洋气的样式。与此同时，也有一些不一样的项目，契合在学校里的梦想。对于我个人而言，就像一个自相矛盾的个体，一方面在准国际的环境之中感受东西方文化的交融，消化不良地接受外来的建筑学图像，另一方面，在相对开放的东部，反省国家西部的历史，文化，贫困，以及广大的农村对于建筑师的意义。充满纠结，满载困惑，追寻理想。

尽管现在的深圳有点像一个可能陷落的边缘，但是我们仍然可以看到生活在这里的来自全国各地的居住者对于未来的向往。就像深圳的城市，沿深南大道从东到西，我们会看到那么丰富的发展印迹：罗湖的传统城镇，上步区和下步庙的工业区，福田中心区的北美式街区，华侨城的新加坡肌理；蛇口的山水格局，中间还有无数的城中村掺杂其间，如此的多样性城市，如此丰富的城市景观，投射了城市对建筑师的包容和多元化的文化意象，以及来自不同地方的复杂的乡愁。

易于实验，难以积淀
Easy to Experiment, Uneasy to Accumulate

朱涛 ZHU Tao

香港大学建筑系助理教授

1992 年，20 出头的我乍到特区打工。第一次进荔枝公园闲逛，发现居然不收门票。那是我平生第一次碰到的，不向人民收费的“人民公园”，刹那间有了对公园、对城市的全新体验。今天回想起来，荔枝公园不就是“公民建筑”吗？深圳不正展示着“公民社会”的雏形吗？

2002 年，我在哥伦比亚大学读博士时，趁暑假回深圳，与华筑设计公司合作参加文锦渡长途汽车站竞赛。那时哥大建筑学院正在大谈计算机和数控技术引发建筑革命，我本人也深受鼓舞。但所有的激动都仅限于理论探讨，整个学院却连一台激光切割机都还没有。刚回到深圳，在一家普普通通的模型公司里，我就瞠目结舌地看到几台激光切割机不动声色切割着高层商住楼的平面和立面板。学院派总是还没做到“1”，就在理论上谈“100”。而现实往往做过了“100”，却来不及、或不屑、或没能力在理论上谈一下“1”。我嵌在两者间，大受刺激，设计了一座没有激光切割机就不能实现的文锦渡汽车站。该楼有复杂的三维曲面造型，无法用二维的平立剖面图描绘，所以模型工人也不能用传统方式，蒙着打印的图纸，手工切割模型。我们先在“3DMax”中建好三维空间模型，再转化成一片片二维图形，传输到激光机切割成板块，最后组装成型。在哥大刚刚学到一点对技术的理论性设想，居然能转眼用在深圳的“火热”现实中！我过瘾极了。

2008 年，《南方都市报》深圳专刊部房地产专栏编辑赵磊，时年 30 岁，想为南都做一个“中国建筑传媒奖”，找到已经在香港大学教学的我。我提议将理念定为“走向公民建筑”，从建筑专业立场出发，弘扬公民社会建设。后来建筑传媒奖在他的主持下办得有声有色。这除了得益于很多人的共同努力之外，也深深受惠自深圳这座城市的开放气氛。

如果要列举中国大陆中最接近“公民社会”状态的城市，深圳肯定是数一数二的。表现在城建方面，深圳有开明的规划官员、公开的竞标制度、精彩的城市建筑双年展等。

但深圳的城市发展也有令人惋惜之处。在规划上，它错过了几次新区建设的历史机会，因循守旧，过分依赖机动车交通，没能前瞻性地把新城建设成以公共交通为主，宜居、宜步行的绿色城市（当时以为追逐小汽车，摆脱步行和自行车才是“新”）。在建筑文化上，深圳虽有不少优秀的建筑师，在活跃的创作中建立起自己事务所的清晰身份，却缺乏好的文化机构，能持续组织高品质的学术活动，系统推进建筑话语的营造。

这座城市 30 多年的历史，鼓励了这么多探索，但它的整体建筑文化身份是什么？恐怕仍很模糊。

在“理想城市”的非理想主义追求
The Pursuit of Unidealism in an "Ideal City"

杜昀 DU Yun

毕路德建筑顾问公司合伙人，首席建筑师

柏拉图的《理想国》和莫尔的《乌托邦》都曾为我们描绘水墨云山理想的世外桃源，是我们梦中的伊甸园。正是跟随着这种理想城市的梦，深圳的整体和每个区块都进行过“规划”，我们也自豪地认为，深圳是规划的结果。然而，深圳真的变成了理想国吗？在这个“后巴洛克”时代，无论我们是否快乐，我们都应该放弃虚幻的乌托邦梦想。因为建筑不是一种完美的形态和功能。深圳最后也只是一个非理想的“理想城市”。

首先，建筑是具有艺术性的，但绝不是一种单纯的艺术；具有审美性，但也绝对不是一件独立的艺术品。建筑不同于音乐、绘画、雕塑、电影、文学等纯艺术，建筑是受限于地理位置，它是与地域文化有机结合在一起的。它是物质的、超物质的基础建设。譬如视角、日照、流通和入口都是物质的，而现今人们追求多元化的生活方式，就引发了多元的建筑解决方案，这其中就需要建筑的超物质性。

其次，如果我们遵循这种物质和超物质的需求，建筑则创造出了特定的场所。它是一个多层次的概念，是要从区域到城市到建筑再到细部去考虑的问题，我们不能仅局限于建筑谈建筑，就像一个特定的建筑方案是由它特定的固化环境，特定的营造业主、特定的使用者所决定的一样。城市空间与建筑空间的场所特性是“反”理想主义的，或者说是非理想主义的，说到底，它是世俗的。在这个资本驱动需求的时代，乌托邦只是一个幻想。

如果我们用建筑的物质性和超物质性及城市空间的场所性来观察深圳，就会发现很多有趣的现象：在完全按照芝加哥的理想街区所绘制的福田中心区，你会发现，围绕建筑的道路上，停满接送人的车；南山的一个设计语言非常纯粹的现代纪念风格文化中心，被改成“人人乐超市”；原本作为城市休闲娱乐中心的香蜜湖，却只能见到大量昂贵的住宅。

建筑是一种思想、生活。建筑物不仅是为一个地方增添风景，而是通过一系列的链接延伸其目的。在整个过程当中，建筑师所扮演的是将这个复杂的链接上的环节协调在一起并艺术地升华功能的角色。因此，我们不能将头脑中现成的概念直接“出售”给业主，必须经过精琢，根据具体的案例“营造”合适的概念，将各种创意融合凝练出最好的设计作品。我们也不能期待城市环境如我们的图纸般完美，毕竟生活不是理想。

总之，一个建筑提供了许多方面的阐述，它是建筑师精神的升华，即便在深圳这个“理想城市”中，我们对建筑的追求，也不应该是一种完全个人化的自我理想的追求，而应该是更高境界——是对社会负责的一种追求，是非理想主义的追求。

靠海，亲海
Near the Sea, Close to the Sea

费晓华　FEI Xiaohua

深圳雅本建筑设计事务所主持建筑师

我刚到深圳工作的时候，感触最深的是深圳有一条特殊的边防管理线。当时是 2005 年，我创作完成深圳市盐田区沙头角滨海栈道的设计。该项目全长 2.5km，纵深 30m，由原边防巡逻道改造而成。

35 年来，这条边防“一线”见证并配合了特区的高速发展。沿线有些地段成为报税区，有些成为海港码头，有些成为海滨公园，不管防区如何变化，驻深边防始终为特区建设让路，为特区发展服务。因为城市发展要土地，边防区就不断被压缩、前移。因为海岸线要开放，边防“一线”也跟着开放。但是开放，不等于不管，于是，边防改变思路，树立“方便不放松、放宽不放弃”的便民管理新理念。改造之前，这里是壁垒森严的边防“一线”，深圳人望而却步，靠海而不敢亲海。栈道建成后，它风景靓丽，鹏城人民蜂拥而至与它亲密接触，成为中国最特殊的边境管理线。可以说，该栈道的改造成功，是边防部队管理体制由武装警卫型向服务管理型转变的最佳体现，反映了特区部队与众不同的开放和进取。尤其是香港回归后，深港边防“一线”跟随深圳建设的脚步，成为镶嵌在深港之间一条美丽的风景线。

谈到该项目，原来海岸巡逻道陆地一侧是高耸的铁丝网，深圳人被拒之“海外”，不敢越雷池半步。设计的前提条件是只有去掉边防铁丝网，才能破封闭的海岸巡逻道为开放的亲水岸线生活休闲带，才能变往日丑陋的铁丝网隔离带为赏心悦目的山海风光旅游公园，才能疏通盐田城区全面通向大海的屏障，拉近与大海的距离，还滨海城市山城海文化地理特色。

所幸的是，在边防部队的配合下，拆除铁丝网，同意将海岸巡逻道改造成开放的滨海栈道。作为新的服务型管理模式的跟进，他们要求在栈道两端隐蔽处设置值勤岗，海上安装红外线监控设备，配以间隙性的巡逻，既确保了岸线的开放，又保证边防安全。这样的做法，才使得深圳的滨海岸线彻底地改变辖区群众“有山不能上，有海不能下，有景不能观”的尴尬历史。

作为尝试段和起始段，其成功的设计、建设和普遍的赞誉，提升了政府建设边防“一线”服务型管理模式的信心，极大地促成了深圳东部滨海休闲绿道建设的伟业。如今，正如网民所言：“附近的居民早上下午都会在这里锻炼身体，甚至是晚上有很多人在跳舞，很是热闹。傍晚时分，夕阳西下，晚风透着一丝凉意，对岸是香港，左边是盐田港，真的是幽静与繁华相溶，是散心，休闲的好地方。”

百花齐放
All Flowers Bloom Together

冯国安 FENG Guo'an

间外 Elsedesign 设计事务所主持建筑师

把工作室搬来深圳，是一个非常偶然的机会。从瑞士回来，原来是以上海作为工作室的开始。在上海前后三年，做过一些小项目。在 2008 年开始任教汕头大学后，才开始回到南方。从那年开始，就汕头、深圳、香港三地走。

2010 年起在深圳定居，对于一个香港设计师来说，深圳也许是一个熟悉的地方，但我们了解深圳什么呢？很多香港建筑师会来深圳做效果图、模型，但对于这里的建筑文化或建筑师的状态也许不太了解，或不知道深圳有哪些年轻建筑师的名字。正如来香港的国内自由行旅客，有多少对香港的本土文化关心？这种各取所需的关系把两个城市紧密联系在一起。

当然在 20 世纪八九十年代，深圳开始迅速发展的时候，香港建筑师为内地设计带来非常多正面的影响，包括高效率的管理或者是户型的设计等。很多内地的楼盘以香港设计师主笔为广告口号，香港成为一种品质的保证。

20 多年过去后，这种关系刚好倒过来，深圳一方面吸收了香港设计的经验，另一方面许多设计人才因深圳是“设计之都”来创业，深圳从此变得百花齐放。

当然深圳以一些事件去推动建筑文化，官方的有从 2005 年开始的深圳香港双城双年展，深圳市城市设计促进中心，民间团体如“观筑”和“有方空间”等。他们在不同层面上推动深圳和香港的建筑文化，让原来一直被说文化薄弱的深圳慢慢积累一些东西。

在深圳实践的好处就是可以两地跑，成为一个“深港人”，工作室在深圳，教书就在香港。由于深圳是一个移民城市，年轻人来打拼大家不太讲究城市地域的分别，只要你有能力就可以找到属于自己的空间，还有公开的竞赛或投标，提拔一些年轻的设计工作室。

错过了珠三角最快速的发展时期，但不代表现在慢下来不是好事，更冷静地思考城市空间比过速发展来得合理。几年间，在深圳前后参与了 2011 年深圳双年展的“U 站”（城市志愿服务站）设计改造工作，“不自然”设计和展览，以及大浪区的一个工业建筑改造。这些项目和深圳或珠三角有密切的关系，离开这里也许项目根本不成立。

“U 站”改造工作基于 2011 年大运会后留下的建设开始，近 800 个“U 站”散落在深圳的不同地方，当时思考如何利用设计去激活街道空间，尤其在南方这种湿热的气候环境下。“不自然”是一个设计师群体的设计思考，利用珠三角的材料去设计和自然有关的体验。珠三角的建筑材料制造业发达，但少有对他们的艺术性作出讨论。改造大浪区的工厂作为一个打印公司的总部也是个特殊的经验，这些偏远的地方由于工业转型变为空置，所以另一种商业模式出现，市区昂贵的租金令某些公司将总部转到其他地方，这不停更新的状态保持了该区的活力。这次改造也回应了工业建筑的规格作出非常小的改动，从而达到使用的要求。

未来会在深圳继续我的实践，期待可以结合香港严谨的方法和深圳以至珠三角的机会造出一些好的房子。

gmp 和深圳的“情缘”
gmp in Shenzhen

吴蔚　WU Wei

瑞士苏黎世联邦理工大学建筑学博士，gmp 中国部首席代表

对于 gmp 和我而言，深圳是一座特别的城市，里面有无限的回忆和情感。

1998 年初，深圳市举办的深圳会展中心国际方案竞赛开始了我和 gmp 的缘分。这是 gmp 和中国产生的第一次接触，尽管这次竞赛 gmp 名落孙山，但事情的发展往往出人预料。2001 年，深圳会展中心在新的选址上重新国际招标，gmp 有幸再次收到邀请，而且在这次竞赛设计中发挥了自己在会展功能方面的经验，在一个比较局促的用地上大胆地把所有展厅都安排在首层，将会议功能放在展厅之上，使得会议厅有一个远眺莲花山、俯瞰周边中心区的景观。在建筑形式上，充分把握住了深圳作为一个年轻、有活力城市的脉搏，特别是对中心区轴线南端的处理，以及对建筑第五立面的考虑，都是出于对上位规划的解读和尊重。这个设计被专家、市民以及政府一致认可，很快被确定为实施方案。而这个项目恰恰在 gmp 对中国业务出现迷惘和彷徨时中标，使得大家下定决心在中国继续发展。所以，这个项目对 gmp 而言不仅仅是一个重要的项目，而且是一个事务所发展历史中重要的里程碑。

有趣的是，尽管当时深圳会展中心作为头号大项目，但我们中标、设计、建设过程中没有拿到其他深圳的新项目。正在大家有些沮丧的时候，2006 年深圳为 2011 年的世界大学生运动会筹划建设大运中心，并举行国际竞赛，gmp 再次获得了邀请并最终中标。gmp 在这时候表现出了对中国城市、中国文化的洞悉，采用近似的建筑语言和几何关系，统一的建筑材料，充分表达“山、水、石”的中国传统绘画对自然景观的诠释，以及运用“竹林上漂浮的云”表达出岭南建筑“通、轻、透”的感觉。这两个项目不仅获得大家的认可，而且宝安体育场荣获了国际体育建筑的最高奖项——国际奥委会 2013 年度“建筑金奖”。

历史好像喜欢重演。在 gmp 中标这两个体育项目并设计的过程中，除了受华为委托进行坂田新科研中心的设计外，gmp 在深圳并没有获得其他的新项目。在深圳一些新的、重要的项目资格预审中 gmp 甚至吃到了不少闭门羹。终于，在 2013 年深圳前海地下交通枢纽上盖物业项目竞赛中，gmp 和中国建筑科学研究院组成的联合体经过激烈的竞争，最终获得了这个 140 万 m^2 超级项目的设计权。

深圳给我们留下的印象不仅年轻、有活力，还有对新事物、新思想的接纳程度很高。大家敢于创新，敢于为了创新而多花力气和时间。无论是深圳会展中心 30 000m^2 的一号展厅的消防论证，还是深圳大运中心的清水混凝土预制件的应用，大家都愿意为一个作品的诞生倾注自己的热情和努力。深圳对建筑作品的完整性和完成度非常关注，当年会展中心在实施过程中，有建设主管部门领导对屋顶百叶提出异议，计划全部取消，但是，我们在规划部门的支持下据理力争，甚至规划部门的负责人不惜在市长面前和建设主管领导激烈争论。这样的场面我只经历了这一次，只是在深圳。而这就是深圳的特殊之处！

深大设计
Shenzhen University: Architectural Education and Practice

龚维敏　GONG Weimin

深圳大学建筑系教授、原建筑系主任

一直在深圳大学建筑学院、深圳大学建筑设计研究院做教学及设计实践两方面的工作，就此两方面谈谈个人浅见。

设计实践对于设计教师完善知识结构与思维方式具有不可替代的作用。建筑设计本是实践性学科，有关建筑的材料、建造，建筑与社会体系等方面的内容难以通过抽象的方式而需以经验的方式才可获得充分的认知。来自实践的知识、经验、体会也为教学语境提供了现实性、真实性的思考与讨论的维度，这是设计教学中不可或缺的角度。

现代大学教育是个开放的系统，教学内容中本身就包含来自多方面的内容，“实践先于理论”是这个时代的一个特点，许多新想法、新方法、新的建筑类型、新的材料与技术最早出现在实践界，设计实践是与时代进步保持同步的有效方式。深大建筑设计教学提倡具有真实性基础的有想象力、创造力的设计。设计课大多采用真实场地作为项目基地，毕业设计题目大多是教师实践的真实题目，这种“真题假做”的方式为教学带来了真切体验，也使来自实践的经验和新知识、新课题能够及时地反映在教学过程之中。实践活动还是学术研究课题来源之一，为研究工作提供重要的思考依据。

教学活动对于设计实践也有同样的积极作用，就我而言，教学与学术活动是保持纯粹心态，批判精神以及思维活力的一种重要方式。几年前，库哈斯在深圳的演讲中曾将教学比喻为“师生共同对未知领域的探索”，这是对现代教育精神的精辟总结。深大的教学在一定程度上体现了相同的理念，一直致力于保持自由、开放、富有活力的教学氛围。教学不仅是输出知识、经验的过程，也是交流与探索的平台，在这个更为自由、开放且“共同探索”的平台上，总是能够获得启发和灵感。

设计实验与教学是两个不尽相同的领域，存在着观念、评价尺度、思维方式的差异甚至冲突。在设计院平台上，受到市场、现实条件的制约的实践活动也会产生过于现实、“世故”的思维惯性甚至“惰性”。要同时做好两方面的工作需要对这种差异和互相间可能的“负作用”有明确的意识，并在不同的语境中及时调整、转换思维状态。

30 年来，深大建筑学院、设计院一直坚持“产、学、研”一体化的工作模式，设计实践与教学紧密结合。教师们的设计作品质量和毕业生的素质证明了这个模式的价值和意义，值得继续保持及进一步完善。然而，在当前的大学制度环境下，实践—教学结合模式正面临着生存危机。以科研课题作为主要指标的理工科式的评价体系中，设计实践成果得不到承认，建筑设计专业正在丧失其正当的学科地位。期待学校对专业特点的真正理解和制度环境的改变。

混合的都市空间
A Mixture of Urban Space

吴钢　WU Gang

维思平建筑设计主持设计师

清晰的功能分区、明确的土地用途、宽大高效的快速汽车交通与立交转换、开阔的广场……但是，社区与社区之间是封闭的，围墙阻隔了人与人的交流，人与城市的交流。在有限的条件与背景下，怎样把我们的社区做成开放、便捷、易于交流的、对于城市发展是有所贡献的，同时又不能牺牲居民的基本利益，兼顾生活的私密以及环境的生态，这是我们一直面临和需要探索解决的问题，这也是我们在深圳这种大城市里做设计项目经常面对的困难与挑战。

记得前年面对金地梅陇镇项目时，如何将这个位于深圳市中心区以北 10km 的地区建造成一个将近 45 万 m^2 的生活社区，有许多基准和选择。但是我们希望强调都市性和混合性，因此设想通过对场地的台地特征加以巧妙地利用和改造，建造一个集商业、办公、娱乐、教育、居住等功能于一身的综合性社区，并为该地区提供重要的配套与生活服务，形成一个自给自足的混合城市。

依地势而设计的架空平台实现了垂直规划，平台的上、中、下空间综合解决了项目与城市的界面、居民生活便利性、绿化、交通和社区安保等问题。我们摒弃了传统的封闭式社区方式，通过开放式社区的方式将都市化与居民日常生活结合，底层商业围绕社区发展，随着一定的进深与内部空间相互渗透，形成有联系的城市界面。平台中通过结合地形成连续完整的平台花园，将景观叠加到商业顶部，为身处其中的居住者提供了来之不易的城市绿地。居住部分采用了薄进深的板楼，使住户的居住条件达到均好性和私密性，也保证楼与楼之间景观的连续性和最大化，户户临景。

在这样的规划下，老人、小孩可以放心便利地到平台的花园活动，不受汽车、陌生人的干扰；居民下班沿路回家时可以到商业街购物，经过电动扶梯回到小区的安保大堂，方便而安全。再配合优化的户型设计，使居住区在高密度的情况下既享受密度带来的便利，又保持优良的居住品质，形成便利隐私的群体生活。

金地梅陇镇设计方案在当时以国际竞赛一等奖被选为施工方案。在以完整和谐的整体格局和精心设计的建筑细节充分体现居住建筑走向理性的同时，又非常注重对人性的全面关怀，项目提出“从公用到私密，行走在混合都市中”的全新体验，成为片区内产品创新和品质突破的典范。

通过一些基本的元素——街巷、院子、架空层、无障碍花园、薄型板楼、阳台、遮阳百页等等，金地梅陇镇的建成不光解决了深圳一个居住小区的问题，我们更加希望借此机会回应中国当代城市发展中普遍面临的居住环境问题，以此设计中展示的模式说明一个关怀人性的、尊重当地的气候特征与居民的生活习惯的便利城市生活空间是可实现的。

中间“之间”
In-between

庄葵　ZHUANG Kui

悉地国际（CCDI）公共建筑事业部总经理，国家一级注册建筑师

作为国家支柱产业之一的建筑业，30 余年一直呈现出高速发展的态势，尤其 2000 年以后随着政策的放宽，几个国家重要标杆式工程方案的确定，境外顶级设计公司在中国实践增加，我们的设计视野某种意义上真正打开，同时危机感也随之而来。正是在这样的背景下，我决定离开学习工作十余年的武汉，来到被称之为“南方以南”的城市——深圳，加入到当时刚确定发展方向的 CCDI。

大多大型商业设计机构成功的法则是稳妥、安全、品质。它的工作更多是组织性的事务、把一个个庞大的项目在规定的时间内（在中国通常很短），梳理出大多数人的共识并有效完成，它的信念是能让大多数人的生活更加美好。走“中间”路线是一般大型商业设计机构的生存之道。这些年来，CCDI 的设计似乎也离不开“中间”的定位，但在 CCDI 的基因中却也存在一些“不安的基因”，因此我们所提倡的“中间”又不尽相同，它是个“空间”概念，周围存在上、下、左、右四个维度。

简而言之 “上”追求的是传统建筑学维度之“阳春白雪”，一种对空间、材料的品质苛求，坦白说，在这个层面上，我们与西方的差距是长久积累而成的，是灵感天赋所不能简单弥补的，所以我们会争取平安、万科总部等这样“高大上”的项目，通过与世界顶级公司的合作，提高我们的项目管理水平，增加技术积累；“下”则是探讨市民公众的日常生活，营造开放公共空间场所。在做深圳软件产业基地项目时，面临高密度城市背景，我们通过架起

空中的连接体，串联各独栋办公楼，设想立体城市的可能性，同时也建构了一个贯穿东西、24 小时地面层有顶遮阳的城市公共空间体系，回应南方多雨、暴晒、潮湿的气候特征，为市民日常生活提供覆盖。“左”是一种“激进、先锋”态度，在观澜版画博物馆项目中，面临复杂城市的文脉，我们采用较“左”的思路：通过集中建筑体量架起在两山脊处，建立人文与自然景观联系；通过保留延续“时光轴”与博物馆主体构形成“十”字形的场地秩序，传统、现代并置对比构建场地更为多元复杂的新文脉。当然，我们的“左”抛不开当下的技术水平，基本的功能使用，最终方案的“落地”才是我们的目的。“右”是一种相对稳妥的策略，这一点在高层办公项目中尤为明显，例如凤凰卫视大厦，它针对中心区的位置及办公楼的功能属性，关注实用、绿色，谨慎研究建筑体量，重点处理首层公共空间及进入场所的尺度转换关系。从建成效果及使用状况看，迄今为止我依然认为，这两栋楼的所营造的公共场所是该片区城市公共空间的表率。这些年来，我们都是在“上、下、左、右”之间选择，做“合适”的建筑，每一次选择我们也都会回到“中间”去审视我们的设计，当然，从另一个角度看“中间”又何尝不是一个“原点”呢？

CCDI 是从深圳走出去的企业，它的发展有赖于这座城相对宽松、自由、开放、公平的设计环境，这些前提有空间能让我们能在中间“之间”有所为。

务实的创新
A Pragmatic Innovation

黄宇奘　HUANG Yuzang

香港华艺设计顾问（深圳）有限公司总经理

也说“特色”

从“梁陈方案”开始，关于中国现代建筑“特色”的探索就从未停止过。虽然深圳之于改革开放，一直是犹如“见证奇迹到来”般的存在，但在文化和历史上，一直有种“文化沙漠”的先天自卑感。

作为当今世界建筑试验地的中国，深圳在建筑实践上却显得颇为沉默，没有北京的深厚底蕴，也比不上上海国际化的时尚感。这个仅有 30 余年历史的钢筋丛林，似乎既无法在传统南粤建筑中找到归宿感，又无法在千篇一律的现代建筑中寻找到自身的文化独特性。

务实的创新

作为一座非自发产生的城市，深圳从一开始就是为生产而非为生活建立的。在那段热火朝天、激情燃烧的岁月里，效益是唯一的目的和评判标准，务实的精神深深溶入了深圳城市文化的血液。作为改革先锋，面对从无到有、百废待兴的局面，破釜沉舟的勇气和开拓进取的魄力造就了今天深圳城市无与伦比的活力和不畏艰险的挑战意识。

这样的城市精神反映在建筑上，表现为“深产建筑师”有着更为务实的态度和更为强烈的创新意识。越来越多的深产建筑师不再追求形式的独特，而把目光投向建筑更为本源的地方，提倡建筑“还俗”，关注生活在城市中的人们最切身的感受；越来越多的政府项目进行成本控制，同时在生态性、宜居性和地域特色上提出更高的要求。这或许可以解释深圳在建筑实践上看似的沉默。

在我司参与的深圳湾科技城“B-TEC”项目中，巨大的建设量、低限额的建造成本、严格控制的时间点、已成系统的城市设计方案、生态宜人方面的高要求、多公司合作的复杂，设计在一开始受到了多方面多层次的极大制约。从最终设计成果上看，建筑形式颇为规矩，既没有气势宏大的悬挑也没有令人瞠目的高度。但在多轮高强度的头脑风暴后，寻找出一种巧妙简单的手法，在优化建筑能耗和使用环境的同时，又赋予建筑精致美感。这或许是“务实的创新”精神极好的体现。

天马行空、超凡脱俗的创意固然迷人，在错综复杂条件限制下平衡博弈寻求出最优答案的历程更令人热血沸腾、激情满怀——这也是建筑这门古老学科的最迷人之所在。

在路上

可以说，这场声势浩大的城市速生不仅是空间的巨变，更是成为一种思想深植于深圳城市文化，是深圳改革 30 余年来最珍贵的成果。这样元气淋漓富有生机的历程在中国城市建设史上不可无一而难能有二。对于深圳未来无限的发展可能来说，初期的城市速生仅是其沧桑变换的一个瞬间。而这个瞬间所爆发的力量，将使这个城市保持着一种历史的惯性，潜移默化地塑造着它在今天以及将来的模样。

从传统到新兴领域
From the Traditional to the Emerging Field

唐崇武　TANG Chongwu

华阳国际设计集团董事长

库哈斯将快速生长的深圳定义为“通属城市”，即没有特殊的历史，亦没有确切的文化背景，但这并未影响这座高速变化的城市成为中国改革开放的奇迹样本。城市急速膨胀，大量外来人口的迁徙让城市资源捉襟见肘：时间、土地、交通、配套设施等等。在鳞次栉比的明星建筑之下，建筑的意义、人的需求又该如何被考量？

华阳国际，在与这座城共同发展的 14 年里，从未停止思考。

与大多数设计机构一样，我们从居住建筑起步。集团副总建筑师张磊认为：“住宅不是一种割裂而独立的产品，而是构成深圳这座城市的母体，关注居住者对于住宅的认知意象，以及他们对于居住环境的认同与归属感是贯穿始终的设计原则。”我们在意住宅与城市界面的融合，将城市环境引入社区，同时也在社区营造中强化公共空间的概念，强调社区对所在片区各项环境的带动性，让住宅真正成为这座城市生活与文化的肌理。这种强调建筑并非单一个体，而是为城市创造更多公共空间的城市设计观念，同样在我们的商业建筑和公共建筑领域得到了充分的体现。

当密集的住宅占据深圳大部分可建造用地，全城 2/3 的土地供应需要依赖旧改的时候，在我们的商业设计中，如何对待这宝贵的土地和空间，满足社会多方的利益诉求，成为一个充满使命感的命题。集团副总裁薛升伟将“我们不再追求建筑单体的独特性，宁可为城市创作背景建筑，为公众提供一个活动的空间和场所，满足市民对城市生活的渴望，并通过这种渴望去实现商业建筑的价值”的理念，作为设计的重要原则。

在所有的建筑形态中，公共建筑往往承载人最丰富的需求和情感。每一个公共建筑都有它独特的社会、历史、文化等属性，需要特有的设计手法去呈现特性并实现功能。集团副总裁田晓秋提出，从对外观形象和空间塑造的关注，延伸到对建筑城市角色的思考，强调建筑的功能与品质，并在设计的过程中洞察社会成本与风险，最大程度地响应使用者的需求，最大限度地还原建筑的本质。

在超负荷运行且讲求效率的深圳，城市变革的浪潮成了推动所有产业发展的无形推手。华阳国际在专注传统建筑领域的同时，也在产业化、BIM 设计等新兴领域投入了巨大的资源进行设计研究。区别于传统建筑设计建造技法的建筑产业化，以工业化的设计概念理性地还原建筑设计本质，构件预制和现场拼装则用更为集约的方法来面对资源日益匮乏的现今社会。

而 BIM 工具的产生与应用，也将建筑从二维图纸中跳脱出来，以更为直观和立体的形式同步于建筑本体，让数据伴随建筑形态，创建未来智慧城市的蓝图。

深圳的魅力在民间
Grassroot Shenzhen

冯果川　FENG Guochuan

筑博设计股份有限公司执行总建筑师，执行副总裁

20 世纪八九十年代深圳与香港形成一组对称关系。香港是 “非我的我”，虽然被称作中国不可分割的一部分，却是大陆人难以踏足的神秘、繁华的彼岸，一个花花世界；深圳则是“我中的非我”，虽在中国大陆行政管辖之内，实行的却是另一套政策，仿佛香港投射在大陆的一个镜像，深圳是国人可以亲身经历的梦境。当年这种对称的镜像关系在一个比较禁欲的社会中产生了巨大的心理能量：深圳成为中国的欲望焦点。深圳当年吸引着全国人民到这里“下海”，同样也吸引了改革后首批渴望表达个性的建筑师来这里一展才华：汤桦、崔愷、胡越、张永和、朱涛，等等。但是随着香港回归和中国经济腾飞，原来的镜像关系被打破，港澳台不再像以前那样神秘和优越。偶像黯然了，那么深圳这一“仿制品”也跟着贬值。曾经萦绕在这座城市上空的耀眼光环已经消散，如今深圳正准备在城市中心修建一座直径 600m，名为“城市光环”的标志物，这一做法多少有点心理补偿式的凄凉。当然进入新世纪深圳又有另外一些新的吸引建筑师的地方，比如：深圳 · 香港城市 \ 建筑双城双年展，以及诸多公开的、水平相对较高的建筑竞赛。

但是，我认为深圳真正的魅力并不来自官方的作为。这对政府来说多少有点尴尬，虽然作为唯一的在改革后才从零建设起来的一线城市，深圳堪称中国特色社会主义的典范，但是深圳真正的魅力却往往在政府的作为之外。政府努力营造冠冕堂皇的城市形象，可是最有活力和城市性的空间是政府控制之外的大量城中村，这些城中村一方面以拥挤廉价的形象大大咧咧地撕开政府的华丽城市布景；另一方面却也为大量新移民提供创业初期的廉价生活空间。城中村恰恰是深圳梦的有力支撑，东门和华强北是深圳最有活力的商业区，都是在没有规划的情况下自发形成的，反而是政府对东门进行整体改造后，东门就不复往日繁华了，现在华强北又面临改造，对政府来说又是一大考验。深圳的社会也是这样，在政府之外孕育出一个相对成熟的民间社会。深圳有大量的民间自发组织，通过这些组织人们之间建立国内多年少有的诚信合作关系，人们自发地有组织地在介入公共事务，解决社会问题。作为建筑师一方面我们会在官方控制的建设审批体系下工作，但作为公民我们也会参与到许多民间组织中去发挥建筑师的作用。我参与了 NGO 组织“观筑”的许多公益性活动，包括面向儿童的小小建筑师工作坊，以及一些面向普通市民的讲座、公开课，参与了由美国人类学者马立安组织的城中村特工队，他们以白石洲城中村为基地展开很多社会实践，去为弱势群体发声，争取权益，创造机会。这些与社团组织互动的过程中，社会性的视角逐渐成为我思考建筑的主要维度。我越来越关注城市中公共空间的状态，如何营造平易近人的公共空间，让人们能够在这里表达自我，成了我设计的重要切入点。同时，我也越来越认识到建筑师不仅可以通过设计建筑去影响社会，也可以将建筑学作为一种思维方式应用到更广泛的社会实践中，而深圳恰恰是展开这种社会介入的一个很好的起点。

“深圳设计”的特色
Features of "Shenzhen Design"

王晓东　WANG Xiaodong

深圳华森建筑与工程设计顾问有限公司总建筑师

从毕业后的第二个年头来到深圳，投入这个新兴城市的建设到今天，已有二十多个年头。

深圳的建设，是整个中国在改革开放后建设的缩影，是在几乎全新的目标与方式下，以快速而密集的节奏与形态摸索并实施。不论是作为开发主体的政府或者商人，还是承接开发设计的规划师、建筑师，均缺乏成熟的经验可依循。这一过程，是个从保守、落后与缺乏的现实中起跑，快速地奔向开放、现代与丰富的过程。其中积累许多的经验教训。

如今看看，“深圳设计”已经日益明确地成为一种品牌。它的思维、方式、质量和关注点等，已经在纷乱的矛盾中渐渐成型。现在，我们可以自信地认为它为中国乃至世界的新时期建设进程，做出了自己独特的贡献。

说到“深圳设计”的特色，我想到主要有三点：一是“吸收创新”；二是“服务至上”；三是“努力求精”。

“吸收创新”指的是深圳的设计师，很好地利用较为开放的环境与信息渠道，在面对新的设计目标、新的功能要求时，面向成熟建设的经验，大胆地学习、认真地结合实际情况进行研究、有选择地引进和借鉴的过程。

我们的建设目标，与既有成熟的发达地区相比，有许多相似性，但同时也有许多因国情和发展阶段而特有的独特性。深圳的设计师们，在开发主体和设计方都处于摸索阶段且时间周期又极其压缩的情况下，在较短时期内完成从被迫地简单模仿到有针对地分析借鉴、总结教训，直至渐渐认识到如何用他人先进的思维方法来面对自己的特殊性要求，创立符合自身社会与市场要求的新型产品的过程。

在这个过程里，不论是开发商的任务要求、规划设计师的方案对策，还是政府的规范指引，审查监管方的业务准则，参与建设的各方都经历了由被动到主动的市场认识过程，并且不断地提出更细更高的要求，使我们的高密度住区建设如今走在世界同类项目的前沿。

“服务至上”指的是我们在设计活动中，彻底转变了以往的服务观念，将社会的需求、开发方的利益放到了自己思考与努力的首位。这本是这个职业的基本要求，但由于之前的设计与开发管理体制问题所限，在实践中从未达到过。

当市场化的转向急速到来之时，深圳的设计师率先体验到这种几乎是颠覆性的外部条件转变，并直面其压力。从设计目标的制订与修改、到流程的反复与变更、到设计周期的打破与压缩，在经历过密集而高强度的责难、被淘汰与漠视冷眼之后，被改造后的适应性与主动地转变思维、主动地引领正确的规划设计思路的意识与能力逐渐形成。从策划、规划、设计的整合咨询建议，到周期与设计要求变化的全方位配合，“深圳设计”的服务，让客户得到了上帝的感觉和快速适应市场或政策变化的能力。并且这种对服务的追求，立即在随后的深圳设计走向全国的过程中，成为我们赢得市场的突出特色。现在，深圳设计的脚印已经遍布中国的城乡和世界的许多地方，服务意识成为我们将设计的价值带向各处市场的有力支撑。

“努力求精”是指对设计质量、建造质量的品质追求，已经成为深圳设计师的普遍共识。随着市场的迅速升级与饱和，随着中国人走向世界和世界人走进中国进程的快速到来，仅仅停留在形似层面上的设计成果已经远远不能满足社会各界使用者对自身建筑与生活环境日益提高的空间品质需求。我们认识到：“设计精品”不仅是一个专业工作者的理想，也是继续以专业求生存与发展的必经之路。全过程的设计控制、更仔细的项目要求分析与响应、BIM等新手段的普及应用，这一切都显示出“深圳设计”不停息的自我提升努力。

相信，在未来更激烈的市场竞争和更高、更个性化的设计要求面前，深圳的设计师会将这些特质更好地发挥，并且和全国、各国的同行们更加密切地互动，彼此学习、取长补短，把我们的职业做好。

实践，在深圳
Building, in Shenzhen

陆轶辰　LU Yichen

清华大学副教授，美国Link-arc设计事务所合伙人、主持建筑师

我们事务所参与深圳的建筑实践只有短短的2年时间，最切身的感受就是深圳业主的实际和高效——做设计前把话都讲明了，对境外建筑师来说，更容易理解业主的意图。从后海的两栋未实现的住宅高层，到小径湾规划（在建）、大冲规划等大型项目的一试身手，再到在深圳后海在建的实际建筑项目，业主很明确地跟我们说，他们看重的就是我们建筑师对设计的追求、视野和专业性。在深圳实践，有成就感，也有遗憾，但能看到希望。

在实践过程中，无论是深圳规划局和城市促进中心的想象力，还是当地开发商的经验和执行力，都给我们留下了深刻的印象。我们越来越体会到，从20世纪八九十年代的华艺、华森的传奇，到后来的都市实践，以及2000年以来悉地国际（CCDI）的强势崛起，伴随着的是大时代下深圳政治、市场、地产开发的深刻变化——同样的企业模式在同为一线城市的北京和上海不可能被复制。

深圳建筑设计市场的优势在于：

（1）开放性。相比北京和上海，深圳暂时还没有类似北京院、华东院那样具有统治力的设计院，或者清华、同济那样向心力极强的建筑学院的存在，设计单位更多的是生存于类似诸侯纷争和各为其主的混沌下达成的一种平衡。

（2）实际性。相对于很多内陆和北方建筑设计市场重口号、轻实操的风气，它更接地气，建筑设计变得更简单（或更接近市场本质），不需要给业主讲故事，没有太多形而上的东西——这个风气应源于近邻香港极其实际的商业传统。

（3）建造量。依托优质的人口数量、收入水平和地理位置，深圳建筑市场维持着稳定的一定规模的建造量。境外事务所、设计院、商业事务所和实验性的事务所都有在不同层面的项目上施展身手的机会。

作为一个“年轻”的城市，深圳的优势在于少历史包袱、多朝气。但硬币有双面，与同为一线城市的北京和上海比较，深圳的整体建筑设计水准还有着不小的差距。也许是城市文化欠缺足够的深度，也许是大尺度的规划导致城市缺少高质量的驻足、停留的街道和城市空间。希望深圳在大量商业项目繁殖的同时，具有挑战性和高水准的建筑精品越来越多。

当代遗产
CONTEMPORARY HERITAGE

082

作为一个当代世界城市发展史中的奇迹，深圳35年迅速崛起为一个大都市的发展，值得从历史结构中探寻这种中国经验的特殊意义，也为研究深圳当代建筑呈现一个广阔的历史图景。在这里我们选择一些研究来呈现几个可供参考的历史视角。当着力于城市与历史的关系时，一个始于18世纪的中国历史性结构发展的脉络便呈现出来；当着力于思想史观察时，一个深圳当代建筑发展的观念历程便透过一系列事件表现出来；当着力于考察当代建筑遗产时，深圳当代建筑的历史价值便透过各个时期的具有特殊意义和开创性价值的建筑浮现出来。

历史结构中的中国经验
CHINESE EXPERIENCE IN A HISTORICAL FRAME

056-097

城市结构
URBAN STRUCTURE

068

As a miracle in the world history of urbanization, Shenzhen was developed into a metropolis within a short period of 35 years. Such fact urges us to locate the significance of this Chinese experience within a historical frame, and to present the study of contemporary architecture in Shenzhen with a larger historical context. In this section, we single out a number of research projects in an attempt to propose some historical points of view for consideration. From the perspective of the relationship between history and city, a trajectory of historical structures in China since 18th century starts to emerge; from the perspective of critical reflections on the history of thought, a passage of contemporary architectural thoughts in Shenzhen arises from a series of local architectural milestones; from the perspective of contemporary architectural heritage, the historical significance of contemporary architecture in Shenzhen is reflected in the specific meaning and innovation of individual building in relation to its own times.

摄影：王大勇　时间：2012年6月　地点：深南新洲立交　经纬度：N22°32′44.69″ E114°02′47.61″

摄影：王大勇　时间：2015年9月　地点：市民中心　经纬度：N22°32′55.98″ E114°03′50.33″

CTS

摄影：王大勇　时间：2010年6月　地点：华富大厦顶楼　经纬度：N22°32′55.98″ E114°03′38.17″

摄影：王大勇　时间：2016年2月　地点：岗厦　经纬度：N22°32′26.18″ E114°04′28.49″

摄影：王大勇　　时间：2016年1月　　地点：海德三道　　经纬度：N22°31′21.28″ E113°57′35.71″

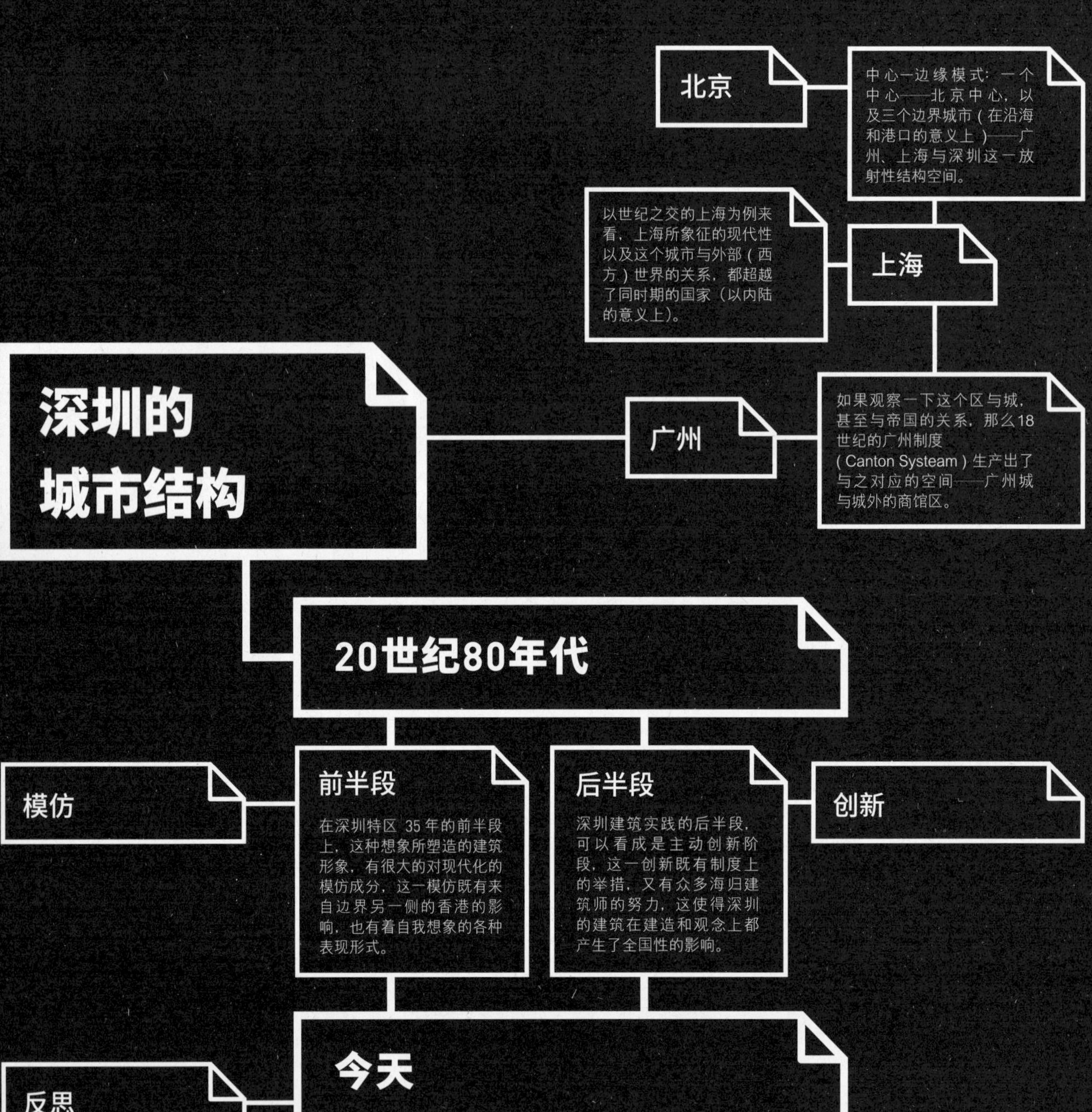
北京
中心—边缘模式：一个中心——北京中心，以及三个边界城市（在沿海和港口的意义上）——广州、上海与深圳这一放射性结构空间。
以世纪之交的上海为例来看，上海所象征的现代性以及这个城市与外部（西方）世界的关系，都超越了同时期的国家（以内陆的意义上）。
上海
深圳的城市结构
广州
如果观察一下这个区与城，甚至与帝国的关系，那么18世纪的广州制度（Canton Systeam）生产出了与之对应的空间——广州城与城外的商馆区。
20世纪80年代
模仿
前半段
在深圳特区35年的前半段上，这种想象所塑造的建筑形象，有很大的对现代化的模仿成分，这一模仿既有来自边界另一侧的香港的影响，也有着自我想象的各种表现形式。
后半段
深圳建筑实践的后半段，可以看成是主动创新阶段，这一创新既有制度上的举措，又有众多海归建筑师的努力，这使得深圳的建筑在建造和观念上都产生了全国性的影响。
创新
反思
今天

城市结构
URBAN STRUCTURE

深圳启示录：建造的现代性与中国经验的历史结构

Lessons from Shenzhen: Architectural Modernity and the Historical Structure of the Chinese Experience

冯原 FENG Yuan

观念的大潮与建筑的沙滩：当代深圳建筑反思录

Architectural Shores Awash with Conceptual Tides: Reflections on Contemporary Shenzhen Architecture

饶小军 RAO Xiaojun

深圳启示录
Lessons from Shenzhen

建造的现代性与中国经验的历史结构
Architectural Modernity and the Historical Structure of the Chinese Experience

冯原　FENG Yuan

深圳得以在短短的 35 年时间内崛起为一个大都市，不啻为一个当代的世界性奇迹。而这一进程蕴藏在深圳的建造史以及各个主要的建筑中，非常典型地表现了 20 世纪八九十年代的中国人对于现代化的想象；更重要的是关联着中国一个 起始于 18 世纪的历史性结构，这一结构以北京为中心，表现出一种内外有别和以内化外的力量构型，它与西方的现代性共同合力，并分别塑造了 18 世纪的广州和 19 世纪的上海，深圳特区的出现仍然可以被看成是这一历史结构的当代再现。文章追溯了这一进程，并着力于这一历史结构的挖掘，目标是要呈现出以深圳建造为表征的中国经验的特殊意义。

It took Shenzhen a staggering-35-year to rise as a metropolis. This contemporary miracle lies as much in the construction history of Shenzhen as in each landmark. Such buildings have in the 1980s and 1990s embodied the Chinese imagination about the modernizing process. More importantly, the Shenzhen miracle emerged as part of a historical structure that had its origins in the 18th century. Such a structure was centered in Beijing, and presented a power configuration that maintained strict distinctions between internal and external, with the former dominating the latter. This structure has joined forces with Western modernity to create, respectively, Guangzhou in the 18th century and Shanghai in the 19th century. The emergence of Shenzhen Special Economic Zone could still be seen as a contemporary recurring of such a historical structure. This paper traces this process and attempts to excavate this historical structure in order to present the unique significance of the Chinese experience as embodied in the construction of Shenzhen.

边界城市；历史结构；力量构型

Border City; Historical Structure; Power Configuration

关于深圳，我建议采纳一个想象的视野，并透过这种想象带出问题，给出答案。

首先，想象一下由各种建筑物构成的深圳的天际轮廓线，从20世纪80年代深圳特区成立开始，这条天际线经过35年的扩张，演变成了今天这个超级都市的壮观轮廓线。未来5年，随着深圳前海新区的开发，这条天际轮廓线还将产生更丰富的变化。展开这一想象将会连带出本文提出的第一个问题——深圳的城市建造包含了什么样的经验或模式？我把深圳以建筑为表征的模式称为建造的现代性，回顾这段35年跨度的建造史，我相信会为理解中国的现代化想象提供线索。

然后，再让我们把深圳的建造进程纳入到近现代中国历史的视域之中，想象一下城市与历史的关系，这一想象将会指向塑造城市的动力学轨迹。起码自18世纪以来，在300多年的历史脉络中，存在着某种恒定的、深层次的结构性特征，对这一结构的挖掘将连带出本文要提出的第二个问题——为什么是深圳，而不是中国的其他城市得以在20世纪80年代后开始崛起？对这个问题的回答无疑是历史的和经验的，比较中国近现代的几个典型城市的“力量构型”，将呈现出这种构型的历史深层结构——“封闭一开放”的双重性，这将为我们解释是什么样的结构性力量创造了今天的深圳。

最后，让我们去想象一下全球化背景下的深圳图景，或者进一步把深圳想象成世界海洋上的一个港口，这样的想象自然会连带出问题——是什么样的航运和贸易需求催生和繁荣了这个港口？对这一追问的解答将会促使我们去总结这一“渔村一世界大港”的模型中所蕴藏的中国式经验，而这种经验又恰恰是中国与世界的总体性关系所创造出来的。

与上述的想象性顺序相反，我将从全球性和历史性的线索出发来回答这几个问题。

“中心一边缘”模式中的边界城市

今天，城市经济学者习惯于从城市的GDP总量、人口规模和城市空间诸要素上来定义城市的量级，这样一种确定城市发达指数的衡量模式经过大众媒介的传播，便形成了当代中国城市中的“北、上、广、深”序列，以及这一序列所表征的大众共识。实际上，这个所谓“一线”城市的序列隐晦地包含了一组相互关联的想象性关系，并创造了几个主要的镜像。一个是中国与全球城市的关系，在中国与世界的镜像中，北京和上海无疑是真正意义的中国式全球城市[①]；另一个是中国内部的城市等级，这就是与前述的“一线”城市相联系的“二线”“三线”城市的定义，在这个序列中，广州、深圳紧随着北京、上海。不过，无论是从外部的全球性想象还是从内部的城市等级序列来看，深圳在其序列中的位置都提示我们必须注意到，“北、上、广、深”的序列中埋藏着一个深层历史结构[②]，而深圳的崛起和成长是某种历史性的力量构型[③]在一个近30年的时代条件下相互作用的结果。我认为，如果没有深圳，这一历史性的力量构型便不会那么清晰可辨，当然，反过来说，深圳既是这种力量构型的结果，也是这种历史性结构最为当代化的表现。

要观察到隐藏在中国近现代历史中的那种决定城市空间性质的力量构型，我建议应该用施坚雅（G. William Skinner）的“中心一边缘”模式的观察方法来取代上述的“北、上、广、深”的梯级式序列[④]，这样，我们就能把中国与外部世界的镜像和中国的内部世界镜像相互关联起来，如此，一个中心——北京中心，以及三个边界城市（在沿海和港口的意义上）[⑤]——广州、上海与深圳这一放射性空间结构便呈现出来。与那个以“经济一人口”为主要标准的序列相比较，“北京中心一边界城市”的放射空间模型能够呈现出一种历史性的结构，正是这一结构所蕴含的政治传统在不同的历史条件下，从自我中心出发，在近300年的时间跨度上与外来的现代性共同塑造了不同时期的典型边界城市，分别是18世纪的广州——帝国中心主义时期以专属贸易商馆区为特征的城市，19世纪末和20世纪初的上海——现代性扩张时期的租界城市，以及20世纪末及21世纪初的深圳——以经济特区为主要属性的爆发型城市。

先让我们来理解一下北京的恒定性。我们把北京中心看成一个相对恒定的因素，虽然从历史的跨度上来看，从18世纪的帝国皇城到20世纪新中国的首都以及今天的国际大都市，北京早已发生了天翻地覆的变化，但是，若从“中心一边缘”的结构出发来看，我们仍然可以确认相对恒定不变的深层结构——“都城一首都”和“政治一国家”中心。以北京为中心可以确定出一个“帝国一国家”版图上的向心结构，但是，为什么北京中心会在不同的时期内辐射并衍生出上述三个边界城市，这就必须考虑到“帝国一国家”之外的世界。在相当长的历史中，这个外部的他者世界影响或塑造了这个“帝国一国家”的“内部一自我”的需求，正是外部他者与内部自我的相互作用，在不同的时期创造出三个边界城市的主要特征——它们既是内外有别的产物，又是内外之力共同塑造的结果，因此，与其他所有的中国城市都不相同，这三个城市可以称为“内一外”城市。把这里所说的“外”放在近现代中国历史的脉络上，这个所谓的外部他者，就不会是其他因素，只能是以西方为中心的现代性世界，因此，如果把北京中心和西方中心分别看成是对立的两个核心，那么这三个不同时代的边界城市，就具有了某种共通的双重性质。它们既是地理和内部传统所塑造的“中心一边缘”结构中的边界，对内表达了向内聚合的力——封闭之力；又分别代表了以内部自我为中心所复制出来的中国与外部世界的相互关系，向外表

1~2. 木栅栏笼子里的广州外国商馆区（约 18 世纪 80 年代）
3. 在挣脱笼子之前的广州商馆区平面图（约 19 世纪 40 年代）

1~2. "Canton Thirteen Hongs", 1780's
3. Plan of "Canton Thirteen Hongs", 1840's

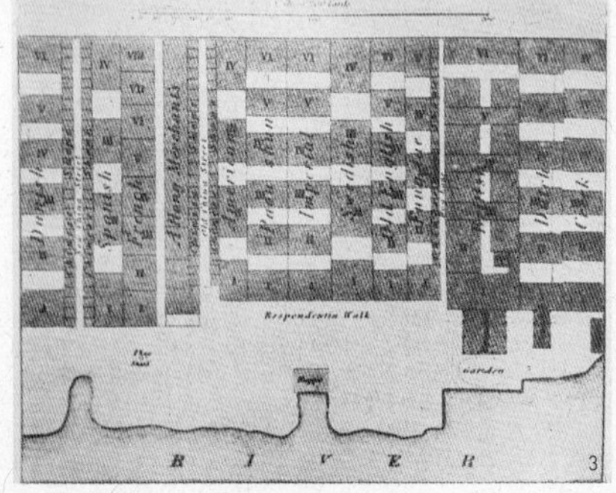

达了内部如何融合外部的努力——开放之力。不过，由于封闭之力的普遍存在，我想正是后者——融合外部世界的开放之力给予了这三座城市超越任何中国内陆城市的重要性和地位。

荷兰的包乐史（L. Blussé）在《看得见的城市》里，描绘了18 世纪荷兰所主宰的世界贸易体系中的亚洲和中国，并着重分析了 300 多年前最重要的三个主要港口城市——中国的广州、日本长崎和荷属东印度的巴达维亚（Batavia），以荷兰人的航海拓殖为中心的论述模式带来了把一组因素相互关联来分析城市兴衰的观察方法，解释了在列强进入亚洲之前，巴达维亚为何能成为最重要的贸易大港，新航路出现和英美对于亚洲的介入后巴达维亚的衰落，以及广州能长期保持兴盛的原因所在。

借用包乐史的方法来观察一下“北京一广州”时期的广州城，就可以为 18 世纪的广州城绘制两个模型。一个是帝国中心与西方中心之间的航运和贸易模型，这一组相互关联的因素塑造了第二个模型——广州城的空间模型。以内外有别的特征为前提，我们可以把广州城看成是一个内外部重合的界面，它提供了回顾帝国时代的中国与他者世界关系的观察路径，因为广州城自身就是这种关系所复制出来的空间形态。18 世纪的广州制度（Canton System）生产出了与之对应的空间——广州城与城外的商馆区，如果观察一下这个“区”与城、甚至与帝国的关系，也许并不难发现，这一看上去像是对本土中国人封闭的“区”，其实更像是把“他者一外国”商人关闭于其中的笼子。这个闭合的商馆区，既不是后来的租界也不是割让的殖民地，是他者被关在里面，这一空间创造了“自我一他者”历史结构中的第一种空间模型，其中包含了第一种“内部一外部”关系，这一关系延续到 19 世纪中期以后的上海租界和 20 世纪末的深圳特区，在三者之间形成类型学上的对照。

在这里，必须注意导致商馆区的空间模式产生的政治与心理意图——如果不能完全拒绝他者的到访，那就把那个远道而来的“西方世界”圈禁起来，把它置入在一个边缘城市（广州城）的城外，如此一来，一个当时还不得不驯服的西方便在珠江边一字排开，这一组西洋建筑被木栅栏阻挡在帝国为他者设定的笼子里。经由珠江口的航路，西方世界从中国运走了瓷器和茶叶，而他们留在中国的仅是一组对中国传统和文化没有产生任何影响的商馆。商馆的典型特征是一面飘扬的国旗加上一个长方形的西洋风格建筑，由此构成的天际轮廓线，在珠江帆影的衬托下，经由众多的西方画家和中国画工的表现，成为了西方商人孤芳自赏的象征性景观。[6]随着鸦片贸易敲开中国的大门，商馆区在愤怒的广州民众点燃的大火中付之一炬。“北京一广州”时代就让位给“北京一上海”时代了。

与“北京一广州”时期相比，“北京一上海”时期的上海崛起，就不再是帝国单方面制定游戏规则的结果，帝国中心与西方中心的天平已经倾向外部一极，租界的出现就可以看成是外部压倒内部的重要结果。与广州制度时代的商馆区相比，以上海租界为起点的租界空间仍然是一个有边界的围合空间，但是，当我们将租界空间和背后的作用力进行模型化之后，租界的空间模型已不再是一个关闭的笼子，而是一个开放的飞地，原来那个被关押的西方世界拥有了“国中之国”的自治权和治外法权。这就意味着，租界城市虽然在地理和版图的意义上仍然是中国的一部分，但是，以世纪之交的上海为例来看，上海所表征的现代性以及这个城市与外部（西方）世界的关系，都超越了同时期的国家（在内陆的意义上）。因此，上海无疑应该是属于那种托马斯·班德尔（Thomas Bender）所定义的“一个比它所在的国家更大的城市”⑦。在现代性与全球化的历史进程中，作为城市大于国家的上海令人联想到19世纪欧洲的布达佩斯和20世纪的纽约。

从商馆区到租界的空间模型，虽然有着共同的围闭特征，但是由于内外之力的倾斜，上海从一个强行的外来者变成一个自我的参与者。上海虽然被主流历史指称为半殖民地和冒险家的乐园，但是上海外滩的建筑群所构成的天际轮廓线在20世纪30年代创造整个东方世界最具有现代性表征的形象。在中国经由一个帝国转变成一个“民族—国家”的进程中，上海一直扮演着现代性实验室的角色，典型的上海虽然是一个由无所顾忌的他者带给中国的，但是上海的崛起和发展也是中国自身参与现代性的成果。

深圳奇迹中的历史性结构

有了以上18世纪广州和19世纪上海的两个空间模型作为参照，现在让我们把深圳置入到历史脉络之中，看一看“深圳奇迹”为何会在特定的时代条件下发生。其实，深圳特区的出现，事实上正好成为新中国划分前30年和后35年的分水岭，所以，若是不能从深层结构来分析新中国的前30年，我们就难以去把握以深圳特区为标志的改革开放的时间意义。其实，特区这一概念是一把解开历史结构的钥匙，因为特区之“特”，直指那个延续了300多年的内外有别。如果把新中国与外部世界的关系简化成一种内与外的矛盾冲突，那么，新中国前30年所建立的政治经济体制和这一体制所塑型的空间模式，在外部世界的衬托之下，几乎可以被视为一个国家型特区，外部（西方）世界被全部地阻挡于国家之外。不过，也正是这个被西方世界视为“竹幕”后的中国为后来折除幕墙之后的中国蕴积了难以比拟的爆发力和反弹力。

想象一下弹簧被折弯之后的情形，当压折的力道愈大，压力解除之后的反弹就愈强有力。从这个意义来说，改革开放就是把原来压弯中国的力道解除掉，经由改革开放总设计师的选择，深圳特区应运而生。问题在于，改革开放的总设计师为什么选择在南海边上划一个圈，如果说“深圳奇迹”就是那个被弯折的现代性强力反弹的结果，那么，历史为什么会选择深圳作为反弹力的爆发点呢？我认为，事实上总设计师的划圈之笔圈定了深圳绝非偶然，它正是那个历史深层结构在特定历史条件下的再现。

以18世纪广州商馆区与19世纪上海租界的空间模型为对象来比较一下深圳特区的空间特征，首先，它有一条面对外部（香港）的边界，这一边界虽然是帝国对于西方（英国）屈服之后的结果，但是它真正成为一种社会体制的边界，却是新中国前30年的政治意志创造出来的。从1952年起，这条边界像关闭的大门，其内外是一个敌我分明的两分世界。起始于1978年的改革开放政策仍然继承了这条边界，但这是单方向为外部世界打开了大门，从此，海外或国际资本经由这个大门涌进中国，推动了经济起飞的浪潮。然后，我们必须观察到深圳特区的第二条边界，这就是曾经在深圳特区发展史上创造出关内关外的价值落差，而今天已经不再发挥作用的“二线关”。这一条边界具有重要的政治与心理意义，因为它实际上是一条内部边界，也是一条政治的防御性边界。而重要的是，把两条边界合到一起，深圳特区仍然呈现出一个围合的空间模型，正是这一空间模型提示我们去发现并显形了那个隐藏在中国历史中的结构性。这一历史结构折射出一种可以观察到的矛盾心理。一方面，“二线关”以边防的名义对内界定了特区之“特”，在于它承担着经济建设上作为实验室的象征意义；另一方面，“二线关”向外的使命仍是一种阻挡之力。尽管事实上，深圳特区不仅吸引着全体中国人民对新生活方式的追求，向外的阻挡之力最终被强大的内吸力所瓦解，特区向外输出产品，但向内却输入现代化想象和精神，后者才是深圳对于中国现代化的最大贡献。

当18世纪的帝国可以把那个外来的他者关押在大门口的笼子里，广州商馆区所表征的现代性与整个中国毫无关系，皇帝仍然用久远的传统来驾驭这个广袤的帝国，然而到19世纪末和20世纪初期，起始于上海租界的现代性尽管还是他者，但这个他者已经主动地参与创造出现代中国面对外部世界的那一面貌，这与新兴的“民族—国家”的追求是一致的，国民政府时期的黄金10年，正是以上海的现代性为模式的全面建设阶段，若不是因战争与党争而中断，中国与外部世界的关系以及城市与建造的现代性一定会被改写。1949年之后，新中国启动社会主义国家的建设，这一社会进程一方面创造了一个独立自主的前30年，面对世界的大门被关闭，无论是外部的资本还是文化均被拒之门外；另一方面，彻底的关闭又为重新打开大门积蓄无与伦比的反弹力，这一以改革开放之名所集中的反弹力借以巨大的人口规模、经济发展需求和求富的欲望，在20世纪80年代之后，几乎全部被蕴集到深圳特区这个围合空间之中，外部世界的资本与内部世界的需求发生

4. 广州城与商馆区—笼子的空间关系（约 19 世纪 40 年代）

4. Spatial relationship between Guangzhou city and "Canton Thirteen Hongs", 1840's1/2 "Canton Thirteen Hongs", 1780's

难以想象的化合作用。

因此，经由上述的对照式的模型观察法的探测，深圳特区以及深圳奇迹的发生，就不是一个偶然现象，它在一个历史性结构之中被复制出来，这一结构的浮现使我们观察到 18 世纪的“北京—广州”关系和 19 世纪的“北京—上海”关系，在二者的衬托下，20 世纪 80 年代之后的“北京—深圳特区”的辐射关系便得以清晰地呈现出来。在这一关系和新中国前 30 年所创造的历史条件下，深圳特区引领或者说表现整个中国对于现代化的热切追求。以此为基础，我们就为深圳的建筑实践找到分析性的框架——被弯折的现代性造成的反弹之力，创造了如何以新建筑来表达现代化的深圳特区之路。

现在让我们来讨论一下以建筑为表征的深圳建造。与 18、19 世纪帝国对于现代性的拒绝或西方世界的强行建造不同，20 世纪 80 年代之后的深圳表达改革开放后的中国对于现代化的所有想象与热情，我们应该把深圳特区在建筑上的 35 年表现，看成是主动追求现代性的一种外显表征。因此，也完全可以反过来，回顾深圳最有代表性的重要建筑的发展过程，其实就能够重构这些建筑所表达的现代性想象。在深圳特区 35 年的前半段上，这种想象所塑造的建筑形象，有很大的对现代化的模仿成分，这一模仿既有来自边界另一侧的香港的影响，[8]也有着自我想象的各种表现形式。从国贸大厦开始，一直到深南大道两边的高层建筑，那些以玻璃幕墙和钢桁架构成的几何图案式的超高层建筑，都相当典型地代表 20 世纪 80 年代末和 90 年代初中国人的现代化想象，深圳特区以它的新建筑风貌扮演表征现代化的“国家任务”，又以这种现代化的景观吸引全国人民对于现代化的想往。深圳建筑实践的后半段，尤其是在新世纪之后，我们可以把它看成是主动的创新阶段，这一创新既有制度上的举措，比如深圳规划与国土资源委员会发起的、始于 2005 年的“深圳 · 香港城市 \ 建筑双城双年展”就是一个很好的表达；又有众多海归建筑师的努力，其中都市实践的探索就具有代表性，这使得深圳的建筑在建造和观念上都产生了全国性的影响。从地理和地缘上来看，深圳是属于广东或珠三角的一部分，但是，深圳的全国性城市定位使得它从来没有被这种岭南地区的地缘关系所约束，事实上正好相反，深圳似乎是有意识地在超越这种地缘性，表现在建筑设计上，深圳新建筑就明显地表达了对于摆脱地缘性的各种尝试。也许是引领现代性的自我定位，使得深圳的建造拥有更宽广的视野。近年来，一系列重要的新建筑的落成，如斯蒂文 · 霍尔（Steven Holl）的万科新总部、雷姆 · 库哈斯（Rem Koolhas）的证券大厦，这些建筑实践都在表明，深圳显然愿意在“后特区”时代里继续扮演中国现代性实验室领跑角色的愿景。

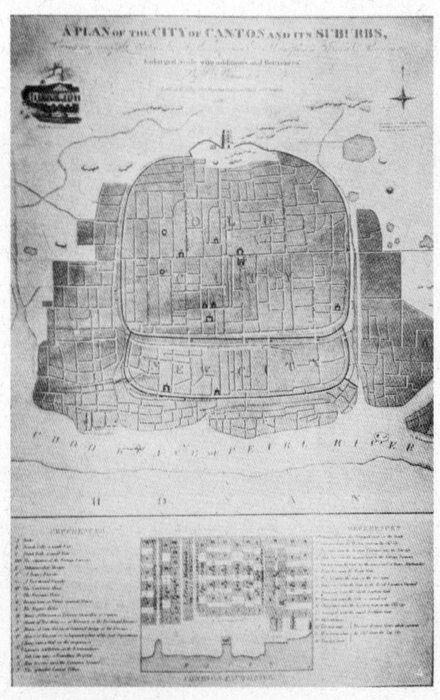

深圳启示录与中国经验

深圳的发展进程是曾经被意识形态的力量压弯的中国性遭遇改革开放政策后，形成的反弹力所创造的 35 年“深圳奇迹”。如今，当深圳已经崛起并成长为一个年轻的超级大都市之后，创造这个奇迹的反弹力也已消失。我认为不应该把“深圳奇迹”的发生和成长仅仅看成是 20 世纪 80 年代的曾经压弯了“中国弹簧”的意识形态之力和改革所造成的强大反弹力的相互影响的结果，而应该把深圳特区置入到 300 多年的历史进程之中，这样我们才能解释历史的深层结构所包含的内部与外部之力的博弈格局，深圳特区是在这个历史结构的当代条件下的再现和表达。深圳新建筑所表现出来的那种宏大景象，就是一部中国经验的“启示录”——透射出总是在内与外的关系中决定中国走向和命运的中国式经验。正是因为这种中国经验饱含了中国历史的挫折与进取、封闭与开放的双重矛盾，以深圳这个城市空间来书写的启示录，在历史和经验的考量上，可以被看成是一个当代的世界文化遗产，尽管这一“遗产”仍然在为未来的中国经验创造出更多的可能性。

注释 (Notes):

① 关于全球城市，可参见曼纽尔·卡斯特尔（Manuel Castells）的《21 世纪的都市社会学》一文中对全球城市（global cities）给出的两个定义，一个是如大众理解的像伦敦、纽约和东京这类统治型城市；另一个是指一种空间形式而不是具体的城市。本文仍然愿意把全球城市放在第一个定义中来理解。参阅 [1]

② 关于深层历史结构这个概念，是从结构主义语言学中借用过来的。乔姆斯基（Avram Noam Chomsky）的研究发现，在人类的语言中普遍存在着一种共通性的结构，这就是语言的深层结构，正因为深层结构的存在，使得表面上纷乱多变的人类语言具有了互通的可能。在本文中，历史结构或深层历史结构的意思是城市的空间类型并不是单独出现的，特定的政治传统和外来的力量相互作用，并以此“结构”或“形塑”了城市自身。对于这一隐性力量形式的挖掘，即能观察到那个塑造城市表象背后的历史结构。

③ 力量构型这一概念，可参照詹明信在《晚期资本主义的文化逻辑》中提出的“力场”概念，在研究后现代美国建筑时，詹明信观察到那些塑造建筑表征的不同的力的作用，以及这些力如何发挥的“力场”。回到前述的历史结构的概念中，深层历史结构能够创造出城市的空间表象，但形成这种结构的力量关系并不完全相同，在特定时代条件下所形成的力量配比，就构成了力量构型的概念，它可以解释为什么是同一种结构，但是在不同时代却创造出规模不等的空间类型，这正是结构中的力量构型发生变化的结果。参阅 [2]

④ 出自施坚雅的《中华帝国晚期的城市》中的《城市与地方体系层级》一文。参阅 [3]

⑤ 关于边界城市，在本文中有两个意义，第一，它们都应该位于“帝国—国家”版图的边际上；第二，实际上它们也应该是口岸城市，承担着对外输出和对内输入的功能。不过由于力量构型的转变，不同时期的边界城市在承担输入和输出的功能配比上不尽相同。

⑥ 18 到 19 世纪上半叶，广州商馆区是被西方画家和从事外销画行业的中国画工描绘最多的风景之一。今天，我们仍能透过这些石印版画或通草纸画来一窥广州商馆区的原貌。许多的画面都是取自从珠江上观看商馆区，因商馆的正面对着珠江和码头，所以，商馆区的轮廓线与广州城并不构成任何联系。

⑦ 在《当代都市文化与现代性问题》一文中（参见 [1]），班德尔以纽约为例来讨论都市与国家、大都会文化与国家文化的关系，他指出：“纽约使自己成为了世界都市，一个比它所在国家更大的城市……除了共产主义最初几十年，上海的情形看起来和纽约非常相似，而我觉得，它的文化成就和能量就来自没有负担代表国家的责任。”我认为这一类比更适合于描述 19 世纪末和 20 世纪初期的上海，而造成这一结果的关键仍在于租界空间的特殊性质。

⑧ 从地缘上来看，深圳特区的出现，既是“北京中心—边界城市”这一历史性结构的再现，也是因为香港与社会主义中国的地缘性产物。选择在香港的边界上建造深圳，其隐含的目标就是要创造一个社会主义式的香港。但是，深圳的建筑实践证明，香港不仅作为近邻还作为榜样所发挥的作用乏善可陈，香港模式对深圳的影响并不如想象中的大。这是因为深圳作为一个特区，云集了中国的设计力量，并为中国的设计院和建筑师们提供了表达现代化想象的舞台的缘故所致。

参考文献 (References):

[1] 许纪霖．帝国、都市与现代性 [M]．南京：江苏人民出版社，2006.

[2] 詹明信．晚期资本主义的文化逻辑 [M]．陈清侨 译．北京：生活·读书·新知三联书店，1997.

[3] 施坚雅．中华帝国晚期的城市 [M]．叶光庭等，译．北京：中华书局，2000.

[4] 包乐史．看得见的城市：东亚三商港的盛衰浮沉录 [M]．杭州：浙江大学出版社，2010.

注：该文在《时代建筑》2014 年第 4 期同名文章基础上修改完善

图片来源 (Image Credits):

作者提供

冯原

FENG Yuan

作者单位：中山大学视觉文化研究中心

作者简介：冯原，中山大学教授，中山大学视觉文化研究中心主任

观念的大潮与建筑的沙滩
Architectural Shores Awash with Conceptual Tides

当代深圳建筑反思录
Reflections on Contemporary Shenzhen Architecture

饶小军　RAO Xiaojun

文章尝试从社会观念的考察和思想史批判的角度，简单勾勒深圳建筑行业35年发展历程的三个重要事件，并参考列斐伏尔的社会空间生产的理论，比较和分析中国建筑的社会生态、职业伦理、设计语言等几个方面的相互影响，以期重新梳理当代深圳建筑发展的观念历程以及思想遗产。

This paper aims to rethink the ideological heritage of contemporary architecture in Shenzhen with respect to three architectural events—the 1996 experimental architecture, the 2005 Shenzhen-Hong Kong Bi-City Biennale of Urbanism/Architecture, and the 2008 Chinese Media Architecture Award. The analysis proceeds with Henri Lefebvre's theory of social space to establish an understanding of social ecology, professional ethics, and the design language of Chinese contemporary architecture.

实验建筑；社会意义；城市问题；职业伦理；设计语言
Experimental Architecture; Social Significance; Urban Problems; Professional Ethics; Design Language

激变中的反思

书写一段当代的历史是困难的，尤其是面对一个处于激变时代的城市，如深圳，则问题更为复杂而不确定。一切都在变动，历史尚未沉淀，这就使得我们很难以一种静态的“当代遗产”的视角去观察这个速生城市。这一方面是由于深圳作为中国最早改革开放的城市，35 年所演绎的快速发展的历程以及期间所进行的各种探索和实验尚未终止，很难从传统史学角度给予客观静态的言说；另一方面则由于在此过程中人们所遭遇的各种思想观念的冲击和困扰，也直接影响到作者自身思想立场和视野，难免由于局限而无法获得超越现实的判断力。但这个挑战也同样是诱惑人的。更由于身处现实而感受至深，这使得我们的思考和判断不至于脱离现实而落入空洞，并尚可借助于阅读而不断肃清校正一些偏见，找到某些观察问题的切入点。因此，本文更像是一种基于自我反省基础上的对现实建筑的批判性考察。笔者把它比喻为某种对当下思想肌理的片段性描述，恰如大浪拍岸下的沙滩，斑驳的流沙纹理，且待片刻窥视，未曾仔细刻画，旋即卷入下一波的大潮之中，难觅踪影。

深圳城市建筑 35 年的发展无疑是当代中国乃至全球社会发展的一个缩影。其发展轨迹呈现为一种错综复杂的局面。当代中国建筑恰逢有史以来最“繁荣”的发展局面，市场经济驱动下的房地产开发运动，正全方位地影响着整个社会生产机制和人们的日常生活状态。资本推动着城市无限扩张，侵蚀和消耗着本就稀缺的自然资源，传统社会空间结构全然崩溃瓦解，新的城市空间秩序尚未建立即告危机。这种整体的社会状况深深地影响着建筑设计行业的生态格局，大批传统设计大院、私人事务所和境外公司在此竞争搏杀，俨如丛林，表面一派繁荣，实则暗涌重重，各路思潮风声迭起，本土建筑面临失守，“山寨”建筑层出不穷。

当代中国建筑师承受的生存环境压力是全方位的。他们亲历着整个社会价值观转变的年代，思想和精神历程变得极其脆弱和敏感。一方面，他们要秉承上一代人的精英价值观，坚守内心难以割舍的职业精神；另一方面，又要承受来自现实的竞争压力，承担企业和个人生存的种种重负。在几近分裂的精神状态下，有的人变得投机和世故，在痛苦的挣扎中放弃了内心的道德底线，把设计化为一种营生手段，追随着浅薄的世俗风尚；有的人退缩到极端个人主义的自闭状态，孤芳自赏，放弃了这个职业所应有的社会责任感；而更悲观的是，建筑师集体性地放弃了对于当下现实社会的思考与批判，而沦为某种工具理性的工具。

这种现实层面和思想观念所呈现的复杂格局和漂浮不定的状态，显然无法仅从行业或专业的角度来述说解释。面对整体社会价值观和思想的转型，我们常常无法身处现实而找到自身思想的立足点，建筑界理论思想的贫弱和匮乏，导致了价值判断和精神取向的迷茫和虚无。我们必须借助理论层面的思考和讨论来理清现实的问题，借此讨论深圳 35 年建筑发展的短文，尝试从社会观念的考察和思想史批判的角度，概略地勾勒出深圳 35 年城市发展历程中的三个重要事件，来建立对于社会生态、职业伦理、设计语言等几个方面的思想认识，尝试与西方社会空间学理论的比较和分析当中，去重新梳理当代深圳建筑发展的观念历程以及思想遗产。

思想的事件与“遗产”

35 年来，深圳建筑界发生三次影响波及全国的重大事件——1996 年的“实验建筑”讨论、2005 年的“深圳 · 香港城市 \ 建筑双城双年展”、2008 年的“中国建筑传媒奖”。这三个事件分别反映出深圳建筑师在社会变迁中所经历的观念历练痕迹，并且仍然持续影响着当下深圳建筑的设计创作和实践。

1996 年，有关“实验建筑”的讨论在深圳发起，影响波及全国。当时由《喜马拉雅国际设计》杂志在广州举办“实验与对话：5·18 中国青年建筑师、艺术家学术讨论会”，聚集了当时在全国较有影响的青年建筑师——张永和、王澍、刘家琨、马清运、孟建民、汤桦等以及来自美术界、雕塑界和文学界的实验艺术家们。会议主题涉及中国实验建筑的可能性和未来发展方向问题。这是一次有关建筑设计思想和语言的大讨论，表现为对西方后现代主义理论的怀疑和挑战，以及对本土建筑语言的焦虑和探索。20 世纪 80 年代，随着西方建筑理论思想的翻译和引进，中国建筑师在思想开放的同时，对于西方建筑主流话语的大举侵入和本土建筑主体意识的缺失产生极大的焦虑感。建筑界的主流话语在讨论着“后现代主义进入中国”，理论界似乎找到“中西合璧”的灵丹妙药，纷纷以“符号学”为理论根据，提倡所谓中国建筑文化的复兴，而实际上却不过是复古主义的借尸还魂。由于缺乏基本理论判断力，观念上只能“被动盲从”，导致了对西方建筑表面风格和符号的借用模仿，思想近于枯竭。建筑师放弃对建筑学的哲学性思考，而呈现为一种“白茫茫的失语状态”。如何在现实游移不定的困局中，寻找自己在世界中的定位，寻找自身存在的价值和意义，寻求表达自我生存状况的新策略？

实验建筑师们对正统和主流的观念提出质疑，提出一种边缘化的思想策略和非主流意识，要在主流思想的边缘和缺失处建立本土的话语实验，以消解西方建筑理论对我们的控制性影响。现代化不能建立在牺牲自我本体价值的基础上，而必须从自身对生存空间的理解出发，从日常生活事件的体验和观察中去寻求一种创作的表达方式，正是这种对生活具体、切实的体验，才是建筑创作真正的灵感之源。与上述思想策略相对应的是建筑的边缘化设计实验，即具有理论性批判功能的设计行为，在反对一切正统的建筑学的话语中心的基础上，它更直接地强调对个人的生存体验而言十分真实的建筑表达方式。实验者置身于学科的边缘，置身于当代生活的具体体验之中，对生活中的偶发事件和空间的特殊现象的观察体验过程中，去发现设计和创作赖以为本的概念，寻求契合我们自身精神生活的真实的表达方式。“真实性”问题的提出，是由于“真实性”的含义常常被曲解，成为现实中真理、常识和规范的的代名词，它凭借一些抽象的理论和概念体系，表现为一种独断论的权力体系特征，即对一切背离规范的异常现象视而不见，或是对异端学说思想的反对和拒斥。学术的思想在各种空洞的概念堆砌中渐渐失去赖以滋生的现实土壤和生活体验。建筑学的真实性必须真实地“贴近生活”，必须以真实的、个体的人的经验作为建筑设计的依据。任何居高临下和宏观抽象的体系化结论，都可能导致某种“虚假性命题”，演变成某种禁锢人们头脑的权力话语。传统建筑学把空间转变成静止不动的抽象实体，而丧失了空间的本真意义。现代建筑把空间或形式理解为一种功能性的显现，却忽略空间的更本质的特性，单纯以功能作为空间发生的依据，无法探索空间的本质，并可能导致空间形态在重复操作下走向死亡。空间的发生常常与一定的“事件”相关，“事件”构成人生活经验的一部分，空间即成了“事件”发生和演绎的结果，空间由于人在其间的使用或体验，而具有建筑性。建筑空间的本质就是我们日常的生活经验，而不是抽象或理性的经验，这是实验者关于建筑空间真实性的理论基础。

2007 年，《南方都市报》组织了首届“中国建筑·思想论坛”，再次以“中国当代建筑实验与反思”为主题，对十年中国实验建筑做了回顾。以今日的观点来看“实验建筑”，其实问题依然存在，讨论远未完结。时至今日，一批当年的实验建筑师已成长壮大并分道扬镳，一如史建先生所说，“随着张永和、王澍、马清运等人在国内外高校担任要职和承担大型设计项目，新一代青年建筑师群体的崛起以及国家设计院模式的转型，实验性建筑的语境发生了彻底转换——它所要对抗的秩序“消失”了，它开始全面介入主流社会，它所面对的是更为复杂的世界。”但是，实验建筑当年所提出的有关本土建筑语言缺失的焦虑和对真实性问题的思考，至今依然缠绕着建筑师的思想，而成为学者们所热衷讨论的话题。值得强调的是，实验性建筑对于建筑学本体价值的探寻，如果说早期只是“一种观念性的探索”，未及实现，那么在今天，这种实验的态度已然转化为实践领域更为切实的“实践理性”态度，直面现实复杂的问题，把专业的思考放入现实的框架中进行真实生活环境的实验与营造。实验者保持着“前行者”的姿态，只要问题在，思想不会停止。

2008 年，《南方都市报》继 2007 年首届“中国建筑·思想论坛”之后，展开“中国建筑传媒奖”（简称“传媒奖”）的活动，这是一次大众媒体关注建筑行业的重要事件。这次活动旨在推动建筑评论突破专业的界限，通过公共媒体和评论的工具，使大众参与到建筑评论中来。传媒奖所提倡的“走向公民建筑”的主题概念，则试图建立一种新的具有社会学意义上的建筑评论立场，超越传统建筑语言学或专业的问题讨论，而进入公民社会的建筑公共空间使用权力的问题领域。从传媒奖的立场来说，这是一次“民间＋学术”的传媒奖活动，它与正统的权威、行业和学术的各种评奖有所区别，放弃传统意义上的行业内有关技术和美学的评判，而关注建筑的人文精神和公众参与，关注涉及公共领域的建筑空间。这正与《南方都市报》始终以构建“公民社会”为己任的立场相吻合，借助这项活动可以使“公民建筑”的概念得到进一步的提倡和拓展，而建筑界也借此可以深入讨论建筑学的社会意义问题。

“公民建筑”的提出，首先必须避免传统专业意义上的“公共建筑”定义可能导致的误读。立足民间，关注公众，也从理论层面提出一种警示，即避免产生新的权利控制空间体系和话语系统，使空间陷入那种以“公民”或“人民”的名义所构成的抽象的权利空间——一种本质上与民众并不相干的“公共建筑”。公民建筑概念也许与政治和社会学意义上的“公民社会”相关。中国社会经由市场经济的变革，确实导致了整个社会的分层裂化，形成少数人的利益集团与普通大众的冲突与矛盾。这种矛盾与冲突必然反映到建筑当中来，考验着建筑师的道德立场和价值观念，也把建筑学的社会意义提升到前所未有的理论焦点上来。在此，“公民建筑”可能更接近于哈贝马斯所提出的“公共领域”的概念，在《公共领域及其结构转型》一书中，哈贝马斯强调公共领域的价值，认为它正遭受商业化原则和技术政治的侵害，使得人们自主的公共生活越来越萎缩，人们变得孤独、冷漠。哈氏主张重建非商业化的公共领域，让人们在自主的交往中重新发现人的意义与价值。公民自由地结合与组合，而私人的人们聚合在一起形成公众，以群体的力量处理普遍的利益问题。[3] 14 公共领域作为一种开放、多元与民主的政治空间，它鼓励每一个平等的社会共同体成员自由地参与和无歧视地交流。公共性不仅意味着无障碍的开放性，还表示着一种平等、积极的政治参与，意味着对多样性的尊重与肯定。

在深圳这些年的建筑实践当中，建筑师们始终关注着城市化过程中的社会问题，关注建筑空间所导致的阶层分化和社会隔离现象，如棚户区、城中村、剩余空间等领域。以城中村为例，这是中国城市扩张、征用农村用地，给原住民留下的宅基地和集体用地内以高密度廉价出租房为主要类型的自发建设状况。在这些城市异质空间区域中，所形成的城市特定的低收入社会人群，以及所反映出的社会空间隔离问题，无疑已成为大众媒体和行业内部所关注的焦点。这使得建筑师在城市化过程当中任何的建设开发和城市改造行为，都必须建立在一种人文关怀的职业伦理精神上，以一种现实理性的态度去分析和解决社会问题。

2005 年，深圳创办“深圳城市\建筑双年展”（2007 年邀请香港加入而更名为“深圳 · 香港城市\建筑双城双年展”（以下简称“双年展”）），这是影响中国乃至全球的艺术事件，是一个以关注城市或城市化为主题的艺术展览活动，其中所涉及的现实问题和观念问题，触及到当代中国快速城市化的敏感神经。随着首届张永和的策展主题“城市开门”，宣示着深圳打开城市与建筑的国际化大门，接踵而来的“城市再生”“城市动员”“城市创造”和“城市边缘”则将中国建筑进一步推向国际化的舞台。从这一系列的双年展主题中，我们不难发现一以贯之的城市问题研究，以图像展示和城市行动的方式所展开的思想讨论。黄伟文先生曾经对双年展城市话题给出九个关键词——城市策展、开放性、自发性、城市生活、基础设施、城市周期、乡村农业、城市建筑、城市学习。他提出，“双年展展示出深圳在中国快速城市化进程中的反思立场和开放姿态。深圳城市的高速发展与扩张超出包括规划师与决策者在内的所有人的经验和预期，特别需要一种超越专业和学科界限的新机制来观察、评价和反思这种前所未有的城市化实验，并动员所有人、包括受城市化进程影响的人都能来参与、表达和互动。尤其在全球变暖和可持续发展成为关键词的今天，城市和建筑如何应对这种挑战，为更多发展中的人口寻找栖居和发展的新方式，这对能源及土地等资源尤其紧缺的中国来说，显得更为关键和艰难……而深圳城市的试验性、自发性、矛盾多样的普遍性和特殊性又使得深圳本身就是城市研究的最佳样本。”

围绕城市问题，双年展对城市进行多重角度的解读，揭示城市社会、城市空间、城市生活方式的多种可能性以及相关问题。全球快速发展的城市化运动体现资本主义在空间生产和消费上的“主流”趋势，在一种理性抽象的空间体系中，遮蔽城市的多样性、差异化、个体性的意义。同时它也产生出大量复杂、矛盾和异质的空间片段，这就是社会学意义上的城市边缘空间，它不断对城市公共组织和分配方式进行调整。在城市化高度发展的今天，深圳通过双年展敏锐地观察、发现并见证着复杂的城市“边缘”状况，把问题呈现在公众媒体和大众眼前，激发人们对城市现实问题的理解、分析和批判以及对未来发展的思考、想象和设计。建筑师所承担的任务不仅仅是在专业意义上建造城市，而是在广义文化层面上制造城市。显然，建筑师的创作视野不可能逃离社会现实，闭门造车构想方案，或在象牙塔里谈论文人传统。事实上每个人都处在一个现实资本社会所构建的城市空间机器当中，思想失去了田园。这就是双年展对于深圳城市和建筑的自觉意识。

新的批判现实主义

以上三个思想事件并不存在时间上的先后逻辑关系，而应看作是在一个共时性的平面中所呈现出的思想的不同方面。实验建筑、社会意义、城市问题，三者构成了某种观念的形态和纹理，反映了当代中国建筑师整体的思想语境。

必须首先强调的是，当下所有问题的讨论都必然要放在一种全球化视野下进行。而观察和讨论深圳 35 年的城市化发展进程及其问题，当然也不能脱离这种国际化的背景。这不仅是因为当前境外事务所全面进入中国市场，海归与本土建筑师同场角逐，也不仅是因为我们的专业术语均建立在西方现代主义的教育背景上，从而导致了本土的思想匮乏和语言缺失，而且还由于伴随着现代化、西方化、全球化潮流的同时出现，世界资本力量对于中国城市化的全面影响，造成的空间生产直接参与到资本扩张的进程当中，资本的逻辑就是生产和消费，加上权力与权威的某种垄断，双重的剥夺使社会贫富差距加剧，社会共识破裂，社会学家称之为一个“断裂的社会”。在全球资本主义的今天，中国的城市建筑发展已无法固立自持，而是被绑架在这部滚滚而来的国际巨型战车之上，任何本土和个人的思想都被逼到无路的状态。在这样的情形之下，与其把西方观念视若洪水猛兽，拒之千里，莫如以开放的心态，正视西方的存在，以西方价值作为参照系，在比较和对话中来讨论中国现实问题，而互为批判借鉴。

在西方哲学家亨利 · 列斐伏尔的社会空间理论中，有关资本主义和晚期资本主义的空间生产分析可以作为一种理论工具，对于我们理解和审视当下深圳乃至中国城市建筑发展状态和思想动向，具有借鉴的意义。

列斐伏尔空间理论的核心是生产和生产行为的空间化，即空间被看成是一种产品。空间在现有的生产模式中作为一种实在性的东西起作用，它与在全球化过程中的商品、金钱和资本既相似又有明显的区别。空间作为一种生产的方式，也是一种控制的、统治的和权力的工具；但空间并没有被完全控制，它形成了各种边缘化的空间。列斐伏尔宣称，每一种社会都会产生自己独特的空间，而资本主义的空间是一种抽象空间，它在国家甚至国际的层面上反映了商业世界、货币权利和国家政治。而资本主义的本性，决定资本主义的抽象空间必然以消除各种空间性差异、实现世界空间的一致性为目标，这会不可避免地引起资本主义空间的矛盾。在列斐伏尔看来，资本主义对空间的征服和整合，已经成为社会赖以维持的主要手段。由于空间带有明显的消费主义特征，因此，空间把消费主义关系的形式投射到全部的日常生活中。消费主义的逻辑成为社会运用空间的逻辑，成为日常生活的逻辑。社会空间不再是被动的地理环境，不是空洞的几何环境或同质的、完全客观的空间，而是一种具有工具性的、社会性的产物，是一种特定种类的商品生产。

列斐伏尔曾经对资本主义规划精确的空间体系展开分析和批判。资本主义的规划作为一种空间生产历史的特殊形式，它不是所谓关于调整分类并使之秩序化的实践，而是一种通过国家提出策略和按期执行的权力实践，它与按照指令进行消费的社会一起构成一个整体，人们通过生产空间来逐利，空间就成为利益争夺的焦点，它吸引了社会的一切目光，其目标是从日常生活的每个可能的方面提取利益。在这种实践中，规划促使一种实际的分离——使身体的行为分裂，使感官迷失方向，并赋予视觉主宰其他的感官。因此，在资本主义体制下，规划不可避免地要对功能进行等级化和分裂，对空间进行同质化和抽象化，使日常生活极端的商品化和惯例化，最终对其规划的商品进行消费。这种对抽象空间生产的规划是在全球尺度上展开的，而需求、功能、场所和社会目标被置于一个中立的、客观的空间中。在表面上规划所做的工作是企图对城市的不规则扩展进行控制，并为居民生产出各种生活空间，但其结果是导致居民在通勤、工作和睡眠的过程中趋于一种毫无差异的生活方式。城市是资本主义矛盾最激烈的场所，一方面，它揭示了理性化和同一化过程的无情专制，政府的城市规划就是这种专制的最清楚的显现；另一方面，城市凸现出由私人资产所造成的巨大的碎裂和分化。在列斐伏尔看来，资本主义本身是无力解决这种本质矛盾的，这也是使城市生活重新焕发活力的契机。

列斐伏尔的理论给我们提供一个更为广泛而睿智的思想镜面和比较分析模型。据此可以建立一种“新的批判现实主义”的实验态度，去重新审视我们所面对的问题，去检讨我们赖以生存的城市的社会意义、职业伦理的规范和设计语言的基础，结论是显然的。

首先，我们的城市已全然处于列斐伏尔所说的资本主义全球化和城市化的空间生产运动之中，难以遁形或逃避。我们只能基于现实的环境中，警惕资本主义空间生产方式的弊端和矛盾，检视和批判现实社会空间的割裂现象，把重建具有人文关怀和价值理性的社会空间作为职业目标和伦理规范。其次，在上述价值理性的基础上，重新审视西方现代建筑的几何、抽象、精密的工具理性及其设计方法论的局限，把设计语言的原点建立在对当下日常生活空间的恢复和营造上，而不是退守到那已然逝去和脱离现实的“文人传统”中去，更不能建立在“未来主义”式的乌托邦想象之上。传统只能在现实当中产生，新的设计语言只能从对现实问题的思考和实验当中产生。第三，对深圳城市而言，经过短短 35 年的建设，它还处于一种实验探索的生长期，一切都尚未定型。从社会学的意义上来说，她还没有沉淀出一定意义上的城市精神和文化基质。深圳建筑在走向现代化的同时，应当尽可能注意保护本来就稀缺的文化遗产，保护那些给城市生活带来多样体验的社区人文环境，寻求在城市资本空间扩张过程中与社会人文价值守成之间的平衡发展。

我们已经付出了不该付出的代价，我们不能再重蹈历史的覆辙。资本主义的空间消费逻辑充满了诱惑，我们必须坚实地脚踏中国现实，正确地选择城市发展的道路。城市空间的生产不能变成一种精神的荒漠化，而应该是一种对城市精神的重新思考，使其历史得以延续和充满活力，给我们的城市赋予更多的精神内涵。

参考文献 (References):

[1] 包亚明．现代性与空间的生产 [M]．上海：上海教育出版社，2003.

[2] 哈贝马斯．公共领域及其结构转型 [M]．曹卫东，译．上海：学林出版社，1999.

[3]Henri Lefebvre．Everyday life in the Modern World[M]．Tr．Sacha Rabinovitch．Lodon: Transaction Publishers，1971.

[5] Henri Lefebvre．The Production of Space[M]．Oxford: Wiley-Blackwell，1992.

[6] 汪原．日常生活批评与当代建筑学 [J]．建筑学报，2004(8).

[7] 汪原．亨利·列斐伏尔研究 [J]．建筑师，2005（117）.

[8] 饶小军．公共视野：建筑学的社会意义 [J]．新建筑，2001(1).

[9] 饶小军．边缘实验与建筑学的变革 [J]．新建筑，1997(3).

[10] 饶小军.实验与对话 记5.18中国青年建筑师、艺术家讨论会 [J].建筑师，1996，(72).

[11] 史建．从“实验建筑”到“当代建筑”[J]．城市空间设计，2009(5).

[12] 黄伟文．深双五届：看不见的城市 [EB/OL]．http://blog.sina.com.cn/urbandao.

[13] 张永和．城市，开门！ [A]// 深圳城市 / 建筑双年展组织委员会．2005 首届深圳城市 / 建筑双年展 [C]．上海：上海人民出版社，2007.

[14] 深圳城市 / 建筑双年展组委会．2007 深圳·香港城市 / 建筑双城双年展：城市再生 [M]．深圳：深圳振业出版社，2007.

[15] 欧宁．南方以南：空间、地缘、历史与双年展 [A]// 深圳城市 / 建筑双年展组织委员会．南方以南：空间、地缘、历史与双年展 [M]．北京：中国青年出版社，2013.

[16] 深圳城市 / 建筑双年展组织委员会．城市创造“2011 深圳·香港城市 / 建筑双城双年展”[M]．北京：中国建筑工业出版社，2013.

[17] 深圳城市 / 建筑双年展组织委员会．城市边缘：2013 深港城市 / 建筑双城双年展（深圳）[M]．上海：同济大学出版社，2013.

注：该文在《时代建筑》2014 年第 4 期同名文章基础上修改完善

饶小军
RAO Xiaojun

作者单位：深圳大学建筑与城市规划学院

作者简介：饶小军，深圳大学建筑与城市规划学院教授，原《世界建筑导报》主编

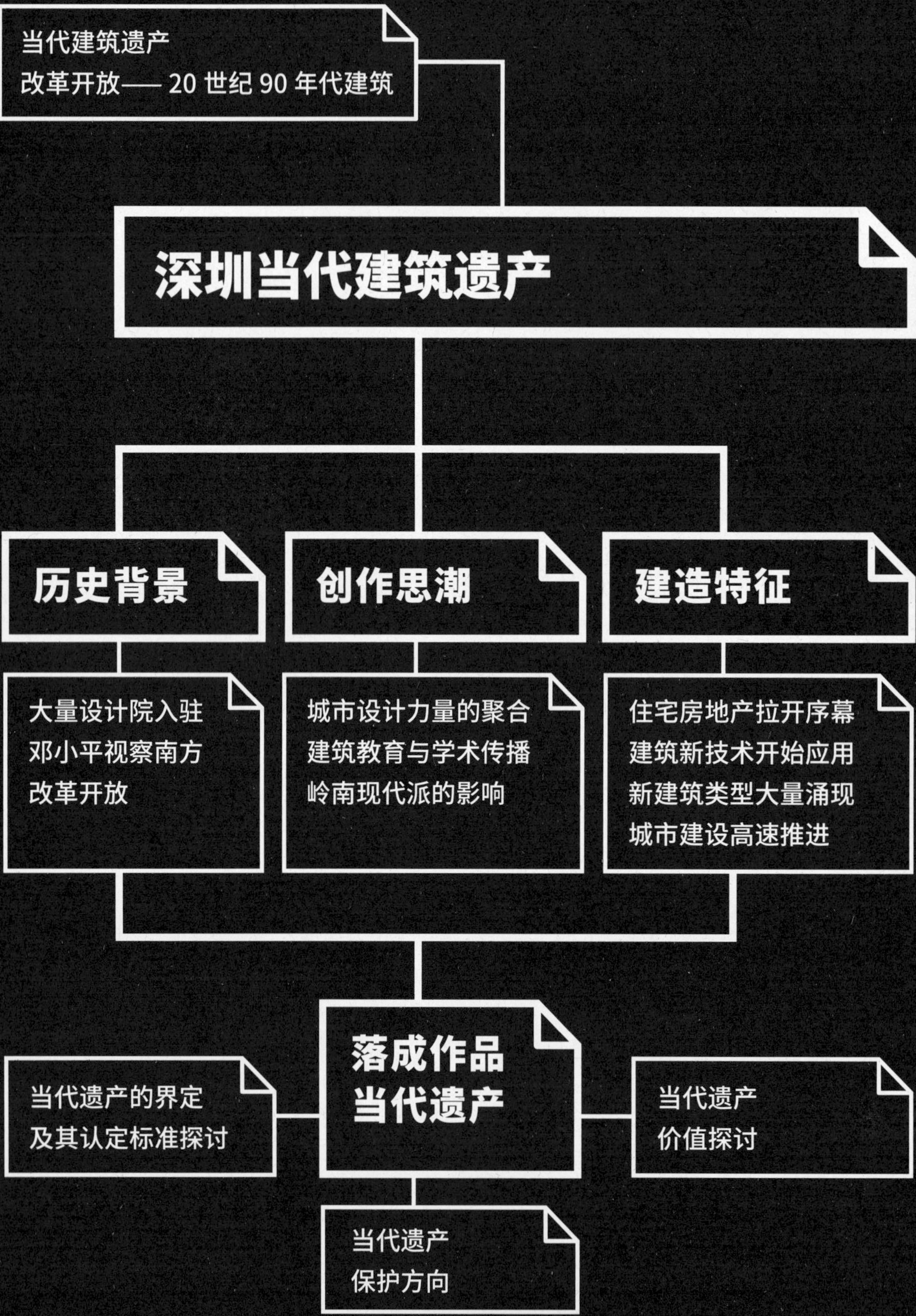

当代建筑遗产
改革开放—— 20 世纪 90 年代建筑

深圳当代建筑遗产

历史背景

大量设计院入驻
邓小平视察南方
改革开放

创作思潮

城市设计力量的聚合
建筑教育与学术传播
岭南现代派的影响

建造特征

住宅房地产拉开序幕
建筑新技术开始应用
新建筑类型大量涌现
城市建设高速推进

落成作品
当代遗产

当代遗产的界定
及其认定标准探讨

当代遗产
价值探讨

当代遗产
保护方向

当代遗产
CONTEMPORARY HERITAGE

“特区建筑”：深圳20世纪八九十年代建筑创作发展评述

The Architecture in "Special Economic Zone" : A Review of the Development of Contemporary Architecture in Shenzhen between 1980s and 1990s

肖毅强 殷实 XIAO Yiqiang, YIN Shi

以当代遗产的视角看深圳改革开放初期的建筑实践

Architectural Practice at the Beginning of Reform and Opening-up in Shenzhen from the Perspective of Contemporary Heritage

尤涛 崔玲 YOU Tao, CUI Ling

“特区建筑”

The Architecture in "Special Economic Zone"

深圳 20 世纪八九十年代建筑创作发展评述

A Review of the Development of Contemporary Architecture in Shenzhen between 1980s and 1990s

肖毅强，殷实　XIAO Yiqiang, YIN Shi

文章关注深圳经济特区成立早期 20 年建筑创作的发展状况，将该时期的建筑创作放在改革开放的时代背景下，通过分析建筑创作的影响因素、现代建筑创作活动、起关键性作用的团队和人物以及具有标志性意义的建筑作品，对具有标志性意义的中国建筑创作发展阶段做出解读。

This paper focuses on the development of architectural creation in Shenzhen between the 1980s and 1990s, and offers an interpretation of the iconic development of Chinese architecture in the context of reforms and opening-up, by analyzing the people and groups that have exerted a decisive impact on contemporary architectural creation and some key works.

建筑评论；深圳建筑；建筑创作；中国建筑师

Architectural Review; Architecture in Shenzhen; Architectural Creation; Chinese Architects

从20世纪80年代开始至90年代后期，深圳经济特区成为中国当代建筑创作的重要高地，“特区建筑”是改革开放时期中国当代建筑的代表。1997年香港回归之后，深圳在国家层面中的城市角色发生转变，“特区建筑”也随着中国全面展开的城市建设高潮而不再成为过去那样的“焦点”，但这20年的城市高速建设已对整个国家的建设行业产生深刻的影响。深圳这20年的建筑创作特有的发展过程折射出中国建筑学重新起步的状态，展示中国特定社会机制下城市和建筑的标本性价值，并置了几代中国建筑师在同一时空下的开拓与坚持。

相关背景

1980年，作为改革开放重要举措的经济特区建设启动。深圳作为首批四个经济特区中的典型代表，先行先试众多改革措施。例如，在中国内地首次尝试收取土地使用费（1980年）；率先突破固定用工体制，实行双向选择（1980年）；启动职工住房商品化改革（1980年）；蛇口工业区率先对外招聘干部（1981年）；国际商业大厦推出“工程招投标”，开创内地工程招投标先河（1981年）；率先放开一切生活必需品价格，终结近40年的票证制度（1982年）；企业尝试股份制改造，其中个别企业发行股票（1986年）；土地拍卖“第一槌”引发中国土地使用制度革命（1987年）；《深圳经济特区住房制度改革方案》出台（1988年），“房屋是商品”的观念开始从深圳走向全国等。

1984年，邓小平同志第一次到南方视察深圳。国贸大厦以“三天建一层楼”的建设速度成为深圳城市建设标志。1996年，深圳地王大厦以“二天半建一层楼”的建设速度，创造了90年代深圳建设奇迹，成为当时亚洲第一、世界第四高楼。

创新的特区制度影响着特区建筑的创作环境。土地制度改革引发了多元化的建设模式和创作思维，人事制度改革吸引来自全国的建筑师，招投标制度启动建筑创作的良性竞争，企业经营模式改革推动不同类型设计企业的创建和成长。

从1980年至1985年的5年间，深圳特区的建筑面积由十几万猛增至937万m²。

逾百家外地设计院进入深圳，①至1993—1994年间深圳已有400多家设计公司。特区政府针对如何发展建筑设计行业进行积极探索，扶持不同类型设计企业的发展。1980年，深圳华森建筑与工程设计顾问有限公司作为中国第一家中外合资设计企业在深圳蛇口成立；1986年，华艺设计顾问有限公司作为中国第一家外资独资工程设计企业在香港注册，同年在深圳注册分公司。1994年深圳左肖思建筑师事务所作为中国大陆新时期第一家开业的私营建筑师事务所正式挂牌营业。

深圳大量的建设需求与建筑设计人员奇缺的现实情况出现矛盾，形成了“炒更”和“挂靠”设计生产现象。来自于港式粤语的“炒更”特指在正式岗位工作外的私下揽活行为，并与“挂靠”正规设计机构出图的方式相互结合。与设计院的集体创作与论资排辈不同，“炒更”行为以另类方式确立了建筑师的个体市场价值。

为应对“上班不干下班干”的“炒更”设计行为，深圳设计机构开始普遍采用“产值提成”制度，激励设计人员的工作热情。这种薪酬模式是1984年由华南工学院建筑设计研究院开创的，②然后迅速推广。按完成项目设计费产值进行比例提成大大地激发了建筑师的主观能动性，但“以量计酬”对应的是生产速度，而非设计质量。尽管80年代的手工绘图方式在90年代初逐步被计算机辅助设计技术所取代，但释放出的生产力仍然不能应付以几何级数增长的建筑设计量的需求。那个时代形成的粗放快速的设计模式以及相应的设计生产管理制度到今天依然具有消极的影响。

同时可以看到，深圳改革开放的背景下，建筑师的主体意识被唤醒，个人价值与市场认同得到匹配，宽松的社会环境鼓励自由创作的激情，充满朝气的行业氛围呼唤着全国的建筑师和刚刚走出校园的年轻人。

现代建筑创作活动与思潮

宽松的创作环境并不意味着一定就能创造出优秀的建筑。中国建筑界与国际主流建筑学长期隔绝以及现代建筑创作思想缺失的状态，必然地投射到深圳经济特区成立早期20年的建筑创作行为中。

改革开放时期中国建筑的创作力量主要为三代中国建筑师，即按照杨永生先生的“四代建筑师”[2]中的第二、三、四代建筑师。首先，是上世纪初受教于第一代建筑师，个别曾留学海外，并经历“文革”依然健在的第二代建筑师，命运给了已是晚年的他们发挥余热的机会；其次，是新中国建筑教育培养的第三代建筑师，他们间接地受到不同思潮下的国际建筑发展（如苏联）的影响，在社会主义文化语境下成长，在人生的中年迎来了在改革开放中施展所学的机会；最后，是“文革”后培养的、80年代刚刚走出校园的第四代建筑师。然而，即便是这三代建筑师加在一起，去面对国家突如其来的大建设需求，依然是“寡不敌众”。建筑学的正常发展需要创作、教育和研究的并行，并以充足的优秀专业人才作为保证。从今天的中国发展状况来看，因80年代的人才短缺遗留下的消极影响依然未见逆转。

深圳的建筑创作活动集中展示了四代建筑师的成就，可以从复杂多样的特区建筑现象中梳理出来自多方面的积极影响。从历时性来看，首先是岭南现代建筑思想对早期特区建筑的影响；其次，是来自于全国高校建筑师在建筑教育、理论和建筑创作上的开创性工作；再者，是全国设计骨干对深圳建筑创作的持续贡献以及新一代青年建筑师的贡献工作。

岭南现代建筑流派的影响

20 世纪 50 至 70 年代以广州为中心发展形成的“岭南派现代建筑流派”，对改革开放之初的深圳建设发挥着积极的“启动”作用。

以林克明、陈伯齐、夏昌世等为代表的第一代建筑师扎根于地域文化与气候特色，超离意识形态困扰，开创岭南现代建筑创作，并通过莫伯治、佘畯南等集体创作氛围成长起来的建筑师群体的持续推动，形成了具杰出地位的岭南现代建筑流派。1983 年广州白天鹅宾馆的建成，意味着岭南现代建筑创作迎来阶段性“高峰”。其后，随着国家的工程勘察设计行业的企业化管理（1984 年）和资质管理（1986 年）制度改革，由政府统筹领导的岭南现代建筑创作团体的成员回归或分配到不同设计机构，各自继续建筑创作，呈现出多样化的岭南现代建筑发展。③

在深圳特区建设早期，重要的岭南派建筑师皆在深圳留下作品。1982 年底，深圳市委投资 7 亿建设文化设施，即著名的深圳“八大文化设施”。八个项目中的四个由广州岭南派建筑师承担。分别为深圳图书馆、博物馆、大剧院、科技馆。其中深圳科技馆可算是何镜堂院士的成名作。

在深圳的岭南派建筑师的其他主要作品还有深圳洋溪酒家（莫伯治、林兆璋，1982 年），深圳东湖宾馆（郭怡昌、沈爱蓉等，1982 年），深圳银湖旅游中心（林兆璋、司徒如玉、莫伯治等，1984 年），深圳小梅沙海滨旅游中心（黄炳兴，1984 年），等等（表 1）。

广州岭南派建筑师们对地域气候和环境的成熟创作经验，驾轻就熟地处理公共建筑空间中的庭园布局及环境地形关系，为早期深圳建设带来积极的借鉴意义。然而基于广州成熟城市环境的单体建筑创作经验，并不能解决深圳全新城市尺度和风貌问题，面对超大规模的城市建设与群体开发，广州岭南派建筑师群体的作用显得势单力薄。

在当代建筑地域性的理解上，岭南派建筑师出现不同的倾向。一方面，是为吸引海外归侨投资特区而将中国传统风格刻意强化的岭南建筑样式；另一方面，是在西方当代建筑丰富图景影响下紧跟国际潮流的现代形式。形式问题折射出中国建筑学界的复杂状态。

深圳早期建设中，后现代建筑文化的导入与现代性价值的缺失，导致建筑创作在快速设计生产时期主要表现为单体建筑的“形式”问题。

建筑教育与学术传播

深圳需要建立自己的建筑教育和学术研究基地，深圳大学建筑

■ 表 1 “岭南派”在深圳特区建设早期的设计作品

Table 1. Projects by the Lingnan School in early development period of Shenzhen Special Zone

项目名称	深圳洋溪酒家	深圳东湖宾馆	深圳图书馆	深圳博物馆	深圳银湖旅游中心	深圳小梅沙海滨旅游中心	深圳大剧院	深圳科学馆
建成时间	1982	1982	1983	1984	1984	1984	1986	1988
建筑师	莫伯治、林兆璋	郭怡昌、沈爱蓉	郭怡昌，谭文堃，何孟章	佘畯南，周汇芬	林兆璋、司徒如玉、莫伯治等	黄炳兴	林兆璋，吴威亮，文苑仪，张伟华，张雯	何镜堂，李绮霞
设计单位	广州市城市规划勘测设计研究院	广东省建筑设计研究院	广州市城市规划勘测设计研究院	广州市设计院	广州市城市规划勘测设计研究院	广州市设计院	广州市城市规划勘测设计研究院	华南理工大学建筑设计研究院
图片来源	莫伯治，林兆璋．深圳洋溪酒家[J]. 建筑学报，1983（8）．	石安海．岭南近现代优秀建筑．1949~1990 卷[M]. 北京：中国建筑工业出版社，2010.	郭怡昌，谭文堃，何孟章．深圳图书馆设计[J]. 建筑学报，1987（6）．	石安海．岭南近现代优秀建筑．1949~1990 卷[M]. 北京：中国建筑工业出版社，2010.	石安海．岭南近现代优秀建筑．1949~1990 卷[M]. 北京：中国建筑工业出版社，2010.	石安海．岭南近现代优秀建筑．1949~1990 卷[M]. 北京：中国建筑工业出版社，2010.	石安海．岭南近现代优秀建筑．1949~1990 卷[M]. 北京：中国建筑工业出版社，2010.	石安海．岭南近现代优秀建筑．1949~1990 卷[M]. 北京：中国建筑工业出版社，2010.

学专业的创办及对国外建筑思潮的传播，为特区建设导入积极和深远影响。

1983 年，深圳大学获国务院正式批准成立，同时创办建筑学专业。深圳大学的校园建设与建筑系的创办融为一体，突破常规，广招人才，边教学边建设。1983 年 10 月，罗征启[4]为规划深圳大学的建筑布局，组建团队、倾力邀请清华大学的一批教授鼎力支持。[5]

深圳大学校舍 1984 年 2 月动工， 同年 9 月首期 6 万 m^2 工程落成。校园规划摒弃传统的中轴线的布局方式。以图书馆为中心，通过广场组织建筑布局，校园入口区设小广场，校园内部设大广场面向后海，供师生使用，并留出 300 多亩发展用地。校园中心广场是园区的精华，它由图书馆、办公楼、教学楼、阶梯教室围合而成。校园不设围墙，而是采用开放式布局，依循地形，形成丰富的外部空间，成为改革开放时期新型校园的经典之作（图 1，图 2）。

深大建筑系的创办[6]得到了我国著名建筑学家汪坦[7]教授的支持。1984 年，68 岁的汪坦满怀激情地南下广东，参与创办深圳大学建筑系，并任首任系主任。汪坦先生不辞辛劳，亲自授课，并培养指导青年教师，为深圳大学建筑学专业的开创做出巨大贡献。

1985 年，《世界建筑导报》杂志依托深圳大学建筑系创刊，与 1980 年在清华大学创刊的《世界建筑》杂志遥相呼应，传播国外当代建筑发展潮流。杂志地处特区，面向世界的特色，强调“国际性”与“导向性”，是当时国内唯一的中英文建筑期刊，以大开本提供大量的建筑图像信息，系统介绍国内外著名建筑师事务所和建筑师作品。在 20 世纪 90 年代初海外版的建筑图书开始进入中国建筑读者视野之前，《世界建筑导报》以其优质的建筑图像传播，极大地帮助国内建筑师对西方建筑的深入理解，拓展了建筑学界西方当代建筑认识的准确性（图 3）。

源于当时国内现代建筑理论研究的缺乏，由汪坦先生主编、国内建筑研究学者参与翻译的《建筑理论译丛》1986 年起开始陆续出版，推动与西方理论隔绝了 30 余年的中国建筑界理论认知与学习热潮，对新一代建筑师的启蒙作用乃至当今建筑学发展影响深刻。

深圳的建筑学术发展浓缩中国建筑学在开放形势下重新起步的历程，而中国建筑理论研究成果也终于在 21 世纪中国建筑的发展中呈现出来。回望当年，图像传播与论著引进对建筑师们精神层面的巨大冲击犹在眼前，其结果是导致建筑创作中的简单模仿，或转变为深入探究的动力。

城市设计力量的聚合

对深圳建设具有持续贡献的优秀建筑师是来自全国各地建筑师，他们离开自己熟悉的城市和生活环境，来到当时还很荒凉的土地白手起家，并以极大的热情和开拓精神，造就深圳的建设奇迹。众多第三、四代建筑师在深圳建设中起到骨干作用。

第三代建筑师多为“文革”前毕业于我国重要建筑院校，接受过严格的现代建筑教育及早期现代主义思想影响，曾经长期在大型设计院工作，积累了丰富的工程设计经验，深圳的建设为他们提供

1. 深圳大学校园鸟瞰　1. Bird's-eye view of the Shenzhen University campus
2. 深圳大学总校园平面　2. The masterplan of Shenzhen University
3. 《世界建筑导报》创刊号　3. 1st issue of *World Architecture Review*
4~6. 南海酒店　4~6. Nanhai Hotel, Shenzhen

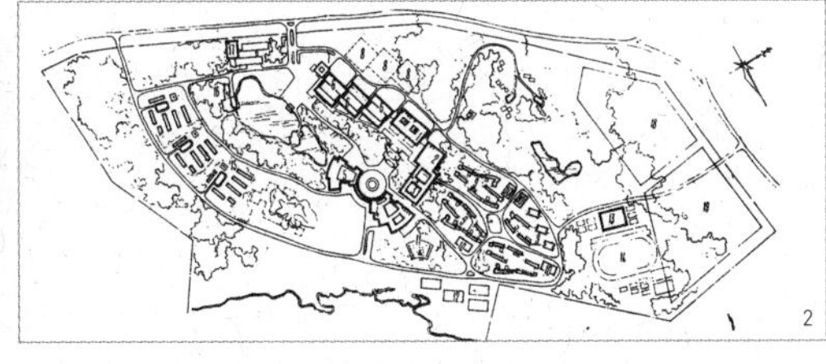

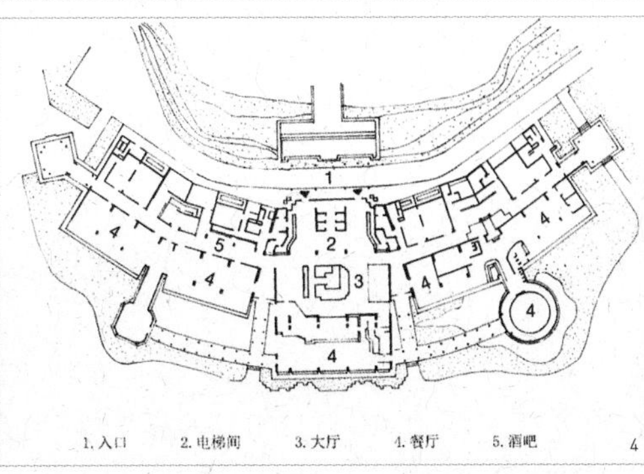

了施展才华的机会。他们在深圳迅速适应新的执业环境，承担企业经营与设计创作的双重责任。典型人物如陈世民、陈达昌[8]、左肖思[9]等，以陈世民为例，从他的经历中可以更深入地理解这个时期。

陈世民（1935—2015）1994 年被评为“国家建筑设计大师”，堪称深圳的城市建筑师。1954 年重庆建筑工程学院毕业。作为 1980 年华森建筑与工程设计顾问有限公司创始最初的 7 人中的一员，[10] 1983 年主持设计完成深圳第一个五星级酒店“南海酒店”。1986 年香港华艺设计顾问有限公司成立，任副董事长兼总建筑师、总经理。历经华森、华艺期间主持设计深圳众多重要及标志性建筑，在华森、华艺的的起步和发展阶段起到重要的作用，并充分展示建筑师设计创新能力的价值。1996 年成立深圳市陈世民建筑师事务所。

“文革”后全国高校积蓄多年后迸发出的建筑教育热情，培育了新一代的年轻建筑师。深圳作为新时代的“胜地”吸引大量刚刚走出校园的年轻建筑师，这里展现的广阔创作天地让年轻人可以放开手脚，摆脱框框，大胆尝试。汤桦[11]、孟建民[12]作为这批深圳建设大舞台中成长起来的第四代建筑师中的佼佼者，在深圳留下众多优秀的建筑作品。

深圳通过市场机制吸引各方人才，短期内实现全国设计资源调动的最大化。优秀的专业人才在深圳得到创作机遇和成长空间。同时，设计机构也先于内地形成开放多元的创作环境和优良的设计管理机制。健康的行业生态吸引年轻人持续来到深圳，确保深圳建筑创作的不断发展。

标志性作品的分析

这里通过对几个具有标志性意义建筑的评述，深入理解不同成长背景的建筑师在深圳当代建筑创作中的创新探索价值。

深圳南海酒店（陈世民，1983 年）为深圳第一家五星级酒店，为陈世民任职华森期间的重要作品和成名之作，项目为刚刚成立的华森建筑与工程设计顾问有限公司赢得巨大的声誉（图 4～图 6）。

项目位于蛇口工业区深圳湾的码头附近，占地 35 000m²，有 260 个房间、总建筑面积 2.7 万 m²。建筑围绕山与海的自然走势，将酒店划分成 5 个近似的矩形单元组成弧形构图，沿山面海展开，使所有客房具有良好的海景视野；逐层后退的客房层处理，使客房圆弧形阳台成为突出的造型要素。1986 年获中国建筑学会首次优秀建筑创作奖。

香港《建筑业导报》评价该项目是“清雅脱俗，风格独特”。[13] 园林中中国传统风格的景观处理与现代式主体建筑的关系，明显地看出广州白天鹅宾馆的影响。但该项目真正的创新意义在于建筑采用了一系列挑战建筑经济性的处理方式，如超长的标准层平面以及逐层后退的酒店平面等，超越了国家长期以来以实用性与经济性为优先的设计原则。该项目的设计首次明确地从场地的海山环境出发，水平展开布局与化整为零的体量确立建筑的环境景观价值。

深圳大学演会中心（梁鸿文[14]，1989 年）是深圳大学校园建设的亮点。演会中心是一座多功能会堂，位于学校西广场北侧的小丘上，建筑面积约 4 000m²。设计注重维护场地环境关系，努力为全

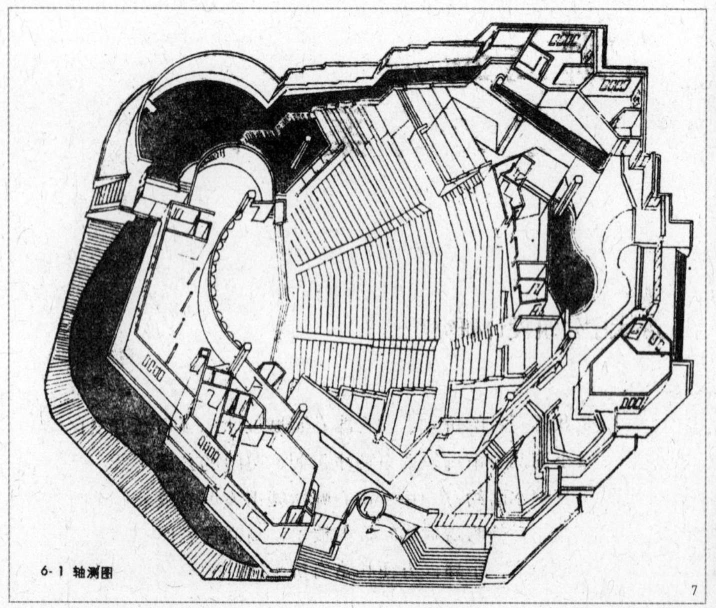

7

9

校师生提供一个亲切自然的聚会场所。

为应对投资额的限制，设计将建筑分为底座和屋顶，取消传统会堂的围合封闭做法，并利用地形高差形成会堂的阶梯座位空间。良好地应对亚热带气候因素，大屋盖形成遮阳，围护墙改善音响效果并通过开口和孔洞组织自然通风。空间网架的屋盖与围护墙体的施工可以同时进行，节约了工期和造价。

建筑的形式恰当地反映建筑的身份，摆脱会堂惯有的封闭性和权威感，突出大众性和开放式校园气质。会堂的布置方式和空间尺度满足不同的使用要求——聚会、表演、体息、游憩、展览等；会堂还可灵活增加座位，建筑物可以分区开放，以满足不同的性质和规模活动的需要。并可以从校园的不同方向和竖向上进入建筑，与校园环境和行为积极互动。

当时的深大边办学，边建设。演会中心是梁鸿文教授带着 4 个学生完成施工图和施工配合的，[15]可谓特殊时期建筑设计实验教学的经典案例。

演会中心是一个完全摆脱形式原型的建筑，项目是基于地形环境、气候要素、经济限制、施工管理的多重要素的创新设计，更在校园里注入了校园活动和行为的理解，成为一个真正属于校园生活的建筑，尽管这个堪称大成之作的建筑因为其低调的形式“姿态”而被低估。

南油文化广场（汤桦，1993—1995 年）位于深圳蛇口，项目建筑面积 32 800m²。

汤桦在解释这个设计时，用近似迷幻的方式表述对建筑理想的向往，“我愿意这样诠释这个场所，你通过宽敞的阶梯上升到一个具有基座特性的广场而面对广阔的天空和地平线上的海平面。透明的屋顶在你的头顶漂浮，身后，代表时间的钟塔冲天而起，并与放射着你和周围环境的镜面玻璃一起，构成一个隐蔽的立体的太极图案，传达一种宗教般的神圣意境。”[16]后现代思潮影响的建筑形式语言并不能掩盖建筑强烈的场所意图，并以场所关系整合了复杂的功能和形态关系。

这个项目可以说是汤桦作为新生代建筑师代表，明确地基于他们所受教育和时代的浓重色彩而发出的建筑宣言。改革开放的“新文艺”背景、西方哲学与建筑理论的冲击、后现代的建筑文化反思，交织出新一代建筑师富于建筑理想主义的梦呓。

这是一个作为自主意识下创造的具有场所精神的建筑作品。不同于以往以立面和形态方式出现的建筑美学组织关系，这里找不一个明确的主次立面，甚至没有适宜的拍摄角度，而这种场所体验超越了既有建筑经验。对南油中心的解读还可以从汤桦在重庆求学时对传统村镇场所的体悟[17]以及在 1986 年日本《新建筑》 杂志国际建筑设计竞赛获三等奖的“瓦屋顶居住小区活动中心”作品中得到更深入的理解。[18]

汤桦代表着那些在学生时期已通过国际学生设计竞赛获奖而一举成名的“学霸”们，在毕业后迎来他们职业生涯的真正考验。当汤桦的“南油文化广场”在《建筑师》上刊登出来的一刻，对于同

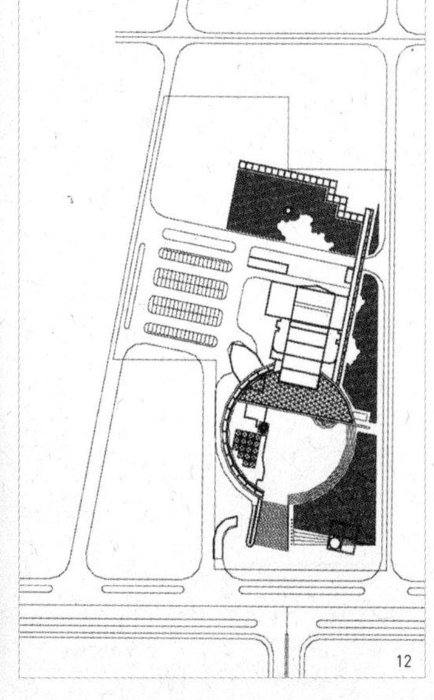

7. 深圳大学演会中心首层平面
8~9. 深圳大学演会中心
10. 深圳南油文化广场
11. 深圳南油文化广场模型
12. 深圳南油文化广场总平面图

6. 1st floor plan, the Performance Center of Shenzhen University
7~8. The Performance Center of Shenzhen University
10. Shenzhen Nanyou Culture Forum
11. Model, Shenzhen Nanyou Culture Forum
12. Site plan, Shenzhen Nanyou Culture Forum

辈们的震撼可想而知：这不仅仅是只能想象的竞赛图景，这是真实被建造出来的建筑！这给新生代建筑师们带来的压力和振奋同等巨大。笔者认为，可以将这一事件与王澍在20世纪80年代末的“叛逆”⑲，以及其后刘家琨同样刊发在《建筑师》上的几个小房子⑳一起，并列为这个时期最具影响的事件。

结语

回顾中国在20世纪八九十年代的建筑学发展状态，我们需要理解当时在建筑创作在各方面的贫乏和饥渴。深圳在以沸腾的建设状态成就现代都市的同时，也为中国建筑创作发展打了一支强心针，深圳早期这20年特定时期对行业的创新性贡献奠定其后深圳建筑创作发展的内在规则和资源基础；对建筑师个体设计创新精神的宽容与尊重在全国建筑界产生积极而独特的影响；政府支持下的宽松设计行业氛围，培育了多种类型的设计企业；根植于商贸文化的务实的创作风气，使城市依然保持着具有全国影响力的创作力量。

深圳当代建筑创作还需要在足够长的时空背景下被观察。当我们回顾过去，时势不会重来，过往昭示当下，而建筑创作中创新和进取的气度永远不可缺乏。

参考文献 (References):

[1] 石安海．岭南近现代优秀建筑（1949-1990）．北京：中国建筑工业出版社，2010.

[2] 杨永生．中国四代建筑师[M]．北京：中国建筑工业出版社，2002.

[3] 曾昭奋．张在元．深圳归来的思索[J]．建筑学报，1985(10):64-67.

[4] 肖毅强．施亮．夏昌世的创作思想及其对岭南现代建筑的影响[J]．时代建筑，2007(05):32-37.

[5] 清华大学建筑系科教建筑组．深圳大学校园规划[J]．建筑学报，1985(11):48-51+83.

[6] 肖毅强，陈智．华南理工大学建筑设计研究院发展历程评析[J]．南方建筑，2009(5):10-14.

[7] 陈世民著．时代·空间——建筑设计大师[M]．北京：中国建筑工业出版社，1995.

[8] 乐民成．评析深圳大学演会中心的设计与构思[J]．建筑学报，1989(9):33-37.

[9] 刘业．现代岭南建筑发展研究[D]．东南大学，2001.

[10] 刘涤宇．起点20世纪80年代的建筑设计竞赛与50-60年代生中国建筑师的早期专业亮相[J]．时代建筑，2013(1):40-45.

[11] 汤桦．孤寂——深圳南油文化广场释义[J]．建筑师，1996，68:96.

注：该文在《时代建筑》2014年第4期同名文章基础上修改完善

注释 (Notes):

① 引自：朱文一，陈瑾羲．中国建筑六“拾年”[J]．建筑学报，2009,10:1-4.

② 为增加设计人员的积极性，在全国率先实行按劳分配奖金制俗称“产值提成制”，后成为先进经验为全国各设计院仿效。参见：肖毅强，陈智．华南理工大学建筑设计研究院发展历程评析[J]．南方建筑，2009(05):10-14.

③ “广州旅游设计组”——为1964—1983广州政府为实施涉外旅游项目而组织的相对固定的设计人员团队，在不同项目过程中有不同的人员组合，可谓汇集和培养了广州设计界的精英。主要成员有莫伯治、佘畯南、林兆璋、陈伟廉、蔡德道、陈立言、吴威亮、黄汉炎等，并扩展为受其影响的众多广州设计机构建筑师。小组在不同时期有不同称谓，在这里统一为“广州旅游设计组”。团队为岭南现代建筑的探索和实践做出了显著的成就。

④ 罗征启：祖籍广东番禺，1951年，年仅17岁的罗征启考入清华大学建筑系，师从梁思成。毕业后留校任教，先后担任清华大学建筑系主任、党委副书记等。1983年，罗征启从北京来到深圳，被任命为深圳大学党委书记、常务副校长，一手操办了深大校园的规划和建设，并于1985年就任深圳大学第二任校长。

⑤ 1983年10月，罗征启为深圳大学规划和建筑布局，从清华大学请到李钰年、谢照唐两位老师，协助总体规划，李钰年参加了总体规划的全过程。11月，请来清华大学赵炳时、殷一和、梁鸿文同志作了若干个建筑规划方案。11月下旬，清华大学一批79级学生和几位研究生，在李承祚老师主持，刘鸿宾、陈乐迁、周逸湖、李孝美几位老师指导下，在前期方案的基础上，又作出了三个方案。随后，清华又派来王炜钰、梁鸿文同志支援，经共同研究修改出一个最后方案。参见：罗征启的回忆记录：http://www.szdesigncenter.org/?p=21073。

⑥ 深圳建筑系主要创系教师：汪坦任首任建筑系主任，李承祚教授任第二任建筑系主任，及卢小荻（重庆建筑工程学院），梁鸿文（清华大学），乐民成（天津大学），许安之（加拿大的访问学者），黄苹南教授（华南理工大学）等。

⑦ 汪坦（1917—2001），江苏苏州人，著名建筑理论家及建筑教育家，1936年进入国立中央大学建筑系学习，1948年远赴美国赖特事务所留学，1957年被聘为清华大学建筑系教授，1984年参与创办深圳大学建筑系，深圳大学建筑设计院，创办《世界建筑导报》。

⑧ 陈达昌（1939—），深圳市原总院副院长兼二院院长、总建筑师，1962年华南工学院建筑系毕业。主要作品有深圳国贸大厦、深圳滨河小区等。

⑨ 左肖思，新中国大陆第一所建筑师事务所——左肖思建筑师事务所总裁兼总建筑师，1960年华南工学院建筑系毕业，深圳建筑师学会理事。主要作品有：深圳碧波花园、宁水花园、华侨城芳华苑住宅区、艺术学校、艺术中心、老干部活动中心新楼等。

⑩ 1980年，深圳华森建筑与工程设计顾问有限公司在香港与深圳两地注册成立。袁镜身先生任主席，黄汉卿先生任副主席，曾坚先生任总经理。陈世民当时从北京抽调前往香港，与其同行的还有曾坚、张祥萱、郁焕文。华森公司开始艰难的创业进程。参见：时代·空间——建筑设计大师陈世民[M]。北京：中国建筑工业出版社，1995.

⑪ 汤桦，就读于重庆建筑工程学院建筑系（1978—1982年），在母校保留教职情况下，不断在深圳从事建筑创作工作。曾就职华艺设计顾问（深圳）有限公司建筑师（1986—1987年、1991—1992年），深圳华渝建筑设计公司总经理总建筑师（1992—1999年），深圳中深建筑设计有限公司董事，总建筑师（2000—2002年），2003年成立深圳汤桦设计咨询有限公司。

⑫ 孟建民，1982年毕业于南京工学院建筑系，其后在母校获硕士、博士学位。1992年—1996年任东南大学建筑设计研究院深圳分院任院长，后历任深圳市建筑设计研究总院副院长、总建筑师（1997—2006年），深圳市建筑设计研究总院任院长、总建筑师（2006—2009年），2009年开始主持个人工作室及深圳市建筑设计研究总院有限公司任总建筑师。

⑬ 袁镜身．一部独具特色的巨著——评建筑大师陈世民的《时代·空间》[J]．建筑学报，1996(08):51-52.

⑭ 梁鸿文，（1934—）出生于广东省广州市，1953年入学清华大学建筑系，1959—1987年清华大学建筑系任教并在清华大学建筑系设计院从事建筑设计，1983—1984年，参加广东深圳大学的校园规划及建筑设计工作，1987—1995年在深圳大学建筑系任教并在建筑设计研究院做建筑设计，退休后，在清华大学建筑学院支持帮助下组建清华大学建筑设计研究院深圳分院，并任清华大学建筑设计研究院深圳分院常务副院长兼总建筑师。

⑮ 根据深大招的第一批学生之一，现为清华苑建筑设计有限公司副总经理的雷美琴的回忆记录，当年的深大成为了学生与老师们的实践场。

⑯ 引自：汤桦 . 孤寂——深圳南油文化广场释义 [J]. 建筑师，1996，68:96.
⑰ 在汤桦与孟建民的对谈文章中，汤桦提到了其在大学时期一件印象格外深刻的事，即受到徐志尚发表于《建筑学报》的文章影响，对民居产生极大的兴趣，并谈及对四川罗城小镇场所的感悟。参见：孟建民 , 汤桦 , 陈淳 . 建筑师的 1980 年代与深圳实践 孟建民 / 汤桦对谈 [J]. 时代建筑，2012(04):56-61.
⑱汤桦 . 瓦屋顶居住小区活动中心 [J]. 世界建筑，1987(02):58.
⑲ 王澍在其硕士毕业论文《死屋笔记》中，对中国建筑学的现状进行了批判。参见：王澍 . 死屋手记——空间的诗语结构 [D]. 南京工学院硕士论文 , 1988.
⑳ 刘家琨在 1994 年后开始设计了一系列艺术家工作室，其中包括罗立中工作室，何多苓工作室等。参见：刘家琨 . 叙事话语与低技策略 [J]. 建筑师，1997(78): 46-50.

图片来源 (Image Credits)：

1.《深圳大学建筑系教师作品集》
2. 清华大学建筑系科教建筑组 . 深圳大学校园规划 [J]. 建筑学报，1985(11).
3. 作者扫描
4~6. 石安海 . 岭南近现代优秀建筑·1949-1990 卷 [M]. 北京：中国建筑工业出版社，2010.
7. 乐民成 . 评析深圳大学演会中心的设计与构思 [J]. 建筑学报，1989(9).33-37.
8~9.《深圳大学建筑系教师作品集》
10. 汤桦 . 孤寂——深圳南油文化广场释义 [J]. 建筑师，1996(68).
11. 汤桦 . 营造乌托邦 [M]. 北京：中国建筑工业出版社，2002.
12. 汤桦 . 营造乌托邦 [M]. 北京：中国建筑工业出版社，2002.

肖毅强，殷实
XIAO Yiqiang, YIN Shi

作者单位：华南理工大学建筑学院
作者信息：
肖毅强，华南理工大学建筑学院副院长，教授，博导
殷实，华南理工大学建筑学院硕士研究生

以当代遗产的视角看深圳改革开放初期的建筑实践

Architectural Practice at the Beginning of Reform and Opening-up in Shenzhen from the Perspective of Contemporary Heritage

尤涛，崔玲　YOU Tao, CUI Ling

深圳作为中国改革开放的先驱城市，改革开放初期的建筑实践具有重要的历史意义。文章以当代遗产的研究角度，探讨深圳改革开放初期建筑的历史价值和评估认定标准，以期通过研究工作对今后深圳当代遗产保护有理论借鉴意义。

当代遗产；深圳；改革开放初期；认定标准

Contemporary Heritage; Shenzhen; Reform and Opening-up Period; Definition Standard

As the pioneer of China's reform and opening up, the architectural practice in Shenzhen has important historical significances at the beginning of this period. Based on the research of the contemporary heritage, this paper proposes the contemporary heritage's value standard of the architectural practice in Shenzhen at the beginning of reform and opening up period.

当代遗产保护是目前文化遗产保护领域的重要方向之一。2005年深圳经济特区建立25周年之际，深圳评选出“深圳改革开放十大历史性建筑”。近年深圳市加强对有代表性的当代遗产的重视，特别是反映改革开放以来深圳城市发展历程和建设成就的工业、金融商贸等各类行业性质文化遗产。[1][2]2012年底，深圳确立的196处历史建筑和58处历史风貌区中，包括改革开放以来的10处优秀历史建筑、12处一般历史建筑与10处历史风貌保护区、25处一般历史风貌区①，如地王大厦、上海宾馆、国贸大厦、莲花山邓小平雕像等。在这样的背景下，为更好地保护好当代遗产，本文试图从当代遗产的价值标准出发，探讨深圳改革开放初期建筑实践的当代遗产价值，希望为当代遗产的评估和认定提供一定的参考和借鉴。

深圳改革开放初期建筑实践的背景与特征

本文所探讨的深圳改革开放初期，是指1979—1985年这一特定历史时期，被认为是深圳发展建设过程中的初创奠基和改革开放局部推进阶段。②

改革开放初期的深圳，作为中国第一批经济特区的代表，在各个领域都发挥了“试验田”“窗口”和“基地”的作用。通过深圳特区这个窗口，中国成功引进了资金、技术、管理、信息，推进中国市场化改革和社会主义市场经济体制的最终确立，让世界走进中国，也让中国走向世界。正如1984年邓小平对深圳特区的评价：“特区是个窗口，是技术的窗口、管理的窗口、知识的窗口，也是对外政策的窗口”。深圳改革开放发展的历程，充分体现出中国改革开放的发展轨迹，是中国改革开放的缩影和历史见证。

深圳改革开放初期的建筑实践特征

深圳改革开放初期的建筑实践呈现出以下几方面特征。

1）城市建设高速推进。深圳从一个边陲小镇发展成为一座中等规模城市，以罗湖、上步为中心的城市格局初步形成，全市先后建起了178万m²工业厂房、55万m²仓库、104万m²商业服务用房、43万m²写字楼、417万m²住宅、35万m²文化教育用房、15.5万m²医疗卫生用房。

2）新建筑类型大量涌现，形成一批深圳早期的标志性建筑。改革开放初期的深圳开始中国第一轮大规模高层建筑建设热潮，截至1985年，深圳竣工17层以上的高层楼宇42栋，正在动工兴建的有92栋。商业写字楼、高级酒店、新型厂房等新建筑类型大量涌现。

3）建筑新技术开始应用。深圳改革开放初期的大量、快速建设对施工技术提出了更高的要求。为了提高建设效率，深圳国贸大厦被誉为“中华第一高楼”，采用了滑模新工艺，创造性地运用了“内外筒同步整体升华”的施工方法，实现了三天一层楼的“深圳速度”。

4）开启中国住宅房地产开发的序幕。1980年深圳成立了深圳特区房地产公司，与港商合作建设的中国第一个商品房小区东湖丽苑不久后便正式开工。东湖丽苑是中国第一个可以自由买卖的涉外商品房住宅小区，改变了新中国历史上集体分房的传统模式，掀开了中国的商品房时代，也拉开持续30多年的中国住宅房地产开发的大幕。

当代遗产的界定及其认定标准探讨

国际上最早对当代遗产保护的关注可以追溯到1981年悉尼歌剧院申报世界文化遗产，尽管当年申遗未果（后于2007年列入），但启发了人们对20世纪人类遗产保护的思考。2007年开始的第三次文物普查中，当代遗产已成为文物普查的重要内容之一。前国家文物局局长单霁翔在2013年的政协提案中，也强烈呼吁建立中国20世纪遗产、当代建筑遗产的保护评估机制[5]。

当代遗产的概念

什么是当代遗产，目前并没有公认的定义，跟“当代遗产”一词内涵交叠的概念还有“现代遗产”和“20世纪遗产”。③但由于国内外对“现代”、“当代”的理解存在差异，当代遗产的概念并没有形成清晰的界定。

“当代”一词，通常被理解为当今所处的时代，也就是还没有过去的那个时代。从当代史学来看，“当代史是和当前紧密相连的时间框架的历史，是现代史的特定角度”[6]。“从全球来看，当代应该是指以第三次世界科技革命为标志以后的时期延续至今后。第三次科技革命，是以原子能、电子计算机和空间技术的广泛应用为主要标志，涉及信息技术、新能源技术、新材料技术、生物技术、空间技术和海洋技术等诸多领域的一场信息控制技术革命。其当代大体界定时间应该是20世纪四五十年代以后的时期”[7]。一般来说，第二次世界大战结束的1945年被作为世界当代史的时间起点。具体到中国，尽管在历史内涵上有所差异，但中华人民共和国成立至今为当代的历史分期习惯也基本与此年代区间符合。因此，广义而言，将1949年作为界定中国当代遗产的时间节点。

对深圳而言，由于城市发展历程的特殊性，主要建设成就集中在1978年至今的30多年时间。因此，将1978年作为界定深圳当代遗产的时间节点④，更符合当代史学所强调的“和当前紧密相连的”当代概念。

■ 表 1 Table 1

国内外几种有代表性的文化遗产认定标准[8][9]

Cultural heritage standard

遗产类型	认定标准
世界文化遗产	■ 代表人类创造才能的杰作; ■ 能在一定时期内或世界某一文化区域内，对建筑艺术;纪念物艺术、城镇规划或景观设计方面的发展产生过大影响; ■ 能为一种已消逝的文明或文化传统提供一种独特的至少是特殊的见证; ■ 可作为一种建筑或建筑群或景观的杰出范例，展示出人类历史上一个（或几个）重要阶段; ■ 可作为传统的人类居住地或使用地的杰出范例，代表一种（或几种）文化，尤其在不可逆转之变化的影响下变得易于损坏; ■ 与具特殊普遍意义的事件或现行传统或思想或信仰或文学艺术作品有直接或实质的联系（必须与上述5项标准共同使用）。
英国登录建筑	■ 在建筑类型、建筑艺术、规划设计或显示社会经济发展史方面有特殊价值; ■ 技术革新或工艺精湛的代表作; ■ 与重大历史事件和重要历史人物有关的建筑; ■ 有完整性的建筑群体，尤其是城镇规划的范例。
美国国家史迹	美国国家登录的标准是：在美国的历史、建筑、考古、工程技术及文化方面有重要意义，在场地、设计、环节、材料、工艺、情感以及关联性上具有完整性的地区、史迹、建筑物、构筑物、物件，有50年以上历史并具备下列条件: ■ 与重大的历史事件有关联; ■ 与历史上杰出人物的生活有联系; ■ 体现着某一类型、某一时期或某种建设方法的独特个性的作品、大师的代表作、或具有较高艺术价值的作品、或具有群体价值的一般作品; ■ 从中已找到或可能会发现史前或历史上的重要信息。
日本文化财	凡是建成50年以上的家造物，且具备以下3个条件之一，都可列入日本文化财: ■ 有助于国土的历史性景观的形成者; ■ 成为造型艺术之典范者; ■ 难以再现者。
20世纪遗产	1989年，关于20世纪遗产的欧洲议会在斯特拉斯堡举行，会议对20世纪遗产评价标准的提出了一些建议: ■ 了解20世纪特殊建造风格，类型和方法的重要机会; ■ 不应该仅是最有名设计师的作品，还应包括不太有名，不太重要时期的见证; ■ 不仅依据其美学价值，也要考虑其在技术、政治、文化、经济和社会演变过程中所具有的价值; ■ 保护的范围还包括建成环境的组成群体，不仅包括单体建筑，还包括系列生产的构筑物，小块划分的土地，公共空间规划和综合建筑群以及新城; ■ 保护要素除了给外部和内部装饰外，还包括和建筑同时产生并且共同体现创作内涵的设施和家具
上海优秀历史建筑	1989年，关于20世纪遗产的欧洲议会在斯特拉斯堡举行，会议对20世纪遗产评价标准的提出了一些建议: ■ 了解20世纪特殊建造风格，类型和方法的重要机会; ■ 不应该仅是最有名设计师的作品，还应包括不太有名，不太重要时期的见证; ■ 不仅依据其美学价值，也要考虑其在技术、政治、文化、经济和社会演变过程中所具有的价值; ■ 保护的范围还包括建成环境的组成群体，不仅包括单体建筑，还包括系列生产的构筑物，小块划分的土地，公共空间规划和综合建筑群以及新城; ■ 保护要素除了给外部和内部装饰外，还包括和建筑同时产生并且共同体现创作内涵的设施和家具
天津优秀历史建筑	《天津市历史风貌建筑保护条例》规定，建成50年以上的建筑，并有下列情形之一的建筑，可以确定为优秀历史建筑: ■ 建筑样式、结构、材料、施工工艺和工程技术具有建筑艺术特色和科学价值; ■ 反映本市历史文化和民俗传统具有时代特色和地域特色，或具有异国建筑风格特点; ■ 著名建筑师的代表作品; ■ 在革命发展史上具有特殊纪念意义，或在产业发展史上具有代表性的作坊、商铺、厂房和仓库等; ■ 是名人故居，或是其他具有特殊历史意义的建筑。

■ 表 2 Table 2

世界遗产名录中的部分当代建筑及其列入理由

Contemporary architecture in world heritage list

遗产名称	遗产年代	列入时间	列入理由
巴西利亚	1956	1987	城市格局充满现代理念，建筑构思新颖别致、雕塑寓意丰富。
特拉维夫	1930-1950	2003	空地建起的充满白色建筑的“白城”，体现了现代城市发展规划的基本原则，是欧洲现代主义艺术运动到达的最远地点。
广岛和平纪念公园	1958	1996	随着人类所创造的毁灭性力量的释放，广岛和平纪念公园成为人类半个多世纪以来为争取世界和平所取得成就的力量象征。
悉尼歌剧院	1973	2007	悉尼歌剧院是全世界公认的20世纪世界七大奇迹之一，是20世纪最具特色的建筑之一，是悉尼最容易被认出的地标性建筑，是澳大利亚的象征。
墨西哥大学城	1949	2007	建筑别具特色，将现代工程、园林和美术等元素有机的融为一体，是20世纪现代综合艺术的一个独特范例。
路易斯·巴拉干故居和工作室	1948	2004	是二战后建筑创意工作的杰出代表，将现代艺术与传统艺术、本国与流行结合起来，形成了一种全新的风格。这种风格具有极大的影响力，特别是在当代花园、广场以及风景设计上。
东京国立综合体育馆	1964	申报中	日本建筑大师丹下健三设计的代表作品，是日本60年代的建筑技术进步的象征，被称为丹下健三结构表现主义时期的顶峰之作。该建筑是是日本现代建筑发展的一个顶点，日本现代建筑以此作品为界，划分为前后两个历史时期。

■ 表 3 Table 3

建筑历史价值评估表局部示例

Part of the evaluation form of historical value

评估内容	评估项目	评估分级
由于某种重要的历史原因而建造，并真实地反映了这种历史实际。	建造原因的重要性（历史功能的影响范围）	全国或跨省域（5级）、省域或跨地区（4级）、市县（3级）、乡镇（2级）、村落（1级）
在其中发生过重要事件或有重要人物曾经活动，并能真实地显示出这些事件和人物活动的历史环境。	关联历史事件或人物重要性（事件或人物影响范围）	全国或跨省域（5级）、省域或跨地区（4级）、市县（3级）、乡镇（2级）、村落（1级）
在其中发生过重要事件或有重要人物曾经活动，并能真实地显示出这些事件和人物活动的历史环境。	关联历史事件或人物重要性（事件或人物影响范围）	全国或跨省域（5级）、省域或跨地区（4级）、市县（3级）、乡镇（2级）、村落（1级）
	关联非物质文化遗产重要性	具有直接关联的非物质文化遗产为国家级（5级）、省级（4级）、市级（3级）、区县级（2级）、乡镇街（1级）；具有间接关联的降一级。
体现某一历史时期的物质生产、生活方式、思想观念、风俗习惯和社会风尚。	历史思想观念和社会风尚关联性	记录遗存的“特殊社会意义”，根据梵音的丰富度和程度分为高、中、低；2种以上按分值最高的2种分值加和。
	易识别历史信息含量丰富度	………
在现有的历史遗存中，其年代和类型独特珍稀，或在同一类型中具有代表性	历史久远程度	………
	年代独特性或珍稀性	………
	………	………

■ 表 4 Table 4

符合标准的深圳改革开放初期遗产及其价值

The standards of heritage and its value during the reform and opening-up Period , Shenzhen

遗产名称	价值标准	遗产价值	保护等级
罗湖口岸联检大楼	i ii	罗湖口岸联检大楼是深圳最早的口岸，是中国最早实行联检的口岸，联结着深圳和香港，发挥着重要的窗口作用，为深圳特区的建设发展乃至中国的改革开放发挥了重要的作用，成为罗湖口岸“南国第一门”的标志。	优秀历史建筑
文锦渡口岸	i	文锦渡口岸是改革开放前深圳仅有的两个陆路口岸之一，是全国最大的鲜活商品运输港指定公路口岸，与香港市民生活息息相关，引来了大批外商投资设厂。其海关尝试采用了监管模式的改革，先后进行了多项通关制度的改革试验，创造了一流的验放速度。	登记不可移动文物
蛇口口岸		蛇口口岸是中国改革开放后第一个由企业自筹资金建设管理和经营的国家一类口岸，是中国改革开放的见证。	历史风貌保护区
特区管理线二线关	ii	8处二线关从1985年建成至2005年取消，作为特区的空间界限，是深圳人重要的集体记忆。	暂无
市委大院及孺子牛雕塑	i	市委大院是深圳改革开放与现代化建设的总指挥部，门前的孺子牛雕塑获1984年第六届全国美术展金奖，象征奋力开拓的特区建设者，体现深圳拓荒精神，成为代表改革、开拓、创新的深圳精神的一个标志形象。	优秀历史建筑
国贸大厦	i ii iii	深圳国贸大厦是深圳改革开放初期的地标性建筑，于1984年10月兴建，1985年12月竣工。楼高160米，共53层，是当时全国最高建筑。最先在国内大面积应用滑模工艺施工，创下了三天一层的“深圳速度”，是改革开初期中国现代建筑的重要代表。	优秀历史建筑
上海宾馆	ii	深圳改革开放初期，曾是深圳郊区与市区的分野点，其东边为市区，西边为郊区，也因此被称为“深圳的坐标原点”。	优秀历史建筑
电子大厦	i ii	始建于1981年1月，次年8月竣工。楼高20层，建成时是深圳经济特区的第一座高楼，也是当时深圳的地标形象。围绕电子大厦，逐渐兴起了华强北电子商圈，带动了深圳电子工商业的发展。	优秀历史建筑
东湖丽苑	i	东湖丽苑是中国第一个可以自由买卖的涉外商品房住宅小区，掀开了中国的商品房时代，标志着深圳房地产业的兴起。它引进了香港房地产的物业管理模式，是全国第一个物业管理小区，被誉为全国“物业管理第一村”。	暂无
深圳大学主体建筑	i iii	深圳大学是深圳经济特区第一所大学，1984年2月开始动工建设，同年9月迁入，其建校速度快、效率高的特点，同样创造了“深圳速度”。其主体建筑曾荣获全国校园建筑设计一等奖。	历史风貌保护区
海上世界	i ii	1983年，由法国建造的万吨级豪华邮轮“明华轮”抵达深圳蛇口工业区，内部改造为酒店、娱乐等商业游乐设施，成为蛇口工业区的标志性景观。1984年1月，邓小平视察蛇口工业区时，登上明华轮并题写了“海上世界”。	历史风貌保护区
蛇口工业区早期建筑群	i	作为中国第一个对外开放的园区，蛇口工业区在开发与建设过程中进行了大胆的改革探索和试验，提出“时间就是金钱，效率就是生命”、被视作中国的“希望之窗”、改革的“试管”、开放的“模式”，在国内外产生了广泛而深远的影响。	一般历史风貌区

相关登录认定制度比较

根据以上对当代遗产概念的界定，当代遗产的评价标准即是否具备某方面的当代突出普遍价值，是否是第三次科技革命以来的半个多世纪中形成的文明成果的突出代表，国内外几种有代表性的文化遗产认定标准如表 1 所示。[8][9]

当代遗产的认定标准

对上述文化遗产认定标准进行综合分析，其共同的认定标准大致可以总结为：（1）强调多方面的历史价值——与重大历史事件和重要历史人物有关，包含史前或历史时期重要信息，在政治、社会、经济发展史上具有特殊价值；（2）强调传统或地域文化价值——作为传统文化的代表，反映地域建筑历史文化特点或者政治、经济、历史文化特点，有助于历史性景观的形成；（3）强调建筑艺术与技术方面的价值——是著名建筑师的代表作品，对建筑艺术、纪念物艺术、城镇规划或景观设计方面的发展产生过重大影响，是技术革新或工艺精湛的代表作，具有建筑类型、建筑样式、工程技术和施工工艺等方面的特色或研究价值。表 2 中列入世界遗产名录的建筑无一不是当代建筑思潮的典型实践，代表 20 世纪中后期现代建筑实践的建筑艺术和技术特点。

深圳改革开放初期建筑实践的当代遗产价值探讨

深圳历史风貌保护区及优秀历史建筑评估

根据深圳改革开放的特点，历史研究评估工作⑤主要通过评估认定建筑（群）的历史价值（表 3 为部分评估工作示例）、艺术价值、科学价值和其他价值、保存利用状况等方面进行，不过多限定建筑的建成年代，而是关注它们对社会是否具有深远意义，如“开创中国之先河”“深圳第一个”等特殊意义。

保护规划将具有以下特点“（1）建筑样式、施工工艺和工程技术具有建筑艺术特色和科学研究价值；（2）反映深圳地域建筑历史文化特点；（3）著名建筑师的代表作品；（4）在中国产业发展史上具有代表性的作坊、商铺、厂房和仓库；（5）其他具有“历史文化意义的优秀历史建筑”纳入研究范围，并将经过研究评估，而且经市政府公布的历史建筑定义为深圳优秀历史建筑，以及将历史遗存保留比较丰富的地段公布为历史风貌保护区。⑥

从当代遗产角度看深圳改革开放初期建筑实践的价值

结合前述，以罗湖口岸、国贸大厦等为代表，将深圳改革开放初期建筑实践的当代遗产价值标准概括为三种（表 4）：（i）是中国改革开放这一重大历史事件的见证，是深圳发挥中国改革开放“试验田”、“窗口”和“基地”作用的重要代表，也是反映深圳改革开放精神的典型代表；（ii）是深圳改革开放初期城市空间的重要标志，有助于成为深圳历史性景观的记忆载体；（iii）是这一时期深圳现代建筑的重要代表，对中国的现代建筑发展产生过较大影响。

当代遗产保护的方向

因建成年代较短，以及对其当代遗产价值的认识不足，国内对改革开放以来的当代遗产保护普遍重视不够。在已公布的前六批全国重点文物保护单位中，仅有人民英雄纪念碑、大庆第一口油井、第一个核武器研制基地旧址、红旗渠等少数几处改革开放之前的当代遗产。第七批全国重点文物保护单位中，又有梅兰芳故居、大寨人民公社等十余处改革开放之前的当代遗产入选，而改革开放以后的当代遗产尚无一处入选全国重点文物保护单位，这与改革开放对中国历史进程的巨大社会影响极不相称。

当代中国社会的发展一日千里，城市建设日新月异，改革开放以来新建的许多建筑已经面临着拆迁的命运。因此，建立当代遗产的评估与认定机制，建立当代遗产保护体系，对当代遗产的保护来说尤为迫切。如何根据遗产价值确定保护对象和保护内容，制订相应的管理规定，对正常的改扩建活动进行有效控制，在保证其使用要求的同时又不致影响遗产价值，达到保护与使用之间的平衡，是当代遗产保护中需要认真研究的问题。

参考文献 (References):

[1] 赵中枢．文化遗产转型过程中深圳历史文化保护 [J]．现代城市研究，2007（10）：5-7.

[2] 新浪新闻中心．深圳拟重点保护改革开放遗产．http: //news.sina.com.cn/o/2007-09-18/094212589612s.shtml，2014-06-09.

[3] 人民网．胡锦涛：继续把改革开放伟大事业推向前进．http: //cpc.people.com.cn/GB/64093/64094/6721045.html，2014-06-09.

[4] 单霁翔．从"文物保护"走向"文化遗产保护"[M]．天津：天津大学出版社，2008：24.

[5] 中国新闻网．单霁翔提案：30 年以上当代建筑 拆前评估遗产价值．http: //www.chinanews.com/cul/2013/03-04/4612321.shtml，2014-06-09.

[6] 维基百科．当代史．http://zh.wikipedia.org/wiki/ 当代，2014-06-09.

[7] 百度百科．当代（人类发展历史时间段的定性界定）．http://baike.baidu.com/subview/570979/11130624.htm#viewPageContent，2014-06-09.

[8] 张松．历史城市保护学导论 [M]．上海：上海科学技术出版社，2001：98-103，239-240，218，223，227.

[9] 邵甬．法国建筑·城市·景观遗产保护与价值重现 [M]．上海：同济大学出版社，2010：89.

注释 (Notes):

① 相关数据根据深圳政府网站公告及中国城市规划设计研究院深圳分院《深圳历史风貌区与优秀历史建筑保护规划研究报告》整理。

②《深圳百科全书》（海天出版社，2010 年）将深圳当代的历史阶段划分为以下四个历史时期：第一阶段为 1980—1985 年，是初创奠基和改革开放局部推进阶段；第二阶段是从 1986—1992 年，是经济转型发展和改革开放全面推进阶段；第三个阶段是 1993—2002 年，是增创新优势与跨越式发展阶段；第四个阶段是从 2003 年至今，是深化改革开放和全面发展的阶段。本文将蛇口工业区建立的 1979 年也纳入这一阶段。

③ 关于"20 世纪遗产"与"现代遗产保护运动（DOCOMOMO）"详见张松．历史城市保护学导论 [M]．上海：上海科学技术出版社，2001: 98-103。

④ 关于深圳历史文化保护的时间节点讨论，不少学者已有论著，如赵中枢．文化遗产转型过程中深圳历史文化保护 [J]．现代城市研究，2007（10）。

⑤ 近年深圳历史保护规划工作主要根据 2012 年完成的《深圳历史风貌区与优秀历史建筑保护规划》整理。

⑥ 该表仅节选历史价值评估部分，包含艺术、科学、其他等多个评估项目的完整表格参见中国城市规划设计研究院深圳分院《深圳历史风貌区与优秀历史建筑保护规划研究报告》。

注：该文在《时代建筑》2014 年第 4 期同名文章基础上修改完善

尤涛，崔玲

YOU Tao, CUI Ling

作者单位:

西安建筑科技大学建筑学院

北京大学（深圳）规划设计研究中心

作者简介:

尤涛，西安建筑科技大学建筑学院 副教授

崔玲，北京大学（深圳）规划设计研究中心 硕士，规划师

从设计控制到设计行动：深圳城市设计运作的价值思考
From Design Control to Design Action: Reflections on the Values of the Operations of Shenzhen's Urban Design 124

深圳新建筑的背后：深圳公开竞标制度的探索与实践
Behind the New Architecture in Shenzhen: Explorations and Practice of the Open Tender System 13

有效引导 EFFECTIVE GUIDANCE 122

公开竞标 OPEN COMPETITIONS 13

深圳城市规划实践的价值和意义
The Value and Significance of Shenzhen's Urban Planning Practice
112

深圳城市规划设计与建设实践的价值与意义
The Value and Significance of Shenzhen's Urban Planning and Architectural Practice
116

造城思想 URBAN IDEOLOGIES 110

城市理想中的建筑探索

ARCHITECTURAL EXPERIMENTS IN URBAN VISION

作为一个几乎是平地而起的城市，深圳从一开始就面临着寻求快速而平衡发展的挑战，深圳基于城市理想的探索和创新从未止步。当我们关注造城思想时，可以说，从20世纪80年代的弹性空间结构和成片开发建设模式的规划战略，到90年代的法定图则制度的实施，再到21世纪初的基本生态控制线的提出，都具有引领性。当我们关注建设引导时，我们可以看到城市设计在深圳已经从空间控制工具转变为城市发展策略。当我们关注制度建设时，应该说，公开竞标制度在深圳不仅仅是政府的行政程序，更是城市建设的品牌，这里已然成为许多建筑理想的着陆点和守护者。当我们关注城市的文化理想时，一些重要的事件值得研究，创办于2005年的"城市/建筑双城双年展（深圳）"对城市问题的探讨与呈现影响深远；"中国建筑传媒奖"已然让深圳成为"跨越建筑与社会藩篱"讨论的重镇；作为第一个加入联合国教科文组织创意城市网络的城市，"设计之都"称号的获得是对深圳设计水准的肯定；作为20世纪80年代以来中国新兴大学中最具影响力的成功案例之一，深圳大学校园规划与建筑设计成为中国许多高校建设的蓝本；当我们关注大事件对于城市的意义时，可以发现，深圳借助"世界大学生运动会"的场馆建设，不限于在场馆设计与建设方面的创新，更借助场馆的分散布局在城市空间结构调整中发挥作用。

建筑作品 ARCHITECTURE PROJECTS

南方科技大学图书馆
Library of South University of Science and Technology of China
180

2013深港双城双年展价值工厂-主入口改造
Value Factory Renovation of 2013 UABB - Main Entrance
186

2013深港双城双年展价值工厂-主展厅改造
Value Factory Renovation of 2013 UABB - Main Hall
190

2013深港双城双年展价值工厂-筒仓改造
Value Factory Renovation of 2013 UABB - Silo
196

As a city nearly built from scratch, Shenzhen is faced with challenges of figuring out a rapid yet stable way of development since its inception. But the city never holds back from pursuing a forward-looking urban vision. In terms of city-making concepts, from strategies such as flexible spatial structure and block development model of the 1980s, to the implementation of statutory planning guides of the 1990s, to the proposal of basic ecological controls of the new millennia, they are all pioneering models of its times. Speaking of construction guidance, one can find urban design in Shenzhen has transformed from tools of spatial control into strategies of urban development. In the case of institutional design, open tender system in Shenzhen is less of government administrative procedures than a brand of urban development. It has acted as a landing point and a keeper for many architectural visions. When one looks at the cultural visions of the city, some important events are worth studying. Founded in 2005, the Bi-City Biennale of Urbanism\Architecture (Shenzhen) has a lasting impact on the discussion and representation of urban issues. The China Architecture Media Awards has put Shenzhen in the center of discussions around "beyond the barrier between architecture and society". As the first city to join the UNESCO Creative Cities network, the designation of "City of Design" was awarded in recognition of Shenzhen's achievement in design related industries. Considered as one of the most influential success stories among new universities in China since the 1980s, the planning and architectural design of the Shenzhen University has become the blueprint for many Chinese Universities' development plan. In terms of major events in relation to the city, one can find in the 26th Summer Universiade venues and facilities that the significance does not only lie in its innovative way of design and development, but also in how the deployment of venues and facilities plays a role in re-arranging spatial structure of the city.

摄影：王大勇　　时间：2016年9月　　地点：深圳大学北门　　经纬度：N22°32′40.84″ E113°56′45.91″

摄影：Philippe Ruault　时间：2016年6月　地点：五洲宾馆　经纬度：N22°32′40.84″ E113°56′45.91″

交通銀行

摄影：王大勇　　时间：2016年2月　　地点：莲花山　　经纬度：N22° 33′ 16.89″ E114° 03′ 44.12″

摄影：王大勇　时间：2016年3月　地点：深圳湾体育场　经纬度：N22°31′28.97″ E113°57′20.71″

摄影：孟岩　时间：2011年12月　地点：深圳南山婚姻登记中心　经纬度：N22　32′28.46″　E113　56′3.87″

crocs

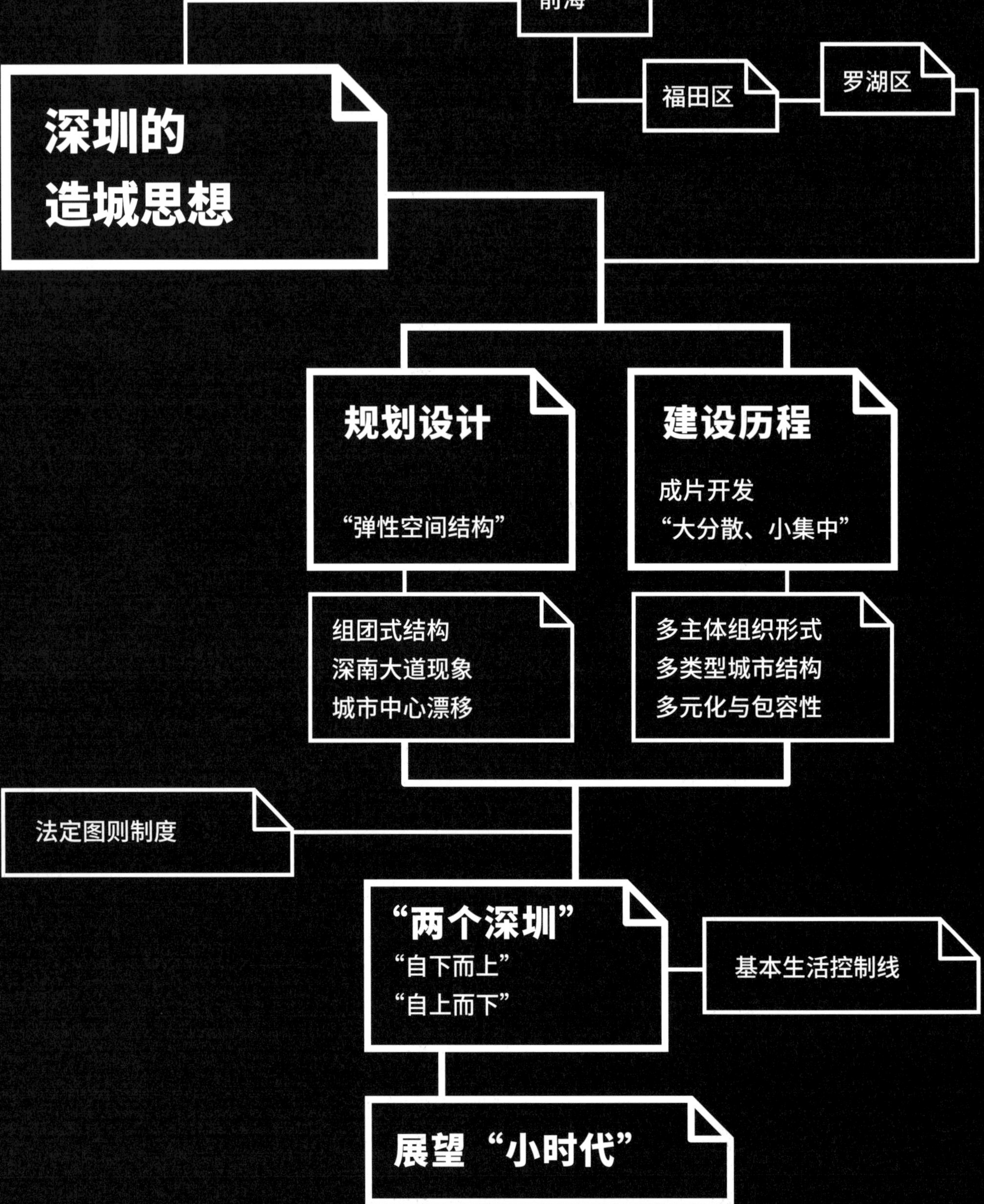

前海
福田区
罗湖区
深圳的
造城思想
规划设计
"弹性空间结构"
建设历程
成片开发
"大分散、小集中"
组团式结构
深南大道现象
城市中心漂移
多主体组织形式
多类型城市结构
多元化与包容性
法定图则制度
"两个深圳"
"自下而上"
"自上而下"
基本生活控制线
展望"小时代"

造城思想
URBAN IDEOLOGIES

深圳城市规划实践的价值和意义

The Value and Significance in Shenzhen's Urban Planning Practice

邹兵 ZOU Bing

深圳城市规划设计与建设实践的价值与意义

The Value and Signifiance of Shenzhen's Urban Planning and Architectural Practice

王富海 WANG Fuhai

深圳城市规划实践的价值和意义

The Value and Significance of Shenzhen's Urban Planning Practice

邹兵　ZOU Bing

文章选取深圳经济特区的组团空间结构、成片开发建设模式、法定图则制度、基本生态控制线作为其城市规划实践的典型案例，阐述了实践的核心思想和特定历史时期对城市健康发展所产生的重要影响。同时，文章还分析了深圳城市规划实践对其他快速城市化地区发展建设的实践借鉴意义以及规划理论上的学术研究价值。

This paper offers case studies of Shenzhen Special Economic Zone's polycentric structure, block development model, statutory planning guidelines and basic ecological controls as the defining factors of the success of the city's urban planning practice. It also illustrates the thinking that underscores Shenzhen's planning practice and the crucial impact of a particular historical era on the city's healthy development. In addition, this paper also analyzes the practical significance of Shenzhen's planning practice for other currently undergoing rapid urbanization, as well as its academic value in terms of urban planning theory.

深圳；规划实践；价值；意义

Shenzhen; Urban Planning Practice; Value; Significance

“弹性空间结构”的价值和意义

谈及深圳城市规划，不能不提被广为称道的特区带状组团城市空间结构。20世纪80年代深圳特区建设初期，结合特区东西狭长、依山傍海的自然地形和已有的发展基础条件，将原经济特区327 km²的空间范围规划为5个相对独立、各具特色的功能组团，组团间以绿化隔离带进行分隔。在1986年的城市总体规划中，这一富有弹性的带状组团空间结构通过法定形式予以确定。30多年来，特区的城市建设发展都在这一结构框架下展开，并一直延续至今，适应城市经济社会超常规增长的需求。在城市人口和经济规模大大突破规划预期的情况下，仍保证城市的正常运作和较好的环境质量，为成就人类工业化和城市化的奇迹奠定了空间基础。

城市发展与空间结构模式的相互影响关系是城市规划界、地理界长期关注和研究的重要课题，而深圳城市发展的历程为研究这一课题提供了绝佳样本。关于深圳特区带状组团结构的确立，究竟是自然演进后顺势而为的选择，还是规划师创意构思规划的结果，这一点尚存争议，但弹性空间结构对于后来城市经济社会发展所体现的极强的适应性却是公认的事实。深圳的经验完全改变了以往关于城市发展规模的认识误区，深刻表明了这样一个道理：决定一个城市能否健康发展的关键因素中，空间结构更重要，而非城市规模。深圳的实践也颠覆了传统城市总体规划“预测人口规模——确定用地规模——选择布局结构”的思维逻辑和技术路线，而是淡化人口规模预测，优先考虑空间结构。

深圳选择一个能够应对未来发展巨大不确定性，适应不同规模和条件下的发展需求的弹性空间结构，这一结构在实践中表现出两大优势。其一，在人口和经济规模大大超出规划预期的情况下，这种弹性空间结构能够迅速对规划进行动态调校，保持适应性而无需对整体结构进行颠覆性的重构。1984年，深圳特区还处于起步期，户籍人口仅40万，暂住人口30万，特区面临国家周期性的经济调整。然而，城市规划预判到未来快速发展的趋势，坚定地按照特大城市规模进行规划，规划2000年人口110万（常住人口80万，暂住人口30万）；针对人口规模发展的不确定性，超前预留交通和市政基础设施，前瞻性地布局了机场、港口等大型基础设施。这在当时因违背国家“严格控制大城市规模”的发展方针而遭到批评。但事实证明，这一当时看似大胆的预测很快就被后来的快速发展证明其仍然过于保守。1990年特区常住人口就已经突破规划控制规模，2000年特区常住人口更是超过260万（深圳全市人口超过700万），2010年特区常住人口超过350万（深圳全市人口超过1000万）。形势的变化迫使城市规划每隔3~5年就得进行一次全面调校，增加用地规模和基础设施配置，但组团式的空间结构却一直保持稳定和延续，大的路网格局等也没有根本性变化。其二，面对市场经济下瞬息万变的发展需求，各功能组团实行差异化发展，平行推进建设，有利于在每次产业转型升级中成功把握机会，减少功能调整和转换的成本。在深圳发展的30多年中，从最开始以农、渔业为主的边陲小镇起步，经历贸易加工制造到高新技术产业，再到目前现代服务业主导的多次产业结构转型，每次升级都进行得较为顺利，没有出现某些城市转型中发生的严重震荡和衰退，这也与该结构模式的适应性密切相关。

深圳弹性空间结构模式的成功固然与其特定的历史条件和发展机遇有关，它是否具有广泛适用性和可复制性也是一个值得研究的问题。某些城市的总体规划曾机械套用深圳的空间结构，实施效果并不理想，但这一模式可以提供一个完整的样本，其价值和意义有待学术界做进一步的深入研究总结。

成片开发建设模式的价值和意义

一般情况下的城市发展，企业进行经营性开发建设，政府负责市政公共配套。而深圳特区很早就确立多组团的带状空间结构，不是集聚于某一点，而是遵循“大分散、小集中”的原则，多点同步推进建设。因此，空间骨架拉得很开，摊子铺得很大。这一空间模式能否成功取决于两点：其一是取决于城市人口和经济规模的增长速度是否有如此大的需求。就深圳的超常规增长来看，其历史机遇契合了这一空间供给。其二是基础设施投资相对分散，如何能够迅速筹集巨大规模的资金启动开发建设，并收到成效。80年代深圳特区建设初期，财政基础十分薄弱，通过土地有偿使用来筹措资金的市场化改革模式还处于探索阶段。此时，深圳市政府投向城市建设的资金基本只能集中在罗湖，有限的服务能力难以覆盖到蛇口、福田、沙头角等地。在建设资金缺乏、城市基础设施投入有限的条件下，深圳采取“内引外联”的建设模式，给予若干大型国有企业（集团）进行土地成片开发、统一建设经营和管理的权限。规划建设用地范围内的公共服务、道路和市政设施，以及之后的运营和管理全部由这些开发主体负责。他们担当“准政府”的角色，类似现在某些城市开发区的运作模式。这一不得以而为之的建设模式，反而极大地调动开发建设主体的积极性和创造性，掀起了“群雄并起，争建特区”的火热局面，大大加快了城市建设的步伐，形成了若干独立功能片区。各片区相对远离城市的老中心罗湖，难以获得城市中心所提供的公共服务，而通过外部交通的相互联系，各片区独立发展，基本实现了职住平衡、自我配套。居民对各自地域空间的认同感也较强，这就构筑了城市总体规划确立的多中心组团结构的基础。

在这一模式下，涌现了华侨城、蛇口、白沙岭等富有时代特征、特色鲜明的片区，成为改革开放初期我国城市规划建设的经典之作。其中，华侨城被公认为最成功的案例。80年代中期，不惜重金邀请国际名师主持的华侨城区总体规划，南片设有我国第一批缩微景观旅游的主题公园；北片依山就势构建自然形态的道路网络，组织工业、居住和生活配套等功能的空间布局，奠定了华侨城目前的空间格局。华侨城虽然历经多次经营体制变化，但企业领导一直坚持规划先导、环境优先的原则，不断优化完善规划，精心设计建设，贯彻实施至今，成为深圳最具特色和魅力的综合性社区和城市最为亮丽的名片。招商蛇口片区是另一大亮点，蛇口宜人的空间尺度和海上世界、南海酒店等名作至今为人所称道，是居住在深圳的外籍人士最喜爱聚居的地区。白沙岭居住区首先打破传统居住区兵营式的行列式布局，采取几何形状的小区道路布局和灵活多样的居住建筑形式，丰富了居住空间，成为80年代居住区规划设计的样板。

随着城市的迅猛发展和空间快速扩张，各片区的联系日益紧密，城市的整体规划建设要求与片区各自独立发展产生的冲突不断加剧。1998年后，深圳市政府将各片区的规划管理统一收归城市统筹管理，各企业回归市场主体本位。这是城市发展到一定阶段的结果，但这并不能否认当时的建设模式在特区建设的特定历史时期发挥的重要作用。华侨城、蛇口等片区的规划、建设和管理运营经验，至今对内地一些城市开发区或新区的成片开发都有很好的借鉴作用。

法定图则制度的价值和意义

在深圳城市规划体系中，法定图则是一项关注度最高、争议最大的规划制度。90年代，为适应市场经济快速发展的形势，保障公众利益的需求，深圳借鉴香港的经验，率先推动以法定图则为核心的规划制度改革。法定图则作为城市土地开发控制管理的直接依据，在规划内容上强调对用地功能、开发强度和公共配套设施等核心要素的刚性控制；在表达形式上，以文本和图表作为法定文件满足管理需求，且易被社会公众接受。与此同时，深圳还建立与法定图则相配套的城市规划委员会制度和公众参与制度，规定图则审批和修改的程序，包括规划草案必须征询利益相关者意见、必须进行公开展示等。这一变革，在全社会引起广泛关注和强烈反应。

20年来，深圳的法定图则在赞扬和批评交织的环境中艰难前行。赞扬者称赞它是城市规划决策和管理的公开化、民主化、法制化的先行探索者，为全国城市规划改革提供重要经验。批评者抱怨它决策效率低下、程序冗长、刚性过强，不适应迅速变化的市场经济需求，阻碍经济发展。此外，也有人指责法定图则编制内容过于僵化，影响了城市多样性和特色塑造等。事实上，很少有一项规划制度像法定图则这样饱受争议。

要客观评价法定图则的价值和意义必须弄清楚这项制度设计的核心要义，否则，可能将本不该由其承担的规划责任强加于此，或将本不是因其产生的后果归咎于此。法定图则制度设计的要点之一是在土地有偿使用和城市开发机制市场化运行的条件下，保障城市必要的公共设施用地不被侵占，包括公共服务、交通市政设施和公共绿地等，履行城市规划维护公共利益的基本职能。因此，法定图则对于公共设施用地的规模和布局规定十分刚性，不能轻易调整变更。要点之二是面对市场经济下开发主体频繁修改规划的需求，规范规划修改的程序，维护公平、公正、公开的市场秩序，保证相关权利人的利益。制度设定的原则是“遵守规划，开发建设运行简便；改变规划，程序复杂”。前者基本能够达成共识，这也是该制度为广大市民所支持的原因所在。后者则存在不小争议。对于通过“招拍挂”方式获取土地的项目，规划条件是双方应共同遵守契约，这一点较容易达成共识。但对于土地市场化改革前，通过划拨和协议方式获得土地的业主，其根据开发环境和条件变化要求变更规划条件、提高容积率和变更用地功能等需求是否应该满足，则存在很大争议。从提高城市土地使用效益的角度，适当调整规划无疑是合理的，但修改程序的设定必须遵循公开、公正、公平的原则，特别是土地增值收益的分配以及对周边利益相关者的影响需要在规划中综合考虑。应该说，法定图则的价值和意义正是市场经济条件下城市规划公共政策属性的反映，也是政府基本职能在城市规划领域的体现。

当前，深圳进入以存量用地二次开发为主的发展阶段，城市更新成为城市发展的主要路径，用地功能的变更和开发强度的调整成为规划管理经常面对的工作。在这种条件下，过去主要针对新增用地的传统法定图则编制技术方法自然存在诸多不适应之处，需要深入改进完善，法定图则的审批效率也需要提高。而提升城市质量和规划管理精细化的更高要求，光靠控制几个法定图则的刚性指标也是无法实现的，需要加强城市设计等其他规划手段的引导控制。但无论如何，法定图则编制技术方法和相关管理程序的完善，不能否认法定图则在制度设计方面的基本立足点，“倒洗澡水不能连同婴儿一起倒掉”。

基本生态控制线的价值和意义

进入21世纪，深圳已经跨入与北、上、广齐名的国内一线城市行列，经济总量位居前列。但与此同时，城市空间的快速扩张也消耗大量的可建设用地。2004年，为控制城市建设用地的快速扩张，深圳率先开展划定城市基本生态控制线的工作，划定的范围包括全市域的耕地、水源保护区、风景名胜区、自然保护区、郊野公园以及其他生态敏感区等，将全市约50%的地域作为禁止开发建设的永久生态保护区。2005年，《深圳市基本生态控制线管理规定》正式出台，从法律上予以制度保障。

划定生态保护区的思路在国内并非首次提出，学术界也早有"反规划"的概念。2006年，国家建设部出台的《城市规划编制办法》提出了"三区四线"（适建区、限建区和禁建区，绿线、蓝线、紫线和黄线）的空间管制要求。然而，这些探索多半停留在理论或概念框架层面上，像深圳这样真正将生态控制线划定坐标、落地并出台管理办法实施的做法却较为少见，这在当时深圳空间资源紧缺、建设发展需求旺盛的条件下尤其难能可贵。

深圳因空间范围狭小、资源短缺而产生的发展与保护的尖锐矛盾，是北、上、广这些特大城市所无法比拟的。或许有人说，与深圳比邻的香港面积更小，发展了100多年，用地只开发了25%，经济规模却比深圳大，发展质量比深圳高，深圳的做法与之相比没有任何值得炫耀的。从某种角度来看，这种说法有一定道理，但不客观和全面。首先，香港通过将制造业转移到珠三角和内地其他地区，成功转型进入以服务业为主的后工业化阶段，而深圳还有大量的工业用地需求（占36%）。其次，香港已经建立相对完善的公共服务设施体系，人口规模和结构相对稳定，而深圳还需要吸纳大量的城市化人口（总人口已经超过1 500万），其快速城市化过程中所留下的大量公共服务问题，还需要空间进行弥补。深圳与香港发展阶段的不同，使得两者不具备完全的可比性，但香港的确是深圳的一面镜子，正是因为有了香港作为标尺，深圳才敢于以反向规划的方式划定不可逾越的约束城市建设的高压线。这是倒逼自己转变发展模式的战略选择，体现了深圳真正转变发展理念、主动自我约束发展行为的意愿和决心，也是为城市未来负责，为后代负责的勇气和担当。

划定基本生态控制线近10年来，面对资源约束下越来越沉重的发展压力，深圳舍得放弃，敢于顶住压力和诱惑，坚守至今，不为所动。2013年底中共十八届三中全会和中央城镇化工作会议召开后，"划定生态红线""防止城市边界无序蔓延"成为讨论和研究的重点和热点，也作为建立健全国家空间治理体系的重要内容。而深圳的实践相比国家新型城镇化规划的要求提前了10年，成为践行生态文明和科学发展的典型范例。

参考文献(References):

[1] 王芃．探索城市转型和可持续发展的新路径——《深圳市城市总体规划（2010-2020）》综述 [J]. 城市规划，2011（8）：66-71.

[2] 尹强，王佳文，吕晓蓓．新型城市发展观引领深圳城市总体规划 [J]. 城市规划，2011(8)：73-76.

[3] 许重光．转型规划推动城市转型——深圳新一轮城市总体规划的探索与实践 [J]. 城市规划学刊，2011（1）：18-24.

[4] 深圳市规划和国土资源委员会．转型规划引领城市转型 [M]．北京：中国建筑工业出版社，2011.

[5] 赵燕菁．高速发展与空间演进——深圳城市结构的选择及其评价 [J]. 城市规划，2004（6）．32-42.

[6] 邹兵．行动规划·制度设计·政策支持——深圳近10年城市规划实施历程剖析 [J]. 城市规划学刊．2013（1）：61-68.

[7] 邹兵．城市规划实施：机制和探索 [J]. 城市规划，2008（11）：21-23.

[8] 王富海．从规划体系到规划制度——深圳城市规划历程剖析 [J]. 城市规划，2000（1）：28-33.

[9] 王富海，等．近期建设规划：从配菜到正餐——《深圳市城市总体规划检讨与对策》编制工作体会 [J]. 城市规划，2002（12）：44-48.

[10] 邹兵．探索城市总体规划的实施机制——深圳市城市总体规划检讨与对策 [J]. 城市规划汇刊，2003（1）：21-27.

[11] 深圳市规划和国土资源委员会．深圳改革开放十五年的城市规划实践（1980-1995）[M]. 海天出版社，2010.

[12] 深圳市人民政府．深圳市基本生态控制线管理规定［EB］.2005.

注：该文在《时代建筑》2014年第4期同名文章基础上修改完善

邹兵
ZOU Bing

作者单位：深圳市规划国土发展研究中心

作者简介：邹兵，深圳市规划国土发展研究中心总工程师

深圳城市规划设计与建设实践的价值与意义

The Value and Significance of Shenzhen's Urban Planning and Architectural Practice

王富海 WANG Fuhai

文章在回顾深圳规划设计与建设历程的基础上，从组团式结构、"深南大道"现象和城市中心漂移三个方面总结了历版深圳总体规划中城市设计的主要特色，提出在过去三十余年间，正是深圳特区内外复杂的多元主体导致了类型丰富的城市设计及建设状态，由此所形成的"两个深圳"兼具了"自上而下"的秩序和"自下而上"的包容，这正是深圳这座城市多元包容的关键所在。

城市规划设计；价值观；多元化；包容性；深圳

Urban Planning; Value System; Pluralism; Tolerance; Shenzhen

This paper tries to sum up the main characteristics of urban design in all past editions of Shenzhen Municipal Government's master plans, in terms of the polycentric structure, "Shennan Boulevard" Phenomenon and the shift of urban centers. This paper points out that the complicated interactions between the multiple subjects within and outside the Special Economic Zone have led to an abundance of urban planning and architectural types. The "double-feature Shenzhen" that incorporates both the "top-down" order and the "bottom-up" tolerance, which implies a diversity that is characteristic of this city.

深圳规划设计与建设实践的意义

引言

在几乎所有回顾深圳历程的文献中，20 世纪 80 年代是不得不提的重要时期。这个年代对深圳来说意味着突破和开端，在这里可以找到许多“第一”。但是越往后“第一”似乎越少，深圳在全国的领先度就慢慢降低了。这个问题应当从两方面理解：一方面，作为改革开放先行先试的经济特区，深圳的使命就是探索经验，为全国趟路，领先程度降低是必然现象；另一方面，需要超越“数第一”的简单认识，更深地发掘深圳持续快速发展的脉络与内在逻辑。就城市规划建设而言，深圳所做的探讨和创新并未止步于 80 年代，其后 20 多年的进展也许更有价值。

简要回顾

1979 年深圳设市，次年成为经济特区。初选罗湖、沙头角和蛇口三个点各做小片区规划，均为窄路密网，这三处至今不堵车。1982 年提出带形城市总图，1985 年出台特区第一版总体规划，确立“带状组团式”格局，具有超强适应性，尽管现有人口数量已超过当时规划的 5 倍，但布局结构依旧完整并得以持续发展。

80 年代城市建设分组团展开，在建设机制上有许多突破。土地制度持续创新，土地有偿出让开先河，收益“取之于地，用之于地”，促进了建设。这个时期，建筑设计从制度到技术，再到风格发生了重大突破。罗湖小区高层林立，成为特区政策的强烈注解，住宅、工业、仓储小区建设领风气之先。深圳因巨大需求和开放市场而成为中国新一代建筑师的摇篮。

1992 年撤县改区。1996 年覆盖市域的第二版总体规划完成，提出“网状组团式”结构。1999 年规划体系改革，法定图则将全国通行的控规大大提升，官民各半并拥有规划批准权的规划委员会至今领先全国。

90 年代，房地产市场领先而快速发展，成为城市建设的重要杠杆。“三来一补”企业蓬勃发展，村镇建设大幅度扩张，此后，这两种类型的建设齐头并进，各占半壁，互补、博弈成为深圳重要特征。

公共建筑形成务实风格，楼盘设计领全国之先，1997 年前后，发起类似城市美化的运动。

2003 年，近期建设规划领先全国，实际作用明显大于总规。可建设用地日渐用尽，划定全国第一条“生态控制线”，规划研究成果丰硕，领全国之先。

21 世纪头十年，产业升级迅速，财政收入大增，城市建设对土地收入的依赖显著下降，高快速路网、地铁和特区外管网成为建设主题。

深圳被联合国授予“设计之都”称号，设计行业大幅发展，成为服务全国的重要力量。

进入 21 世纪第二个十年期，深圳进入城市更新时代，规划设计面临再一次变革，大体量、超高层建筑大幅增加。

深圳的意义

深圳创立的滚动规划、适度超前、“七通一平”、规土合一、土地经营、土地收益在建设系统内运作、开放市场和各阶段招投标制度等经验，在全国城市化发展中功不可没。全国范围的大规模城市建设晚于深圳约 10~15 年，深圳的规划建设体制、城市奇迹般的膨胀和现代化的高楼大厦显然成为令人兴奋的模板。许多城市原有的相对谨慎的总体规划被一次次突破，在体制上“另起炉灶”、“轻装上阵”的开发区、高新区成一时风气。1997 年至 2002 年，笔者曾频繁接待前来深圳视察、考察城市规划建设的领导和团体，粗略统计到京、沪、津、穗、杭五大城市每年的土地出让金之和都不及当时深圳的 200 亿 / 年。2000 年之后，大部分大城市的土地收益逐步攀升，成为城市扩张的催化剂，有些城市以各种名目推动的土地扩张速度甚至大大超过深圳，也背离了深圳实行的城市建设“适度超前”的原则。若干城市的年土地收益数以千亿计，占财政收入比重高达 50% ～ 70%，而深圳的年土地收益多年维持在 200 亿左右，占财政收入比重也逐步降到 15% 以下，是目前特大城市中唯一一个摆脱了对土地财政依赖的城市。

可以说，深圳是中国当代最大规模的造城运动的起点。而深圳实体经济、高科技产业和服务业的发展，以及城市各项功能相对均衡且较高水平的发展，其背后的做法和原则依然值得持续探讨，并为全国的城镇化和城市规划建设提供更多的经验。

深圳总体规划中的城市设计特色

组团式的优势与实施中的问题

深圳原特区范围 375 km²，背山面水，东西狭长，可建设用地约 200 km²。1985 年版总体规划根据自然地形，借鉴带形城市理论，安排了六个大小不等的城市组团，组团间以 500m~1 000m 绿化带隔离，以南北快速路（南环、北环）和中间主干道（深南大道）串联，组团内功能相对齐全，中间为心，南居北工，职住平衡。从城市设计角度看，绿化隔离带呼应北山南水生态连接，也为组团留出观赏距离，组团内部高低错落，组团中心基本沿深南大道布置，节奏清晰，可塑性强。1996 年版总体规划将范围扩大至近 2 000km² 的全市域，依照由特区向外三个发展轴的特点和浅丘陵地形，全市形成“网状组团式”布局，每个组团都能融入自然地带，整体形成建设的“W”型空间和非建设的“M”型空间穿插交合的拓扑形态。2008 年，总体规划再一次进行修编，在 1996 年版总体规划的结构基础上增加一条处于全市中心地带的又一发展带。上述三轮方案一脉相承，坚持了多组团的指导思想，将全市域的大功能与组团内的小功能叠加并形成秩序，形成土地使用与空间形态的良好层次。

这样的结构安排，在形式上与单中心结构大异其趣，同时也背离了级差地租经济规律，需要在实施中坚持建立较强的干预政策。事实上，政府没有坚决做出相应的多中心安排，反而放任原特区不断加密、加高，形成事实上的单中心，特区内因“滞胀”而降低了效率，特区外提升发展的动力不足。另外，组团内安排的“职住平衡”在建市初期比较有效，随着城市走向成熟，跨组团的潮汐式交通量越来越大。

深南大道（发展轴）现象

作为带状发展城市的脊梁，百米宽的深南大道可谓多功能的超级主干道，集车辆交通、慢行交通、公共交通、地铁走廊、绿化、景观和公建带于一身。方案初定时，负责华侨城规划的荷兰 OD205 事务所新加坡公司主持建筑师孟大强指出，深南大道功能负荷重而不利于交通，路幅过宽而割裂城市。他认为将深南大道分为三条主干道更加有利于交通，并能形成城市的人性化尺度。直到今天，笔者对此议深以为然。但最终，深南大道还是将“高大上”的方案予以实施，并且因其气势成为深圳一大特色，市民评价高，许多城市竞相仿效，体现了中国城市化初级阶段既为官员所追求，又为百姓喜闻乐见的英雄主义情结。

如今，深南大道已经多向延伸，向东为罗沙大道，向东北为龙岗大道，向西为宝安大道，向北即将改造为“梅观大道”，形成深圳几条主要的发展轴。

如此宽阔的车行道和绿化带，为公共建筑提供了良好的聚集与展示空间，排列于深南大道两侧的建筑构成了深圳三十多年来建筑发展的历史长廊。早期的建筑控制以单体关注为主，整体设计较少但重点突出，形成了高低错落的多元格局。90 年代，对车公庙段进行了整体城市设计，随着深圳建筑招投标规定的出台，车公庙段逐步建成了高度一致、体量相近且风格不同的一组难看的建筑群。由此看来，好制度还需要良好的执行与调校机制，否则过犹不及。

针对深南大道的未来走向，在“深圳 2.0”论坛中，专家们曾探讨过减少车道、增加慢行交通、变观赏性绿化为可活动绿化、增加小尺度公共设施，甚至带形公共活动的可能。另外，因观赏性绿化带存在而无法安排商业的巨大建筑也将有机会进行街区化改造。

中心漂移与三级中心的成败

从前 15 年的罗湖到后 15 年的福田，再到最新的前海，深圳的商业与办公中心经历了三次大转移，其间还有华强北、南山中心的兴起。而当前在前海之外，正在谋划的后海商务区和深圳湾超级总部区表现出一路西行的架势。罗湖作为早期中心是多功能的，但范围过小，随着华强北的兴起和福田的开发，在交通和停车标准上的不足使其地位大大下降。而福田虽然是一个精心规划建设的 CBD，但商业连续性差、公共空间滞后建设，使之至今未能很好地发挥城市中心功能，当其多层次地下轨道网日渐成熟时，已没有可用空间。前海作为深港服务业合作试验区，将其定位为城市中心本身就有不妥。后海商务区由于交通条件一般，巨大办公开发量前景堪忧。而正在规划的深圳湾超级总部区则是在已有及已规划的巨量办公面积前提下，不留余地大规模开发的新兴奋点。

上述开发均在原特区内，一边漂移一边积累了超量办公面积。另外，总体规划中还在原特区外设置宝安、龙岗和龙华次中心以及多个组团中心，依现有产业基础，这些中心无法通过所在区域的自身力量打造，而市政府又无意进行平衡引导，未来可能导致全市更大的交通问题，甚至可能局部出现罗湖中心一般的衰落迹象。

讨论中心漂移的原因不能忽视建筑标准与经营问题。罗湖的一些写字楼在规划许可阶段所公关的内容居然是少批停车位，停车标准低影响了楼宇价值。另外，深圳早期的写字楼大多为分层分室打碎销售，业主过多，难以进行持续更新发展。福田中心早期楼宇也以零售为主，之后才有专业运营写字楼的公司，出租比例提高。在中心区，建筑与建筑之间的关联性越来越重要，能否处理好，会对运营效益造成很大影响，因此这就需要管理部门、各业主、设计者和施工单位通力合作。罗湖、福田尚未做到相关的整合，而前海、后海已经加强了规划阶段的地上地下整合内容，效果如何，有赖于实施中的管理与协调精度。由于决策者的不断更换和城市经营的初级化，中心漂移在许多城市可见，但这并不是一个好现象。

多主体、多类型建设的交响曲

多主体的组织形式

深圳大规模建设起步早，经验不足，也为形势所迫，然而，有赖于多组团的相对隔离结构，未实行“大一统”管理方式，而是采取了“分权公建”的办法，开发管理权多元化，促进了城市快速发展。

在管理方式上，深圳整体分为两大块，市政府管特区内，宝安县管特区外。特区内授权了部分大企业进行片区整体规划、开发、建设、经营，号称“八大金刚”，较大的有蛇口工业区、南油开发区、华侨城、盐田港，占特区可建设用地的 1/5。此外，若干工业区由政府组建专门企业进行整体开发运营（未授予规划管理权）。直到 21 世纪初，政府才一次性收回各片区的规划管理权以及公共设施运营权。宝安县则采取了“市—县—镇—行政村—自然村”五级开发运营方式，政府、专营性国有企业、市场运营企业等多类型运营主体，早期以开发工业区为主，迅速且大规模地引进“三来一补”企业，带来大量务工人员，而本地农民则大量兴建私宅出租。

如果绘制一张深圳早期“开发运营主体分布图”，就会清晰地显示深圳在规划统筹和大市政建设的前提下，市政府实际管理区域只有特区内罗湖、福田和南头的“深南大道辐射区”，其余空间则分成了许许多多的小块，由各个合法与不合法主体开发经营，形成“千舟竞渡”的局面，土地初始价值迅速释放，赢得了经济发展的先机，也留下或曰“多元发展”，或曰“混乱开发”的格局。

到 1992 年，宝安县撤县改成宝安、龙岗两区，市政府着手进行整合，特区内加工型企业向特区外转移，高新产业园区向特区外扩展为“一区多园”。之后市政府又采取农村城市化、特区范围扩大到全市的一体化，设立光明、坪山、大鹏、龙华四大新区以及大规模推进“三旧改造”等一系列措施，调整布局，改善配套，提高土地利用效益。

尽管这种多主体开发模式留下一些弊端，但相对于许多城市在城市周边“划大片”，由政府设立管委会包办的做法，还是有一定的参考价值。

多类型的城市形态

如果要进一步解释深圳的城市包容性，可以具体考察城市的多种形态，并进行对比式的描述：以福田中心区代表政府极力打造的“高大上”形态，以华侨城代表精心营造的生活新区形态，以华强北代表市场在政府容忍下自发改造提升的形态，以下沙村代表“自下而上”建设的城中村的形态。

福田中心区汇集了市政府办公楼、若干文化会展设施和大量写字楼，容纳了以金融贸易为重要支柱产业的大量公司总部，是“楼宇经济”的集中区，由此产生巨大的价值。但与此同时，福田中心区尺度巨大，公共空间和商业服务安排不足且不便捷，没有发挥交通可达性最高地区对全市市民应有的吸引力。

华侨城由具有强烈社会责任感的企业集团开发而成，非常注重居住与景观环境，以及以旅游为龙头的文化产业发展，加之良好的规划基础和高素质的开发管理，可以认为是中国最好的城区，适合高收入人群生活。

华强北的前身是深圳开发初期以“内联”为主引进国内众多电子类大企业的“上步电子工业城”，以较高密度的多层标准厂房为主体形态。90 年代生产功能逐步外迁，厂房被逐步改为商场、超市、餐饮、宾馆、宿舍、办公、歌舞厅及物流等各种服务用途，规模最大的是电子配件市场和电子用品市场，诞生了著名的“华强北指数”。此外，由于配套齐全、成本低廉，华强北成为众多企业创业的乐土，孵化出了腾讯等大企业。这种草根模式打败了罗湖的政府组织模式，罗湖中心走低的过程就是华强北崛起的进程，如今华强北依然是深圳最旺的商业区。

下沙村则是深圳诸多城中村之一，相对较强的村级组织不仅守住了空间秩序的基本底线，还保留了宗祠，修建了广场，维护治安，村民自建房屋大量出租用于低收入人群居住及各种廉价的商业服务。由于下沙村地处中心城区，容纳的大都是为周边设施提供劳动服务的低收入人群，为城市的良好运作所必需。国内许多城市不约而同地采取了清除城中村和棚户区的大规模行动，损害的恰恰是城市必需的多元配套场所。

世界著名规划专家彼得 · 霍尔（Peter Hall）第一次来到深圳时，笔者安排他参观了上述四个地点，他从专业角度给出按照自组织程度从高到低的排序：下沙村、华强北、华侨城和福田中心区。

多元化与包容性

审视深圳的发展历程，尽管深圳被称为“按照规划而建”的迅速崛起的城市，但它并不是“自上而下”、“大一统”组织而成的“一张蓝图干到底”的单一组织模式。相反，深圳没有对城中村进行强制拆迁，而是安排其就近“拆旧建新”，并建设小规模工业区，尤其是原宝安县政府，只能集中开发、管理县城所在地的“自上而下”建设，放任更多地方以村为单位各自建设，使深圳“自下而上”的开发区域和建筑总量占据半壁江山，并且与政府征地开发出让的建设方式在空间上相互穿插，形成了“两个深圳”共融的局面，在空间秩序上颇为混乱，但在运作上却呈现意想不到的效果——使深圳可以容纳从低到高的各种产业和多种收入的各类人群。

把深圳的发展放到全国同时期的大背景中做考量，三十多年前的农业中国迅速走向城镇人口过半的城市中国，深圳吸纳的进城人口最早也最多，而同时，深圳外向型发展导向使之必须吸纳国际资金、人才、先进技术和经验，这反差极大的两方面需求使这个城市必须具有强大的包容性才能获得迅速发展，“两个深圳”大大强化了包容性。在以年轻、创新为特质，拥有 60 多万家企业的深圳，多元化和包容性则造就了创业和发展的肥沃土壤。这一点，一直被不喜欢“混乱”、甚至视城中村为“毒瘤”的人们所忽视。一开始，笔者也只能做到容忍城中村容纳低收入人群的长处，直到经过探究思考，发现了“两个深圳”，笔者才意识到，“自上而下”的秩序和“自下而上”的包容才是深圳作为一个新兴城市可以综合、全面发展的关键所在。

对比全国许许多多的开发区、园区、新区、试验区，唯恐驻地原居民分享发展成果，耗费大量财力、精力，甚至动用政权强制力拆迁村庄以换得“干净”的土地，“打造”出整洁优美但缺乏人气、商气的新城区，殊不知，拆掉的不只是历史脉络，更是城市的包容性和多元化，是人性社会的正常秩序。

展望：进入“小时代”，城市发展的价值观变了

工业化、信息化、农业现代化、城镇化都是发展的手段，目的是促进人的发展。过去的主流价值观是以 GDP 数值增长和产品物质增加为本的政绩进步，姑且称之为“大时代”；而推动国民素质提高，尊重人的价值选择，发挥更多人的能力进而促进国家强大是另一种价值取向，这是笔者所理解的“小时代”。而“小时代”城市建设的重点，就是提供个体的多元化选择机会，进而形成整体的活力。政府应该做的是提供必需的公共物品，同时避免破坏已有环境与建筑物的生长肌理，用耐心和时间推动城市有机成长。

设想一个每家独门独院，按照自组织秩序组合而成的村庄，城市扩展将其“包”进来，如果不把它拆除而允许其自然生长，与其毗邻的高层楼盘相比会发生什么？村庄一开始会以低廉的租金吸引住客，随着城市再扩张，住客变了，租金可以上涨但要求更好的室内标准和环境质量，某些家庭请人装修房屋，以高于高层楼盘的价格租了出去；后来，村民（业主，可能已有人将宅院卖掉）共同出资修整了房屋和街道，租金整体超过高层楼盘；再后来，一些院落被改成民宿、餐室、会所和工作室，房屋风格更特色化，更多院落被高价租赁或购买；这个村庄逐渐成为特色街区吸引大批游客……在这个长时间的转变中，毗邻的高层楼盘除了树木长高、立面变旧，慢慢变得以与村庄为邻而自豪，其他并没有改变。

这就是“小时代”，个体的价值更高，因为它是可变的。

深圳已进入城市更新时代，不幸的是，政策选择了大规模拆除小个体，大规模建设不可变而终将成为落后的“高大上”楼盘。

参考文献 (References)：

[1] 王富海 . 从规划体系到规划制度——深圳城市规划历程剖析 [J]. 城市规划 . 2000（1）：28-33.

[2] 孙施文 王富海 . 城市公共政策与城市规划政策概论——城市总体规划实施政策研究 [J]. 城市规划汇刊 . 2000（6）:1-6.

[3] 孙施文、王富海 . 城市规划：从终极蓝图到动态规划——动态规划实践与理论 [J]. 城市规划 . 2013（1）:70-78.

[4] 邹兵 . 行动规划·制度设计·政策支持——深圳近 10 年城市规划实施历程剖析 [J]. 城市规划学刊 . 2013（1）： 61-68.

[5] 贺传皎，李江，王吉勇，樊行 . 完善规划标准、加快城市转型——深圳城市更新地区规划标准编制探讨 [A]// 城市规划和科学发展——2009 中国城市规划年会论文集 [C]. 2009.

[6] 赵燕菁 . 高速发展与空间演进——深圳城市结构的选择及其评价 [J]. 城市规划 . 2004（6）: 32-42.

[7] 中国城市规划设计研究院 . 深圳城市总体规划 [Z].1986.

[8] 中国城市规划设计研究院 . 深圳市城市发展策略 [Z].1989.

[9] 深圳市城市规划设计研究院 . 深圳市城市总体规 [Z].1996.

[10] 深圳市城市规划设计研究院 . 深圳 2005：拓展与整合——深圳市城市总体规划检讨与对策主题报告 [R]. 2002.

注：该文在《时代建筑》2014 年第 4 期同名文章基础上修改完善

王富海
WANG Fuhai

作者单位： 深圳市蕾奥城市规划设计咨询有限公司

作者简介：

王富海，深圳市蕾奥城市规划设计咨询有限公司首席规划师，同济大学建筑与城市规划学院客座教授

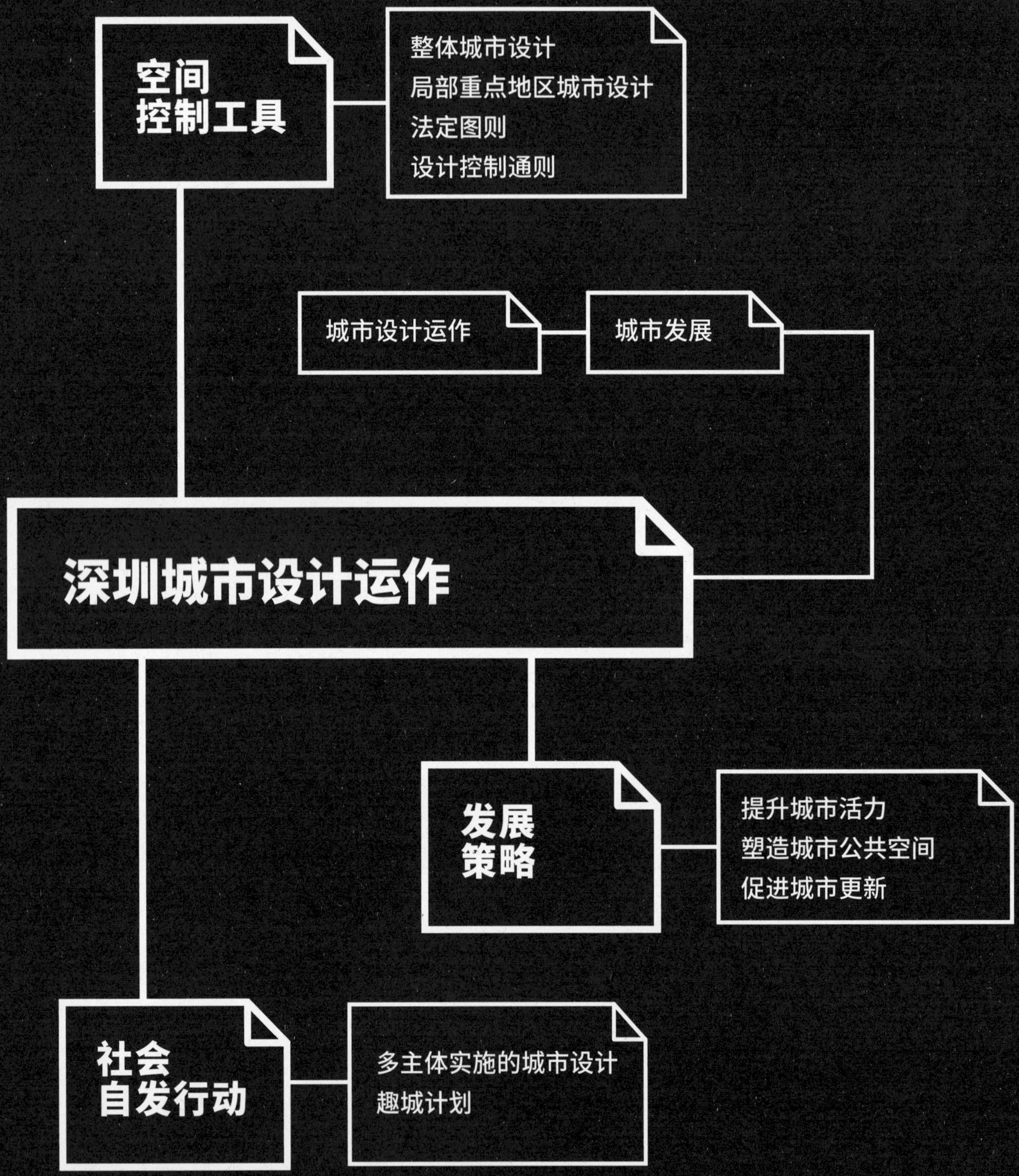

深圳城市设计运作

空间
控制工具

整体城市设计
局部重点地区城市设计
法定图则
设计控制通则

城市设计运作

城市发展

发展
策略

提升城市活力
塑造城市公共空间
促进城市更新

社会
自发行动

多主体实施的城市设计
趣城计划

有效引导
EFFECTIVE GUIDANCE

从设计控制到设计行动：深圳城市设计运作的价值思考

From Design Control to Design Action: Reflections on the Values of the Operations of Shenzhen's Urban Design

张宇星 ZHANG Yuxing

从设计控制到设计行动

From Design Control to Design Action

深圳城市设计运作的价值思考

Reflections on the Values of the Operations of Shenzhen's Urban Design

张宇星　ZHANG Yuxing

深圳城市设计运作的路径演变是一个与城市发展高度契合的演变过程。文章阐述了深圳城市设计工作从空间控制工具，转变为发展策略，到如今进入存量用地再开发的时期，更加注重提升城市空间的质量和细节品位的演进过程。城市设计让城市更加有趣和有活力，而不是将城市变成只能鸟瞰的图案或是生产和消费的机器，这种价值观念的转变过程，或许对中国其他城市的城市设计管理有些许借鉴意义。

深圳；城市设计；设计控制；设计策略；设计行动

Shenzhen; Urban Design; Design Control; Design Strategy; Design Action

Shifts in the trajectory of the operations of Shenzhen's design constitute an evolutionary process that has closely corresponded to the city's urban development. During the period of rapid growth, urban design, together with other types of planning, has mainly carried out the functions of instrument of spatial control that regulates all kinds of development and construction. As the city entered a period of stable growth, in order to attract investment and the aggregation of all sorts of economic and social resources, urban design will play a different role, namely that of a development strategy. As the city switches from an expansionist growth model to a more inward-looking one, which is marked by the recycling and redevelopment of existing land, urban design puts more emphasis on improving the quality and taste of urban space in order to make the city more interesting and vibrant, rather than turning it into a pattern for bird's-eye views or a machine of production and consumption. Such transformations and ideals may be of interest to the urban design management of other Chinese cities.

深圳是中国少数严格按照城市规划进行总体控制和实施的城市，也是最早开展城市设计实践的城市之一。早在 1987 年，深圳就编制第一版罗湖片区城市设计；1994 年成立中国规划管理部门中的第一个城市设计处并延续至今，负责全市范围内的城市设计政策和标准制订、重点片区城市设计编制。深圳的城市设计管理和运作，始终结合深圳自身的城市发展需要，适时而变，不断拓展城市设计的内涵从一种空间控制工具，到一种城市发展策略，再到一系列具体细微的城市设计实施行动。城市设计的形式不是僵化不变的，其与法定图则以及其他规划、土地控制要素等的关系也在发生变化。在变化中产生新的价值，让城市设计更加接地气，更加鲜活、生动、简洁、实用，而非成为一幅看似完美但不能实现的图画，这是深圳多年来城市设计始终在追求的目标。

城市设计作为一种空间控制工具

整体城市设计

根据《深圳经济特区城市规划条例》（1998 年）的规定[1]，城市设计应贯穿于城市规划各阶段，城市设计分为整体城市设计和局部城市设计。整体城市设计一般结合城市总体规划编制（也可单独编制），并作为总体规划的组成部分，整体城市设计的主要成果是城市设计导则。在深圳历版总体规划中，城市设计的理念和要素始终贯穿于其中：如 1986 版深圳经济特区总体规划，其中所确定的用绿化隔离带形成带状组团城市的思想，明显具有城市设计的影子；1996 版和 2006 版总体规划均专门设置了总体城市设计章节（图 1）；2002 年首次单独编制了深圳整体城市设计，对包括全市景观视廊和景观分区、公共空间布局、城市生态景观空间等在内的各类宏观城市设计要素进行了系统界定。

局部重点地区城市设计

单独编制的局部重点片区城市设计，一直是城市设计发挥空间控制作用的重要范畴。在深圳，明确了在重点地区城市设计先行的原则，优先于法定图则提前编制，再在城市设计成果的基础上，将城市设计的主要控制内容转化为法定图则。

深圳中心区城市设计是中国最早编制的 CBD 地区城市设计之一，1995 年进行了城市设计国际咨询，确定了优胜方案（李名仪），在此方案基础上，又分别进行多次整体和局部的深化设计，包括中心区中轴线城市设计（1997 年，黑川纪章），22 和 23-1 地块城市设计（1998 年，SOM），中心区城市设计整体深化（1999 年，欧博迈亚）、这些城市设计成果绝大多数均转化为最终控制条件，对中心区的城市设计实施起到了关键性的作用。[2]

法定图则与设计控制通则

制度和手段的缺位使得城市设计工作积极开展的同时，却基本上没有能力在用地和强度之外再建立更有效的规划管理控制工具。深圳探索的解决途径一是在法定图则下的控制，二是通过总体设计通则的控制。

在编制每一个法定图则时，都必须包含城市设计的研究和控制内容，城市设计随图则一并上报审批。城市设计导引图是法定图则中有关城市设计的主要控制图纸，主要标绘图则片区空间结构、公共空间、各类控制界面、重要空间和景观节点、城市通风廊道、视廊、步行廊道、立体过街设施的位置范围，以及建筑高度分区、地标建筑的分布等。法定图则的控制文本中有关城市设计的控制内容，在《深圳市法定图则编织技术规定》（2014 年）中予以了明确规定。[3]

《深圳市城市设计标准与准则》（2009 年版）作为规划部门的部门规章，是深圳探索对城市设计进行通则化管理的首次尝试。而《深圳市城市规划标准与准则》（2013 年修订版）则作为具有强制性法律效应的政府规章[4]，将城市设计标准与准则中的主要内容充分吸纳，专门设置了城市设计章节，内容包括：（1）密度分区和容积率控制，将城市建设用地密度分区分为 6 个等级，在密度分区的基础上，确定了居住用地、商业服务业用地的基准容积率和容积率上限，并结合微观区位影响条件对每个地块的容积率进行修正；（2）组团分区和景观分区控制，是在总体城市设计的基础上，结合深圳的城市组团结构形态特点，将全市划分为 5 个组团，在组团之间设置组团绿化隔离带，防止建设用地无序蔓延，组团隔离带应保持生态连续性，建立生态廊道，宽度不宜小于 1 km；结合深圳城市景观风貌特征，将全市划分为 4 类景观分区，即核心景观地区、重要景观地区、一般景观地区和生态敏感地区，并要求一类景观区须单独编制城市设计，二类景观区在法定图则编制时应加强城市设计研究和控制（图 2）；（3）街区控制，主要包括街块划分、街道设施、步行空间、自行车空间、公共空间和建筑空间控制等内容，如其中关于公共空间的规定（新建和重建项目应提供占建设用地面积 5%~10% 独立设置的公共空间，建筑退线部分及室内型公共空间计入面积均不宜超过公共空间总面积的 30%）。

实践表明，深圳将城市设计融入管理控制的工作，为城市规划设计建设“试验”积累了宝贵的经验。同时值得思考的是，城市设计成为控制工具以后，如何体现城市设计的灵魂仍然是重要的探索方向。

城市设计作为一种城市发展策略

提升城市活力

越来越多的城市开始把城市设计作为提升城市活力的手段和城市营销策略，这源于20世纪80年代巴黎拉德方斯城市设计国际竞赛，以及后来的伦敦金丝雀码头、柏林波茨坦广场、香港西九龙等国际竞赛。这往往会在短期内吸引全球的目光，成为一个全球性事件，并进而吸引全球的经济、社会资源汇集于此。城市设计成功地转变角色，成为一种相对灵活和极具包容性的城市发展策略，原因主要有两点：一是由于城市设计相较于传统意义的规划，在形式上更具有直观性，容易成为全球图像化媒体系统的传播要素，强化全球对城市设计地区建立快速的感性认知；二是当城市设计不作为一种刚性的空间控制工具之时，具有很大的延展性，也给予了设计师对城市发展更多的想象空间。

深圳近年来开展了大量偏向于城市发展策略的城市设计，如宝安中心区城市设计、光明新城城市设计、大运新城城市设计、坪山新城城市设计、龙华新城城市设计等。其中最典型的是“前海深港现代服务业示范区”和“深圳湾超级总部基地”这两个战略地区的城市设计。2012年进行的“前海深港现代服务业示范区”城市设计国际竞赛，最终由美国FO公司（James Corner）提交的“前海水城”获得第一名，并作为实施方案（图4）。“深圳湾超级总部基地”则以“云城市”为主题，其核心区“超级城市”的城市设计国际竞赛受到了全球广泛关注。

塑造公共空间

通过缝合、联接、激活等不同角度，以城市设计特有的三维空间、场所设计等方式结合其他规划设计方法，塑造公共空间。如深圳书城——莲花山大平台，延续了黑川纪章的中心区中轴线城市设计理念，用架空平台连接的方式形成了完整的步行公共空间。而南山商业文化中心区立体街道，则将整个街区用架空平台联接成为一个整体，形成具有活力的“二层地面街区系统”。如深圳湾长达15 km的滨海休闲带公园设计项目，东起深圳红树林保护区，西至蛇口南海酒店，将整个深圳湾滨海沿线全部设计为可以连续步行（含自行车）的带状滨海公园（图5，图6），将不同特质的区域连接成为一个有机的连续空间。

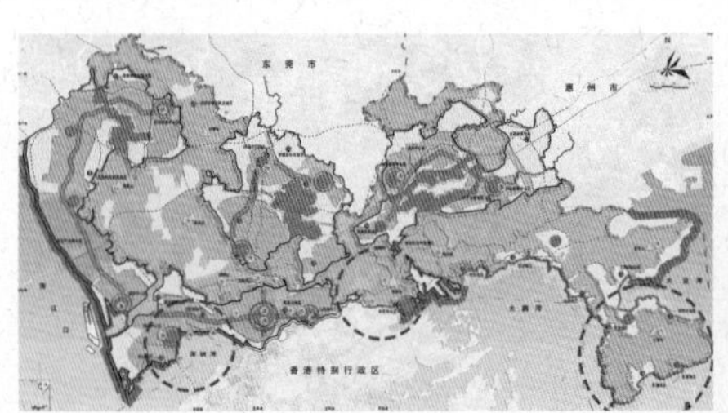

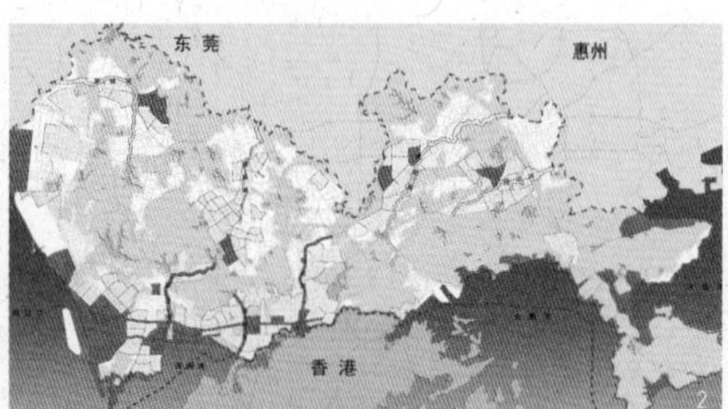

2

3

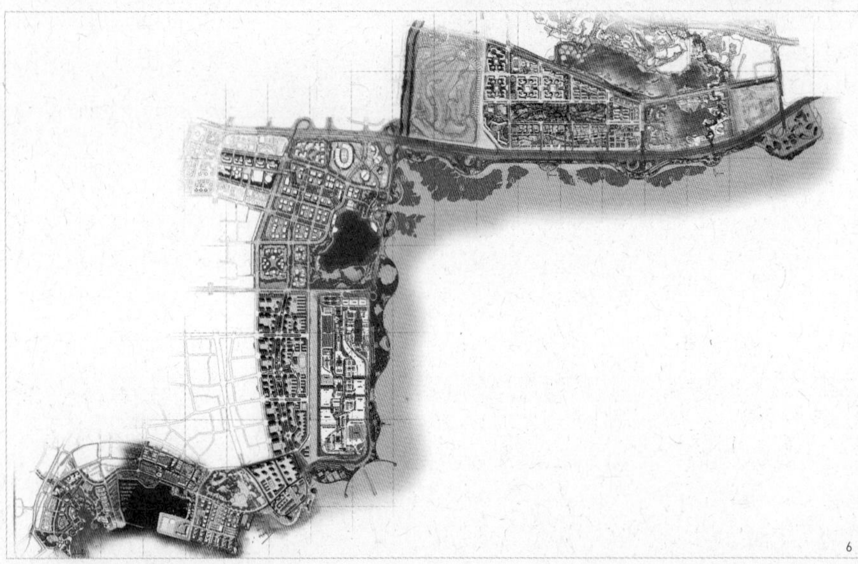
6

4

5

促进城市更新

深圳经过 30 多年来的快速发展，建设用地资源消耗殆尽，因此已经从增量用地全面转变到存量用地的发展阶段。面向存量用地再开发，必然涉及到原有城市形态和社会经济形态基础上的关系重组。这种剧烈变化（人口的迁移、社会阶层断裂和的再分布等）如果不在规划阶段予以充分考虑，就必然会引起大量的空间矛盾。城市设计在城市存量用地更新过程中，可以充分发挥其策略性价值，缓和甚至消除更新规划形成的后遗症。比如，在深圳的城市更新单元规划中，普遍采用的混合功能和功能兼容性策略、保障性住房配建策略（配建比例规定为为 5% ~12%），以及在更新项目中强制性安排一定比例的公共空间的规定（每个城市更新单元应无偿向政府移交大于 3 000m² 且不小于拆除范围用地面积 15%的公益用地），都是典型城市设计理念的体现。[5] 城市设计作为一种独特的场所设计，可以通过混合功能、活动植入等方式，将一些平庸的或趋于衰败的地区激活，使之焕发出公共空间的魅力。如华侨城“OCT-LOFT 创意园”，采用最小化干预和“都市填充”的策略，将美术馆、艺术家工作室、休闲餐饮、设计学院、创意市集、壁画节等多种功能和活动植入旧工业区中，使之成为深圳最具活力的公共空间（图 3）。

城市设计作为一种社会自发行动

多主体实施的城市设计

城市设计如何转化为一种直接的行动和实施项目，而不仅是间接的空间控制工具和城市发展策略，这是近年来深圳城市设计管理的主要思路和目标。

由于城市设计所涉及的区域范围一般较大，所以城市政府（包括区政府）往往是片区级以上城市设计的主要实施主体，主要形式是财政直接投资。此外还有企业为主体实施的城市设计项目，一般为一些业主相对单一（多为有实力的大企业）的跨街区开发项目，如深圳华侨城“OCT-LOFT 创意园”和欢乐海岸项目（由华侨城集团开发）、蛇口南海意库项目（由招商地产开发）、蛇口太子湾项目（由蛇口工业区公司开发）等。

为了将城市设计转变为一种全民自发的社会行动，深圳从 2012 年开始启动了名为“趣城”的城市设计推广和实践活动，鼓励除政府企业直接实施外，由民间团体发起，寻找合适的地点和投资建设主体，

1. 《深圳市城市总体规划（2010-2020）》中的总体城市设计图
2. 《深圳市城市规划标准与准则》中的景观分区控制图
3. 华侨城 LOFT 创意产业园城市设计（都市实践事务所）
4. 前海水城 - 城市设计效果图
5. 深圳东部滨海栈道实施图片
6. 深圳湾 15km 滨海休闲带城市设计

1. Integrate urban design in *Comprehensive Planning of Shenzhen (2010-2020)*
2. Landscape zoning in *Shenzhen Urban Planning Standards and Guidelines*
3. Urban design of OCT LOFT Creative Industry-Park (by URBANUS)
4. Urban design rendering of Sea Front Water City
5. Photo of Shenzhen East Bay Coastal Plank
6. Urban design of 15km Shenzhen Bay Recreation Coast

表 1 Table 1 趣城计划工作包 "Cute Town" project tool kit

特色公园广场计划

编码	名称	内容	目的	建议实施地点
A1	城市手指绿廊	绿色走廊 变城市公园或郊野公园	充分利用资源	大空港绿化带
A2-1	山体体验 ——深圳“桃花源”	打造历史与自然结合的“世外桃源”	增加对山体的体验	马峦山森林公园
A2-2 …	山体体验——文化体验山体公园	打造文化和自然景观并重的山体公园	增加对山体的体验	大南山、凤凰山、羊台山森林公园

特色滨水空间计划

编码	名称	内容	目的	建议实施地点
B1	西部滨水（江、河）休闲带系统	近期建设沿西部滨江地区布置2-3m宽的自行车道，形成环江自行车系统；远期与15km海岸线连接，打造西部连续的滨水轴线和休闲带。	扩展深圳西部城市休闲空间，形成连续的、沿江绿轴	珠江东岸。重点打造前海滨海休闲带、大空港滨江绿带。
B2 …	河口公园	结合深圳湾红树林自然保护区的景观，打造河口湿地公园。	形成联系城市内部的滨水休闲廊道新	洲河河口、大沙河河口（已结合15km休闲带建设）、前海滨水入海口（已进行规划设计）、茅洲河湿地公园

街道慢行生活计划

编码	名称	内容	目的	建议实施地点
C1	多余道路转公共空间	减少部分城市主干道和快速路的车道数，将车行道改为步行空间	快捷交通与步行环境改善结合	洪湖西路、沙河东路等
C2 …	欢乐林荫道	主车道改为步行，并增加设施形成有活力的林荫道	创造流动“公共空间”	白石路欢乐海岸段

创意空间计划

编码	名称	内容	目的	建议实施地点
D1-1	工业建筑再利用 ——创意产业园	改造旧工业区，引进创意文化产业	工业建筑重新利用	华侨城LOFT北区、赛格日立、康佳
D1-2 …	工业建筑再利用 ——工业与创意产业并存	改造部分旧工业建筑，作为创意产业空间	工业建筑重新利用	福田保税区、笋岗仓库等

特色建筑计划

编码	名称	内容	目的	建议实施地点
E1	建筑立面作为公共艺术品	照明、材料等多方面进行建筑立面艺术化处理	塑造出有趣味的、有特色的公共空间资源	标志性公共建筑（如深圳百货广场大厦等）
E2	立体城市建筑	建筑设计中通过设置多层使用空间，将不同功能集聚在不同的高度之中	高强度开发的前提上实现低碳生态示范、提供尽可能多的公共空间	深圳湾科技生态城等
E3 …	城市观景+建筑	标志建筑顶层或某些平台设计为观景点，对公众开放	增加观景点，增加公共生活	后海中心区

城市事件计划

编码	名称	内容	目的	建议实施地点
F1	创意地点征集活动	地点创意征集	促进市民参与创意互动	
F2	小型城市地点设计竞赛	设计作品竞赛、展览、评选	促进市民关注周边地方	
F3 …	消极空间建筑装置展	建筑构筑物搭建，展示	提高城市设计氛围	消极空间，边角地段

进行一些列城市设计项目的实施，如由都市实践事务所策划完成的“城市填充——都市造园系列”，在罗湖区选择了多个城市边角余料（消极空间），将其改造为富有特色的小型街头公园，就是典型案例。

“趣城”计划

“趣城”计划城市设计推广和实践计划（以下简称“趣城”计划）包括一系列子课题《趣城——深圳美丽都市计划》《趣城实施项目库》《趣城——深圳建筑地图》《趣城——深圳城市设计地图》（图 7）等。其中，《趣城——深圳美丽都市计划》是整个趣城计划的核心①，目的是通过“点”的力量，带动城市空间品质的提升，创造有活力、有趣味的深圳。

“趣城”专门设立了公众参与的网站，开展了面向全社会的“创意＋地点”征集活动，欢迎政府、市民一起行动起来共同塑造城市、设计深圳的公共空间。在创意征集的基础上，对全市 100 多个地点进行实地勘察调研，并召开了多场专家咨询会，与政府多个部门及部分市场开发主体进行了多次座谈，最终形成了城市设计实施地点和策略项目库。

“趣城”计划类似一个工具包（表 1），可以针对城市中相似的问题提出治疗的方法，包括特色公园广场、特色滨水空间、街道慢行生活、创意空间、特色建筑、城市事件六大类计划。特色公园广场包括高密度商业中心区内的“挖空”、街头绿化隔离带变公园等 24 个子计划；特色滨水空间包括滨海村落慢生活、滨海生态景观道等 16 个子计划；街道慢行生活包括交叉口慢行体验、欢乐林荫道等 21 个子计划；创意空间包括“绘彩都市”等 12 个子计划；特色建筑包括特色临时建筑、立体混合的公共社区中心等 10 个子计划；城市事件包括城市空间变奏等 6 个子计划。为了实现公共空间的可达性、功能性、舒适性、社会性，“趣城”计划提出了一系列设想和措施。例如：针对可达性的问题，如深圳中心公园边缘柔化计划，提出了去除围墙和绿篱，使公园能够真正融入城市的设想；河流暗渠的激活计划，提出了通过暗渠明渠化、明渠亲水化的改造，丰富沿河活动节点，增加市民亲水空间；边界共享的红线公园计划，旨在将封闭隔离的围墙转变为通透创意的活动空间；主题乐园转变计划，设想将一些衰退的主题乐园如锦绣中华、世界之窗等转变为公共空间，成为免费的古代文化和民俗建筑体验区；城中村活化计划，尝试通过抽离部分建筑的方式形成庭院式空间，并植入艺术、时尚等功能和活动，激活城中村；结合深圳的气候特点，提出了在全市设置全天候风雨长廊系统的计划，等等。

针对每个城市设计项目，“趣城”计划还制定了实施策略和手段。例如：做好规划预控和预留，对计划中提出的许多有价值空间提前予以保护；将相关要求如风雨长廊、二层连廊的建设等纳入规划许可、土地合同中予以提前控制；通过减免地价的功能转换、土地期限延长等政策，激励开发主体参与旧工业区的创意化利用、有价值村落的激活、街头公园建设等。以上计划，许多已转化为具体的行动指引和实施项目。

结语

深圳的城市设计管理和运作，始终结合城市发展需要，适时而变，不断拓展城市设计的内涵。城市设计的形式不是僵化不变的，其与法定图则以及其他规划、土地控制要素等的关系不断在发生变化。深圳城市设计运作的路径演变是一个与城市发展高度契合的演变过程：

首先，在城市高速增长期，城市设计和其他类型的规划（主要是控制性详细规划系统）一起，主要起到一种空间控制工具的作用，以规范各种开发建设行为。但在这一过程中，城市设计也存在被抽象化的趋势，很多城市设计控制成果在最终转换成建设用地控制条件时，往往被减弱为容积率、高度、退线等几个抽象数字，而大量鲜活的城市设计内容则消隐无形了。

其次，在城市进入稳定增长期，为了吸引投资和各种经济社会

资源在城市中的汇聚，城市设计往往会转变角色，成为一种发展策略。但在这一过程中，城市设计也存在图像化和口号化的趋势，很多城市设计最终变成大量效果图和概念词汇的大杂烩，城市设计虽然变得“高大上”，但却越来越难以落地实施。

最后，当城市从扩张式增长转变为内涵式增长，进入到存量用地再开发的时期，城市设计将更加注重提升城市空间的质量和细节品位，城市设计项目应该更加注重落地实施，通过具体的城市设计实施，在城市中形成很多有趣的地点，市民可以直接体验城市设计的空间效果，而不只是停留在城市设计理念上。城市设计的目的，是为城市创造大量有趣的、可日常使用的宜人地点，而不是将城市变成只能鸟瞰的图案又或生产和消费的机器，这种价值观念的转变过程，或许对中国其他城市的城市设计管理有些许借鉴意义。

注释 (Notes):

①《趣城——深圳美丽都市计划》获得 2013 年深圳优秀城市规划一等奖和 2013 年广东省优秀城市规划一等奖。

参考文献 (References):

[1] 深圳市人大常委会 . 深圳经济特区城市规划条例 [S]. 1998.

[2] 深圳市规划与国土资源局 . 深圳中心区城市设计与建筑设计 1996-2002 系列丛书 [M]. 北京：中国建筑工业出版社，2002.

[3] 深圳市规划和国土资源委员会 . 深圳市法定图则编制技术规定（内部文件）[S]. 2014.

[4] 深圳市人民政府 . 深圳市城市规划标准与准则 [S]. 2013.

[5] 深圳市人民政府 . 深圳市城市更新办法实施细则 [S]. 2012.

注：该文在《时代建筑》2014 年第 4 期同名文章基础上修改完善

图片来源 (Image Credits):

作者提供

张宇星

ZHANG Yuxing

作者单位：深圳市规划和国土资源委员会

作者简介：张宇星，深圳市规划和国土资源委员会副总规划师，东南大学建筑学博士，教授级高级建筑师

7. 趣城 - 深圳城市设计地图　　7. "Cute Town" project – Shenzhen urban design map

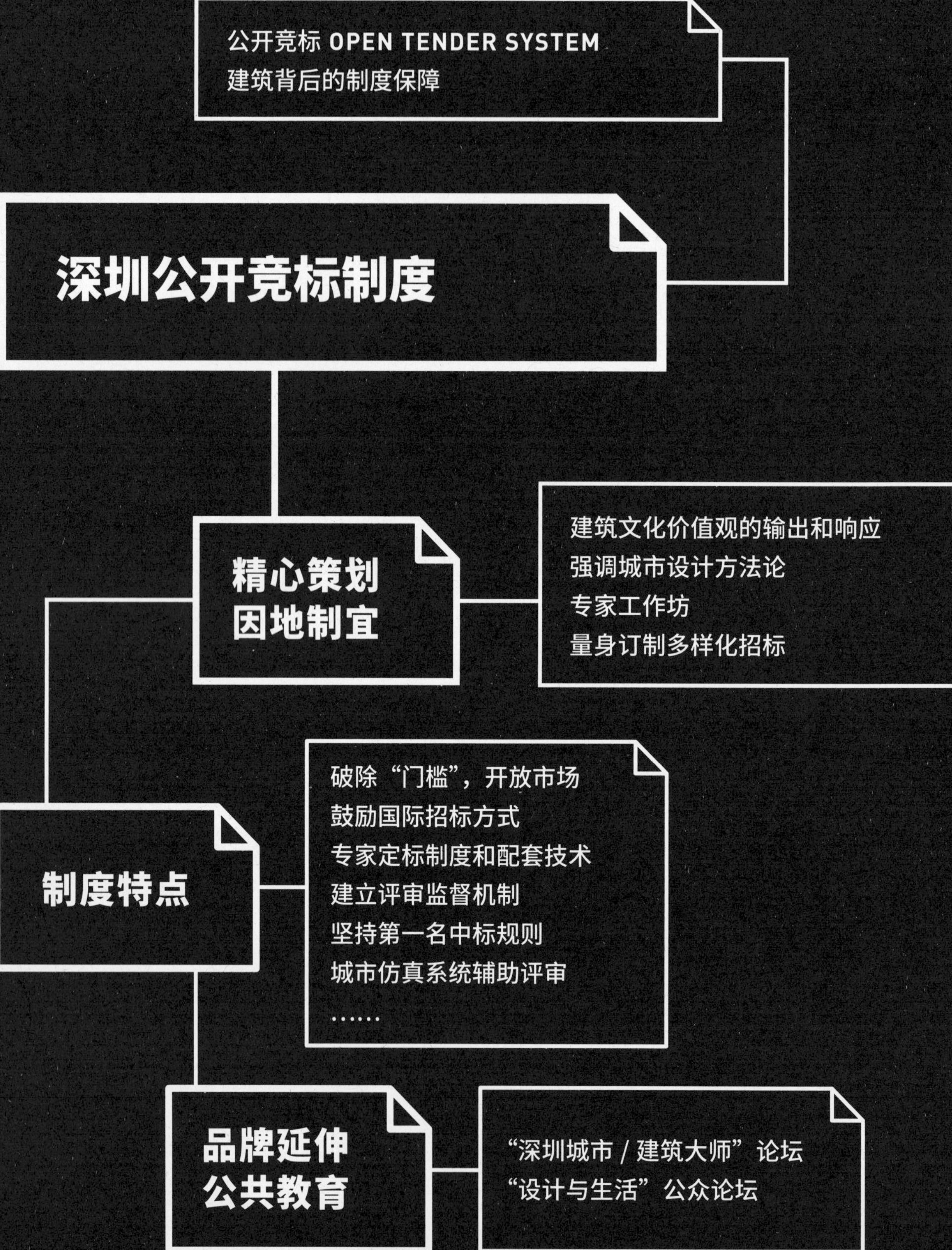
公开竞标 OPEN TENDER SYSTEM
建筑背后的制度保障
深圳公开竞标制度
精心策划
因地制宜
建筑文化价值观的输出和响应
强调城市设计方法论
专家工作坊
量身订制多样化招标
制度特点
破除“门槛”，开放市场
鼓励国际招标方式
专家定标制度和配套技术
建立评审监督机制
坚持第一名中标规则
城市仿真系统辅助评审
……
品牌延伸
公共教育
“深圳城市 / 建筑大师”论坛
“设计与生活”公众论坛

公开竞标
OPEN COMPETITIONS

深圳新建筑的背后：深圳公开竞标制度的探索与实践

Behind the New Architecture of Shenzhen: Explorations and Practice of the Open Tender System

周红玫 Zhou Hongmei

深圳新建筑的背后
Behind the New Architecture in Shenzhen

深圳公开竞标制度的探索与实践
Explorations and Practice of the Open Tender System

周红玫　ZHOU Hongmei

文章从制度创新的角度分析了近年来深圳一系列优秀建筑诞生背后政府相关职能部门的推动作用，并以具体案例说明深圳如何通过具有独特性的公开竞标制度，使“深圳竞赛”成为业界的知名品牌。此外，笔者还分别阐述了建筑管理中的城市设计方法论和建筑的公共教育平台对输出建筑文化价值观所起的作用。

Taking the perspective of institutional innovation, this paper analyzes the contribution of government agencies to the birth of a series of outstanding architectural projects in Shenzhen in recent years. This paper illustrates with case studies how the design of the unique public tender system has helped to propel the "Shenzhen Competition" to fame in the industry. In addition, the author also elaborates on the role played by the adoption of urban planning methodology in architectural management and the establishment of public architectural education platform in the export of the cultural values of architecture.

深圳竞赛；公开竞标制度；专家定标制度；建筑文化价值观
Shenzhen Competition; Open Tender System; Expert Panel Decision System; Cultural Values of Architecture

建筑是城市文化的空间载体。优秀的建筑使城市更美好，它可以优化城市、重铸生态、修补空间，更可以提升城市的文化气质。

那么，究竟是什么力量在推动深圳近年来一系列优秀建筑的诞生呢？

诚然，优秀建筑的背后有许多决定性的因素，比如，有远见的甲方、专业的建筑师、良好的施工方等。而在深圳，政府相关职能部门的推动作用尤为突出。

深圳这座城市具有与生俱来的先锋、开放、包容、进取的基因，以及理想主义的特质和对原创精神的渴求。从 20 世纪 80 年代起，深圳市规划局几经更名，成为如今的深圳市规划与国土资源委员会（市海洋局），其对深圳城市发展的特殊作用与这种城市精神密不可分。它承接了这座城市自诞生之日起所肩负的责任，聚集了一批有使命感、有热情、有理想的专业人士，形成了充满活力的文化生态，以理性、专业著称，树立坚持学术精神、能够自我批判的文化传统。

20 世纪 90 年代起，深圳逐步开始关于城市规划、城市设计的开拓性探索和实验，其中，福田中心区陆续开展城市设计的国际咨询，深圳由此开启一系列集中和高规格的设计竞赛历程。经过历届建设和管理人员的不断探索，具有独特性的深圳公开竞标制度已经成为业界知名品牌——“深圳竞赛”。

这些年来，虽然有希望，也有失望，有成功，亦有失败。然而，在批评、争议甚至攻击声中，“深圳竞赛”日臻成熟。

竞标制度：一个曲折前行的制度建设

制度创新是社会发展的源动力。所有创新活动都有赖于制度的积淀和激励，通过创新得以固化，并以制度化的方式持续发挥着自己的作用。这是制度创新的积极意义所在。创新可以改变人们的思维方式和行为方式，激发人们的积极性和创造热情，最终推动社会的进步。深圳的历史就是这样一段不断开拓、尝试制度创新的历史。

深圳的设计竞赛源于 1997 年《深圳市建筑工程方案设计招投标管理试行办法》，该办法对设计招投标工作起指导作用。后经若干修订，直至 2009 年底，通过进一步梳理，完善建设工程方案设计招投标管理制度操作等有关工作，其中的亮点是对公开竞标的阐述。深圳的公开竞标制度明显有别于国家和其他省市的招标制度，其核心价值观是在保证招投标活动公开、公平、公正的前提下，倡导凸显专业特点、市场特点和项目特点的竞争方式：鼓励建筑设计创作，突出“创新、创意、创造”，繁荣建筑设计市场，促进建筑设计品牌化，提升建筑设计招投标的公信力，特别是适当扶持中小设计机构，关注深圳本地设计生态。

深圳公开竞标制度的突出特点

破除“门槛”限制，放宽投标资质条件，开放建筑设计市场

方案设计阶段招标对投标人资质不设门槛，鼓励成长型中小设计机构参与。深圳庞大的经济和人口规模催生了设计行业的迅速发展，并成长为中国主要的规划和建筑设计、平面设计、工业设计等机构和人才集聚地。作为大陆第一个“设计之都”，深圳缺乏各种先天与后续的支撑力，设计方面的学院数量很少，教育短板与经济强市的地位极不相称，设计人才绝大部分依靠输入，始终处于青黄不接的状态。这种设计环境不利于设计进步。

同时，传统的招标条件设置过高的门槛，排斥国内外其他地区设计机构和本地中小设计机构的参与，不利于招投标设计市场的开放和创作繁荣。在这个前提下，竞标制度的创新着眼于培养强大的本土设计力量和生态，让深圳成为年轻设计师成长和实现设计理想的乐土，最终提升深圳的整体设计水平与国际知名度。

自光明新区中央公园、深圳当代艺术与城市规划展览馆（“两馆”）项目的国际公开竞赛 / 咨询不设资质门槛起，“深圳竞赛”逐步吸引了众多高水平的国内外设计机构的积极参与。之后很多国际竞赛的报名单位均在 100 家左右。

其中，一个突出的案例是 2009 年“观澜版画基地美术馆及交易中心方案设计”国际竞赛，吸引了国内外 200 多家设计机构和个人报名参赛。最终，两名深圳的年轻建筑师朱雄毅和凌鹏志获得竞赛第一名（图 1）。目前，朱雄毅在悉地国际（深圳）拥有一个“东西影”独立工作室。

另一个案例是 2011 年深圳市盐田港集团有限公司“翡翠岛项目”规划及建筑设计公开竞赛，项目要求具有超高层办公建筑和酒店设计能力与实践经验的机构参与，同时也接受独立设计机构与具有国内建筑工程设计甲级资质的单位联合参赛。由马清运担纲主席的评审团再次爆冷，选出了名不见经传的小设计团队——坊城设计公司的方案（图 2），并最终成为了实施方案。年轻的海归建筑师陈泽涛由此开启了他在深圳的设计事业。

鼓励采用两阶段的国际公开竞赛（招标）方式

结合深圳近年来多次举办国际竞赛（招标）的实际情况和经验，公开竞标鼓励采用两阶段的国际公开竞赛（招标）方式，即“公开报名 + 邀请招标（+ 自愿参赛）”。

通过提供公开报名机会，广开报名途径，使“深圳竞赛”获得较大的参与基数。在此基础上，招标人组织专家通过对报名机构提交的业绩资料、计划提案（参加投标的人员构成、工作计划及对项目任务的解读和初步构想）或概念方案的评审，选取最终受邀参赛的设计机构，并发放招标文件。

值得关注的是，招标项目根据项目特点和业主意愿，可允许其他机构自由参赛，除没有补偿金外，评标和奖励条件与受邀机构相同。

专家定标制度和配套技术

2012 年，深圳市规划与国土资源委员会（市海洋局）重新甄选、制定新的专家库，更强调专业性、学术性、实践性和公正性，同时活化评标专家库，发挥专家的公共价值。具体包括以下两方面。

（1）建立专家评估机制。设立常委专家，定期考核专家的评审行为，建立专家进库、出库的动态机制。

（2）建立实习专家制度。专家库选择 30 名创意型年轻建筑师作为实习专家，实习期为一年。他们在实习期间参与评标和评审，并可对投标作品进行评论，但不参与投票。实习期满，常委专家等会对实习专家在实习期间的评审行为进行评估，通过评估后方可转为正式专家，以此保证专家库不断有新的能量注入。

在评委会组织上，针对不同项目"定制"高水平评标委员会，这是公平、公开、公正以及高水平评标的重要保障。

在专家选择标准上，要求专家必须与选手水平匹配，与题目涉及专业匹配，专业人士超出评选团 2/3，专业构成以城市设计和建筑专家为主。

在评选结果上，为提前消解结果与业主预期的矛盾，特设业主评委席位（要求是决策者），可占不到 1/3 的份额。

在操作流程合理化上，结合项目特点，有针对性地提前确定评标委员会主席及专家。同时，提供 1:3 的适配专家进行抽签，避免直接指定专家，以达到廉政要求。

建立评审监督机制

公开所有投标方案和评审团主要的技术性点评意见，利于社会监督和技术交流。同时，建立评委意见网络讨论平台和评委评选表现内部档案。

坚持第一名中标的定标规则

使用国有资金投资或国家融资的工程建设项目，招标人必须确定排名第一的中标候选人为中标人。其他资金来源的项目也遵循该原则。

这是对竞技规则的尊重和传承。投资人常常理所当然地认为可以决定建筑的"长相"。常规的做法是评出前三名，由业主自行确定，即所谓的"评定分离"，这个做法对设计行业的损害非常大。广东省建设厅曾到深圳进行调研，许多设计单位直言不讳地指出，这样的投标项目需要他们评估与甲方的关系，在后续的定标上进行大量的公关工作。

1. 观澜版画基地美术馆及交易中心方案设计
2. 深圳盐田港集团有限公司翡翠岛项目（坊城设计公司方案）
3. 能源大厦（BIG 方案）
4. 双塔（都市实践方案）
5. 汉京大厦第一名方案（Morphosis 方案）
6. 城市仿真系统中的福田中心区方案

1. International Design Competition of Art Museum and Trading Center for Shenzhen Guanlan Print Base
2. Jade Island, Shenzhen Yantian Port Group Co.,Ltd designed by FCHA
3. Shenzhen International Energy Mansion designed by BIG
4. The Two Towers – CDB Tower & Minsheng Financial Tower designed by URBANUS
5. Hanking Center designed by Morphosis, the 1st prize winner in the competition
6. Urban Transport Simulation System used in Futian District

针对这一点，深圳市规划与国土资源委员会（市海洋局）与业主进行了大量的讨论和博弈，笔者也曾多次向业主方开展关于“深圳竞赛”、城市建筑公共价值观方面的专业宣讲。这样反复的沟通与上述 1/3 业主评委席位的配合，通常能够成功说服业主决策层。

为保护竞赛第一名的利益，第一名奖金或标底费应在竞赛结果公布之后支付。如果中标方案不是评选出的第一名方案，业主和最终中标机构应分别向第一名机构支付奖金的适当倍数作为补偿。

其他工作

强调设计竞赛以方案设计质量为主要衡量标准。在评标原则里，业主通常夹杂商务标的比例，当商务标所占份额偏大，往往会把最佳设计方案变成分数最低的方案。针对这一现象，深圳市规划与国土资源委员会（市海洋局）提出两点建议。

（1）不设商务标评选，代之以业主明确的定额设计，这样亦能减少合同谈判时间。具体案例如“香港中文大学（深圳）”国际竞赛、宝安海纳百川中小企业总部大厦等。

（2）商务标前置，报名时即提交商务标，提前商榷设计费，在业主基本可以承受的范围内进行资格预审，除入围单位外，并设备选单位。第二轮投标前再次确认商务标，保证各自权益。具体案例如汉京大厦国际招标。

城市仿真系统辅助评审

利用城市仿真系统，规定投标单位将设计方案制作成“3ds Max”模型，并纳入城市仿真系统，充分评估和分析建筑与周边城市关系（图 6）。这样做的目的是减少“红线建筑师”和“红线建筑专家”（指仅关注建筑红线以内的建筑，忽视与周边城市关系的建筑师和专家评委）。建筑学的实践必须跨越城市研究、城市规划设计、社会学等领域，否则建筑师就成了纯粹的“工程师”，思考的维度受到很多局限。将建筑方案置入城市仿真系统，并切换不同的视角观看，建筑与城市的关系就变得非常直观，评价的原则会因此更加清晰。

精心策划“因地制宜的招标方案”

“深圳竞赛”的目标是高水准的、因地制宜的设计方案，然而，目前仍有两个不利因素难以突破。

（1）当下很多建筑师沦为资本的绘图工具，职业操守在工期和销售的压迫下变异扭曲，不断复制“标准化开发”和“设计模型”。深圳充斥了各种过度商业化的建筑设计，缺乏因地制宜的高品质设计。许多设计师在沿用简单化、同质化的设计方法，空间记忆和人文信息在城市设计空间层面严重缺失，无法创造具有差异性的城市空间。

（2）目前深圳仍处于超速发展的阶段，摩天楼建设突飞猛进，平均高度达 200m ～ 500m 左右的高层建筑集群对传统的建筑功能和城市形态产生极大的冲击，这将重新定义“高层高密度的现代化大都市景象”和新一代“城市生活方式”。深圳这座城市依旧有盲目追求高度的危险倾向，不惜牺牲功能和能耗成本，过分追求地标性，过度商业化等，城市关系上更是各自为阵。

这既是挑战，又是“深圳竞赛”的机会。作为快速城市化进程的主要推动者，规划和建筑设计管理部门不仅需要“管”，更需要有前瞻的专业视野，有对当下城市问题的敏锐观察和深入认识，还要有专业的理想和追求，并对城市的品质、品位负责，对城市的未来负责。同时，呼吁回归建筑学的使命和意义，即“城市/建筑为人”，对公众的贡献基于公共利益或是改善人居环境的角度，这个角度需要政府、发展商和建筑师高度重视，并以强有力的工作推动成为城市共同的追求、理想和行动。

建筑文化价值观的输出和响应

在建筑的视觉性日益成为资本和权利表达的当下，深圳市规划与国土资源委员会（市海洋局）致力于促进业主对建筑地域性、公共性、社会性和文化性的认知和理解。

建筑首先是对功能性需求，即物质属性的回应。建筑也是社会行为，每座建筑都会对社会环境有所给予或索取，因此，设计必须关注居住在城市中的各种人群的居住状态，赋予人们尊重和安全感。建筑又是诗意的，它最终会超越硬性的指标和规则，表达出某些并不明确的人类状况，并提高人类的精神境界，激发好奇心。这可以称之为精神属性。

在一些竞赛文件的公告中（比如汉京大厦、华侨城大厦等国际竞赛）都会强调建筑公共性、社会性和文化性，而地域性主要表现在对本土气候的回应，并要求建筑师对此有相应的表达。不断的宣讲收获了令人感动和激动的改变。比如，业主原本打算在基地内铺满购物中心，在游说后，业主开始注重与城市生活接近的低层部分的公共空间品质（比如开放性、互动性）的塑造，而高层建筑不仅成为城市的视觉地标，更成为新的城市生活地标。建筑在城市整体混杂的背景下，整合空间资源和景观资源，形成新的城市生活功能的聚集中心，呈现出对建筑公共性和社会维度的更深层次的表达。

汉京大厦的设计重新思考了传统的办公楼，探索了表达当代城市生活需求和价值的新办公大楼。飙升的高度和戏剧性的轮廓重新定义了深南大道的天际线，尤其是底层设置的宽阔的广场绿化给附近区域创建了一个新的城市生活地标（图 5）。

华侨城大厦的设计保留了原本基地内的雕塑公园，关注城市肌理的组织，片区公共空间的连接，系统化的步行空间，着力打造人性化的城市尺度，以及有延续性的、富有活力和情调的街道生活。

“坪山文化聚落”项目从符号中传达出一种文化理念：公众建筑的文化价值取向以及“化整为零、融入城市肌理”的设计策略。这基于一种对现状的反思和批判立场。近年来，全国各地建设很多标志性文化工程，一些项目贪大求洋，外观奇特、造价高昂、漠视地域特征和本土文化。这些工程在建成后成为政绩性展示项目，然而却在全球化的消费主义语境下沦为时尚符号或教条形式，缺乏城市公共性表达和公众互动，更不能提升城市的文化品位和气质。“坪山文化聚落”项目欲成为深圳近年来最具突破性的公共建筑群，回应文化和日常生活的关系，摆脱对奇观性、地标性和过度包装的追求，转而强调与城市空间环境、文化背景、地域气候的融合。该建筑群既隐喻着城市空间生长历史，更为公众创造平等的公共文化交流空间，体现公众视角，倾注人文关怀。

建筑的生产过程亦为社会与生态的重筑过程。“坪山文化聚落”的建筑设计避免简单的符号性、图解式的建筑语言，在传承文脉的基础上体现建筑的在地性与现代性，营造积极的、以人为尺度的城市公共空间，使项目成为融合当地文化和现代公共生活的场所，借此树立“坪山在哪里”的文化心理地标（图 7~ 图 9）。

强调城市设计方法论，必要时引入城市设计专家工作坊

设计的物理尺度超越建筑范畴，而建筑则为人性尺度的城市生产。传统“红线建筑师”偏重地块内部，因此，竞标文件中明确提请建筑师关注外部城市的逻辑关系。近年来，深圳市规划与国土资源委员会（市海洋局）竭力推行基于城市设计的思考方法，以及利用该方法进行的地块设计开发，倡导一体化设计理念，改变仅从建筑设计角度考虑问题的思维方式，转而从城市设计层面进行建筑设计，关注城市整体利益，整合空间资源，梳理城市空间，避免城市肌理的碎片化，塑造高品质城市空间和城市生活。

对公共利益的关注、贯彻和落实往往依赖于规划部门所制定的相关设计导则，然而城市设计编制不可能面面俱到，因此，大量项目在竞标题目中就明确了城市设计的思考方式和设计方法，并将城市设计的各项要素、要求落实到设计招标文件的具体条款中。比如“华侨城大厦及周边地区城市设计研究暨建筑方案设计”国际竞赛，主创建筑师听从了笔者关于将基地环境、人文信息作为设计要素的建议，收回原本关于巨型购物中心的方案构思。建筑师着眼于整个城市脉络的演变和发展，通过研究项目所在区域的地域属性、特质演变与形成过程以及建筑文化遗产，自然保留了基地雕塑公园——深圳重要的城市集体记忆和空间遗产。

事实上，即便有城市设计编制的约束，也需要在执行中不断应对各种挑战。比如“华润集团深圳湾总部”项目是一个集办公商业、文化、体育、娱乐于一体的高度复合的都市综合体，一组总面积达 75 万 m² 的高层建筑集群。其所在的后海片区作为深港连接区域，是深圳湾极为重要的滨海水湾区，也是深圳建设滨海城市的标志性区域，代表未来最具活力的中心城区。华润总部基地位于后海中心区的核心位置，比邻著名的深圳湾体育中心“春茧”，建成后将与其形成有机的建筑群体，成为深圳湾超大型且极为重要的滨海都市综合体，提升后海中心区的功能。强势集团的进驻势必会改变原来强调小街坊的城市设计肌理，“巨无霸”购物中心将覆盖几个街区。为此，深圳市规划与国土资源委员会（市海洋局）与华润集团多次沟通，提出城市设计优化研究的要求，得到了集团和设计公司（KPF）的响应和配合。在 KPF 提交了中期研究成果后，深圳市规划与国土资源委员会（市海洋局）组织了由强大的专家阵容组成的城市设计工作坊，业主方、设计方、主管部门都秉承开放的态度进行开放式研讨，目的在于集思广益，征集各层面、各角度的专业指导意见。除了抽象的理论探讨之外，建筑专家更是进行了草图交流。在总体保留原有城市设计意图的基础上，专家也提出了一些具有启发性的创意。工作坊成功说服开发商将原本封闭的“巨无霸”拆解为开放街区和体验性的“华润天地”，融入城市肌理。

对于城市设计编制不完善的地区，比如“科技生态城”“留仙洞 1 街坊”等项目，投标前必须由甲方委托设计单位进行周边更大范围的城市设计，以解读建筑设计方案对于城市公共空间的逻辑，并作为建筑设计乃至评审方案的依据。在“留仙洞 1 街坊”城市设计优化暨概念建筑方案设计国际竞赛中，城市设计和建筑设计作为不同比重的评价标准，其中，中标优选的城市设计成果被制定成导则，必要时引入城市设计专家工作坊进行提升。同时，以此成果为依据合理划分标段，并进行各标段的方案设计招标工作以及城市相邻地块的开发建设。四个标段的竞标结束后，各家设计公司再进行城市设计的整合深化。

量身订造多样化招标方式

—“独唱”案例

（1）深圳国际能源大厦建筑设计方案国际竞赛（2009 年）

招标方式：公开报名 + 邀请招标 + 自愿参赛

参赛情况：61 家设计机构报名，提交 17 份作品

评审主席：阿里桑德罗 · 柴拉波罗（Alejandro Zaera-Polo）

第一名（图 3)：丹麦 BIG 建筑设计事务所 + 奥雅纳中国（ARUP）+ 德国 Transsolar 顾问公司

（2）双塔奇缘——国银民生金融大厦建筑设计方案国际竞赛（2011 年）

招标方式：公开报名 + 邀请招标 + 自愿参赛

参赛情况：84 家设计机构报名，提交 14 份作品

评审主席：汤姆·梅恩（Thom Mayne）

第一名（图 4）：深圳市都市实践设计有限公司（URBANUS）+ 丹麦 ADEPT 建筑事务所（ADEPT ApS）+ 北京中外建建筑设计有限公司深圳分公司

(3) 罗兰斯宝（汉京大厦）建筑设计方案国际竞赛项目（2012 年）

招标方式：公开报名 + 邀请招标 + 自愿参赛

参赛情况：108 家设计机构报名，提交 14 份作品（6 家入围单位，8 家自愿参赛）

评审主席：严讯奇

第一名：汤姆·梅恩，美国莫尔菲斯建筑事务所（Morphosis）

合唱案例：集群设计竞赛探索

香港中文大学（深圳）整体规划及一期工程设计招标（2012 年）

招标方式：公开报名 + 邀请招标

第一名（图 17）：王维仁建筑设计研究室 + 嘉柏建筑师事务所有限公司 + 许李严建筑师事务所有限公司

第二名（图 10）：深圳市都市实践设计有限公司（URBANUS）+ 麦肯诺建筑师事务所（Mecanoo International b.v.）+ 南沙原创建筑设计工作室有限公司 + 深圳市建筑科学研究院有限公司

第三名（图 18）：美国莫尔菲斯建筑事务所 + 美国 Mack Scogin Merrill Elam 事务所 + 美国 Neil M. Denari 建筑事务所（NMDA）+ 法国 Jakob+Macfarlane 建筑事务所 + 美国 Griffen Enright 建筑师事务所 + 美国 Tom Wiscombe 建筑师事务所

针对本案，笔者研究了过去"集群设计"的核心价值取向和利弊得失，既满足公共项目必须进行招投标的要求，又鼓励设计的多样性，因地制宜地策划"集群设计竞赛"，即由单个设计机构的"单打独斗"变成几组设计团队的"对垒"，由优秀建筑师组成设计师集群，以"1+X+1（X ≥ 2）"模式组成联合体，即"牵头总建筑师（机构）+X 个知名主创建筑师（机构）+ 深圳注册的建筑设计工程甲级资质设计机构（由于项目工期原因，要求一家深圳本地设计机构参与）"，体现强强联合、优势互补。担纲主导的牵头总建筑师应提出项目的设计理念和价值观，统筹整个校园规划设计和各单体设计标准，保证城市空间的整体性和连续性；邀请并协调其他精英建筑师加入，满足不同院系、不同书院的多元化建筑需求，避免单一思维的局限性。

本次招标吸引了 245 家国内外知名设计机构，共组成 119 个设计机构联合体报名，最终遴选 6 家投标入围单位，资格预审主席由赵辰教授担任。后一轮评标特邀阿黛尔·诺德·桑多斯（Adèle Naudé Santos）担任评审主席（图 14）。招标过程中，分别组织了香港中文大学沙田校区现场踏勘、座谈和香港中文大学（深圳）龙岗基地踏勘，以深入了解校园文化和传统。

根据之前的经验，在"坪山文化聚落城市设计优化暨建筑设计方案"竞赛中，基于项目的文化价值取向及复杂的功能要求，再次推出集群设计竞赛模式，创造富有活力的文化聚落。竞赛收到了 40 家由国内外设计机构组成的设计联合体，共 120 家设计单位报名参与，最终遴选 5 家实力雄厚的参选团队。

崔愷院士担任评审主席，丁沃沃、顾大庆、黄居正、钟兵、朱荣远等组成评委团，他们坚持公平、公开、公正的原则，更用智慧、视野、情感和理念在竞赛过程中产生激烈的碰撞，带来了精彩的评审和未来公民建筑的走向。正如崔愷院士所说："我们对'坪山文

7~9. 坪山文化聚落第一、二、三名方案
10. 香港中文大学（深圳）校区第二名方案

7~9. Winners of in International Schematic Design Tender of the Cultural Complex of Pingshan New District, Shenzhen
10. The 2nd prize winner in International Schematic Design Tender of the Chinese University of Hong Kong (Shenzhen)

化聚落'项目充满了期待，这次竞赛的评审原则、目标都写得非常好、非常朴实，与以往国内文化项目竞赛的提法都不一样。以前讲的是标志性，这次讲到了走向公民、地域性和公共性。集合设计的竞赛形式是一个很新鲜、很有意思的设计方法，每个设计团队都希望变成一个合作的设计群，也结合项目本身聚落的关系来做，我觉得这点挺好。"部分设计团队也反馈说，这次竞赛的工作量是超纪录的，但过程中受益匪浅，尤其是明星建筑师们学会了更好的协作。

竞标延伸品牌：建筑的公共教育

"深圳城市\建筑设计大师"论坛

随着"深圳竞赛"逐步成为国际知名品牌，笔者开始策划并开设了以推广建筑设计文化和价值观为目的、面向公众的设计讲坛，邀请建筑大师和新锐设计师参与，以期吸取积极的设计能量，更敏锐地感知城市建筑、文化、生活的本质，启发公众的深度思考，追寻城市建筑的意义和使命。

目前为止，大师论坛已成功举办了20讲，先后邀请了世界著名建筑师库哈斯、福克萨斯（Massimiliano Fuksas）、伊东丰雄、汤姆·梅恩、张永和等举办讲座，社会反响异常热烈。尤其是"西班牙建筑专场"和"向城市致敬——新世纪摩天楼的设计实践"两场论坛更是盛况空前，参与人数超过千人。

"设计与生活"公众论坛

2008年11月19日，联合国教科文组织正式批准深圳加入创意城市网络，深圳自此被冠以"设计之都"的名号。这座城市拥有使设计业蓬勃发展、将设计融入大众生活的土壤，也拥有热切关注建筑、城市、设计的人群。基于此，2012年4月，笔者策划的"设计与生活"系列公众论坛面世，至今已成功举办了六期。该项目是集论坛、空间体验、设计展览于一体的、面向公众的系列活动，即现场版"锵锵三人行"论坛，并结合设计师亲自导览的建筑小旅、工作坊和展览等形式。该活动以亲民的姿态，通过与设计师面对面的分享方式，搭起设计界与公众的桥梁，让设计走进生活、立足生活、改善生活。

该论坛以一个个切实的生活话题为开端，串联起真实项目中的设计者、需求者、使用者、投资者、经营者等。组织者希望提供一个让优秀设计思想发声，让精彩设计自我展示的平台。通过这个平台，一方面能够聆听使用者的声音，让使用者可以选择、发现、体验和参与设计，培养公众对建筑的兴趣和审美；另一方面，设计师通过使用者的反馈，重新审视设计、改善设计，以此找到生活的真谛，最终为人与生活方式而设计；再者能够搭建起行政与普通市民批评

11.12. "深圳城市/建筑设计大师"论坛
13.16. "设计与生活"公众论坛
14.15. 香港中文大学（深圳）校区方案评标专家
17.18. 香港中文大学（深圳）校区第一、三名方案

11.12. "Shenzhen Urban Architectural Designers" Forum
13.16. "Design and Life" Public Forum
14.15. Tender experts
17.18. The 1st and 3rd prize winners in International Schematic Design Tender of the Chinese University of Hong Kong (Shenzhen)

12

13

14

15

交流的界面，了解公众需求，满足公众对城市规划和建筑的知情权，还建筑权力于公众，促进各界对建筑文化性和社会性的认识和理解，为推动更广泛的公众参与和未来公民建筑的发展夯筑基础。

2012年，“设计与生活”系列公众论坛在“南都全媒体集群”发起和主办的“深港生活大奖”评选中荣获年度艺文奖，这是公众给予“设计与生活”公众论坛最大的肯定和认可。

小结

“深圳竞赛”不仅仅是一项政府的行政程序，更是一块城市品牌。它的影响力和公信力日益扩大，并从中国走向世界。由于深圳始终走在中国改革的前沿，对于许多有追求的建筑师而言，“深圳竞赛”既是其理想的着陆点，也是其理想的守护者。在这个层面上，政府职能者更加深刻地认识到维护这个品牌的责任和意义。

参考文献 (References):

[1] 覃力. 日本高层建筑的发展趋向 [M]. 天津：天津大学出版社，2008.

注：该文在《时代建筑》2014年第4期同名文章基础上修改完善

图片来源 (Image Credits):

作者提供

周红玫
ZHOU Hongmei

作者单位： 深圳市规划和国土资源委员会
作者简介：
周红玫，原深圳市规划和国土资源委员会建筑设计处副处长，福田管理局副局长

16

17

18

深圳的
文化理想

建筑传播

深港城市/建筑双城双年展、
建筑传媒奖、
城市/建筑论坛、
深大校园……

社会公众

建筑批评、公民建筑、
南方周刊、建筑策展、建筑传媒

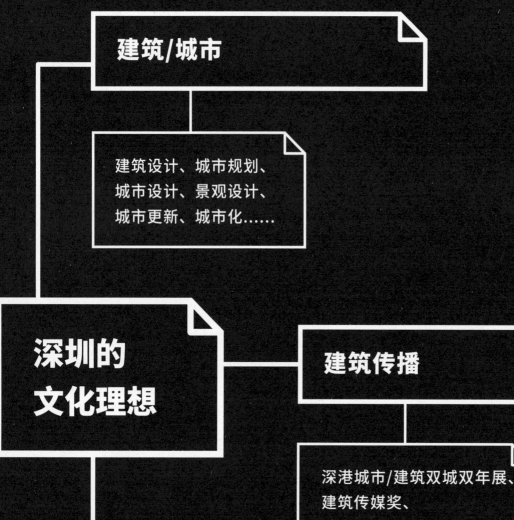

文化理想
CULTURAL IDEALS

看不见的城市
Invisible Cities

深双十年九面
Nine Perspectives of UABB in a Decade

黄伟文 HUANG Weiwen

文章介绍了创办于2005年的深圳·香港城市\建筑双城双年展，专门关注城市和城市化，十年来在开拓城市观念和方法上，呈现出九方面需要重新认识和消化的特点：城市策展应用；城市开放性；城市自发性和主体性；城市日常生活；城市基础；城市生命周期；城市与乡村农业；城市建筑；城市知识分享和教育。

Initiated in 2005, the Bi-City Biennale of Urbanism / Architecture (Shenzhen, abbr. as UABB) is based exclusively on the set themes of urbanism and urbanization. In its decade-long history of exploiting urban concepts and methodologies, UABB has presented nine characters that need to be further recognized and exploited, namely: the application of urban curation; urban openness; urban spontaneity and subjectivity; urban daily life; urban foundation; urban life cycle; urban and rural agriculture; urban architecture; urban knowledge sharing and education.

双城双年展 UABB；看不见的城市；城市化

Bi-City Biennale of Urbanism / Architecture (UABB); Invisible City; Urbanization

城市\建筑双城双年展（深圳）（以下简称深双）于 2005 年创办①，刚过五届，将有十年，深双已成为东半球最重要的城市与建筑双年展，以及全球唯一长期关注城市或城市化的双年展。笔者对深双历程及成果进行回溯总结，是希望让大家看见深双的特别之处。

尽管身在城市及其建筑中，人们仍有太多原因看不全这些可见实体，因而需要双年展这种视觉交流的方式来弥补其盲区。以呈现和讨论城市问题为己任的深双，是否起到了这种作用呢？这很难确认，一是因为展览规模有限，二是因为展览现实性、学术性和批判性有可能是被隐藏的。[1]70 为期三个月且参观人数有限的展览，终究也容易变得看不见。张永和曾在首届深双结束后写策展总结文章，对深双未能充分显现的“现象与关系”进行再分析，以达到对“展览的一次重新组织”[1]012。本文也是想通过重新组织五届十年的深双内容，来呈现深双曾呈现过的九个城市面像。

策展城市

深双对城市问题的探讨和呈现，正从单纯的展示，进化到解决具体城市问题的展示。策展不仅针对城市案例、文献和研究，也会直接针对城市具体项目和需求，这是城市策展的延伸应用。

2005 年首届深双的创办，源于年轻城市的反思和创新，始于当时城市规划管理者对城市与建筑设计管理业务及行业评优交流状态的更高期望，也有赖于当时规划局决策者的远见与执着，市领导层的理解与支持，以及深圳地产界少数兴趣者的襄助。当时的筹划者们都没深入了解过双年展，但直觉判断到：单纯的建筑设计展也许会狭窄沉闷，只有放宽到城市层面、超越城市规划学科和专业语言，才可能有更多样的表现形式，更好地与观众互动，才能更有生命力。雷姆·库哈斯于 2000 年接受普利兹克奖的说辞似乎可以用来支持深双立场：“如果我们不能将我们自身从‘永恒’中解放出来，转而思考更急迫，更当下的新问题，建筑学不会持续到 2050 年。”

什么是当下更急迫的新问题？答案无疑是 30 多年来中国大地上轰轰烈烈展开的造城运动，以及涉及中国十几亿人口迁徙、生活与发展的城市化进程。这些年来中国城市交通、雾霾、内涝、房价、食物、环境问题愈加严重，新一届中国政府也提出了新型城镇化的战略课题，借助双年展这样定期、开放和跨专业的国际平台来探讨如此迫切和复杂的议题，深双 2005 年的创办显现出相当的前瞻性。

但双年展展览机制如何能够被借用或再创新来展示、研讨和交流城市问题？城市如此复杂又如何被策展？这是“吃螃蟹”的深双必须要解决的问题，也是当下中国城市快速发展要解决的问题。古今中外，城市和建筑，在实用功能之外，多少也包含着展示甚至炫耀的目的。只不过在当下的中国，面子、形象、政绩工程显得更加泛滥，其展示性已经超越甚至压倒了理性的实用需求。所以展示城市的展览，是要将现实中不易看见的城市策划实施过程（计划、规划、决策、设计、建设、管理、体验、宣传等）进行策展，并以更清晰和均衡的价值观、跨学科角度及公众参与的方式，来对造城的全过程进行映射、推演和观摩。

深双首届策展人张永和就是把展场（现在的华侨城 OCT-Loft 创意园）布置成一个微缩版城市，包含了城中村、大学城、购物城、电影城、娱乐城、美食城等映射现实城市的分区。[1]72 第二、第五届深双分别策划了公共自行车[2]113 和免费穿梭巴士来接驳不同的展馆。第三届组织西部城市出租车司机在深圳运营并向乘客展示和讲述各自城市的变迁故事。[3]166-171 第四届除了组织双年展巴士开到深圳一些社区举办活动，[4]330-331 还在华侨城创意园区 B10 主展区中组织了街道展[4]362-425 及《街道剧场》演出。

除了以展场映射和沟通城市，深双展场的选择和设计也逐步演变为一种具体策展／干预的策略，并成为深双独特的一方面。首届和第二届深双分别带动了华侨城到期工业区的转型和人气（工厂租约到期，企业生产迁走；工业土地年限面临到期，业主华侨城面临工业用地到期由政府收回或通过转型升级来续期的问题），成为深双催化激活城市片区的经典案例。第三、第四届则希望为市民中心前后空旷的公共空间注入公共艺术的内容和活力。第五届更进一步，以双年展作为一种资源平台和设计方法，帮助企业完成闲置玻璃厂房朝“价值工厂”活化转型的策划、设计与初步改造。[4]362-425 这一城市策展的成功，还直接影响到招商工业区对其大成面粉厂闲置物业的态度和做法，从原先计划拆除，到学习深双做法，组织建筑师工作坊来实施改造。

将这种城市策展方式看作是以政府或企业为主体按传统路径进行开发建设之外的第三种造城方式，其最大优点是：项目一开始就和展览结合，会充分考虑专业评论和公众观感，从而确立更加均衡的价值观和评价标准，引进更全面的专业资源和公众参与，形成更强的创新动力，避免项目被片面的政绩或商业性所误导甚至扭曲，造成公共性（社会与环境效益）及学术性的偏差和遗憾。

如果这种城市策展机制日益成熟，价值日益显现，那么城市的一些需求、难题或者开发热点，就可以更多地借助深双来介入解决并加以呈现。比如深圳这些年大量的“穿衣戴帽”美化运动和城市更新项目，还有各个新的开发热点地区等等。

城市限制与开放

城市被太多看见看不见的界限分隔着，土地的、空间的、社会的、制度的、思想的。城市的发展就是这些边界不断形成和消解的过程。

城市一直以来是封闭与开放的对立，并巧合地体现在中文词“城市”上：城，是一定规模聚居的边界围墙，目的是隔离和保护；市，是交易场所，原则是开放交换和增长扩张。

深港两边的发展进程及相互关系也体现城市隔离与开放的对立。1980 年紧挨香港一线边界设立深圳特区，目的是改革与对外开放，但又用上百公里的二线关铁丝网来分隔当时的宝安及跟进改革开放的内陆。即使到今天，那些没有铁丝网边界的城市，也仍然不断利用户口、教育、住房等门槛来限制外来人口，城市精英、市民甚至政府也常常放出要建立选择机制来控制和优化人口结构的论调。这种“先上车的排斥未上车的”现象显示城市普遍存在的巨大保守力量和不开放性。香港在和制度、资源与文化不同的内地及内地访客关系上，近来同样出现加大隔离的动向（如“双非”孕妇，奶粉限购和称大陆客为“蝗虫”等）。

2005 年，首届深双策展人张永和以“城市，开门！”为主题，一语双关提出这一看似老生常谈却富有挑战的命题：以开放政策发展起来的深圳，率先举办的关于城市或城市化问题的定期展览，能否以“思想，开门！”的姿态来探讨城市各个领域的开放性问题？而 2013 年由深港两地提出的“城市边缘”（及边界）主题，是首届深双开放主题的继续深化。

五届深双有大量作品持续地拓展了城市边缘 / 边界 / 开放性的研究。2013 年深双文献仓库展出的“城市边缘”的时间线，是城市边界与形态演变的通俗小百科，系统梳理城市边界及形态的变迁历史，有助于理解种种城市边缘现象背后的隐形逻辑和关联。[5]128-131 两千年前埃及丹达腊神庙的风化城墙通过比利时艺术家砖砌环幕的呈现令人震撼。[5]174-175 北京老城墙的消失，也需要像王军这样的媒体人和城市研究者合作去追溯。[1]336-339 当代中国城市边界的剧烈扩

1. 2005 首届深双开幕表演：由孟京辉导演的《变形记》
2. 2005 首届深双展项：泉州规划（泉州市规划局 + 黄世清）
3. 2005 首届深圳城市 \ 建筑双年展新闻发布会
4. 2005 首届深双展项：宜兰（黄声远）
5. 陈佩君婆婆与她的树屋城堡。2005 首届深双展项：市民参与（陈宗浩、董国良、陈佩君）摄影：白小刺
6. 2005 首届深双展项：社区——可持续建筑的实践（谢英俊）
7~8. 2007 深双展项：“悦行城市”——双城双年展公共自行车计划（悦行促进会）
9. 2007 深双展项：中国梦，八步走（何新城，动态城市基金会）

1. Performance City Metamorphosis (directed by Meng Jinghui), the Opening Ceremony of 2005 (1st) Shenzhen Biennale of Urbanism\Architecture
2. Planning of Quanzhou (City of Quanzhou Urban Planning Bureau+ Huang Shiqing), Exhibit of 2005 Shenzhen Biennale
3. Press Conference of 2005 (1st) Shenzhen Biennale of Urbanism\Architecture
4. City of Yilan (Sheng-Yuan Huang), Exhibit of 2005 Shenzhen Biennale
5. Citizen Participation (Chen Zonghao + Dong Guoliang + ChenPeijun), Exhibit of 2005 Shenzhen Biennale Photoed by Bai Xiaoci
6. Sustainable Construction in Communities (Hsieh Ying Chun),Exhibit of 2005 Shenzhen Biennale
7~8. City on Bicycles (Cyclists), Exhibit of 2007 UABB(SZ)
9. The Chinese Dream in Eight (Simple) Steps (Neville Mars, Dynamic City Foundation), Exhibit of 2007 UABB(SZ)

10. 2007 深双展项：土楼城市（都市实践）
11. 2007 深双展项：瓦片城市（苏笑柏））
12. 2007 深双展项：一城两制（杜鹃）
13. 2009 深双展项：随风 2009（家琨工作室）
14~15. 2011 深双展项：超轻村（泰伦斯·瑞莱）
16. 2009 深双展项：树亭（Maurer United Architects 建筑事务所）
17. 2009 深双展项：可以穿的建筑（Ball Nogues）

10. Tulou City (URBANUS), Exhibit of 2007 UABB(SZ)
11. Tile City (Xiaobai Su), Exhibit of 2007 UABB(SZ)
12. One City Two Systems (Juan Du), Exhibit of 2007 UABB(SZ)
13. With the Wind 2009 (Jiakun Architects), Exhibit of 2009 UABB(SZ)
14~15. Ultra-light Village (Terence Riley), Exhibit of 2011 UABB(SZ)
16. Medular Pavilion (Maurer United Architects), Exhibit of 2009 UABB(SZ)
17. Built to Wear (Ball Nogues), Exhibit of 2009 UABB(SZ)

张可以从深圳建市 25 年来的卫星照片看到，也能从韩家英为深圳 25 周年做的系列海报和心跳声中体会到。[1]276-283

从某种程度上讲，现行城市规划的观念和方法，就是不断区划土地并设置界限或禁止（功能分区、道路分隔、禁止标记[2]011 等等）的过程。面对城市不断扩展其城乡边界转化为一个个围墙封闭的小区和禁止空间的极端现象，有少数建筑师也试图通过设计破除城市围墙[3]376-381 及其他形式的隔离。[5]200-201 深圳市是世界少有的由两种边界（深港边界和特区二线边界）围合分隔的城市。从 1998 年起就有呼吁废除二线关的声音，2005 年欧宁的纪录片将镜头对准了二线关，[1]068-271 如何改造二线关也成为季铁男 2005 年[1]196-199、欧宁 2007 年[6]208-218 的作品内容。尽管 2013 年起二线关开始停止运作并局部拆除，但曾冠生的人群采访表明，关内、关外的长期二元分化，在一定时间内，还将影响着深圳人的身份认同、居住、工作与通勤。[5]202-203

深港一线边界当然是历届深双的热点研究对象：2007 年姜珺主编的《城市中国》有特刊《跨界与虚界》专门探讨；2009 年有作品涉及跨境儿童问题；[3]172-175 2011 年深双组织了深港海平面上升研究；[4]132-169 2013 年则有边界发展计划与畅想。[5]196-197,204-205 这两年出现的孕妇、水客、奶粉、垃圾填埋问题也以开放的方式出现在展览之中。而借设在蛇口码头仓库中的 2013 年双年展场地，港澳和内地两个并置码头的一线、二线边检关系也被作为作品揭示出来，这是所有深圳人未曾意识或已忘记的独特边界景观。[5]070-073,315-317, 321

边界问题不仅存在于深港之间，提华纳与圣地亚哥之间，[5]016 墨西哥与美国国家之间，乃至发达与发展中国家之间，贫富同样制造不开放的边界。[5]140-141,290-291 肤色[2]038、制度、观念同样会产生各种空间的、社会身份的和文化上的边界，[5] 144-145, 276-277 这需要勇气与智慧的、开放的探索和突破。[5]178-179, 282-283

深双对边界话题的开放性讨论，拓展了参与者思想乃至城市更多的开放性。很多界限、禁止的设置初衷和后果，值得重新开放思考和客观评估，才能不限制在教条内探索和建设城市的宜居性。

有一道为精明增长而设置的、值得坚守的边界，是深圳 2005 年开始制定，用来限制建设活动，约占深圳地域一半面积的生态控制线，但在深双上似乎还没看见。

自发城市或者谁的城市

我们习惯自上而下规划和思考城市，而城市实际是每个居民用户的，不管精英角度如何规划、决策，城市有不以少数人意志为转移的自组织状态和结果。

城市的计划性和自发建造也是值得探讨的矛盾。深圳是中国自上而下规划的城市典范，曾获得过“1999 年 UIA 阿伯克隆比爵士奖”（Sir Patrick Abercrombie Prize）的荣誉提名奖，同时深圳也是自发建造的典型城市。全市 320 个行政村，以全市一成的建设用地，自发建造了全市一半的房子及相应的市政设施，容纳了深圳市民人口的一半多以及高密度混合的工商业活动，支持深圳以超过规划预期数倍的规模快速发展。

分布均匀的深圳城中村，基本上能以步行的距离覆盖和服务相邻城市片区，弥补众多城市规划对中低收入人群居住用地的长期忽略，满足了政府保障房欠缺时期的廉租房需求，同时也减缓城市交通的恶化程度。这些由村集体进行社区自治的城市“飞地”，是有效支持城市运作的自组织系统。[7]

但并不是所有人都能看见华强北背后的福田村、车公庙相邻的上下沙村，每天步行上班的如织人流，对两片商业繁华之地正常运转的意义。这十年对城中村正从负面评价（常被喻为城市毒瘤、包袱）和推倒重来，逐步转向客观评价和环境整治提升，这和历届深双在这块领域的不断探讨不无关系。2005 年首届深双特别组织城中村专题，[1]250-267 之后的历届深双对城中村的研究不断深入，[2]071 [3]162-165[5]106-107,324 多角度探讨城中村在城市与社会结构中的重要角色和积极作用，以及各种改进而非推倒的可能性，努力扭转或者说平衡城市对城中村存在的偏见和改造方式的单一状况。

城中村课题启动了深双对自发性的关注，如姜珺按时间轴梳理中国自发城市的演变史；[5]324 或像 MVRDV 在光明中心区城市设计方案中探讨由土地申请人自由切分土地的可能性；[2]017 还有个人建造，如 2005 年深圳宝安区陈佩君老婆婆花 40 多年收集材料并建造的“怪楼”，[8] 以及 2013 年展现的另一栋“怪楼”及其所在的龙岗老墟镇。[5]192-195 较早开展乱搭建研究的《东京制造》项目，与后面跟进的上海、香港研究也比邻展出。[5]168-173 遗憾的是，深双上还看不见深圳的临时建筑状态及其研究。

城市自发性探讨其实涉及城市主体性和造城方法论问题：城市应该由哪些人来决定和建设？市民个体除了常规的城市规划参与，是否有建设自己家园的机会、权利和智慧？[1]346-347[4]438-457 自发性或者自组织机制与精英规划是否应该是两种可以并存的、能够相互启发与补充的造城模式？[5]132-133

衣食住行城市

城市日常生活既是城市的内容，也是城市空间形成的逻辑和目的所在。在中国的城市规划和决策体系里，还需要更多地看得见城市的衣、食、住、行的本质和需求。

日常生活的衣食住行是城市内容，自然也是研讨和呈现城市问题的角度。张永和给首届深双确定的主题副标题就是“城市建设和生活的策略”，并以跨设计的广泛兴趣帮助奠定了深双与城市生活的密切关联。不管是从当代消费包装中得到启发，还是对过去服装文化的重新挖掘，服装设计实际上就是城市生活的一种设计，隐含城市价值观和文化语境。[1]116-119, 140-143,348-351[2]010 甚至服装也可成为空间装置。[3]400-405 这些年各个城市时兴“穿衣戴帽”，是将穿着打扮的理念移植到城市建筑上，可惜还看不见有心人对如此庞大的“跨设计”应用进行记录、评价和呈现。

民以食为天，多少方水土才养一方人？2009 年的深双在南山商业文化广场上开辟并保留至今的一块菜地，不仅仅是想让城市人看见长在地里的食物，更想让人看见的是要供养一方深圳人，其实要额外“掠夺”深圳以外 20 倍的土地。[3]236-241 吃货和城市相互塑造对方，使得很多设计师也要掺和排挡食肆乃至食品的设计。[1]412-415[3]340-345, 356-361 为了食品安全健康，城市农业／农场越来越成为深双的热门议题。[5] 100-101,214-215,220-221,226-227 居住是城市的主要职能之一。各种层次的中国城市规划擅长以功能分区和填充居住用地色块这样的方法来解决居住需求，但现实中，住不住得起，住在哪儿，怎么住，成为城市扩张和更新中的大问题。[2]055

首届双年展在探讨外来人口落脚地城中村的同时，也在探讨新住宅的地域、文化关系。[1]177-179,208-211,216-219 之后中国房价飙升和控制房价反复循环，少数敏锐和创意的设计团队开始研究高房价现象及低收入阶层的居住权利及其策略。[3]274-277[4]486-499[5]255,278-279[6]188-199 2011 年刚成立的深圳城市设计促进中心接受委托开展保障房创新研究和概念设计竞赛，并联合策划深双保障房专题展，对保障房计划、设计与建造流程及涉及的政策、经济和社会问题进行全面的梳理和讨论。[4]256-269 针对城市通过行政／市场拆迁行为不断将城区高档化的现实，深双参与者们用国外案例提醒大家要避免保障房在城市边缘大片集中而可能带来的社会问题，并通过各种建议和竞赛方案，构建出住得起的城市：可再利用的老宅城村，填空城市空地的新土楼，高跷悬空于市政设施的居住结构，跨越道路的桥宅，见缝插针的树房 [2]111[4]265 [6]242-253[9]……这些想像力和突破，为保障人群在土地稀缺房价飙升的城市中心提供立锥可能。如果看不到这样的可能性，也不愿意去突破相关规范标准来合理布局保障房，那么就可能是更加

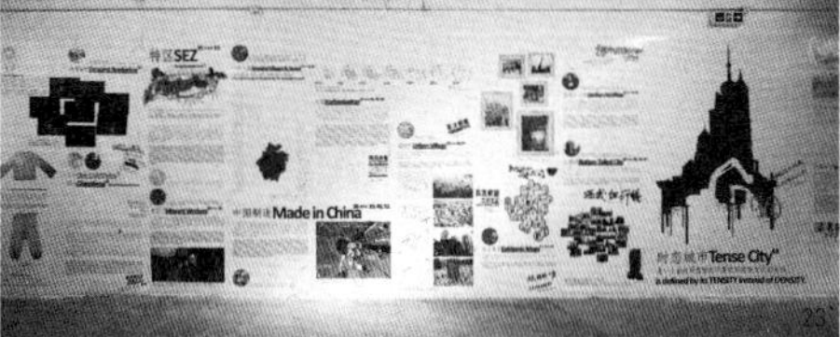

18~19. 2011 深双《街道剧场》项目
20. 2009 深双举行了长达八小时的"深圳马拉松"对谈，嘉宾包含建筑师库哈斯（Rem Koolhaas）、伦敦策展人 Hans Ulrich Obrist 与三十位大中华地区的知识分子、意见领袖、智库成员、艺术家、建筑师、政策制定者、社会活动者等。
21. 2011 深双展项特别广场项目：万花阵（John Bennett 与 Gustavo Bonevardi），展览为市民中心前后空旷的公共空间注入公共艺术内容和活力
22. 2009 深双展项：掠夺之城：空间假设的地理学（Joseph Grima、Jeffrey Johnson 与 Jose Esparza）
23~24. 2011 深双展项：自发中国（姜珺、苏运升）

18~19. Street Theatre, public project of 2011 UABB(SZ)
20. 2009 UABB(SZ) held 8-hour event Shenzhen Marathon - The Chinese Thinking, in which Rem Koolhaas and Hans Ulrich Obrist had interviewed 30 of China's leading figures.
21. Special Plaza Project: 10,000-FLOWER MAZE (John Bennett and Gustavo Bonevardi), Exhibit of 2011 UABB(SZ)
22. LandGrab City: A Geography of Spatial Prostheses (Joseph Grima and Jeffrey Johnson with Jose Esparza), Exhibit of 2009 UABB(SZ)
23~24. Informal China (Jiang Jun and Su Yunsheng), Exhibit of 2011 UABB(SZ)

个人化的自发探索，比如可以安置或停靠在任何街头巷尾的蛋宅或三轮车宅。[3]350-355[5]252-253 三轮房屋的且行且住既是无奈，也是对交通工具的再发明。自汽车成为主导交通工具主宰甚至乱麻一样的高快速路和立交桥绑架城市之后，[1]428-431[2]008,013,031[3]368-375 [6]136-147,220-231 决定城市运作和形态的交通亟需发明或改进为环保无害的出行方式，摆脱汽车依赖及其对城市空间资源的霸占 [1]304-307 这方面的话题在深双上相对少见，一定程度反映了当前交通创新的低活跃度。

除了衣食住行，生活还有购物、[1]124-127[2]043 娱乐健身，[1]432-435,456-459 [2]022[3]362-367,406-409[6]046-059 以及各种人来人往，[6]060-071[2]023 各种空间体验，[1]369-399, 440-443[3]288-291 各种声音，[1]420-423[2]004[3]308-311,382-387 各种图像。[1]404-407[2]060[3]246-255, 336-339 城市是否让生活更美好，要生活本身来回答，也要每个人来做出评价。[1]108-111,296-299,460-463[2]119

城市的共同基础

城市的基础和其所支撑的规模总是难以匹配，有时不足，有时过度，还有些严重受到侵害。城市基础设施要成为城市共同的话题，并纳入共同协作的城市设计、乃至公共艺术的视野中。

支持城市高楼、马路、立交、繁忙交通这些易见的物质形态及其运作背后的，往往是不易看见或被视而不见的基础设施。

土地和生态环境应被视作最重要的城市基础，但追溯和对比发现，依赖这一基础的城市同时也在大肆改变和破坏这一基础，[2]009[3]216-223 这一悖论如何化解？策略之一是俞孔坚主张的先规划设立不可建设的

环境基础设施保护边界的"+反规划"策略。[1]316-319 策略之二是尝试让城市基础设施系统尽可能顺应而不是切断和抹平已有的自然生态系统，[1]448-451 甚至像深圳城市设计促进中心探索的，让城市基础设施脱离地面，与自然生态或已有人文生态系统相互叠加共生，而不是非此即彼相互取代。[5]092-093

这几年的雾霾天气已经严重影响中国的一些大城市，深双的视野也涵盖了气候问题。[2]035[3]74-477[6]232-241 深圳包括过去的香港从一个海边渔农之地发展为千百万人口的大都会，其赖以生存的水资源水环境也发生着巨变，[3]134-139 靠水吃水的人及其他生物同样在变化着[6]094-103。应对气候变化，我们该如何未雨绸缪地考虑深港两地海平面上升的后果和对策？

虽然"铁（路）公（路）基（础设施）"在当下的中国存在部分过度供应，但更多基础设施容易被城市和深双所忽略：城市的能源、水、食物从哪里来又是如何被消耗的？城市的污水、垃圾又去往何方？[3]318-323 城市基础设施还应包括教育、医疗[6]174-187,036-045，包括有人性尺度的广场与步行街道[6]022-033 以及一定的公共艺术。[3]180-187, 200-205, 224-227,410-415, 478-489[5]188-189 另一种看不见但决定城市的软基础设施，是法律、制度和规范标准的环境（比如规划法、住宅政策、容积率标准等），[3]212-215[4]267[5]06-207 这一领域的研究和呈现显然远远不够。

人与人之间的沟通和共识也是城市的共同基础，每个人对城市的声音如何被听到，又如何与其他人的声音协调为一种共同诉求，也需要不断地进行公众参与和社会创新。[3]140-145

城市生老病死

把城市当作生命来看待，而不是机械的功能构成，功利的生产机器和人类欲望与自大的纪念碑。

在中国城镇化方兴未艾、快速发展、新城新区如雨后春笋生长之时，谈城市的老、病与死似乎是过早或煞风景，但将城市视为复杂的有机体，从城市生命全周期和有机体角度来重新思考城市的规划与建设活动，在可持续发展日益成为共同价值观的今天，却是必须的。

深圳的诞生已经成为南海边上轻轻一圈和隆隆开山炮声中的传奇，但这显然不是一个速生城市的全部，大家要看见这个奇迹背后涉及的土地征用、环境破坏、人口膨胀、文化断续等问题。[4]120-129 人类在短时间内建立新城的知识足够了吗？[2]012 2011 年的深双选取了二战以来全世界建立的 6 个新城进行比较研究，交流了全球新城建设的经验教训，也让深圳在一个国际网络的比较中找到自己的定位。[4]280-309,310-339

城市的老去让老建筑老街区沉淀为历史记忆的同时，也成为需要投入更多力量去修缮维护的包袱，因而也可能成为获取更高空间利益的城市更新对象。对这个问题，不同的观念和策略会导致不同的城市后果。有些城市努力保护延续城市、街区和建筑的历史文化风貌[1]300-303, 324-327 [2]061 有些需要巧妙注入新的活力和价值[5]054-057[6]010-021 有些则因为粗暴拆迁引发抗争和冲突，[2]088 [4]526 城市记忆也因而失去空间载体。[2]000,029[3]150-161[5]248-249,270-271

城市病则是老生常谈，大家都麻木了，眼睁睁看着中国城市重走发达国家城市曾经的歧路，膨胀，"首堵"，"喂人民服雾"。[5]242 看看国外城市如何治理河道、激活弃置土地、建设宜居城市，不知是否有帮助？[1]284-287[2]041,084,098,108 城市会老，就会老到收缩死去，[5]150-153 甚至未老先衰，空耗资源，当然也有返老还童、青春焕发的可能。刚刚一半人口进入城市、处于城镇化快速成长期的中国，却有越来越多的"鬼城"空城出现，看来有必要重新思考中国的城镇化理论和策略。正因为研究了城市与建筑的全生命周期，马清运提出了城市过期及城市再生（简称 CoER）的主张，通过深双组织针对城市生命周期、城市机能退化与无能效问题的讨论与辩论。他认为未来的城市"并非持久永恒的生命"，其过期和再生的智慧可以从农业文明的循环收获中得到启发。

城市与乡村农业

也许能在城市的另一面，更容易看见城市的希望和出路。

农业原本是城市文明的对立面。千百年来，城市是非农人口和非农产业的聚集地，在中国是用剪刀差收割农业产出、用征地和增补挂钩获取农业土地、用外来工制度使用农村劳动力。但城市和深双都不应该对城乡关系视而不见。

马清运在 2007 年深双的策展中，通过给全球三百多位策展人发出的十个问题，[2]000 重新把农业问题作为重要议题，带回到讨论城市问题的平台上，并借"城市再生"的主题提出周期轮作的农业智慧可以启发城市未来可持续发展的命题。这对长期处于城乡二元分化对立的思维及话语习惯中的国人，是很好的思维冲击和观念解放。马清运继续在 2011 年发展出农市主义（Agri-Urbanism）的概念，以探索乡村的都市化和密度提高。

欧宁则在 2009 年深双中策划农业论坛，在深双这个城市（Urbanism）平台上创设了乡村主义（Ruralism）一词，并在最近几年搬到安徽碧山去实践他的乡村主义。[5]224-225

主持 2009 年深双马拉松对谈的雷姆·库哈斯（Rem Koolhaas）

25~26. 2011 深双展项：对应双城——香港与深圳的气候变迁及合作行动（Jonathan Solomon 与邓信惠）
27~28. 2013 深双活动话剧《物恋白石洲》（胖鸟剧团）
29~30. 2013 深双“双年展学堂”项目中青少年导览员为观众导览
31. 2013 深双建筑评论工作坊李欧梵出席讲座现场（摄影：张超）
32~33. 2013 深双“价值工厂工作室”帮助原广东浮法玻璃厂朝“价值工厂”活化转型、改造

25~26. Counterpart Cities: Climate Change and Co-operative Action in Hong Kong and Shenzhen (Jonathan Solomon and Dorothy Tang), Exhibit of 2011 UABB(SZ)
27~28. Urban Village Fetish/Baishizhou (Program partner: Fatbird Theatre), Public Project of 2013 UABB(SZ)
29~30. In 2013 UABB School project, the youngster guiders guided for the audiences.
31. Leo Ou-fan Lee attended Workshop of Architecture Criticism which was one of 2013 UABB School projects. (Photoed by Zhang Chao)
32~33. In 2013 UABB(SZ), The Value Factory Studio helped to transform the Former Guangdong Float Glass Factory into a new cultural hotspot - The Value Factory.

和汉斯·奥布里斯特（Hans Ulrich Obrist）也注意到农村特别是新农村在中国城市化语境中的突出位置。库哈斯向采访嘉宾提出了农村是否成为“一种希望或者是一种乌托邦式的标志”的设问，但也有采访嘉宾未作认同。[10] 不过这些年来城市规划专业者面对和服务乡村转型与变迁确实成为趋势。[1]232-235,400-403[5]218-219,230-233

城市建筑

当代城市建筑应该有自己的命题，但绝不是仅从被看见的、标志性的角度去确立。

以城市或城市化为固定主题的深双，长名称上还留着一条“建筑”的尾巴，暗示出 2005 年初深双筹划者的建筑学背景、管理业务需要，以及威尼斯建筑双年展的窠臼。好在“建筑”之前，笔者建议加了代表次级目录的斜杠符号“\”，暗示了建筑应置于城市语境下讨论的立场。这也代表着深圳城市与建筑设计管理业务（深圳规划局于 1994 年初成立可能是国内第一个命名城市设计处的部门）长期实践形成的主张。因而面对每年新增 20 亿 m²、占全球新建筑一半的中国建筑的热闹状况，深双与首届策展人张永和有着高度共识：城市建筑应该放在城市文脉（包括设计理论与教育、城市设计、社会、地方气候与文化）之下来讨论其应有的角色和作用。

中国建筑这几十年尽管光怪陆离，在建筑理论的梳理下，还是有脉络谱系可循的。而建筑实践表象的背后，是建筑设计教育的基础影响。[1]152-163 建筑如何共同构成人性尺度和活力的城市空间，如何通过应对气候和地方资源来体现地方性，[1]192-195,204-215,224-227 [4]202-205 这比标志性建筑的孤立“尖叫”（张永和语）更加重要，一些集群设计也为建筑师提供了个性与群体如何平衡的探索机会。[1]184-191, 356-359 [4]198-201

建筑还应承担相应的社会责任，或者说建筑学还应借助社会学及社会实践方法来创新与突破。2005 年，张永和给忙碌于大项目的大陆建筑师带来反差案例：在贫困社区开展建筑设计和教学实践的美国乡村工作室；在台湾地震灾区及大陆乡村与农民“协力造屋”的建筑师谢英俊；在宜兰小镇稻田中央设立工作室为当地社区服务十多年的建筑师黄声远。深双对这类设计实践的推介逐渐影响和改变着大陆建筑设计圈原先单一的生产生态：2008 年汶川大地震后，深港台建筑师组织实施了援助灾区校园设计的“土木再生”行动，项目包括帮助日本建筑师坂茂设计建造的成都华林小学纸管教室，成都建筑师刘家琨则循环利用地震废墟材料生产出再生砖。

2011 年策展人泰伦斯·瑞莱（Terrence Reily）策划的“超轻村”——借巴克明斯特·富勒（R.Buchminster Fuller）直指传统建筑低

效用的追问——“你的建筑有多重？”，组织包括王澍、OBRA、MOS等6位中外建筑师探索轻型、可拆解组装的临时建筑。[4]046-085 2011年深双保障房专题展中的集装箱建筑和活动房、2013年南沙原创建筑师刘珩的“价值工厂”北入口建筑、众建筑的圈泡城和三轮移动房屋，也是轻建筑的探索。进一步探索向昆虫和建造者学习“以最小力气创造最大效果”的作品，是2009年谢英俊、阮庆岳和马可·卡萨格兰（Marco Casagrande）联合施工工人创作的竹“茧”。[3]228-235

建筑如何适应气候，深双挖掘并呈现了当代中国这一领域的先行者、现代岭南建筑流派代表——夏昌世。[3]522-525 建筑材料如何更加环保和本地化也是建筑技术的重要方向。[2]044-045[4]458-461[5]058-061 烂尾楼和豆腐渣工程也是深双不会忽视的建筑现象。[3]282-287,302-307

深双所探讨的建筑群体关系、地域性、社会性、临时性、轻结构等，与现实所见的中国城市建筑的标志性、形象工程、高档化、大工地、“百年大计”、“五十年不落后”、欧陆风、拆迁[1]148-151[2]069[3]256-261[4]086-119 等构成了极端的反差。当雷姆·库哈斯翻阅欧宁为2009年深双策划的《漫游：建筑体验与文学想象》（9位中国新锐作家结合挑选出的9栋当代中国新建筑进行文学创作），也敏锐地发问：为什么书上看到的建筑的周边环境都是竹子、田园之类而不是城市呢？

学习城市

城市应该开放给用户来学习，并由此获得自身的学习能力和进步可能。

英国前首相丘吉尔说过一句名言：我们塑造建筑，之后建筑塑造我们。这句话同样适用于城市。我们谁在塑造中国当下的城市？政府、开发商、有集体土地的村民、受聘请的规划师建筑师[2]005[5]272-273 ……城市又塑造了哪些我们？道路栏杆翻越者、关内关外通勤者、正在融入城市的打工者、工地工人、拾荒者甚至是盲人。[5]276-277 由于中国对非洲城市的援助建设行为，我们甚至也在塑造着非洲的城市与人。[5]186-187 当然我们的城市化过程，也重新塑造新的城市生态和动物栖居方式。[5]094-097

34. 原广东浮法玻璃厂改造前
35. “价值工厂”改造完成
36~37. 2013深双展项：交流或对峙，关于城市边缘的时间线（李丹锋、周渐佳，Yearch Studio）
38. 2013深双展项：边缘居住（上海天华建筑设计有限公司、同济大学建筑与城市规划学院）
39~40. 2013深双展项：墙馆（Kersten Geers、David Van Severen与Bas Princen）
41. 2013深双展项：政治赤道（Teddy Cruz）
42. 2013深双展项：蛇口“边”迁——蛇口城市边缘专题展（郑玉龙、黄伟文）
43. 2013深双展项：东京制造（犬吠工作室）

34. Former Guangdong Float Glass Factory, before the transformation
35. The Value Factory (Former Guangdong Float Glass Factory), after the transformation
36~37. Communication or Confrontation - A Timeline of City Edge (LI Danfeng and ZHOU Jianjia, Yearch Studio), Exhibit of 2013 UABB(SZ)
38. Marginal Living (Tongji University and Shanghai Tianhua Architecture), Exhibit of 2013 UABB(SZ)
39~40. Wall Pavilion (Kersten Geers, David Van Severen & Bas Princen), Exhibit of 2013 UABB(SZ)
41. Political Equator (Teddy Cruz), Exhibit of 2013 UABB(SZ)
42. Changing "Edge" of Shekou - Theme Exhibition of Shekou Urban Fringe (Zheng Yulong and Huang Weiwen), Exhibit of 2013 UABB(SZ)
43. Made in Tokyo (Yoshiharu Tsukamoto, Momoyo Kaijima, Junzo Kuroda, Atelier Bow-Wow), Exhibit of 2013 UABB(SZ)

映射城市的深双可看作是一种联系塑造者和被塑造者或用户，并让双方都在学习城市建设和生活的媒介。[2]018[3]448-451[5]355-375 以深圳城市问题为研究对象，组织跨国和跨学科的研究，是从首届深双以来的一项传统。[1] 252-259[3]146-149[4]134-169[5]191-209[6]000 而借助双年展这种多学科的、大型空间和公共艺术的活动方式，又使这种交流学习变得更加有趣和轻松。[1]468-471[3]444-447 [4]038-045,060-063

一个城市，也只有全体市民或者说用户都全面和深度地学习和熟悉了各种城市知识，才有可能被设计、建设和使用成一个好城市。五届深双，共计近 500 个作品，近 200 多场各种交流活动，50 多万观众，以及各种报道、评论，构建一个关于城市知识的学习系统，加强深圳学习型城市的特征。这个系统超越任何学院的城市课程，基本能即时回应我们当下的城市疑问。在最近一届深双中，既有策展人组织的价值工厂学院冬令营，也有深圳几个建筑文化机构（有方空间、观筑建筑文化发展中心、城中村特工队等）组织的学习活动（建筑评论工作坊、青少年导览、白石洲小朋友在价值工厂）。这些活动共同组成双年展学堂 UABB 学校。如果这些各式各样的课堂，能演化或催生出全新的跨学科的设计学院，或者会让这座年轻城市的“设计之都”称号更加名副其实。

后记

重新审视历届深双，进一步消化其积累的成果，是笔者 2012 年在威尼斯推广深双时涌现的想法。在那里自然想到马可 · 波罗，以及让马可 · 波罗讲述《看不见的城市》故事的卡尔维诺。十年深双也在讲述着各类故事，如果摒弃常规的时间线或者结构分类和层级，这些故事可以重构为九个城市面像：展示性、开放性、自发性、日常性、基础性、时间性、农业乡村、建筑、教育。希望这些城市面像还足够清晰和具备代表性，可作为一部总结大纲，让深双这五届十年，变得更加可见和易懂。

注释 (Notes):

①香港 2007 年受邀加入，深双增设深港双城联办模式，文章内容仅涉及深圳部分。

参考文献 (References):

[1] 张永和, 深圳城市\建筑双年展组委会. 城市, 开门！ 2005 首届深圳城市\建筑双年展 [C]. 上海：世纪出版集团，上海人民出版社，2007.

[2] 深圳城市 \ 建筑双年展组委会 .2007 深圳 . 香港城市 \ 建筑双城双年展：城市再生 [C]. 深圳：深圳报业集团出版社，2007.

[3] 欧宁，深圳城市 \ 建筑双年展组织委员会 . 南方以南：空间、地缘、历史与双年展 [C]. 北京：中国青年出版社，2013.

[4] 深圳城市 \ 建筑双年展组织委员会 . 城市创造 “2011 深圳 . 香港城市 \ 建筑双城双年展” [C]. 北京：中国建筑工业出版社，2014.

[5] 深圳城市 \ 建筑双年展组织委员会，群岛工作室 . 城市边缘：2013 深港城市 \ 建筑双城双年展（深圳）[C]. 上海：同济大学出版社，2014.

[6] 深圳城市 \ 建筑双年展组委会 . 深圳特别调查 [C]. 香港：香港城市创意中心有限公司，2008.

[7] 黄伟文 . 城市规划与城中村，谁来改造谁？ [J]. 住区，2011，45(05). 102-105.

[8] 城道 . 建筑评论（2）：那座消失的碉楼 / 迷宫 / 佛窟 / 花园 .[OB/EL] http://blog.sina.com.cn/s/blog_7275adaa0100oeg2.html，2007-07-26.

[9] 坊城建筑 .2011 “一·百·万” 保障房设计竞赛，“综合” 设计银奖：桥·都市生活原型 [J]. 住区，2012，47(01).63-69.

[10] 欧宁 . 中国思想：深圳马拉松对话 [J]. 生活，2010(4).

注：该文在《时代建筑》2014 年第 4 期同名文章基础上修改完善

图片来源 (Image Credits):

作者提供

黄伟文
HUANG Weiwen

作者单位：深圳市公共艺术中心
作者简介：黄伟文，深圳市公共艺术中心主任

公共视野：建筑学的社会意义

Public View: The Social Meaning of Architeture

写在中国建筑传媒奖之后

On the China Architecture Media Awards

饶小军　RAO Xiaojun

通过对中国建筑传媒奖活动的评述，对当前中国建筑的各种现象进行反思与批判，探讨建筑学所涉及的社会意义问题。并针对《南方都市报》所倡导的“走向公民建筑”的主题，对“公民建筑“的概念进行解读，结合所谓“公民社会”和“公共领域”等政治社会学理论，理清建筑学意义上“公共建筑”与“公民建筑”的理论差异，以确立该奖项在理论上的基本立场，避免对建筑创作实践的理论误导，进而为繁荣中国建筑创作和建筑评论提供一个新的公共视野和角度。

Through a review of China Architecture Media Awards organized by ND Daily, the author attempts to reflect on and criticize various architecture related phenomena in China, as well as to probe the social significance of the profession. Also in response to the notion of a civic architecture initiated by ND Daily, this paper tries to unfold the concept of civic architecture and shed some light on the differences between public architecture and civic architecture using such sociological concepts as civil society and public domain, hence defining a theoretical stance for the Prize. It is hoped that the architectural design will not be affected by theoretical misconceptions, and that architectural practice and criticism in China will be enriched with a new public eye and perspective.

公共视野；公民建筑；公民社会；公共领域；公共建筑

Public View; Civil Architecture; Civil Society; Public Sphere; Public Architecture

近30年来，中国的快速城市化进程从根本上改变人们的生活，建筑的设计与建造一直在其中扮演着关键的角色。尤其在2008年，奥运场馆建设和四川地震等事件更让建筑成为公众关注的焦点。前者产生的一系列地标性建筑令国人自豪，后者则促使人们深入地思考建筑与社会的关系，以及建筑师应承担的社会责任等诸多问题。

所有这些现象，使得当下对建筑作品的解读，已无法仅局限于对建筑形式或技术的专业范围内的讨论，而必须扩展到社会和人文的层面。为此，2008年12月《南方都市报》联合国内多家专业建筑杂志和其他建筑媒体，共同设立中国建筑传媒奖，以“走向公民建筑”为主题，从大众角度来评价建筑，力图以更大的视野，探讨建筑的社会意义和人文关怀，对当前中国建筑设计思潮作了一次巡礼，并借此来探讨未来中国建筑的变革方向，这是多年来中国建筑界的一件大事。传媒奖评选出包括最佳建筑奖、居住建筑特别奖、青年建筑师奖、杰出成就奖和组委会特别奖5个奖项。

应该说中国建筑传媒奖是侧重建筑的社会评价的奖项。从社会的层面评价建筑，关注建筑的社会意义和人文关怀，是该奖项由南方都市报这样的大众媒体发起的意义所在。对此我们有必要对这个奖项及其引发的建筑学的社会意义问题进行一些讨论，并阐述一下评奖过程中有关“公民建筑”这一概念所产生的思想碰撞。

圈内圈外：跨越建筑与社会的藩篱

中国当下的建筑发展时局，确实非常混乱怪诞、头绪复杂：以奥运“鸟巢”和中央电视台“异形”为代表的一系列国家建筑，其置疑和赞美之声充斥着媒体视屏；房地产商矫情演绎的各种“异域风情”的住宅风格，哄抬着房价虚涨，市场竟已是强弩之末；汶川地震大量房屋倒塌，撼动大众民心，引发建筑行业的伦理危机……政府开始关注社会民生问题，媒体也从大众角度发出对建筑行业问题的关注，建筑师不得不去思考建筑空间的社会意义问题，引发出我们对“中国建筑的社会责任和人文关怀”的讨论。

一直以来人们都认为建筑是一个“小圈子”，大众难以介入建筑的专业领域，因此它对于社会的影响不大。如果就全国建筑师的数量而言，它也许是一个“小圈子”，建筑师的培养每年人数相当有限，再由于这是一个实践性很强的专业，能真正从事建筑设计的人相对于其它专业来说就更少。以往我们太热衷于业内的事情，技术的复杂性和审美的孤芳自赏，建筑师实际上构筑一道“技术和审美的壁垒”，使外界难以介入。中国城市和建筑走过一段快速发展的路，建筑师们忙于追赶世界建筑的潮流，设计不断关注于创造新奇的建筑式样，常常来不及反思和判断建筑的社会问题。

《南方都市报》以媒体身份介入建筑，设立建筑传媒奖，并提倡人文关怀、社会参与和公民空间建设。打破传统封闭的建筑圈，而把建筑放在社会的层面加以评价，拆除设在公众与建筑之间的屏障，使建筑走向开放、民主的进程，这是大众传媒对建筑的正面实质性“干涉”。

我以为当下中国建筑确实缺少真实的社会责任和人文精神，建筑设计常常被淹没在一些媒体的“炒作”和矫情的“做秀”之中，而失去基本的道德底线。汶川地震灾难之后，有许多媒体和建筑师参与灾后重建工作，我们对那些至今仍坚守在灾区，切实为灾区人民进行家园建设的人们表示崇高的敬意；而对那些并不去切实地参与重建，而是把本已心灵受到创伤的灾区儿童不断推向视屏的镜头，或者借灾后重建为由进行各种专业的“媒体炒作”表演，表示难以理解，在我看来不过是拿苦难来“做秀”。在地震所导致的苦难面前，一切政府形象工程和建筑师自我表演都显得虚假而造作，无法直面残酷的现实问题。

的确，建筑从来就不应该是权势和商业巨豪们的专利，当社会充斥着各种形象工程和浮夸建筑的时候，我们是不是更应该从最基本的层面关怀民间百姓的生存空间，关注那些生活在底层社会的劳苦大众呢？

“总有一种力量让你泪流满面。”

“让无力者有力，让悲观者前行。”

《南方周末》江艺平的这两句话曾经打动过多少人的心。这种来自媒体的声音，触发我们在各种建筑的技术或美学的讨论之外的对建筑的伦理和道德问题的思考。

有时，建筑好像是专业“圈子”里的事情，因为其有技术屏蔽；建筑师往往会以专业为借口，自视过高，而不愿意于大众交流，不注意大众对建筑的评价，这是不妥的。但建筑又绝对不仅仅是专业的事情，因为它和大众的生活息息相关。建筑对于社会公众的影响是直接的，从视觉和行为两方面。城市和建筑对于人的影响几乎是强制性的，人的衣食住行都在建筑空间中，我们很难想象人在城市当中不受建筑的影响和控制。从这层意义来说，建筑又是个“大圈子”，无所不在，无所不包，直接影响人们的行为和思想。中国的各种建筑奖，如果只在专业的范围内评价建筑，是非常局限而有问题的。但遗憾的是，直到现在，中国的建筑奖一直都局限于圈内，局限于专业的奖项。

中国建筑传媒奖打破这一局面。也许建筑传媒奖只是想在“专业”和“大众”之间搭建一座桥，引导建筑从“圈内”走到“圈外”。大众媒体深入关注建筑领域，这是一个创举。我将这一系列活动定位为大众媒体对建筑正面实质性干涉的开始，这是一种极有意义的进步。在当下，办中国建筑传媒奖是及时而且必要的。在混乱的建筑时局中，这个以“侧重建筑的社会评价，以建筑的社会意义和人文关怀”为评奖标准的奖项，会给中国建筑带来积极的影响。我相信，这个奖会为促进中国建筑行业的转变，也许将会是一种新的价值观念。

其实，建筑和媒体的关系一直密切，媒体是推动建筑发展很重要的一方面，承担着把大众与建筑师联系在一起的作用。但由于以往的社会媒体对时尚和流俗的过分关注，把建筑导向畸形状态：比如，一些为媒体而摆设的明星建筑师，造就一批为媒体报道而创作的纸上谈兵的设计作品，使建筑成“漂浮”于报刊杂志表面的时尚而无法落地。而南方都市报这次以大众媒体的身份介入建筑领域，实现从“圈外”进入“圈内”，打破传统封闭的建筑行业界限，这有助于拆除设在公众与建筑之间的沟通屏障和技术藩篱，可以让建筑师注意思考作品的社会意义，更会让民众来关心建筑。

建筑评论：公众是建筑的最终评判者

我始终难以接受这样一种主观的看法：即认为建筑评论是向公众普及建筑知识，提高大众的审美情趣。而我更相信公众是建筑的最终评判者，不可低估大众对于建筑的判断力，群众的眼睛永远是雪亮的。

公众对于建筑始终具有最终的判断力，大众的建筑评论常常是“无声的”。当建筑师陶醉于矫情自恋的自我表现时，公众常常以“无声的行动”对建筑作出评价和判断。以城市广场为例，广场的本义是大众集会、游行和休息的地方，是公民社会的空间体现。而许多城市从市级、到镇级、再到街道办级到处建广场，广场规模巨大、气势雄伟，它成了政府权力的象征。问题是这种奢侈的市民广场常常由于炎热空旷、无处遮阳，成了无人光顾的角落，市民采取“拒绝参与”的行动，对其进行无声的抵抗。城市当中一些空间尺度巨大、工程造价奢侈、外表形象华丽的建筑，却原来不过是一些内部空虚的“皮囊”。再如，城市中所兴建的一些文化展览体育设施，在建筑行业中称之为“公共建筑”，除了偶尔举办几次展览和赛事活动外，常年闲置无用，造成极大浪费。而真正的大众公共的文化生活和体育锻炼却在民间的街巷餐厅、歌舞厅和健身房等空间中进行，设计与使用常常发生“错位”。公民自主地选择公共空间，或者通过错用、滥用的方式对建筑进行“创造性”的错误使用，而重新赋予一些建筑以公共性内涵。

媒体也许并无法真正听到这部分“声音”，建筑评论在这里显得软弱而无力。面对公众的“拒绝”或“滥用”的行动，政府部门和建筑师不应该充耳不闻或视而不见，而应该去积极地换位思考，倾听公民内心真正的“声音”，关注真正使用者使用建筑的无声行动。

好的建筑也许并不是媒体和建筑师所热衷追捧的“扎眼建筑”，而一定是谦虚地为大众服务、设身处地为公民着想的建筑。中国建筑传媒奖的意义也许就在于此：即通过媒体和评论的工具，关注“公共建筑”的真实内涵，伸张公民对公共建筑和空间的最终使用权利，促进建筑师跨越专业屏障和技术藩篱，发展对公共空间意识的觉醒。

当然，还是要强调的是，建筑使大众建立对城市文化的认同，而不仅仅是建筑师单方面的责任，需要公民的积极参与，建筑师要意识到建筑是对于大众的“家园感”的建构。城市当中的自然景观如海岸线和山体的轮廓线等，本是一种公共的资源，每一个公民都有享受山海景观的基本权力，不是为少数人服务的。大众对于城市自然景观和公共资源的利用，是对城市公共空间的一种认同。政府、开发商、建筑师和媒体都应该为建立一些公民的公共空间而努力，赋予城市更广泛的空间认同感。

公民建筑：一个尚待解读的命题

中国建筑传媒奖是《南方都市报》继以往所开辟的系列建筑评论专栏和“实验建筑反思”论坛之后的又一次与建筑相关的重要行动，旨在通过媒体和评论的工具，使大众参与到建筑评论中来。传媒奖所提倡的“走向公民建筑”的主题概念，试图建立一种新的建筑评论的立场，即关注公民社会，关注建筑的人文精神。建立在这样的社会学意义上的建筑评论，一定不是什么建筑的形式美丑问题，不是建筑师所迷恋的空间问题，更不是只为少数人服务的建筑推介，它是关乎公民社会的建筑公共空间使用权力的大问题。我相信，中国建筑传媒奖代表来自社会方面的评价，对建筑师乃至建筑行业将会产生深远的影响。

关于“公民建筑”的提法，是一个需要审慎加以讨论的命题。

从本届中国建筑传媒奖的基本立场来说，必须首先强调的是，这是一次“民间+学术”的传媒奖活动，这就使得它与正统的权威、权贵和业内的各种评奖有所区别，排斥传统意义上的行业内的有关技术和美学的评判，而更加关注涉及公共领域的建筑空间，更加关注大众的参与和评价，更加关注建筑的社会及人文内涵。南方都市报始终以构建“公民社会”为己任，借助这项活动可以使“公民社会”的概念得到进一步的提倡和拓展，而建筑界也借此可以讨论建筑的社会意义问题。

“公民建筑”也许是与政治和社会学意义上的“公民社会”相关的一个概念。

俞可平先生提出：“公民社会，常常又被称为民间社会和市民社会，它强调公民社会的政治学意义，即对公民的政治参与和对国家权力的制约”[1]。何光沪认为，“在现代中国城乡环境差别很大，乡村居民不被称为‘市民’的情况下，‘市民社会’一词很容易遮盖原本的政治涵义，因此应改译为‘公民社会’”[2]。台湾学者将其译作“民间社会”，提出所谓民间社会理论，主张通过民间力量对权威统治持续不断的抗争来建立民间社会自主自律空间，从而形成一种“民间社会对抗国家”的关系架构。但有人认为它过于边缘化，是一个地域性的概念，而不具备普遍性。

周国文先生在其《公民社会概念的溯源及研究述评》中指出，“公民社会”概念是一个多元性的概念，是一个基本属性上源于西方社会，且体系极富开放性与内涵极富衍变性的概念。作为一种政治口号，它是一种描述性的定义，它在政治权利层面往往被用作动员公民积极主动地参予社会生活，是一种直接和具有外在目的、具体的政治口号；作为一种政治哲学的规范性概念，“公民社会”是一种伦理情境的理想模式，是一种价值性定义，是对社会共同体内部合理社会秩序的和谐设想；而作为一种政治社会学的概念，则是在社会组织方式上的使用，是一种分析性定义[3]。

也许，“公民建筑”可能更接近于哈贝马斯所提出的“公共领域”的概念。他在《公共领域及其结构转型》一书中认为：公民社会是独立于国家的私人领域和公共领域。私人领域指以市场为核心的经济领域，公共领域指社会文化生活领域。哈贝马斯特别强调公共领域的价值，认为它正遭受商业化原则和技术政治的侵害，使得人们自主的公共生活越来越萎缩，人们变得孤独、冷漠。他主张重建非商业化的公共领域，让人们在自主的交往中重新发现人的意义与价值。公民自由地结合与组合，而私人的人们聚合在一起形成公众，以群体的力量处理普遍的利益问题。哈贝马斯指出：“公民社会由那些在不同程度上自发出现的社团、组织和运动所形成。这些社团、组织和运动关注社会问题在私域生活中的反响，将这些反响放大并集中和传达到公共领域之中。公民社会的关键在于形成一种社团的网络，对公共领域中人们普遍感兴趣的问题形成一种解决问题的话语体制。”[4]公共领域作为一种开放、多元与民主的政治空间，它鼓励每一个平等的社会共同体成员自由地参与和无歧视地交流。公共性不仅意味着无障碍的开放性，还表示着一种平等、积极的政治参与，意味着对多样性的尊重与肯定。

中国社会经由市场经济的变革，确实导致整个社会的分层裂化，形成少数人集团的利益与普通大众利益的冲突与矛盾，这种矛盾与冲突必然反映到建筑当中来，考验着建筑师的道德立场和价值观念，也把建筑学的社会意义提升到前所未有的理论焦点上来。

以上引述有关“公民社会”和“公共领域”的讨论，是想阐发对“公民建筑”的理解，并避免由于传统专业意义上的对“公共建筑”的定义所可能导致的误读，还要避免由于理论的偏颇所导致的新的权利话语的产生，立足民间，关注民众，使我们不至于陷入以往那种以“公民”或“人民”为名义所构成的抽象的权利空间，一种本质上与民众并不相干的“公共建筑”。

传统意义上的“公共建筑”是指办公建筑，商业建筑，旅游建筑，科教文卫建筑，通信建筑以及交通运输类建筑等，是根据建筑的使用功能所界定的建筑类型。“公共建筑”并不等同于“公民建筑”，相反，它们有可能正好构成相反的命题。而“公民建筑”是从属于“公民社会”和“公共领域”相关的一种带有社会学意义的概念。因为在现实当中，“公共建筑”常常是国家权力或者少数人利益的象征，如国家大剧院、奥运建筑和中央电视台等。公共建筑的所代表的往往不是普通平民百姓的利益，而是一些权贵阶层。而代表大多数人利益的平民社会和生活场所并不发生在这些公共建筑当中。

有没有真正代表公众利益的建筑呢？这正是中国建筑传媒奖所要探索的主题。这次传媒奖所评选出的设计作品如甘肃毛寺生态实验小学（杰出建筑奖）、土楼公社（居住建筑奖），以及设计者如标准营造事务所（青年建筑奖）、冯纪忠（杰出成就奖）和谢英俊（组委会特别奖）无不反映了这次大奖基本立场，即从最根本的方面去切入中国社会问题，建立新的价值标准，并评选出不同以往的建筑作品和设计师。

最后所要强调的是，对这次建筑传媒奖活动给出过高的评价和定论还为时过早，毕竟这只是大众传媒和学术界对建筑评论的一次有益的尝试，相关的理论探讨还刚刚开始。我们一方面希望这个大奖活动能持续举办，另一方面则希望通过这项活动促进中国建筑理论和建筑评论的繁荣。

后记

本文曾发表于2009年第三期《新建筑》杂志，自第一届中国建筑传媒奖之后整个活动举办了三届，而由于各种原因传媒奖未能继续办下来，但传媒奖所提倡的学术理念对于中国建筑的发展确实产生了重要的影响。以今日的眼光来看，建筑学的“公共视野”实际上已向更广泛的领域拓展，而不仅仅局限于当初的“公民建筑”之概念，建筑师在各种实践领域，也不断创新而产生了大量具有社会学意义的作品，有待进一步的理论梳理和总结。

参考文献 [References]:

[1] 俞可平等．中国公民社会的兴起与治理的变迁 [M]. 北京：社会科学文献出版社，2002.
[2] 何光沪．公民社会”与“超越精神 [OL].www.cc.org.cn,《世纪中国》网站．
[3] 周国文．公民社会概念的溯源及研究述评 [OL]. www.lunwentianxia.com《论文天下》网站．
[4]（德）哈贝马斯．公共领域及其结构转型 [M]. 上海：学林出版社，1999.

“设计之都”已经和将要带给深圳什么？
What the "City of Design" has Brought and will Bring for Shenzhen?

徐挺　XU Ting

近年来，世界各国高度重视创意创新对经济和社会发展的推动作用，大力发展创意产业。在此背景下，联合国教科文组织于2004年发起创建了创意城市网络项目，吸收世界各地将创意作为推动城市发展重要元素的城市作为成员，并分为七大门类，根据门类不同分别授予“XX之都”等称号。其中设计最为重要，成员也最多。目前中国已经有北京、上海、深圳3个城市获“设计之都”称号。

文章试图阐述“设计之都”项目的由来、现状，分析它给深圳设计行业发展、城市形象的提升、对外交流的加强等方面带来的积极作用，并预判未来该称号将给深圳文化创意产业、特别是设计产业带来的变化。

In recent years, countries around the world increasingly emphasize the role of creation and innovation in the development of economies and societies. In such background, UNESCO initiated a program called Creative Cities Network in 2004, taking in those cities as members who recognize creation as key booster of cities'development. Members are divided into seven categories, and designated accordingly. The Design category is the most important part and has most members. There are three Cities of Design in China, including Beijing, Shanghai and Shenzhen.

This article tries to find the origin of Cities of Design program and its status quo, to analyze its impact on the development of design industry in Shenzhen, the upgrade of city image, and the enhancement of international exchange and cooperation. This article also tries to foresee impact of the designation upon the city in the future, with regards to the development of creative industries, especially design industry.

联合国教科文组织；创意城市网络；设计之都；深圳市设计之都推广促进会

UNESCO; Creative Cities Network; City of Design; Shenzhen City of Design Promotion Association

谈论当代设计，其中一个绕不开的话题是“设计之都”。2008年联合国教科文组织正式授予深圳“设计之都”的称号，既是对深圳过去30多年在设计领域所取得成就的肯定，也为深圳在未来借助这一称号凝聚政府和产学研三方的力量发展设计产业、加强与国外设计强市的交流合作，从而为深圳设计走向世界奠定了坚实的基础。

“设计之都”由来

联合国教科文组织全球创意城市网络（UNESCO Creative Cities Network，英文简称UCCN），是联合国教科文组织于2004年创立的项目，该项目对应的是联合国《保护和促进文化表现形式多样性公约》（该公约和《保护非物质文化遗产公约》《保护世界文化和自然遗产公约》共同构成保护物质和非物质文化遗产、保护世界文化多样性的国际法体系。目前，中国已加入这3个联合国教科文组织公约）。该项目旨在把以创意和文化作为经济发展最主要元素的各个城市联结起来形成一个网络。在这个网络的平台上，成员城市相互交流经验、互相支持，帮助网络内各城市的政府和企业扩大国内和国际市场上多元文化产品的推广。

在10年多的时间里，创意城市网络从当初不到10个成员城市的小项目，发展到今天成为拥有来自33个国家的116个成员城市的国际大网络，在全球文化界、尤其是创意界拥有巨大的影响力。

加入该网络的城市被分别授予7种称号：“文学之都”“电影之都”“音乐之都”“设计之都”“媒体艺术之都”“民间艺术之都”和“烹饪美食之都”。其中，“设计之都”申请城市最多，竞争最为激烈。截至2015年5月，全世界范围内已经有22个城市获得联合国教科文组织授予的“设计之都”称号。

因为翻译巧合的缘故，联合国教科文组织授予的“设计之都”（英文City of Design）称号，很容易与国际工业设计学会理事会（ICSID）授予的“设计之都”（World Design Capital）相混淆。后者有效期只有一年，虽然会于当年度在获得称号的城市配套举办一系列的活动，但依旧难改其“称号”的本质。而前者系平台的概念，且目前没有有效期一说①。

创意城市网络是全球创意产业领域最高级别的非政府组织，由联合国教科文组织创立并管理运营。候选城市必须有市长签名的申请函以及详细的申请报告。教科文组织在审核候选城市的申请时，遵循严格的标准和程序，聘请第三方专业机构对候选城市的创意产业生态进行秘密的考察，最终结合考察报告做出是否授予候选城市相关称号的决定。因此“设计之都”等称号的权威性不容置疑。

在促进文化多样性和创意产业发展方面，创意城市网络在全球范围内具有强大的生命力和影响力。首先，近年来世界各大城市均高度重视发展创意产业，以实现经济和社会的可持续发展，因此投入大量资源。截至2015年年底，创意城市网络正式成员达到116个，正在申请加入的城市多达150个。从2007年开始，创意城市网络每年均要召开年度大会，其中几次在大会期间还举办市长圆桌会议。每当此时，各成员城市均派出市长或副市长率领代表团参会，重视程度可见一斑。

其次，各成员城市负责运营“设计之都”等创意项目的几乎均为政府相关部门，可以直接调动丰富的资源，且能保证资源使用的效率。

再次，创意城市网络与世界上著名的国际创意产业协会有密切的联系，有庞大的专家顾问队伍，与各创意城市及其官员建立经常性机制化的联系。加入这个网络，获得其中一个称号，就等于登上了该领域国际合作与交流的最权威、含金量最高的平台。

设计之都带给深圳什么？

2008年11月19日，联合国教科文组织正式批准深圳加入创意城市网络，并授予“设计之都”称号。深圳成为中国第一个加入该网络的城市。

加入网络以来，深圳一直积极参与网络内的各项活动，做出了很大的贡献。比如，深圳主办2010年的创意城市网络大会，会后还发表《深圳公报》。深圳作为较早加入网络的城市，在网络内已经拥有比较强的影响力和较大的话语权。

设计作为一种创意活动，天然地要求激荡和碰撞，交流与合作异常重要。从这个角度看，产业界可以说从设计之都这一平台获益良多。

深圳与其他大部分创意城市尤其是“设计之都”保持着紧密的日常联系。创意城市网络这个平台，成为深圳设计走出去的重要窗口。自从加入创意城市网络以来，深圳设计师们参加各大“设计之都”举办的重大设计活动，包括柏林设计节、蒙特利尔设计周、布宜诺斯艾利斯设计论坛、首尔设计论坛、圣艾蒂安设计双年展等等。

走出去的同时，还要请进来。深圳近年来策划了一些面向创意城市，尤其是设计之都的活动。最值得一提的是深圳创意设计新锐奖。该奖项由联合国教科文组织与深圳市合办，面向全球创意城市网络所有成员城市的35岁以下年轻设计师（建筑设计领域为40岁以下）征稿。首届新锐奖于2013年6月正式全球发布征集公告。共有来自16个创意城市的近2000名年轻设计师参加了各城市组织的初评。

秘书处最终收到来自 16 个提名机构提名的 60 位青年设计师及他们提交的 154 件（组）参评作品。由 7 位世界著名设计师组成的终审团于 11 月汇集深圳，经过两天的紧张评审，从中选出了 14 位表现突出的新锐设计师。

头奖获得者系来自加拿大蒙特利尔的年轻团队 Daily tous les jours。他们的主要作品 21 Swings，由 21 套秋千组成，每荡一下能发出一个非电子类的音符，数人一起荡可产生动力的音乐。这个已经在蒙特利尔市中心广场实现的项目，受到男女老幼的欢迎，成为城市的一道风景线。它们作为新锐奖优秀作品在深圳展出的时候，打动了深圳的城市管理部门。未来这 21 套秋千在深圳落地并非天方夜潭。

作为新锐奖颁奖典礼配套活动之一的工作坊，由于深圳城市设计促进中心的积极参与，也收获成果。该中心系福田区二号路改造的设计统筹单位，工作坊就以二号路改造为题目。深圳本土设计师与参加颁奖礼的来自全世界的年轻设计师分成 4 个小组，实地考察、激烈讨论之后，他们拿出的 4 个方案中有 2 个受到福田区主管部门的重视，在其中 1 个方案基础上优化形成的最终方案，目前正在实施中。

上述两个项目如果最终均能顺利落地深圳，将是设计之都这个平台带给深圳城市生活和建筑面貌最直接、最显著的改善的案例。

走出去、请进来的同时，“设计之都”建设另外一个重要的工作是凝聚深圳设计力量，整合深圳设计资源，形成设计的合力。这不仅是对外交流合作的需要，也是跨界设计的潮流之下势在必行的举措。审时度势，在深圳设计之都建设的主管部门——设计之都推广办公室的支持和组织下，深圳各个设计领域的领军企业于 2015 年发起成立了设计之都推广促进会，会员还包括深圳市平面设计协会、深圳市插画协会、深圳市勘察设计行业协会、深圳市时尚文化创意协会、深圳市时尚设计师协会等各个设计行业协会。作为市委宣传部主管的社团，它的职能除了管理运营设计之都品牌，联络全球设计之都，组织设计交流合作之外，还肩负着促进本土各设计行业跨界交流合作的使命，把全市原来较为分散的设计力量聚集在设计之都的大旗之下。

由此可见，在获得“设计之都”称号之后，深圳设计行业的生态正在慢慢发生改变。

设计之都的未来

116 个城市，22 个“设计之都”，走过 10 年的项目。如何把创意城市网络这个泛政治化的项目转化为生产力，如何让产业界和学术界从这个半官方的平台受益，要思考的、要身体力行的方面，还很多。

深圳加入创意城市网络、成为设计之都已有 8 个年头。随着创意城市网络的不断扩大、设计之都数量的增加，深圳设计对外交流与合作的机会越来越多。然而，要突破肤浅的交流，要产生合作的成果，甚至让成果真正落地，固化这些成果，其实并不容易，仍需要参与其中的每个人付出艰苦的努力。

与此同时，任何一个业界的生态的改变，都是一个缓慢而漫长的过程。设计也不例外。如何让这个过程朝着良性的方向发展，也需要身处其中的人细心观察、用心思考。

此外，设计之都的事业自然不会局限于创意城市网络之内。虽相比北京、上海两个设计之都，深圳与香港、澳门、台湾等地有距离上的优势，但素以制造业、科技业见长的深圳，在文化领域、尤其创意设计领域与三地的交流合作，依然有待加强。

随着深圳市设计之都推广促进会与香港设计总会签署战略合作协议，同时与台湾设计中心、澳门设计中心陆续建立合作关系，假以时日，深圳的设计之都事业将更加丰富多彩。代表深圳这座城市的一种文化理想与追求的设计之都事业，也将真正落地、开花、结果。

注释 (Notes):

①近一两年联合国教科文组织开始探讨建立退出机制，对于加入创意城市网络之后不作为、不与其他成员交流、不出席网络重大活动的成员，最终的处罚系将其逐出网络，剥夺其称号。

徐挺
XU Ting

作者单位：深圳市设计之都推广促进会（SDPA）
作者简介：徐挺，深圳市设计之都推广促进会秘书长

深圳大学校园与建筑设计浅析

A Concise Analysis on the Campus and Architectural Design of Shenzhen University

龚维敏，徐仪彬，段信轩　GONG Weimin, XU Yibin, DUAN Jixuan

深圳大学的建立与发展与深圳的城市历史同步，在许多方面体现了深圳的城市精神。深大校园也是20世纪80年代以来中国新兴大学中最具影响力的成功案例之一。文章对深大校园的发展进行简要疏理，对其规划与场所特色、校园代表性建筑的特点作出介绍及分析。

Shenzhen University was founded and has developed along with the city of Shenzhen, embodying ,in many aspects, the spirit of the city. The university campus is one of the most acclaimed and influential cases among the newly established Chinese universities since the 1980s. This article makes a brief introduction to the evolution of Shenzhen University and its campus, reviewing the ideas and features of the campus planning and place making, discussing and illustrating some of the key buildings in the campus.

深圳大学校园；顺势造园；一体化校园环境；场所营造；地域现代主义建筑

Shenzhen University Campus; Conformity to Topography and Landscape; Creating an Integrated Environment; Energetic Place-making; The Architecture of Regional Modernism

校园发展简述

深圳大学（以下简称深大）创立于1983年，经过32年的发展，已成为设有25个学院和80个本科专业，3.4万学生规模的综合性大学。深圳大学现有后海、西丽两个校区，后海校区（主校区）位于南山后海湾，西丽校区位于西丽大学城，校园总面积282万 m²（图1）。

深圳大学以开放、自由的办学特色，富有地域性、现代性的校园建筑，成为30年来国内校园规划、建筑设计的重要样版。深圳大学与深圳城市同步成长，校园的发展也映射了城市的演变。

深圳大学建设发展可简要分为三个阶段。

第一阶段（1983年—1994年），即早期建设时期，是校园一期规划（用地100万 m²）的建设实施期，形成了校园基本环境格局。校园中心区、学生生活区（“斋区”）、实习工厂区，教工生活区（一期），文山湖景观区等一期规划主要内容建成，完成建筑面积23万 m²。1984年，学校设有17个专业，在校学生4000多人，至1994年，设有41个专业，在校学生约7 000人。这个时期“系”为教学单位，办公、教学、实验建筑均为公共教学用房，注重通用性。（图2）

第二阶段（1995年—2007年），主要是对第一阶段预留发展用地等未规划区域进行规划设计及建设，新增建筑面积约30万 m²。深大1995年开始实行学院制。进而出现一批学院建筑，师范学院（1998年）、光电学院（2001年）和建筑与土木工程学院（2003年，现为建筑与城市规划学院）等相继建成。同时期学校办学规模持续增大，到2007年学校已设有57个本科专业，在校生2.45万人。为适应新增长，教工生活区二期（海滨小区）（1996年）、科技楼（2004年）、新西南餐厅（2005年）、文科楼（2005年）、图书馆二期（2007年）、南区运动场（2007年）、师范学院教学实验综合楼（2007年）、晨景学生公寓（2007年）也相继落成。1999年第五届广东省大运会在深大举办，又催生一批体育新设施，包括元平体育馆和元平运动场。（图3）

第三阶段（2007年—2015年），学校办学规模跨越式增长，获得了20万 m² 的南校区用地和144万 m² 的西丽校区用地，校园面积进一步扩大。南校区位于深大后海校区南侧的深圳湾填海地块，规划总建筑面积44万 m²。目前建成医学院综合楼（2009年）、基础实验室（2010—2013年）、南区学生公寓（2011年）等项目，设计教学楼、实验与信息中心、理工科教学楼都在施工建设中。西丽校区规划总建筑面积约50万 m²，办学总规模1.5万名在校生，正在施工实施中。（图4）

当前后海校区的北校区仍在规划建设中，包括“斋区”学生宿舍改建、新建科技园、校友大厦等项目。随着这些项目的建成，到2020年，后海南北校区和西丽校区合计总建筑面积达160万 m²，学生规模为5万人。（图5）

基于西丽校区是个独立的校区，仍在实施过程中，本文以下内容仅限于后海校区的北校区和南校区。

校园规划与场所营造

校园规划建设的基本背景

其一是深圳作为处在改革开放前沿的试验田，设计者们对创建一所属于深圳的新型大学有着极大热情和创新意识。时任校长罗征启说：“在特区新建一所大学，校园规划要体现一个“特”字，一个“新”字”。一些全新的办学理念充分地体现在校园规划中。其二是深圳大学是以“深圳速度”建设起来的，邓小平总理曾就此事亲言：“这就是深圳速度。”对建设速度的追求及有限的经济条件，也决定规划建筑设计强调实用、经济、高效的总体策略。其三是深大校区的基地自然环境对设计思维的激励作用。深大校址的原始基地是位于后海湾畔的1 km² 的丘陵山地，其次有水塘（“细脚湖”），成片的荔枝林（约1 700棵）。虽然当时有些荒芜、破碎，但仍然具有强烈的自然环境特色，为创造“白云红荔，天风海涛”的海滨大学提供了基础素材，“大海”“山丘”“荔林”是深大校园设计营造的突出主题。（图6）

校园规划与营造的主要特点

（1）顺势造园

深大校园的格局是顺应地形之“势”，自然景观环境之“势”而造就的。首先是对自然地形的顺应。校园基地地形“北高、南低”，南面朝海，中部相对平缓。校园规划基本上顺应地形的走向，划分区域，布局建筑。中心区建筑群置于中段平缓区，依地势形成跌落，其他各区建筑也均就地形高差而布置，主要道路、小径也顺应地形走向而形成，由此产生了丰富的地形体验及自然的场所感。

海的主题突出地体现在校园规划和营造中。建筑群依地形跌落布置或错行侧立，使得大多数建筑都面向大海，校园中许多重要的公共空间的设计都包含了“观海”的构思。校园的环道，在滨海段被命名为“滨海道”，学生宿舍也有“海月楼”“海望楼”“海青楼”等含“海”之韵味的楼。1996年建成的教工住宅区至今仍叫“海滨小区”。

基地中部原有一荒芜的山丘，经绿化改造，成为中心广场的对景。校园的核心“绿肺”及山地公园，称为“杜鹃山”（早期名为“红鸡拍羽山”）。利用原有的两处低洼水塘，形成“上文山湖”和“下文山湖”两处至今仍受欢迎的休闲景观。原有的荔枝林大多被保留，并年年有收成，“荔枝节”成为校园一个文化特色，也使深大校园有了“荔园”之美称。（图 7，图 8）

（2）校园环境一体化营造

对于一期校园规划、建设，一个过去没有明确提出，但又清晰可辩的思想是将建筑、景观、树木绿化一体化考虑，在短时期内形成优质的整体校园环境。除了保留成片荔枝树林外，校园内还种植了大量具有岭南特色，成长期较短的树木，形成了多处“树景”场所，如白千层、锡兰橄榄、阴香、木菠萝等树种巧妙搭配的校园主环道，由翻白背叶树形成的沿湖林荫道，直通北门的棕榈椰大道等。杜鹃山上遍植台湾相思、阔叶相思树和勒杜鹃（原为秃山）。这些树木许多是由早年师生义务种植，在四、五年间就生长成型，形成了可提供遮阴的高大树阵和林荫道，成就了校园环境的高品质。深大校园中，树不仅仅是观看的对象，也是空间、场所的定义者。大多数的区域，树木是第一层次，建筑在树丛中隐现，建筑与树常为一种“近身”的关系，树为建筑提供了遮阳，也柔化了建筑边界。常有外来者言“深大校园只见树木不见楼房“。深大不仅称得上是一个绿色的花园，在 20 世纪八九十年代没有围墙的时期，也扮演了开放社区公园的角色，吸引了周边居民和务工的年轻人前来驻足、休憩。（图 9 — 图 13）

（3）疏密有致，尺度适宜的规划布局

奠定深大校园总体环境格局的一期规划，体现紧凑、高效、疏密有致的特点。一期的校园中心区、学生生活区、教师住宅区和实验工厂区恰当布局。各区建筑相对密集，主要预留发展区域在校园东北部，建设从中心开始，向外围扩展，各分期的建设互不干扰，有序开展。这是十分有预见性的规划思路，在 30 年的校园发展中得到了证明。各个分区之间距离适中，特别是将中心教学区与生活区就近布置，在当时是很有新意的做法。学生宿舍区（“斋区”）与主教学楼最近的只隔 30m 绿化带，最远的也不超过 350m 的步行距离。校内教工区离校中心区也只有 7 分钟的步行路程，学生宿舍与教工区的距离为 10 分钟路程。如此，各区域有更多的互动，增加各区域的活力和师生相遇、交流的机会。

疏密有致的布局产生了多种尺度的环境空间，有开阔的湖区、绿地，也有各种小尺度庭院和生活街区。教学中心区所形成的开放空间，在比例、尺度、行走体验和视觉感受方面都恰到好处，是教科书式的经典案例。虽然随着校区建设的持续发展，校园新区的组团功能关系有了很大的改变，环校小巴成为区域联系的新方式，但一期规划建设所定义的总体环境品质仍然得到了有效的保留和延续。

（4）富有地域特色的空间营造

深大校园一期中心区建筑群所建立的“自由态”的秩序感体现出很有新意的空间营造手法。这组建筑有明确的轴线组织，但又以轻松、自由的方式布局建筑。从主入口引出的轴线在“日晷广场”转折，穿过办公楼门厅与中心广场中轴线交汇于中心广场的“天地人和”喷泉雕塑，是很巧妙的做法。这在秩序中注入了灵动，局部的秩序与整体自由的空间关系得以并存。

多层次空间渗透是深大校园环境最具地域特征的一点。多数公共建筑都有的底层架空层，结合广场、庭园，形成多层次的开放空间。由建筑所围合的空间，也都是“围而不合”。建筑底层开敞、开放，可以从多个方向、不同标高进入。从主校门入口至“斋区”学生宿舍，需先后穿越前广场、办公楼敞厅、中心广场、教学楼架空层及庭院等多层空间，是一个收放有致、内外交替、生动变幻的空间序列。（图 14，图 15）

建筑设计

早期建筑特点

早期的深大建筑（一期）手法风格统一，体现出明显的“地域现代主义”特点，即功能主义、简洁现代建筑语言、岭南亚热带气候环境的三元有机混合。设计从平面功能出发，外形为纯粹简单几何形体，形式体现功能；适应气候环境的浅白建筑色调，朴素、简约的水平窗和垂直窗的主要建筑语言；建筑多采用院落式布局，均有底层架空层及屋顶花园，内外空间水平向渗透。（图 16）

单体服从群体是另一主要特点，其注重建筑组合，形成整体效果，不强调单体建筑的个性。典型例子就是中心区建筑群。

中心区建筑群位于校园中部平缓坡地上，整体形态面海跌落，群体关系由“点”与“线”的构成，突出中心，同时将绿地，山体、大海等景观纳入整体考虑。图书馆是建筑群的核心，垂直的立面线条与两侧的办公楼、教学楼的水平横线条形成对比。整个建筑群注重整体空间营造。（图 17，图 18）而单个个体建筑设计并不一定十分突出，虽然如此，但其中不乏细腻的推敲，比如演会中心的设计就是典型的例子。1983 年建成的演会中心是建筑结合自然的经典，开创了一种全新的开放式、多功能的观演空间模式。它的产生却源于造价（200 万资金）和工期（7 个月）的限制。建筑位于学校西广场北侧的小山丘上，主体包含两部分：网架屋盖及底座。底座以不封顶的形态自由的毛石墙体围合，四周树木环绕，水面内、外贯通。整体基座似从山体自然延伸展开。观众厅坡度顺应地形起伏而成，设 1 650 个固定座位，座席旁留有景观平台，可增加活动座位，容纳 2 000 人集会、活动。自然元素的内、外交互，产生在自然中“观看”的独特的场所体验。这也是一个开放的空间，除了观演活动外，也是一处游憩的景园。半室外的空间与有封闭空调的观众厅相比，

1. 区位图
2-1. 深大一期建筑
2-2. 1990 年深大与海的关系
3-1. 深大二期建筑
3-2. 2000 年深大与海的关系
4-1. 深大三期建筑
4-2. 2008 年深大与海的关系
5-1. 深大未来规划调整
5-2. 2015 年深大与海的关系

1. Location map
2-1. Buildings in Shenzhen University phase I
2-2. The relationship of Shenzhen university and the sea in 1990
3-1. Buildings in Shenzhen University phase II
3-2. The relationship of Shenzhen university and the sea in 2000
4-1. Buildings in Shenzhen University phase III
4-2. The relationship of Shenzhen University and the sea in 2015
5-1. Future planning of Shenzhen University
5-2. The relationship of Shenzhen University and the sea in 2015

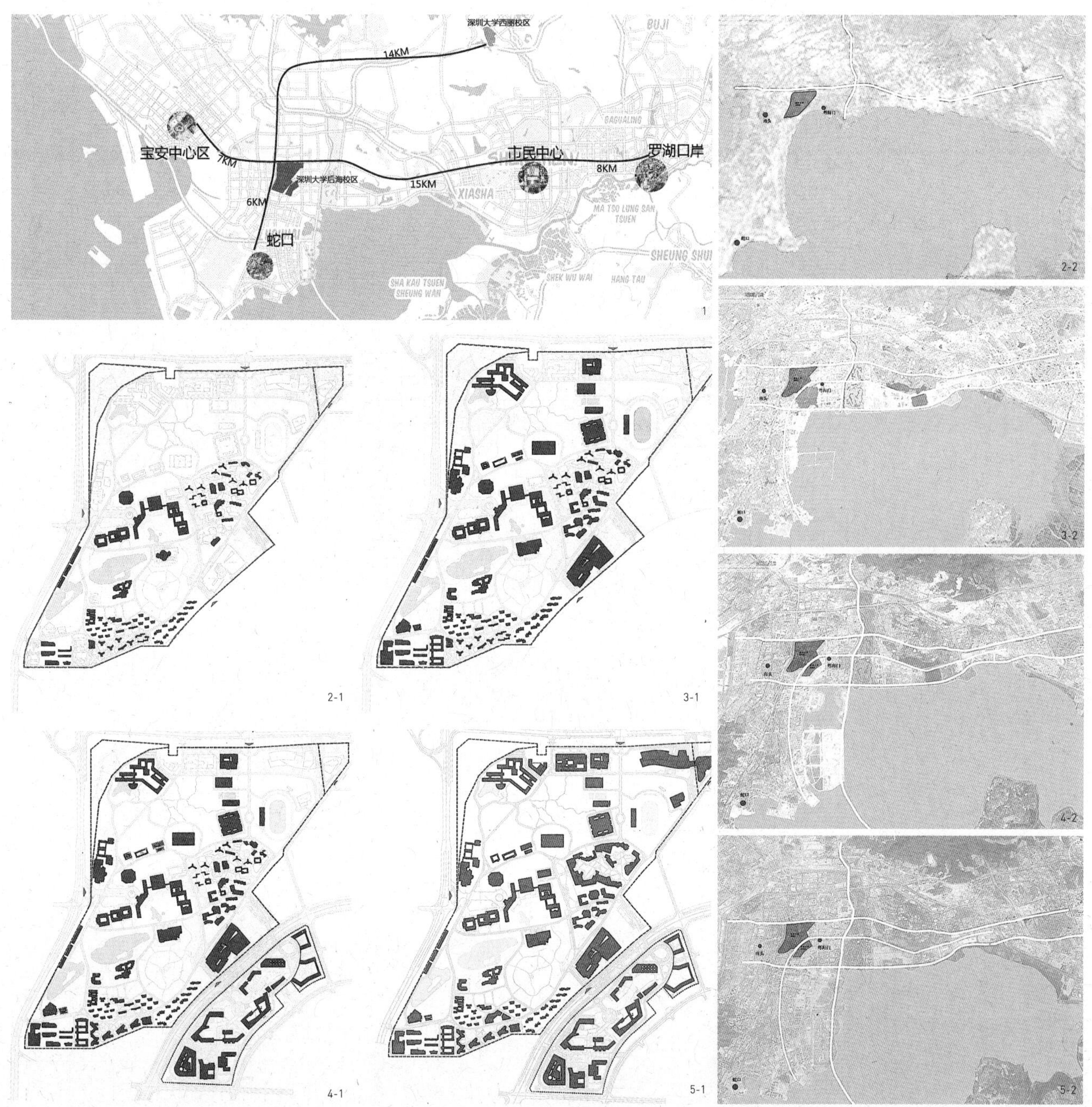

6. 荔海深处 - 学生宿舍区
7-1. 原始地形
7-2. 深圳大学功能分区
7-3. 1984 深圳大学全景
8-1. 面朝大海的宿舍楼
8-2. 临海的阶梯教室
9. 绿色盎然的中心区和生活区
10. 滨海路林荫道
11. 树与建筑紧密关系
12. 树与小径结合
13. 1988 年深大校园全景
14. 前广场
15. 教学楼敞廊与庭院空间
16. 中心区建筑群与广场

6. Student dormitory
7-1. Original terrain
7-2. Function program of Shenzhen University
7-3. Panorama of Shenzhen University In 1984
8-1. Dormitory facing the sea
8-2. Stepped classroom next to the sea
9. Green central area and living area
10. Boulevard along the sea
11. Relationship between tree and arhitecture
12. Trees and pedestrians
13. Panorama of Shenzhen University in 1988
14. Buildings In Shenzhen University phase III
15. Open corridor and courtyard
16. Central Buildings And Plaza

舒适度有一定差距，但仍在可接受的范围内，这在近30年的使用中得到了证明。今天，演会中心仍是学校最大的会场、多种集会的中心，其空间的开放性体现了朴素、民主的校园气质，是一个真正属于校园生活的场所（图19）。

二、三期建筑特点

二、三期各区域的规划对于个体建筑设计仍存在宏观层次的引导，为单体建筑的设计留有较大余地，建筑单体、局部环境的个性和设计者的个人创意有更多体现，而且多数建筑都不约而同地继承了深大早期建筑的基因：结合自然、空间渗透、朴素现代，从而维持了校园总体格调的完整性。在此基本共识之上，近期深大建筑呈现出多样、丰富的面貌。

其一是对空间丰富性的追求。水平空间渗透转向对立体、交织空间的建构。其二是语言、手法的多样化。有更多样的材料、形式语言出现，甚至也包括色彩。虽然校园建筑总体仍为浅色调，但也在建筑局部、个体建筑中对此有所突破。其三是对个体建筑的场所精神的注重。不同于早期建筑均质、统一的简单场所氛围，强调对个体环境的场所特色和精神品质的创造。

这段时期中，产生一批得到社会与业界认可的建筑，以下选择部分简要叙述。

（1）学生活动中心（1996年）

建筑体量分东、西两块，中间留空，将南北两侧环境空间串通，空间相互渗透。北面朝向学生宿舍区留出广场，南面利用原有荔枝树加铺地形成树阵庭院，并与外侧“石头坞广场”相通。建筑立面为多元素的拼贴，膜结构顶棚、柱廊、片墙、钢连桥、实体等组合成与学生活动中心相匹配的建筑表情（图20）。

（2）建筑与土木学院院馆（现为建筑与城市规划学院院馆）（2003年）

通过纯粹的“板”“墙”建筑语言，立体院落的空间架构，营造意蕴天、地、人关系的空间表情，呈现静谧和纯粹的场所精神。建筑是教学、教研、设计院以及实验室等体量立体构成。三个主要部分都有各自的中心空间。教学区中庭、面向校园开敞的二层大平台是建筑的精神中心，具有仪式感的丰富活动的发生场（图21）。

（3）科技楼（2004年）

科技楼位于北校区的核心位置，在校园北部形成了二期建筑以科技楼为中心的环绕格局。科技楼建成各向均质的高层建筑，是为了体现该位置的标志性、中心性，使深大校园在城市环境中具有可识别性，从深南大道、南海大道等城市干道上，均可以以科技楼的体量来“定位”深大校园。

立方体量具备“均质性”特征，与各方向环境呼应，其四面30m大尺度开口，具有结构表现力，结合中央玻璃塔展现出与科技精神相对应的形式感。设计运用“框景”的手法，四面洞口形成立体的景框，内外空间渗透，形成“窗口”的意象。首层敞廊百叶帘，是敞廊空间的新语言，从廊内外望，荔林风景得到新的定义（图22）。

（4）文科学院教学楼（2005年）

文科教学楼建筑结合地形，总体关系呼应校园网格肌理，采用斜折线体量布局，开口朝向中心荔林，与深大校园二期建设区的空间格局相呼应。

建筑顺应地形，围合形成两个庭院——硬地广场活动庭院和利用场地原有石头形成的景观庭院“石院”。两个庭院内部有高差，以硬地铺装为主，内植少量乔木，适宜开展露天演说、集会等活动。基地内的荔枝树大部分予以保留，建筑架空使绿化从底部穿过，形成连续的“生态走廊”，内外空间在不同标高变化中呈现出层次丰富的空间氛围。建筑立面整体浅色调，局部点缀红褐色，采用方格栅等新材料语言（图23）。

（5）师范学院教学实验综合楼（2007年）

建筑设计突出现代设计语言与岭南地域气候的巧妙结合。建筑利用架空层、中庭和自然叠落的屋顶平台，形成多重立体院落，提供了一系列处在阴影中的半室外公共活动空间。建筑内部通高的中庭和拔空的庭院，从竖向上将这些不同标高的横向流动空间连接成一个整体，形成了一种上、下，内、外贯通的动态的开放空间系统。形态、立面语言简洁而丰富，有金属百叶窗、水平板、架空层等。处在阴影中的半室外活动空间，是适宜活动的区域，实验检测，气温平均低于周边1°C到2°C（图24）。

（6）图书馆二期（2007年）

深圳大学图书馆二期，作为老馆的扩容补充，建于中心广场南端，建筑重新定义广场中轴线。将长条体量中间分开，留出视线通廊，使轴线延伸至杜鹃山顶。内部空间开敞高效，底层架空，屋顶花园与山景相临，营造非正式学习空间。建筑局部立面采用二进制抽象符号表现出“图书、信息”的内涵，主立面将凹凸布置的U型玻璃、透明窗、墙体加以“编织”，产生富有材料肌理变化而又平静雅致的建筑气质（图25）。

（7）艺术村（2007年）

深圳大学艺术村是改造设计项目，基址设在原来有过两轮建设的“乡巴艺廊”建筑的位置上，地形起伏，有大片的荔林。建筑师使用自由变化的建筑形态来适应环境，以小尺度的“聚落式”形体组合延续环境肌理的特征。建筑分两个主展厅，中间以通透的前厅和休息厅连接，使北门校园轴线能穿透建筑，与荔枝林连通。建筑立面语言活泼，拼贴组合了毛石、木材和大面积的无框玻璃窗等元素（图26，图27）。

（8）南校区

位于北校区东南侧，被城市道路白石路分隔。南校区为条形地块，用地面积20万m^2，规划总建筑面积44万m^2。有两座天桥（一

17. 办公楼
18. 图书馆
19. 演会中心
20. 学生活动中心
21. 建筑与城市规划学院院馆
22. 科技楼
23. 文科楼
24. 师范学院教学实验综合楼
25. 图书馆南馆
26~27. 艺术邨
28. 基础实验室一期
29. 南校区规划结构分析
30. 南区公寓

17. Office Building
18. Library
19. Performance Center
20. Student's Activity Center
21. Architecture & Urban Planning Building
22. Science And Technology Building
23. Liberal Arts Teaching Building
24. Lab and Teaching Building of the Normal College
25. Library South Building
26~27. Art Village
28. Fundamental Lab Building
29. Domitory apartments of the South Campus
30. Planning structure for Shenzhen University South Campus

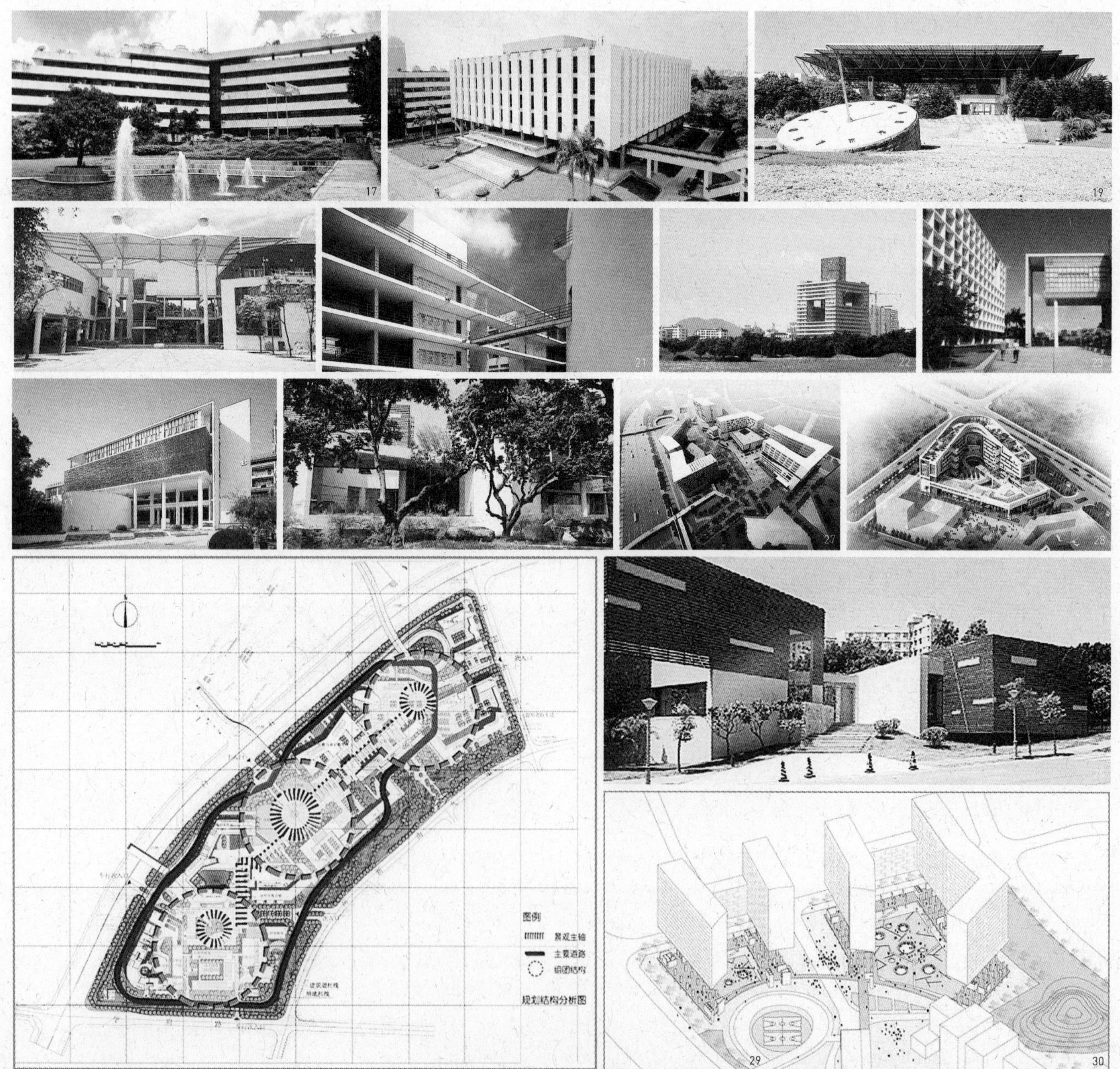

个人行，一个车行）跨白石路与北校区连接。

南校区空间为“十字形”结构，建筑沿横、纵两轴发展，两主轴交汇处为南区中心广场，与北校区南大门对应。南校区用地小，容积率高，多为高层建筑。以中心广场为界，将其划分为东、西两区。西区为基础实验室一期和二期、土木工程实验室以及研究生教学楼，大多数的建筑已建成投入使用，其建筑风格、手法更为丰富、多样，空间组织立体化，立面体型强调虚实对比，以暖白色为主，局部红褐色点缀。东区为学生公寓（已建成）和设计教学楼、理工科教学楼、实验与信息中心建筑群（正在施工建设）。建筑组团围合式布局，高层建筑围而不合，底层架空，建筑之间通过连廊、平台连接在一起，强调建筑形体整体的连续性，营造一种内外交融、连续紧密、层次丰富的立体化空间效果（图 28—图 29）。

（9）南校区学生公寓

南校区学生公寓位于南校区东端，是包含两座“U 形”体量 17 层高层宿舍楼。具有两个向内开敞的内庭院，建筑面积 10 万 m²，可容纳 8 000 名学生。底层、二层为架空层，二层有与南区人行连桥系统相连，营造了多层次的公共活动空间。公寓临近校外科技园研发楼及校内其他教研建筑，设计采用“公建化”手法，取得与周边建筑的和谐关系。平面采用了新型的局部公用卫生间、公共活动厅的新型居住单元设计，结合跃层式的单元组合（B 座），提出了每三层设主电梯停靠层的垂直交通新模式，以此减少高峰时段的电梯等候时间（图 30）。

设计在深大

深圳大学的校园规划、建筑设计及校园营造，有着丰富的内容和内涵。学校与校园一直处于持续发展演变的进程中，以上只是局部建筑的简介，还有南校区及其他校区① 的建设未能一一谈及。整个深大建设有赖于师生共同的生活休验及设计积累，这个校园既是一个个建成作品的呈现，其实也是一代代师生在设计中不断探索进步的某些剪影而已，本文仅是一个特定时间轴上的粗略截面。

注释 (Notes):

①原文还包括对南校区校园规划及学生公寓等建筑设计的简介，详细请参看笔者以及其他深圳大学师生论文。

图片来源 (Image Credits):

作者提供

参考文献 (References):

[1] 汪坦 . 珍惜，现实这一大课堂！ [J]. 深圳大学建筑教育与实践，1988：6-7.

[2] 罗征启 . 人 . 环境 . 效益 . 风格——作为校长和建筑师，我是如何考虑深圳大学校园规划的 [J]. 深圳大学建筑教育与实践，1988：8-10.

[3] 李承祚 . 深圳大学校园规划实施 [J]. 深圳大学建筑教育与实践，1988：14-15.

[4] 梁鸿文 . “前庭”与“起居室”——深圳大学校园广场设计 [J]. 深圳大学建筑教育与实践，1988：17-19.

[5] 陈正理 . 现代学术图书馆设计初探——深圳大学图书馆 [J]. 深圳大学建筑教育与实践，1988：22-26.

[6] 梁文若 刘永根 . 深圳大学科研办公楼设计 [J]. 深圳大学建筑教育与实践，1988：27-29.

[7] 佚名 . 深圳大学教学楼 [J]. 深圳大学建筑教育与实践，1988：30.

[8] 祝晓峰 . 深圳大学学生活动中心 [J]. 建筑学报，1998 (2): 31-34.

[9] 龚维敏 . 深圳大学建筑与土木学院院馆 [J]. 建筑学报，2004（1）：52-53.

[10] 龚维敏 . 深圳大学科技楼设计 [J]. 城市建筑，2005.

[11] 佚名 . 深圳大学文科教学楼 [J]. 世界建筑，2006 (8): 121-126.

[12] 杨文焱 . 深圳大学图书馆二期 [J]. 世界建筑导报，2010 (2): 84-89.

[13] 覃力 . 深圳大学艺术村设计 [J]. 建筑学报，2010（2）：88-89.

[14] 覃力 . 深圳大学师范学院教学实验综合楼 [J]. 城市·环境·设计，2012 (8): 182-187.

龚维敏，徐仪彬，段信轩

GONG Weimin , XU Yibin , DUAN Jixuan

作者单位：深圳大学建筑与城市规划学院

作者简介：龚维敏，深圳大学建筑与城市规划学院教授

徐仪彬，深圳大学建筑与城市规划学院硕士生

段信轩，深圳大学建筑与城市规划学院硕士生

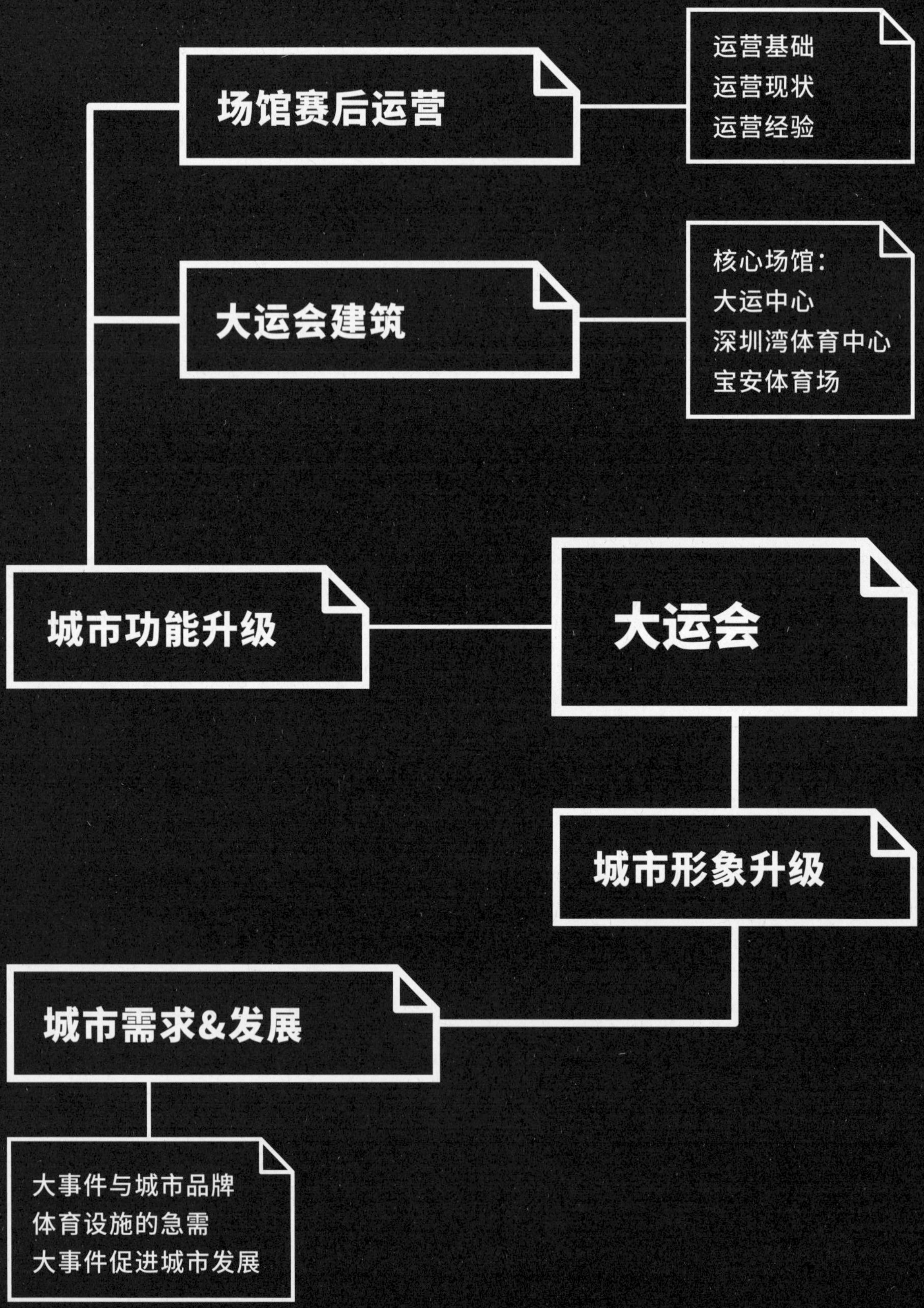

场馆赛后运营

运营基础
运营现状
运营经验

大运会建筑

核心场馆：
大运中心
深圳湾体育中心
宝安体育场

城市功能升级

大运会

城市形象升级

城市需求&发展

大事件与城市品牌
体育设施的急需
大事件促进城市发展

大事件
EVENTS

青春盛会，大运之城：深圳大运会体育设施观察

Pageant of Youth, City of Universiade: Observations on Universiade Sports Facilities in Shenzhen

汤朔宁、钱锋、余中奇 TANG Shuoning QIAN Feng YU Zhongqi

青春盛会，大运之城
Pageant of Youth, City of Universiade

深圳大运会体育设施观察
Observations on Universiade Sports Facilities in Shenzhen

汤朔宁，钱锋，余中奇　TANG Shuoning , QIAN Feng , YU Zhongqi

2011 年，第 26 届世界大学生夏季运动会在深圳成功举办，大型赛事让一批现象级体育设施在这座年轻的城市涌现，体现着深圳在体育建筑前沿领域的创新探索，大运中心、深圳湾体育中心和宝安体育场正是这其中最重要的代表。文章从深圳城市发展和结构变迁出发，梳理了三大中心与城市规划结构的互动关系，在大跨体育建筑层面解析了各中心的设计策略及创新点，最后，通过现场考察的方式，评估总结了设计和管理创新在赛后运营中的经验。

大运会；中心漂移；大运中心；深圳湾体育中心；宝安体育场；赛后运营

Universiade; Center Drift; Universiade Center; Shenzhen Bay Sports Center; Bao'an Stadium; Post-game Operation

In 2011,as the 26th Summer Universiade was successfully organized in Shenzhen, a number of phenomenal sports facilities emerged under this background, reflecting the innovative exploration in long-span sports facilities in Shenzhen. Universiade Center, Shenzhen Bay Sports Center and Bao'an Stadium are the most important representatives among them. The author starts from the urban planning structure changes, analyzes their design strategies and innovations, and finally summarizes their experience of post-game operation.

背景概况

2011 年深圳大运会即 26 届世界大学生夏季运动会于 2011 年 8 月 12 日开幕，吸引了全球尤其是世界各地年轻人的目光。本届大运会的口号为“从这里开始，不一样的精彩”，参赛国家及地区 152 个，参赛运动员 7 865 人，设 306 个小项（24 个大项）。2011 年 8 月 23 日第 26 届大运会圆满落幕。

大型体育赛事的背景使深圳这座年轻的城市有理由、有机遇将公共资源以社会效益的名义集中投入到城市公共体育设施建设和更新中。第 26 届世界大学生夏季运动会共安排比赛和训练场馆 66 个，备用场馆 2 个。其中，新建场馆 22 个，已建需维修改造场馆 36 个，临时搭建场馆（地）10 个，另有大运会国际广播电视新闻中心、大运村等 5 个非竞赛类配套项目，分别由市、区两级政府和社会机构投资建设。

大运会与深圳体育

年轻的城市，年轻人的体育盛会，两股年轻而富有朝气的力量相互碰撞，进行充满朝气的体育建筑探索。在这里我们可以看到体育建筑给城市形象和功能带来的改变，形象提升、功能升级；可以看到大型公共体育建筑与城市发展的互动，引领结构、主导空间；可以看到体育建筑本身的变革，形象鲜明、结构先进、融入社区、注重可持续。

这是继北京奥运会、上海世博会和广州亚运会之后中国的又一项世界级盛事，足以吸引全球的目光，也体现着深圳这座城市希望以体育赛事带动城市发展、提升城市形象的意志。事实上，即使在素有“小奥运会”之称的大运会这个年轻的舞台上，仅有 31 年历史的深圳市依然成为了最年轻的舞者。这无疑使得大运会的举办，与城市的成长紧紧结合在一起。

大运会的举办，与深圳城市功能升级和结构调整的战略紧密结合。一流城市要有一流体育，深圳有着易建联、何姿等出类拔萃的体育明星，在足球、网球、帆船、高尔夫等项目上也有着较好的基础，但要完成升级调整的目标，在许多方面仍大有可为。

第一，深圳之前却从未举行过类似的大型体育赛事，即使是 2005 年已经走出北上广的全运会，也尚未在这座城市举行，体育赛事的空白与一线城市的地位不符，大运会的举办可以填补这一空白，塑造年轻有活力的城市品牌。

第二，综合性体育设施数量短缺，大运之前深圳市大型公共综合体育设施仅有深圳体育场、蛇口体育中心、福田区体育公园、华侨城体育文化中心等，设施覆盖面小，未能形成完整覆盖各区县的城市综合体育设施体系，无法很好地服务于深圳多功能组团的城市布局。大运会举办过程中一系列场馆的兴建，极好地补充这部分不足，龙岗大运中心、深圳湾体育中心、宝安体育中心补充综合性大型公共体育设施，而坪山体育中心、盐田区综合体育馆等又弥补了区县体育中心的不足，而更具大运会和深圳年轻城市特色的是大学城体育中心的兴建和一些中学体育馆的改建利用，大运会竞赛主体的年轻化使得其更易于向校园推广普及，有利于推进校园体育活动的开展。

第三，人均指标方面，到 2009 年，深圳市常住人口 891.23 万人，体育设施总面积 2 976.17 万 m^2，人均为 3.34m^2。但值得注意的是，深圳体育设施的面积中有大量的高尔夫球场地，去除高尔夫球场地之后的人均面积仅有 1.14m^2[1]，与十一五群众体育事业发展规划中全国性指标的人均 1.4m^2 目标仍有差距，更未能体现先进发达地区的先导带头作用。

大运会与城市发展

而大运会的举办对于深圳的意义，却不仅仅在于体育事业发展这一方面，大事件对于城市有着公认的多方面影响力。人均体育设施资源的增加，城市基础设施建设的跃进，以及城市形态、结构的调整优化，和经济的拉动腾飞，都是成功的大型体育赛事可以为城市带来的实实在在的好处。巴黎，巴塞罗那，上海，伦敦，一系列大都市都通过大事件的契机完成了各自结构调整、新区建设或遗产振兴的城市变革。大运会如何与深圳结合？城市发展的契机在哪里？大运会能作出什么贡献？

1979 年，深圳撤县设市自蛇口工业区拉开 327.5 km^2 特区发展的大幕，形成早期据点 - 触角的发展态势。20 世纪 80 年代中期，政府又率先在国内实行有偿出让城市土地使用权，深圳城市在地域上逐渐形成东西向念珠式多中心组团结构，深南大道成为最重要的大动脉。其后， 90 年代初，城市中心区密度趋于饱和，深圳城市空间从特区范围逐步拓展到全市，尤其是 1992 年宝安、龙岗两地撤县改区，走向城市走廊的发展阶段，特区外土地开发飞速发展，龙岗、宝安以外的区域也逐渐兴建起来，并最终形成以东西向走廊为主的城市网状组团结构[2]。1992 年宝安、龙岗撤县改区，标志着深圳城市发展完成关内到关外的转变。大运会设施的建设，正是助力深圳城市中心漂移、结构调整的契机，可以进一步巩固完善新拓展城区功能，并使得主城区拥挤的现状得到缓解。

而综合性体育赛事的布局模式，通常存在着集中、分散和集中分散相结合三种模式，近几届奥运会的举办地通常选择集中与分散

1. 深圳城市发展历程
2. 深圳市城市规划结构
3. 龙岗区城市规划结构
4. 深圳湾规划布局
5. 宝安区城市规划结构

1. Development of Shenzhen
2. Planning structure of Shenzhen
3. Planning structure of Longgang
4. Planning for Shenzhen Bay
5. Planning structure for Bao'an district

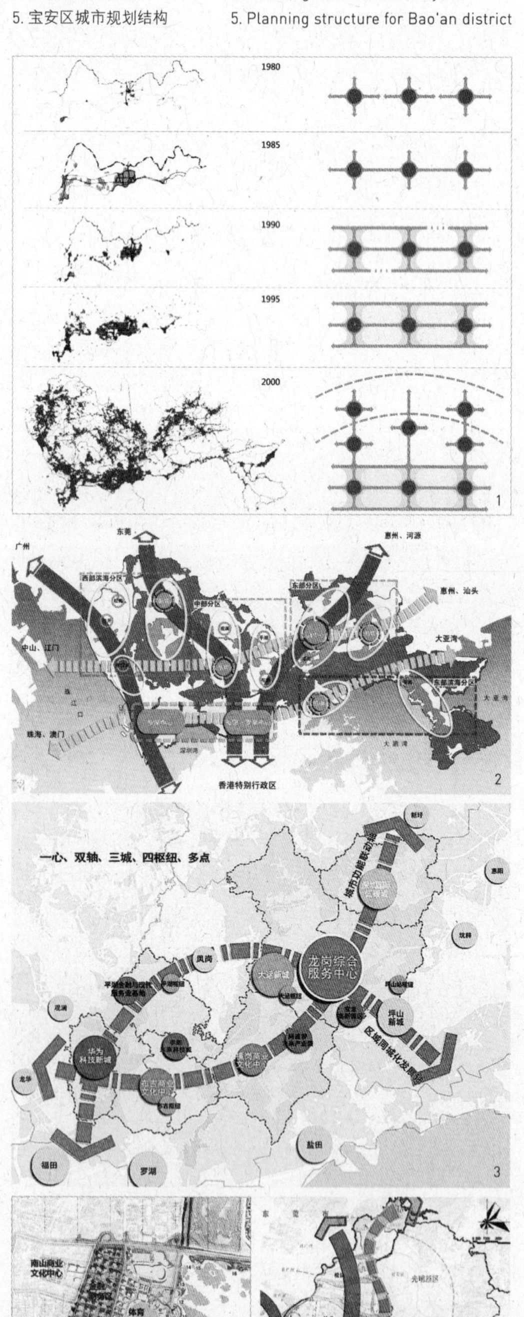

相结合的布局模式。深圳大运会设置 24 个大项，除去现有的深圳体育场及周边场馆，约需要兴建 2 个综合性的体育中心及一些分散的场馆。

结合深圳市总体规划的布局结构，主体育中心布局在未来的城市副中心龙岗新城，结合运动员村、新闻中心等配套设施，共同服务于龙岗区“一心、双轴、三城”的布局结构，龙城片区西区将依托高起点、高标准的奥体中心发展成为集商业文化中心、高尚住区和直销市场区为一体的，服务于整个深圳市的体育新城。正如多年前六运会通过体育中心的设置为广州市凭空降下一个新天河，大运新城也寄托着深圳人对龙岗区改变工业为主的面貌跨越发展的期望。

深圳湾体育中心和宝安体育场则落户未来两大城市主中心之一的前海中心，此处南抵香港，北达广州，西控珠江口可连珠海澳门。深圳湾体育中心位于功能上定位为第三金融区和超级总部聚集地的后海，此处南接深圳湾口岸，使中心成为直达香港跨海公路桥的重要对景，也作为低密度的城市公共设施融入深圳湾滨海景观长廊，为市民创造一个享受大海的休闲场所，实现“生态”与“生活”的紧密结合，同时，为高密度的西侧金融商务区以及深圳湾超级总部基地提供良好的低密度景观环境。

新建的三大体育设施之一的宝安体育场所在，是宝安中心组团的核心处。在宝安区整体规划中，确立“三带、两心、一谷”的城区发展结构，宝安体育场临近宝安大道和创业路轴线，与原有宝安体育馆和游泳馆共同组成犹如费城独立历史公园般的低密度城市中心，并经过宝安区政府与滨海公园的“一条轴线”中央绿轴海滨广场相连，轴线上汇集了图书馆、青少年宫、演艺中心等大型公共建筑，使得前海美好的海景风光在此处深入渗透到宝安中心区。更有罗宝线、环中线两条地铁线路在此处交汇于宝安中心站，城市中心组团和基础设施由此成功落地。

大运会建筑

在规划层面，以大运中心、深圳湾体育中心、宝安体育场等几个体育设施领衔的大运会新建场馆布局顺应和体现深圳市组团式带状城市结构由关内向关外的发展态势，并未让我们感到太过意外，那么这几个核心场馆在建筑层面的巨大突破和创新探索就不得不让我们瞠目结舌。在这里，前沿的结构体系与体育建筑艺术完美融合，在抵抗重力、实现大空间跨越的根本任务层面实现了艰难的创新，同时，也体现前沿体育建筑实践融入高密度城市生活，空间更为紧凑、活动场所更为丰富的特征。

大运中心

深圳大运会大运中心位于龙岗区西部副中心，龙城公园的西南侧，规划场地南面龙翔大道紧邻神仙岭小山脉，南部西侧融合神仙岭深入，西北方向远望铜鼓岭。在 2005—2020 深圳市龙岗中心组团分区规划中，即在龙城公园西面规划预留了大片的体育公园用地。该主体育中心规划建设 6 万座主体育场，1.8 万座主体育馆以及 3000 座游泳馆，在体育中心北侧配建了新闻中心及深圳市体育运动学校，南侧临近的深圳信息职业技术学院新校区建设作为大运会赛时的运动员村用房使用。作为深圳大运会的主体育中心，大运中心承担了田径、游泳、篮球等运动员数量最多、金牌分量最重、在大运会历史最悠久的竞赛项目，龙岗区西侧的定位，也有利于赛时大运村与原有深圳体育场的联系，在使运动员和记者媒体们的通勤时间满足组委会 30 分钟车程的要求同时，避免赛时交通与主城区交通叠加互相干扰。

6 万座的体育场，1.8 万座体育馆，这样大的规模在我国并不多见，标志着大运中心作为深圳城市体育设施而非龙岗区级体育中心的定位。然而，赛后龙岗中心却并没有实现其服务整个深圳市的功能定位，而深圳湾体育中心却一跃而成了新的深圳城市级休闲娱乐设施。

建成的龙岗中心又名水晶石，三大突出的特点使其区别于常见的体育场设计方案脱颖而出。其一，建筑造型纯净一致，区别于我国乃至世界上体育建筑屋盖平滑流畅曲线的设计倾向，棱角分明，体现体育竞技的力量感；其二，采用世界首创的单层空间折面网格结构，该结构体系以三维空间杆件组合来抵抗挑蓬的悬挑倾覆力，且仅有单层结构，使得无论从室外还是室内的观感都非常纯净，而没有桁架结构的繁复杆件；其三，结构与建筑合一，同时满足两者的要求，实现了完美的融合。

从原理上，平展的纸张不具有抗弯刚度，可当其折叠之后，就成为可以抵抗一定弯矩的空间结构，将多重折叠的纸张折扇般沿环向展开，即形成体育场屋盖的环状结构，水晶石结构即可被理解为环向三角形多种折叠方式复合的结果。然而想要为挑蓬提供控制出挑端挠度的末端弹簧，在这一结构体系中还应该可以找到易于理解的上弦受拉杆件和下弦受压杆件，在挑蓬的简化剖面中，挑蓬端部荷载沿上弦传递到柱顶，并最终通过后部压杆转移到柱脚，最内沿的少量荷载，也通过撑杆拉杆的共同作用，传递到柱中节点处，力流明确且科学，同时在空间上，马鞍形的外圈环梁，可以提供部分环向推力，有利于减轻单榀结构的负担，结合初步空间变形受力计算，该结构体系是经济可行的。事实上，奈尔维在早期巴黎联合国教科文组织总部大厦会议厅的设计中，就应用了长条形折板的屋盖结构，我国在早期多用于厂房屋盖，近期也在体育建筑中国多有应用，这些经验也告诉我们单层空间折面网格结构具备实际可行性。

类似于体育场，体育馆和游泳馆的结构体系可以简化为门式框架，具备清晰的传力路径。一个刺激的、新鲜的体育场屋盖造型，同时有着坚实的结构内核。在施工图阶段，设计团队也仔细研究罩棚与看台结构是否相连、立面结构单元数、马鞍面矢高等专门课题，使得这一创新型设计成果美观、可靠，最终的用钢量也控制在了 226kg/m^2。

实际运营中，主体育中心的定位使龙岗中心拥有最为完善的主竞技空间，规模宏大，设施齐备，对重要赛事的举办具有优势，但在赛后运营过程中则体现出了一些劣势。首先，基地周边发展程度不高，且与主城区距离较远，难以集聚市域消费资源；然后可开发用房偏少、条件较差，以“山、水、石”的纯净概念回应城市，这一布局中却缺乏商业应有的位置，直接导致了体育场、体育馆和游泳馆的可开发功能用房偏少，赛后持续运营能力不足。以体育场为例，可开发面积总计 32 074m^2，与南京奥体的 10 万 m^2 和国家体育场的 6.6 万 m^2 差距很大，而其中还有 20 117m^2 属于地下停车库，平台以下完全没有商业展示界面可达性较差的面积也达到 8 254m^2，剩余可开发用房为看台下包厢或小卖，较为分散；另外令人不解的是在非常宽松的基地上，却几乎没有常见的室外大众运动场地，仅有一个室外副场，使得大运中心难以发挥场地的全民健身功能。设计中对于后期运营的考虑不足，使得大运中心的可持续发展面临着考验。

深圳湾体育中心

深圳湾体育中心是一座有着神奇经历的体育设施，在投标过程中，它并非最初的中标方案，却最终吸引了深圳，并成为实施方案，在投入使用之后，又以出色的表现力使深圳市将开幕式场馆从大运中心移至此处，人们自然可以想见，具备如此生存能力的体育设施，必有其特别的魔力所在，但人们或许没有料到，这座体育中心也从另一个角度突破了我国体育中心设计的通常模式。

不同于大运中心鲜明而锋利坚硬的挑蓬设计，深圳湾体育中心所体现的，是近年来在我国体育设施中越来越多的暧昧柔软的半透表皮形式，如天津团泊湖网球中心和惠州体育场，这一表皮改变传统体育中心设计一场两馆的独立单体设计理念，将各单体统一于朦胧的表皮之下，提供给城市一个亲近而柔软的亲切形象。它体现着对挑蓬下人的活动的重视和解放，不再作为仅供竞赛使用的疏散平台，而是市民公共活动的平台，让平台空间可停可游可憩。

为了打造一个真正可持续的公共体育建筑，该中心相对减少看台的数量，但增加大量的开发用房，20 000 人的体育场，5 000 人的体育馆及 500 人的游泳馆覆盖在单层钢结构空间网壳之下，集中的布置体现对用地的高效利用，没有单体建筑各自的形象，也没有刻意寻求特定的几何形式，而是通过响应环境需求最终形成自然的

6. 大运中心体育场鸟瞰
7. 深圳湾体育中心鸟瞰
8. 宝安体育场鸟瞰
9. 整体张拉索结构

6. Birdview of Universiade Center
7. Shenzhen Bay Sports Center
8. Shenzhen Bao'an Stadium
9. Tensegrity systems

"春茧"形态，这一适应环境的变化也为市民提供一系列的公共活动场所。

由于基地东面紧邻深圳湾，春茧在东侧切出一个通透的落地观景窗，体育场主要的看台相对在西侧设置，观众在欣赏体育比赛或者文艺演出的同时，可以欣赏到海景，让这座体育场成为了真正的观海体育场，观景窗的上方，还设置观海台，提供欣赏海景的平台同时，也成为这一面海舞台的台口景框。回应景观的体育场设计，不仅提供了高品质的体育竞技空间，也为城市提供了商业价值极高的文艺演出场所。正是这一充满创意的观海场景，让深圳湾体育场击败了大运中心成为开幕式的承办场馆。

在春茧中部，连接北面住宅区和南面滨海公园区的交通动线又切出了一个贯通的开口，网壳挑蓬杆件顺势旋转下降，在此形成一个名为大树广场的人员聚集空间，下垂的结构网壳，半透明的表皮，场馆外的绿化，一同营造树影婆娑的宜人休闲场所。

突出的宏观运营特色，优良的商业运营界面，以及丰富多样的室外场地活动设施，都使深圳湾体育中心注定会成为具有长久活力的可持续体育设施，在以何种姿态应对城市环境这一层面，深圳湾体育中心跨出巨大的一步，为今后大量的都市体育建筑设计做出了榜样。

宝安体育场

大运中心位于龙岗区西面与体育公园的过渡地带，深圳湾体育中心位于南山区临深圳湾的低密度海岸公园边，与这两座体育中心不同，宝安体育场则直接定位在了宝安区的核心区域，紧邻宝安区政府与核心公共建筑区。

体育场总体使用"竹林上空的云"作为设计概念，营造具有华南地区竹林氛围的建筑场景。而竹林与云这两个立意中的意向都转化成了构成体育场挑蓬的关键结构构件，表达云的是我国第一个双曲面整体张拉索结构体育场屋盖，这一屋盖由径向索桁架、内环索和撑杆以及外侧钢结构受压环组成。在对于内外环索的形状的讨论过程中，曾出现过三种不同的方案选择，方案一内外环都为圆形，方案二内外环采用相似的椭圆形，方案三内环为椭圆而外环采用圆形，由于方案三会导致长短轴拉力不一从而外环弯矩过大的问题，同时椭圆形布置可以较好的让灯光马道等设置与竞赛场地契合，因此内外环相似的椭圆形方案成为体育场最终的屋盖方案选择。内外环之间布置 36 榀索桁架，与内外环共同组成双曲面的整体张拉结构。结构支撑在外环仿竹形的柱上，在最终所见的密集竹林柱中，只有位于相应轴线处的 36 榀柱子实际承担支撑作用。

周边建筑密度很大，地铁口也在基地附近，基地的局限使之不具备采取前两者设计策略的条件，该场馆必须要向更加集约紧凑贴近城市的方向发展。为此，体育场外除去必须的停车和集散广场，甚至没有安排篮球、网球等常见室外场地，为了增加开发用房的面积，西南侧热身场周圈的边角空间也被利用为开发用房，可以说是被狭小用地逼出来的办法，但紧凑的布局不仅可以在建设时节省用地，也应当有利于节省运营成本，便于后续利用和开发。

场馆赛后运营

总体投入 140 亿，赛时收入 12 亿，巨大的落差使深圳大运会并没有成为洛杉矶奥运会那样赚钱的运动会，大运会的影响力和盈利能力本不能和奥运会等成熟的顶级商业品牌相比，除去城市公共设施的投入之外，总体约 75 亿元的场馆设施对场馆赛后的可持续运营提出了极高的期待。这其中，35 亿的大运中心、15 亿的深圳湾和 7.5 亿的宝安体育场处在高光下，而探寻其赛后运营状况的思考也因为设计构思与真相的巨大反差、现场表象的迷惑性而一次次被颠覆。

1. 运营现状调查

（1）品牌效应的开发

经过现场调研，三座体育中心均基本没有进行本身品牌价值的推广和开发，水晶石、春茧和竹林这三个兼具美感和识别性的整体形象标示利用不够，且没有鲜明简洁的图象标识的表达，常见的品牌价值开发策略有体育中心、场馆、重点区域、包房的冠名权开发等，例如世博后的梅赛德斯 · 奔驰中心的场馆及重点贵宾区域、包厢区域均进行了冠名的价值出让，却没有体现在这三座体育中心的宣传推广中。

（2）带动城区的作用

当前大运中心周边新建设施以住宅小区为主，功能结构较为单一，除了作为城市公园，大运中心带动城市区域发展提升城区活力的作用尚未充分发挥，有待发展；深圳湾体育中心西侧紧邻南山区金融商务区，由体育中心开始的整个片区开发已经初具规模，部分超高层商务楼如航天科技大厦和航天科技广场已经结构封顶，深圳湾金融商务区愿景即将成为触手可及的现实，体育中心北侧大片高品质住宅区及学校等附属设施也已成型；宝安体育场周边是比较成熟的中心区，当前体育场与体育馆游泳馆一道已经形成富有活力向心力强的公共活动核心。

（3）可达性

当前，公共交通到达大运中心主要依靠龙岗线，在大运站下车步行至大运中心距离约为 1.5 km，但在地铁站和大运中心之间设置有自行车租用服务满足着最后 1 km 的交通需求；乘坐公交可以选择 m229 和 m317 路；深圳湾中心通过公共交通到达并不顺畅，原规划的地铁 11 号线直到现在依然没有开通，只能乘坐蛇口线在后海站下车步行至中心，步行距离约在 800m，且缺少明显的指示标志，而通过公交车到达中心也只能乘坐 58 路在中心北侧下车，公交线路较少，开车是到达中心的主要交通方式；宝安体育中心当前交通状况较为成熟，罗宝线宝体站出站可通过天桥直接进入体育场，更有众多公交车直通体育场周边，可达性极佳。

（4）大型赛事和演艺活动的举办

主竞技空间的大型活动举办是大型体育场影响力的最重要指标，三座中心在这一指标的直接竞争体现出了不同定位和设计理念的经营开发能力；2015 年以来，大运中心的大型活动包括迷笛音乐节和乐杜鹃音乐节等，整体数量并不多，但寻求差异性突破，打造音乐节品牌的策略已经渐渐浮现，据悉，大运中心每年的维修、能耗、人员成本高达 6 000 万元，政府给予的运营补贴总共高达 5 000 万，如何在没有补贴之后实现自身的以馆养馆，大运中心还有很长的路要走。

与之相比，“春茧”俨然已经成为文化商业演艺中心，深圳九成以上的商业演出都会在这里举办，2014 年运营收入更达到惊人的近 2 个亿（不含酒店），其中活动 2 000 万，商业 4 000 万，大众健身 3 000 万，游泳馆 1 500 万，在中心现场，密集的活动海报展现出近期丰富的商业演艺活动，体育场内部也始终布置着演出舞台和相关设施。

宝安体育场则专注于赛事，在 2015 年之前，宝安体育场曾作为深足的主场，但 2015 年之后深足将主场搬回了深圳体育场，自此宝安体育场最重要的赛事资源出现了缺失，转而开展公益性群众体育活动。

（5）大众健身与商业开发

经过现场调研，目前大运中心的附属设施开发由于受到周边人气和本身附属用房条件的影响，以体育培训为主，进驻有足球、跆拳道等培训机构。

深圳湾中心的商业开发则较为丰富，据设计方回访反馈，当前中心出租商铺达 40 家，出租率达到 100%，其中开业 36 家，开业率达到 90%，在出租的物业中，业态主要集中于亲子教育、体育培训和特色餐饮方面，实地考察中，可以观察到体育中心平台上下的物业标志和招贴明显，而中心内的木棉花酒店更达到平均入住率 90%，远高于周边同星级酒店，无怪乎华润运营下的该中心不仅不需要政府补助支持，还能每年产生 2 个亿的营业收入，体现出了企业化管理的巨大优势。

宝安体育场的商业开发主要体现在少量体育培训的开发上，目前包括有舞蹈和乒羽俱乐部等，整体业态类型较为单一，商业开发并不充足。（图 27）—（图 29）

2. 大运会运营经验

（1）无形资产的利用与开发

体育中心设施既有着广泛的公众知名度，也有着大型的体量和空旷的周边环境，其无形资产的开发具有良好的基础，冠名、广告等无形资产的利用也应当加入到场馆利用的思路中来。

（2）企业化、市场化的管理

在三中心的比较中，采取由华润集团企业化、市场化管理的深圳湾中心取得了较好的营业成绩，完成体育建筑自给自足的难题，相对的，政府主体介入管理由于常常是政府公务员直接介入管理，而往往缺乏对市场、对策划宣传有经验的管理人员，这方面，成熟的开发企业无疑是具有综合优势的。

（3）宏观优势的放大与大型活动集聚效应

体育场作为城市重要标志物和城市公共活动场所，宏观优势和整体形象的营造比微观布局更能决定它的成败，深圳湾体育场既利用直面香港的观海舞台实现其他中心无法比拟的商演吸引力，也唯有他现代简洁的形态，才能引领带动后海金融商务区的发展，城市尺度上的价值放大使其投资物有所值。

（4）亲近城市、贴近市民的定位与布局

亲近城市、贴近市民的日常生活是当前高密度城市体育设施的重要发展方向，在定位上，大运中心立足于纯净的形态、以景观回馈城市，专注于考虑赛时功能，也因此设施远离城市，失去了日常商业开发的契机，宝安体育中心选址非常贴近城市，却没有将沿街商业界面打开，先进的造型和结构体系也无法掩盖沿街覆土下无法开发的商业遗憾，唯有深圳湾体育中心商业和场地均贴近市民，形态、结构虽因此弱化，却成为焕发持久生命力的体育设施。

（5）放宽思路、丰富多样的业态定位

传统经营思路中，体育建筑商业开发往往集中于体育产品、训练、旅游等功能，这也是大运中心和宝安体育场的经营思路，而深圳湾中心考虑场馆周边日常较为安静、距离较偏、环境现代优雅并有文体活动熏陶的特征，将开发重点由体育培训广泛扩大到青少年培训教育，极大地拓宽体育设施的商业开发思路，伴随着大量商演

10　大运中心周边发展现状　10　Current development around Universiade Center
11　深圳湾体育中心周边发展现状　11　Current development around Shenzhen Bay Sports Center
12　宝安体育场周边发展现状　12　Current development around Bao'an Stadium
13　大运中心业态现状　13　Current activities in Universiade Center
14　深圳湾体育中心业态现状　14　Current activities in Shenzhen Bay Sports Center
15　宝安体育场周边业态现状　15　Current activities in Bao'an Stadium

活动的举行，其内部的体育酒店层次也得到提升、客流有所保证，可以说是文体和商业互相促进的范例。

激情的盛会，为深圳留下宝贵的大运会财富，这些形象鲜明、结构先进的体育设施业已频繁出现在各种媒体上，成为深圳形象新的代言。也让我们感受到当代体育设施更加丰富、更加矛盾的处境，既向往来自传统的纯净，追求古典的标志物形象，又不得不直面“赛时几十天，赛后一百年”的难题，既要满足看海的现实需求，又要满足看香港的历史需求。在比较中，一种既照顾当下激情，又更着眼于赛后绵长的体育设施理念愈加清晰，而我们渴望的，是这一新的深圳经验，能在更广阔的体育建筑实践中传播开来。

国家自然科学基金项目：
基于 BIM 系统的绿色体育建筑设计策略研究，基金号 51378354

参考文献 (References)：

[1] 董金博．深圳市社区体育设施配置研究［硕士学位论文］．哈尔滨：哈尔滨工业大学，2012.
[2] 张勇强．城市空间发展自组织研究——深圳为例［博士学位论文］．南京：东南大学，2004.
[3] 郭满良，黄朝捷，凌江，肖明．失重体育建筑与挑战性钢结构——深圳大运中心设计竞赛方案解读 [J]. 深圳土木与建筑，2011,09.
[4] 郭彦林，王昆，孙文波．宝安体育场结构设计关键问题研究 [J]. 建筑结构学报，2013.
[5] 唐荣丽．深圳大运中心场馆赛后利用研究 [D]．北京：北京体育大学，2012.

图片来源 (Image Credits)：

1. 根据《城市空间发展自组织研究——深圳为例》图片重新绘制
2.《深圳市城市总体规划（2010 - 2020）》
3.http://www.szlg.com/xwzx/mstt/2015/05/19/082434129431.html
4. 根据深圳湾片区规划绘制
5.《宝安综合规划（2013 - 2020）》
6.http://blog.sina.com.cn/s/blog_76cbb4190100xp6j.html
7.http://dp.pconline.com.cn/photo/2131090.html
8.http://www.jnpm.cn/news_info.php?2/2014/183
9.http://openbuildings.com/buildings/baoan-stadium-profile-41541/media
10~15. 作者自摄

汤朔宁，钱锋，余中奇
TANG Shuoning , QIAN Feng , YU Zhongqi

作者单位： 同济大学建筑与城市规划学院
作者简介：
汤朔宁，同济大学建筑与城市规划学院，教授，博导
钱锋，同济大学建筑与城市规划学院，教授，博导
余中奇，同济大学建筑与城市规划学院，博士研究生

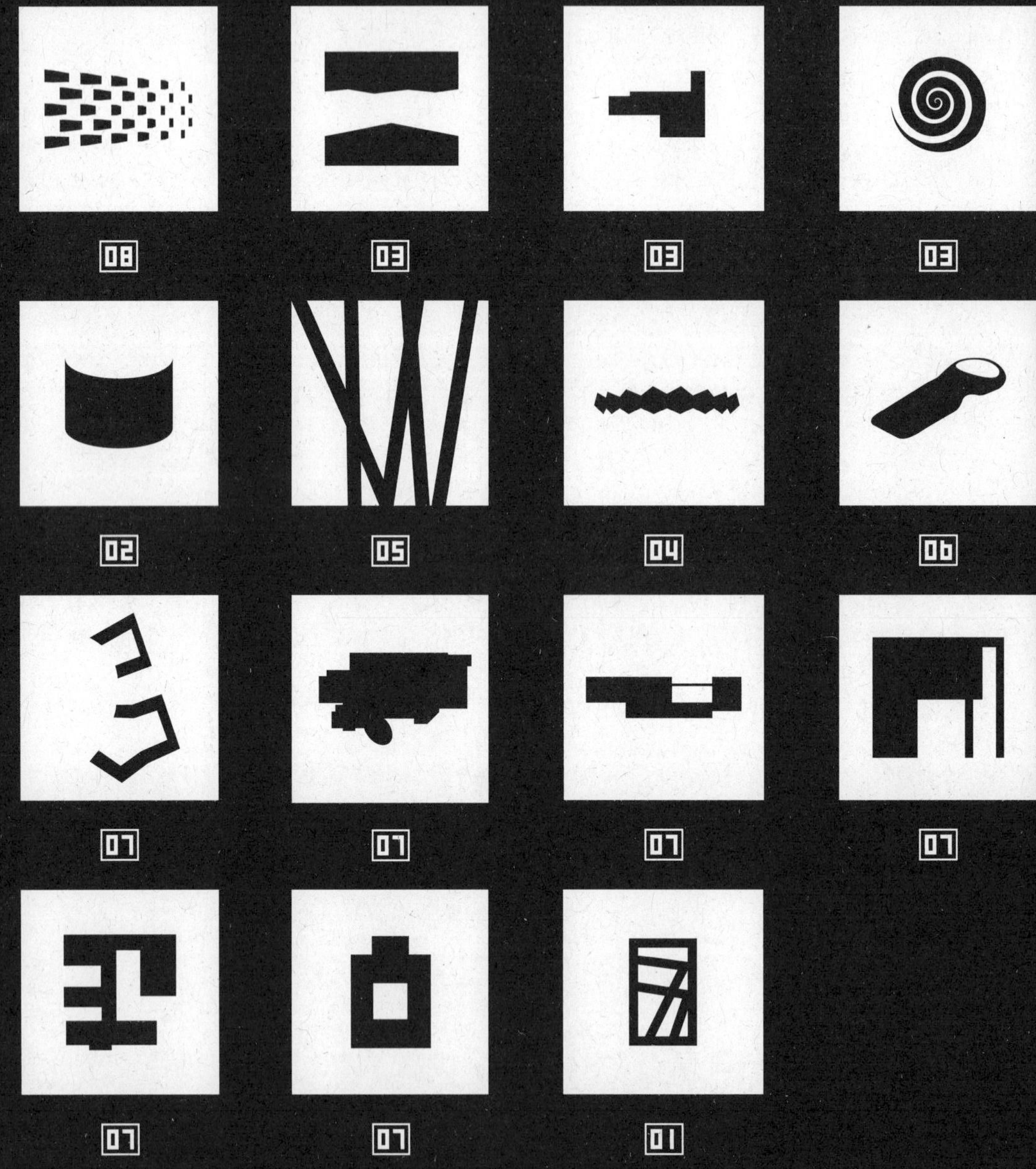

注：ICON 下的标号即为该书 580 页地图上对应的项目编号，项目所在位置可在地图上查找

Note: Each project's location could be found in the map on p.580 with the number bellow each icon.

建筑作品

Architecture Projects

南方科技大学图书馆
Library of South University of Science and Technology of China

08

2013 深港双城双年展价值工厂 - 主入口改造
Value Factory Renovation of 2013 UABB - Main Entrance

03

2013 深港双城双年展价值工厂 - 主展厅改造
Value Factory Renovation of 2013 UABB - Main Hall

03

2013 深港双城双年展价值工厂 - 主展厅改造
Value Factory Renovation of 2013 UABB - Main Hall

03

南山婚姻登记中心
Nanshan Marriage Registration Center

02

2011 年世界大学生运动会宝安体育场
Universiade 2011 Bao'an Stadium

05

2011 年世界大学生运动会体育中心
Universiade 2011 Sports Center

04

深圳湾体育中心
Shenzhen Bay Sports Center

06

深圳大学南校区学生公寓
South Campus Student's Residence of Shenzhen University

07

深圳大学师范学院教学实验楼
Lab & Teaching Building of Normal College of Shenzhen University

07

深圳大学图书馆（二期）
Shenzhen University Library (Second Phase)

07

深圳大学文科教学楼
Liberal Arts Teaching Buildings of Shenzhen University

07

深圳大学建筑与城市规划学院院馆
College of Architecture & Urban Planning Building of Shenzhen University

07

深圳大学科技楼
Science & Technology Building of Shenzhen University

07

万科第五园
Vanke Fifth Garden

01

南方科技大学图书馆
Library of South University of Science and Technology of China

南山区西丽镇南方科技大学新校区
South University of Science and Technology of China, Xili Town, Nanshan District

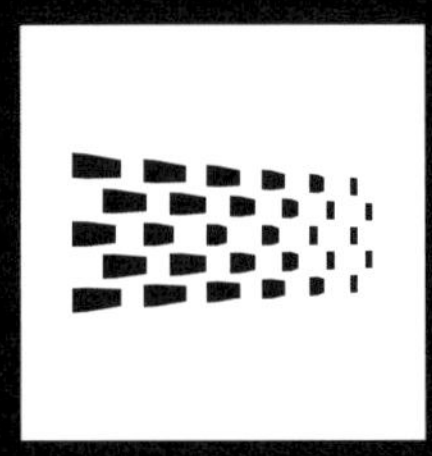

从藏书阁到学术公园

From Book Storehouse to Knowledge Garden

项目名称： 南方科技大学图书馆
项目地点： 南山区西丽镇南方科技大学新校区
项目时间： 2010-2013
用地面积： 8 628m²
建筑面积： 10 728m²
建筑层数： 3
建筑高度： 16.5m
业主：
深圳市建筑工务署、南方科技大学建设办公室
建筑设计： 都市实践建筑事务所
主持建筑师： 孟岩，王辉（室内）
项目组： 张长文（项目总经理），林怡琳，苏爱迪，黄志毅，王俊，朱伶俐，谢盛奋，李嘉嘉，陈兰生（建筑），刘爽，李图，吴锦彬（室内），姚殿斌（技术总监）
合作方： 深圳市建筑科学研究院有限公司

Project: Library of South University of Science and Technology of China
Location: South University of Science and Technology of China, Xili Town, Nanshan District
Project Period: 2010-2013
Site Area: 8,628m²
Floor Area: 10,728m²
Building Levels: 3
Building Height: 16.5m
Client: Shenzhen Public Works Bureau,South University of Science and Technology Infrastructure Office
Architectural Design: URBANUS
Principle Architect: Meng Yan | Wang Hui(Interior)
Team: Zhang Changwen(Senior Project Manager) Lin Yilin, Su Aidi, Huang Zhiyi, Wang Jun, Zhu Linli, Xie Shengfen, Li Jiajia, Chen Lansheng(Architecture) Liu Shuang, Li Tu, Wu Jinbin(Interior) Yao Dianbin(Technical Director)
Collaborator: Shenzhen Institute of Building Research Co., Ltd.

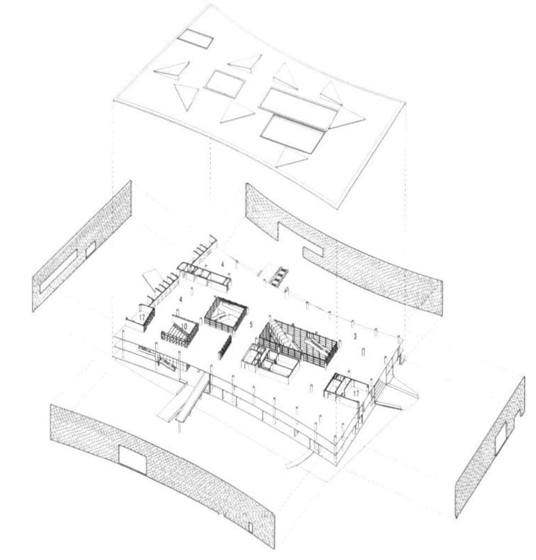

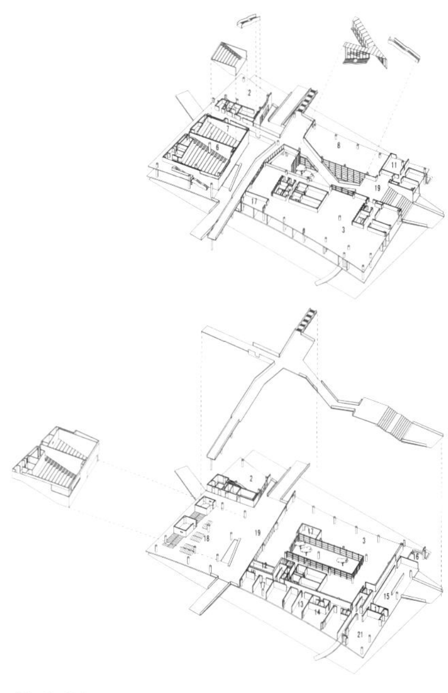

1. 门厅 / Lobby
2. 书吧 / Book Bar
3. 开架阅览区 / Open Access Reading Area
4. 电子阅览区 / E-reading Area
5. 检索信息厅 / Retrieval Hall
6. 学术报告厅 / Lecture Hall
7. 社团活动室 / Communitiy Room
8. 多功能厅 / Multi-function room
9. 研修室 / Lab
10. 下沉阅读角 / Sunken Reading Corner
11. 校园信息中心 / Campus Information Center
12. 总服务台 / Service Counter
13. 办公室 / Office
14. 会议室 / Meeting Room
15. 采编部 / Acquisition Room
16. 卸货平台 / Loading Dock
17. 设备用房 / Equipment Room
18. 自行车库 / Bike Garage
19. 室外通道 / Outdoor Corridor
20. 庭院 / Courtyard
21. 校园总消控室 / Fire Control Room

■ 轴测图 / Axonometric Diagram

■ 区位图 / Location Map

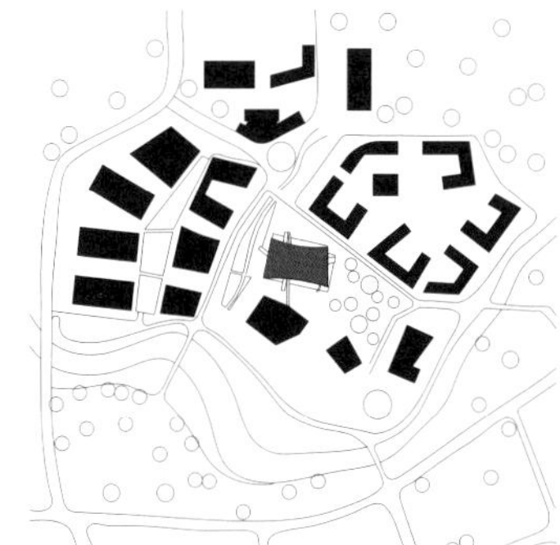

当书不再是唯一知识传播载体的情况下，图书馆的意义也在发生改变。建筑师在满足图书馆的传统功能要求的同时力图挖掘图书馆与当代社会特征紧密关联的公共性。

图书馆位于校区中心，略微内凹的弧形轮廓，对环境形成谦逊的姿态。师生每日往返于教学区与生活区时，会从不同方向途经此地。顺应这种动线，生成穿越建筑的十字形游廊系统，以期像传统的岭南骑楼一样，既能适应深圳的炎热多雨，又能吸引人走进去参与空间活动。主入口门厅、学术报告厅、社团活动室和书吧等公共功能被有意安排在南北向通廊的两侧。二层游廊自西向东途经书吧、天井、多功能厅、竹园、阅览区、半室外台地，最终到达东面的百树园。流线交叉给人们的日常穿越带来相遇和交流，停留、阅览和参与学术生活自然成为生活的一部分。使实体图书馆有机会比虚拟阅读更鲜活有趣。顶层是供开架阅览使用的近

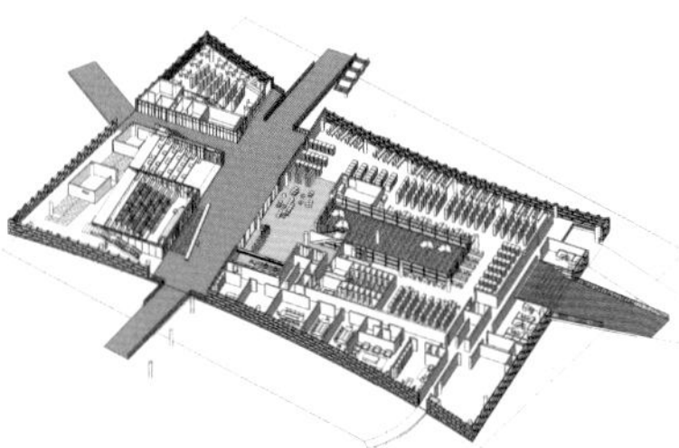

■ 一层 / 1st Floor

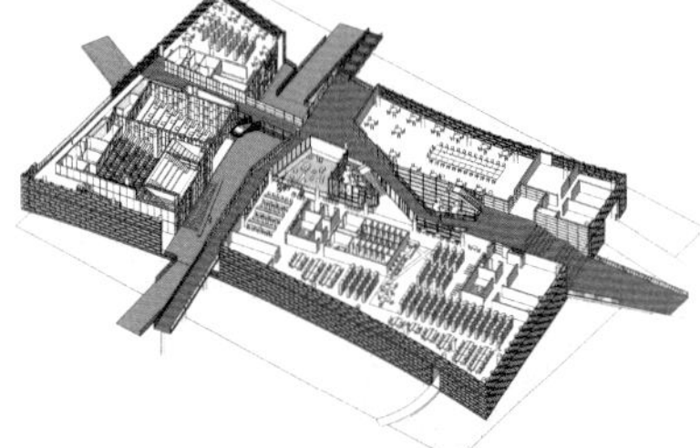

■ 二层 / 2nd Floor

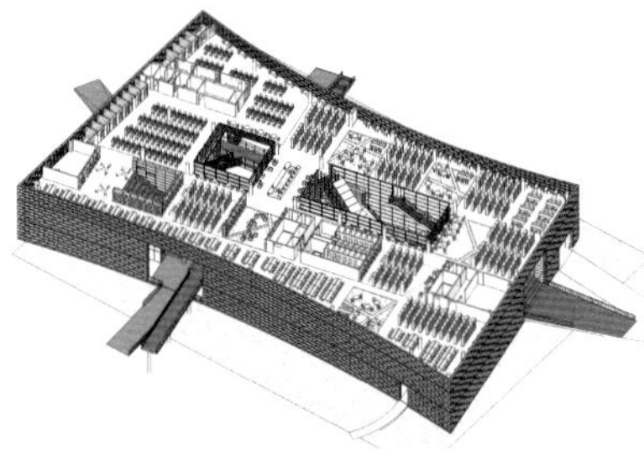

■ 三层 / 3rd Floor

3 800m^2 的开敞式大空间。为便于模数化的藏书区和阅览区日后互换，整层结构板均按藏书区荷载来设计，柱跨统一为 8 400×10 800（mm）。

图书馆外墙意图使用 GRC（即玻璃纤维增强混凝土），在综合考虑立面尺度、结构承载力、可加工的构造尺寸、当地遮阳需求等因素后，GRC 单元格被设计为尺寸 1 800×675×400（mm）的轻质高强的空心模块，中间填充保温隔热材料，经脱模养护而成。种种原因，甲方在施工前要求更换为传统材料。最后实施的是银灰色半单元式铝制模块错缝拼装。铝板模块集防水保温自遮阳于一体，延续了原尺寸和拼装方式。与外墙不同，十字形游廊选用了橘色高强度水泥纤维板作为天花和墙面装饰材料。橘色主题从室外公共空间延续至室内的公共区，将人们自然地从游廊引入到建筑中来。

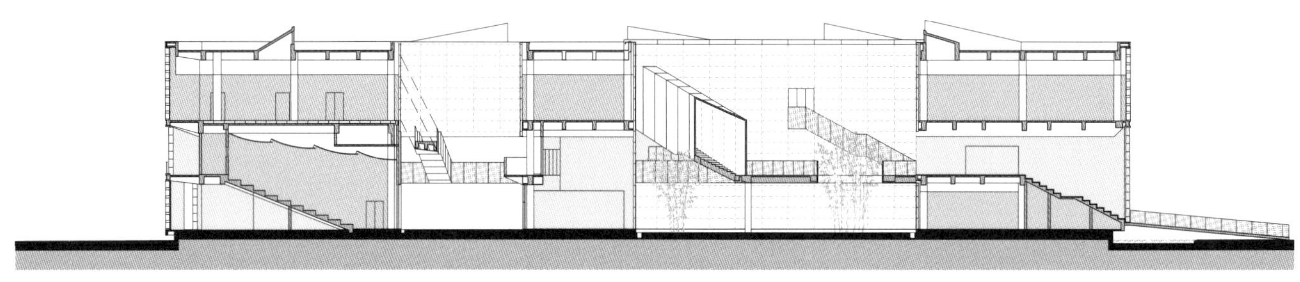

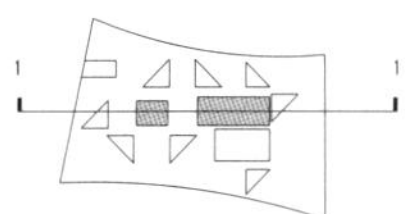

剖面图 / Section

Nowadays, as books cease to be the primary carrier for the spreading of knowledge, the meaning of "The Library" is also shifting. Recognizing this, the design not only incorporates the conventional programs of libraries, but also attempts to excavate what is embedded in libraries--the public nature that is closely associated with today's society.

Located at the core of the campus, the library features a slightly curved façade, maintaining a humble stance towards its surroundings. Students and teaching staff who commute between the academic area and the living area on a daily basis will always pass by the library, regardless of which direction they are heading. Such circulation gives rise to a corridor system that crisscrosses throughout the building, referencing the traditional Cantonese commercial arcade adapted to hot and rainy climates, attracting the public to walk to the inside. Along the north-south corridor are the public programs, including the main entrance lobby, academic auditorium, association activity room, book bar, and so forth. The corridor on the second floor extends from the west to the east—it passes by the book bar, skylight, multi-function hall, bamboo garden, reading area, semi-outdoor platform, and then finally ends at the Baishu Garden on the east. Overlapping circulation allows people to meet and communicate with each other; they can stop by to read or participate in academic activities, which will naturally become a part of their daily life. These create opportunities for a physical library to become more lively and inviting than a virtual library. On the top floor, 3,800 square meters of clear space serves an open-shelf reading area. In order to facilitate the role exchange between the modularized book collection area and the reading area, the structural load of this floor is customized for book collection areas; the column span is unified as 8 400 x 10 800mm.

GRC (Glass Fiber Reinforced Concrete) was originally specified for the library façade. With the consideration of façade scale, structural load, sizes of fabricated structural components, local shading requirement, and other factors, the GRC unitized component was designed into a light and high-strength hollow module that had a dimension of 1 800 x 675 x 400mm; its hollow core was then filled with insulating materials, with mold release and curing treatment. Due to various reasons, the client requested the material to be changed before construction. Eventually, silver grey, semi-unitized aluminum modules were assembled together in a staggered fashion. The aluminum modules were both water-proof and sunlight resistant, and were assembled following the original approach. For the crisscrossing corridors, orange high-strength fiber cement boards were applied to the ceiling and the wall. The orange color extends from the outdoor public space to the indoor public area, inviting people at the corridors to enter the building.

* 该项目图片及图纸由都市实践建筑事务所提供，摄影师：陈冠宏

扩展阅读 (Further Readings):

[1] 林怡琳 . 从“藏书阁到学术公园” 深圳南方科技大学图书馆设计 [J]. 时代建筑 ,2014,03:108-115.
[2] 孟岩 . 南科大图书馆 : 从“大学城市”的构想到它的微观呈现 [J]. 建筑学报 ,2014,07:71-73.

2013 深港双城双年展价值工厂 - 主入口改造
Value Factory Renovation of 2013 UABB - Main Entrance

蛇口工业区浮法玻璃厂
Fufa Glass Factory, Shekou

浮云

Floating

项目名称： 2013 深港双城双年展价值工厂 - 主入口改造

项目地点： 蛇口工业区浮法玻璃厂

设计时间： 2013.06-2013.09

建成时间： 2013.12

建筑面积： 旧建筑面积 620m²，新增建筑面积 400m²，合计 020m²。

业主名称： 招商局蛇口工业区

主入口建筑及入口坡道设计团队： 南沙原创建筑工作室

设计团队： 刘珩，杨宇环，Remi Loubsens，黄杰斌，吴从胜，陈良鹏

坡道方案合作： Lua Nitsche & NEXT Architects

结构设计： 北方工程设计研究院

照明设计： 光程式

Project: Value Factory Renovation of 2013 UABB - Main Entrance

Location: Fufa Glass Factory, Shekou

Design time: 2013.06-2013.09

Completion of the construction: 2013.11

Building area: existing 620m²; new 400m²; total 1,020m².

Client: The China Merchants Industrial Zone Co.

Design Team: Doreen Heng Liu (design in charge), Yang Yuhuan, Remi Loubsens, Huang Jiebin, Wu Congsheng, Chen LiangPeng

Structure: Northern Engineering Design Institutes Shenzhen

Lighting: Light Formula Shenzhen

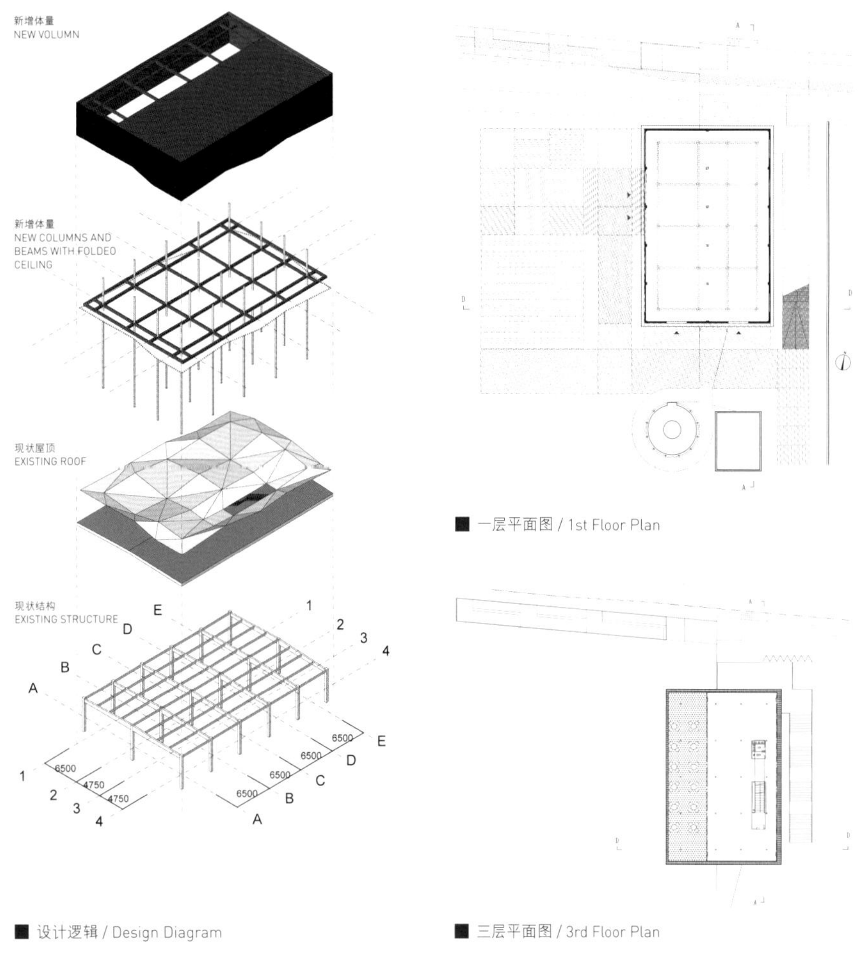

■ 设计逻辑 / Design Diagram

■ 一层平面图 / 1st Floor Plan

■ 三层平面图 / 3rd Floor Plan

■ 区位图 / Location Map

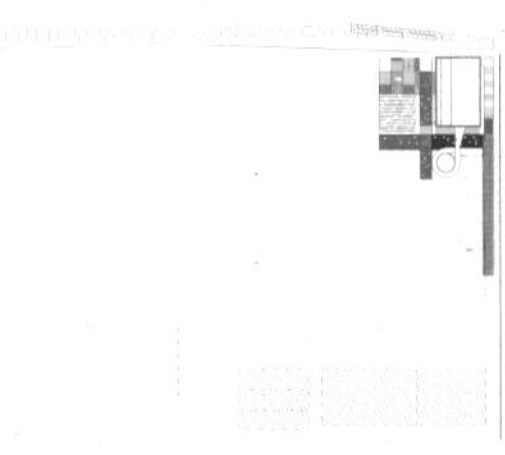

这是一座“举重若轻”的建筑，似“浮云”，很轻很简单很随意。

在主入口改造中，原本被指定拆除的旧仓库被保留，新的入口形式希望能与这栋旧仓库有机地结合起来，于是新体量借由典型的框架混凝土的老建筑中“生长”出来新的轻型钢结构所支撑，新旧建筑在体量相似，上下直接“平移”，新老建筑形成有趣的时代及技术反差；与此同时，新的公共空间在新旧的夹缝中由此不经意地衍生出来，而“第六立面”的半反光折面天花与旧建筑屋顶之间的空间，作为界定厂区“入口”的区域，自然而然地顺接独特的烟囱体型，斜切的入口平台将人流导向环绕烟囱而下的螺旋坡道，引入厂区地面层，为人提供了过渡场域的体验空间。而夜间水纹状动感的照明，使得“第六立面”新旧空间之间有若即若离的镜面扭曲的神秘对照。

除了结构体量与老建筑“形似而神不似”，新建筑立面金属帘与玻璃双层围合，使建筑轻盈而有神秘感，也与老建筑的封闭立面形成色彩与材料的反差。

这栋建筑是城市设计与建构手法一次全新的结合，也是老建筑增量改造中同时保留现有城市肌理的一次大胆和有效的实验。

中心
CENTER

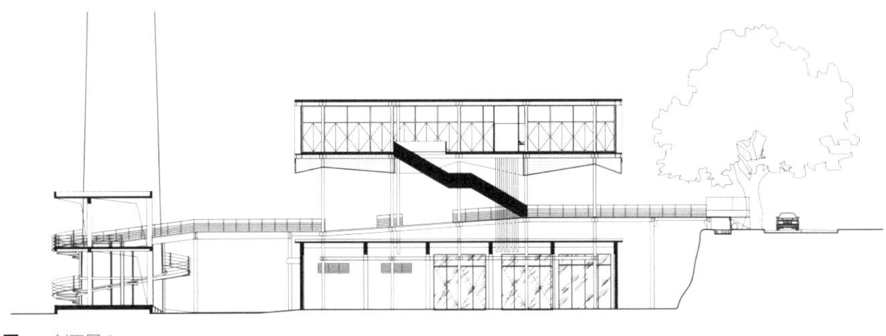

■ A-A剖面图 / A-A Section

This is a seemingly heavy yet light building, as free and simple as a floating cloud.

In the renovation of the main entrance, the old warehouse that was previously decided to be pulled down is retained in hope to be integrated into the new entrance in an organic manner. The new volume is then supported by a new light steel structure growing from the old building with typical concrete frame structure. The new and the old, with similar volume and direct vertical shift, create interesting contrasts between time and technologies. Meanwhile, a new public space casually derives from the crack between the new and the old, while the space between the ceiling with semi-reflective folded surface and the old building roof on the "6th façade", as an area defining the "entrance" of the plant, naturally continues the unique chimney shape. The beveled entrance platform guides the pedestrian circulation downwards to the spiral ramp surrounding the chimney and eventually to the ground level of the plant, creating a transitional experience space for visitors. The night lighting in dynamic wavy pattern furthermore creates vague and mystical contrast on a twisted mirror between the new and the old spaces of the "6th façade".

In addition to the structural volume that is similar in form yet different in spirit from the old building, the new building is also provided with a façade enclosed by both metallic curtain and glass skins, which adds lightness and mystery to the building while creating color and material contrasts with the closed façade of the old building.

The design is a completely new mix of approach from both urbanism and tectonics, meanwhile it is also another bold and effective experiment of the new adding upon the old without destroying the existing fabric of the city but enriching the public experience of the city.

* 该项目图片及图纸由南沙原创建筑工作室提供

扩展阅读 (Further Readings):

[1] 刘珩，李翔宁．"浮云" 2013 深港城市 / 建筑双城双年展浮法玻璃厂主入口设计改造 [J]. 时代建筑 ,2014,(3):99-107.

[2] 刘珩．"浮云" 主入口与砂库公共区——2013 深港双年展浮法玻璃厂改造项目 [J]. 世界建筑 ,2014,(3)92-99+124.

2013 深港双城双年展价值工厂 - 主展厅改造
Value Factory Renovation of 2013 UABB - Main Hall

蛇口工业区浮法玻璃厂

Fufa Glass Factory, Shekou

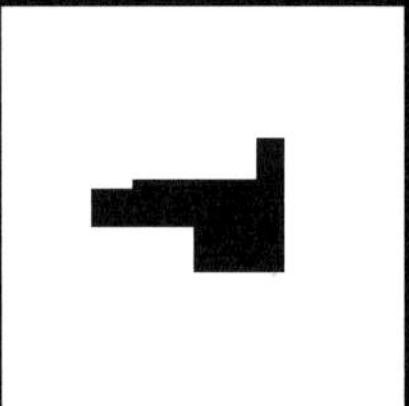

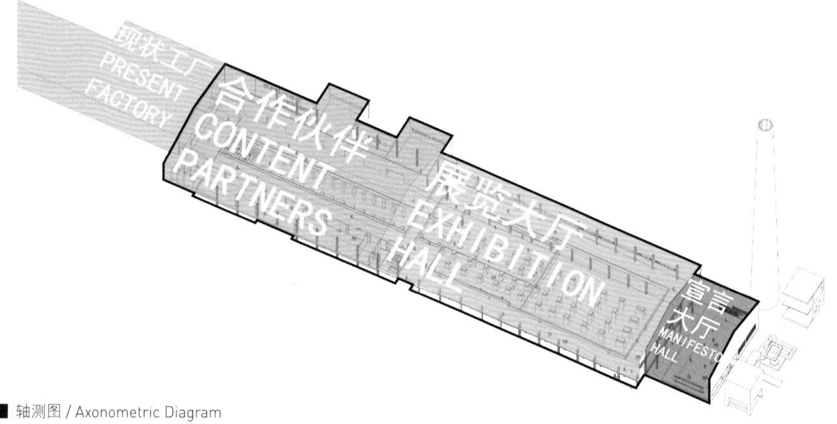

■ 轴测图 / Axonometric Diagram

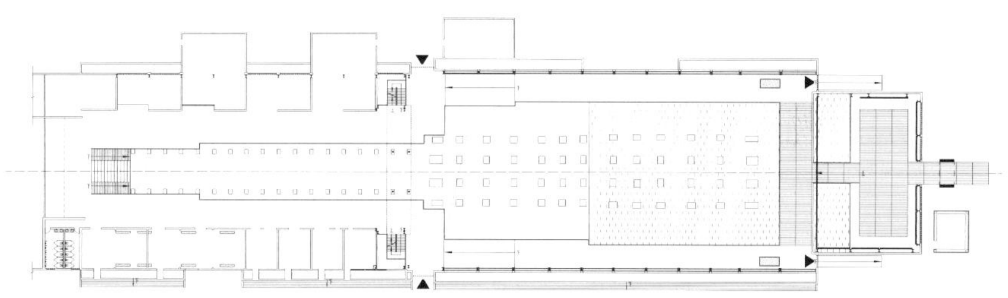

■ 地面层平面图（改造后）/ Ground Floor Plan After Regeneration

广东浮法玻璃厂具有辉煌的历史，作为深圳乃至全国最早的一个玻璃生产工厂，具有极高的历史价值，随着时代的变迁，位于城市边缘的工厂跟不上工艺的更新而惨遭淘汰。2013双年展的介入有机会让这栋废弃的厂房变成价值工厂，让原先处于背景的工厂重新焕发价值进入人们的视野是策展人奥雷 · 伯曼（Oole Bouman）的理念。

在第一次考察完现场后，我们被那种神秘，雄伟的工业遗迹所震撼，这种朴素的工业建筑体系原本具有的工艺美学，空间尺度及序列都非常独特，我们决心要将这种独特而神秘的体验加强，将这种空间最本真原始的体验呈现给参观人群。

设计策略以“最少的触碰”为指引，对厂房进行最少的改造，概念上我们将原先在这个厂房内生产玻璃的工艺流程疏理转换为观众的参观流线，将原先玻璃在熔窑内燃烧然后冷却，最终切割成成品的这个过程转换成为以“火”为概念的宣言大厅，以“水”为灵魂的展览大厅，以“人”为核心的合作伙伴区。

■ 区位图 / Location Map

宣言大厅赞美了原来这个房间的使用功能，在这里生成玻璃的各种成分进行了燃烧和融合。

火的概念通过 LED 红色灯光制作双年展的宣言来象征房间内的温度，地上铺满的木炭来代表能源的原料、黑暗的空、炙热氛围，几乎是让参观者感觉到不舒服、具有震撼的效果。

展览大厅是原先玻璃生产最重要的场地，最大化地保留现场的元素及纹理，

场地中间下沉有壮观的柱阵场景，我们以水为主题结合水池镜面反射和通过高差形成不间断的水瀑声，试图营造一种宁静以及内省的氛围。在人行的主要参观路径上，一条带有崭

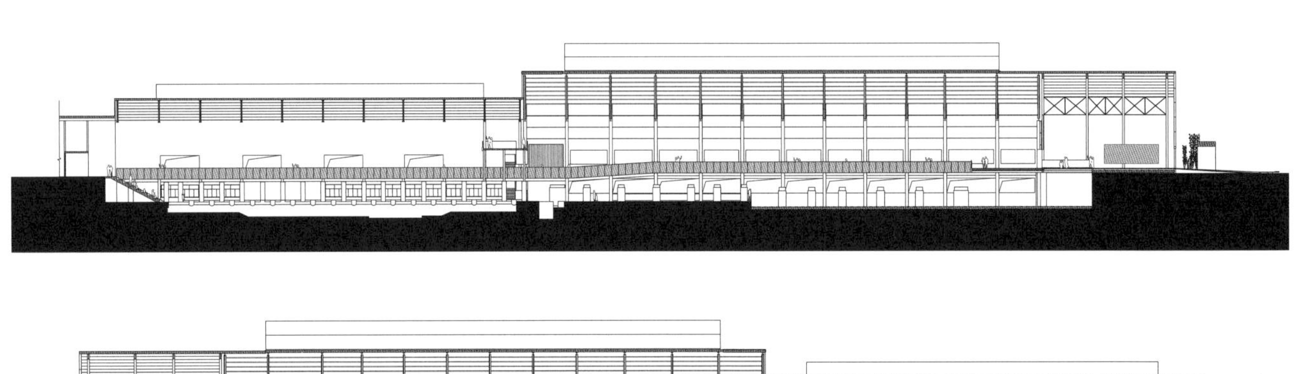

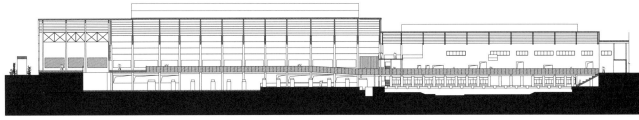

■ 纵向剖面 / Longitudinal Section

新的金属光泽的扶手栏杆结合顶部的 LED 灯光引导游人参观整个建筑流线。厂房现状的一层采光窗户被 20 块巨大的展板遮挡，隔绝外部的景色干扰，让人能够安静的享受这些工业遗迹的味道；而底层被拔除的格栅取代上层的窗户为底层水面以及柱阵提供微妙的光影效果。

合作伙伴区以“人”为核心，提供给世界各个著名文化机构以展示、宣讲、交流使用的区间。这里是整个改造后建筑内最为热闹且最有活力的区域。一个安装在 9.2m 高的天桥跨过现有建筑，轻轻支撑于现有建筑的柱敦上，充当合作伙伴与展览大厅之间的过渡区，是观赏合作伙伴区和展览大厅的最佳场所， 在合作伙伴区最端头处我们努力保留下来园孔天窗，阳光会在下午的时间投射进入这个区域，带来万神庙般神圣的光辉，赋予空间精神的升华，光线随着时间在空间中游离，给参观人群带来独特的体验。

Guangdong Floating Glass Factory has a glorious history. As the earliest glass factory in Shenzhen and even in the whole country, it has a very high historical value. With the changes of the era, located on the edge of the city, the factory was abandoned because of its backward technology and overproduction. In 2013, the factory has the opportunity to be transformed into "a value factory" by the 5th SZ-HK Biennale intervention. Ole Bouman, who was the

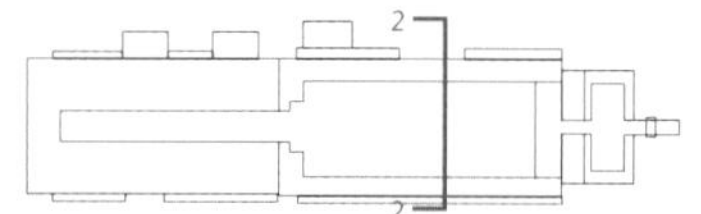

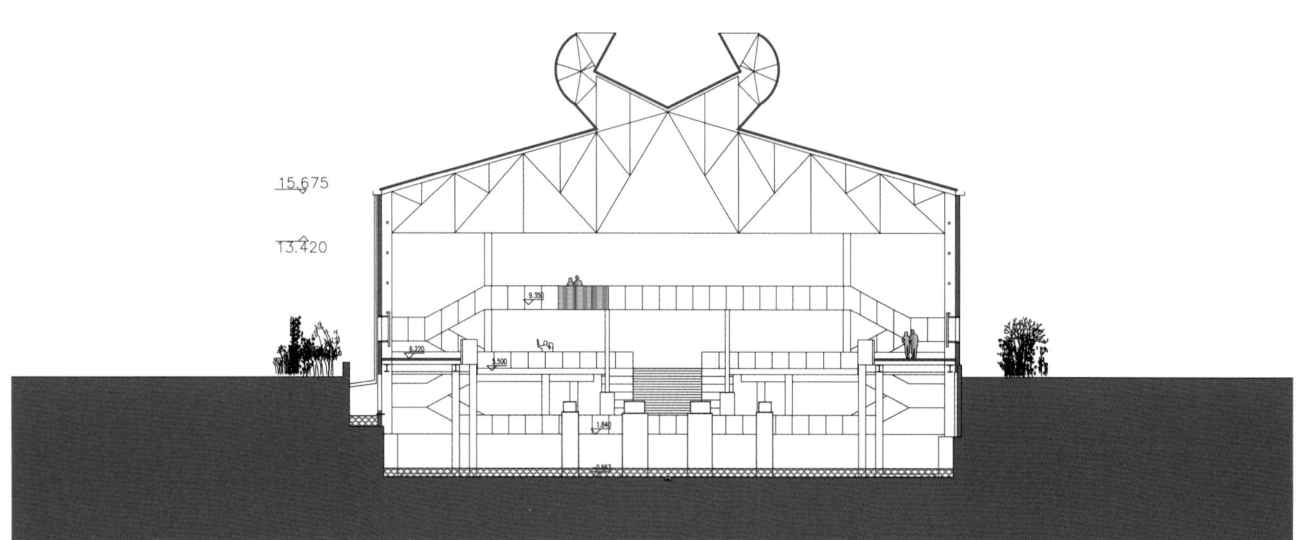

■ 横向剖面图 / Cross Section

curator of the biennale, had the philosophy to revive the factory from the background into the foreground.

After the first visit to the site, we were shocked by the mysterious, majestic industrial sites. This simple industrial building system has an original production aesthetic, scale and unique space sequence. We decided to strengthen the unique and mysterious experience and present it to visitors.

Taking our design strategy "minimal touch" as the guide, we do minimal transformation, and the idea is to covert the original glass production process into the streamline of the audience. We simplify the process from the furnace combustion and cooling, to eventually cut into glasses as the product into the process of three different halls, the "fire"-manifesto hall, the "water"-exhibition hall, the "people"-partners hall.

The manifesto hall celebrates the former use of the site, where materials were melted down to produce glass. The main elements are the red neon lights with the biennale's statement, which symbolize the heat glass; charcoal, refering to energy source; and water, indicating the cooling of the glass, will happen in the next referring. The atmosphere is dark and hot, almost uncomfortable, but sublime in its impact.

The Exhibition Hall is the most important space to be preserved, because it is the core of the industry activity. The space is kept almost empty. Existing elements and textures were cleaned and maintained as much as possible in its actual state. In the central void, the sight to the underground reveals a landscape composed of columns and water that create an introspective atmosphere. Around the footbridge, a new shiny black metal guardrail with embedded led clearly guides the visiting circulation. Lights trace its contour and organize the space. The reflection of light from water crossing the space in-between concrete columns can extend the exhibition experience. Backlight panels with pictures from the fabric cover the existing windows isolating the space from the outside and evoking its industrial past.

The partner hall is the most lively space in the building and should be a bright and comfortable place to display content and the working activities of content partners and visitors, with a blend of formal and informal spaces. A mezzanine inserted at 9,2 meters height acts as a filter between the Content Partners Court and the Exhibition Hall, providing access to existing rooms on the second floor of the court's left wing. In the end head, we strive to retain the hole for skylight to enter in the afternoon, Pantheon like holy radiance, giving the space a feeling of sublimation.

* 该项目图片及图纸由深圳市坊城建筑设计顾问有限公司提供

2013 深港双城双年展价值工厂 - 筒仓改造
Value Factory Renovation of 2013 UABB - Silo

蛇口工业区浮法玻璃厂

Fufa Glass Factory, Shekou

唤醒沉睡厂房的活力

Revitalize the Disused Factory Buildings

建筑保护不再仅仅保留历史和空间，建筑改造也不仅仅给旧建筑注入新的使用内容而达到再利用。本次玻璃厂就工业建筑的“介入”和“再现”试图通过对旧工业建筑的探索和发现，重新找寻已经失落的空间存在和体验，进而为城市建筑和建筑学带来新的发展养分。

原料筒仓位于生产大厅和沙库建筑之间，是浮法玻璃厂的中心，也是整个厂区的制高点和标志物。建筑物平面东西向长 78m，由西向东分为三段，分别是西面两个直径 5.4m 的钢制副原料筒，中间四个直径 14m 的钢筋混凝土主原料筒和东侧一幢包含主要垂直交通和运输的长方体建筑；建筑立面从地面往上分同样分为三段：底层是高约 6m 的出料层，中间是高 30m 的筒仓存储层，顶上则是高 3.6m 的入料层。

由于建筑大部分的物料存储空间无法进入，我们只能借助建筑的测绘图从抽象的角度阅读建筑。当你翻阅原料筒仓的建筑平剖面，上述纯功能和机械效率的建造物竟然呈现为“迷”一般的具有某种宗教意味的图式型制。这种图面的体验引诱着建筑师继续找寻进入（或“介入”）筒仓建筑并揭示其精神力的尝试。

设计试图通过在这个巨大的建造物器当中引入一条奇特的体验流线，在流线穿越或者跨越建造物质之处，我们植入一系列抽象、透明、表现为无质量的廊、桥、梯、台、墙等新建构物，架设在在原有具体工业功用退却后的虚无背景中。对筒仓的介入是轻触式的，安静并谨慎；是点穴式的引导和发现，未去惊动原有沉睡的工业之魂。

■ 区位图 / Location Map

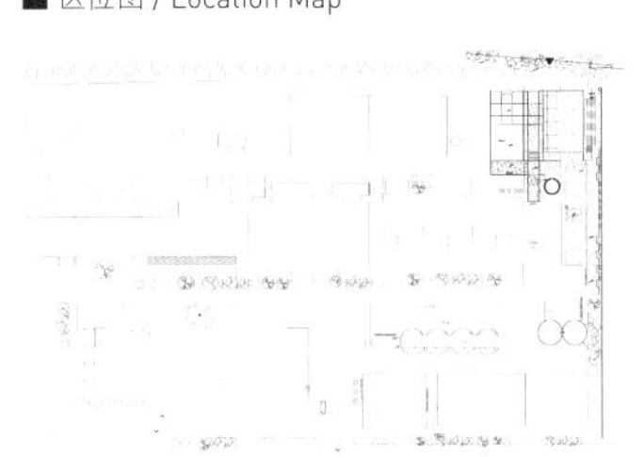

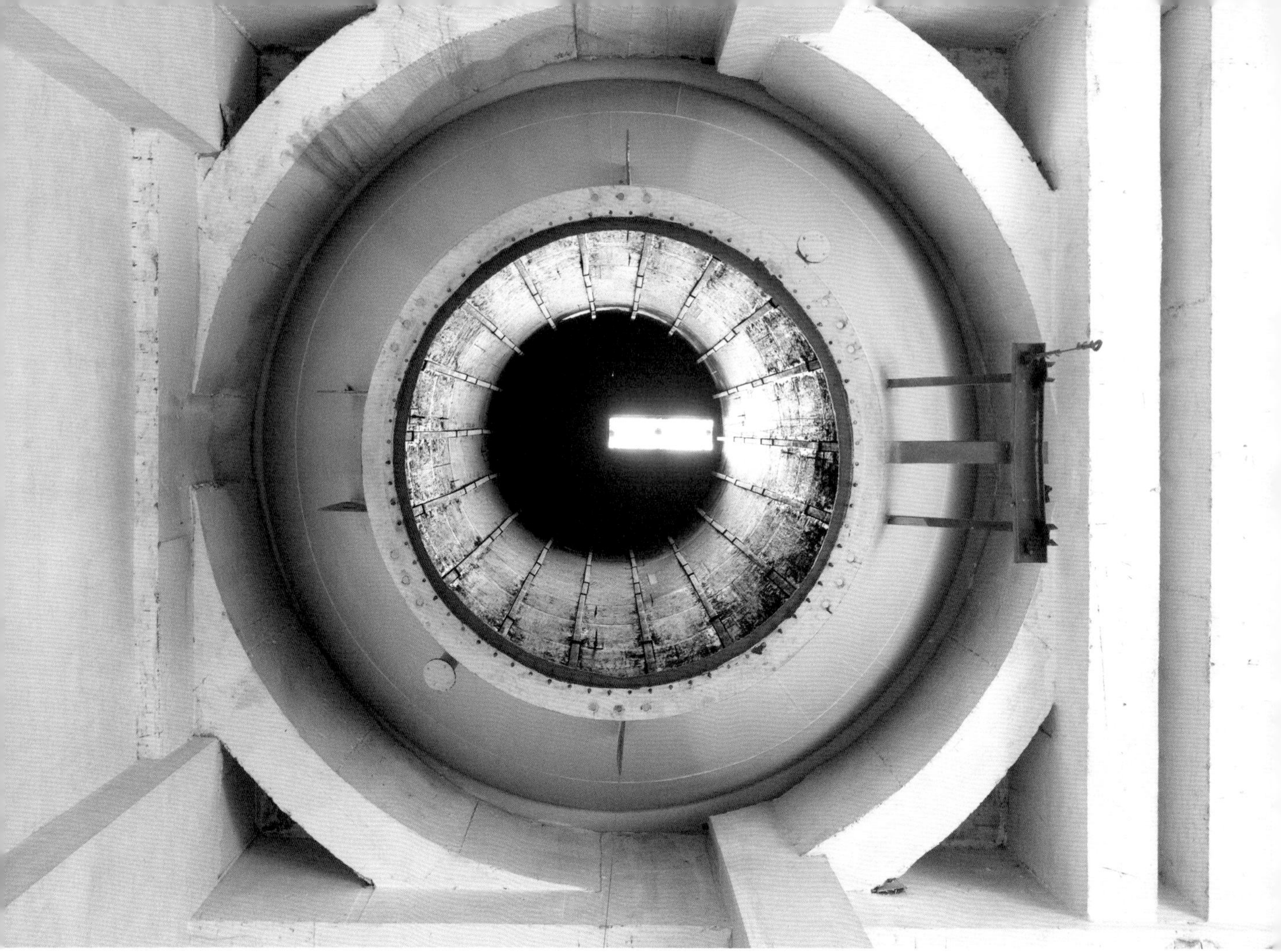

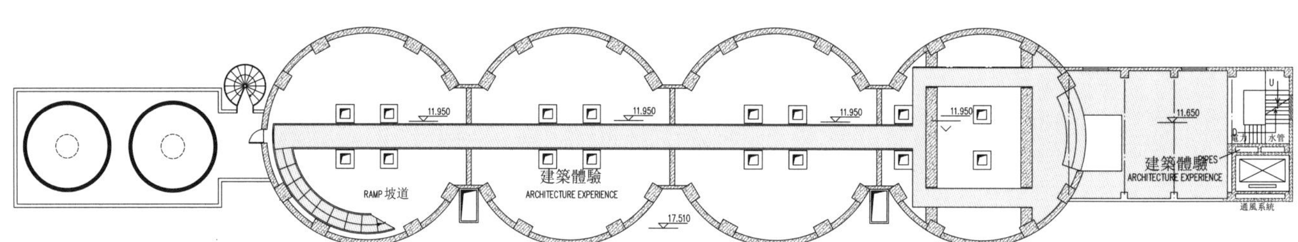

■ 二楼和堆房平面图 / 2nd Floor and Shed Roof Plan

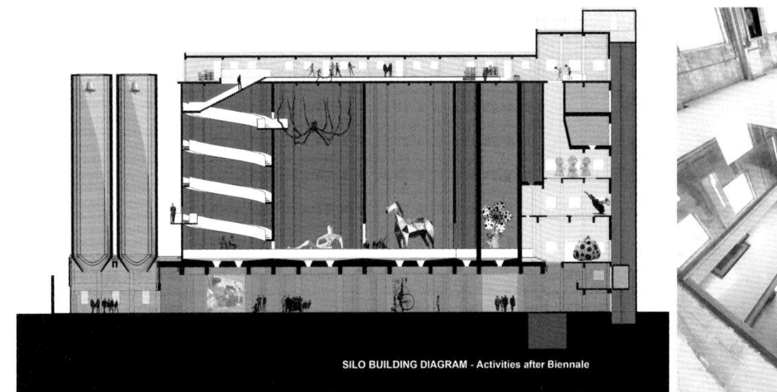

■ 设计逻辑 / Design Diagram

Architecture conservation is not only a matter of reserving history and physical space. Architectural renovation is also recycling old buildings for new functions. The reconversion of the former Guangdong Floating Glass Factory is an experiment of rediscovering the lost spatial existence and experience via architectural study on contemporary industrial relics. We expect that new possibilities of architecture and urbanism can be unveiled for contemporary Chinese cities.

The silo building occupies the centre of the 4-hector factory site, standing out in-between the main production hall and the sand warehouse. The 78-metre-long building is composed of three parts in plan: two thin steel silos of 5.4m in diameter at the west end, four concrete silos of 14m in diameter in the middle, and at the east end, an rectangular vertical transportation tower. Likewise in elevation, the building is composed of three parts: a 6-metre-high ground discharging level on the bottom, a 30-metre-high silos shaping the main bodies of building in the middle, and on the top, a 3.6-metre-high horizontal material-inlet level.

The studies of the internal space mostly can only be conducted on survey drawings since the internal silo space was inaccessible during the design phase. The symmetric plans and sections of a building of pure function and efficiency on paper surprisingly showed surprisingly an enigmatic relation to some sort of religious prototype. This literal spatial experience on paper continuously allured architects to unveil its mystery and intervene into the enclosed shadow.

Weightless, transparent and abstract spatial installations are implanted to the empty background after the exeunt of industrial function. Bridges, ramps, staircases, terraces and walls are built to articulate the breakthroughs and intervals of the original spaces. All the interventions are light, quiet and moderate, without waking up "the sleeping spirits of industry".

* 该项目图片及图纸由源计划建筑师事务所和 Mauer United 提供，摄影：源计划

扩展阅读 (Further Readings):

[1] 何健翔，蒋滢 .2013 深港建筑双年展价值工厂原料筒仓改造设计 [J]. 城市环境设计 ,2014,07:132-137.

南山婚姻登记中心
Nanshan Marriage Registration Center

南山区常兴路和南头街交汇处西南角
Changxing Road & Nantou Street, Nanshan District

城市礼仪空间的再生

Regeneration of Urban Ritual Space

项目名称：南山婚姻登记中心
项目地点：南山区常兴路和南头街交汇处西南角
项目时间：2008-2011
用地面积：3 003m²
建筑面积：978m²
建筑层数：2
建筑高度：12.25m
业主：深圳市南山区建筑工务局 深圳市南山区建设局
建筑设计：都市实践建筑事务所
主持建筑师：孟岩
项目组：傅卓恒，张震，王俊，胡志高，尹毓俊，李强，张新峰（建筑），魏志姣，廖志雄，林挺，于晓兰，刘洁（景观），朱加林，吴文一（技术总监）
室内：郭群设计
结构：广州容柏生建筑结构设计
机电：天宇机电设计
施工图：深装总装饰工程
标识：黄扬设计
施工单位：
深圳市深装总装饰工程工业有限公司 广东省八建集团

Project: Nanshan Marriage Registration Center
Location: Changxing Road & Nantou Street, Nanshan District
Project Period: 2008-2011
Site Area: 3,003m²
Floor Area: 978m²
Building Levels: 2
Building Height: 12.25m
Client: Public Works Bureau of Nanshan District, Construction Bureau of Nanshan District
Architectural Design: URBANUS
Principle Architect: Meng Yan
Design team: Fu Zhuoheng, Zhang Zhen, Wang Jun, Hu Zhigao, Yin Yujun, Li Qiang, Zhang Xinfeng(Architecture) Wei Zhijiao, Liao Zhixiong, Lin Ting, Yu Xiaolan, Liu Jie(Landscape) Zhu Jialin, Wu Wenyi(Technical Director)
Interior: Guoqun Studio
Structure: RBS Architectural Engineering Design Associates
MEP: Shenzhen Tianyu Dynamo-electric Engineering Design Firm
LDI: Shenzhen Decoration and Construction Industrial Co.,Ltd.
Logo: Huang Yang Design
General: Shenzhen Decoration and Construction Industrial Co.,Ltd, Guangdong 8th Construction Group Co.,Ltd.

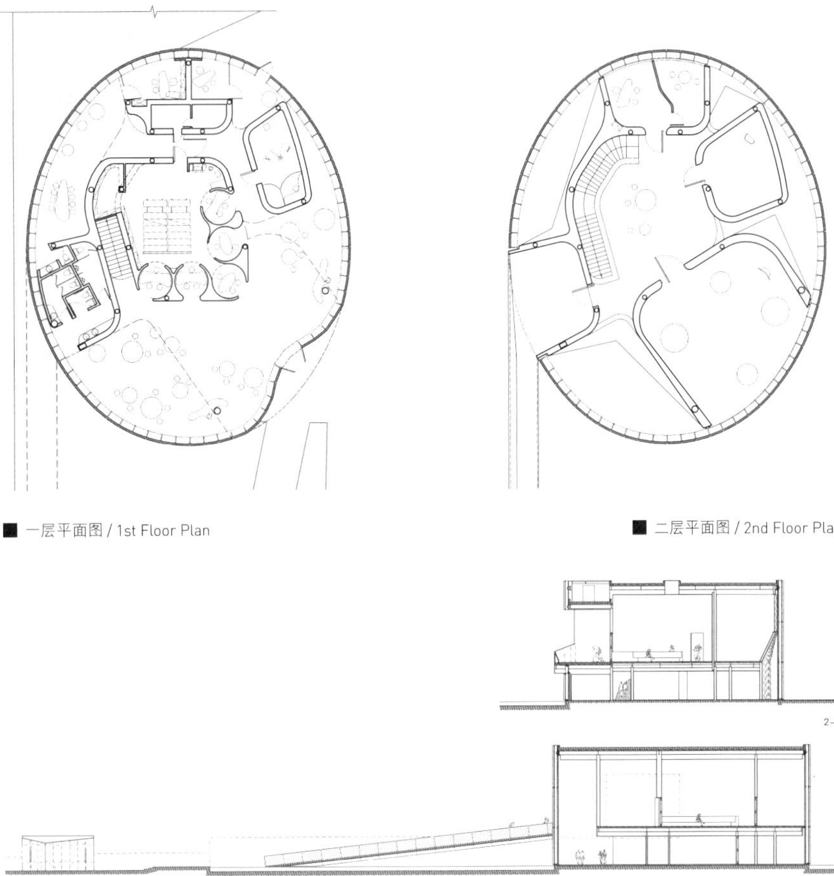

一层平面图 / 1st Floor Plan

二层平面图 / 2nd Floor Plan

剖面图 / Section

在中国的现实生活中，婚姻登记处作为民政部门的一个办事机构，只是个平常和平淡的场所， 原本浪漫和令人激动的婚姻登记变得枯燥和程序化了。作为一个新的婚姻登记处建筑类型，南山婚姻登记中心不仅能够为前来登记的新人们带来新的生活体验，更能成为一个信息发布的媒介， 展示和记录新婚夫妇登记结婚的这一美好历程， 同时，也为城市创造一个留存永久记忆的场所。

项目基地位于深圳市南山区荔景公园的东北角，长约 100m，宽约 25m。位于北端、靠近街道转角位置的建筑主体，通过架在水面上方的浮桥，与基地南端的凉亭广场相联系。这种布局方式不仅强调了结婚登记的仪式感，也使得位于街角的建筑主体成为一处具有象征性的城市标志物。

人们在建筑中的特殊体验是这个项目设计的重点。建筑内部的一条连续的螺旋环路舒缓地串联起整个序列性的片断：到达、在亲友的注目下穿过水池步向婚礼堂、合影、等候、办理、拾级、远眺、颁证、坡道、穿过水池、与等候的亲友相聚。在建筑内部空间，以需要相对私密的小空间来划分完整的空间体量，剩余的充满整个建筑具有流动性质的公共空间之间形成通高与镂空等丰富的空间效果。包裹整个建筑主体的表皮由两层材料构成， 外表皮的铝金属饰面用细腻的花格透出若隐若现的室内空间， 内表皮则由透明玻璃幕墙构成真正的围护结构。整个建筑内部空间和外部表皮统一的白色烘托出婚姻登记的圣洁氛围。

区位图 / Location Map

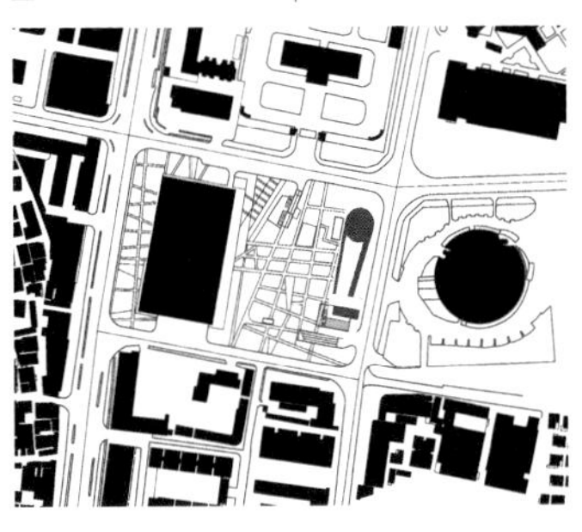

也纳酒店
维也纳酒店

In China, the image of a marriage registration office is closely linked with the Government. In reality, the Registry is an office of the civil affairs department, so it is normally perceived as a common and dull place, as part of the bureaucracy. This situation turns the supposedly romantic and exciting idea of marriage registration into a routine and boring experience. Nanshan Marriage Registration Center is a new architectural type, for which the architects hope to bring new life experiences to new couples, and to create a medium for information display, recording of newly registered couples, and also retain for the city a permanent memory of the journey of marriage.

The site of the project is in Lijing Park in Nanshan district, located in the Northeast corner of the park, approximately 100m long and 25m in width. The main building is placed in the northern side of the site, close to the street corner. A small pavilion on the southern side is connected with the main building by two bridges floating on a reflecting pool. The overall arrangement reveals this series of ceremonial spaces gradually. At the same time, it also makes the main building a symbolic civil landmark.

A key point of this design is to discover how to organize the personal ceremonial experience. A continuous spiral shows part of the process in the whole sequence—"arriving, approaching to the wedding hall with the focus of relatives, photographing, waiting, registering, ascending, overlooking, issuing, descending slope, passing the water pool, and reuniting with relatives". For the design of the building, the whole volume is divided into smaller spaces to achieve relative privacy. The remainder of the whole building is full of a flow that creates a rich spatial effect. The building's skin is separated into a double layer structure, with the first layer using a floral mesh aluminum to reveal the interior, and the second layer using glass walls to provide a weatherproof structure. The overall inside space and the outside facade are all white in order to show the saintly atmosphere of marriage registration.

* 该项目图片及图纸由都市实践建筑事务所提供，摄影：孟岩 吴其伟

1.前亭 / Pavilion
2.步道 / Path Way
3.接待处 / Reception
4.楼梯 / Stairs
5.等候区 / Waiting Area
6.颁证室 / Marriage Certificate Room
7.坡道 / Ramp

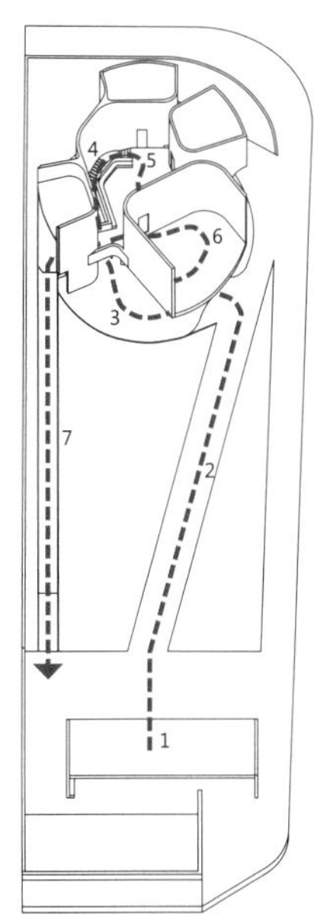

■ 流线分布图 / Diagram of Movement

扩展阅读 (Further Readings):

[1] 孟岩．城市礼仪空间的再生 深圳南山婚姻登记中心 [J]. 时代建筑 ,2012,04:116-123.
[2] 都市实践．南山婚礼堂设计 [J]. 建筑学报 ,2012,02:17.

2011 年世界大学生运动会宝安体育场
Universiade 2011 Bao'an Stadium

宝安区新湖路
Xinhu Road, Bao'an District

竹枝上轻盈的张拉膜结构
Suspended Membrane Roof on the Bamboos

项目名称： 2011 年世界大学生运动会宝安体育场
项目地点： 宝安区新湖路
竞赛时间： 2007 年，一等奖
设计 / 建成时间： 2009 / 2011
建筑面积： 88 500m²
座席数： 40 050 个
贵宾包厢： 20 个
商务座席： 360 个
轮椅座席： 70 个
媒体座席： 216 个
体育馆长度： 24 580m
体育场宽度： 24 580m
体育场高度： 39.65m
业主： 深圳市宝安区体育局
建筑设计： 冯·格康，玛格及合伙人建筑师事务所

主持建筑师： 曼哈德·冯·格康和斯特凡·胥茨以及大卫·申科
项目负责人： 大卫·申科，李然
中方合作设计单位： 华南理工大学
屋面结构： Schlaich Bergermann und Partner
照明： Schlotfeldt Licht

Project: Universiade 2011 Bao'an Stadium
Location: Xinhu Road, Bao'an District
Competition: 2007 – 1st prize
Design/Completion: 2009/2011
Gross floor area: 88,500m²
Seats: 40,050
VIP boxes: 20
Business seats: 360
Places for wheelchair users: 70
Places for press: 216
Length of the stadium: 24,580m
Width of the stadium: 24,580m
Height of the stadium: 39,65m
Client: The Sports Bureau of Bao'an District
Architectural Design: gmp
Principle Architect: Meinhard von Gerkan, Stephan Schütz, David Schenke
Project leaders: David Schenke, Li Ran
Chinese Partner Practice: SCUT South China University of Technology
Structure: Schlaich Bergermann und Partner
Lighting: Schlotfeld Licht, Berlin

坐落于深圳宝安区的体育场，设计目标为一座容纳 40 000 人的田径体育场，它在 2011 年世界大学生运动会召开之际被委以重任，作为足球赛场投入使用。

华南竹林意象

场馆的设计灵感来源于极具华南地区风情的竹林场景，其在重现华南地域特色的同时构成了看台以及大跨度屋面的结构支承系统。建筑的外表皮将建筑立面、主体结构以及所运用的象征性建筑语汇整合为一个极具表现力的整体。修长的钢柱在光影中参差交错，如同抽象放大的竹枝，赋予建筑竹林的意象。

主场馆设计

体育场紧邻体育中心和游泳馆，位于现有东西轴线之上。体育馆以及其附属的预赛场地的建成更加契合了城市的景观轴线。体育场圆形的几何形式强调其作为主赛场的核心地位的同时，又避免在市政规划秩序中引入更多的街道元素。体育场坐落丁 个被抬起的平台之上，赛场的下层看台以及一部分内部功能分区被安置于这个平台之内。

为了创造理想的观赛视野，围绕椭圆形的田径赛道，一个正圆形的看台应运而生。这种圆形通过一个波浪形起伏的看台构成，其在椭圆形赛场的纵向分布着较多座位，而椭圆两端座位则相对较少。看台起伏的弧线边缘同时也是刻画建筑整体形象的主要元素。

观众可通过位于四个方向上的大型露天台阶到达体育场平台之上。巨大的平台广场可以汇集从各个方向上到达的人流。通过钢柱结构组成的竹林，观众可进入体育场的第一环廊中，从这里观众可直接经过楼梯到达上层及下层看台。分两排罗列的钢柱穿插交错，刻画出野趣盎然的竹林意象。内环支柱直接与波浪型的混凝土上层看台相连接，承担观众席的垂直荷载。

大跨度结构系统

建筑屋面的支撑结构位于看台支柱的内侧，构成独立于混凝土看台之外相互独立的结构体系，从而实现了屋面的相对位移，增强了其抗震能力。同为 32m 长的钢管由于其承重各不相同，管径设计为 550mm 至 800mm 不等。这种特殊支撑结构系统不仅可以很好地传导水平方向应力，还可一并解决屋面膜结构的排水问题。

在宝安体育场屋面结构设计中，建筑师遵循一贯秉持的可持续性发展原则，对建筑材料的有效使用进行了充分的考虑。观众看台上部的屋面为拉索固定的张拉膜结构，通过一个位于中心的张力环和呈放射状的辐条结构支撑，巧妙地实现了巨大的跨度。看台的每一侧都伸出一个长 54m 的悬臂，36 对辐条拉索通过钢绞线构成的双张力环衔接一体，在赛场上空构成一个闭合且直径 230m 的圆形。辐条拉索结构运用了张力环与压力环受力平衡的原理，两个张力环位于不同的高度之上，通过位于赛场上方 18m 高处的竖向支柱连接，且与体育场边缘的压力环相接，从而实现了整个结构的稳定。这一巧妙的大跨度结构系统在中国地区的独特运用，成功地体现了力与美的完美结合。

■ 总体规划 / MasterPlan

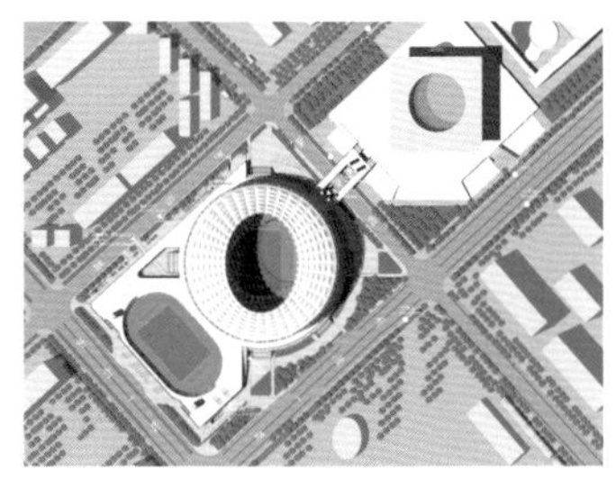

The stadium (actually in the Bao'an district) is designed as an athletics stadium holding 40,000 spectators. However, during the 2011 Universiade, it was used for football matches.

Abstract Versions of the Bamboo Shape

The extensive bamboo forests of southern China were the inspiration of the design. The

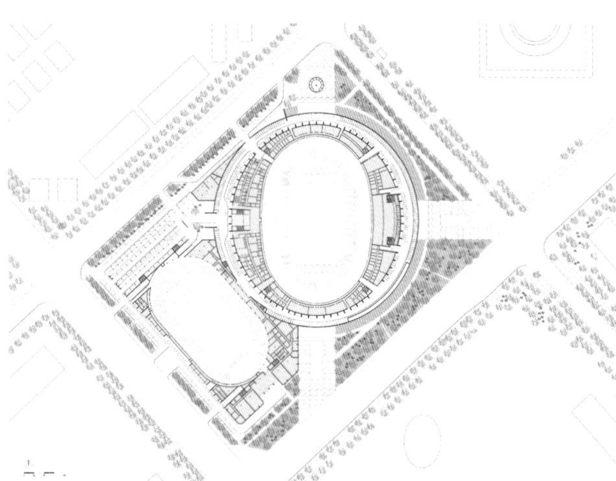

■ 一层平面图 / 1st Floor Plan

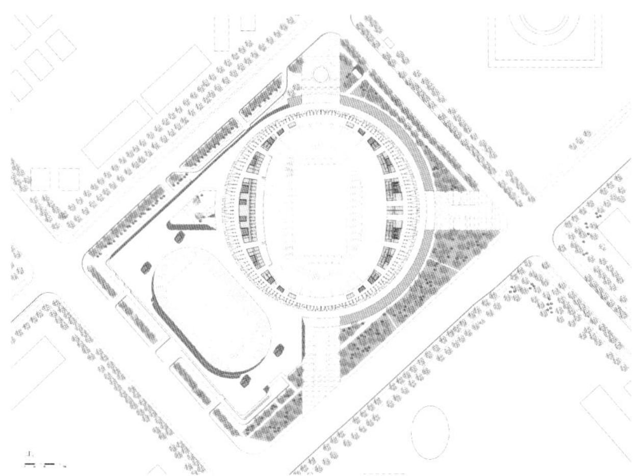

■ 二层平面图 / 2nd Floor Plan

bamboo look serves two purposes. Firstly, it reflects the character of the region, and thus creates identity. Secondly, it serves as a structural concept for both the load-bearing frame of the stadium stands and the supports for the wide-span roof structure. The outermost part of the stadium unites façade, structure and overarching architectural theme in a single feature. The natural look of the bamboo forest, together with the interplay of light and shadow between the trunks, is interpreted structurally through rows of slender steel supports, giving an abstract version of the bamboo shape.

Design of the Stadium

The stadium is built in the immediate vicinity of a sports arena and a swimming bath, on an established east-west axis. The stadium and the attached warming-up place fall in with this existing urban axis. The choice of a pure circle for the geometry of the stadium was not to introduce any other geographical orientation into the urban planning situation, but to emphasize the central character of the sports venue. Appropriately for the use of the

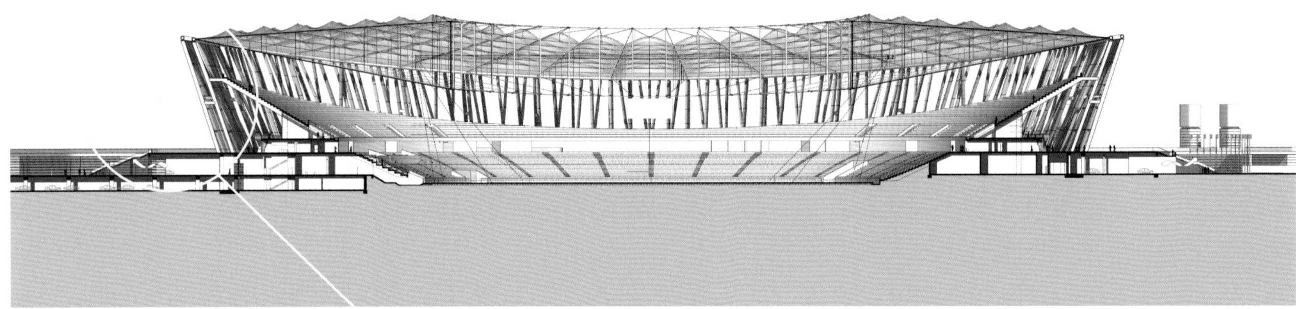

■ 剖面图 / Section

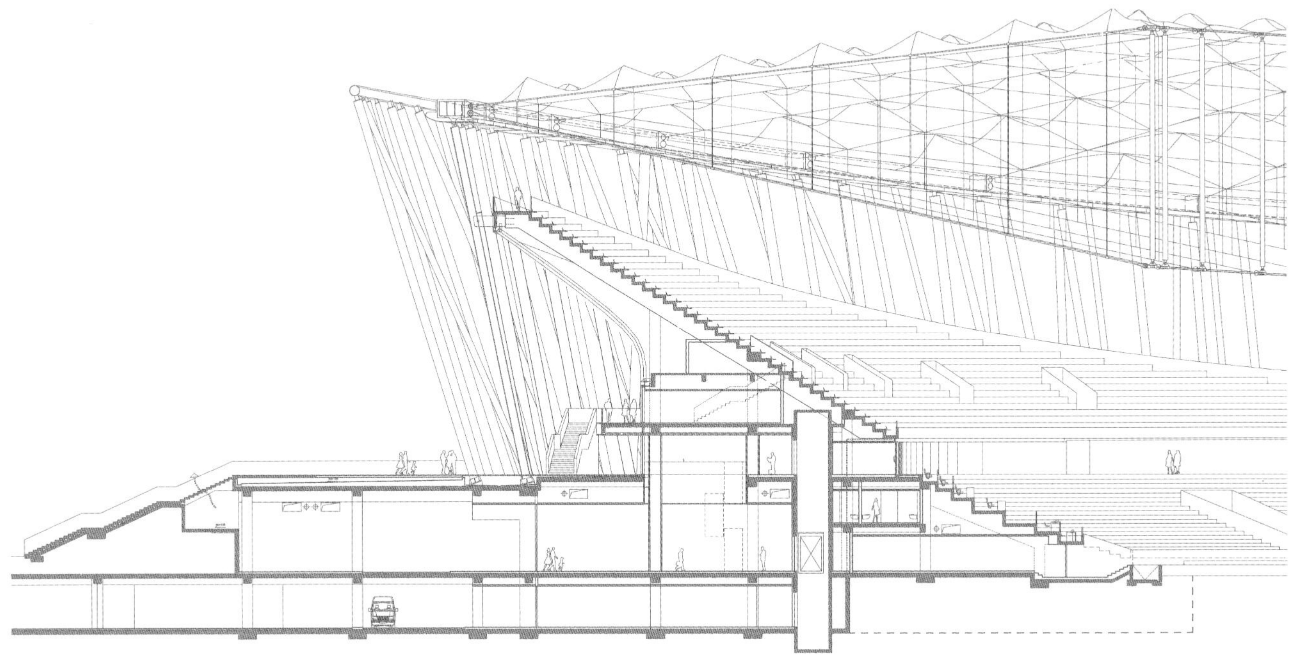

■ 剖面细节图 / Section Detail

building, the stadium stands on a grassed plinth, which incorporates the inside lower tiers of the seating and internal functional areas. The geometry of the spectator seats involves a modulation, from the oval of the athletics track into a perfect circle. The undulating upper tier of the stands is the result of this modulation, creating a large number of seats on the long sides of the pitch and fewer seats on the short sides. The curved line of the upper edge of the stands is repeated by the overall shape of the stadium. Visitors can get into the stadium via broad flights of steps that lead up to the podium on four sides. The flat podium allows free circulation around the whole stadium and easy access to the seats from any side. Visitors pass through the forest of steel supports into the first circulating area of the stadium, and hence go either up to the upper tier or go straight to the top of the lower tier. The image of a bamboo forest is created by the double row of steel supports, which come across as irregularly spaced and angled as in a real forest. Every other support in the inner row is connected with the concrete structure of the undulating upper tier, thus carrying the vertical loads of the spectator seating.

Large Span Structural System

Though the supports for the roof structure stand inside the rows of stand supports, they are completely separated from the concrete structure in order to cater for the independent movements of the large roof. The steel tubes, which are up to 32m in length, differ qualitatively according to their loadbearing behavior and function. In diameter, they range from 550mm to 800mm, varying in accordance with their differing static loads. The horizontal stiffening of the structure and drainage of the roof membrane is likewise provided by special supports. Particular attention is also paid to the efficient use of materials during the design of the roof structure of the Bao'an stadium, which is in accordance with the principle of sustainable building. This is why a membrane roof suspended from an outer frame is selected to cover the seating areas – the ratio of material used to the surface cover constitutes an ingenious optimum for wide-span structures. With a diameter of 230m and a cantilever of 54m on each side of the stands, the roof is carried by 36 pairs of cables brought together via a circular double tension ring of strandbundle cables above the pitch. Placed at various heights, the tension rings are linked together by 18m-high air supports, and together with the compression ring at the edge of the stadium produce a balance of forces on the principle of a spoked wheel.

* 该项目图片及图纸由冯 · 格康　玛格及合伙人建筑师事务所提供，摄影师：Christian Gahl

扩展阅读 (Further Readings)：

1.Universade in China mit neuen Stadien: Das Hamburger Büro gmp baut komplette Sportlandshaften[N]. DEUTSCHE BAUZEITSCHRIFT,2011.08.18.

2.Signals within the Territory-Bao'an Stadium[J]. ARCHITEXT, 2014(3).

3. 斯特凡·胥茨，沈大伟 . 深圳宝安体育场设计 [J]. 建筑学报，2011(9).

4. 徐吉 . “竹林”—深圳宝安体育场 [J]. 世界建筑导报，2011(4).

5. 曼哈德·冯·格康，斯特凡·胥茨，沈大伟 . 深圳宝安体育场 [J]. 世界建筑导报，2011(4).

6.David Schenke, 李竞一 . 宝安体育馆——竹林，2011 年世界大学生运动会足球赛场 [J]. 建筑技艺，2011(2).

2011 年世界大学生运动会体育中心
Universiade 2011 Sports Center

龙岗区龙翔大道
Longxiang Road, Longgang District

景观公园中的晶体建筑结构

Crystalline Architectural Forms in a Landscaped Park

项目名称： 2011 年世界大学生运动会体育中心

项目地点： 龙岗区龙翔大道

竞赛时间： 2006 年，一等奖

设计 / 建成时间： 2007/2011

用地面积： 870 000m²

建筑面积： 286 500m²

座席数： 60 000 个

多功能厅座席数： 18 000 个

游泳馆座席数： 3 000 个

业主： 深圳市建筑工务署

建筑设计： 冯 · 格康 玛格及合伙人建筑师事务所

主持建筑师： 曼哈德 · 冯 · 格康，斯特凡 · 胥茨，尼古拉斯 · 博兰克

项目负责人： Ralf Sieber

中方设计单位： 深圳市建筑设计研究院（体育场），中国建筑东北设计研究院（体育馆），中建国际设计公司（游泳馆），深圳市北林苑景观及建筑规划设计院（景观设计）

屋面结构： Schlaich Bergermann und Partner

技术设备： IG Tech

照明： Conceptlicht

声学： Ahnert

立面： SuP

Project: Universiade 2011 Sports Center

Location: Long Gang District, Shenzhen

Competition: 2006 – 1st prize

Design/Completion: 2007/2011

Planning Area: 870,000m²

Gross Floor Area: 286,500m²

Seats Stadium: 60.000

Seats Multi-function hall: 18.000

Seats Swimming hall: 3.000

Client: Bureau of Public Works of Shenzhen Municipality

Architectural Design: gmp

Principle Architect: Meinhard von Gerkan and Stephan Schütz with Nicolas Pomränke

Project leader: Ralf Sieber

Chinese Partner Practices: SADI (Stadium), CNADRI (Arena), CCDI (Swimming hall), BLY (Landscape design)

Structure: Schlaich Bergermann und Partner

Technical Equipment: IG Tech

Lighting: Conceptlicht

Acoustics Acoustic: Ahnert

Facade: SuP

2005年深圳市开始申办2011年第26届夏季世界大学生运动会。就参赛运动员总数来讲，夏季世界大学生运动会是世界范围内仅次于奥运会的综合项目赛事。各运动中心将容纳大量的体育设施，这也与这座快速发展中的城市相匹配。整体的规划构想是，联合周边景观，创造一个“运动城市”。

设计目标

大运会体育中心需要满足举办国际赛事和组织大小演出活动的双重功能要求。设计目标是为深圳市创造一个具有重要文化价值与象征性的项目。运动公园中的公共设施也有着同样重要的意义，在没有赛事及活动的时间里，这些设施可以满足公众休闲娱乐的需要。

设计理念

方案构想由周边绵延起伏的山地景观发展而来，设计包括体育馆、多功能厅与游泳馆在内的运动场地与城市完美融入了位于区域中心的铜鼓岭山下的自然景观中。体育中心基地内通过多层面的交通流线实现了对自然地貌的整合，这也是设计构思中的重要理念。一座人工湖连接了位于山脚下的体育场、北面的圆形多功能体育馆以及西侧呈矩形的游泳馆。通过一条被抬起的林荫大道，人们可从各个体育场馆到达位于基地中心的体育广场。两栋高150m的综合服务中心建筑，在基地北侧构成了建筑群的收尾节点。

整个建筑群被设计为一座迤逦绵延的景观公园，并采用了典型的中国传统园林造园手法：水流和植物寓意着流动和生长，以石块和岩壁为形式刻画出的晶体结构则代表着持续和稳定。柔和流畅的自然景观与充满表现力的建筑形式之间形成富有张力的对话，诠释了设计理念。建筑体半透明的外立面令三座体育馆在夜晚的灯光下如同水晶般熠熠生辉。

■ 总体规划 / Master Plan

主体育场

体育场被规划设计为一座多功能的体育场馆，可举办各种地方的、国内以及国际性的体育赛事以及大型活动。流线设计上确保个人与团体观众的路线不冲突。运动广场是观众的主要到达层，这里交替布置了通向低区看台、中高区看台的楼梯通道以及小商店和卫生间。从宽大的走廊中可以方便窥见体育场吸引人的内场，同时提供了明确的方向感。从入口层经由12部宽大的楼梯可以上到最上方曲线形的高区看台，这里可以看到令人震撼的屋顶结构以及远处的其他场馆。

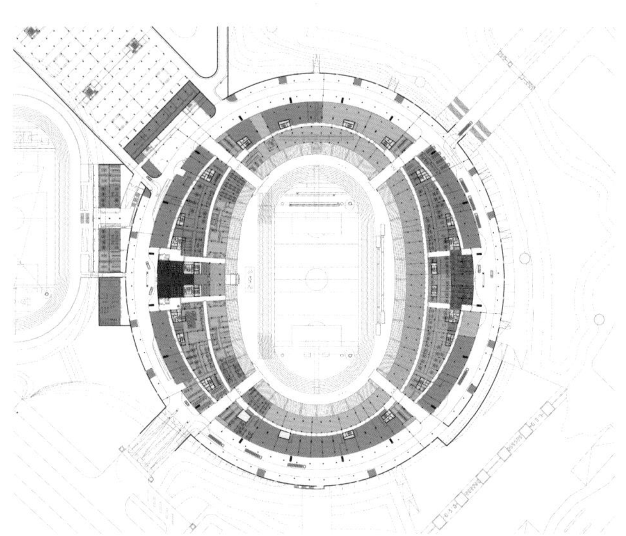

■ 一层平面图 / 1st Floor Plan

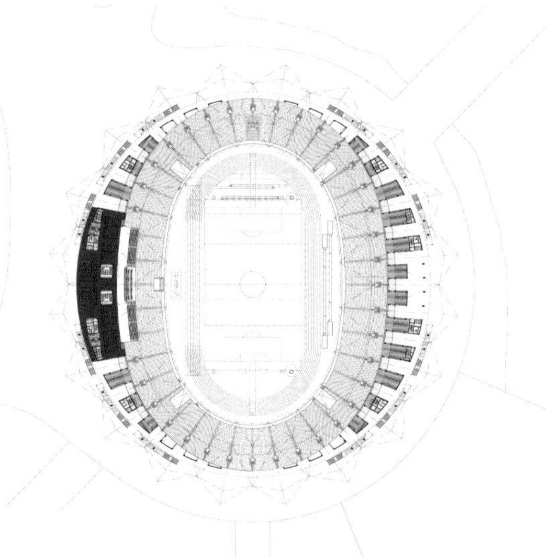
■ 三层平面图 / 3rd Floor Plan

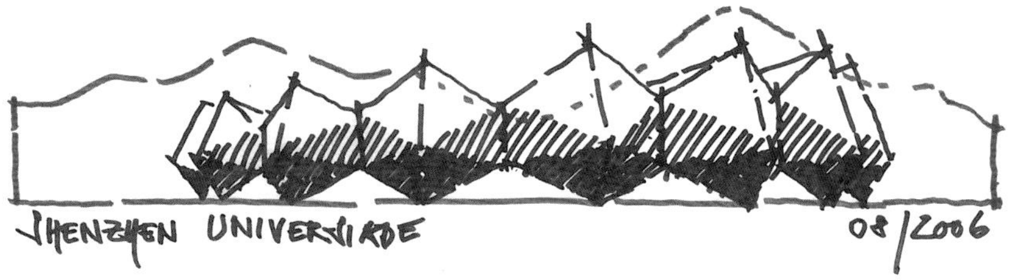

■ 设计草图 / Sketch

屋面结构与幕墙

屋面结构由伸出的长 65m 的悬臂和以三角面为基本单位的折叠钢架空间结构构成。整个屋面纵向长 310m，横向长 290m。屋顶与幕墙都分别有三层，最外层幕墙是由半透明的三角形夹胶安全玻璃板及聚碳酸酯板材构成的，室内膜结构层也是半透明，满足、遮阳与声学要求，同时也用作幕墙照明的反光面。折叠的主次钢结构置于双层幕墙之间，主要的技术设备也结合设置在这个区域。

In 2005, the city of Shenzhen (on the mainland across the water from Hong Kong) applied to stage the 26th Summer World University Games in 2011. In terms of the number of athletes taken part, the summer World University Games is worldwide second only to the summer Olympics as a multisport occasion. The site has a great number of sports facilities, matching the enormous growth of the city in the Pearl River delta. The overall scheme embraces the surrounding landscape to create a kind of "sports city".

Planning Objective

The Universiade Sports Center has to satisfy the functional requirements of both an international sports event and other smaller or large-scale events and concerts. The objective is to create a culturally significant, symbolic project for Shenzhen. Equal importance will be placed on the public facilities in the sports park. When no events are on, they are intended to be available to the public for leisure and recreation.

Design Concept

The design is inspired by the surrounding undulating landscape. This enables topographical modulation in the sports center area, with flows of people on various levels. An artificial lake connects the stadium at the foot of the mountain with the circular multifunctional hall in the north and the rectangular swimming hall west thereof. The central sports plaza is accessed via a raised promenade from the individual stadia. Two 150m tall buildings forming the service centre round off the sports complex in the north.

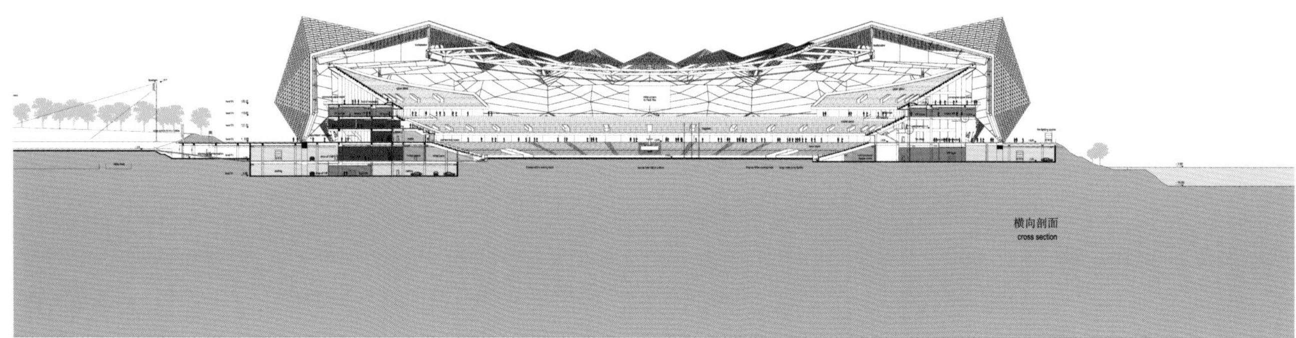

■ 横向剖面图 / Cross Section

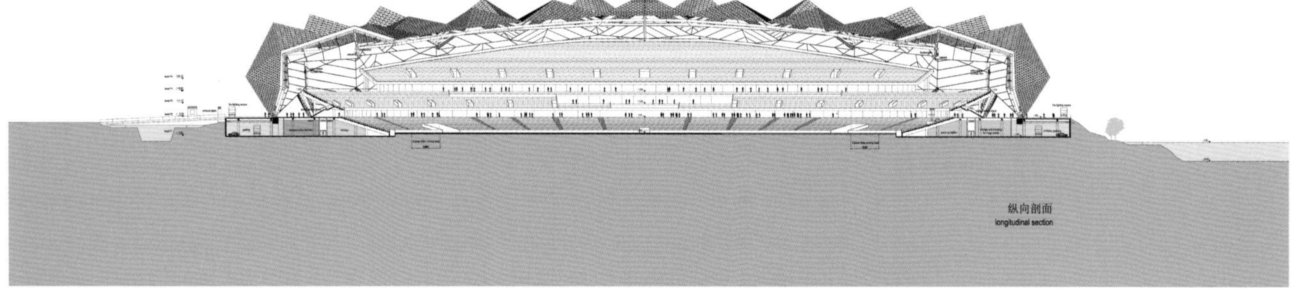

■ 纵向剖面图 / Longitudinal Section

The overall complex is laid out as an extensive landscape park with typical elements of a traditional Chinese garden. Watercourses and plants symbolize movement and development, while crystalline structures in the form of stones and rocks represent continuity and stability. The dialogue between the fluid landscape shapes and the expressive architecture of the stadia constitutes the conceptual framework of the design. The crystalline shape of the three stadia is additionally emphasized by the illumination of the translucent facades at night.

Main Stadium

The stadium is planned to be multifunctional, meeting the requirements of local, national and international sports occasions and events. Access routes for individual user and groups do not conflict. The sports plaza serves as the main access for spectators. Access to the lower tier and steps to the middle and upper tiers alternate with kiosks and sanitary facilities. The broad passageways allow attractive glimpses into the circular shape of the stadium from afar, providing clear direction signals. The curved upper tier is accessed via twelve broad staircases leading off the circulating area, which allow impressive glimpses of the roof structure and the other stadia.

Roof Structure and Facades

The roof structure projects up to 65m, and is designed as a steel prismatic shell on a basis of triangular facets. The total diameter of the roof is 310m lengthways and 290m across. Both roof and facade have three layers. The external facade layer is translucent glazing made up of triangular laminated safety glass panes or polycarbonate slabs. The interior membrane layer, likewise translucent, fulfils the requirements for shade and acoustics, and acts as a reflecting surface for the façade illumination. The folded primary and secondary steel structure is located in between. The major part of the technical installations is also integrated into this area.

* 该项目图片及图纸由冯 · 格康 玛格及合伙人建筑师事务所提供，摄影师：Christian Gahl

扩展阅读 (Further Readings):

[1]Olympia Sportzentrum in Shenzhen, China[J]. WETTBEWERBE AKTUELL ,2007(5).

[2]Sportkristall für Süd-China[J]. WELT KOMPAKT,2007(0103).

[3]Madelief ter Braak. Universiade sports center, Shenzhen, China - Architectuur in dialoog met de omgeving[J]. BOUWFORMATIE, 2014(7).

[4]GMP.2011 年大运会体育中心 [J]. DOMUS CHINA, 2012(001).

[5] 斯特凡·胥茨，拉尔夫·齐伯 . 2011 年深圳世界大学生运动会体育中心设计 [J]. 建筑学报 , 2010(09).

[6] 曼哈德·冯·格康，斯特凡·胥茨，尼古拉斯·博兰克 . 2011 年大运会体育中心（水晶石）[J]. 世界建筑导报 , 2011(09).

[7]GMP 事务所 . 深圳大学生运动会体育中心 [J]. 城市建筑 , 2007.

[8] 曼哈德·冯·格康，斯特凡·胥茨，尼古拉斯·博兰克 . 2011 年大运会体育中心——纳入周围自然景观 [J]. 城市环境设计 , 2013(07).

深圳湾体育中心
Shenzhen Bay Sports Center

南山区滨海大道 3001

No.3001 Binhai Road, Nanshan District

春茧

Spring Cocoon

深圳湾体育中心是作为第 26 届世界大学生运动会的主场馆设计的复合型体育场。对华南地区优厚的自然风土条件进行充分的解读，同时努力探索新型体育设施的存在方式，终于得到了由网眼状钢结构构架而成的立体表皮，并将内外的界限关系模糊化的开放型新建筑形式。

开放的建筑

从北京奥林匹克开始 的中国国家大型活动，在深圳举办的世界大学生运动会为它画上一个完美的句号。深圳湾体育中心正是它的主要场馆。2007 年在这个体育中心的国际竞标中一举中标，对我们来说，是从最初进入中国市场的广州国际会展中心（2003 年）以来，第二次在中国华南地区展开的大型建筑。

充分解读华南地区的气候、风土等地域性特征，继承这种文脉，将空间设计作为基本主题，从竞标阶段开始贯彻始终。同时，追求体育建筑的时代感与日常使用的高度公众性，以开放性的观点打造新的建筑类型成为重要的主题。

虽然用地位于亚热带地区所特有的美丽海岸线和茂密的红树林所构成的秀丽自然景色之中，夏季的酷暑和疾风骤雨也是此地的特征。这里的建筑，既需要轻松地抵御强烈日照和风雨，又要与延展开来的优美海岸线所构成的自然环境进行积极的融合。也就是说，并非制造一个在坚硬外壳笼罩下的空间与自然相对抗，而是要构筑一个与自然同呼吸的“柔软的”建筑形式。

此外，此区域是面向深圳湾的新开发区、毗邻直通香港的深圳湾大桥，在包括香港在内的“大珠三角”核心位置上，备受瞩目。在新城市开发的进程中，周边集办公、金融中心、商业文化等设施的大量人群。而本设施正是位于这个联动圈的中心位置，因此需要谋求一种高活力的开放式复合体育空间。从这个意义上，本设施所应追求的是在都市中全面开放，将人们自由迎入的设计手法。所以，在功能的分区上，特意摒弃了传统的分栋式布局，并非是将体育场、体育馆、游泳馆等主空间分散化，而是营造了整体化的布局，从而使多样性密集的交流成为可能。在此之上，将竞技流线明确集约化，在上部的平台层，沿主空间的外沿布置散步道，将包含餐饮、商业、娱乐设施在内的公共空间罗列其中。这个散步道将内外的空间界限模糊化，形成中间领域，即使在没有体育赛事的日子里，也能让人们日常随意接近，打造一个如公园般的空间向城市开放。

自然的隐喻 —— 春茧

为实现柔和而具有开放性的公共空间，必须创造出将内外空间关系模糊化的外皮。而这一切，通过数万个各不相同的 4m 网格的立体钢结构框架，组成网眼状钢结构架构。建筑形态必须由最新的 3D 建模软件才能得以实现，而其剪影又是根据内部空间的具体尺寸要求，进行整体化的三维曲面造型，从而造就富于起伏变化的外部形态。其表层覆盖有模块化的不同开孔，越接近地面开口越大，越强调内外空间界限的模糊关系，形成渐变的图案变化效果。也就是说，越接近地面，越采用大开口的外皮，让人与自然在这个边界形成一个相互渗透的系统。

在这个空间系统中，最具象征性的空间是位于主体育设施中央的被称为“大树广场”的主中央大厅。在这个空间里，阳光、风、雨以最柔和的方式控制，将自然浸透其中，位于中心的“树干”所形成的中庭空间周边能够吸引大量人流自由前往，营造出一个心旷神怡的环境。

正如北京奥运会的主会场被爱称为“鸟巢”，在深圳，这个建筑也被赋予了“春茧”的爱称。赋予爱称虽然是对其喜爱的人们之间自然发生的行为，春茧的“茧”却正好蕴含了新生命诞生的深层含义。

■ 区位图 / Location Map

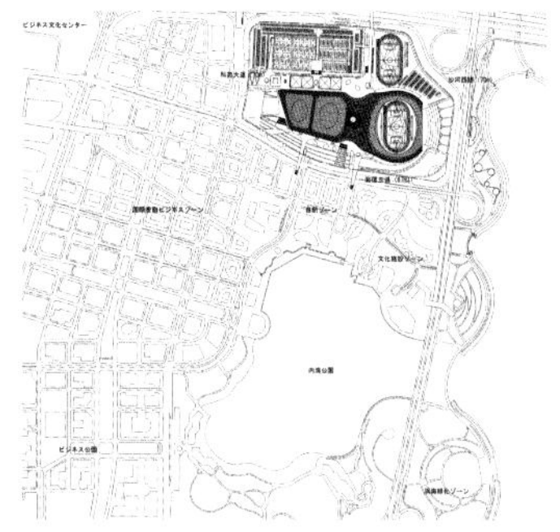

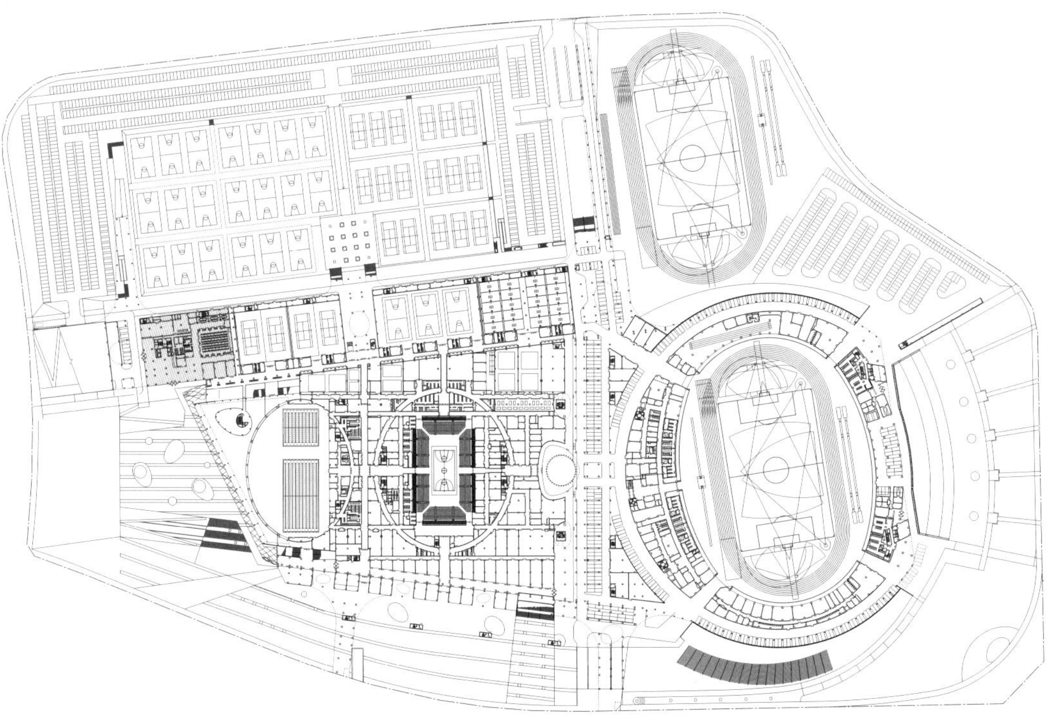

■ 平面图 / Plan

实际上，生息于中国的樟蚕之茧，正好具有粗硬的网眼状表皮，透过茧壳能够看到内部蚕蛹的特征。这种外皮将生命体包裹其中，随着缓缓的孵化，保持外部与内部的模糊关系，构成与自然的巧妙共生。

利用自然界的优秀设计所提供的潜在可能性，衍生出的仿生学论点如今备受关注。而本体育中心的外皮，正是作为自然生物隐喻的独特建筑意向。

Breathing with nature and attracting people——Open architecture

The Shenzhen Bay Sports Center was planned as a venue for the competitions of the 2011 Summer Universiade in Shenzhen, which crowned the major national events in China that began with the 2008 Summer Olympic Games in Beijing. The building, which won an international competition in 2007, is a large-scale facility in the South China region second only to the Guangzhou International Convention and Exhibition Center (2003), the first building that gave us the opportunity to enter Chinese market.

The basic theme for the Shenzhen Bay Sports Center has been consistent since the time of the competition: To design a space in the context of the climate and natural features of the South China region by interpreting the meanings of these regional characteristics. At the same time, creating a new building type from the perspective of openness by pursuing what a sports facility should be like that is in step with the times and has a strong public nature on a daily basis was also a significant theme.

The site of the complex lies in a region that experiences intense heat and storms in summer, while it also boasts a beautiful coastline unique to a subtropical region and beautiful nature with clusters of mangroves. We considered it necessary for a building in such an environment to moderately control the strong sunshine and rain and actively take in the natural environment along the beautiful coastline, while receiving and guiding the wind. In other words, we envisaged creating a "soft" building that would breathe with nature, rather than confronting it with a space covered by a hard shell.

Meanwhile, the region has been designated as a new development area facing Shenzhen Bay, and it attracts attention as the core of the Pearl River Delta, functioning as a greater city including Hong Kong, with the Shenzhen Bay Bridge connecting it with Hong Kong at close quarters. In the surrounding areas, the new urban development of offices, a financial center and commercial and cultural facilities where large crowds of people gather together were underway. An open and complex sports space with a high level of activity was in demand as a facility that would be located at the center of this linkage. In that sense, the goal that this facility should pursue appeared to be the use of a device that would be wide open to the city in order to usher people in as they wish. To that end, we decided to arrange an integral layout where diverse and close exchanges would be possible in the facility zoning, daring to avoid a separated-block-type layout as seen in conventional buildings that separate the

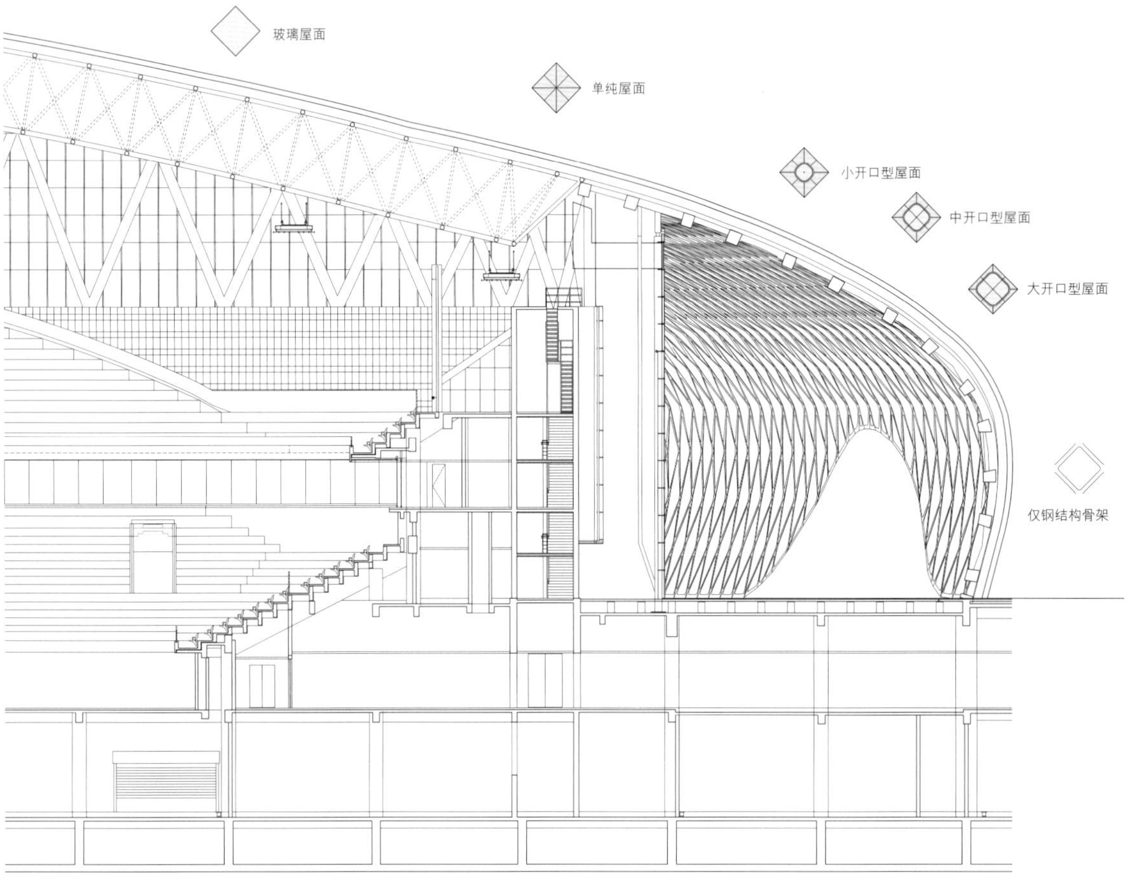

玻璃屋面

单纯屋面

小开口型屋面

中开口型屋面

大开口型屋面

仅钢结构骨架

■ 屋面设计图 / Roof Design

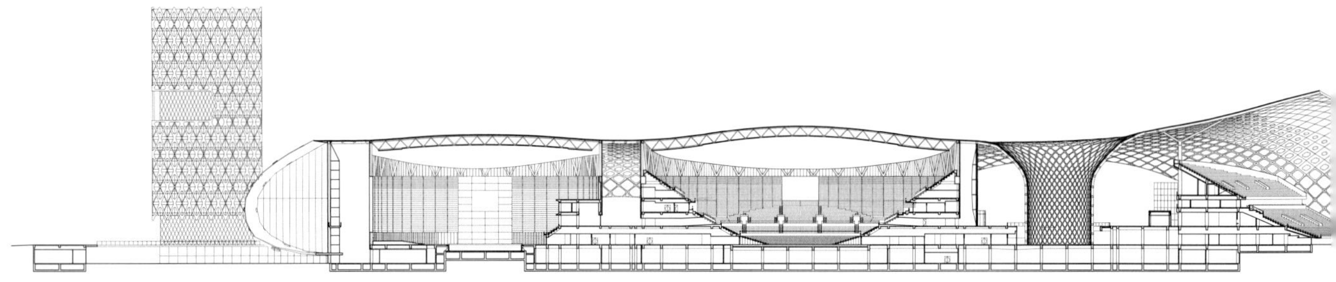

■ 纵向剖面图 / Longitudinal Section

扩展阅读 (Further Readings):

[1] 大野胜，鉾岩崇．开放的、与自然共呼吸的建筑——深圳湾体育中心设计所感 [J]. 建筑学报 ,2011,09:78.

[3] 谢少明，康晓力．春茧——深圳湾体育中心设计解读 [J]. 建筑学报 ,2011,09:79-80.

[4] 康晓力，付毅智．深圳湾体育中心设计纪实 [J]. 建筑创作 ,2011（12）:22-63.

[5] 康晓力．"春茧"—— 深圳湾体育中心 [J]. 世界建筑导报 ,2011（04）:14-17.

[6]. 深圳湾体育中心（春茧）[J]. 世界建筑导报 ,2011（04）:36-43.

main spaces, including the stadium, gymnasium and swimming pool. On this basis, we created a promenade zone that would become a public space containing restaurants, shops and an amusement facility on the upper-deck level on the outer edge of the main space by clearly consolidating the traffic lines of competitions. The promenade zone will become an intermediate area with a vague relationship between the inside and the outside, where a park-like space that opens up toward the city can be visited by people on a day-to-day basis, even if a competition is not being held.

Metaphor for nature——Spring Cocoon

To create a soft, open public space, an outer surface that could create a vague relationship between the inside and the outside was necessary. We decided to create the outer surface using a three-dimensional mesh-patterned steel frame composed of tens of thousands of 4-meter grids made of different members. This form of steel frame could not have been achieved without the latest 3D model software, and its silhouette is shaped by integral three-dimensional curved lines full of undulations in line with the dimensions demanded by the interior space. Its surface is covered by unitized holes of several patterns. It creates a gradation pattern whereby the closer it is to the ground area, the bigger the opening section will gradually become, so that a vague border between the inside and the outside will be reinforced. In other words, it has a system where it becomes a wide-open porous surface as it gets closer to ground level, allowing nature and people to filter in through the vague border.

The most symbolic space in this spatial system is the main concourse called the Big Tree Square, which is located in the middle of the main sports facility. Nature filters into this space with its strong sunshine, wind and rain moderately controlled, which creates a comfortable environment where people can gather as they wish around the inner garden space called the Big Tree Trunk at the center.

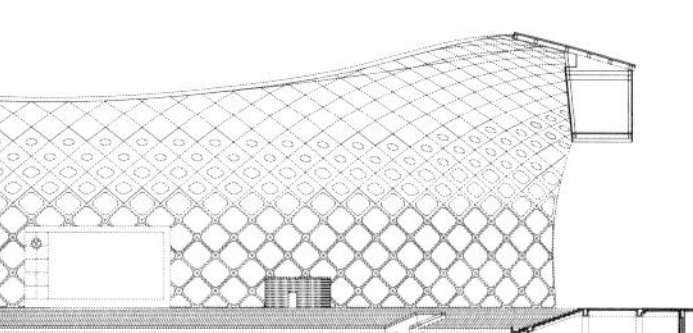

As the main venue for the 2008 Beijing Olympic Games was nicknamed the Bird's Nest, the Shenzhen Bay Sports Center is dubbed the Spring Cocoon. This pet name has emerged spontaneously among the Chinese, who like to give nicknames, and the Spring Cocoon means that new life is born from a cocoon.

In fact, the cocoon made by a large moth called Caligula japonica in China has a solid mesh-patterned surface, and it is characterized by the fact that the pupa inside can been seen through it. Its outer skin wraps around a living organism and lives with the natural world in a skilled manner by moderately maintaining a subtle relationship between the inside and the outside, while incubating the living organism.

In recent years, the theory of biomimicry has attracted attention in terms of drawing the potential for good designs from the natural world. You can imagine, if you like, the outer surface of this sports center as a metaphor for the living creature of the spring cocoon.

* 该项目图片及图纸由佐藤综合计画事务所提供

深圳大学南校区学生公寓
South Campus Student's Residence of Shenzhen University

深圳大学内

Shenzhen University

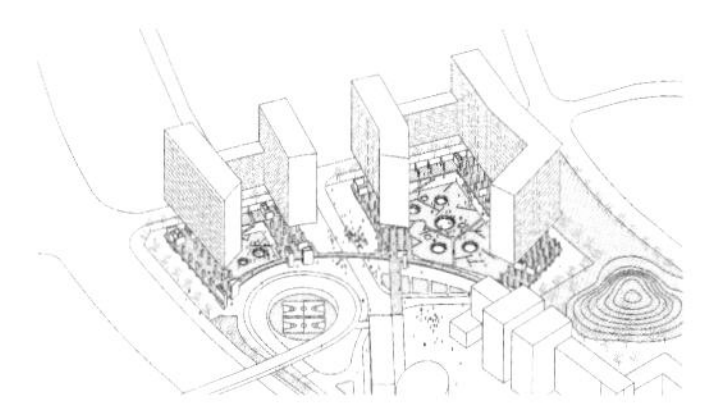

■ 开放空间系统 / Open Space System

总体规划

深圳大学南校区是位于主校区南侧的新校区。深圳大学南校区学生公寓（以下简称学生公寓）位于南校区东端，西侧为南校区教学区，东、南侧为深圳科技园，周边均为教学、科研建筑。总平面布局从南校区整体空间系统出发，采用围合式 + 板式的建筑形态，以建筑群体的集合方式形成校园空间，构成和完善总体的肌理关系，强化南校区主轴空间的延伸和连续，并引入过渡和连接性空间，建立清晰的空间层级结构，实现南校区校园形态的整合。

建筑语言

项目周边皆为教学、科研建筑，为避免宿舍建筑通常的无序景象，设计采用方框组合的立面语言，并在框缝处设穿孔铝板墙面，以遮蔽室外空调机并有效地将阳台晾衣物加以整合，建立有逻辑秩序的建筑立面，创造出具有公共建筑品质的造型，从而让建筑更好地融入周边环境。东西侧的垂直格栅墙，突出刻画建筑形体特点。西向四片弧面格栅墙，为校区中央空间提供了纯粹而强烈的背景图像。

平面布置

南北向建筑采用内走道双排房间平面。东西向建筑为单廊式平面，其走廊设在西向，房间朝东，有效减少了西晒对居室的不利影响，内走道被看成是学生的交往空间。A 栋居室门不开向走道，在走廊两侧形成了富有节奏感的墙体界面；沿 B 栋建筑的内走道间歇布置二层高开放空间，将光线与气流引入内部空间。

居住单元

设计创造二种典型居住单元。单元 I：两居室合用一个卫生间；单元 II：五个房间合用一个卫生间以及一个公共客厅。B 栋建筑还创造了三层越层式组合单位：中间层为主要走道层，与主要电梯厅相通，采用 I 型居住单元，上层及下层则采用 II 型居住单元。这两层均以两层高的开敞空间及布置于其中的专用楼梯与中间层连接。所有卫生间均有对外采光通风条件，局部公用卫生间可以由专人打扫、清洁，而非由学生自理。这样的做法可有效地改善居室、卫生间及走道的空间品质。

公共空间

设计营造多层次的公共空间系统，提供充足的空间以容纳丰富的校园生活内容。建筑首层、二层设有大面积架空层，可用作各类半室外活动，二层设有连廊将 A、B 栋架空层联通并与南校区二层步行平台系统联为一体。A、B 两组建筑群均有中心绿化庭院，其中设有地景式圆形座椅，可用作户外集会。塔楼上部营造了多种可以停留、交流的小尺度空间，B 栋三层跃层式居住单元，包含了多种半开敞空间，其中间层与半开敞平台相通，上、下层的每组单元共用一个开放式客厅，可以进行小规模的聚会等活动。

■ 区位图 / Location plan

垂直交通系统

大学校园生活的特点决定了高层学生宿舍建筑在每个上课日中都会有三段垂直交通的高峰时间，据对现有宿舍调查，高峰时段上部楼层的学生需花半个多小时的时间等候电梯。高效的垂直交通方式对高层学生公寓具有重要意义。在设计中，B 栋建筑运用了新的垂直交通组织策略，结合三层越层居住单位，电梯厅隔三层设置，中间走道层与电梯厅平层，上、下

层每个单元的学生可通过专用越层楼梯行至走道层及电梯厅。这种方式减少了三分之二的电梯停靠站，使其停靠时间大为减少，从而有效地减少了等候时间，提高了垂直交通的效率。

Mater Plan

The Students Residence complex of Shenzhen University is located in the east end of the South Campus, surrounded by teaching and research buildings and the Shenzhen Science and Technology Park. The question of how to fit into the urban system of the campus and the neighboring areas is a major concern. The buildings are grouped into two U-shaped blocks, and each of them opens up to the campus open spaces on the west side and forms an integral street wall along the east side. The U-shaped blocks turn into "slab-style" buildings on upper levels to make the most of the south-north orientation and to create a more permeable quality of the open spaces. The first two levels are open floors for public activities. An elevated pedestrian bridge connects the two blocks and the campus second floor walkway system. The two central courtyards formed by the U-shaped blocks have clear dialogic relations with the campus central areas, creating a coherent ending of the open space system on the side of the campus.

Architectural Language

The composition of frame-shaped units is the main language of the facades. The "frames" are developed based on the grids of the balconies of the living units. The interval space between the frames are covered with perforated aluminum panels which conceal air conditioners of each rooms, creating a clear order of the facades usually covered with inevitable scenarios of cloth basking. Vertical grilles are introduced on the east and west facades to create a clear, holistic image for the campus central open space.

■ 一层平面图 / 1st floor plan

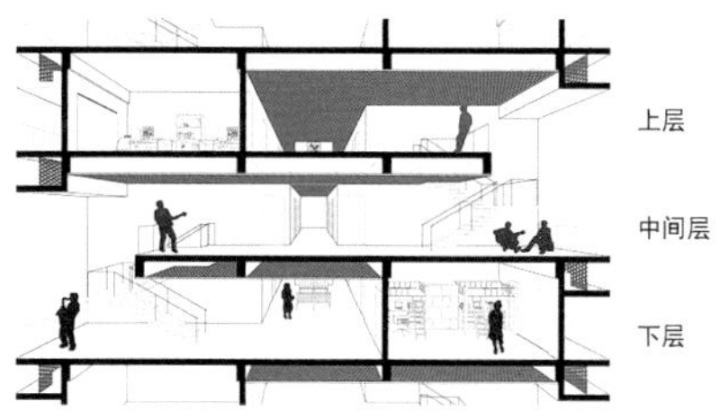

Layout

The South-north oriented blocks use double-loaded plans,and east-west oriented blocks are single-loaded with corridors on the west side. The inner corridors are social places for students. For the block A Building, room doors are not opened to the corridor, creating an alignment of rhythmic walls. The long inner corridor of block B Building is opened up by the double height open spaces, introducing abundant light and air to the innerior spaces.

Living Units

There are two typical living units. Type 1: two dormitory rooms with one bath room in-between. Type 2 : five rooms with shared one public bathroom and an open "living room". A vertical triplex system of units is created for block B Building. Type 1 units are in the middle of the main corridor floor and type 2 units are in the upper and lower levels.

The shared bathrooms have good conditions of ventilation and light. Daily cleaning and maintenance can be done by cleaner instead of students themselves. This can improve the quality of living and public spaces substantially.

Public Space

The design created a multi-layered public space system that can accommodate various events. The first and second floors provide semi-open spaces which can be used for most seasons.

Two central courtyards with greens and landscape furniture are the place for outdoor leisure activities. There are small scale spaces for meeting and socializing on each of the upper floors. The triplex units contain several such spaces on each level. The middle level corridor connects to and the open balconies.The open "living rooms" of the upper and under levels can be used for small gatherings.

Vertical Circulation

For high-rise student dormitory buildings, there are three daily rush hours of vertical transportation during weekdays. Our investigation on the existing high-rise dormitory buildings shows that it takes half an hour to get down for the students from upper floors during rush hours. The vertical circulation system is an important issue for such projects. In this design an innovative strategy has been used for the block B building. Main lift lobbies are arranged vertically for every other three floors, and the lifts stop only on these levels. Students from upper and lower levels of the triplex units use the stairs of each units to get to the middle levels and the lift lobbies. As the lift stops are reduced to one-third of the normal system, the waiting time is greatly reduced.

* 该项目图片及图纸由深圳大学建筑设计研究院提供

深圳大学师范学院教学实验楼
Lab & Teaching Building of Normal College of Shenzhen University

深圳大学内

Shenzhen University

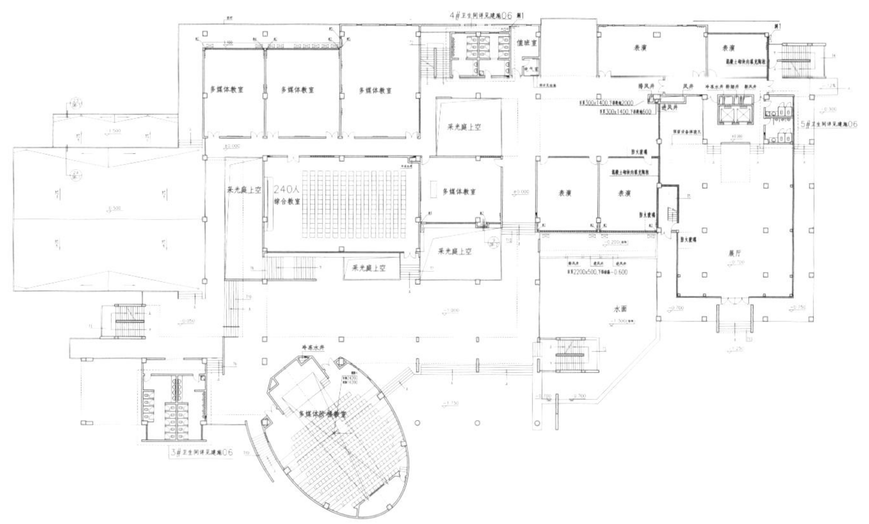

■ 一层平面图 / 1st Floor Plan

该项目为教学实验楼，设有普通教室、实验室、办公室及一系列的特殊教室、音乐教室、美术教室、舞蹈教室、琴房等，此外还有一个黑箱实验剧场和一个小型音乐厅。

师范学院教学实验楼过于接近深圳大学的主校门，因此，建筑师便采用将建筑化整为零和由南向北退台的方法，来减弱整体造型的厚重感和对校门的压迫感。同时，该项目充分利用了南低北高的地形高差，地下室在南面出地面，作为一层直接对外，埋在地下的部分还设置了一些下沉庭院，使阳光可以直接照射到地下，增加空间上的变化。

空间的创造是该项目的一大特色，在建筑处理上利用了架空层、中庭和自然叠落的屋顶平台，为教师与学生在每一楼层上，提供一系列变化丰富的公共活动场所，形成极具活力的动态空间节点。

师范学院教学实验楼的另一特征是开放性。在几个方向上都利用架空、掏空等手法，打破建筑内部空间与外部空间之间的界线，使内外空间相互渗透，在建筑内部又以通高的中庭和拔空的庭院，这种开放空间系统，有利于空气流通亲近自然，适用于深圳这样的南方地区。

工程在设计之初建设方就提出了控制造价的要求，经过我们的多方努力，在不影响效果的情况下，最终成功地将单方造价控制在2 000元之内。同时，建成后的效果也获得多方的好评，被评价为深圳大学造价最低且效果最好的建筑。

■ 区位图 / Location Map

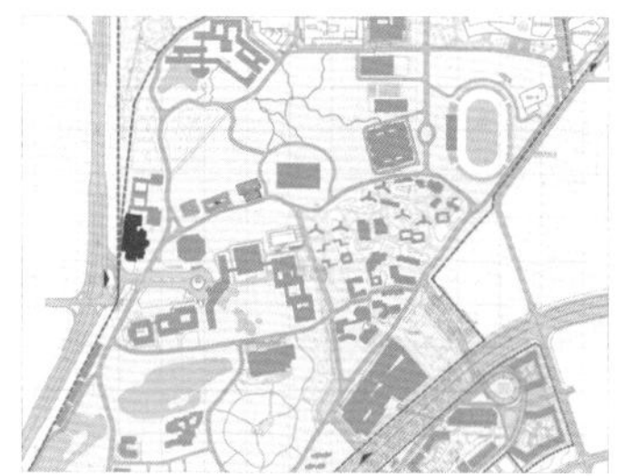

The lab & teaching building includes regular classrooms, laboratories, offices, and a series of special classrooms, music classrooms, art studios, dancing halls and piano rooms. Besides, there is a black-box experimental theatre and a small concert hall.

Design features:The lab & teaching building of the Normal College is too close to the main gate of Shenzhen University, therefore, the architects adopt a modular approach and the south-north set-back model to weaken the heaviness of the overall shape and the sense of oppressiveness generated by the main gate. At the same time, the project makes full use of the terrain elevation of low south and high north with the basement emersed at the south as a direct external floor. The buried part in the ground is set up with some sinking courtyards, letting in the direct sunlight, which creates changes in space.

The creation of space is an outstanding feature in this project. The stilt floor, atrium, and the natural stacked roof platform are applied to provide teachers and students with a series of changes in the public places on each floor, creating dynamic spatial nodes.

Another feature of the project is its openness. In several directions, overhead and void approaches are used, breaking the boundary of interior and exterior spaces by integrating them. In the building, the open space system of full height atriums and hollow sinking courtyards are beneficial to air circulation, which is applicable to southern regions like Shenzhen.

At the beginning of the design of the project, the client demanded cost control. Through the combined efforts, we successfully kept the cost under 2000 RMB yuan per square meter without compromising the design effects. Upon its completion, the building received widespread high praise, and is recognized as the most cost-efficient building with the best effect at Shenzhen University.

* 该项目图片及图纸由深圳大学建筑设计研究院提供

扩展阅读 (Further Readings):

[1] 覃力 . 深圳大学师范学院教学实验综合楼 [J]. 建筑学报 ,2008（08）:68-72.
[2] 覃力 . 平实、质朴的空间追求——深圳大学师范学院教学实验楼创作实践 [J]. 城市建筑 ,2008（08）:70-72.
[3] 袁磊 , 覃力 . 结合气候的生态设计——以深圳大学师范学院教学实验综合楼为例 [J]. 新建筑 ,2011（03）:92-95.

深圳大学图书馆（二期）
Shenzhen University Library (Second Phase)

深圳大学内

Shenzhen University

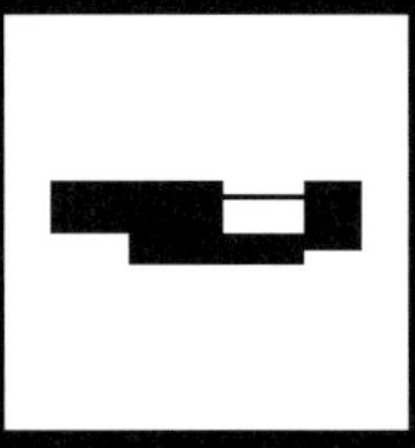

校园建筑秩序的延续

Continuation of the Order of Campus Building

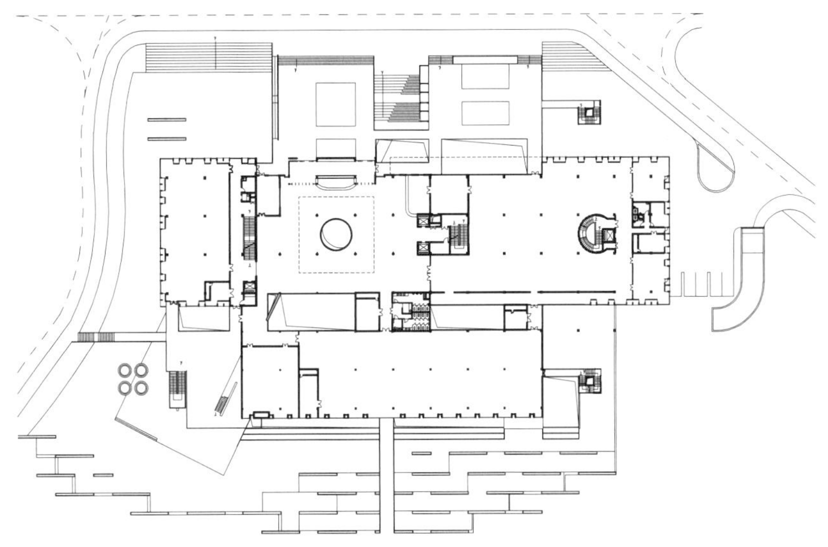

■ 二层平面图 / 2st Floor Plan

■ 区位图 / Location Map

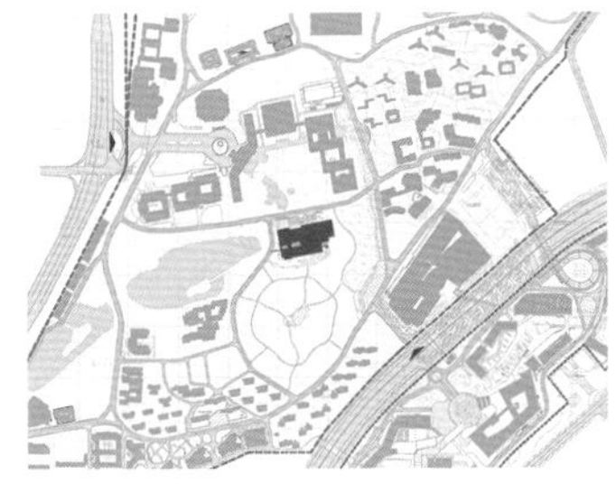

新建图书馆，作为老馆的扩容补充，以理工类藏书为主，选址于深圳大学中心广场南边，同大小的方体，中部空开，维持老馆与杜鹃山的视觉关系。

北向隔中心广场与旧馆遥相呼应，南靠秀美的杜鹃山，东望学生活动与普通玻璃的组合，以期获得内部柔和的光照。在建筑北向加入竖向格片。新图书馆与老中心西临文山湖。设计关注校园建筑秩序的延续，尤其是老馆与杜鹃山之间的联系。新老图书馆建立某种形式上的关照，在南向则注重景色的引入和光线的组织。结合馆的修建在保持中心广场南向围合的同时，希望为中心增加新的元素。建筑主体周边设置大量室外台地，扩展阅读的范围。

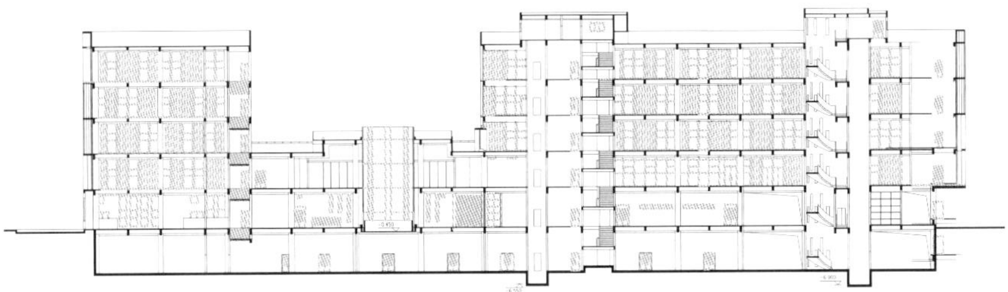

■ 剖面图 / Section

The new library, as a complement to the old building, mainly collects books of science and engineering. Located to the south of the central plaza of Shenzhen University, similar volume with a central open space are designed for the new library to maintain the visual relationship between the old building and Dujuan Mountain.

In the north, it echoes the old library across the central plaza. In the south, it neighbours the beautiful Dujuan Mountain. In the east, the Student Activity Center is decorated with common glass panels for obtaining soft lighting inside. In the north, vertical shadings are selected. The new library and the old center are west to Wenshan Lake. The design of the new libarary focuses on the continuation of the order among campus buildings, especially on the relationship between the old library and Dujuan Mountain. The new library is the continuation of the old one. In the south, it pays attention to the introduction of the scenery and organisation of lighting. The new library encloses the central plaza from its south, meanwhile, new elements are meant to be introduced to the center. Surrounding the main building, a large number of outdoor platforms are designed to expand reading areas.

* 该项目图片及图纸由深圳大学建筑设计研究院提供

扩展阅读 (Further Readings):

[1] 杨文焱 . 深圳大学图书馆二期 [J]. 世界建筑导报 ,2010（02）:84-89.

深圳大学文科教学楼
Liberal Arts Teaching Buildings of Shenzhen University

深圳大学内
Shenzhen University

融入原有建筑形成的空间脉络
Integrating Into the Campus' Existing Spatial Network

项目名称： 深圳大学文科教学楼
项目地点： 深圳大学内
设计时间： 2003.4-2003.11
建成时间： 2005.8
建筑面积： 54 824m^2
业主： 深圳大学
建筑设计： 华森建筑与工程设计顾问有限公司
设计团队： 宋源，严庆平，徐丹，于源，张军，张良平，刘磊，王红朝，尤士刚，叶林青，巴桂江，李焱，姚冠钰，曹莉，陆洲

Project: Liberal Arts Teaching Buildings of Shenzhen University
Location: Shenzhen University
Design Period: 2003.4-2003.11
Completion: 2005.8
Floor Area: 54,824m^2
Client: Shenzhen University
Architecture Design: Huasen Architectural & Engineering Designing Consultants Ltd.
Design Team: Song Yuan, Yan Qingping, Xu Dan, Yu Yuan, Zhang Jun, Zhang Liangping, Liu Lei, Wang Hongchao, You Shigang, Ye Linqing, Ba Guijiang, Li Yan, Yao Guangyu, Cao Li, Lu Zhou

深圳大学文科教学楼位于深圳大学校园西北角三角地，处于深南大道与南油大道交汇处。用地地形起伏较大，地势东南高、西北低，地块内有一内湖及天然巨石和荔枝树。

总体设计

本项目临西北部分的建筑设计成正南北向布局，以和道路平行和垂直的方式做出呼应。正南北向的布局同时也呼应了校园原有建筑的正南北向布局，融入原有建筑形成的空间脉络。由于校园规划道路在用地东南侧斜向通过，为形成完整空间界面及规整、大气的主入口形象，将用地东南侧的建筑垂直校园规划道路排布，与正南向呈 38° 夹角。斜向摆布形成的空间轴线亦对校园的标志性建筑——科技楼做出呼应，在深圳大学校园的西北侧塑造出完整、有序的建筑群空间效果。

建筑设计

文科教学楼包括教学楼和行政办公楼。行政楼置于地块北侧，临深南路立交，利用办公楼的体量和层数塑造简洁、有力的外部形象。教学楼置于办公楼南侧，方便办公与教学区之间的联系。

教学楼：教学楼包括普通教室，阶梯教室和实验楼。普通教室和实验楼为外廊式设计，通风采光良好。两幢教学楼之间形成敞开的中庭，中庭两侧为教学楼的外廊，形成适于学生交往的空间。

行政办公楼：行政办公楼共 7 层，设有办公室、会议室及多功能厅。中部设内庭院及休息平台，提供教师交流空间。

交通流线：学生人流从东南侧规划路引入，行政办公楼人流从东北侧规划路引入。自行车库设于教学楼架空层。消防车道由东北侧引入内院，并可环通。

院落与绿化系统：利用建筑围合形成两个庭院——以硬地广场为主的学生活动庭院和以原有天然石为主题的景观庭院。入口庭院与主入口有 2.65m 高差，与外界适当分隔，塑造场所感。这个平台亦是整个建筑的交通枢纽，联系各幢教学楼及行政楼。庭院以硬地铺装为主，内植少量乔木，适宜开展有较大人流量的露天演说、集会等活动。景观庭院以保留的天然石为主题。利用地形高差，景观庭院比入口庭院低 7.2m，形成从四周的交通平台上俯瞰庭院的戏剧化效果，使交通组织与观景活动完美结合。

■ 区位图 / Location Map

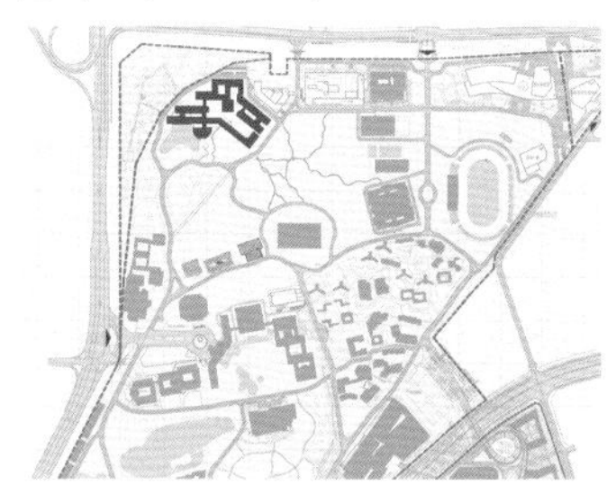

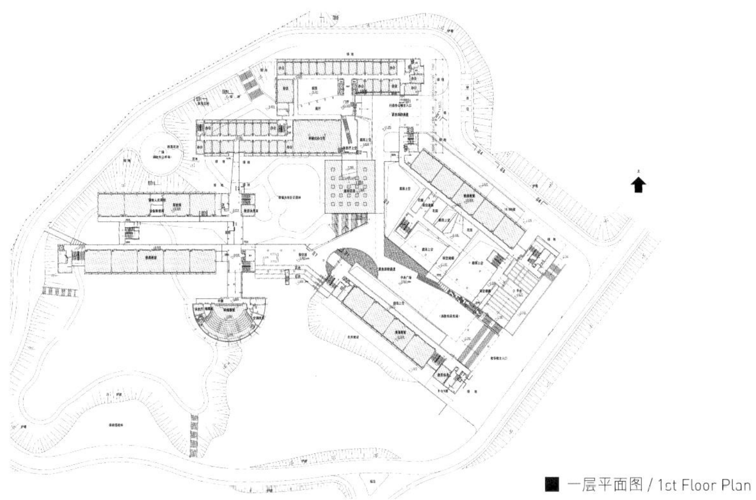

■ 一层平面图 / 1st Floor Plan

基地上的荔枝林，大部分予以保留，建筑架空允许绿化从底部穿过，形成有机、完整的“生态走廊”。绿色的“生态走廊”结合中心的天然石庭院，充分体现了岭南建筑结合地形，善于利用自然景观的特点。

立面与造型：采用简洁的几何形体，塑造强烈有力的建筑形象。教学楼外墙设计为双向网格状混凝土遮阳板，窗户玻璃后退亦有利于节能。

The Liberal Arts Teaching Buildings are located at the triangle lot in the northwest corner of Shenzhen University, close to the crossing of Shennan Avenue and Nanyou Avenue. The undulating site, whose southeast side is higher than the northwest side, is characterized with an inner lake, natural stone and lychee trees.

Overall Design

The northwest part of the design follows a north-south layout, echoing the roads in both parallel and perpendicular ways. The layout also strengthens the existing south-north layout of the campus and integrates into the campus' existing spatial network. The planning road passes the southeast corner of the site in an inclined way. In order to shape a coherent spatial interface and provide an organized and grand image of the main entrance, the southeast part of the design is perpendicular to the planning road and thus leaves a 38 degree angle with the south. The inclined axis also echoes with Technology Building, which is the campus landmark. At the northwest side of the campus, the design creates an integral and ordered spatial effect of the building complex .

Architectural Design

The Liberal Arts Teaching Buildings include teaching buildings and a building for administration. The administration building is located on the north side of the site and is next to the Shennan Elevated Road. Capitalizing on its massing and levels, it leaves a simple and powerful impression. The teaching buildings are located at the south side of the

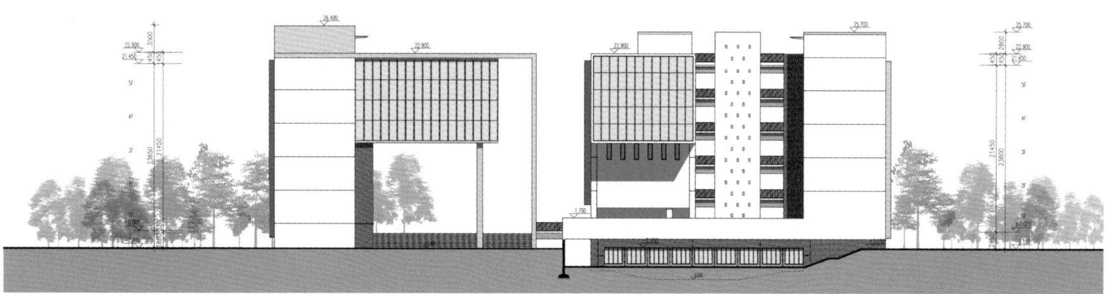

主立面图 / Main Facade

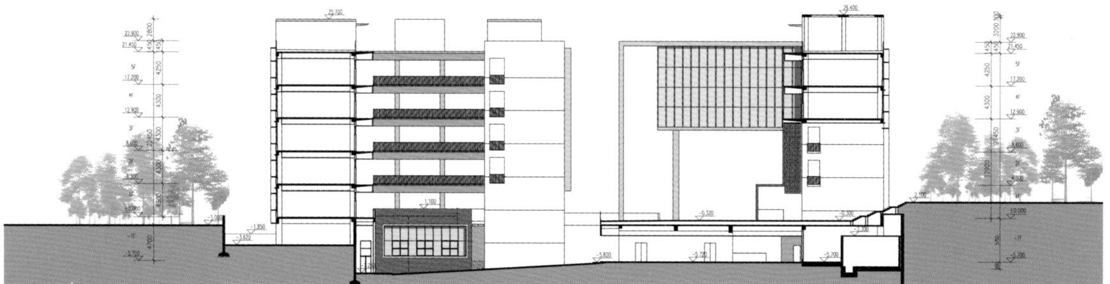

剖面图 / Section

administration building so as to facilitate the connection between the office and teaching zone.

Teaching Buildings

The teaching buildings include classrooms, terraced classrooms and a lab building. The classroom building and the lab building are featured with corridors providing ventilation and lighting. Together, the two buildings form an open atrium and is lined with side corridors that could be used as social space for students.

Administration Building

The administration building has 7 floors and contains offices, meeting rooms and a multi-function room. There is also an atrium and several platforms for relaxing, which provide communication space for teachers.

Circulation

Students are guided from the planning road on the southeast side and the circulation to administration building is guided from the planning road on the northeast side. The building pilotis houses a garage for bicycles. Fire trucks could enter the inner courtyard from northeast side and could also circle around the buildings.

Courtyard and Vegetation System

Two courtyards are enclosed by buildings: a hardscape courtyard for student activities and a landscape courtyard marked by the natural stone. The entrance courtyard is separated from the surroundings with a 2.65m height difference from the main entrance, which strengthens its sense of place. It's also a circulation hub connecting teaching buildings and the administration building. The courtyard is paved with hardscape with several trees. It is a space for activities such as public speech, rally, etc. The landscape courtyard is marked by the preserved natural stone. Capitalizing on the height difference of a 7.2m lower than the entrance courtyard, it could be looked down from surrounding circulation platforms and thus creates a full integration of circulation organization and landscape.

Most of the lychee trees are preserved. The building pilotis allows vegetation beneath, forming an organic and complete "eco corridor". Together with the natural stone courtyard, the green "eco corridor" echoes traditional Lingnan architecture in its integration of topography and landscape.

Façade and Massing

Simple geometric volumes are used to create a powerful architectural image. The teaching building's façade is characterized with double concrete grid sun louvers. The set-back of windows is also in favor of energy-saving.

* 该项目图片及图纸由华森建筑与工程设计顾问有限公司提供

深圳大学建筑与城市规划学院院馆
College of Architecture & Urban Planning Building of Shenzhen University

深圳大学内

Shenzhen University

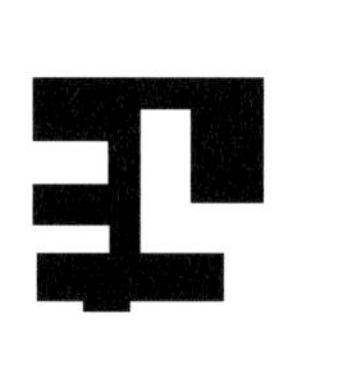

该建筑原为深圳大学建筑与土木工程学院院馆，包含建筑系、规划系、土木系三个主要教学系及建筑设计研究院、世界建筑导报社等生产、科研机构。2013 年土木学院迁出，院馆更名为："深圳大学建筑与城市规划学院院馆"。设计首先是对学院复杂的机构用房及利益关系系统化的组织，使"教学""生产""科研"的关系得到清晰的表达。设计的另一关注点是营造纯静而具有超越品质的建筑空间，产生与校园精神有内在联系的场所体验。

教学、教研、设计院对应着三个明确的建筑体量，它们在平面及空间上形成 互为构成关系的体量组合。三个体量之间以敞廊、桥、平台相连，形成三个互相贯通的室外空间。这些院子、平台分别在不同的方向上向外部开敞，从外可"看穿"内部，而外围景观也总是叠加到内部的景框中。

三个主体量内部都有各自的中心空间。这些中心空间使得各个区域获得了标志性的场所氛围。联系各个区域的敞廊是空间系统中的活跃因素，除了交通的作用，还是观望、休息、交流的去处。

在不同的区域间建立视觉对话是空间设计的一个想法。各个主要空间有着各自的主要开敞面，与其他空间"对话"。教学区的平台大厅与设计院的弧墙及东向的树林互相对照；设计院大厅透过西侧大片玻璃窗对应着教研区的内庭及南北敞廊和内院空间；沿建筑南北向中轴，北部的敞廊平台与南部教学区及架空平台层也有着视线的对应。空间的对话建立心理上的关联感，"教"与"学"、"系"与"院"、建筑与景观、校园与城市的关系在空间上得到了表达。

■ 区位图 / Location Map

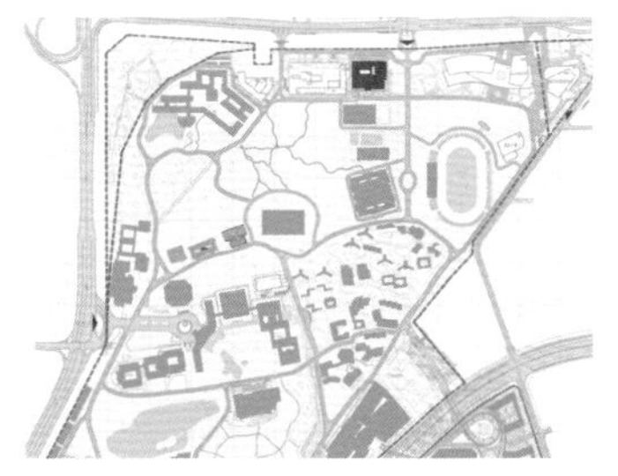

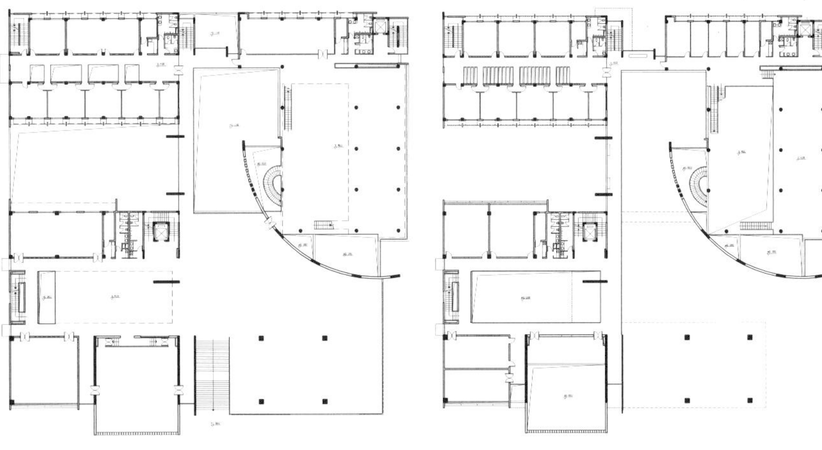

■ 二层平面 / 2nd Floor Plan

■ 三层平面 / 3nd Floor Plan

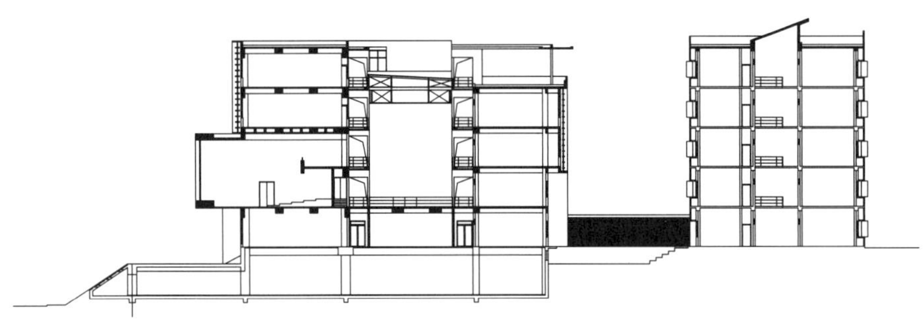

■ 剖面图 / Section

The college building accommodates the departments of architecture, planning and civil engineering, as well as an architectural design institute, a press house for World Architectural Review, and other research institutes. The design strives to create pure and transcendental architectural spaces – a locus experience that finds spiritual affinity within an university setting.

The activities of teaching, research, and design institute are separately housed in three distinct building volumes, complementing one another both in term of floor plan and space. These three structures are connected by open loggia, bridges and terraces. Outdoor spaces are open toward different directions, allowing outsiders to see through and framing views from inside. These are the most active elements in the compound. Besides communication, these places are also used for contemplating, relaxing and socializing.

One important idea of the design is to create visual dialogues among different parts of the building blocks. Each block has a main open façade that allows such dialogues. Generous terraces of the teaching block contrapose the curving wall of the design institute and lush foliage beyond to the east; large glass windows at the west end of the design institute overlooks the inner court of the teaching block; open corridors and terraces to the south and north also have similar visual contacts.

* 该项目图片及图纸由深圳大学建筑设计研究院提供

扩展阅读 (Further Readings):

[1] 龚维敏. 超验与现实——深圳大学建筑与土木工程学院院馆设计 [J]. 建筑学报, 2004(1).

[2] 龚维敏. 深圳大学建筑与土木工程学院院馆 [J]. 台湾建筑, 2005 (2).

深圳大学科技楼
Science & Technology Building of Shenzhen University

深圳大学内

Shenzhen University

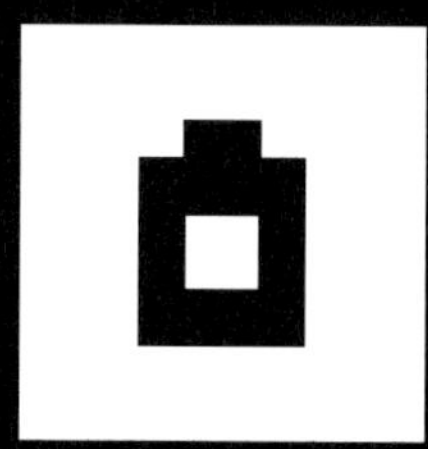

校园中心区域的标志性高层体量

A High-rise Landmark in the Center of the Campus

项目名称： 深圳大学科技楼
项目地点： 深圳大学内
项目时间： 2000-2003.11
建筑面积： 41 500m^2
业主： 深圳大学
建筑设计： 深圳大学建筑设计研究院
结构，机电管道： 深圳大学建筑设计研究院
设计团队： 龚维敏、卢暘、邓德生、胡清波、董建辉、陈平、丁咏冬

Project: Science & Technology Building of Shenzhen University
Location: Shenzhen University
Project Period: 2000-2003.11
Building Area: 41,500m^2
Client: Shenzhen University
Architectural Design: Shenzhen University the Institute of Architecture Design & Research
Structure, MEP: Shenzhen University the Institute of Architecture Design & Research
Design Team: Gong Wemin, Lu Yang, Deng Desheng, Hu Qingbo, Dong Jianhui, Chen Ping, Ding Yongdong

■ 一层平面图 / 1st Floor Plan

1.敞廊
2.门厅
3.电梯厅
4.休息厅
5.休息接待
6.校园展览厅
7.科技展览厅
8.消防值班室
9.智能化控制
10.空调机
11.回风机房
12.库房
13.水池
14.值班室
15.备用间
16.报告厅

■ 七层平面图 / 2nd Floor Plan

1.工作室
2.实验室
3.电梯厅
4.空调机房
5.弱电
6.强电
7.备用
8.休息厅

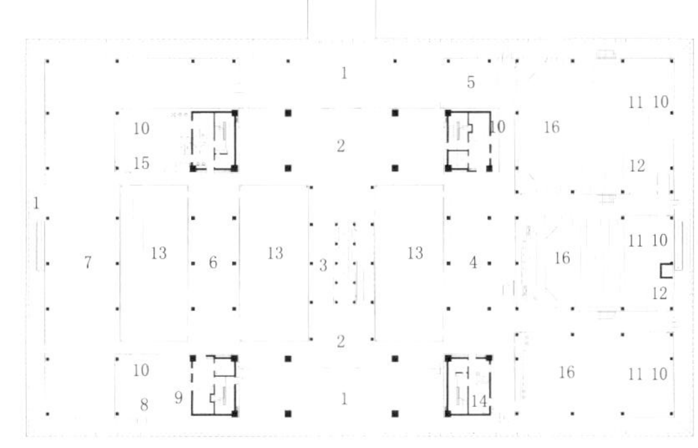

■ 一层平面图 / 1st Floor Plan

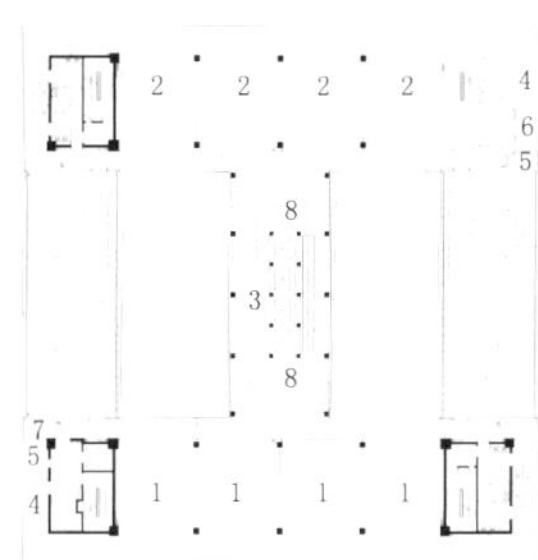

■ 七层平面图 / 2nd Floor Plan

深大校园中心区的北侧区域已规划为新的学院区，科技楼的位置正处在新区与中心区的交界部位。它与周边建筑有大片的树林相隔，形成新区、旧区建筑环绕科技楼的总体格局。处于中心位置及其高层体量，使其成为整个校园的标志。这是一个独自站立在中心，而与各个方向的周边建筑远距离对话的房子，它需要一个自成一体而各向均质的造型。我们采用的是一个各向约53m的立方体，四边开大洞口，内部含向上生长状的玻璃塔。主体塔楼采用“日”字形平面，中央玻璃筒为交通及公共活动空间，周边为科研、教学用房。四个大洞口、跨度30m，提供四个空中花园平台及丰富变化的内部空间，也让自然风获得了顺畅的通道。下部裙房中含有三个报告厅、展览厅等空间。裙房外围设计周圈的敞廊空间，并以铝百页帘“包裹”，形成“半通透”的界面，对建筑的空间及外围的风景进行重新的定义，并体现出亚热带建筑的特点。主体建筑采用钢筋混凝土结构，中央玻璃筒为钢结构，外墙开口上部采用劲性混凝土空腹桁架结构。

■ 区位图 / Location Map

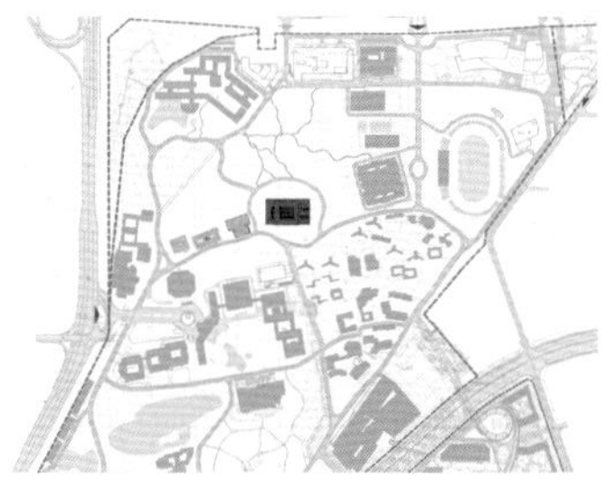

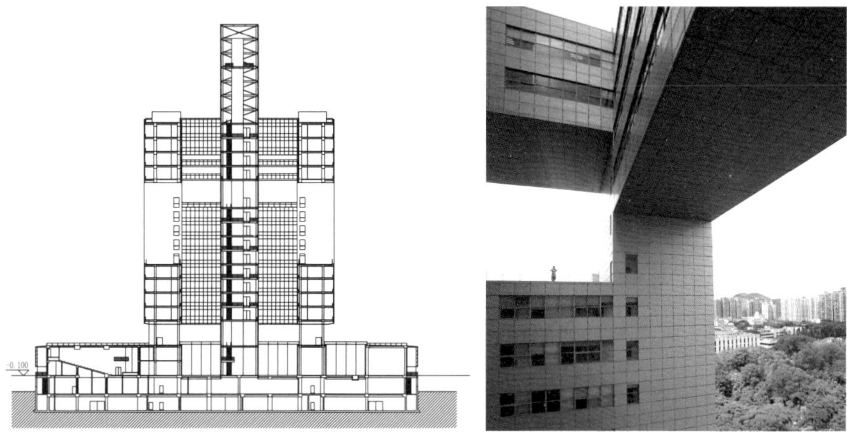

■ 剖面图 / Section

The Shenzhen University Science and Technology Building is located at the border that divides the new area and the old central area of the campus. It is separated from other buildings by lush woods. Its unique location and dominant volume make it a landmark for the entire campus. The isotropic form is dictated by this centrality and relative isolation. The building is basically a 53-meter cube, punctuated at four sides with large openings, encompassing a soaring glass tower. The central glass tube is the transportation and public activity space surrounded by research and teaching space. The four 30-meter-long openings provide four sky-gardens and rich plane changes in the building, as well as corridors for natural breeze to come. The podium houses three auditoriums and a exhibition hall. It is surrounded by open colonnade "wrapped" by aluminum grill. the semi transparent façade redefines the architectural space and its outward views. the concrete and glass structure makes an unmistakable subtropical architectural statement.

* 该项目图片及图纸由深圳大学建筑设计研究院提供

扩展阅读 (Further Readings):

[1] 龚维敏 . 深圳大学科技楼设计 [J]. 城市建筑 ,2005,09:48-51.

万科第五园
Vanke Fifth Garden

龙岗区坂雪岗片区雅园路
Yayuan Road, Longgang District

试图用白话文写就传统

To Interpret Tradition in Vernacular Chinese

项目名称： 万科第五园
项目地点： 龙岗区坂雪岗片区雅园路
建成时间： 2005-2006
建筑面积： 120 000m²
建筑设计： 澳大利亚柏涛（墨尔本）建筑设计公司 北京市建筑设计研究院 深圳万科房地产有限公司设计团队 深圳万科地产有限公司
主持建筑师： 赵晓东，王戈

施工图设计： 中建国际（深圳）设计顾问有限公司
景观设计： 易道规划设计有限公司
业主： 深圳万科集团

Project: Vanke Fifth Garden
Location: Yayuan Road, Longgang District
Completion: 2005-2006
Area: 12,000m²

Architecture Design: PTMA, Beijing Institute Of Shenzhen Vanke Real Estate Co., Ltd.
Principle Architects: Zhao Xiaodong, Wang GeArchitectural Design, Designer of Shenzhen Vanke Real Estate Co., Ltd.
LDI: CCDI, Landscape Design, EDAW Client: Shenzhen Vanke Real Estate Co., Ltd.

设计“中国式”的房子

深圳万科第五园所给出的题目是：设计“中国式”的房子。在经历漫长的探索之后，设计师试图用白话文写就传统，具体可以归结为六个字：村、墙、院、素、冷、幽。

村　整个社区由边界清晰的“村落”组成。村口处设有传统风格的牌坊或显示领域感的标志物。村内有深幽的街巷或步行小路，大小不同的院落组合形成了宜人的尺度和富有人情味的邻里空间。

墙　纵观传统中式建筑，几千年以来几乎都沿袭着一种十分突出的外部形式，即“墙”的形象。在民居建筑中，各种高低、长短、虚实不一的墙体通过不同的组合来形成符合“礼制”的形式。在第五园中，住宅内院的里层空间要求开窗或开门，而外层的墙体则可根据外部景观、通风遮阳的要求设计。如此，第五园的两层墙都获得了相对的自由。

院　第五园庭院别墅的“前庭后院中天井”的院落形式，呼应了中国传统民居中的内向型空间。它是风水中强调的“藏风”“聚气”的理念所在，同时也表达了中国人居环境中内敛含蓄的品格取向。

素　传统民居在外观色彩上比较节制，也即“素”。北方民居多以灰色为主，而南方则以黑白为主。在第五园中，色彩的设计始终贯彻了“舍艳求素”的原则。大面积的白墙也为景观设计提供了良好的背景。

冷　我们在设计过程中也吸收了富有岭南地区特色的竹筒屋、冷巷等传统做法。我们试图通过天井、廊架、挑檐、高墙、花窗、缝隙、窄巷等，给阳光一把梳子，给微风一个过道，提高住宅的舒适度并有效地降低能耗。

幽　在庭院和景观环境的营造上，我们以竹子作为主景，灌木的配置突出其纳凉的作用，而富于广东特色的旅人蕉和芭蕉等植物则点缀其间，体现热带风情。传统造园艺术中的障景、对景和框景经典手法使整个社区环境在窄街深巷、高墙小院的映衬下更显得深邃、清幽。

How to design a "Chinese" house? This was the challenge posed by the Vanke Fifth Garden. After a long search, architects sought traditional spirit in contemporary architectural language through six key aspects: village, wall, courtyard, plain color, cool climate and serene landscape.

■ 区位图 / Location Map

Village The community is made up of clearly-defined villages. Traditional memorial archways or markers, indicating a sense of territory, are placed at the entrances of the village. There are deep and quiet lanes as well as pedestrian roads inside the village. Courtyards of various sizes offer both a human scale and pleasant neighborhood space.

Wall Throughout history, traditional Chinese architecture has been following a sensible exterior image which is characterized by the wall. In traditional dwellings, walls of different heights, lengths and visibility are employed to create forms in accordance with set of etiquette. In the Fifth Garden, inner walls of courtyard are opened up with windows and doors, and exterior walls are designed based on landscape, ventilation and shading requirements. Thus, both layers of walls maintain relative flexibility.

Courtyard The "antecourt-backyard-mid-courtyard" mode of the villas in the Fifth Garden echoes the introverted space in traditional Chinese dwellings. It reflects the idea of "hiding wind" and "gathering Qi" in Fengshui and expresses the preference of introversion .

Plain Color Traditional dwellings are usually plain in their exteriors. The dwellings in Northern China are marked by grey color and the dwellings in Southern China are marked by black and white. In the Fifth Garden, the color scheme follows the principle of "discarding the bright and seeking the plain". Large white walls are also favorable backdrops for landscape design.

Cool Climate In our design, we also learned traditional ecological techniques from Ling Nan region such as the Bamboo Tube House and the Cool Alley. With courtyards, pergolas, eaves, high walls, flower windows, gaps and narrow alleys, we attempt to let the sunshine in and let the breeze pass, improving comfort and reducing energy consumption in houses.

Serene Landscape The landscape design of courtyard and the general environment is characterized by bamboo. Shrubs are also introduced as a means of shading. Traveler's-trees and plantains, which are typical Guangdong vegetations, are scattered in the landscape to add a tropical flavor. Classical design methods in traditional gardens such as blocked scenery, opposite scenery, framed scenery are introduced, rendering the entire environment more serene with the backdrop of narrow streets, deep alleys, high walls and small courtyards.

* 该项目图片及图纸由澳大利亚柏涛（墨尔本）建筑设计公司/北京泊岸建筑设计咨询有限公司/北京市建筑设计研究院提供，摄影：杨超英

扩展阅读（Further Readings）：

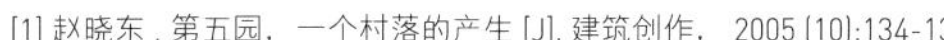

[1] 赵晓东．第五园，一个村落的产生 [J]. 建筑创作，2005 (10):134-137.
[2] 朱建平．试图用白话文写就传统——深圳万科第五园设计 [J]. 时代建筑 ,2006(3):75-81.
[3] 徐怡芳，王健．传统民居空间理念的现代运用——深圳万科第五园的思考 [J]. 建筑学报 ,2008(4):77-80.
[4] 王戈．万科第五园 [J]. 建筑创作 ,2008(6):34-35.
[5] 王戈，朱建平．用白话文写就的传统：万科第五园 [J]. 建筑创作 ,2005(10):116-137.

速生城市中的快速建造

INSTANT BUILDING IN AN INSTANT CITY

25[illegible]

深圳是中国当代大规模造城运动的起点，作为一个快速建造起来的城市，深圳拥有快速生长城市所具有的所有特征，是中国城市化发展的重要案例。我们选取了几组重要的案例来呈现深圳的快速建设状态与探索。作为早期深圳成片开发模式的重要案例，华侨城主题型与生态型的建设具有代表性，“华侨城现象”既是文化现象也是一种生活方式，成为其他城市效仿的对象；福田中心区和环CBD商圈的建设是深圳带状多中心组团结构建设中的成功组团，是CBD规划与新区开发建设的重要案例；高层建筑是深圳城市形象的外在表征，设计上更多地强调时代特征；深圳的巨构已然成为深圳这个城市某种象征，是建造技术与设计创意的都市实证；深圳的住宅发展从政策探讨到设计创新都处在中国住宅建设的领跑行列。

Shenzhen is the starting point of a large-scale city-making movement in contemporary China. As a city built with an unprecedented pace, Shenzhen possesses all the features that define an instant city, making it an important case study of urbanization in China. We select few critical examples to map out the rapid development in Shenzhen. Stemmed from early development in Shenzhen, the thematic and ecological approach of OCT is representative of block development model. The "OCT phenomenon" is not a mere cultural phenomenon, rather it has generated a new way of living. It has inspired emulation from other cities in China. The Futian Central District and CBD commercial circle is a notable case in the ribbon development of polycentric spatial structure, and is an important case of CBD planning and new district development. High-rise buildings characterize the appearance of the urban image of Shenzhen, with design features that emphasize the times they occupy. Megastructure in Shenzhen has become a kind of symbol of the city and the evidence of building technology and innovative design. The residential housing development in Shenzhen, from related policies to inventive design, plays a leading role among the counterparts in the rest of China.

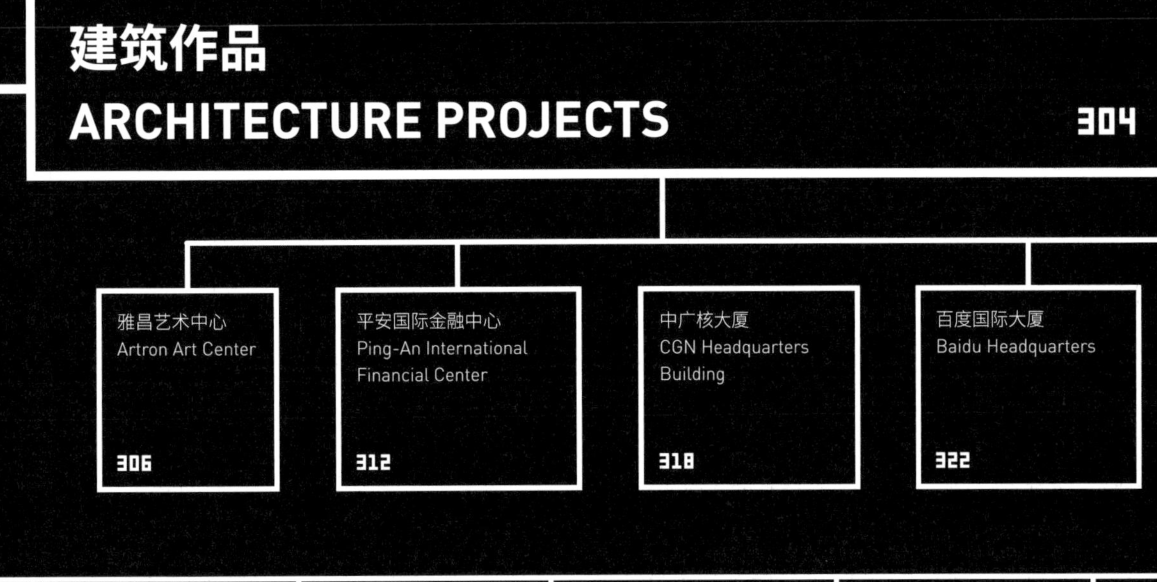

建筑作品 ARCHITECTURE PROJECTS 304

摄影：[illegible] 时间：2015年9月 地点：东海公寓顶楼 经纬度：N22°32′32.96″ E114°01′[illegible]

NEO
金中环

摄影：张超　时间：2015年6月　地点：深圳市南山区华侨城　经纬度：N22° 32′ 26.90″ E113° 59′ 26.31″

摄影：王大勇　　时间：2016年2月　　地点：蛇口沿山路　　经纬度：N22° 29′ 43.78″ E113° 55′ 34.69″

摄影：王大勇　　时间：2016年2月　　地点：岗厦　　经纬度：N22°32′26.18″ E114°04′28.50″

摄影：王大勇　时间：2015年11月　地点：深南大道市民中心段　经纬度：N22° 32′ 55.98″ E114° 04′ 20.60″

883 99999

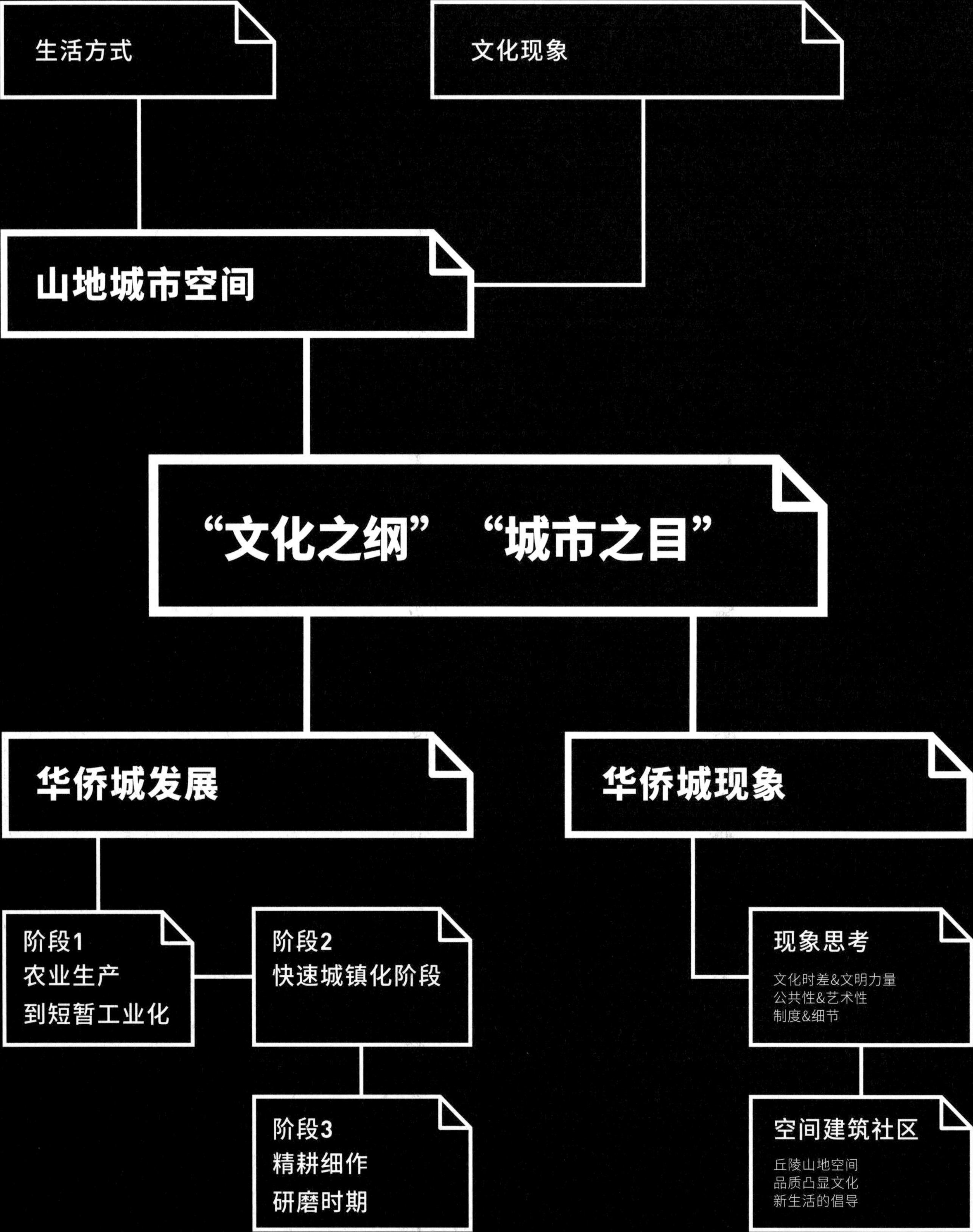
生活方式
文化现象
山地城市空间
“文化之纲” “城市之目”
华侨城发展
华侨城现象
阶段1
农业生产
到短暂工业化
阶段2
快速城镇化阶段
阶段3
精耕细作
研磨时期
现象思考
文化时差&文明力量
公共性&艺术性
制度&细节
空间建筑社区
丘陵山地空间
品质凸显文化
新生活的倡导

华侨城现象
OCT PHENOMENON

“举一纲而万目张”：读识“华侨城现象”

All under One Rubric: A Review of the OCT Phenomenon

朱荣远　ZHU Rongyuan

“举一纲而万目张”①
All under One Rubric

读识“华侨城现象”
A Review of the OCT Phenomenon

朱荣远　ZHU Rongyuan

文章从文化时差效应的角度，认为深圳华侨城代表山地城市空间环境与恰当的公共文化、艺术机制的结合，使新的社会公共交往关系成为华侨城重要的价值内涵，也是城市和建筑设计的最高目标。“华侨城现象”既是文化现象，也是一种生活方式。

From the perspective of cultural time-lag, the OCT represents a combination of a mountainous city's public space with an appropriate cultural and artistic mechanism. This paper sums it up in the new relationship between new types of social interactions, which has become an important public value of OCT, which is also the highest goal of urban and architectural design. The "OCT phenomenon" is not only a cultural phenomenon, but also a lifestyle.

文化时差；丘陵城区；品质建筑；约定俗成；生活方式

Cultural Time-lag; Mountainous City Space; Architectural Quality; Convention; Lifestyle

如果说深圳特区城市化和现代化是中国奇迹，那么深圳华侨城是这个奇迹的重要构成部分。近 30 年的发展呈现了中国城市现代化具有经典意义的“华侨城现象”[②]。鉴于篇幅和资讯有限，本文无法对此全面描述，仅借城市格局、建筑和社区环境三个方面的观察引出对“华侨城现象”的几点思考。

华侨城的三个发展阶段

深圳华侨城前身是归国华侨的安置农场。在深圳经济特区成立初期，跟随特区发展的节奏，华侨城从农业生产发展阶段进入短暂的工业化发展时期，这是华侨城的第一发展阶段。当时，华侨城规划了针对海外华侨和港澳同胞回国投资办厂的工业区[③]，并建设深圳湾大酒店和游乐场，成为深圳特区重要的城市地标。

20 世纪 80 年代中期，深圳特区城市分组团快速发展，华侨城的城市区位潜力开始显现并进入快速城市化发展的阶段。华侨城委托荷兰 OD205 公司新加坡分公司的孟大强先生领衔对华侨城地区进行整体的城市设计，以“锦绣中华”主题公园和华侨城花园城区建设为标志，进入第二个发展阶段。

华侨城的第三个发展阶段以 “OCT 广场”、“欢乐谷”、 欢乐海岸主题公园和 2005 年第一届“深港城市 \ 建筑双城双年展”为象征，是最自信和最精彩的发展时期，同时伴随深圳城市社会的成熟和稳定，进入的精耕细作、研磨时期。

空间格局、建筑场所 、社区环境与“华侨城现象”

“生态城区”的丘陵山地空间本色

1985 年华侨城采纳孟大强提出的“生态城区”城市设计建议。方案选择依山就势的城市空间格局，丰富多变的城区公园型景观体系，蜿蜒的小尺度的机动车道系统，借步行街道系统组织公共服务的空间结构，保有近人亲切的空间环境尺度。两个交通系统不仅串联公共建筑，也有效组织其他用地功能。以此空间格局和交通系统构筑华侨城空间之纲，纲举目张，使得后期虽然用地的功能性质和开发强度在变化，但这个公共系统的设计构思一直影响着华侨城后期的发展，也是其一直受深圳人喜欢的重要原因之一。

保留自然地形塑造浅丘陵山地的空间特色，在那时并不是一件容易的事。“推山平地”是当时深圳热火朝天的城市基建场面的特征，华侨城方案的自由形式路网与当年笔者参与编制的《深圳特区总体规划》[④]的路网结构形式不合而产生过争议。值得庆幸的是，在华侨城努力争取下总体规划采纳方案，如今在华侨城的山地环境中，才可以窥见深圳的丘陵原始地形。华侨城选择了恰当的空间结构方案而拥有很好的城市化开局，构建一个既具有控制力，也不乏想象力的空间发展平台，为华侨城的空间品质发展奠定了关键的基础。

有品质的项目和内敛的建筑显现出文化的自信

具自然生态环境特征的城市大环境是华侨城地区的“主体”，其中的各种项目或建筑则变成“应该谦虚”的“客体”。“客随主便”，成为华侨城城市人文建筑或设施嵌入自然环境的基本原则和特点。回看各个发展阶段的项目，从“锦绣中华”“民俗村”“世界之窗”到“OCT 广场”“欢乐谷”“LOFT 创业产业园”， 直体现着华侨城空间环境的内涵。从深圳湾大酒店、华夏艺术中心、华侨城食街建筑群、何香凝美术馆、威尼斯酒店、深圳湾洲际酒店、华美术馆、华会所等不同发展时期的建筑特征中，都可以阅读到主动适应山地丘陵或环境特征设计理念，以及在不经意间感动人的用心设计和安排。

选择恰当的建筑设计方案需要文化见识和自信，华侨城主客体的有机和谐关系是一个建筑嵌入环境的基本原则。好的建筑不是靠造型的怪异来吸引眼球，而是需要朴素的、恰当的城市系统美学观来支持建筑方案的选择。华侨城做到了，并还坚持下来使之成为一种习惯。

城市新生活方式的倡导与实践

从第二个发展阶段开始，华侨城选择了文化创新与坚守的发展道路，成功演绎一个持续的城市文化传播者的角色——“优质生活的创想家”，不仅成就自己，也让深圳这座城市的市民受益。

华侨城深谙安全惬意步行生活是人认识和感知一个地区环境品质的最好方式。步行系统构建在大公园环境的系统中，串联公共服务场所，组织社区生活，自然环境与人文活动被用心组合成为一种华侨城独有的生活方式，自然而然地令市民产生共鸣。艺术家、建筑师喜欢华侨城是因为这里有适宜思考和创作的文化土壤，市民喜欢这里是因为它表现出公共性和释放出能够被感知的文明气息。“一步一世界”的华侨城，成为深圳城市公共生活场所不断升级的标尺。

华侨城地区营造的生活方式成为深圳城市文明的样本和标志，人们都在期待华侨城下一步会给深圳这座城市带来什么样的惊喜，无疑华侨城的文化就是深圳城市文化的组成部分。

有关“华侨城现象”的几点思考

文化时差与文明的力量

1979 年，让所有中国人开始有机会察觉与现代文明的时差，中国社会渴求文化的启蒙。作为一个负有改革使命的新兴城市，深圳经济特区是幸运和自由的，既没有像北京、广州或上海那样受到深厚传统城市文化的羁绊，也没有明确的事前的文化约定，那是准许试错的改革年代，需要见识和胆略。深圳的价值在于有机会汇聚国内外最好的东西。文化时差的现状和价值先行的意义，也知晓文化的时差就是一种资源和机会。似乎可以这样说：华侨城一直都是深圳“内引外联”调整文明时差的重要“器物”和场所，也是深圳与外面世界争取同步发展的“差速器”[⑤]。当年华侨城把握深圳经济特区除去显性的经济发展外，隐含的那些社会或者文化特别发展机会。

集合文明的力量与精心组织各行业精英的力量相关，也须获得来自社会大众的认同。这些并不是巧合，而是有意为之。比如，孟大强出现在华侨城就缘起其设计的国立新加坡大学有着依山就势的设计理念，这与华侨城预期的价值取向合拍。又比如“锦绣中华”文化主题公园，利用中国传统文化资源和精工细作的标准进行建设，获得巨大的社会影响和市场回报，随后“民俗文化村”和“世界之窗”以及“欢乐海岸”等项目中成功地继续“嫁接文化”的精英策略。可以说华侨城借用了电影的蒙太奇效应，以恰当的文化立场，剪辑现代人文世界不同时差的美好画面，形成华侨城耐看的人文戏剧。华侨城很好地利用文化的时差与文明的力量，又始终保持文化的视角和艺术的先锋性，到后来已经演变成一种自然而然的文化责任，造就了深圳城市发展活力不可或缺的主要角色之一。

公共性和艺术性[⑥]是基本内涵

公共性是“华侨城现象”的关键要素。公共性是通过城市或建筑功能场所的服务方式和内容来实现的，“公共性越来越成为现代社会关系的重要性质”[⑦]。在最大化利用自然山地和原生树木的基础上，营造以非机动车的步行活动网络组织华侨城的开放公共文化服务的体系，以物理空间的方式构建哈贝马斯所认为的“公共领域是一种用来交流信息和观点的网络”。这既实现华侨城把城市建在公园中的预期目标，又形成社区的归属感。华侨城生态广场是减少高层住宅项目开发，换成公共开放空间的又一例证。没有文化自信和长远的谋略，是无法在经济和文化的权衡中做出这样的决定的。

2000 年深圳市政府陆续开展《华侨城地区发展保护与发展规划》（图 1，图 2）[⑧]、《华侨城南填海区发展规划》[⑨]以及《深圳湾滨海休闲带设计》[⑩]，不断完善以华侨城地区的大公园系统为母体的深圳湾北部地区（大华侨城地区）城市公共服务系统网络，将华侨城的大公园系统作为组织城市公共服务功能的结构，扩展到整个深圳湾区的城市建设区域。相信有目的地设计物质空间构成的公共交往场所的网络系统，会带给城市更大的公共性，从而对社会文化虚拟的公共空间领域产生影响，这是城市设计和建筑设计的潜在力量。

如果说文化附加值成就城市环境的品质，那么艺术性就成为华侨城持续繁荣的灵魂。艺术的特点在于它是文化的先锋，展示一种文明底蕴的力量。华侨城的艺术性是通过环境、建筑和各种公共文化活动表现出来的，表现出不浮躁、不造作、小中见大的气质。

由“深圳 · 香港城市 / 建筑双城双年展”拉开的华侨城新时代，何香凝现代美术馆，“LOFT 创意产业园”、“OCT 创意市集”、文化创意事业和产业现象交织而带来的附加值，叠加起深圳城市文化的心理地标，并获得市民的喜爱。可以说华侨城的成功是社会学意义上的成功，借此也获得了经济学意义上的成功。笔者甚至认为，假如华侨城放弃对艺术文化的追求，不再倡导或资助没有直接经济收益的文化艺术活动，就意味着它将失去以文化艺术先导的风向标角色地位，那么就意味着华侨城只能是历史，而可能不见未来。

约定俗成的制度细节决定成败

文明是通过物质的环境来显现的。艺术的、文化的思想都是通过建筑和环境的细节来表现的。城市更是由无数精致的细节空间所构成，过程则需要组织原则和持久的坚持。在当年完成城市设计后，孟大强连续跟踪咨询服务十年，以不变的价值观去伴随华侨城不断发展和变化的过程，是一种保障城市设计价值惯性延续的制度安排。

不断积淀的环境与建筑细节是一种文化的约定。后续参与华侨城设计工作的规划师、建筑师、景观师们，包括艺术家都会从已有的建筑和城市环境中，感知华侨城空间的价值取向和文化标准的细节，他们会因为被这里的文化积淀所感动，在体验中权衡自己的设计力量。这是属于华侨城的“约定俗成”，一种可直接影响设计品质的制度氛围细节，可能比文字的设计任务书更加有效。“润物细无声”，文明程度的高与低不在乎吆喝嗓门的高低，城市环境和建筑的细节就是无声的文明宣言。

当看到建造深圳湾洲际酒店保留了原深圳湾大酒店的一段立面片墙的时候，人们可以感受到其背后那股强大的文化自信。这是一种具有显性价值的软制度，就好像华侨城向志同道合的人们发出的召集信号，令建筑师和文化人心动和产生共鸣。“微不足道”的细节还有很多，比如“LOFT 创意产业园”提出“不接纳超过 100 人的大型设计机构入驻”，避免影响创意设计集群的多样性活力与文化生态，这又让人们感受到一种有意为之的制度细节。

正是因为拥有这样的文化氛围，国内外著名的规划、建筑设计和景观设计机构被吸引到这里，有共识、有自觉约束地共同释放他们的理想，共同积淀文化而成文明。也许可以说“华侨城现象”其实是一种具有不同时差聚合调节效应的文化现象。

结语

“华侨城不仅是一家经营成功的企业，更创造了一种新的生活方式，提供一种美妙的精神享受。”[⑪]知微见著，大处公共文化着眼，小处动人细节落实，“华侨城现象”给深圳城市提供一个鲜活的案例，无疑是影响深圳城市发展标准的社会样本。华侨城的过去是辉煌的，未来也将可从各种细节中读出端倪。

公众关注华侨城正在发生什么，也期待将要发生什么。《深圳2030城市发展策略》定位深圳为“先锋城市”。华侨城就是这个先锋城市中最锐利的构成部分之一，是文化之纲也是城市之目。华侨城就这样成功地建立起与这座城市的特殊文化关系。

1. 大华侨城地区步行系统
2. 大华侨城地区大公园系统

1. The Pedestrian system of The Greater OCT
2. The Park system of The Greater OCT

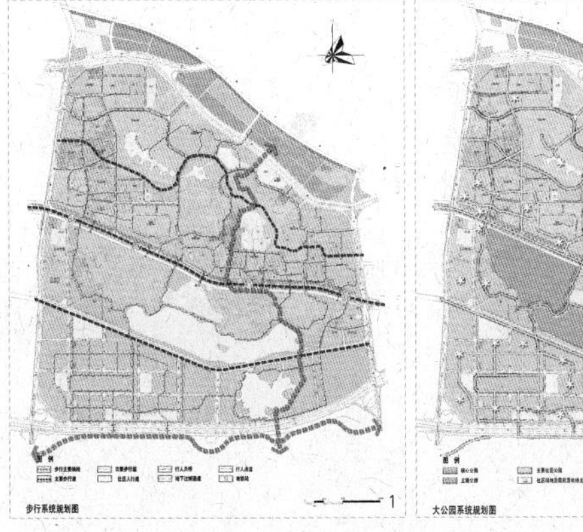

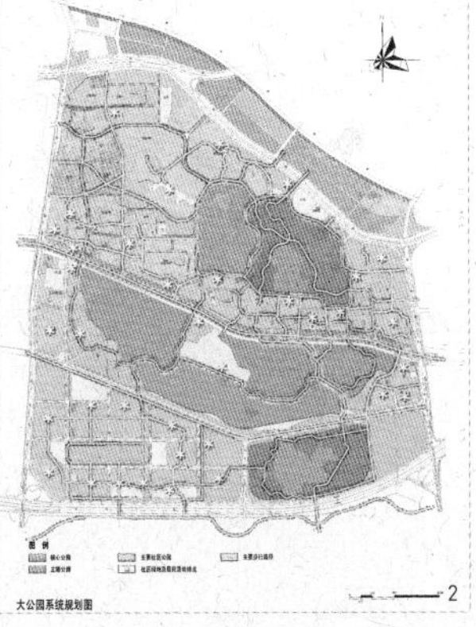

注释 (Notes):

①引自汉·郑玄《诗谱序》。

②华侨城特指深圳湾畔的城市社区，早期由华侨城集团独立规划和建设。华侨城范围4km²，深圳湾内湖地区市政府委托管理范围约2km²，深圳市辖区范围2 020km²。

③今天华侨城LOFT文化创意产业园就是当年的华侨城东部工业区所在地。

④ 1984年10月，深圳市政府委托中国城市设计规划设计研究院编制《深圳特区总体规划（1985 - 2000）》。

⑤ 汽车零件，差速器的作用就是满足汽车转弯时两侧车轮转速不同的要求。

⑥艺术性是指人们反映社会生活和表达思想感情所体现的美好表现程度。摘自百度百科有关艺术性名词的解释。

⑦详见高鹏程.公共性：概念、模式与特征[J].中国行政管理，2009（3）：65-67。

⑧深圳市规划局委托中国城市规划设计研究院深圳分院，2000年，提出华侨城周边地区空间环境、尺度的协调规划原则，以华侨城为基础构建更大范围的城市大公园系统和连接塘朗山和深圳湾的“上山下海”的城市公共文化功能轴带。

⑨深圳市规划局委托中国城市规划设计研究院深圳分院，2001年开始至今，对华侨城南填海区的城市功能进行规划研究，涉及欢乐海岸、红树西岸等项目，并一直跟踪该地区的发展变化。

⑩ 2003年深圳市规划局委托，中国城市规划设计研究院、美国SWA景观公司为国际竞赛中标联合体，项目于2008年建成，目前成为深圳市民最喜欢的公共场所。

⑪ 详见魏小安论著中关于华侨城发展的评论。

参考文献 (References):

[1] 高鹏程.公共性：概念、模式与特征[J].中国行政管理，2009（3）.
[2] 魏小安.优质生活的创想家：华侨城发展轨迹的观察[M].北京：中信出版社，2010.
[3] 哈贝马斯的公共领域理论[EB/OL]. http://baike.baidu.com/view/3167942.htm.
[4] 华侨城地区的保护与发展规划[R].中国城市规划设计研究院，2000.
[5] 华侨城南填海区规划[R].中国城市规划设计研究院，2003—2013.
[6] 深圳湾滨海休闲带设计[R].中国城市规划设计研究院，2003.

注：该文在《时代建筑》2014年第4期同名文章基础上修改完善

图片来源 (Image Credits):

作者提供

朱荣远
ZHU Rongyuan

作者单位：中国城市规划设计研究院
作者简介：
朱荣远，中国城市规划设计研究院副总规划师，教授级高级规划师

城市中心战略
福田区30年发展
城市中心
都市建筑策略
摩天魅影
大尺度设计
&城市空间

城市中心
City Center

深圳福田中心区规划建设 35 年历史回眸

35 Years of Planning and Constructions in Shenzhen Futian Central District

陈一新 CHEN Yixin

摩天魅影

Glamorous Image of Skyscrapers

覃力 QIN Li

巨构的活力与迷失

Mega-Form between Vigor and Puzzle

艾侠 AI Xia

深圳福田中心区规划建设35年历史回眸

35 Years of Planning and Constructions in Shenzhen Futian Central District

陈一新　CHEN Yixin

文章概述深圳福田中心区城市规划的起源，从1980—2015共35年来的规划设计及其实施历程，记载福田中心区规划建设过程中三个难忘的故事，并阐述福田中心区规划实施的历史意义。2014年的统计数据和初步评估结果显示，福田中心区城市规划实施后的社会、经济、环境等三方面都产生较显著的成效。

This paper outlines the origin of the Futian central zone, part of Shenzhen's urban planning, from the process and the implementation of planning and design between 1980 to 2015, totally 35 years, records Futian District Planning and construction process in memorable stories, and expounds the historical significance of the Futian District. The statistical data in 2014 and preliminary assessment results show that, after the implementation of the central district urban planning, three aspects, namely society, economy, environment have got significant improvement.

规划过程；故事；实施；成效

Planning Process; Stories; Implementation; Effectiveness

每一个社会都会生产出它自己的空间。空间是政治性的，它是战略性的。曾经的那些战略，已经让空间建立起来了。我们应该追溯这些战略的轨迹[①]。深圳规划在我国的城市规划史上有着重要的地位，它标志着中国的城市规划由计划经济时代进入市场经济时代，翻开了新的一页。深圳是按照规划建设起来的城市，也是新中国第一个按市场经济体制规设起来的城市。深圳规划的历史经验很值得总结[②]。如果说深圳是中国改革开放历史中一个不可绕过的城市，那么，福田中心区也是深圳规划建设35年历史不可缺少的篇章。福田中心区从1980年的规划畅想到今天蓝图实现，仅用了35年时间，让我们这一代人见证了它的规划建设史。然而，全面阐述“当代”或者“新时代”的城市规划，这无疑是个贸然而大胆的行为[③]。但无论当代人还是后人写史，都存在局限性。

笔者曾写作《深圳福田中心区（CBD）城市规划建设三十年历史研究（1980—2010）》，以亲历者角度撰写福田中心区规划建设历史，本意是记录，虽然难免有当代人写当代史的局限性，但不写遗憾更大。因为后人难以凭有限的资料，例如《深圳市中心区城市设计与建筑设计1996—2004》十二本系列丛书[④]，或者相关学术论文“原汁原味”地还原福田中心区的历史。在这个意义上说，当代人写当代史，起码具有“白描历史”的价值，“反思总结历史”则为一家之言，仅供参考。

福田中心区概要及规划起源

福田中心区概要

深圳特区三次总体规划都将福田中心区（以下简称：中心区）定位为城市中心区，是商务中心（CBD）、行政中心和文化中心。实际上，中心区已成为深圳轨道交通线路最多、站点最密的片区，未来7条轨道线全部通车后将成为深圳名副其实的交通枢纽中心，必然从CBD变成商务中心、行政中心、文化中心、交通枢纽中心等“四心合一”的“CAZ”（中央活力区，Central Activity Zone）。福田中心区位于深圳原特区（327km²）的几何中心（图1），总占地面积607 hm²，可分为三部分：南片区233 hm²，是中央商务区；北片区180 hm²，原规划为行政、文化中心，后逐步与商务中心功能融合；莲花山公园194 hm²，是开放性城市公园。福田中心区规划最高容量[⑤]建设规模1 235万m²。截止2014年底，中心区已建成的316幢建筑物，总建筑面积计999万m²，其中商业服务类建筑（商务办公、商业、旅馆）约占一半。此外，中心区在建的10幢商务办公楼，建筑面积计112万m²。可以预见，未来五年内，中心区建成的建筑面积总量将超过1 100万m²。

中心区规划起源

福田中心区从1980年规划构思的一个“细胞”发育开始，成长为现在三十而立的“壮年”，是一个值得追溯的历史过程。

1980年在深圳特区起步之年，尚未成立福田区，现福田区（包括福田中心区）都属于当时福田公社范围。1980年6月，深圳市经济特区规划工作组编制完成的《深圳市经济特区城市发展纲要（讨论稿）》提出：“皇岗区设在莲花山下，为吸引外资为主的工商业中心，安排对外的金融、商业、贸易机构，为繁荣的商业区，为照顾该区居民生活方便，在适当地方亦布置一些商业网点，用地165 hm²。”这个莲花山下的“皇岗区”就是现在的“福田中心区”，这也是迄今查阅到的关于“福田中心区”最早的文字记载。1980年在深圳特区一片农田、鱼塘、荔枝林的位置上规划定位未来的福田中心区是以第三产业为主导的金融、贸易、商业服务区，这是一份极富睿智的城市发展纲要。

1981年深圳市城市规划设计管理局组织各方面专家，编制完成《深圳经济特区总体规划说明书（讨论稿）》，确定城市组团式结构作为深圳城市建设总体规划的基本布局。根据特区狭长地形的特点，采取组团式布置的带形城市，将特区分成7~8个组团，组团与组团之间按自然地形用绿化带隔离，每个组团各有一套完整的工业、商住及行政文教设施，工作与居住就地平衡。各组团间有方便的道路连接，这样布局既可减少城市交通压力，又有利于特区集中开发。并且，该总体规划说明书首次提出“全特区的市中心在福田市区”，并规划福田新市区可用土地30 km²，规划功能为工业、居住、科研等，规划人口到1990年4.7万人，远期到2000年30万人口。“计划与外商合作成片开发建成以新市政中心为主体，包括工业、住宅、商业并配合生活居住、文化设施、科学研究的综合发展区。”

福田中心区规划建设历程

回顾福田中心区35年城市规划建设历程，分为四个阶段[⑥]。

第一阶段：概念规划起步

1980—1988年是福田新市区功能定位、概念规划及土地征收阶段。

1980年《深圳市经济特区城市发展纲要》在一片希望的田野上构思莲花山脚下的皇岗区是未来以第三产业为主导的金融、贸易、商业服务区。1981年深圳特区总体规划确定城市组团式结构；同年深圳特区发展公司与香港合和公司签订建设福田新市区（30m²土地）的合作开发协议。1982年合和公司提出《福田新市发展规划纲要》，该纲要规划在福田新市区采用同心圆放射型并布局70km

长的轻轨铁路网交通系统，后经几次专家会评审被否定。1983 年中心区概念规划首现“十字轴”雏形。1984 年首次提出中心区人车分流交通模式。1985 年特区总体规划基本定稿，准备开展中心区详细规划。1986 年深圳特发公司中止了与合和公司合作开发福田新市区的协议，为福田区（包括福田中心区）的开发建设预留了大片土地。1987 年深圳首次城市设计，其中包含对福田中心区第一次高水平的城市设计。1988 年福田分区规划进一步从法定规划层面确定了中心区概念规划成果；同年开始征收福田新市区范围内农村集体所有土地。这是极具战略眼光的行政举措。

此阶段不仅中心区规划具有睿智远见，而且脚踏实地开展征地，为中心区全面规划建设储备了用地，使福田中心区规划蓝图的实施具备条件。

第二阶段：市政道路工程建设

1989—1995 年是福田中心区在确定详细规划和开发建设总规模后，进行市政道路工程建设阶段。

1989 年首次邀请征集福田中心区规划方案，取得四个备选方案。1990 年福田区大规模征地拆迁；规划确定福田区采用机动车与非机动车分流交通方案。1991 年在四个备选方案基础上修改形成福田中心区规划综合方案。1992 年福田中心区详细规划确定了“深圳 CBD”功能定位和总建设规模。1993 年完成中心区市政工程施工图后，进行市政道路工程“七通一平”建设。1994 年完成福田中心区（南片）详细城市设计（当年的中心区航片见图 2）。1995 年市政府决定开展福田中心区核心地段城市设计国际咨询。至 1995 年，中心区新建成的建筑面积约 3 万 m²。

此阶段全面构建 中心区道路骨架，完成 中心区 80% 市政道路工程建设，在道路、交通、功能布局等方面奠定了中心区后续开发建设的基础。

第三阶段：政府重点工程建设

1996—2004 年是深圳市政府加速投资开发中心区、重点工程建设引领市场，住宅配套建成，办公市场兴起的阶段。

1996 年成功举行中心区核心地段城市设计国际咨询，并取得政府、专家和社会广泛认同的优选方案；中心区第一代商务楼宇陆续建成。1997 年市政府积极筹备建设中心区六大重点工程。1998 年底六大重点工程同时奠基。1999 年建立中心区城市仿真系统；启动 CBD 第二代商务楼宇建设，市场对中心区的实质性投资建设刚刚起步，中心区呈现一片待开发的空地状态（图 3）。2000 年批准中心区法定图则（第一版）；会展中心重新选址回归中心区。实际上，1996—2000 年中心区开发建设处于“政府热、市场冷”状态，政府集中投资六大重点工程（含公共建筑和地铁设施），市场主要投资住宅配套项目（中心区配套居住建筑 233 万 m² 集中于此阶段建成），虽为片区带来一定人气，但住宅配套先于商务办公建设，主导功能与配套功能不同步建设也是市场选择的结果。

2001 年市场投资中心区商务楼宇的热潮初现；政府筹建会展中心。2002 年以 22、23 - 1 办公街坊为代表的中心区第二代商务办公楼宇陆续建成使用；《深圳市中心区城市设计与建筑设计 1996-2002》系列丛书出版；法定图则（第二版）通过审议。2003 年中心广场及南中轴建筑和景观工程在概念方案设计阶段就出现重大转折，必须重新修改设计任务书，重新进行景观工程设计招标，而建筑工程设计分别由各投资商组织。2004 年六大重点工程陆续建成使用；地铁一期工程（1 号线、4 号线）通车并在中心区设 6 个停靠站；中心区商务办公开发建设进入高峰时期；市中心区开发建设办公室撤销。至 2004 年，中心区已建成的建筑面积约 192 万 m²（含政府投资的六大重点工程建筑面积计 38 万 m²）。可见，2001—2004 年中心区开发建设已出现“政府热、市场热”的兴旺景象，中心区规划实施初显雏形。这是福田中心区规划建设史上第一轮黄金时期。

第四阶段：商务办公投资踊跃

2005—2015 年是中心区金融总部办公建设鼎盛时期，也是按照规划蓝图圆满实现以金融为主要功能的 CBD 功能的关键阶段。正因为这个时期深圳金融产业的快速上升，进入中心区的建设办公总部的需求猛增，恰好中心区的有限储备用地基本能满足该时期金融总部办公建设的需求，才圆满实现了中心区作为深圳金融主中心的规划定位，在核心产业上真正实现了 CBD 功能。

2005 年中心区终于实现了第一批金融总部办公楼的选址。2006 年京广深港高铁福田站选址中心区。2007 年中心区第三代商务办公楼宇基本建成。2008 年第二批金融总部办公楼选址中心区。2009 年第三届深港双城双年展以中心区中轴线公共空间为主展场（图 4）。2010 年中心区第四代商务楼宇蓬勃兴建（图 5）；中心区已建成商务办公楼的空置率保持在较低比率。政府正式批复岗厦河园片区改造专项规划。2011 年深圳平安国际金融中心开工建设标志着 CBD 开发建设进入最高潮；中心区第四代商务办公楼宇基本建成；地铁二期工程 2 号线、3 号线开通并在中心区设 7 个停靠站。2012 年中心区第五代商务办公楼宇开始建设； 2013 年中心区法定图则（第三版）修编草案公示（图 6）；位于中轴线南端的商业中心皇庭广场开业；深圳市当代艺术馆及城市规划展馆（简称：“两馆”）采用 BOT 建设模式开工建设。2014 年广深港高铁福田站到深圳北站隧道贯通；岗厦河园片区改造工程开工建设；深圳平安国际金融中心核心筒结构封顶（建筑高度 600m）。2014 年，岗厦河园片区改造建设进展顺利（图 7）；中心区已建成的建筑面积约 999 万 m²，参见莲花山顶俯瞰中心区全景图（图 8）。2015 年中心区金融总部办公楼群建设已经呈现兴旺景象。这是福田中心区规划建设史上的第二轮黄金时期。

福田中心区规划实施过程中的故事

福田中心区在规划编制和规划实施过程中有许多真实的故事，限于篇幅，暂述以下三个。

方格网道路来之不易

福田中心区占地面积 4km²，原地貌是农田、水塘、河流及少量民房，1989 年至 1992 年间市政府对福田中心区进行土地征收，1993 年被“七通一平”为城市建设用地，此后一直呈现为方格网道路构架。但许多业内人士并不一定了解福田中心区的棋盘式方格网道路构架的来历，是 20 世纪 80 年代初众多专家否定了福田新市区轻轨及“圆”型放射路网规划方案之后得来的。

1982 年，香港合和公司提出《福田新市发展规划纲要》，该纲要提出福田新市区采用轻轨及“圆”型放射路网规划方案（图 9）。1982—1983 年间，深圳市城市规划局多次召开专家会议[7]研究该纲要，专家们认为：“圆”模式放射型道路是一个较陈旧落后的规划手法，不利于交通疏散，不利于节约用地，与深圳总规道路系统不相适应。建议福田新市采用方格网道路形式。1986 年 2 月编制完成的《深圳特区福田中心区道路网规划》，规划福田中心区采用方格形道路网，采取人车分流、机非分流的原则。至 1986 版深圳特区总规正式确定了福田中心区方格网道路形式。

1987 年，深圳城市规划局与英国著名规划师瓦特 · 鲍尔（Walter Bor）带领的英国伦敦陆爱林戴维斯规划公司（British Llewelyn-Davies Planning Co., London England）合作进行深圳城市设计研究并撰写研究报告。该报告的第三章“深圳福田中心区开发建议”方案继承了方格网道路结构。1988 福田分区规划标志着福田中心区概念规划定稿，基本沿用“86 总规”的棋盘式方格网道路结构，明确提出中心区的道路交通进行机非分流设计。尽管 1989—1991 年间福田中心区规划方案征集及方案综合过程中，曾出现过一定程度的弧形道路等不规则路网，但后来都被城市规划委员会专家否定，最终确定了方格形道路网。

总之，福田中心区现状方格网道路系统，与特区总体规划相协调，有效提高了土地利用率，增加了沿街面的商业价值。中心区在规划深化及实施过程中，始终坚持方格网道路系统，且不断加密

1. 福田中心区在深圳的位置
2. 1994 年福田中心区航片

1. Location of Futian Central Area In Shenzhen
2. Aerial photo of Futian Central Area in 1994

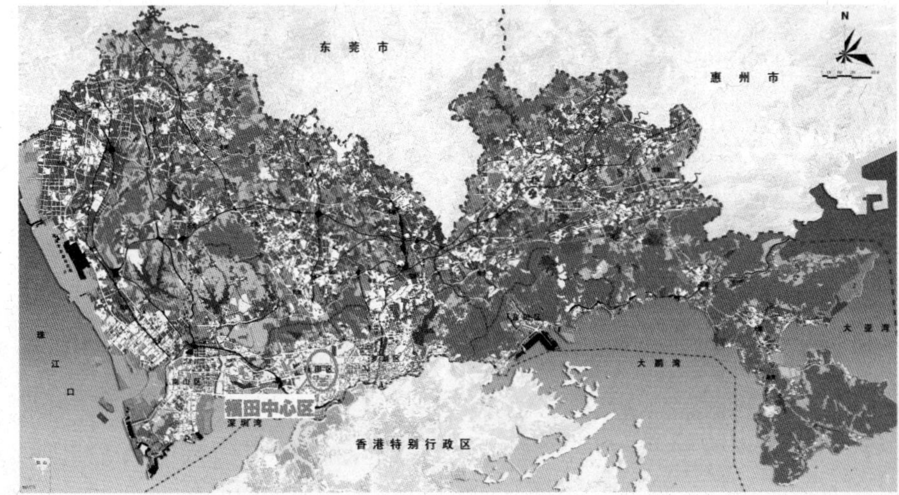

CBD 支路网密度。这是福田中心区规划成功之处。

睿智确定中心区建设规模

1992 年深圳特区建设仅 12 年，人口已经增加 8 倍多，从 1979 年的 31 万人口增加到 1992 年的（常住人口）268 万人，未来深圳人口规模、建设规模难以预测。同理，1992 年政府组织编制的福田中心区详细规划也难以预测中心区的建设规模，编制单位（中国城市规划设计研究院深圳分院）以创新式思维大胆提出了中心区开发建设的高、中、低三种规模，市政府也十分睿智地决策采用高方案建设道路市政工程，采用中方案控制地上建筑容量。

1992 年编制的福田中心区详规将中心区规划定位为深圳 CBD，当时在国内尚属首批（同时期定位城市 CBD 的仅上海浦东陆家嘴）。深圳 CBD 以金融、贸易、信息、高级宾馆、公寓及配套的商业文化设施、教育培训机构等为发展方向，区内以高层建筑为主，南区是中国最大的金融贸易中心之一，规划全部工程预计 20 年完成。在综合以往咨询方案基础上，编制了《福田中心区详细规划》[⑧]，该规划成果对后续规划实施产生了三点深远的影响：

（1）该规划继续采用 1986 版总规确定的中心区方格网道路骨架，此后中心区一直沿着方格道路框架深化规划设计，并成功实践了方格网道路布局的城市交通综合规划体系。

（2）该规划创造性提出中心区开发建设规模高、中、低三个方案（高方案 1 235 万 m^2；中方案 960 万 m^2；低方案 658 万 m^2），而且，市政府 1993 年高瞻远瞩地确定中心区公建和市政设施按高方案规划配套实施，各地块的建筑总量按中方案控制实施。这一点充分体现了弹性规划、持续发展的科学发展观。

（3）事实证明，三个方案规划正确、决策英明。至 2014 年，福田中心区地面已建成建筑总面积计 999 万 m^2，还有在建商务办公面积 112 万 m^2。

1992 年的重大决策，特别是中心区开发建设总规模采用高方案进行市政工程建设的决策特别具有远见卓识，为中心区规划建设的百年大计奠定长远不变的基础条件，这一决策在中心区规划建设史上具有深远的历史意义。

地铁 1 号线“拐进”CBD 高强度开发地块

（1）原来的地铁一期选线方案

1995 年深圳地铁一期工程（1 号、4 号线）规划选线方案，计划地铁 1 号线从罗湖火车站到世界之窗；4 号线从皇岗口岸到莲花山脚下。1996 年福田中心区举行“深圳市市中心城市设计国际咨询”，咨询技术文件表明[⑨]：1 号线在深南大道地下经过中心区，4 号线在中轴线地下经过中心区，两条线在区内各设置三个站点，在水晶岛位置垂直相交并设换乘站（图 10）。

（2）修改中心区地铁线路站位方案

由于当时地铁选线仅有一期工程“探路”，尚无地铁二期、三期等整体规划。原以为中心区只有地铁 1 号、4 号线经过，必须在 CBD 最大人流负荷中心设地铁站。因此，1996 年中心区城市设计国际咨询评议会后，启动中心区地铁选线及站点设置方案的重新研究。由深圳市规划国土局下属的市中心区开发建设办公室牵头，深圳地铁办、铁道部第三勘测设计院、市规划院、交通研究中心等单位共同参加，经过多方案研究比较后，将 4 号线从中轴线东侧的鹏程四路向南穿过中心广场至中心五路的地下；将 1 号线从原先的深南大道地下改至中心区福华路地下（图 11），两条线在中心区都按最小区间设站，各设 3 个站，提高地铁在中心区服务半径内的使用人群[⑩]。将 1 号线“拐弯”进入 CBD 高强度开发地块，沿线一些超高层商务楼宇可从地下室直通地铁站，不仅增加了 CBD 土地开发价值，而且保证了地铁沿线客流量和有效服务半径，有利于提高公交出行率。1997 年 6 月，市政府同意确定中心区地铁 1 号、4 号线的上述线路站位方案。照此方案实施的深圳地铁一期工程 2004 年底通车。

修改实施后的地铁线路站位方案产生良好的社会经济效益。例如，中心区紧临地铁 1 号线“购物公园”站的 1 号地块被规划为“不限高”商业商务类用地，这也是中心区唯一一块“不限高”的用地。现已建成“平安国际金融中心”工程（见图 12 中最高楼）。该项目的地下商业与地铁“购物公园”站完全无缝连接。

福田中心区规划实施成效及意义

按照规划蓝图实施城市设计

福田中心区是按照规划蓝图实施城市设计的典范。中国改革开放三十多年来，城市化建设速度空前，但人们几乎已经习惯了东西南北中“千城一面”以及城市公共空间的无序景象，甚至被贴上“中国特色”的标签。但福田中心区作为深圳特区二次创业的城市空间的集中代表，二十几年来一直致力于城市设计的探索和实践，1998 年起采用城市仿真技术为城市设计和单体建筑的空间尺度把关，并取得一定成效。这也是福田中心区规划建设经验之一。

福田中心区城市设计始终遵循艺术准则，是深圳最早实践城市设计的片区。1987 年福田中心区首次城市设计；1996 年中心区核心地段城市设计国际咨询；1998 年中轴线公共空间详细规划设计、CBD22、23-1 街坊城市设计，并首次采用城市仿真技术决策市民中心的建筑尺度；1999 年城市设计综合规划国际咨询；2003 年中轴线景观规划设计国际咨询等，中心区城市设计始终按照城市功能和艺术准则精心打造公共空间的天际轮廓线，特别是在国内首次采用城市仿真技术为城市设计方案决策和建筑单体建筑尺度及外型的筛选起到了关键作用，使中心区 CBD 建筑群能呈现优美的天际线（图 13）。福田中心区的城市设计案例，无论是方法上、技术上，甚至实践上，在国内处于较领先地位。规划了空间优美的中轴线立体公共广场，以及配置了商业服务功能完整的二层步行连廊系统。既表现了中国传统文化的内涵，也最大限度地满足了人们的活动需求[11]。

“轨道公交 + 步行”交通模式

福田中心区城市规划从 20 世纪 80 年代起就十分重视公共交通的引领作用，公交优先，并构筑连续的二层步行系统（图 14），以此支撑中心区高层高密度开发容量。中心区的交通规划是超前的、成功的规划，但由于近十年实施进度不理想，造成位于中轴线南端地块的中心区最大的公交枢纽站至今未交付运行；地铁会展中心站至今未接通地下商业空间和中轴线二层步行系统，以致人们常常抱怨中心区交通规划不佳。

自 1984 年首次提出福田中心区人车分流（即商业中心地段的人流、车流尽可能采用立体交叉布置）的交通模式。1986 版总规提出在福田中心区范围内，实行比较彻底的人车分流、机非分流、快慢分流体系，形成比较完整的行人、非机动车专用道路系统[12]。直到 1992 年市政府确定在福田中心区不设自行车专用道，之后便取消了机非分流的交通模式，但人车分流的交通模式保留至今。特别在中心区南片已经实施了多项二层天桥工程，尽管中轴线二层步行系统仅畅通了北面一半；因南中轴商业项目工程拖延，迟迟未能接通南中轴与会展中心的二层步行。但无论如何，中心区人车分流的交通规划已基本实现。

1995 年至今的 20 年间，福田中心区一直在规划实施“轨道公交 + 步行”交通模式，已经具有较便捷的公交通达性。从 1995 年规划地铁一期工程的 1 号、4 号两条线，到 2004 年地铁一期通车，中心区是唯一拥有 1 号、4 号线都经过并设换乘站的片区。2011 年地铁二期工程通车，中心区内拥有 1、2、3、4 号线经过并设站。未来，中心区将有七条轨道线（地铁 1、2、3、4、11、14 号线、京广深港高铁）经过并设停靠站，使中心区成为深圳特区轨道交通线路最密集、换乘站最多的片区，中心区将成为全市大型交通枢纽中心之一。

中心区从早期人车分流、机非分流的交通规划理念，在实施过程中逐步落实人车分流的交通规划，并进一步提升为“轨道公交 + 步行”交通模式，以轨道交通引领 CBD 土地的高强度开发。这是一个较成功的交通规划实施案例。

3. 1999 年福田中心区实景
4. 2009 年第三届双年展实景
5. 2010 年中心区金融总部办公建设工地实景
6. 福田中心区第三版法定图则草案
7. 2014 年岗厦改造建设工地
8. 2014 年莲花山顶俯瞰中心区全景
9. 福田新市区发展规划纲要示意图

3. Photo of Futian Central Area in 1999
4. The 3rd UABB in 2009
5. Construction of Financial Headquarter in Central Area in 2010
6. The 3rd-Edition Draft of Regulations on city planning
7. Construction site for Gangxia renovation
8. Panorama of the city center from the top of Lotus Hill
9. Planning diagram for development of Futian New City

中心区开发建设的经济成效显著

从宏观经济效益分析，福田中心区高强度的投资所产生的经济效益正在逐步释放，GDP 是衡量宏观效益的重要指标。以深圳全市土地面积 1 991 km² 计算，福田区土地面积 78 km²，仅占全市近 4%，但却是深圳经济效益高地[13]。

福田中心区从 1980 年代规划选址及土地征收，到 1993 年市政道路工程建设，1998 年六项市重点工程开工建设，2000 年后市场投资中心区商务办公楼宇逐渐兴起。由于福田中心区 CBD 的建成（图 15），以及环 CBD 效益的呈现，福田区 GDP 值从 2001 年 565 亿元逐年上升，至 2006 年初，中心区已建成和在建的建筑面积约 530 万 m²，占（当时公布的）规划建设总规模 750 万 m² 的 70%，其中办公建筑已建成 65%，住宅已建成 100%，住宅全部售罄，办公楼盘销售状况较好，CBD 的雏形开始显露[14]。福田区 GDP 值 2010 年达 1 855 亿元，2011 年首次跨越两千亿元大关，达 2098 亿元，其中服务业实现增加值 1 920 亿元，占 GDP 总值的 91%，且近几年不断向服务业高端迈进。2011 年福田区 GDP 地均集约度 26 亿元 / 平方公里，成为定位用地产出最高的城区；区税收总额 652 亿元，高居深圳八区之首[15] 2013 年福田区 GDP 值达 2 700 亿元（其中金融业 GDP983 亿元，占全市金融 GDP 的 48%）。中心区的建成提升了福田区三产水平及经济效益，统计数据显示，2010 年至 2014 年，福田区金融业 GDP 占全市 GDP 的比例约一半左右，形成了深圳金融业的“半壁江山”，这是福田中心区 CBD 功能实现并形成产业规模后呈现出良好的经济效益。

结语

福田中心区以及环 CBD 商圈的建成是深圳带状多中心组团结构建设中的一个成功组团。尽管一百多年前规划界曾有人提出“带状城市”草案，但一百年来真正实施的带状城市寥寥无几，深圳就是成功实施带状城市的典范之一。深圳 1980 年建立经济特区，1981 年就提出“带状多中心组团结构”的城市结构模式，至今已 35 年，不仅成功建立了原特区范围的带状多中心组团结构，而且系统建立了全市范围的网状多中心组团结构。福田中心区位于原特区的地理几何中心，是城市的中心组团，也是继罗湖中心区之后新建的城市中心，这是深圳特区二次创业中，规划建设的空间成果，也是完全按照规划蓝图建设起来的新城市中心。回顾福田中心区规划建设 35 年历史，总结其经验教训，不仅对于深圳未来前海 CBD 开发建设、龙华北站 CBD 建设等新的城市中心具有参考价值，而且对于全国 CBD 规划和新区开发建设都具有借鉴意义。

10. 1996 年中心区地铁线路及站点规划
11. 1997 年确定中心区地铁线路站位方案
12. 平安金融中心
13. 2011 年中心区实景
14. 福田中心区二层步行系统图
15. 2011 年中心区卫星影像

10. Planning for railways and stations for the city center in 1996
11. Planning for railways and stations for the city center in 1997
12. Ping-An International Financial Center13. Central area area in 2011
14. Double layers of the pedestrian system in futian central area
15. Satellite image of central area in 2011

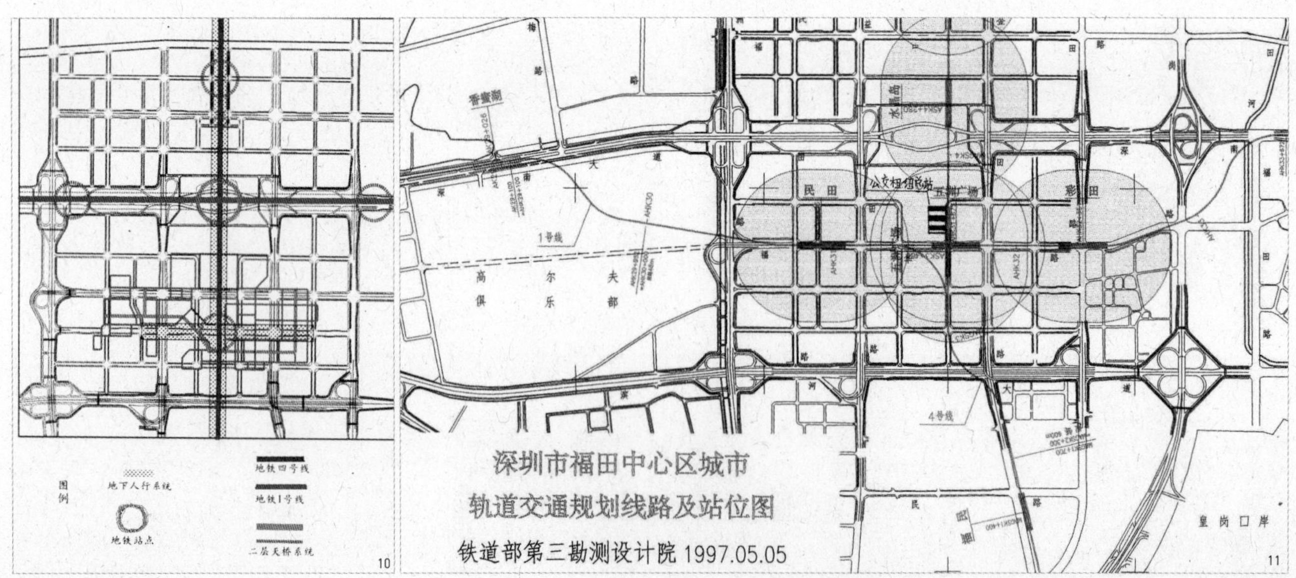

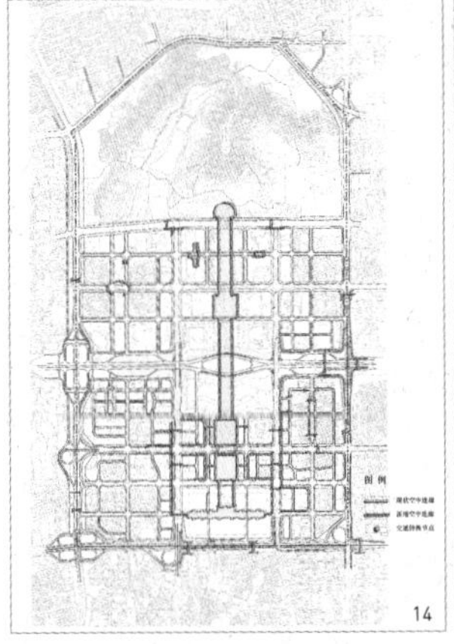

注释 (Notes):

①参见（法）亨利 · 勒菲弗（Henri Lefebvre）空间与政治 [M].2 版李春，译 . 上海：上海人民出版社，2008.

②关于深圳规划评价，见周干峙 . 深圳规划的历史经验 [C]. 见：深圳市规划和国土资源委员会编著 [M]. 深圳经济特区改革开放十五年的城市规划与实践（1980 — 1995 年），深圳：海天出版社，2010.

③参见（德）迪特马尔 · 赖因博恩著，19 世纪与 20 世纪的城市规划 [M]. 虞龙发，等，译 . 北京：中国建筑工业出版社，2009.

④其中的图书包括王芃主编 . 深圳市中心区城市设计与建筑设计（1996—2004）12 本系列丛书 [M]. 深圳市规划与国土资源局 . 北京：中国建筑工业出版社，2002-2005.

⑤ 1992 年深圳市政府确定：福田中心区按高方案（总建筑面积 1235 万 m^2）规划配套，地面上按中方案（总建筑面积 960 万 m^2）控制，在实施中可以进行局部调整。

⑥参见陈一新 . 规划探索——深圳市中心区城市规划实施历程（1980-2010 年）[M]. 深圳：海天出版社，2015.

⑦关于会议研究，参见张一莉主编 . 注册建筑师 02. 陈一新 . 福田中心区的规划起源及形成历程（一）[J]. 北京：中国建筑工业出版社，2013.12-31.

⑧详细规划的内容参见福田中心区通信工程规划设计说明 [R]. 中国城市规划设计研究院深圳分院，1992.

⑨技术数据引自孙骅声．深圳迈向国际市中心城市设计的起步 [G]. 深圳市规划国土局，1999．29.

⑩规划分析内容，详见陈一新 . 深圳福田中心区城市规划建设三十年历史研究（1980-2010）[M]. 南京：东南大学出版社，2015.225-227.

⑪规划目标内容，详见深圳市建筑科学研究院股份有限公司 . 福田中心区室外物理环境改善规划技术和实施方案 [Z].2014.11.

⑫详见陈一新 . 规划探索——深圳市中心区城市规划实施历程（1980-2010 年）[M]. 深圳海天出版社，2015：46.

⑬数据引自陈一新 . 深圳福田中心区城市规划建设三十年历史研究（1980-2010）[M]. 南京：东南大学出版社，2015：193.

⑭资料引自陈一新 . 中央商务区（CBD）城市规划设计与实践 [M]. 北京：中国建筑工业出版社，2006：172.

⑮数据引自祝建军 .2011 年福田区“首善之区、幸福福田”发展监测报告 [EB/OL]. 深圳：福田统计 2012-17 期，2012-04-10.

参考文献 (References):

[1] 福田新市发展规划纲要 [Z]. 合和中国发展（深圳）有限公司，1982.

[2] 刘佳胜主编 . 花园城市背后的故事 [M]. 广州：花城出版社，2001.

[3] 周干峙、王炬、胡开华访谈录 . 深圳城市建设的历史与未来 [J]. 世界建筑导报，05/1999,4-5.

[4] 王芃主编 . 深圳市中心区城市设计与建筑设计（1996—2004）12 本系列丛书 [M]. 深圳市规划与国土资源局 . 北京：中国建筑工业出版社，2002-2005.

[5] 赵鹏林 . 福田中心区土地利用规划 [J]. 中外房地产导报，12/1996.

[6] 陈一新 . 中央商务区（CBD）城市规划设计与实践 [M]. 北京：中国建筑工业出版社，2006.

[7] 司马晓、李凡、吕迪 . 塑造 21 世纪的深圳城市中心形象——深圳市中心区城市设计概述 [J]. 中外房地产导报，07/1996.

[8] 深圳城市规划纪念深圳经济特区成立十周年特辑 [G].
深圳市城市规划委员会、深圳市建设局主编，深圳：海天出版社 ,1990.

[9] 朱荣远 . 深圳市罗湖旧城改造观念演变的反思 [J]. 城市规划，07/2000.

[10] 王富海 . 深圳福田中心区的规划得失 [J]. 北京规划建设，06/2006.

[11] 韩晶、张宇星 . 城市连续性设计方法研究——以深圳市中心区 22、23-1 地段城市设计为例 [J]. 建筑学报，05/2004.

[12] 孙骅声．深圳迈向国际市中心城市设计的起步 [G]. 深圳市规划国土局，1999.

[13] 胡开华主编 . 深圳经济特区改革开放十五年的城市规划与实践（1980 — 1995 年）[M]. 深圳市规划和国土资源委员会，深圳：海天出版社，2010.

[14] 张一莉主编 . 注册建筑师 02. 陈一新 . 福田中心区的规划起源及形成历程（一）[J]. 北京：中国建筑工业出版社，2013.

[15] 陈一新 . 规划探索——深圳市中心区城市规划实施历程（1980-2010 年）[M]. 深圳：海天出版社，2015.

[16] 陈一新 . 深圳福田中心区城市规划建设三十年历史研究（1980-2010）[M]. 南京：东南大学出版社，2015.

图片来源 (Image Credits):

1. 深圳总规
2. 深圳市规划国土委信息中心
3~5. 作者自摄
6. 深圳市规划国土发展研究中心
7~8. 作者自摄
9. 合和公司《福田新市发展规划纲要》1982 年
10. 深圳迈向国际市中心城市设计的起步
11. 深圳市中心区开发建设办公室
12~13. 作者自摄
14. 佟庆编制
15. 深圳市规划国土委信息中心

陈一新
CHEN Yixin

作者单位：深圳市规划和国土资源委员会

作者简介：

陈一新，国家一级注册建筑师，高级建筑师，深圳市规划和国土资源委员会副总规划师

摩天魅影

A Glamorous Image of Skyscrapers

覃力　QIN Li

文章在实地调研的基础上，对深圳市35年来高层建筑的设计建设进行了概述，从深圳高层建筑的发展状况、空间构成和造型形态等几个方面进行总结、分析。

This text is on the basis of the field research and makes a summary about the construction of high-rise buildings over the past 35 years in Shenzhen. And also this text makes the summary and analysis about the high-rise buildings in several aspects, including the development situation, spatial composition and modeling state.

深圳；高层建筑；
空间构成；
造型形态
Shenzhen;
High-rise Building;
Spatial Composition;
Modeling State

深圳是一座非常年青的且极具发展潜力的城市，同时也是一座建筑密度极高的城市。30 多年来，深圳在高层建筑的设计建造方面进行了大量的实践，本文通过实地调研，从深圳高层建筑的发展进程、空间形态及造型特征等几个方面进行分析和总结。

发展进程

深圳自 20 世纪 80 年代初建市、成为经济特区以来，迅速地从一个边陲小镇发展成为现代化的国际大都市。城市建筑也随着经济的腾飞和人口的集聚，急速地向“高空”发展，30 多年间建设了大量的高层、超高层建筑。时至今日，高楼林立的深圳，应该算得上是全国密度最高的一座城市，高层建筑也已经成为深圳城市形象的外在表征。

1980 年以前，深圳的城市建设十分落后，建筑多是一、二层的平房，最高只有 5 层[1]。特区成立之后，高层建筑迅速发展起来，1982 年竣工的第一座高层建筑——电子大厦，高 20 层，是当时深圳的第一高楼。1983 年，第一个招标工程——国际商业大厦（高 20 层，68m）建成。1985 年，突破 100m 的超高层建筑深圳国际贸易中心大厦落成。国际贸易中心大厦高 160m，53 层，是当时全国最高的建筑，也是第一座由中国人自己设计、施工和实行物业管理的超高层建筑。该建筑施工采用了独创的内外筒同时提升的“滑模”技术，创造三天一层楼的“深圳速度”。标志着深圳的高层建筑在全国的支援下，很短的时间内就达到了一个较高的水平。并在高度上，与广州、上海一起引领全国，“深圳速度”也成了深圳办事效率的象征。

此后，一批高度超过 100m 的高层建筑陆续建成，据统计至 1985 年夏，深圳市批准兴建的高层建筑已经达到 297 栋[2]。从 1981 年至 1987 年，短短的 7 年里，深圳市建成 18 层以上的高层建筑 140 栋，其中超高层建筑 66 栋[3]，可见，深圳高层建筑发展的势头之迅猛，大有“后来居上”之势。

这一时期，由于罗湖区拥有火车站及靠近香港的地理优势，因此城市建设的速度特别快。受香港高层、高密度理念的影响，只用了几年，便形成当时深圳高层建筑最集中、最密集的“罗湖商业区”，当年深圳的大多数高层建筑都集中在这里，“罗湖高层建筑群”也成了那个时代的标志。

1980 年代刚刚改革开放，高层建筑在我国还处于起步阶段，主要以借鉴国外的案例为主，技术水平相对单一，高层塔楼大多采用中央核心筒式的筒中筒做法。建筑造型受早期现代主义建筑的影响，更多的是服从功能的需要，对功能和结构进行真实的表达。深圳这一时期高层建筑的主要特点，多是在建筑形体上追求体积感和几何关系，以均质的外墙、铝合金窗，以及玻璃幕墙作为表情符号，跟随着国内的大趋势。此时，深圳的建筑师与设计机构多来自于国内各地，因此，建筑形式也带有原地域的一些习惯做法，形成多样化的建筑表达，还没有育成深圳本土的特色。

1990 年代，在邓小平“南巡讲话”的指导之下，深圳进一步加快了经济建设的步伐，城市建设迎来了新的发展阶段。境外设计机构及国际知名建筑师，也开始关注并参与到高层建筑的设计之中，高层建筑的建设可以说是高潮迭起，曾经一度代表着中国高层建筑设计、施工等方面的最高水平。

1992 年建成的深圳发展中心大厦，是我国第一栋大型高层钢结构工程，为高层钢结构建筑在我国落地开创了先例。其造型对当时国内的建筑界也产生很大的影响，印有深圳发展中心大厦的年历在全国各地都能够见到。最具影响力的要数 1996 年建成、高 384m 的地王大厦。地王大厦的高度超过了香港的中环广场大厦和中国银行大厦，是当时中国乃至亚洲地区的第一高楼。地王大厦采用钢柱内泵送混凝土的施工技术，以两天半一层的建设速度，刷新了当年国贸大厦创下的三天一层楼的“深圳速度”。其高宽比也创造了当时世界超高层建筑最“扁”最“瘦”的纪录，由此而使之成为 90 年代深圳高层建筑的代表，并将中国的高层建筑，推向了可与世界各国摩天大楼媲美的国际水平。

1990 年代的中后期，深圳的高层建筑更加注重新技术、新理念的应用，例如 2000 年建成的赛格广场（高 292.6m），在智能化等新技术领域即有所突破。赛格广场是当时中国唯一一座自行设计和总承包施工的高智能超高层建筑，同时，也是到目前为至，世界上最高的钢管混凝土结构大楼。从整体上看，1990 年代深圳高层建筑的建设，比之前又有很大的发展。据不完全统计，到 1996 年 6 月，深圳市范围内竣工和在建的仅 18 层以上的高层建筑就已经达到了 753 栋[4]。到 1990 年代末，深圳建成的 100m 以上的非住宅类超高层建筑 24 座，150m 以上的摩天大楼 17 座。

1990 年代深圳的高层建筑，已开始从高层向着超高层的方向发展，建成了数栋超过 200m 的摩天大楼。受国外先进的设计理念影响，在高层建筑的空间构成方面也有不小的进步，出现偏置核心筒、双侧外核心筒等结构布置方式，中庭空间也被引入到了高层建筑之中。深圳发展中心大厦采用偏置的核心筒，从 1 层到 27 层，在塔楼的中央形成一个巨大的中庭。特区报业大厦则是在高层塔楼的一侧，每隔三层设置了一个小中庭，形成一个个各自独立的空中公共活动空间。这些做法不仅丰富高层建筑的内部空间，而且使整体造型有所变化。

随着经济实力的增强和技术水平的提高，此时人们已开始厌倦“国际式风格”的盒子形造型，建筑师更注重个性化的创作，“标志性”成为那个时代高层建筑的精神诉求。这段时间建成的高层建筑，表情都比较丰富，个性张扬，造型感较强。如海王大厦敢于尝试极具穿透力的架空处理方式，以及在立面上装饰雕像的做法。深圳发展银行大厦根据基地所处的位置，将建筑设计成由西向东逐步升高的阶梯状，巨大倾斜向上的构架，带有“高技术”的审美趣味，寓意“发展向上”，使之成为当时深圳最具特色的建筑。此外，特区报业大厦、佳宁娜友谊广场、深业大厦和联合广场大厦等等，也都是这一时期的典型代表。

这一时期的一些高层建筑还常在屋顶上做文章，以凸显其标志性。像世界金融中心就在塔楼的顶部设置层层叠加的尖顶，招商大厦以倒椎体做屋顶，特区报业大厦的屋顶装饰更是高达 50 多 m。但是，深圳的高层建筑不论屋顶如何处理，却较少采用传统的坡屋顶形式，只有蛇口的海景广场等一两座建筑应用了四坡屋顶。

与 80 年代高层建筑基本上由国内建筑师设计不同，从 90 年代开始，香港及国外建筑师也参与一些重要的高层建筑设计。如深圳发展中心大厦由美国锡霖集团和香港迪奥设计顾问有限公司设计，地王大厦由美籍华人张国言设计，招商银行大厦由美籍华人李明仪设计。当然，这些高层建筑的施工图还是由本地设计院完成的，不过境外设计公司的引进，带来一股新风，增加国际间的交流，使高层建筑的设计水平有很大的提高，也使得深圳的高层建筑更加趋向于国际化。

90 年代后期，深圳还开始从规划管理上对高层建筑加以把控，开始重视高层建筑与城市各种要素之间的关系。1998 年美国 SOM 建筑设计事务所为深圳福田中心区 22、23 街坊制编了控制导则，对这一片区的高层建筑从高度、退线到色彩、风格等方面都做了详细的规定，以保证城市空间形态上的连续性。自此以后，深圳的高层建筑便都以城市设计和法定图则为基础，充分地考虑建筑与城市之间的互动关系。

21 世纪以后，福田中心区日趋成热，在城市设计和法定图则的指引之下，落成一大批很有特色的高层建筑。如大家熟知的深圳电视中心（高 121.9m），深圳国际商会中心（高 218m），中国联通大厦（高 100m），安联大厦（高 159.8m），新世纪中心（高 195m），诺德中心（高 198m），深圳凤凰卫视大厦（高 109m），卓越时代广场（218m），卓越世纪中心（280m），深圳证券交易中心（高 245.8m）等等。至此，福田 CBD 超高层建筑群已经基本形成，并与罗湖一起，成为深圳市高层建筑最为集中的区域，同时，也是深圳迈向现代化国际大都市的象征。

2011 年京基金融中心建成，它以高质量的建筑品质和 441.8m 的高度，打破地王大厦保持了 15 年的高度纪录，夺得深圳第一高楼。京基金融中心在当年全球高楼排行榜中排名第九，再次使深圳在新一轮的高层建筑建设热潮中走在了前面，为深圳带来全新的时尚气质与领先理念。2014 年建成使用的深圳证券交易中心，虽然在建筑高度上并不突出，但却以巨大悬挑形成的空中客厅引人注目，创造出世界上最大的“空中花园”。正在施工建造之中的平安国际金融中心，其高度又再打破深圳记录，达到了 660m，建成之后将会超过上海中心，成为中国的第一高楼。

自 2010 年以后，随着卓越世纪中心、京基金融中心、大中华国际金融中心、中洲中心、滨河时代等高层城市综合体的建设，深圳的高层建筑，越来越趋向于集群化设计建造，向着建筑城市“一体化”的方向发展。高层建筑与地铁、地下商业街以及空中步行廊道的结合也越来越普遍，对城市空间的立体化有着促进作用。而随着新时期城市规划的调整，深圳又在运作前海、后海以及红树林等大规模超高层建筑集中区域，红树林湾区将会形成拥有众多高度达三、四百米的高层建筑的“超级城市”。

与此同时，关外的宝安、龙岗也在规划建设大量的高层、超高层建筑，突破了原来只有关内才能见到超高层建筑的情况。如今，宝安、龙岗等关外地区的高层建筑，已经有了很大的发展。建成使用的有：宝安的荣超滨海大厦、国际西岸商务大厦、翰林大厦，龙岗的正中时代广场、珠江广场、银信中心等等。规划在建中超过 250m 的超高层还有中粮大悦城、一方中心、春天大厦和佳兆业上步项目等等。

据《摩天城市报告》数据显示，到 2014 年，深圳已建成 100m 以上非住宅类的高层建筑 277 座，位居全国第二（全国第一为香港）。200m 以上的超高层建筑 39 座，数量仅次于上海，位居国内第二。而在未来的 5 年内，深圳 200m 以上的超高层建筑将要达到 102 座，超过上海和香港。到那时，仅 300m 以上的摩天大楼就会有 30 座，深圳现在的第一高楼京基金融中心，在高度排行榜中也只能名列第四。在“高楼迷”论坛的数据统计中，深圳的全球城市摩天潜力指数[①]排名也是高层居二位（第一位是香港），由此可见，深圳在未来的几年内，还会加快高层建筑建设的步伐，向着更高的层次发展。

设计特点探讨

进入新世纪以来，深圳的高层建筑在数量上和质量上都呈现出质的飞越。高层建筑在城市空间的分布上更加集中，在建筑与城市的关系上，也更加注重通过城市设计加强高层建筑与城市空间之间的互动关系，避免过分强调自我，从群体上调控建筑立面、高度、色彩、材质等要素，形成了一种由个性化向组群化发展的趋向。

在空间构成方面，随着结构技术的进步，高层建筑的空间组织方式比之前更加灵活，出现了分散核心筒、外置核心筒和核心筒直接对外的做法。银信中心以两块错位的板塔和分散的核心筒，创造出独特的建筑造型。汉京国际大厦的核心筒直接对外，人们可以乘坐玻璃景观电梯到达各个楼层，彻底打破内核式的昏暗、封闭的高层内部空间特征。正在建设之中 300m 高的汉京中心，更是采用了核与主体建筑分离的构成模式，可谓超高层建筑设计上的一大创举，为建筑形态的变化提供了更多的可能。

在使用空间的处理上，深圳许多高层、超高层建筑都在追求空间内部的变化，以期形成一些很有特色的东西。如在高层建筑中设置空中花园，这是一种借助生态理念的地域性设计策略，代表性的案例有安联大厦、本元大厦、汉京国际大厦等等。这些建筑均在不同的楼层、不同的方向错位设置一系列的空中花园，不仅把自然绿化引到高空，在空中创造出休闲活动场所，而且，还从垂直空间上改变外观效果。

在高层建筑的内部置入异质空间，也是近些年应用较多的设计手法，深圳很多高层办公楼都有所谓的“复式空间”，一些公司还将几层通高的大堂搬到了空中，如联通大厦塔楼的上部就设置一个 12 层高的开放式大厅。有些高层综合楼的酒店也流行空中大堂的做法，为了争取更好的景观效果，而将几层高的大堂和餐厅布置在塔楼的顶部，可以居高临下地欣赏城市景观。像万象城的君悦酒店、京基金融中心的瑞吉酒店，就都是在顶层寻求空间变化的实例。瑞吉酒店的大堂在京基金融中心的 94 层，是一个由玻璃覆盖的高达 40m 的空中大厅，大厅的上部是鹅蛋形的餐厅，夜晚灯光开启之后，晶莹的大厅与城市夜景互为观赏对象。这些空间处理方法打破了楼层平均分割，各层互不连通的空间组织方式，在局部形成了突变，使得高层建筑在竖向空间构成方面更加丰富。

在当今国际交流不断加强，新理念和新技术不断涌入的年代里，更多著名的境外设计公司参与深圳高层建筑的设计。例如 SOM 建筑设计事务所设计招商局广场、Larry K. Oltmans 参与设计卓越世纪中心、TFP 事务所设计京基 100、OMA 设计了深圳证券交易中心、哈利法塔的主设计师艾德里安 · 史密斯（Adrian Smith）设计中洲中心、已经封顶的深圳第一高楼深圳平安国际金融中心由 KPF 建筑事务所设计。现在，最重要的超高层大楼几乎都由境外设计公司包揽，在大型超高层建筑设计招标中，国内设计单位也多与境外公司合作，这种状况说明建筑市场已经全面开放、未来的竞争还会更加激烈。

不过，本土建筑师的素养也在实践锻炼中得到提高，设计水平进步很快。也创造许多并不比外国人差的优秀高层建筑。其中具有代表性的有：深圳凤凰卫视大厦、中广核大厦、卓越时代广场（第一期）、中国联通大厦、大中华国际金融中心、腾讯大厦、银信中心、NEO 企业大厦等等。总的来说，21 世纪以来，由于更加重视从城市的总体空间效果来把握高层建筑的设计，所以，高层建筑的体型趋于规整，形式趋于纯净，不再追求张扬的个性。与之前不同的是，建筑立面不再强调虚实对比，色彩也比较素雅，呈现出一种注重整体性和肌理感觉的“表皮”特征。

1. 深圳超过 100m 的高层建筑历年建成情况

1. Analysis of high-rise buildings above 100m built in every year

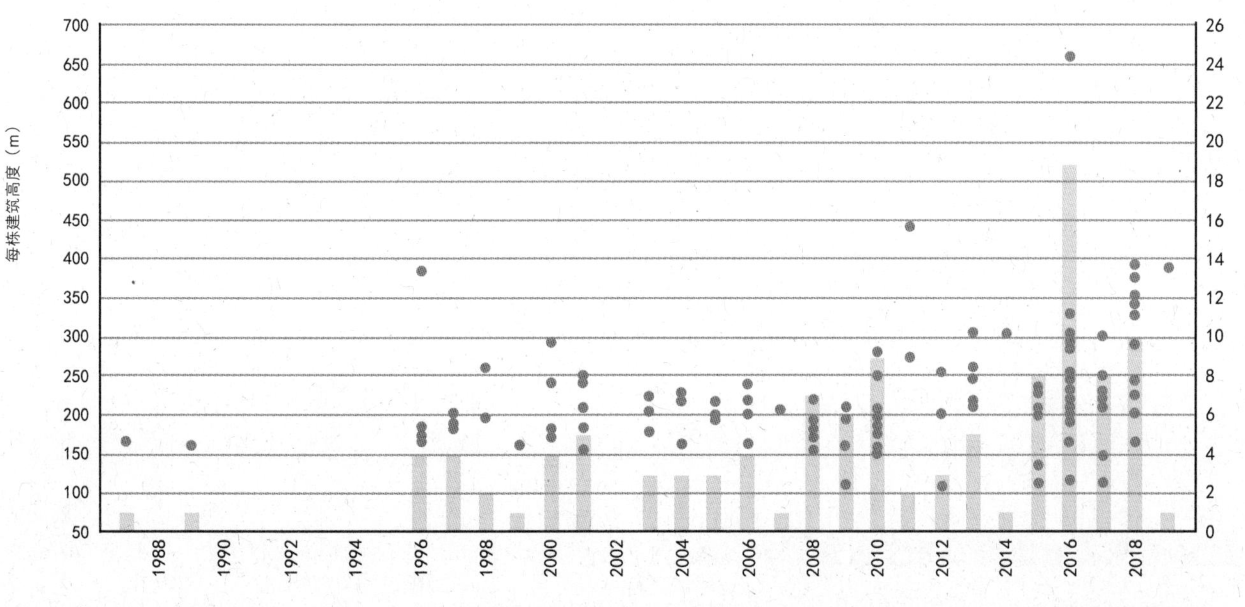

结语

与北京、上海等地相比，深圳在高层建筑的设计创作中，缺少历史文化上的积淀，更多地强调时代特征。但是，也许正是这种缺失，才没有给建筑师们带来更多的束缚，却反而提供一个相对宽松的创作环境，使深圳的高层建筑摆脱了民族情结，更加讲究效益，追求“现代性”。而经过30多年的沉积，深圳也正在形成自己的文化感染力，今天，深圳的高层建筑，已经从早期迎合改革开放的“试验场”，追求特立独行的阶段，发展到注重城市空间关系，强调理性和务实的设计表达，并在空间构成、生态理念、建筑融入环境等方面，做出许多有益的尝试。

* 图片来源：作者提供

注释 (Notes):

①只对建筑状态为在建、预备和规划的部分进行统计。

参考文献 (References):

[1] 深圳市人民政府 . 崛起的深圳 [M]. 深圳：海天出版社 ,2005.
[2] 深圳人民政府基本建设办公室，深圳市规划局，世界建筑导报社联合主编 . 深圳建筑 [M]. 深圳：世界建筑导报社，1988.
[3] 深圳基本建设办公室 . 深圳基本建设之路 [J]. 世界建筑导报，1988（5）.
[4] 颜松悦 . 深圳高层建筑实录 [M]. 深圳：海天出版社，1997.

图片来源 (Image Credits):

作者提供

覃力
QIN Li

作者单位：深圳大学建筑与城市规划学院
作者简介：覃力，深圳大学建筑与城市规划学院教授，《世界建筑报导报》主编

2. 高层汇总
2. Summery of High-Rise Buildings in Shenzhen

巨构的活力与迷失
Mega-form between Vigor and Puzzle

艾侠　AI xia

巨构建筑，象征着当代城市的新扁平化意义，具有建筑学和社会学的双重语境。文章分析深圳市民中心、深圳会展中心、大梅沙万科总部、宝安机场T3这四座位于深圳的“巨构建筑”在不同的时代背景、不同的技术条件下的创意与价值，它们正在成为深圳“设计之都”得以验证的重要线索。

巨构建筑；城市尺度；设计之都；社会价值
Mega-Form; Urban Scale; City of Design; Social Value

The Mega-form architecture reflects the double context of both social and architectural meaning as an urban flat-symbol. From Shenzhen citizen center, exhibition center to Vanke headquarter and the new T3 terminal, the development of mega-form architecture in Shenzhen is proved to be an important clue for the city of design as the unique position in china urbanization.

如果在全世界找一座人口超过 1 000 万，城市年龄仅仅 30 岁，并且依然处于高速建设发展期中的城市模型，深圳也许是唯一的范例。这里，巨构建筑与人类可以设想的各种空间形式一起，成为速生城市的鲜活标本。

巨构也许可以成为建筑师的一种平衡策略和积极动力，既满足巨额资本对城市标志和空间形态回报的渴望，同时又在其中寻找公民因子和开放元素，实现社会改良在城市尺度上的试探。

巨构思想溯源

巨构建筑（Mega-Form），与商业综合体（Hopsca）、超高层建筑（Skyscraper）一起被戏称为彻底改变世界城市面貌的“三大剑客”。显然，在这三者之中，巨构的难度系数最高，成功率最低，数量也最少，但是在建筑理论上对其的研讨热情从未有过丝毫的减退。

20 世纪中后期的西方社会，私人汽车的普及带来大规模城市蔓延，出现以低密度的独栋住宅为特征的郊区化现象造成极大的资源浪费的同时，也加速城市中心区在密度和功能上的衰退。针对这种现象，在现代建筑史上，巨构建筑有两种比较得到公认的源起，它们都出现在大约 50 年之前：其一，来自 1960 年代末的日本“新陈代谢”派建筑师，他们反对传统城市的辐射结构，提出以一种更加开放和灵活的方式去实现市区的高密度生活，例如矶崎新“空中之城”的概念设计，从东京城市中心生长出主体脊柱，主体脊柱上再水平生长出次级结构，串联起居住单位，形成巨型的城市空间；另一种更具有实践意义的巨构思想以美国建筑理论家保罗·索勒里（Paul Soleri）为代表，他们以城市建筑生态学（Urban Arcology）为理论框架，提出城市发展的趋势应该是更为有机和混合，随着城市功能运转的复杂化，城市形态应该呈现一种收缩化趋势，正是这种趋势促生了巨构建筑。

在相关理论的演进中，巨构出现微妙的变化。早期的巨构多用“Mega-Structure”一词定义，强调技术难度和革命性，试图以一种相对激进的方式来改变城市现状：巨构具有典型清晰的结构特征，呈现出高度集约化的城市形态，更接近前文的第一种溯源。而近 20 年来，西方社会对于“城市重构”的一系列实践，验证城市可以通过功能的有机重组实现立体维度上的流动性与多功能的整合，在这样的背景下，巨构也许可以通过与环境更为融合的手段去加以实现。为此，美国建筑学者肯尼斯·弗兰普顿（Kenneth Frampton）臆造了“Mega-Form” 一词，将“巨大建筑 Mega-Structure”与“景观形式 Landform”的融合，强调巨构建筑在景观环境上的意义，而不是功能形式上的孤立审美。时至今日，“Mega-Structure”和“Mega-Form”都经常被用来指代巨构建筑。

与垂直的超高层和混合的综合体不同，巨构象征着当代城市的新扁平化意义。它甚至可以追溯到一个关于建筑学的最本质的起点：人类的建造行为并非起源于茅草棚屋，而是来自改变大地的渴望。

如何理解巨构建筑的积极意义？

尽管巨构建筑的发展理论远远快于实践进展，却也显示出一种久违的情怀：从片段化和补救式的方法干涉城市的妥协策略，到重新树立城市意义和价值观的雄心。

最早期的巨构建筑包含以下一些最为关键的特征：

1）通过组织非机动交通的组团，减少对机动交通的依赖；

2）单体建筑的内部功能单一化和分区化；

3）塑造合理的人口密度和多样性的人口结构；

4）公共空间的设计应该具有弹性和连续性；

5）分布于对生态压力和影响最小的适宜位置（不一定在城市中心区）。

这些要素在今日看来依然成立，针对中国具体国情，它们进一步被发展为：

1）必须出现在人口密度高的特大城市，并且以公共交通为依托；

2）建筑体量巨大（建筑面积在 20 万 m^2 以上，建设投资额在人民币 10 亿元以上）；

3）呈现出集中的整体感而不是聚落性（通常具备较高的日常密度）；

4）强调建筑形态的水平延展（以及与城市其他空间的连接与融和）建筑与地形建立密切的关系；

5）呈现出日常的城市性和公共性，强调公众的日常参与和使用（而非临时节事）。

在西方社会，强调个人主义和自由主义的一个负面结果，导致政府对公共事业和公共空间的忽视与拖延。在这样看似民主的政治气氛中，任何的大型公共建设都将要付出巨大的经济代价和漫长的决策过程。而在中国，集权式的政府主导城市空间话语权，同时快速学习西方经验，如果巨构运用得当，理论上是可以为城市带来新生机的。

再看近几年的国情：政府依然集权，但行政角色在不断弱化，服务角色在不断加强，同时，金融资本成为城市建设和发展的主要动力。在这样的时代背景下，寻求建造高品质的城市公共空间是当代中国社会普遍关切的问题。于是，巨构也许可以成为建筑师的一种平衡策略和积极动力，既满足巨额资本对城市标志和空间形态回

1. 坐落在深圳新市中心的会展中心
2. 夜幕下的会展中心
3. 万科中心

1. Shenzhen Convention and Exhibition Centre
2. Shenzhen Convention and Exhibition Centre at night
3. Vanke Centre

表 1. 几座深圳巨构建筑基本信息 / Table1. Basic information about several Mega-form in Shenzhen

深圳宝安国际机场 T3 航站楼	**业主单位**	深圳机场集团
	建设投资	约 65 亿元（人民币）
	建筑师	Fuksas 福克萨斯 + BIAD 北京院
	设计 / 竣工	2008 / 2013
	建筑面积	459 000m²
	主要功能	交通、商业设施
万科中心	**业主单位**	万科企业股份有限公司
	建设投资	约 16 亿元（人民币）
	建筑师	Steven Holl + CCDI 悉地国际
	设计 / 竣工	2006 / 2009
	建筑面积	121 300m²
	主要功能	办公、会议、酒店、Soho
深圳会展中心	**业主单位**	深圳市政府
	建设投资	约 32 亿元（人民币）
	建筑师	GMP + 深圳总院
	设计 / 竣工	2001 / 2004
	建筑面积	256 000m²
	主要功能	会议、展览
深圳市民中心	**业主单位**	深圳市政府
	建设投资	约 25 亿元（人民币）
	建筑师	Lee Timchula + 深圳总院
	设计 / 竣工	2000 / 2004
	建筑面积	210 000m²
	主要功能	行政办公、会议
中国高新技术成果交易会展中心	**业主单位**	深圳市政府
	建设投资	约 4 亿元（人民币）
	建筑师	CCDI 悉地国际
	设计 / 竣工	1998 / 1999
	建筑面积	51 700m²
	主要功能	会议、展览

1

2

3

报的渴望，同时又在其中寻找公民因子和开放元素，实现社会改良在城市尺度上的试探。

在很多人的理解中，巨构意味着超大的尺度和压迫感，但它真正追求的是蕴含着城市尺度的公共空间。“巨构”比其他尺度的建筑更强调水平性，强调与城市其他空间的连接与融和，强调公众的参与与使用。这种巨大形式可以成为在大学、会展、机场、总部中心等等对公众开放和服务的功能场所选择的形式。

当然，在发掘积极意义的同时，我们也必须给巨构提个醒：中国强大的国家资本和公权力有可能使巨构失去制衡力量。不论最初的愿望多么美好，在中国这样一个公民社会处于起步阶段的时代，“巨构建筑”有可能会被简单地转化为“政绩工程”，进而变得一厢情愿和不尽人意。这是中国建筑师必须直面的问题。

总的来说，西方城市的巨构建筑是在公民社会和民主制度相对成熟的环境下建设城市公共空间的一种集中策略，其理论与经验只能作为中国参照的基点，却不能直接套用。巨构在中国，需要找到自己的路。相对于北上广这三座历史悠远的“巨型城市”，在尚未有足够历史积淀但集中大量资本和建设行为的城市和区域，巨构完全可以成为一种积极的都市策略，去激发城市公众的文化认同。

深圳巨构物语

在这里，深圳也许比任何城市都渴望巨构的价值和意义，并且更有可能实现它。巨构建筑在深圳的起步，经历一系列富有戏剧性的渐进故事。

1998 年设计，仅用 9 个月时间建成的“中国高新技术成果交易会展中心”（简称高交会馆，CCDI 悉地国际设计），以 17 年前的福田区城市尺度条件来说，是一座不折不扣的“巨构”建筑。当时福田 CBD 刚开始规划建设，这座 5 万 m^2 的会展中心如同一座城市的信念，象征着深圳发展的某种命运符号，也是“深圳速度”的一个侧面，它不仅成功举办影响深圳城市命运的中国高新技术成果交易会，更得到市民的喜爱，成为城市历史的记忆，也是深圳第一座印上邮票的建筑。当它作为临时建筑拆除之后，政府保留所有的钢结构构件，计划在郊区进行重建五年之后的 2004 年，两座分居深南大道南北两侧的“巨构”在福田区建成，分别是南侧的深圳会展中心（GMP 设计）和北侧的深圳市民中心（Lee Timchula 事务所设计）。此时的福田 CBD 已经高楼林立，这两座建筑不约而同地采取“悬浮”的手法：深圳会展中心是深圳第一座永久意义的大型会议会展建筑，建筑师在一个局促的用地上进行设计，大胆地把所有会展安排在首层，把会议中心“悬浮”在展厅之上，获得远眺莲花山的城市景观，也表达对深圳年轻活力脉搏的把握。深圳市民中心彻底摆脱传统政府办公楼的沉闷形象，以明快的色彩和巨大的漂浮屋顶，与会展中心遥相呼应，成为一个时代“特区政府”的巨构符号，不仅为公务人员提供便捷、高效的工作环境，为市民提供参观旅游的公共场所，也成为 21 世纪深圳城市建设的又一个象征。

2007 年，万科中心的建成（Steven Holl 事务所设计），为深圳都市边缘的盐田区树立全新的巨构体验：巨大的建筑体量悬浮在 15m 之上的半空，赋予城市某种“水平意义”。它不是简单的水平延展，而可以看做从场所出发的某种意志，塑造出开放的城市景观。万科是从深圳成长，走向全国的大型企业。作为一座以企业总部为主要功能的综合体，这座巨构建筑采用了新颖的结构形式和多样化的绿色技术手段，丰富建筑概念和城市体验，成为深圳城市东部新片区的牵引动力。

2013 年，一座 45 万 m^2 体量的真正“巨构”建筑——深圳宝安国际机场 T3 航站楼（Fuksas 事务所设计），将这座城市的巨构话题拉进一个全新的时代：这座全新的航站楼，诠释出深圳“设计之都”的远大意图，连绵起伏的白色实体单元和随体型、节能需求逐步变换的通透玻璃单元相间形成纹理，使建筑庞大的体量如同由半透明的薄纱包覆，显得轻盈而迷幻，形成由建筑到环境的自然过渡。更重要的是，这座巨构本身不再是简单的交通巨构，而是将商业购物、休憩娱乐、文化设施进行了有机汇聚，建筑局部的场景几乎看不出是机场，而更像一座全新的购物中心或者城市生活综合体。

从这为数不多的项目中，也许潜含着一条巨构建筑在深圳的价值线索：最初的“巨构”是作为一种相对单纯的展示容器，功能也比较单一，大多来自行政设施的自身尝试，有些刻意地试图表露不同；而随着建筑师的国际化，以及深圳对“设计之都”城市战略的确立和坚持，巨构建筑正在深圳找到属于自己的方向，从万科中心和深圳 T3 航站楼可以看出，巨大而独特的设计理念可以树立起自身的类型学典范。巨构建筑不是城市发展的“必需品”，却是“设计创意”的都市实证。它们会更加综合、更加包容、也更加富有创意。我们也抱有一点点私心地期待，在不久的将来，在前海，或者在任何具备条件的地方，出现深圳建筑师原创的巨构建筑。它不一定更大，但一定更有惊喜。

参考文献 (References):

[1] 李晓东．从巨构思想看当代城市重构 [J]. 世界建筑，2012（11）.

[2] 杜鹏．对巨构建筑的伦理学思考 [J]. 南方建筑，2006（1）.

[3]Nicholaus Goetze. 南宁国际会展中心与深圳会展中心 [J]. 时代建筑，2004（4）.

[4] 赵晓钧．中国高新技术成果交易会展中心 [J]. 新建筑，2001（1）.

[5] 朱建平．绿色巨构：深圳万科中心 [J]. 建筑创作，2011（1）.

[6] 陈蕴、艾侠、杨铭杰．万科中心设计解读 [J]. 建筑学报，2010（1）.

[7] 王骏阳．都会田园中的建筑悬浮——评斯蒂文·霍尔的深圳万科中心 [J]. 时代建筑，2010（4）.

[8] 深圳宝安国际机场 3 号航站楼．世界建筑导报，2014（5）.

图片来源 (Image Credits):

1.CCDI

2.gmp 摄影：Christian Gahl

3. 摄影：Iwan baan

艾侠

AI Xia

作者单位：CCDI 悉地国际设计

作者简介：艾侠，CCDI 悉地国际设计，成果研究部主任

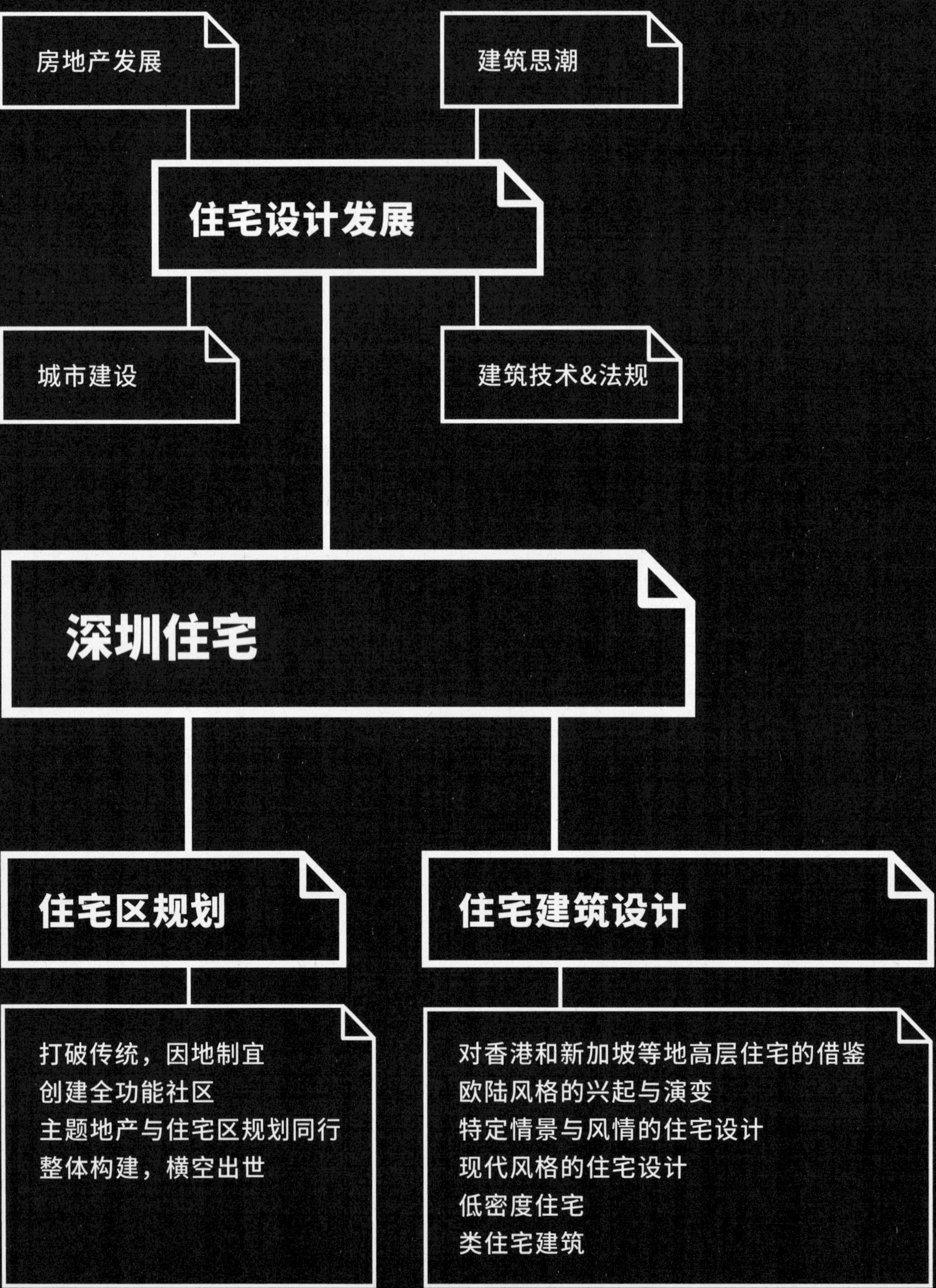
房地产发展
建筑思潮
住宅设计发展
城市建设
建筑技术&法规
深圳住宅
住宅区规划
住宅建筑设计
打破传统，因地制宜
创建全功能社区
主题地产与住宅区规划同行
整体构建，横空出世
对香港和新加坡等地高层住宅的借鉴
欧陆风格的兴起与演变
特定情景与风情的住宅设计
现代风格的住宅设计
低密度住宅
类住宅建筑

住宅
RESIDENCE

深圳住宅设计发展历程回顾

History of Residential Design in Shenzhen

赵晓东 ZHAO Xiaodong

深圳住宅设计发展历程回顾
History of Residential Design in Shenzhen

赵晓东　ZHAO Xiaodong

深圳的住宅规划和建筑设计在三十多年发展历程中，呈现了诸多优秀的设计作品和成功的工程项目，并创造了我国住宅设计史上的诸多第一，是深圳经济建设特别是房地产行业发展的缩影。其与房地产开发及市场营销行业结合尤为紧密，形成良好互动的完整产业链，为中国同业提供可贵的经验和样板并培养和输送了大量专业人才。

探索；
创新；
样板；合作
Exploration;
Innovation;
Example; Cooperation

The residential district planning and architectural design in Shenzhen have presented numerous excellent design works and successful real estate projects in the past thirty years, and created many of the first in the history of Chinese residential design. They have become the epitome of the Shenzhen's development in its economic construction, especially in the real estate industry. In close combination with the real estate development and marketing, a complete industrial chain with good interactions has formed. This provides valuable experience and example for related industries in addition to cultivating a large number of professionals in China.

回顾深圳住宅设计三十多年的历程，自然与深圳特区建立以来的城市建设和房地产发展的历程密不可分。后者的研究多以时间的演进为线索，把 20 世纪八九十年代及 2000 年以后大致分为起步阶段、发展阶段和飞跃阶段。但住宅设计做为建筑设计的一大门类，虽与上述历程息息相关，但同时又受建筑思潮、建筑技术、建筑规范变化的影响，具有其自身的衍变规律。特别是那些具有创造性的住宅设计，可能正是挑战当时潮流，并引领设计和相关行业发展的作品。因此本文将从住宅区规划和住宅建筑设计两大基本方面入手回顾深圳住宅设计历程。

住宅区规划

20 世纪 80 年代特区建设初期，深圳鲜有真正规划意义上的住宅小区。为满足大量建设人员的居住需求，多由驻深各单位进行住宅建设。深圳最先出现的一批高层住宅位于当时城市开发最早的罗湖中心区，这也是国内最早期的高层住宅，设计上以香港高层住宅为模板。随着住宅开发的商品化、市场化及开发规模的增加，整体的住宅区规划设计开始陆续出现。受益于特区规划与设计管理的开放、有序，以及全国优秀设计单位和人才的大量聚集，特别是以深圳为摇篮的众多大型地产企业的推动，加之适宜的气候与地理条件，深圳住宅区的规划设计不断推陈出新。在不同时期均对全国起到了探索、示范和引领的作用。这里借由几个发展过程中的经典项目，介绍一下深圳住宅区规划不同时期的一些特点。

打破传统，因地制宜

受计划经济等因素的影响，过去中国住宅区规划一直以行列式布局为主。这很大程度上限制住宅区规划多样性的发展，相对深圳的气候和地理因素则显得更加不相适应。

1985 年建成的深圳滨河小区规划，率先尝试打破行列式小组团的排布方式，住宅区内外部庭院空间相互贯通。多数住宅首层架空以使底层空间渗透，进一步增加小区内外部空间和园林的连通性。设立二层步行连廊系统，连接小区主要人流路径，并与地面车辆分流，很好地应对岭南地区炎热多雨的气候特点，在历史上对深圳所在的南方地区乃至全国住宅区的设计都有一定的影响。

1996 年建成的深圳百仕达花园，是 20 世纪 90 年代中期深圳高端住宅区。该设计有一些围合式布局的特点，显现出中国南方特有的围合式布局的雏形。它的特点还表现在前期设计与后期使用、住宅区物业管理的结合，并且比较系统地借鉴香港高端住宅的诸多典型元素，如欧式园林、水景与泳池、底层架空、业主会所等，因而成为深圳当时高端住宅区的样板。

创建全功能社区，“万科在造一座城”

至 20 世纪 90 年代中后期，深圳住宅开发开始向周边的郊区拓展，单一项目用地面积不断扩大，对于住宅区综合配套的需求日益增加，建筑师需要在住宅区规划上进行更多功能的整合和创新，“万科在造一座城”成为当时万科的口号。

1999 年建成的万科四季花城一期，其规划设计结合深圳地区的气候条件和生活习惯特点，继续尝试打破国内住宅区惯用的行列式布局，以不同程度的围合布局创造更加丰富的住宅外部空间，因此成为当时最具代表性的作品。该项目是一个占地面积达 37 ha 的近郊住宅区，其规划中的小高层住宅采用连续拼接的“G”形围合的布局，并以此形成住宅的基本组团，通过布置较大比例的东西向住宅，赢得组团中较为开阔的绿地空间。连续的拼接和围合进一步配合商业步行街布局，很好地为建筑师追求的“街区式小镇风情”提供了支持。同时，在不设置大规模地下车库的情况下，进行地上停车、半地下停车与人车分流的尝试。该项目为深圳郊区住宅的推进、改变郊区住宅面貌提供了一个成功的范例。此后万科地产把该项目做为系列产品多次向全国其他城市推广移植，成为全国观摩的对象（图 1）。

主题地产与住宅区规划同行

随着深圳住宅设计不断成熟，深圳住宅设计与开发、营销的整合也日益紧密。进入 21 世纪，从规划到建筑乃至景观等不同层面，再现某一特定情景或风情的住宅区设计相继出现。这既是规划设计的手法，也包含许多地产营销的举措，本文暂归纳在主题先导的规划设计章节进行分析。

2003 年竣工的华侨城“纯水岸”住宅区规划设计很好地诠释上述两者的成功结合。该项目以意大利小镇为蓝本，通过水岸、港湾、广场、庭院等建筑和景观元素的配合，成功地再现这一意大利小镇的独特风情，使其既符合市场和规范对居住的需求，又与华侨城周边旅游资源有机结合，由此开创中国主题地产中，旅游地产的先河。

2005 年完成的万科“第五园”的规划中，对中国传统居住群落结构进行了多层面的再现。第五园的规划，一改当时流行的大间距，大花园的布局方式，以中国传统村落的自然肌理为参照，以纵横交织的街巷为脉络，以层层递进的院落为单元，实现从规划布局到单栋住宅设计，对中式居住空间多层面的现代表达。

整体建构，横空出世

对于较高密度的大型住宅区，由于户型布局、日照间距和景观视线等因素，多以塔式或窄板式高层住宅错落布置。因此当某项目打破这一常规时，注定引起格外的关注。

2007 年建成的红树西岸，总占地面积 25 万 m^2，将 20 多万 m^2 的住宅，集中布置在三幢横向展开的“V 形”折板式高层建筑中，最大化地享受周边的海滨及高尔夫场等景观资源，既呼应环境并赢得更大更完整外部花园，而且整体建筑形象也在深圳住宅区中脱颖而出（图 2）。

深圳这种横向连板布置的高层住宅区相对国内其他城市出现的较早，设计手法也较为成熟，比如有早期的长城花园、南天花园，以及在红树西岸之后出现的金地梅陇镇（图 3）等等，它们与众不同的规划布局和鲜明简洁的建筑形象，均在各自出现的历史时期给人带来耳目一新的感受。

小结

上述多个经典项目所展现了深圳住宅区多彩丰富的特点，推动这些空间特色形成的因素虽然各不相同，但其中还是有一些是共同的，比如气候条件、景观要素、营销理念等。

其一，气候条件。深圳地处我国亚热带，对日照及采暖的要求相对宽松，因而在规划中住宅的布局上具有较大的灵活度，大偏角甚至纯东西向布局的住宅也不少见。这使得深圳住宅区特别是大型住宅区的规划布局更加丰富多彩。

其二，景观。深圳住宅区的规划高度重视与景观园林设计的结合，规划布局中，时刻伴随着景观概念的植入，景观系统的规划成为住宅区设计的重要一环。

其三，营销。深圳改革开放的大环境，培育和壮大了一批全国领先的住宅开发企业，他们相对成熟的地产营销策略，恰如其分地转化为住宅区的规划设计手法。大量设计师与开发营销人员云集于深圳，两者在深圳住宅区的规划和建筑设计中结合尤为紧密。从规划布局到景观配置，从建设分期到首开区展示，均把开发和销售的需求做为重要的设计条件之一。

深圳住宅区规划丰富多彩，与特区住宅的开发和消费者思想之开放密不可分；深圳住宅区规划优秀作品辈出，与大量全国优秀规划师、建筑师的工作更是密不可分。

住宅建筑设计

对香港和新加坡等地高层住宅的借鉴

20 世纪八九十年代，当国内大部分住宅为多层建筑时，深圳开始兴建大量的高层住宅。最先在罗湖区的高层住宅设计中，深圳建筑师既借鉴香港塔式高层住宅的经典平面，即每层 8 个单元井字形平面布局，又在消防和结构规范上结合当时内地标准进行改进，并在实施中促进这些标准和规范的改进和完善，如消防“剪刀梯”的大量应用就是其中一例。这批高层住宅的兴建，与当时创“深圳速度”的国贸大厦一起构成了特区飞速发展的崭新形象。虽然该类住宅在设计上与香港蓝本变化不大，但仍对国内当时的高层建筑设计产生较大冲击，引发多层面的争论。

香港高层住宅的平面布局对深圳高层住宅设计影响深远，很多当时颇具影响力的项目都受其启发，早期如海丽大厦，晚期如华侨城的“波托菲诺 · 天鹅堡”。时至今日，这类一梯八户、井字形布置的高层住宅在香港仍大行其道，但在深圳，因生活水准、建筑法规及设计理念的变化，这类高层住宅已鲜见于市。

另一个对深圳影响较大的城市案例为新加坡，它作为著名的花园城市，一直是国内城市建设学习借鉴的对象。特别因其气候、建筑密度与深圳具有相似性，在高层住宅设计上对深圳也具有一定影响。例如 2003 年建成港丽豪庭，作为深圳较早出现的超高层住宅之一，其立面浅色的纵横线条与大面积的蓝绿色玻璃相对比，配合顶部大幅度的退缩处理，形成清新悦目的整体造型，极具亚热带建筑气息，在深圳至今仍然独树一帜。

欧陆风格的兴起与演变

20 世纪 90 年代中期，深圳住宅设计更加重视外立面设计，并呈现出明显的风格倾向。其中所谓的欧陆风格是最具代表性的一类。虽然这一设计手法很难以学术标准去评价，但一直以来却被市场所追捧。这对于实现住宅建筑的基本功能之后，追求更加精细化的设计和建造效果，具有不可忽视的推动作用。

1997 年建成的深圳东海花园是当时深圳最高端住宅区之一，除了其园林景观及配套设施更加完善之外，其立面设计也更加精细化，将欧洲古典建筑某些典型的细部如柱廊、檐口及典型的三段式比例应用在外立面上，是当时类似风格的项目中较为成功的作品，无意中为市场建立了豪宅与所谓欧陆风格具有某种必然联系的印象。然而这一似乎来源于西方的欧陆风格，在理论和实践上与西方建筑发展脉络并不同构，只是由市场催生的一种价格诠释。市场的力量是强大的，东海花园一度成为全国诸多高级住宅区参考的对象。而所谓“欧陆风格”继而演变为“简欧风格”“Art Deco 风格”等等，至今仍在住宅设计市场中占有一定的比例。

特定情景与风情的住宅设计

这里谈及的情景与风情，并不能简单地等同于通常建筑范畴的“风格”，而是与房地产营销、景观园林设计、室内设计等，高度整合互动的一个创意集合。

2001 年建成的华侨城“波托菲诺”住宅区，除了在总体规划中再现意大利海边小镇的港湾格局外，在住宅单体组合中，采用联排别墅组合多层住宅的院落式布局，以期尽量接近小镇的尺度。在建筑立面上打破住宅户型的固有划分，通过色彩和门窗的变化，再现意大利小镇建筑自由拼接的生动感观，并将钟塔还原复制在中心广场一侧。其园林景观设计则引用欧洲特点的铺装、水景和绿植。室内设计则运用了浓郁意大利风格的马赛克和铁艺进行装饰。住宅区中心广场对外开放，成为大华侨城景区的一部分。业界认为该项目既是一个成功的异国风情住宅区设计，也是主题地产中"旅游地产"的创始之作（图4）。

自此之后，以特定异国风情为主题或引用其建筑风格的住宅设计理念由深圳传向全国，成为住宅区规划和建筑设计的一大品类，其中所谓西班牙风情最为流行，如2008年建成的由招商地产和华侨城开发的曦城住宅区。

同样是以特定风情和情境作为设计的素材，有些项目则展现对中国传统建筑和空间的珍视。万科在对其华宇项目进行研究时，与建筑师共同提出了尝试将中国传统居住空间引入现代生活的课题。2005年建成的深圳"万科第五园"住宅区，第一期在容积率为1.0的开发条件下，若按中国传统建筑群中轴对称的方式布局，并无条件营造传统苑囿和宅第那种宽阔的延居空间。因此，在规划布局上取材于南方自然村落，以纵横交织的街巷构成总体布局的肌理。在联排住宅设计中，将内院置于单元平面中央，各类生活空间环绕内院布置，并将入口设计成转折迂回的门廊，小中见大地表达传统中式建筑的院落空间。该设计更将自带院落的四个或六个单元拼合成一组，半围合成一个共享的前置院落并与外部街巷连接，充分的表达了传统中式空间中，由街道、门庭、院落、房舍等组成的层层递进的空间序列。

建筑立面的设计取材于徽州民居灰瓦白墙的总体观感，并将其中的一些符号元素，如大门、花墙、景窗及标志性的马头墙等，以现代设计手法进行提炼和再现，并有机地融入到整体的现代设计风格之中，以实现所谓"骨子里的中国"。这一具有原创性的设计探索，为传统居住空间在现代建筑中如何再现这一主题提供了一个成功的样本（图5）。

现代风格的住宅设计

深圳住宅建筑设计在三十多年的实践过程中，更多的项目关注居住空间本质的表达和现代生活方式的诠释。这些项目各有各的精彩，但共同之处在于其显著的现代风格和鲜明的时代特点。

西方现代建筑思潮对我国建筑设计的影响总是时而若隐若现，时而时空错位。2002年建成的深圳雕塑家园却是少有的彰显现代主义理念的高层住宅作品。

雕塑家园是一座高达31层，多达380户的单栋板式高层住宅。整栋建筑以70m^{2}为基本单元，由每三层一条的水平内廊串起或上跃或下跃且互相咬合的错层复式单位，单元内采用了整体浴室和开放式厨房。设计构思中还包括底层的街区活动平台和具有各种休闲服务设施的屋顶花园。建筑立面忠实地反映了该建筑的内在构成，每三层一道的水平横梁，与每两单元为一跨的立柱，交织成立面上整齐划一的格构肌理。粗犷的混凝土本色与通高的玻璃相映衬，无任何额外的装饰，呈现出典型的现代主义建筑风格。

建筑师的初衷是"创造一个现实的乌托邦"，因此该建筑从设计理念到单元布局、立面风格均与柯布西耶的马赛公寓非常近似。这相对于当时的深圳高层住宅设计，是独辟蹊径的做法，特别是其对互跃式复式住宅的探索，对后来深圳乃至全国这类集约型住宅内部空间的设计起到了一定的实证作用。也同样是因为其内部单元空间的特殊性，该住宅并未被当时的市场和所在区域人群的生活习惯所接受。反而相当多的客户将其做为SOHO办公空间，这倒与其严整的立面形象更加吻合。

此类项目中还有前文提到的红树西岸和2007年建成的金地梅陇镇等，它们的单元户型虽还保持着传统住宅的布局方式，但整体组合上却一反常规的塔式、板式高层住宅在立面上与户型单元的对应，以一种连续肌理、整体建构的手法设计建筑的主要立面，从而产生了迥异于传统住宅的创新形象。

2004年建成的蔚蓝海岸是带动深圳后海片区进一步走向成熟的大型住宅区。它在规划上以大尺度的内部花园及灵活的围合突显了海滨住宅区中外部空间的开放性和流动性。与之相配合的是其立面设计上新颖的设计风格。屋面水平伸展的挑檐和构架，水平律动的阳台与垂直格板构成的线面组合，以及此前少见于住宅上的鲜明的色彩，均表达了一种充满活力的海滨气息。这一建筑立面的设计风格在一定时期里对深圳内外的住宅设计具有较大影响。（图6）

金地香蜜山建成于2005年，建筑面积总计约17万m²，占地7.8万m²的基地基本处于山体台地之上。设计将多栋18~33层的高层住宅灵活地布置于不同的台地，其主标高，入口及体育会所与立体绿化景观相结合，实现了住区与城市道路之间的成功过渡。特别是其立面设计结合户型进行调整，展现了高层住宅立面中难得的简洁和洗练，成为深圳现代风格住宅设计的标志性作品之一。

2005年落成的中信红树湾，毗邻深圳湾而建，建筑斜向布置以获得海岸和高球场两个方向的景观，并为小区内赢得更加灵动的庭院空间。设计中突破性地使用深灰色系做为墙面的基色，配以白色的纵横线条，取得了形象鲜明的立面效果，打破深圳等南方住宅建筑普遍以浅色为主调的习惯，从而带动一批类似外观的高层住宅的出现（图7）。

建成于2009年的华润幸福里位于深圳罗湖的中心地带，与大型商业综合体"万象城"和五星级酒店相邻，其户型面积较大更有

1. 深圳万科四季花城
2. 红树西岸
3. 金地梅陇镇
4. 华侨城"波托菲诺"住宅区
5. 万科第五园
6. 蔚蓝海岸
7. 中信红树湾
8. 华润幸福里
9. 泰格公寓

1. Vanke Wonderland
2. Mangrove West Coast
3. Gemdale Meilong Town
4. OCT Portofino
5. Vanke the Fifth Garden
6. Cote D'azure
7. CITIC Mangrove Bay
8. Park Lane Manor
9. Tiger Apartment

条件将超高层的住宅塔楼形体设计得较为规整。在此基础上，立面则选择了色彩对比的方案，并以不同的材质与其适配。建筑色彩和造型的成功，加上项目整体上的其他方面优势，使其成为华润地产被全国同类项目参照的样板（图 8）。

低密度住宅

作为经济特区，深圳的土地使用效率一直在全国名列前茅，因此低密度住宅区并不是深圳住宅开发的主流。但是为了拉高项目品质的标杆，即使项目用地紧张，有时开发商和建筑师也尽可能地腾挪出一些资源，植入低密度产品。比如，曾创下当时地王的香蜜湖一号住宅区，就是联排住宅与百米高层的组合。这种"高低配"内含了市场、景观、工程等多方因素，渐渐成为中高密度居住区广为采用的形态构成，也使得所谓"高不成低不就"的多层住宅，除一些福利房住区外，在深圳日益少见。

1999 年建成的万科四季花城"情景洋房"，是万科四季花城住宅区中的低密度产品，均为两层复式住宅单元上下叠置。从高度上讲属于多层住宅，从拼接方式上讲则接近于联排住宅。其最大的特点是每户住宅均获得南向或北向的多个露台，并与室内空间紧密接合。两两相对的退台设计，使入户方向的两排住宅之间产生更加适宜的尺度。一层和三层的单元则分别通过首层花园和外部楼梯独立入户，更具私密性和归属感。

这一设计充分利用了深圳的气候条件，创造了以往多层住宅不曾有的居住体验，将一种花园别墅的情景带入到多层住宅之中，受到了业界和市场的肯定。

深圳东部具有漫长的山地海岸线，这一带陆续建成了不少较有滨海特色的住宅区，2004 年建成的位于深圳大鹏湾畔的"万科十七英里"，便是其中最成功作品之一。

做为一线临海住宅区，建筑师力图在充分利用海景资源和尽量保持既有海岸形态之间作出平衡。同样是上下相叠的两层复式住宅，该设计将住宅沿陡峭的海岸向下跌落，并依山就势调整各栋建筑方向与岩石形态契合。小区内多段步行梯级与多组垂直电梯相组合，既解决小区内的人行交通，也为住户提供了宜人的休闲健身路径。

立面采用简约的现代风格，以灰白相间的方盒子作为构成元素，层叠镶嵌于山崖之上。最为难能可贵的是，整个小区范围并无明显的因土石开挖留下的人工砌筑痕迹，从而成为沿海住宅开发中与自然结合的典范。

类住宅建筑

这里所说的的类住宅建筑，是指具有相同于住宅的长期居住功能，但在房地产政策或规范规定中不属于一般住宅产品的建筑，其中最接近住宅功能的为称之"公寓"，而公寓本身也是一个相对宽泛的概念。在深圳，不同年代不同的政策下，其表现出不同的格局和面貌。

2005 年建成的蛇口招商泰格公寓，为高级涉外服务公寓，并未进入房地产市场销售，其平面布局更多地考虑了外籍人事的使用习惯。简约的外观设计使其更接近于酒店的形象。它是我国最先取得 LEED 认证居住项目，其在节能环保方面的探索和努力，为深圳乃至全国绿色建筑的推广，提供了宝贵的经验（图 9）。

由于房地产政策的限制，近年来，特别是 2012 年后，深圳出现一批位于中心地段的高级公寓，其户型单元布置与高级住宅基本相当，但其外观更倾向于公共建筑的形象，立面设计采用大面积幕墙，内部采用集中空调等更高集成度的设备系统。在配套设施水平上，这些公寓也远高于传统住宅，有些本身就是高级商住综合体的一部分。近来具有代表性的项目有深圳湾 1 号、深业上城、东海国际公寓、蛇口伍兹公寓等。这些项目虽是特定政策条件和市场需求的产物，但其超越传统住宅的建造水平及更加灵活开放的居住空间和公共空间，为居住建筑带来不同的观感和体验，或将推动住宅设计、开发和销售，探索更多的可能性。

与这些城市中心的高层公寓不同，2011 年建成的蛇口美伦公寓则采用了围合的庭院式布局。该项目位于蛇口半山别墅区脚下，建筑师依就地势，设计出一组似山形般波折起伏并盘亘环绕的建筑群体，把基地环抱其中，同时，将建筑围合成一个大园子，在大园中又勾画出五个相互连通的小庭院并使其各具特色。建筑立面通过切削和转折，使朴素中隐现精妙。一幅江南水乡景色悄然地嫁接到现代城市的生活当中。该项目虽为酒店和出租公寓，功能上与住宅建筑不同，但它在居住建筑室内外空间上的尝试，对推动住宅建筑打破既有模式、推陈出新，多有启发。

后记

时至今日，深圳住宅区规划与建筑设计更趋多元化。在整个产业变革的大潮推动下，建筑师联同开发企业正着力于实现住宅建造更大规模的产业化、智能化，并将绿色环保的理念和技术推广到更广泛的项目之中。深圳仍然保持在中国新一代住宅设计的领跑行列。

综观中国住宅建筑发展的历史，深圳除了在住宅规划和建筑设计方面创造过许多具有历史意义上的“第一”和“领先”之外，面对不同时期房地产政策和市场的变化，也往往能够作出更加能动性的应对。从外挑凸窗扩大使用空间，到底层架空核增容积率；从奇偶阳台挑空两层不计面积，到入户花园面积减半；从室内复式留空增送面积，到一房两证拼合户型……深圳住宅设计在与政策博弈的方面从未缺席。时代的外在因素使深圳乃至全国的住宅建筑设计打上了历史性的政策烙印，并与其创造的辉煌一并载入史册。

参考文献 (References):

[1] 陈达昌 . 深圳市滨河住宅区 [J]. 建筑学报 ,1987,01:6-9.

[2] 李红艳 . 住宅设计的实用性——浅评深圳雕塑家园 [J]. 中国高新技术业 ,2007,15:160-161.

[3] 朱龙先 . 近二十年来深圳住宅的发展演变 [J]. 城市建设理论研究（电子版）,2012,(9).

图片来源 (Image Credits):

1. 作者提供
2. 深圳大学建筑设计院提供
3. 维思平（WSP）建筑设计有限公司提供
4. 作者提供
5. 作者提供
6. 作者提供
7. 作者提供
8. CCDI 提供
9. 欧博设计提供

赵晓东
ZHAO Xiaodong

作者单位：柏涛建筑设计（深圳）有限公司
作者简介：赵晓东，柏涛建筑设计（深圳）有限公司首席建筑师

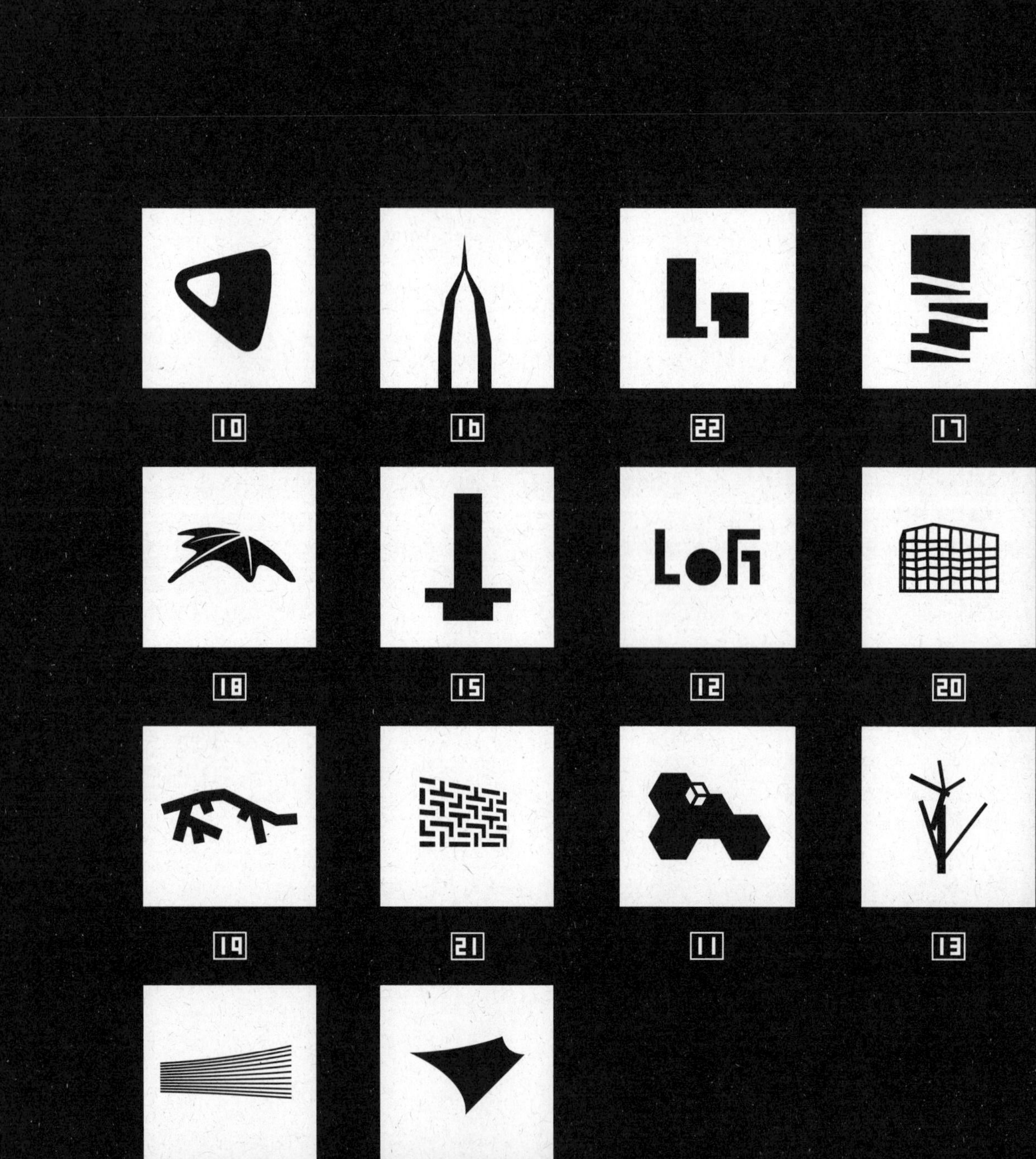
10
16
22
17
18
15
12
20
19
21
11
13

建筑作品

Architecture Projects

雅昌艺术中心
Artron Art Center

深圳南山区深云路 19 号

Shenyun Rd. 19, Nanshan District, Shenzhen

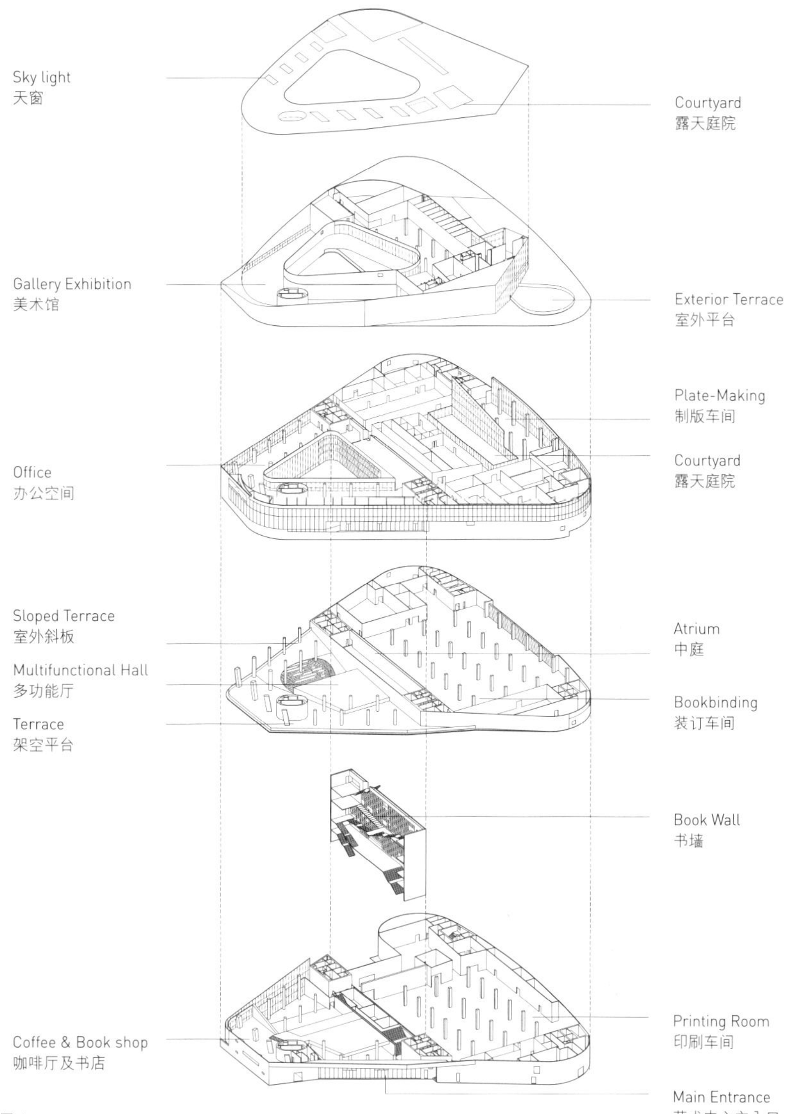

■ 轴测图 / Axonometric Diagram

基地位于被三条高速公路包围的城市边缘，周边的建设环境依然处于规划过程当中，具有相当的不定性。为了不被这样嘈杂、混乱的环境淹没，建筑注定需要率先成为定义这个区域的标志物。毗邻的三条高速公路，决定了建筑形体应以一种完整和连续的姿态，与大尺度的城市基础设施之间形成对话。将建筑体量做整的同时，又必须考虑如何消解巨大的体量。一方面，在保证完整和连续表面的前提下，裂解出实体面之间精致的开阖关系，为地面行人创造近人尺度的视觉感受；另一方面，在基地一端退让出一块三角形区域，改善周边的城市公共环境，从这个视角，建筑在每个侧面的表情各不相同。

在建筑内部，盘旋环绕的建筑形体围合出一个由美术馆、印刷工厂、办公空间、底层公共空间等多个部门共享的空中花园。作为独立于外部不利因素的企业内部环境，在空间组织方面，将美术馆从公共属性的功能部分分离，与企业总部并列，独立地悬浮在景观资源最好的顶部，形成空间效果独特的独立艺术空间。这样的处理与流线的安排紧密相关，最终形成了能组织不同人群、不同参观方式的具有多选择可能性的内部丰富流线。

■ 区位图 / Location Map

LEXUS
中升汽车
86269666

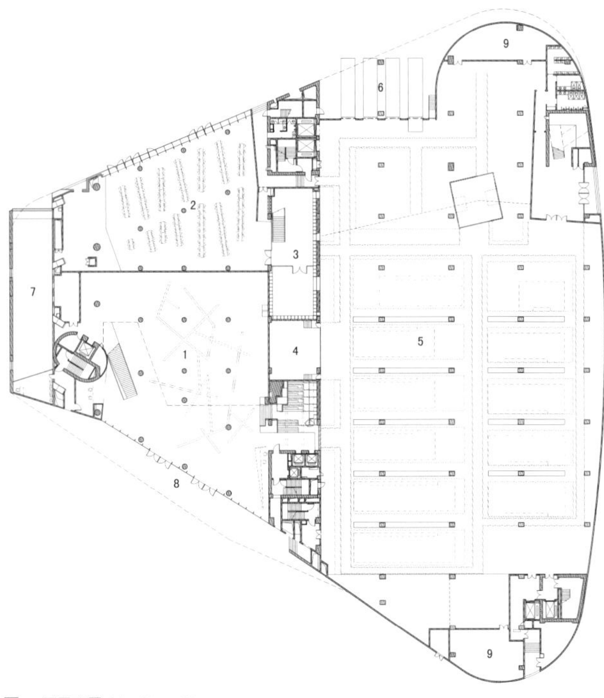

■ 一层平面图 / 1st Floor Plan

1	展览厅	Gallery
2	食堂	Canteen
3	阅览室	Library
4	办公室	Office
5	印刷车间	Printing Room
6	卸货区	Loading Dock
7	汽车坡道	Ramp for Parking
8	艺术中心主入口	Main Entrance
9	空调机房	Air Condition

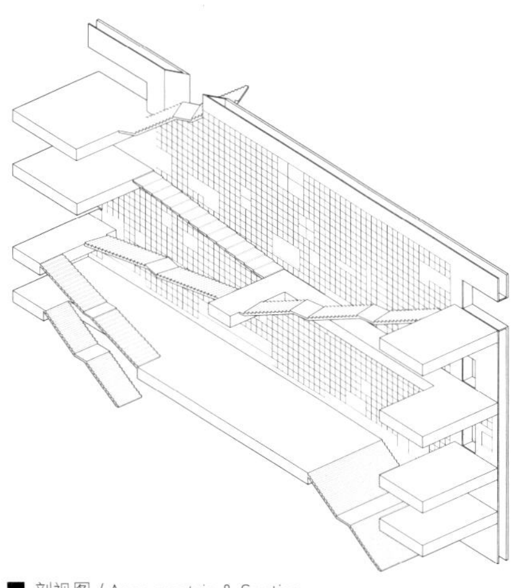

■ 剖视图 / Axonometric & Section

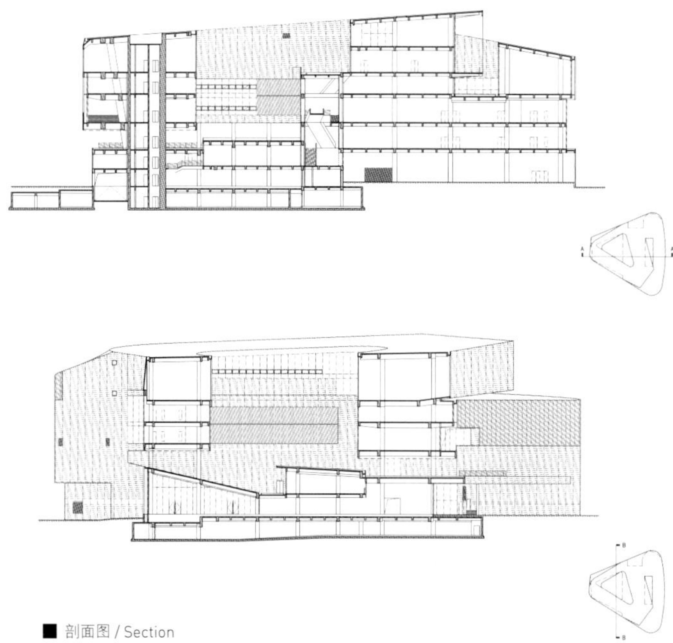

■ 剖面图 / Section

The site of Shenzhen's Artron Art Center is located on the city edge, surrounded by three highways. In order to keep away from the noisy and chaotic environment, the building is idealized to be a landmark to define this area. Since the main view of this building will come from the three adjacent highways, the building shape should be continuous and integrated with the large-scale urban infrastructure to form a dialogue between the two.

Taking into account the volume as a whole, the architects must think about how to digest this huge volume. On one hand, on the premise of integrity and continuity, the gaps between the different parts of the volumes were created to bring people the comfortable visual impression when walking in this territory. On the other hand, a triangular plot was reserved as a public park on the corner of the site to improve the urban environment. Observing from this small park, each side of this building is different. For the inner space of this building, the wreathed volume encloses an inner sky garden connecting art center, printing factory, office, the ground public space and is shared by the different departments. This inner sky garden blocks the noise from the outside.

For the internal organization of space, the art gallery was isolated from the public functions on the ground floor and placed in parallel with the corporate headquarters. Elevating those two parts to the top floor, the art museum has the chance to create the effect of an independent art space. The big move created opportunities to provide multiple choices for traveling in different routes to create a rich internal experience.

* 该项目图片及图纸由都市实践建筑事务所提供，摄影师：王大勇 陈冠宏 周娅琳

平安国际金融中心
Ping-An International Financial Center

福田区益田路

Yitian Road, Futian District

美丽的天际线

Beautiful Skyline

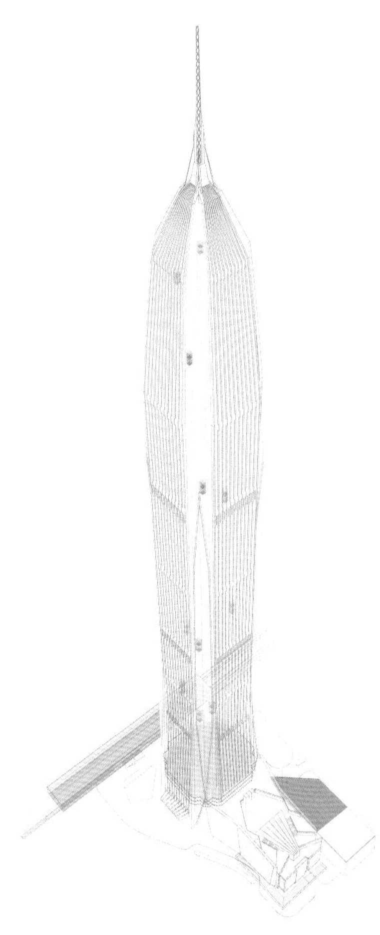

■ 轴测图 / Axonometric Diagram

■ 区位图 / Location Map

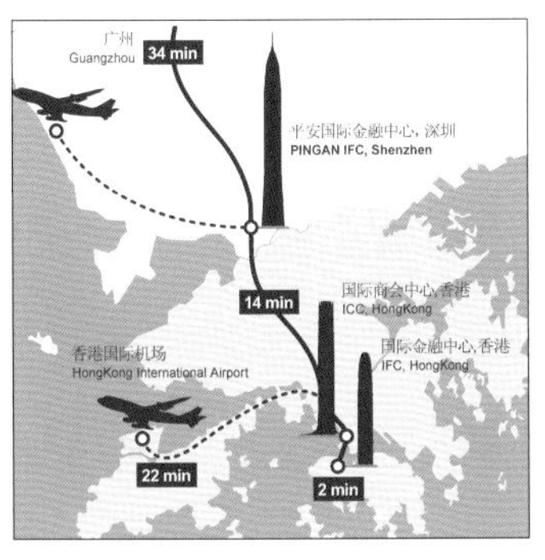

坐落于深圳正蓬勃发展的中央商务区中心的平安国际金融中心即将以其 600m 的高度为中央商务区的龙背状的天际线奠定决定性的一笔。具有标志性的塔楼轮廓和其对称的建筑形式、竖向的石材凹槽装饰和高耸的尖塔都象征着深圳乃至中国的不断发展。这座拔地而起的石材与玻璃的大楼将包括约 6 万 m^2 的零售、30 万 m^2 的办公和一座 1.5 万 km^2 的国际会议中心。它的顶部是一个向市民开放的巨大空间。在那里，来访者可以饱览深圳和珠江三角洲的景色。塔楼的底部为大型零售和会议中心。裙房用经典而优雅的石材贴面，室内空间则围绕着一个宽敞的、充满阳光的中庭组织，店铺和平台在中庭周围朝南层级而上。

商业裙房与附近的地铁站连接，充满着热闹的商业氛围。它通过一系列混合功能将位于北侧、具有标志性的塔楼与南侧连接起来。作为中央商务区的一个标志，这一综合体从早晨到深夜都将活力四射。

建筑师希望通过设计能在平安国际金融中心、深圳市和珠江三角洲之间创造出一种强烈的视觉性和象征性的联系。与城市主轴线方向平行的方格网街道系统暗示着一座能够在底部深深扎根于城市文脉的塔楼。当塔楼不断向上生长而突破城市网格之时，它强调与城市网格呈 45° 的开放转角的视野。与城市网格平行到斜向轴线视野的转变形成一种强烈的反差。在较低楼层，塔楼属于城市肌理，而到了顶部，则聚焦至珠江三角洲。场地的另外一些主要视线，或是与南北向的景观轴线平行望向远山，或是沿着东西向的城市轴线望向令人惊叹的城市夜景。

塔楼设计的组织原则是整个建筑的对称与收分的形式。建筑在底部为八边形，逐渐向上升腾直至细长的顶部尖塔，总高超过 600m。它的玻璃转角与玻璃石材相间的立面都典雅、现代。塔楼细长的轮廓使人联想到早期摩天大楼的样子，既当代又具有标志性。

塔楼独特的结构有效而又优雅地表现出建筑的标志性。以斜撑加固的转角巨柱与垂直双管柱共同形成了立面的特征。双管结构在外部以石材饰面，而斜撑在通过玻璃转角面清晰可见。

建筑顶部的观景台位于 538m 标高处。所有的参观者一起到达，进而被分流进入公共和私人区域。私人区域包括一间 VIP 接待室和俱乐部。在其之上，参观者们在到达观景平台之前能够有机会在礼品商店购买纪念商品。这段体验将结束于一间有着 360° 视野的中庭。在那里，人们能够尽享其下的景观。

裙房从塔楼底部向南延伸。裙房由石材饰面，通过一座长桥与南侧场地相连接。它不仅激活塔楼和周边区域之间的活动，也创造一个终点空间。

浦发银行
卓越

The centerpiece of Shenzhen's burgeoning CBD, Ping-An IFC will rise to a height of 653 meters and anchor the CBD's "dragon back" skyline. The tower's iconic profile, symmetrical form, its vertical stone fluting and long spire represent the infinite growth of the City of Shenzhen, and of China as a whole. The soaring stone and glass tower will house approximately 60,000m² of retail, 300,000m² of office, a 15,000m² International Conference Center, and a large civic space at the top of the tower from which visitors can view Shenzhen and the Pearl River Delta. The base of the tower holds a large retail and conference center. Sheathed in a classic and refined stone along its exterior, the interior of the podium is organized around a large sun-lit atrium which is lined with retail and terraces up from the tower towards the south.

Buzzing with commercial activities and connected to the nearby mass railway station, the retail podium will connect the iconic tower at the north with a string of mixed-use programs to the south. An iconic symbol of the CBD's energy, the complex will bustle with activity from early in the morning until late at night.

The architect's proposal seeks to create a strong visual and symbolic relationship between the Ping-An IFC, the city, and the Pearl River Delta. The regular street grid, parallel to the cardinal directions, calls for a tower which is "locked" into the urban context at its base. As the tower rises up and out of the confines of the street grid, it emphasizes open corner views 45-degrees to the urban grid. The shift in alignment from the urban grid to the view axis creates a dramatic contrast in which the tower belongs to the city fabric at the lower levels and focuses towards the Pearl River Delta at its top. The other major views from site are aligned along a north-south landscape axis, offering spectacular views to the mountains, and along an east west urban axis for dramatic views of the city at night.

The organizing principle of the tower design is the building's symmetrical, tapering form. Splayed at the base and rising towards a long, slender spire, the tower reaches a height of over 600 meters. Its glass corners and glass & vertical stone facades are all-at-once classic and modern. The tower's slender profile, contemporary and iconic, immediately recalls the forms of early skyscrapers.

The unique tower structure reflects the iconic form of the building efficiently and elegantly.

时代
中国电信
CHINA TELECOM

1. 每层横向抓点
Horizontal capture at each floor

2. 2100mm宽一体化绝缘玻璃与铝制单元
2100mm wide unitized insulated glass and aluminum unit

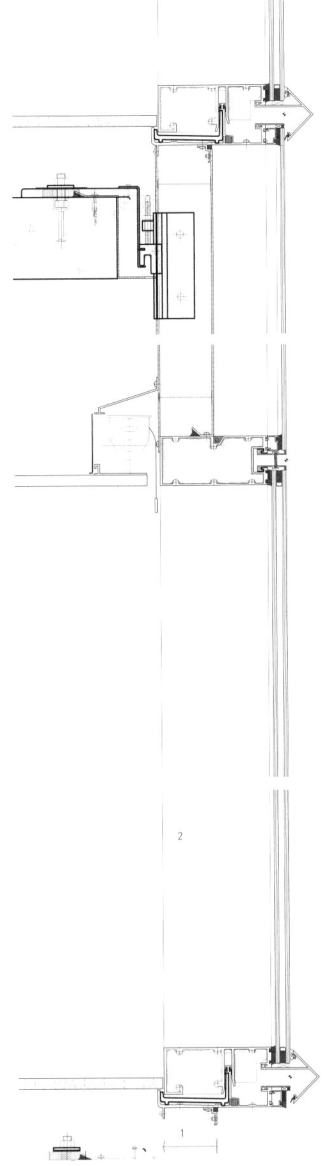

■ 幕墙大样图 / Curtain Wall Detail

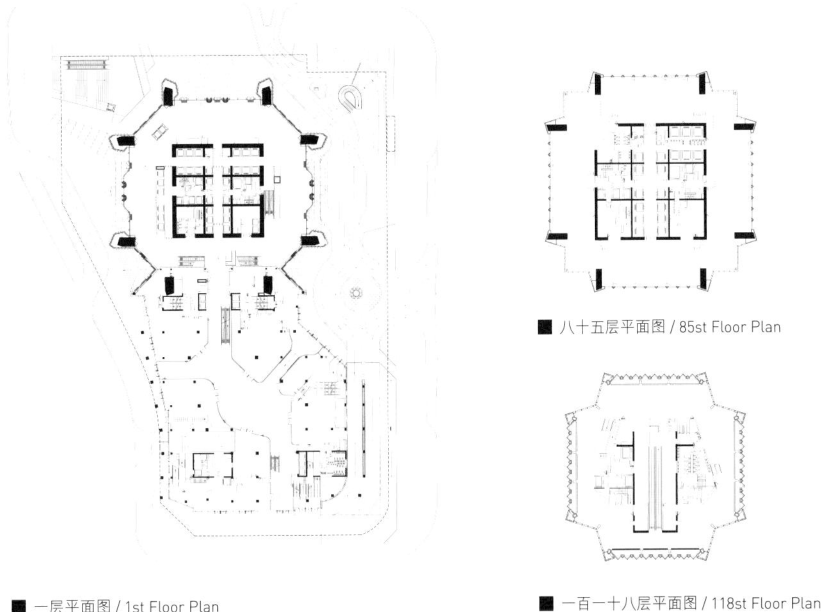

■ 一层平面图 / 1st Floor Plan

■ 八十五层平面图 / 85st Floor Plan

■ 一百一十八层平面图 / 118st Floor Plan

Large mega-columns with diagonal braces at the corners are supplemented by vertical tube-in-tube columns along the predominant facades. The tube-in-tube structure is sheathed in stone on the exterior, while the diagonal braces are visible through the predominantly glass corners.

The observation level at the top of the building is located at +538.0m. All passengers arrive together, and split into public and private areas. The private zone contains a VIP reception and club room. Above, visitors on their way to the top will have the opportunity to buy souvenirs at a gift shop before they reach the viewing deck. The experience culminates in a grand open atrium with 360 degree views and stepped seating where people can leisurely view the sights below.

The podium extends south from the base of the tower. Sheathed in stone and connected to southern sites via a long bridge, the podium not only facilitates movement between the tower and neighboring sites but also creates a destination space in itself.

* 该项目图片由悉地国际提供

中广核大厦
CGN Headquarters Building

福田区深南路与彩田路交汇处西北侧
The Intersection of Shennan Avenue and Caitian Road, Futian District

简单体量之中的无限能量

Infinitive Energy from Simple Volumes

项目名称： 中广核大厦
项目地点： 福田区深南路与彩田路交汇处西北侧
项目时间： 2008-2015
用地面积： 10 135m²
建筑面积： 158 458m²
建筑层数： 地下 3 层，地上 40 层
建筑高度： 176.8m
业主： 中国广东核电集团有限公司
建筑设计： 都市实践建筑事务所
主持建筑师： 孟岩
项目组： 许小东，饶恩辰，张震，罗仁钦，李立德，吴春英，孙艳花，谢盛奋（建筑），于晓兰，林挺，魏志姣，刘洁（景观），朱加林，徐罗以（技术总监）
室内： 郭群室内设计
施工图： 广东省建筑设计研究院深圳分院
钢结构： 广州容柏生建筑工程设计深圳事务所
机电： 柏诚工程技术
标识设计： 黄扬设计

Project: CGN Headquarters Building
Location: The Intersection of Shennan Avenue and Caitian Road, Futian District
Project Period: 2008-2015
Site Area: 10, 135m²
Floor Area: 158, 458m²
Building Levels: 3 underground, 40 aboveground
Building Height: 176.8m
Client: China Guangdong Nuclear Power Group Co., Ltd.
Architectural Design: URBANUS
Principle Architect: Meng Yan
Team: Xu Xiaodong | Rao Enchen, Zhang Zhen, Luo Renqin | Li Lide, Wu Chunying, Sun Yanhua, Xie Shengfen (Architecture) Yu Xiaolan, Lin Ting, Wei Zhijiao, Liu Jie (Landscape)| Zhu Jialin, Xu Luoyi (Technical Director)
Interior: Guoqun Studio
Structure / MEP LDI: The Architectural Design&Research Institute Of Guangdong Province Shenzhen Branch
Steel Structure: RBS Architectural Engineering Design Associates
MEP: PB Engineering Technology
Logo Collaborator: HuangYang Design

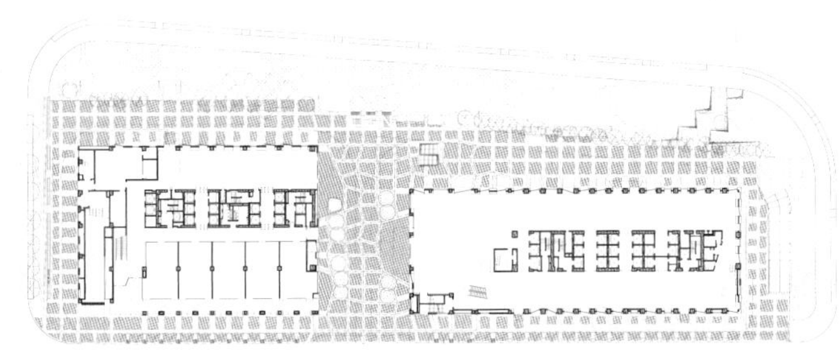

■ 一层平面图 / 1st Floor Plan

经过十余年的超速发展，深圳中心区已经初具规模。然而伴随着每座单体建筑对自身独特性的极力追求，建筑物之间缺乏敏感的呼应，城市中心建筑组群的完整性正在丧失。重归到高层建筑的基本特点：高效舒适、节能环保、造型明晰，回归建筑经典，有时反能使建筑物在当今纷繁混杂的城市背景中脱颖而出。

用形体和空间组织来表达建筑在节制和内敛之中蕴藏的能量，使中广核总部大厦远观有清晰简明的形体轮廓，近观又有丰富多变的肌理层次。两座大楼形体尽量向东侧充满基地，并且在平面和空间上相互交错，最大限度地利用东西两侧景观资源的同时，形成两楼咬合、互动的整体形象。建筑立面肌理在简洁的体型之中传达数字化的美学特征，以单元化、标准化的重复以及变异，组合发展出一整套建筑立面语言体系。建筑表面弃用大面积的玻璃幕墙，而回归到窗墙体系，塔楼窗洞在大小、方向、凹凸上的变化，逐渐过渡到裙楼部分的网格裂变，并以此支撑起悬浮在空中的几组公共空间。用匀质模块基础上的单元作渐变以及局部剧变，这种空间构成体系暗示了核电作为未来能源支柱产业的形象特征。夜晚，灯光透过变化的格网呈现出晶体般的表面，整个建筑外部又似乎成一个可以容纳无限变化的显示屏。外墙采用金属质感的较深沉的色彩，进一步强化大型企业总部的形象。整个设计展现出一个国际化企业所具有的严谨、稳健、前瞻的形象特征。

■ 区位图 / Location Map

CGN

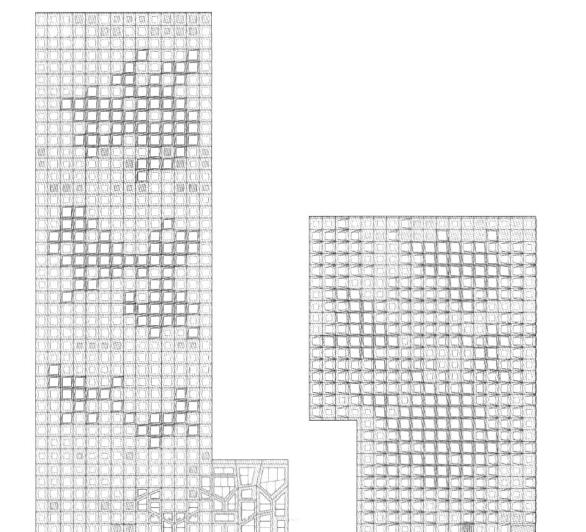

■ 立面图 / Elevation

After a decade of speedy developments, the structure of Shenzhen's Central Business District (CBD) has begun to stabilize. However, every individual building is pursuing its own uniqueness and lacks sensitivity between urban dialogues. Therefore, the urban center is losing its totality. Returning to the basic problem of high-rise buildings such as the use of energy saving technology, long-term sustainability, and clear and concise design approaches can make the design distinctive from the chaotic city center and return to classic forms.

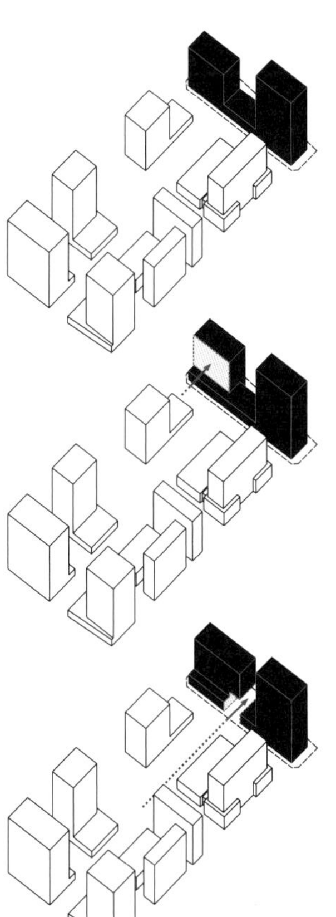

The architectural form and organization of space expresses the abstention from power and gives the CGN Headquarters a simple and concise figure from afar. The two tower blocks occupy the site eastwards, and interlock in plan and space. An image of two linked and interactive buildings is formed by fully utilizing the landscape at the East and West side. In this area, two blocks respond to each other and form a bracket in the air.

The simplicity of the building facade texture conveys digital aesthetics. Modular windows repeat and vary throughout the skin, and become the main architectural vocabulary system. These windows vary in size, direction and depth, which gradually transform into grid fissions and extensions, supporting the floating public spaces. Based on these modular units, the spatial system of this gradient changes and partial upheaval acts as a metaphor for the fact that nuclear power is becoming a major energy industry. At night, light travels through the grid, transforming the facade into a crystalline skin, and transferring the whole building into a screen that contains infinitive change. The dark metal facade emphasizes the corporal expression of CGN's headquarters. The design exhibits the preciseness and solidity of a well-known technological enterprise, echoing its ambition of becoming a more international and future driven industry leader.

* 该项目图片及图纸由都市实践筑师事务所提供，摄影：王大勇 陈冠宏

百度国际大厦
Baidu Headquarters

南山区学府路
Xuefu Road, Nanshan District

互联网企业办公空间的变革

The Revolution of Concept-Oriented Internet Building

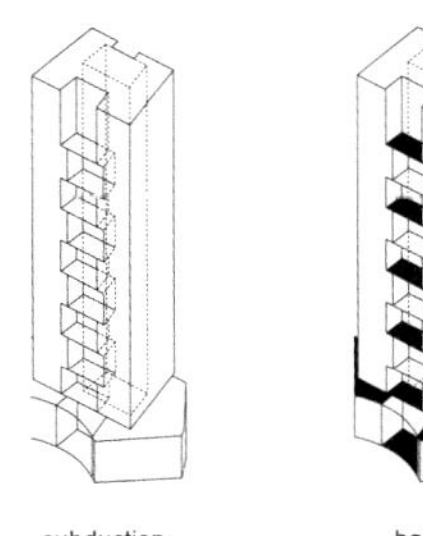

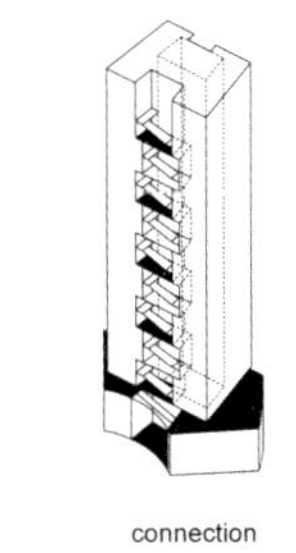

connection

■ 设计逻辑 / Diagram

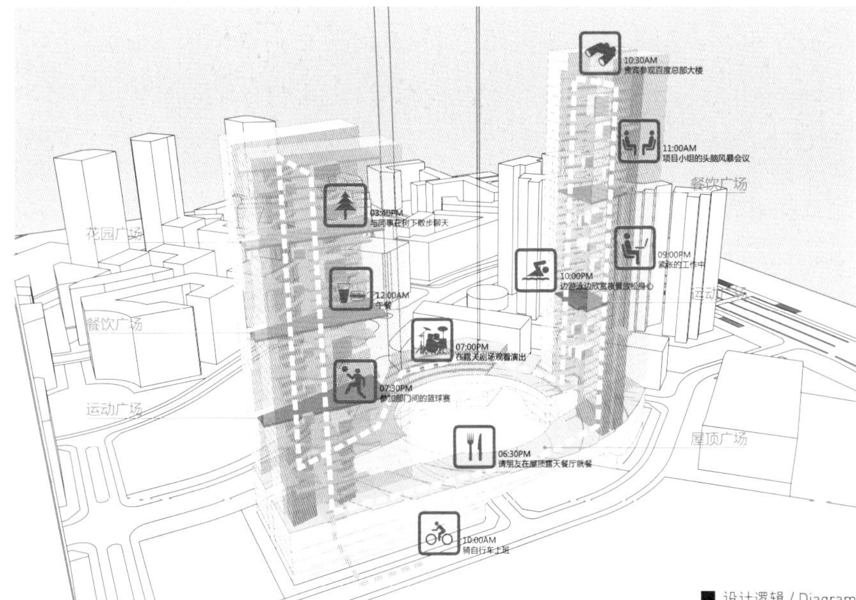

■ 设计逻辑 / Diagram

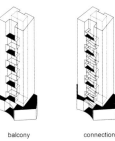

新建的百度国际大厦位于深圳的南山高新区。项目总建筑面积为 226 000m^2，由东西两幢塔楼组成。周边坐拥便利的交通系统，同时有着优越的展示条件和景观资源。作为百度华南地区的总部和研发中心，百度国际大厦是一座集运营和研发为一体的综合性研发办公楼。在遵循片区规划视觉界面的前提下，塔楼呈南北向布置，东西向敞开，以最大化利用景观资源，并形成对街区良好的形象展示。同时，西塔楼与之呼应，对中心绿地形成围合的态势，这样的设计手法增强了该片区节点的整体性和标志性。

设计依据百度“简单可依赖”的核心价值观，方案从百度自身对办公的差异化需求出发，将传统中核大进深办公平面做“切薄”处理，形成每个标准办公空间进深为 12m 的方整平面，并可以灵活适应各种办公布置的需求。最重要的是这样的设计处理创造出了一个与众不同的“活力核心”空间，实现百度总部办公空间对于“联系”的需求。这个“活力核心”空间由楼梯穿插错层连接，包含各种类型的会议空间，从两人间的讨论到十几人的圆桌会议，活力核心使开会变得更加轻松有趣。内部还在不同空间设置许多非正式交流场所，这种多类型、情景化的会议与讨论空间的存在，能随时激发员工的创意火花。百度国际大厦秉承低碳环保的理念，兼顾通风、采光以及景观效果，使其成为一座与众不同的办公场所。大厦的立面的设计以百度的命名为灵感，将中国的古诗词转换为二进制代码，再结合中国古典的窗格形式，创造出独一无二的百度立面，完美的体现了百度作为全球最大的中文搜索引擎供应商的企业形象与气质。立面材料采用铝合金预制构件，外侧竖向为穿孔通风面板，内侧为可开启通风百叶，在保证室内自然通风量的同时避免开启扇的设置，使立面效果更加整齐统一。

■ 区位图 / Location Map

New Baidu International Building is located in the Nanshan High-tech Industrial Park in Shenzhen. Its gross floor area is 226,000m^2 and the building is constituted of 2 towers—the east tower and the west tower. The location of the building is conveniently accessible by the transportation system, possessing a beautiful landscape and display cindition. As the headquarters and R&D center in South China, Baidu International Building is a multipurpose office building integrated with operation and R&D. On the premise of district planning for

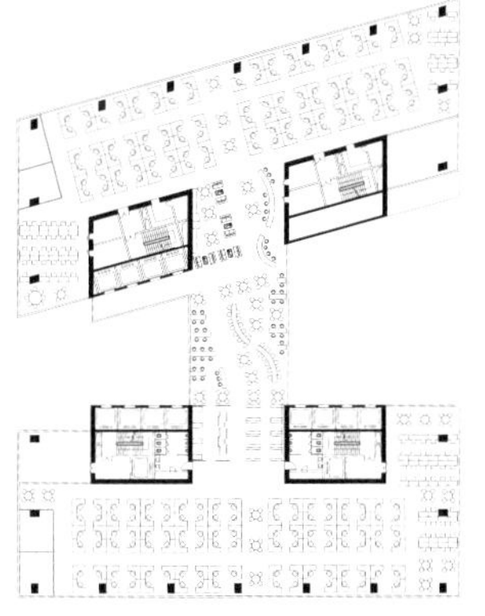

■ 西塔楼标准层平面 / Typical Floor Plan of West Tower

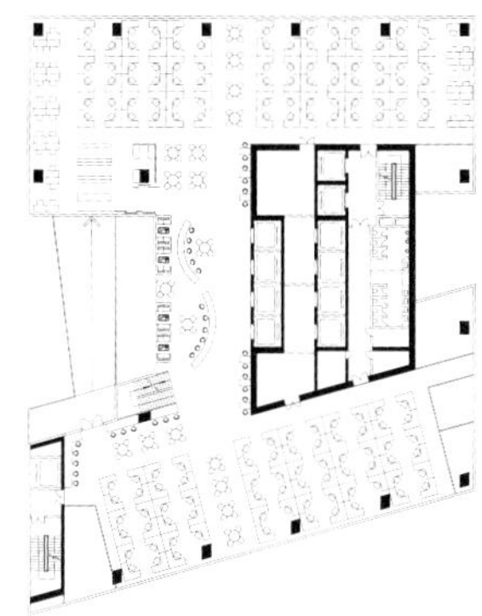

■ 东塔楼标准层平面 / Typical Floor Plan of East Tower

visual interface, the east tower is orientated north and south, opening towards east and west to maximize the utilization of landscape resource and form a good image to the block. The west tower echoes the east tower; together, they enclose the green area in the center. Such design enhances the integration and making the complex a landmark of the district.

The design of the building can be seen as a direct response to the core value of Baidu, simple and reliable. Departing from the diverse needs of office space at Baidu, the design divides the conventional central office space with great depth into individual square-shaped office spaces with a depth of 12m that can flexibly adapt to different arrangements. Most importantly, this design approach creates a unique space of "central vitality", manifesting the notion of "connection" demanded by the operation at the Baidu Headquarter. This space of "central vitality" is connected by split-level staircases, consisting different types of meeting space, from two-person discussion areas to round-table meeting rooms that can accommodate a group of ten. Central vitality brings relaxed and fun atmosphere to the activity of meeting. Throughout the interior, there are arrangements of informal communication spaces. This type of multi-functional, situational space is to promote spontaneity and innovation among employees. Baidu International Building is unique as an office building, it acts on the concept of low-carbon and is environmentally friendly with well considerations on ventilation, lighting, and landscape design. The design of the building facade takes its inspiration from the meaning of "Baidu", a transformation of Chinese classical poetry into binary code. Further integrating the patterns of classical Chinese panes, the design of the facade precisely delivers the image of Baidu as the world's largest Chinese search engine provider. Punched panel is used in vertical direction for the exterior wall and retractable blinds on the interior side. It is to ensure ventilation and to avoid open fan, ultimately creating a unified view of the facade.

* 该项目图片由悉地国际提供

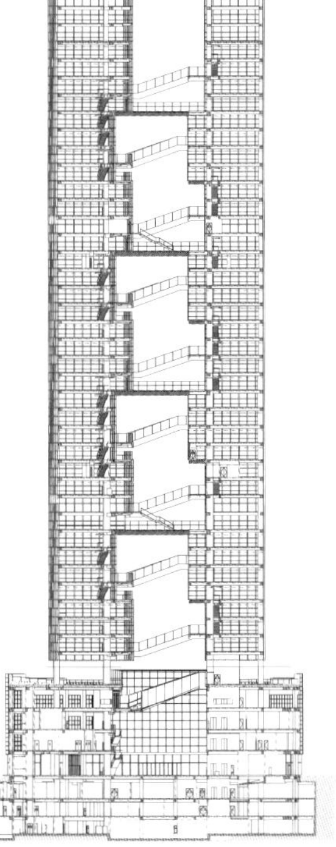

■ 剖面图 / Section

扩展阅读 (Further Readings):

[1] CCDI. 深圳百度国际大厦 [J]. 城市建筑, 2014,19:96-101.

[2] 王照明. 体验型办公建筑实践 —— 百度国际大厦 [J]. 建筑技艺, 2016,5:38-47.

宝安国际机场 3 号航站楼
Terminal 3 of Bao'an International Airport

宝安区宝安国际机场

Bao'an International Airport, Bao'an District

承载着梦想的新机场

An Airport Carrying with Dreams

深圳宝安国际机场 3 号航站楼的设计概念让人联想到蝠鲼的形象。它如同一条能呼吸和改变自己的形态的鱼，经过一系列变形而化为一只鸟，标志着从这里开始的一段美妙的航程。

3 号航站楼的结构为一条大约 1.5 km 长的通道。它的形态看上去似乎是由风的作用而成形的，又让人想到一件形态有机的雕塑。屋面天际线以它不断变化的高度为特点，与周围的自然景观相呼应。设计的标志性元素是包裹着建筑的内外双层“表皮”的蜂巢主题。自然光通过这双层“表皮”投射进来，从而在室内空间创造出明亮的效果。表面覆层由蜂窝形状的金属板和可部分开启的大小不同的玻璃板组成。乘客通过位于 3 号航站楼的巨大的“尾巴”下方的入口进入航站楼。宽敞的航站楼空间的最大特点是它的圆锥形的白色支撑柱。它们向上延伸，一直触到屋面，就好像一座大教堂的内部结构。一层的航站楼广场通向行李托运处、出发区、到达区以及咖啡馆、餐厅、办公室和商务设施。出发区设有办理登机手续的柜台、航空公司信息台和一些帮助台。出发区的两层和三层通高的空间既在室内空间的不同楼层之间建立起视觉联系，也形成自然光透过的通道。在办理完登机手续后，飞往国内外的乘客垂直分流至不同的楼层准备登机。大厅是整个机场的关键区域，它由三个楼层组成。每个楼层的功能均不相同，分别为出发区、到达区和服务区。大厅管状的形态运用动势的概念。“十字”是大厅的三个楼层通过通高空间垂直相连的交叉点。在这些交叉点，从上至下的完整的通高空间使得自然光能够从最上层经过层层过滤，投射到底层交叉处的候机厅。蜂窝主题也在室内设计中出现和不断重复。盒子状的店铺以更大的尺度再现蜂窝的设计主题，它们以不同的表现方式面对面地沿着大厅排布。室内设计由福克萨斯事务所完成，包括上网区、办理登机手续区、安检口、登机口和护照检查区。整个室内给人一种庄重之感，不锈钢的完成面反射和强化了室内表皮的蜂窝主题。如同白色大树一般雕塑形的构件被用来容纳航站楼和大厅内的所有空调，它们的设计再现了灵感来源于大自然的自由形态。类似地，行李领取处和信息台也采用这样的设计。

The concept of the plan for Terminal 3 of Shenzen Bao'an international airport evokes the image of a manta ray, a fish that breathes and changes its own shape, undergoes variations, turns into a bird to celebrate the emotion and fantasy of a flight.

The structure of T3, an approximately 1.5km-long tunnel, seems to be modeled by the wind and is reminiscent of the image of an organic-shaped sculpture. The profile of the roofing is characterized by variations in height alluding to the natural landscape. The symbolic element of the plan is the internal and external double "skin" honeycomb motif that wraps up the structure. Through its double-layering, the "skin" allows natural light in, thus creating light effects within the internal spaces. The cladding is made of alveolus-shaped metal and glass panels of different size that can be partially opened. The passengers accede to the terminal from the entrance situated under the large T3 "tail". The wide terminal bay is characterized by white conical supporting columns rising up to touch the roofing like the inside of a cathedral. On the ground floor, the terminal square allows access to the luggage, departure and arrival areas as well as cafes and restaurants, offices and business facilities. The departure zone houses the check-in desks, the airlines info-points and several help-desks. The double and triple height spaces of the departure zone establish a visual connection between the internal

■ 区位图 / Location Map

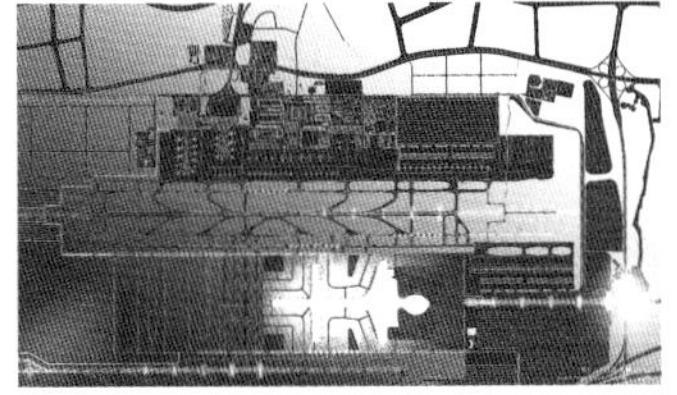

345
349

350
348
350
350A

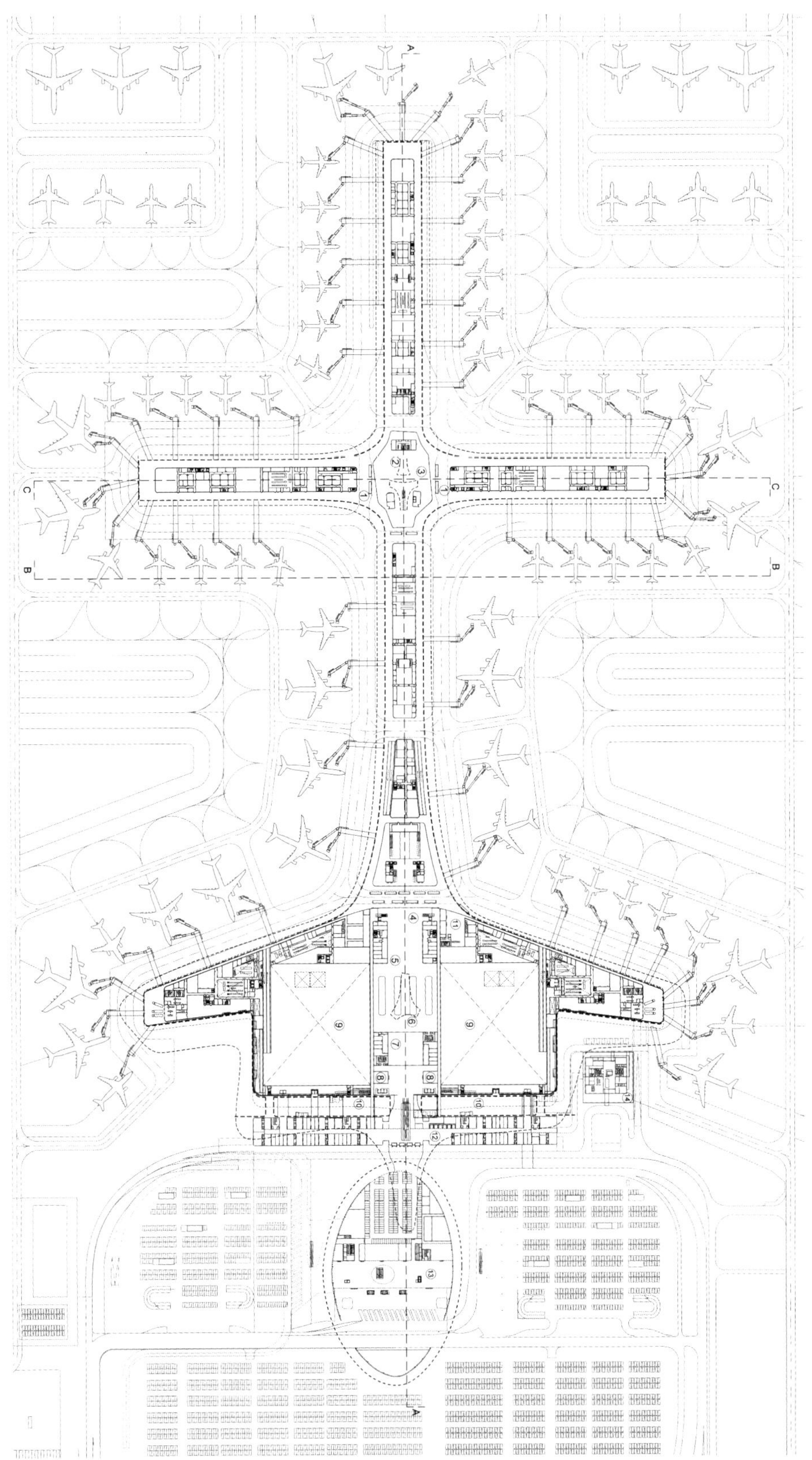

■ 0.00m标高平面 / 0.00m Floor Plan

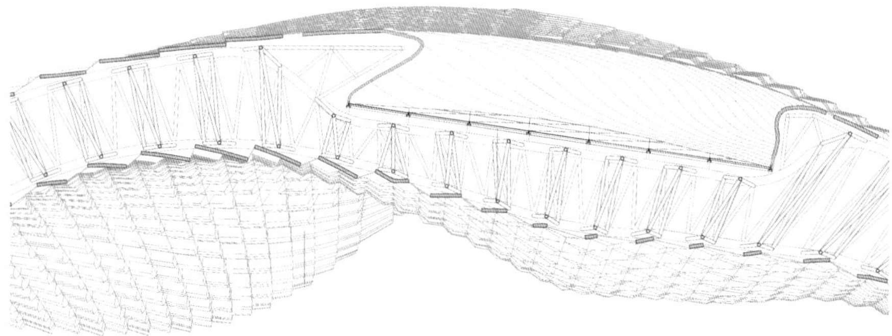

■ 天光剖面 / Skylight Section

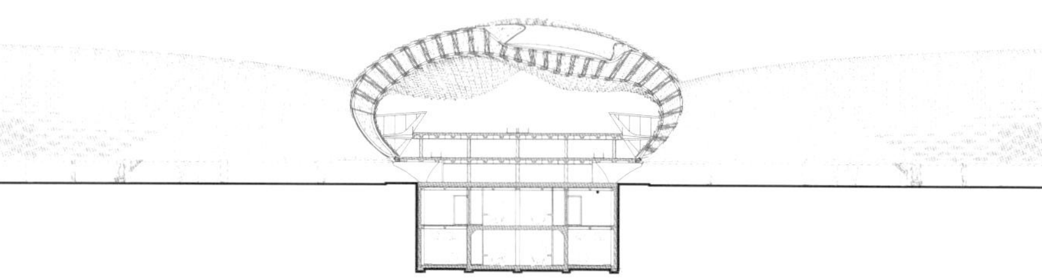

■ 局部剖面图 / Partial Section

levels and create a passage for natural light. After checking in, the national and international passengers' flows spread out vertically for departures. The concourse is the airport key-area and is made up of three levels. Each level is dedicated to three independent functions: departures, arrivals and services. Its tubular shape chases the idea of motion. The "cross" is the intersection point where the 3 levels of the concourse are vertically connected to create full-height voids which allow natural light to filter from the highest level down to the waiting room set in the node on level 0. The honeycomb motif is transferred and replicated on the interior design. Shop boxes, facing one another, reproduce the alveolus design on a larger scale and recur in different articulations along the concourse. The interiors designed by Fuksas, including the internet-point, check-in, security-check, boarding gates and passport-check areas, have a sober profile and a stainless steel finish that reflect and multiply the honeycomb motif of the internal "skin". Sculpture-shaped objects, big stylised white trees, have been designed for air conditioning all along the terminal and the concourse, replicating the planning of amorphous forms inspired by nature. This is also the case for the baggage-claim and info-point "islands".

* 该项目图片及图纸由福克萨斯建筑设计事务所提供

深圳证券交易所
Shenzhen Stock Exchange

深南大道 2012 号
No. 2012 Shennan Road

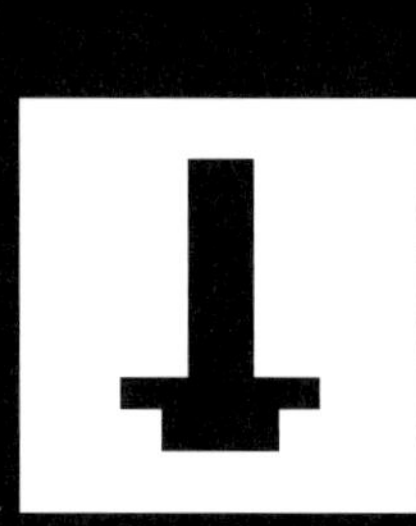

具有城市性的高层地标建筑

A High-Rise Landmark

项目名称： 深圳证券交易所
项目地点： 深南大道 2012 号
竞赛时间： 2006
建成时间： 2013 .10
占地面积： 39 000m²
建筑面积： 265 000m²（地上 180 000m²，地下 85 000m²）
建筑设计： 大都会建筑事务所
主管合伙人： 雷姆 · 库哈斯，大卫 · 希艾莱特联同艾伦 · 凡 · 卢恩及重松象平
主管协理： Michael Kokora
驻场团队： 杨洋，何宛余，Daan Ooievaar，古斯婷，Vincent，Kersten，张昀
中方合作设计单位： 深圳市建筑设计研究总院
声学： DHV 建筑和工业
景观： Inside Outside
结构、服务、消防、项目管理、垂直交通运输、建筑物理、建筑智能化、地质工程、灯光照明： 奥雅纳

Project: Shenzhen Stock Exchange
Location: No. 2012 Shennan Road
Competition: 2006
Completion: October 2013
Site Area: 39,000m²
Total oor area: 265,000m²(180,000m² above ground, 85,000m² below ground)
Architectural Design: OMA
Partners in charge: Rem Koolhaas, David Gianotten, in collaboration with Ellen van Loon and Shohei Shigematsu
Associate in charge: Michael Kokora
On site team: Yang Yang, Wanyu He, Daan Ooievaar, Joanna Gu, Vincent Kersten, Yun Zhang
Chinese Partner Practice: SADI
Acoustics: Inside Outside
Structure, Services, Fire, Project Management, Vertical Transportation, Building Physics, Building Intelligence, Geotechnics, Lighting: Arup

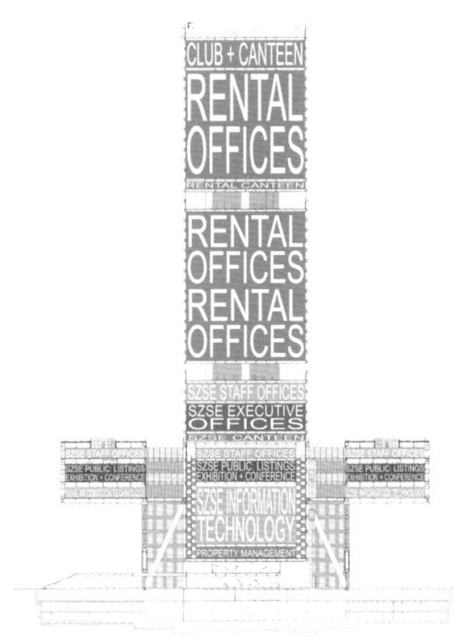

■ 机制图 / Program

股票市场的本质是投机买卖：基于资本，而非物质。深圳证券交易所可被设想为虚拟股票市场的具体实践：这一栋拥有悬浮基座的建筑物不但能发挥物理功能，为股票市场提供场地，更重要的是它象征股票市场。一般来说，基座用以锚固结构，并将其牢牢地与地面连接；然而，深圳证券交易所的基座却沿着塔楼从地面往高处攀升，投机买卖的热烈气氛在驱动交易市场的同时，仿佛也把大楼的基座抬起，悬浮的基座以现代演绎手法挑战千年以来的建筑常规，即，巩固的建筑必须坐落在巩固的基座之上。

深圳证券交易所的悬浮基座是一个高三层的悬挑平台，离地 36m，是全球最大面积的办公平面之一，每层面积有 15 000m²，而其屋顶是可供使用的空中花园。这个抬升基座容纳了深交所的全部功能项目，包括上市大厅以及所有证券交易部门。抬升的基座大大增加深交所的展示面，在晚间亮起的基座更能“广播”深圳金融市场的虚拟活动，而其悬臂把深圳的景观剪裁有致，如同一个框边把景观镶起。基座升高后腾出地面空间，顿时为受保安管制以及作私人用途的建筑，创造一片广阔的公共空间。

悬浮基座与塔楼合二为一成一个结构，塔楼与中庭的柱体为悬挑结构提供垂直与横向支撑。悬浮基座以坚固的三维全深度钢制转换桁架作为其构架。

深交所的塔楼部分左右两侧各有一个中庭——这是将地面与室内公共空间联系起来的挑空空间。深交所员工从东面进入，租户由西面进入。深交所的行政办公室紧接悬浮基座之上，使得大楼的最高楼层可被用于出租办公室和餐饮会所。

深交所典型的正方形外观让大楼与周边相对单一化的高楼互相融合，但其外立面却独一无二。建筑外立面以压花玻璃作表层，覆盖着用作支撑建筑物的坚固外骨架网格结构。压花玻璃层的质感能显露施工技术，同时焕发一种神秘的美感。呈中性颜色的半透明外立面，随不同的天气环境而转变，进而营造水晶般的玄妙效果：阳光普照时它闪闪发亮；阴云密布时它柔和静止；黄昏时它明亮照人；入夜后它光芒尽展。外立面的窗户开口往内凹进，形成一个“深”立面，能被动地减少进入大楼内的太阳能的热量、改善自然采光以及减低能耗。深圳证券交易所是其中一栋最先按中国绿色建筑三星认证标准设计的建筑。

楼高 46 层（254m）的深圳证券交易所是一栋富人民意义的金融中心。这座建筑物地处一个新的公共广场上，在莲花山及滨河大道之间的南北轴线、以及东西轴线兼主干线深南大

■ 区位图 / Location Map

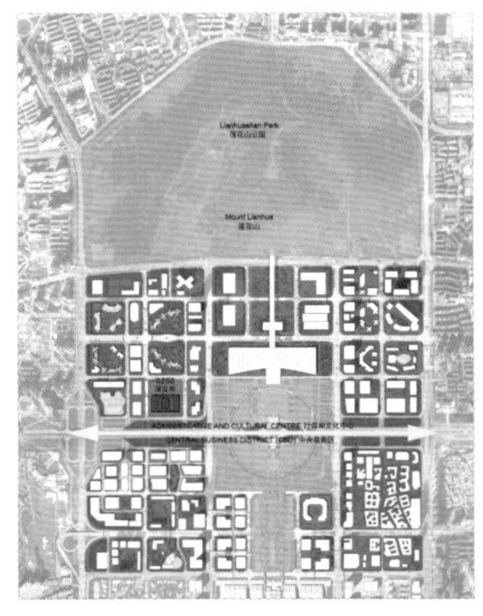

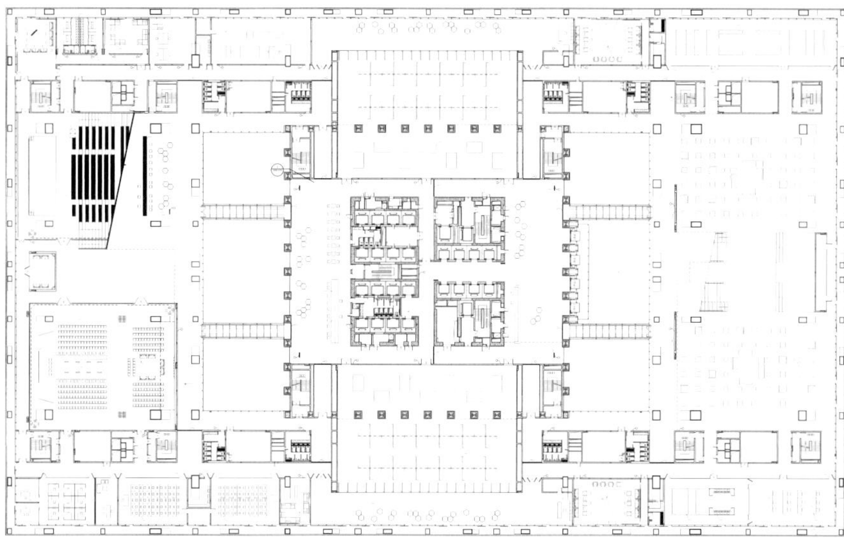

■ 八层平面图 / 8th Floor Plan

道的交汇之处。深交所并不是城市中一个孤立的建筑，它是真正能够在多尺度、多层面与城市相契合的建筑。有时它显得巨型宏伟，有时它平易近人而个人化。深交所时刻都与城市肌理建立新的关系，它可望成为推动新型建筑和都市的原动力。

The essence of the stock market is speculation: it is based on capital, not material. The Shenzhen Stock Exchange is conceived as a physical materialization of the virtual stock market: it is a building with a floating base, representing the stock market – more than physically accommodating it. Typically, the base of a building anchors a structure and connects it emphatically to the ground. In the case of Shenzhen Stock Exchange, the base, as if lifted by the same speculative euphoria that drives the market, has crept up the tower to become a raised podium, defying an architectural convention that has survived millennia into modernity: a solid building standing on a solid base.

SZSE's raised podium is a three-storey cantilevered platform floating 36m above the ground, one of the largest office floor plates, with an area of 15,000m² per floor and an accessible landscaped roof. The raised podium contains all functions of the Stock Exchange, including the listing hall and all stock exchange departments. The raised podium vastly increases SZSE's exposure in its elevated position. When glowing at night, it "broadcasts" the virtual activities of the city's financial market, while its cantilevers crop and frame views of Shenzhen. The raised podium also liberates the ground level and creates a generous public space for what was used to be a typically secure and private building.

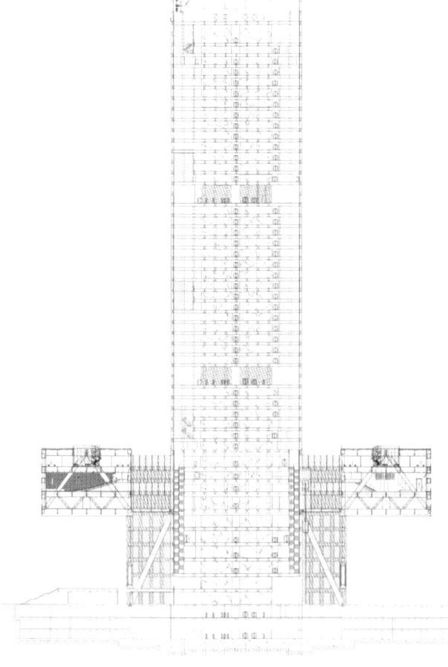

■ 剖面图 / Section

The raised podium and the tower are combined as one structure, with the tower and atrium columns providing vertical and lateral support for the cantilevering structure. The raised podium is framed by a robust three-dimensional array of full-depth steel transfer trusses.
The tower is flanked by two atria – voids that connect the ground directly with the public

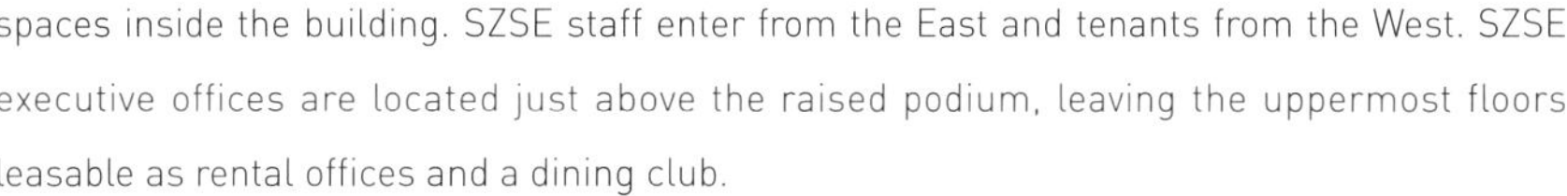

spaces inside the building. SZSE staff enter from the East and tenants from the West. SZSE executive offices are located just above the raised podium, leaving the uppermost floors leasable as rental offices and a dining club.

The generic square form of the tower obediently blends in with the surrounding homogenous towers, but the façade of SZSE is different. The building's façade wraps the robust exoskeletal grid structure supporting the building in patterned glass. The texture of the glass cladding reveals the construction technology behind while simultaneously rendering it mysterious and beautiful. The neutral colour and translucency of the façade change with weather conditions, creating a mysterious crystalline effect: sparkling during bright sunshine, mute on an overcast day, radiant at dusk, and glowing at night. The façade is a "deep façade", with recessed openings that passively reduce the amount of solar heat gain entering the building, improve natural day light, and reduce energy consumption. SZSE is designed to be one of the first 3-star green rated buildings in China.

The 46-storey (254m) Shenzhen Stock Exchange is a Financial Center with civic meaning. Located in a new public square at the meeting point of the north-south axis between Mount Lianhua and Binhe Boulevard, and the east-west axis of Shennan Road, Shenzhen's main artery, it engages the city not as an isolated object, but as a building to be reacted at multiple scales and levels. At times it appears to be massive and at others intimate and personal, SZSE constantly generates new relationships within the urban context, hopefully as an impetus to new forms of architecture and urbanism.

* 该项目图片及图纸由大都会建筑事务所提供

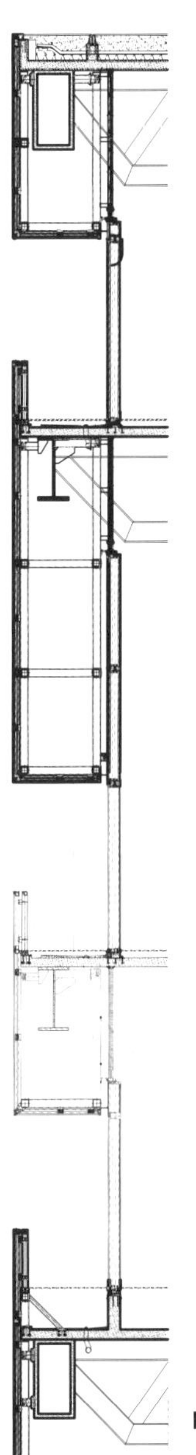

■ 抬升基座的立面细部
Façade Detail of the Raised Podium

扩展阅读 (Further Readings):

[1] 杨洋 . 具有城市公共性的深圳证券交易所 [J]. 时代建筑 ,2015,01:115-119+114.

[2] 倪阳 , 杨晓琳 . 不争之道——深交所新总部大楼设计解析 [J]. 建筑学报 ,2013,11:60-61.

[3]Theo Raijmakers, Bertie van den Braak. 揭开声学特性的秘密 : 深圳证券交易所声学设计 [J]. 建筑创作 ,2012,11:216-217.

[4]Michael Kokora. OMA 与深圳证券交易所 [J]. 城市环境设计 ,2014,06:52-53.

华侨城创意文化园改造
OCT-Loft Renovation

南山区华侨城东部工业区

East Industrial Area of Oversea Chinese Town, Nanshan District

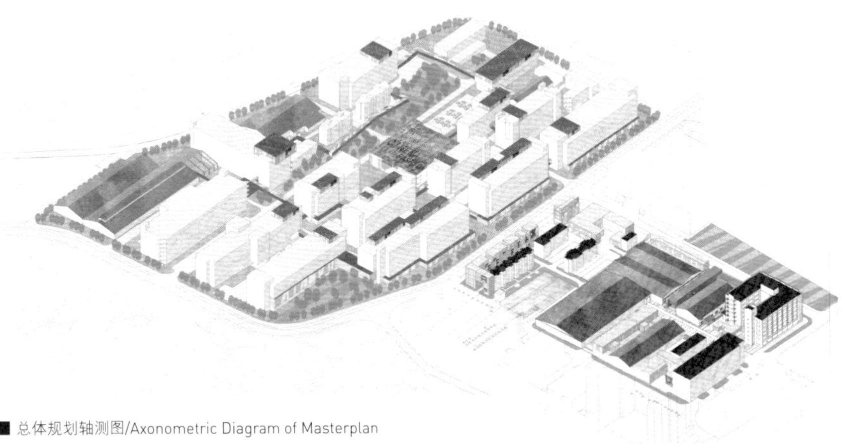

■ 总体规划轴测图/Axonometric Diagram of Masterplan

基地现存数十座建于 20 世纪 80 年代早期的厂房、仓库和宿舍楼。城市的高速发展，使这个位于中产阶级住区和迪士尼般娱乐区夹缝中的旧厂区，渐渐变成不为人留意的都市残留物。2003 年，华侨城集团决定将其中一个厂房改造为何香凝美术馆当代艺术中心。这一艺术介入成为整个改造的启动点。

改造规划采用置换与填充的思路，从在现有厂房中加入新艺术中心开始，整理厂区内可利用的结构，一步步添加和改造，融入以创意产业为主体的当代内容，使厂房被画廊、书店、咖啡厅、酒吧、工作室和设计商店渐渐填满。这些填建延伸、包裹、渗入到现有的肌理，创造一系列相互贯通的公共空间和设施。通过这种拒绝一次性设计和开发的模式，让时间积淀出社区的厚度和底蕴。都市实践的总体控制与具体使用者个性发挥的互动十分符合创意产业的特点。

成功的创意园最大的潜能就是能促进不同类型的创意机构在各个层次进行交流。从这个角度出发，创意园第二期北区的设计升级了第一期南区的现有模式，在整体上控制宏观形象，进行业态组合规划，合理分区，控制比例，以超常尺度的连廊系统混合和叠加公共功能，创造大量交流空间和机会，鼓励跨领域跨行业的对话和思想碰撞，开拓各种创意发生的可能性，成功的使园区成为凝聚艺术和设计创造力的基地。

The site currently has over dozens of early factories, dormitories and storages left vacant from the 1980s. The factory has a modest appearance in the midst of a mixture of middle class residential areas and Disneyland-type entertainment zone. As time passed by, they became vacant and industrial activities declined.

In 2003, the Hexiangning Art Museum decided to set up a non-profit contemporary art center in one of these warehouses, called OCAT. The plugging-in of the OCAT set up an interesting paradigm in the beginning of the industrial area's regeneration. The master planning team's intention was to replace and fill up the buildings by applying the new spatial form with small-scale operations and improvements on infrastructure. They started by adding programs to existing structures to adapt to the function of the art centre; the empty lots between them are intended to be filled with galleries, bookshops, cafes, bars, artist ateliers and design shops,

■ 区位图 / Location Map

along with lofts and dormitories. These new additions filled the open spaces and set up new relationships between buildings by wrapping and penetrating the existing urban fabric. They also created a second layer of urban spaces which tries to set up a dynamic, interactive and flexible framework to constantly adapt itself to the new conditions posed by the vast changes of the city.

The biggest potential of successful creative parks is their ability to promote the communication between creative organizations at various levels. The second stage of the renovation aims to reposition the overall branding image and the strategic planning distinct from the south. The existing network, landscape and post-industrial buildings with the social network are interwoven to encourage public use. They enhance reappropriation of the abandoned spaces, replacing them with new activities. The project is intended to articulate and visualize the dialogue not only for the revitalization of the industry imprint, but also for the cohesion between the old and the new participants.

* 本项目图片及图纸由都市实践建筑事务所提供，摄影师：孟岩，吴其伟，陈旧

扩展阅读 (Further Readings):

[1] 都市实践．“深圳OCT-LOFT创意文化园”.《住区》，深圳，2007(4)，6-23

[2] 都市实践．“制造历史——旧厂房的再生．”《T+A》时代建筑，上海，2006(3)，48-53

[3] 都市实践．将工厂演变成公共场所——大型改造项目对城市的意义 [J]. 新地产，2006(4): 158-161.

[4] 徐晓．“OCAT是怎样炼成的．” 新地产，2005(5): 96-98

[5] 刘晓都，孟岩，王辉．实例：何香凝美术馆当代艺术中心 [J]. 建筑趋势，2005(5): 96-98.

[6] 徐晓．“OCAT是怎样炼成的．”《NEW HOUSE 新地产》2005(5)，96-98

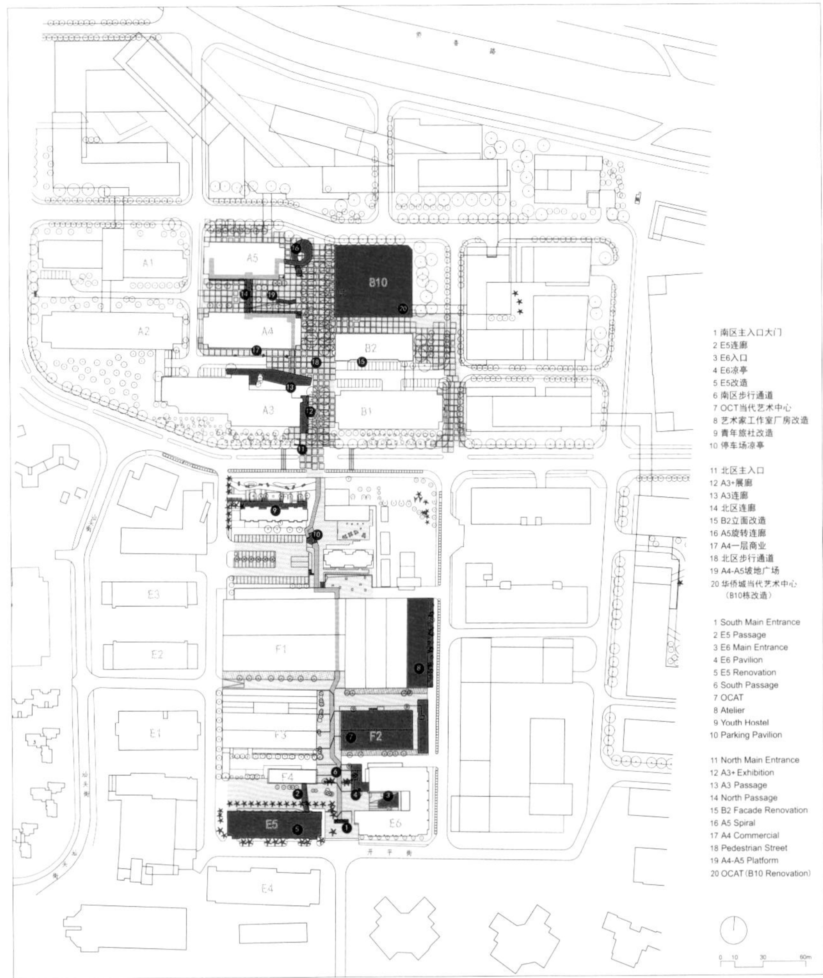
A1
A2
A3
A4
A5
B10
B2
B1
E3
E2
E1
F1
F3
F2
F4
E5
E6
E4
1 南区主入口大门
2 E5连廊
3 E6入口
4 E6凉亭
5 E5改造
6 南区步行通道
7 OCT当代艺术中心
8 艺术家工作室厂房改造
9 青年旅社改造
10 停车场凉亭
11 北区主入口
12 A3+展廊
13 A3连廊
14 北区连廊
15 B2立面改造
16 A5旋转连廊
17 A4一层商业
18 北区步行通道
19 A4-A5坡地广场
20 华侨城当代艺术中心（B10栋改造）
1 South Main Entrance
2 E5 Passage
3 E6 Main Entrance
4 E6 Pavilion
5 E5 Renovation
6 South Passage
7 OCAT
8 Atelier
9 Youth Hostel
10 Parking Pavilion
11 North Main Entrance
12 A3+ Exhibition
13 A3 Passage
14 North Passage
15 B2 Facade Renovation
16 A5 Spiral
17 A4 Commercial
18 Pedestrian Street
19 A4-A5 Platform
20 OCAT (B10 Renovation)
0 10 30 60m

■ 总平面图 / Site Plan

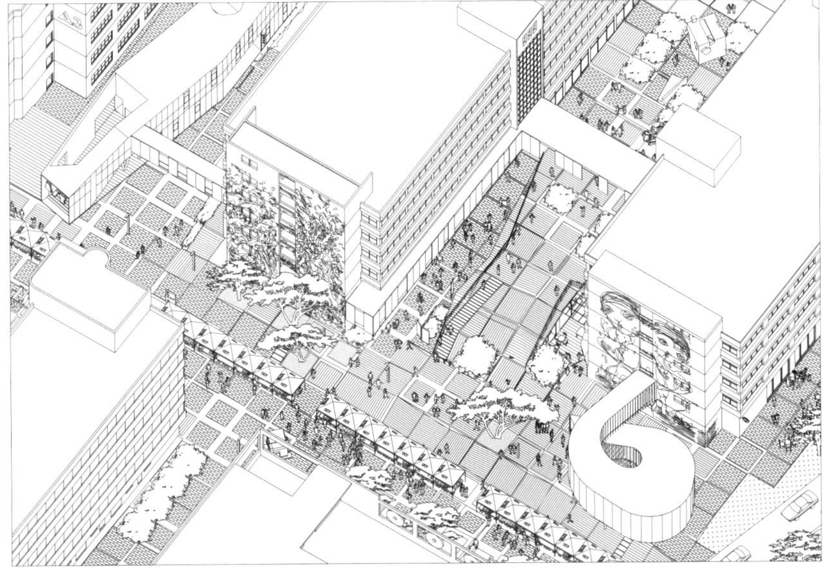

■ 北区轴测图 / Axonometric Drawing of Loft North Area

美伦公寓＋酒店
Maillen Apartments & Hotel

南山区蛇口沿山路

Yanshan Road, Shekou, Nanshan District

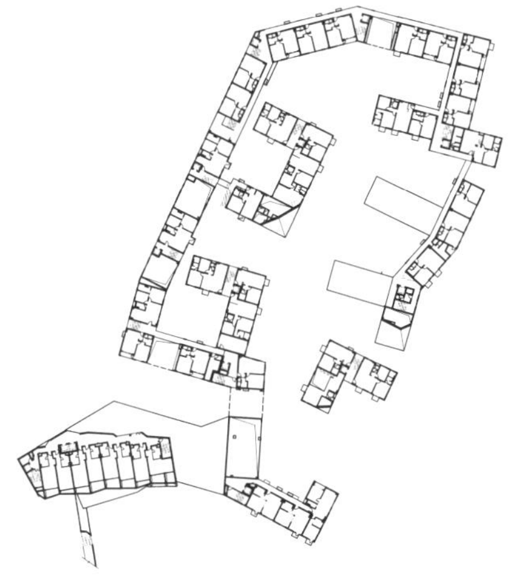

■ 3米 标高平面图 / 3m Plan

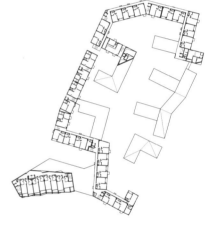

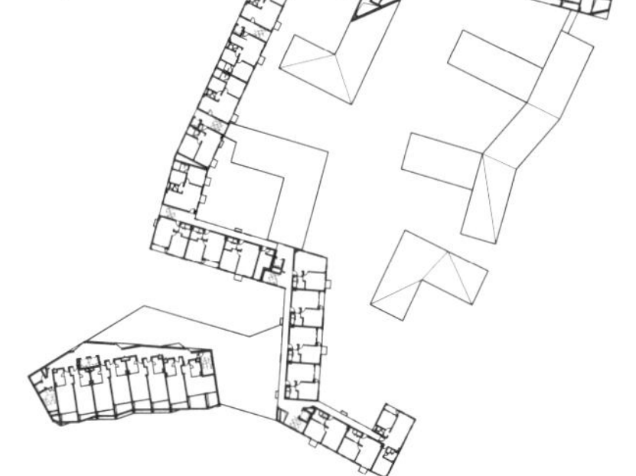

■ 6米 标高平面图 / 6m Plan

当前中国城市中的住宅生产几乎已被低市场风险的公式化手法彻底统治，尤其是商品房，几乎没有留给建筑师更多的想象空间。作为以公寓和主题式酒店为主体的美伦公寓，是以出租为主，因此能够摆脱陈词滥调的销售说辞，而去探索诗意的居住理念。

该项目座落于深圳市蛇口半山别墅区脚下，典型的山丘地形激发设计意向：山外山，园中园。中国人通常使用“山 - 水”和“园 - 林”来表达一种对生活的理解和对自然的向往。运用此概念，设计师希望能塑造全新的居住空间，将传统的居住模式和现代生活结合。

依地势和空间的围合要求，盘旋而出一段山形般波折起伏的建筑形体，把基地环抱其中，实现“山外青山楼外楼”的空间意境。园林与建筑结合是我国传统建筑的基本组合方式。总体上用建筑围合成了一个大园子，园子中凿咫尺小池为镜，以桥为舟，一个个房子从“建筑山”生长出来，临水而居，一幅江南水乡景色。当然仅此仍嫌不足，在大园中又勾画出五个相互连通的小庭院，各具特色。在基地中穿行，移步易景，桃花源的意境悄然地嫁接到现代城市的生活当中。

■ 区位图 / Location Map

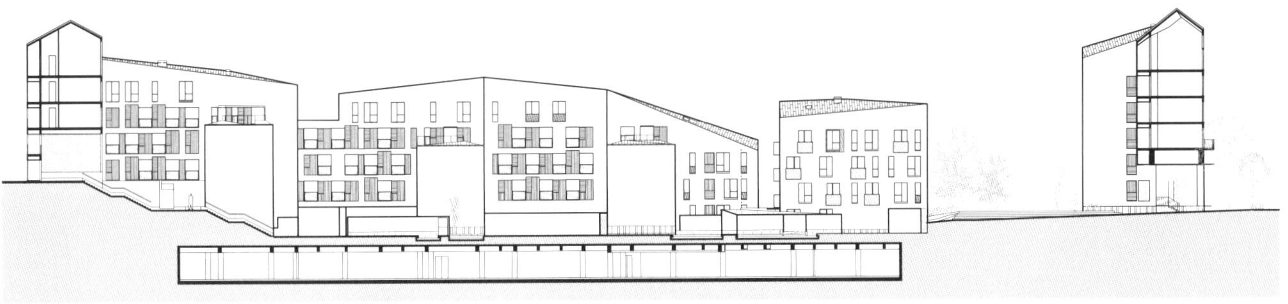

■ 剖面图 / Section

Current residential designs in many Chinese cities are dominated by low-risk formulated plans and generic marketing strategies. This sales-dependent development has left few possibilities for architects to explore further creativity in design and experimentation. This hillside apartment, on the other hand, has its main goal of renting rather than selling, focusing on the idea of service apartments and a garden-themed hotel. Therefore the concept in designing and planning is able to depart from the stereotypical categories, seeking a more poetic and dynamic way of residential design.

The project returns to fundamental ideas in Chinese living as expressed by the saying "hills outside hills, and gardens inside gardens", an idea referring to a continuous and occasionally repeating rhythm of space and form found in many traditional villages and mountainous landscapes. The relationship between nature and buildings is blurred in an attempt to create a new generation of urban living.

Located on the foot of the "south mountain", the site is terraced and sloped. The buildings gently grow out from the landscape, taking on the angular characteristic of the geography while offering ponds and courtyards to the residents. Views from the units extend to several smaller courtyards where bamboo, pine, and plum blossom can be found. In the center of the site, a modest walkway forms a link over the water, bridging the interconnected gardens.

* 该项目图片及图纸由都市实践建筑事务所提供，摄影：吴其伟

扩展阅读 (Further Readings):

[1] 孟岩．山外山，园中园 深圳美伦公寓及酒店 [J]. 时代建筑 ,2012,02:91-97+90.

万科中心
Vanke Centre

盐田区大梅沙环梅路 33 号
No.33 Huanmei Road, Dameisha Resort, Yantian District

都会田园中的建筑悬浮

A Pastoral Lyric of Architectural Floating in the Metopolis

项目名称： 万科中心
项目地点： 盐田区大梅沙环梅路 33 号
建筑面积： 120 445m²
项目时间： 2006-2009
建筑设计： 斯蒂芬 · 霍尔建筑师事务所
主持建筑师： 斯蒂芬 · 霍尔，李虎
项目经理： 陈绮薇，董功
项目建筑师： Garrick Ambrose, Maren Koehler, Jay Siebenmorgen, Christopher Brokaw, Rodolfo Dias
助理建筑师： 李文栋
项目团队： Jason Anderson, 曹冠兰，Lesley Chang, Clemence Eliard, Forrest Fulton, Nick Gelpi, M. Emran Hossain, Seung Hyun Kang, JongSeo Lee, 林宛蓁，Richard Liu, Jackie Luk, Enrique Moya-Angeler, Roberto Requejo, Jiangtao Shen, Michael Rusch, Manta Weihermann, Filipe Taboada
中方合作设计单位： 中建国际（深圳）设计顾问有限公司

结构： 中国建筑科学研究院，中建国际（深圳）设计顾问有限公司
机电： 中建国际（深圳）设计顾问有限公司
照明： L'Observatoire International
幕墙： 沈阳远大铝业工程有限公司
可持续： Transsolar
景观： 斯蒂芬 · 霍尔建筑师事务所，中建国际（深圳）设计顾问有限公司

Project: Vanke Centre
Location: No.33 Huanmei Road, Dameisha Resort, Yantian District
Building Area: 120,445m²
Project Period: 2006-2009
Architecture Design: Steven Holl Architects
Principal Architects: Steven Holl, Li Hu
Project Manager: Ximei Chen, Gong Dong

Project Architect: Garrick Ambrose, Maren Koehler, Jay Siebenmorgen, Christopher Brokaw, Rodolfo Dias
Assistant Architect: Eric Li
Design Team: Jason Anderson, Guanlan Cao, Clemence Eliard, Forrest Fulton, Nick Gelpi, M. Emran Hossain, Kelvin Jia, Seung Hyun Kang, JongSeo Lee, Wan-Jen Lin, Richard Liu, Jackie Luk, Enrique Moya-Angeler, Roberto Requejo, Jiangtao Shen, Michael Rusch, Manta Weihermann, Filipe Taboada
Chinese Partner Practice: CCDI
Structure: CABR CCDI
MEP: CCDI
Lighting: L'Observatoire International
Curtain Wall: Shenyang Yuanda Aluminum Industry Engineering Co., Ltd.
Sustainability: Transsolar
Landscape: Steven Holl Architects, CCDI

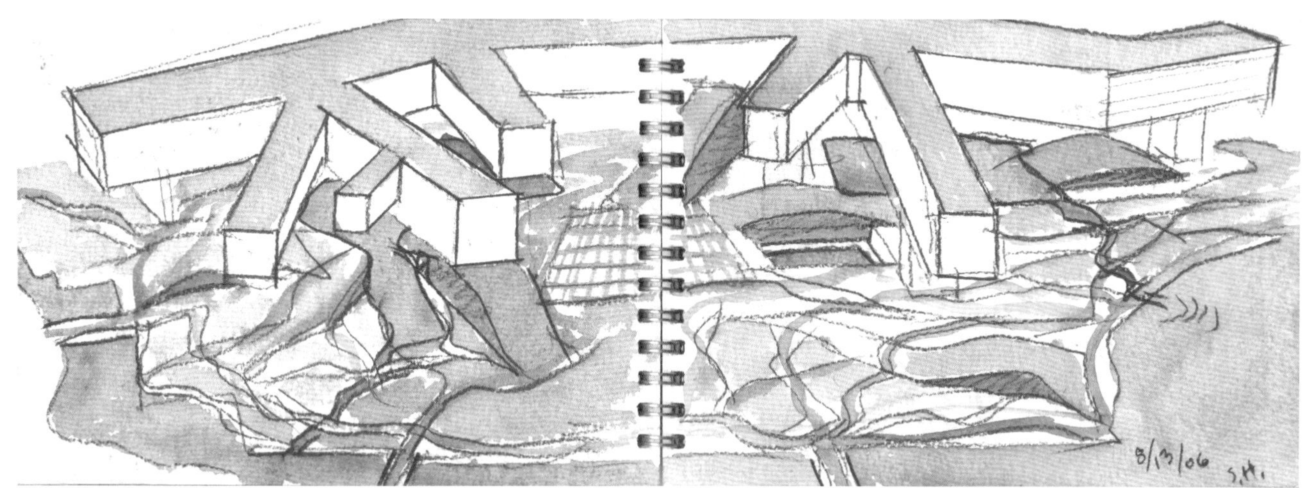

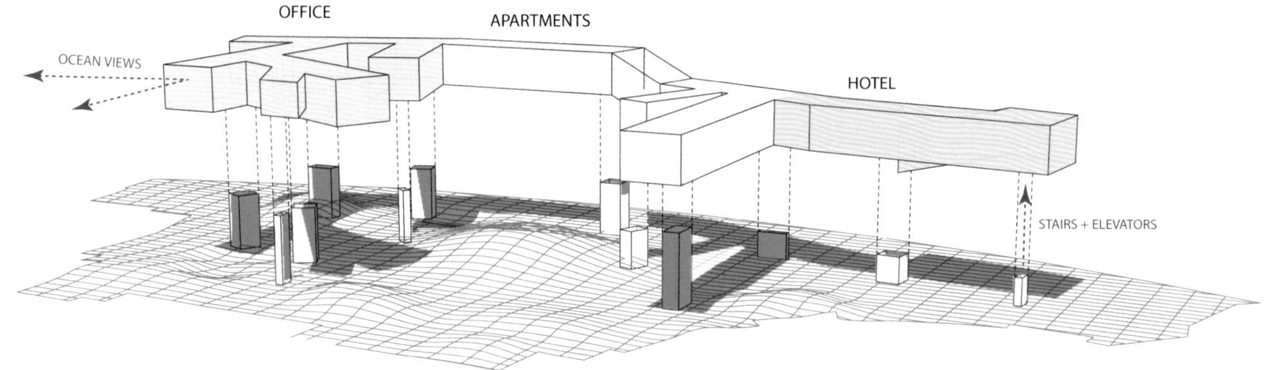

■ 草图 / Sketch

这座长度和帝国大厦高度相同的“水平的摩天大楼”悬浮在一片热带花园之上。它是一座混合功能的建筑，包含公寓、酒店、作为中国万科集团总部的办公空间。会议中心、SPA和停车位于大片的热带景观绿地之下，而起伏的小山岗下方则是餐厅和一个500座的报告厅。

建筑如同漂浮在一片曾经高涨却已退去的大海之上，只剩下八根高高的支柱支撑着它。和以几座较小的建筑来容纳不同功能的做法相比，一个紧贴35米场地限高线漂浮着的巨型建筑为公众在底层提供了最多的绿色开放空间。

建筑结构综合运用了斜拉索桥技术和高强度混凝土框架，从而使其能够悬浮在最远距离达到50米的八个核心支柱上。作为这类结构中的先例，它的拉索张力达到了创纪录的3 280吨。

作为建筑的第六表面，悬浮结构的下表面成为它最重要的立面。在这一表面上，“深圳之窗”为人们提供望向其下方郁郁葱葱的热带景观的360°的视野。一条始于“龙头”的公共通道将酒店、公寓区和办公楼一翼连接起来。

作为一种应对热带气候的策略，建筑与景观的融合形成了可持续设计的若干新层面。通过污水处理系统输水形成的冷却池创造出一种微气候。建筑的绿色屋顶上设有太阳能板。它使用了诸如竹子的当地材料。多孔百叶使得建筑的玻璃表面免于日晒风吹。作为一座能够抵抗海啸的悬浮建筑，它为开放的公共空间创造出一种多孔的微气候。它也是中国南部地区第一座被LEED铂金认证的建筑。

■ 区位图 / Location Map

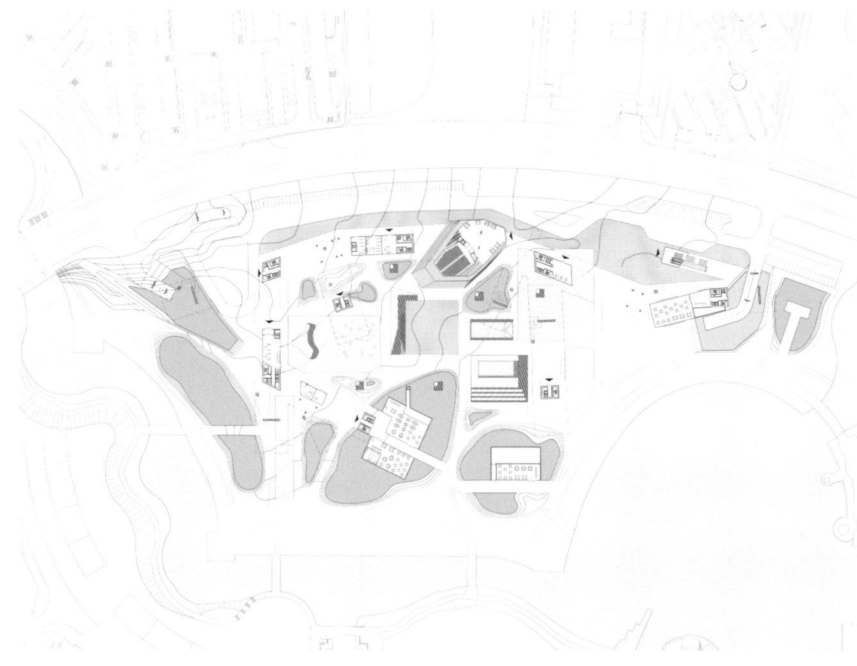

■ 一层平面 / 1st Floor Plan

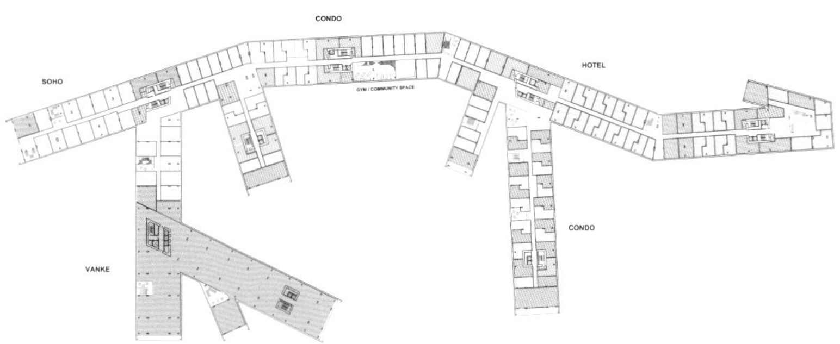

■ 三层平面 / 3rd

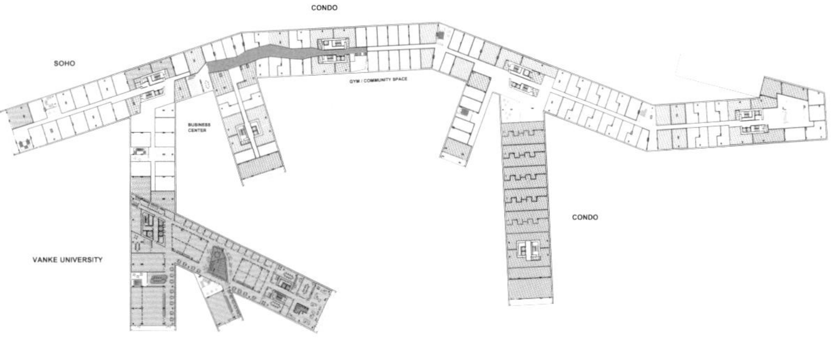

■ 四层平面 / 4rd Floor Plan

Hovering over a tropical garden, this "horizontal skyscraper" – as long as the Empire State Building is tall - is a hybrid building including apartments, a hotel, and offices for the headquarters for China Vanke Co., Ltd.. A conference center, spa and parking are located under the large green, tropical landscape which is characterized by mounds containing restaurants and a 500-seat auditorium.

The building appears as if it were once floating on a higher sea that has now subsided; leaving the structure propped up high on eight legs. The decision to float one large structure right under the 35-meter height limit, instead of several smaller structures each catering to a specific program, generates the largest possible green space open to the public on the ground level.

Suspended on eight cores, as far as 50 meters apart, the building's structure is a combination of cable-stay bridge technology merged with a high-strength concrete frame. The first structure of its type, it has tension cables carrying a record load of 3,280 tons.

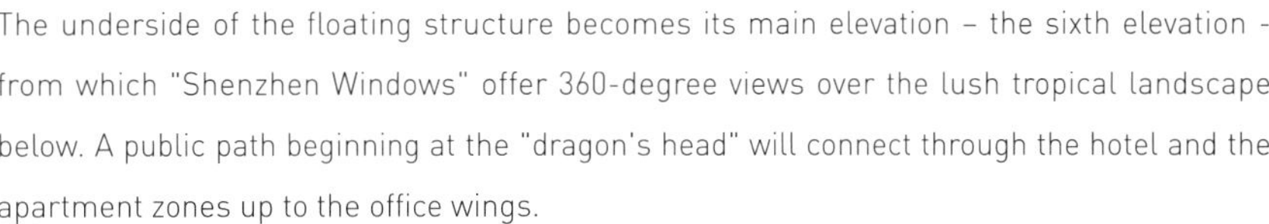

The underside of the floating structure becomes its main elevation – the sixth elevation - from which "Shenzhen Windows" offer 360-degree views over the lush tropical landscape below. A public path beginning at the "dragon's head" will connect through the hotel and the apartment zones up to the office wings.

As a tropical strategy, the building and the landscape integrate several new sustainable aspects. A micro-climate is created by cooling ponds fed by a greywater system. The building has a green roof with solar panels and uses local materials such as bamboo. The glass façade of the building will be protected against the sun and wind by porous louvers. The building is a Tsunami-proof hovering architecture that creates a porous micro-climate of public open landscape. It is one of the first LEED platinum rated buildings in Southern China.

* 该项目图片及图纸由斯蒂芬 · 霍尔建筑师事务所提供

扩展阅读 (Further Readings):

[1] 王骏阳 . 都会田园中的建筑悬浮评斯蒂文 · 霍尔的深圳万科中心 [J]. 时代建筑 ,2010,04:110-119.
[2] 陈蕴 , 艾侠 , 杨铭杰 . 绿色总部——万科中心设计解读 [J]. 建筑学报 ,2010,01:6-13.
[3] 艾侠 , 王海 . 万科中心 : 水平线上的"低碳"宣言 [J]. 世界建筑 ,2010,02:88-95.
[4] 朱建平 . 一个绿色巨构 : 深圳万科中心 [J]. 建筑创作 ,2011,01:76-119.

万科第五寓
Vanke Fantasy Mansion

龙岗区坂田
Bantian, Longgang District

万科华南区首个工业化住宅项目

The First Industrialized Housing Project of Vanke in Southeast China

深圳万科第五园第五寓，是深圳市首个全流程工业化设计的建筑产品，也是华南地区工业化住宅项目投入市场的第一个案例，它所承载的不仅是前瞻设计模式的探索，还有更多的产品展示意义。对于建筑师而言，如何设计这座位于深圳市龙岗区，总建筑面积约 1.5 万 m^2 的青年 “单身公寓”，如何通过精细化方案设计和工业化预制组装，来创造“小而精”的居住空间，是一次非常有趣的挑战。

为改善传统公寓楼设计中空间单调、互动性弱等缺点，建筑师对青年人群的起居习惯、生活状态以及社交群落做了详细调研。设计中我们对 209 个居住单元以 42m^2、86m^2 两种体量进行规划，通过单层平面中“L”型布局、户型组合多样化、公共空间的置入等手法，将传统公寓楼改造为既有空间私密性，又有社交性的住宅群落。

第五寓公寓楼的工业化预制程度达到 50%，即除基础框架结构采用现浇技术外，其他所有建筑构件均采用工厂预制、现场装配的形式建造而成，首次实现建筑设计、内装设计、部品设计的全流程一体化控制。立面设计则充分结合混凝土的可塑性，通过预制设计和有序的组装，勾勒出外墙多变的肌理与纹路，让整座建筑展现出一种简洁而充满秩序的美感。

标准化模块设计也是我们的一大设计亮点，楼板、梁、阳台，楼梯、公共走道及室内板的标准化设计，为预制工艺提供了良好的技术支持，也保证了预制构件出品的质量和品质。这使得项目在施工中只需在现浇框架结构基础上，将预制构件进行吊装就位，便可建造出可直接投入使用，且品质精良的住宅产品。

项目的成功实施，是建筑师在工业化设计领域的一次全面实践，也是在建筑品质、建造周期、节能环保等方面效果的全面印证：在传统粗放式建造模式上开辟一个新的方向，为工业化的技术研究、标准建设、部品的集约化标准化生产做出了积极贡献。从设计至今，项目所涉及的工业化设计难度系数和技术含量仍在行业前列。

■ 总平面图 / Site Plan

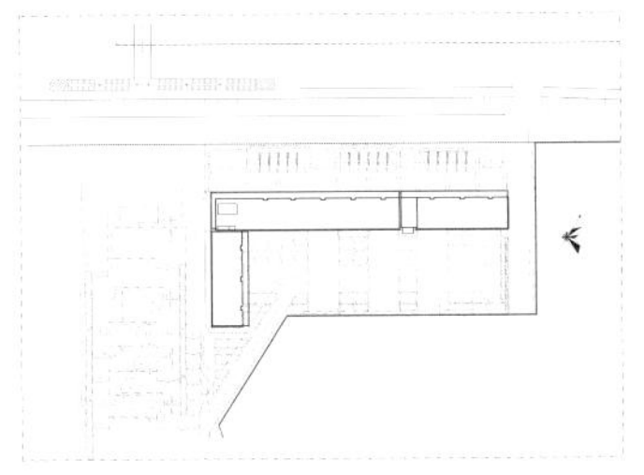

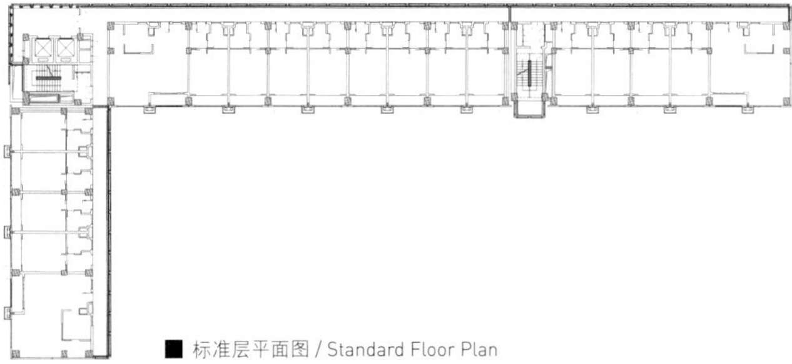

■ 标准层平面图 / Standard Floor Plan

The Vanke Fantasy Mansion is the first completely industrialized construction design product in Shenzhen, and the first industrialized housing project sold in southern China. It was not only an exploration of design patterns, but also a presentation of the product. It is a very interesting challenge for us to create "small and fine" residential spaces through refined design and industrial precast assemblies, and to realize the idea of a 15,000m^2 "bachelor condominium" complex in Longgang, Shenzhen.

To avoid the changeless space pattern and lack of interaction in traditional condominium design, we investigated young peoples' living habits, lifestyles and social networks. We divided the 209 residential units into two types, 42m^2 and 86m^2, and, by means of "L" -shaped layout, diversified units and combination of public spaces, we transformed the traditional condominium into a social residential community with private spaces.

50% of the Mansion was precast. The basic frame construction was cast on-site. Other than that, all construction components were precast in factories and assembled on-site. The construction design, interior design and component design were integrated for the first time. As for the elevation design, we used the properties of concrete to create diversified exterior textures by assembling well-designed precast components that exemplified the beauty of concision and order.

The standardized module design was another high light of this project. The standardized design of floors, beams, balconies, stairways, corridors and interior plates provided technical support for the precast process and ensured the quality of precast components. In construction, once the elements were hoisted and installed on the cast-in-place frame structure, the usable-quality housing products were completed.

The success of this project is due to Capol's valuable industrialized design practice. The project shows our comprehensive strengths in building quality, construction period and energy-saving, and leads us from the extensive traditional construction era to a new century. It also contributes to industrialization technology research, standard construction, and the intensive and standard component production. From the point of design until now, this project has been one of the hardest and most technical industrialized design cases in the industry.

* 该项目图片及图纸由华阳国际设计集团提供

扩展阅读 (Further Readings):

[1] 任智劼 . 万科第五寓 [J]. 建筑技艺 ,2012,03:72-75.

华·美术馆
OCT Art & Design Gallery

南山区华侨城深南大道 9009 号

Shennan Avenue 9009, OCT, Nanshan District

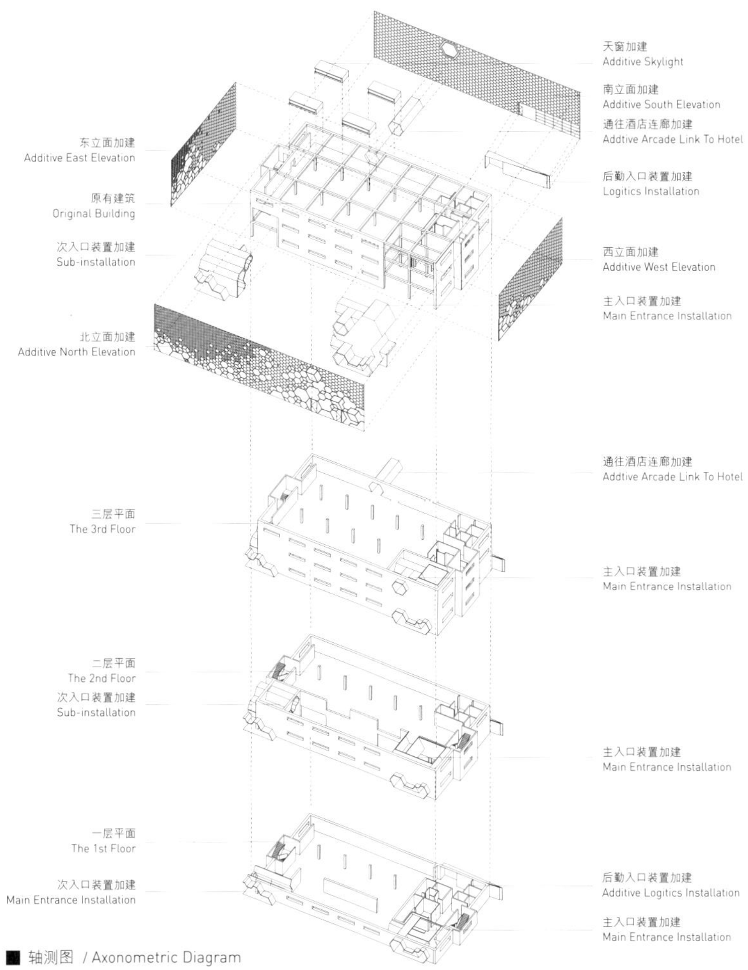

■ 轴测图 / Axonometric Diagram

位于深圳深南大道南侧的“华 · 美术馆”，原是建于 20 世纪 80 年代早期的深圳湾大酒店的洗衣房。在高速发展的城市中，这座存在于西班牙式的华侨城洲际酒店和典雅的何香凝美术馆夹缝中的旧厂房，因其单调的建筑形式早已成为不被人留意的都市残留物。厂房的产权方考虑到其优越的地理位置，决定将其保留并改造为艺术展馆。

虽是邻近的国家级美术馆展览空间的延伸，但酒店展馆的特殊定位，决定改造后展馆的独特性：其设计既要突显个性，与两边建筑风格形成差异性对比，同时也要体现与两端建筑的整体性关系。改造策略完整地保留了原建筑立面的窗墙体系，加建的立面通过包裹的手法，将单一的原始六边形通过复杂有机的组合形成由实至虚、由小到大和多层次渐变的三维视觉效果，从而在车辆由西至东快速通过的瞬间，形成强烈的视觉冲击，通过立面结构的缩小放大，逐层递减，如同面纱般轻轻揭开，最终透出原建筑立面的戏剧性变化过程。展馆的室内设计再次运用立面所含有的六边形元素作为基本平面形态，在竖向上作 90° 的拉伸，形成一系列折叠平面互相交叉、互相切入构成的复杂但带着明确功能元素的公共空间。这种表达形式改变了原本单调的立面几何图案，用三维方式生成新的室内空间，这种“突变”形式使设计产生了意想不到的惊喜结果。这个旧洗衣房的华丽转身，也折射了深圳这个城市从早期工业城市向当代国际大都市的转变。

■ 区位图 / Location Map

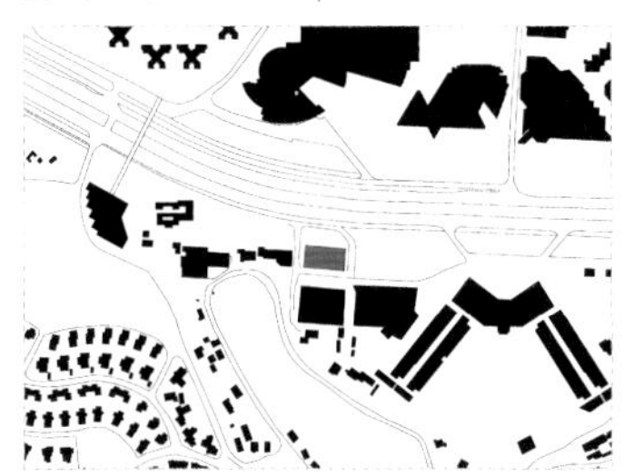

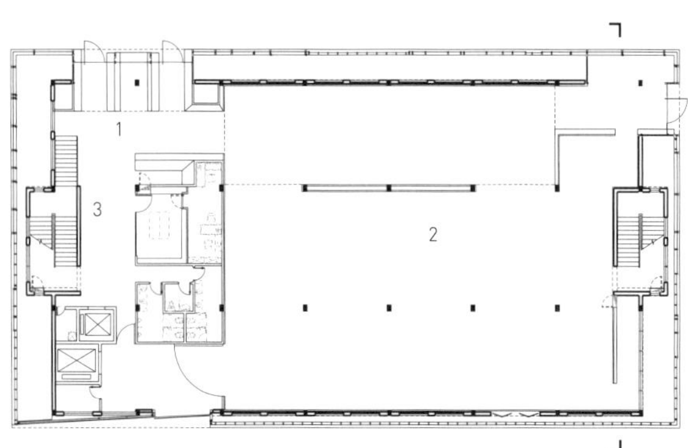

1 前厅 / Front Hall
2 展厅 / Gallery Exhibition
3 精品店 Souvenir Shop

■ 一层平面图 / 1st Floor Plan

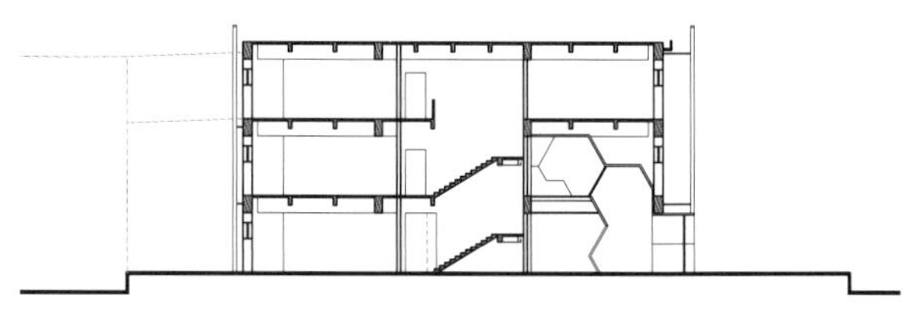

■ 剖面 / Section

The site has had a rather unremarkable history. Originally constructed as laundry facility for Shenzhen Bay Hotel in the early 80's, it is situated along the main road, between a Spanish-style OCT Hotel and the Hexiangning Art Museum. Over many years, the warehouse itself remained unaltered while the city around it rapidly transformed. Considering the significance of its location, the owner has decided to preserve the existing building and remodel the warehouse into an art exhibition loft adjacent to the main gallery. For Urbanus, the remodelling of the site poses difficult questions of how to address the existing urban condition, and how new interventions would relate to it. The outcome of the remodeling would be more than just an extension wing of the main gallery, it would be a strong landmarking piece connecting two distinguished existing buildings, yet still retain an unmistakably independent character of its own. The main architectural gesture is to wrap the entire warehouse with a hexagonal glass curtain wall. The pattern is created from 4 different sizes of hexagons. As a result, the new wall becomes a lively theatrical screen. Viewing from the mainroad in fast-moving traffic, the façade has an animatedly strong visual impact, like unveiling layers of embroidered Chiffon.

The geometric pattern is more than just surface deep. It is actually a three-dimensional matrix of intersecting elements that project into the gallery spaces, structuring the building's interior design. The various depth of extrusion of the simple hexagon perimeters has defined the internal public and private spaces, The result is the creation of delightful and unexpected spatial experiences. The transformation of the former laundry factory building has been recorded in the significant pages of history, where Shenzhen has quietly transcended itself from an industrialization-based city into a international metropolis.

* 该项目图片及图纸由都市实践建筑事务所提供，摄影师：强晋、孟岩

扩展阅读 (Further Readings):

[1] 孟岩．“华”美术馆改造策略 [J]. 建筑学报 ,2009,01:50-51.

[2] 孟岩．华·美术馆 [J]. 世界建筑 ,2009,07:102-107.

深圳文化中心（图书馆与音乐厅）
Shenzhen Cultural Center (Library and Music Hall)

福田中心区

Futian Central District

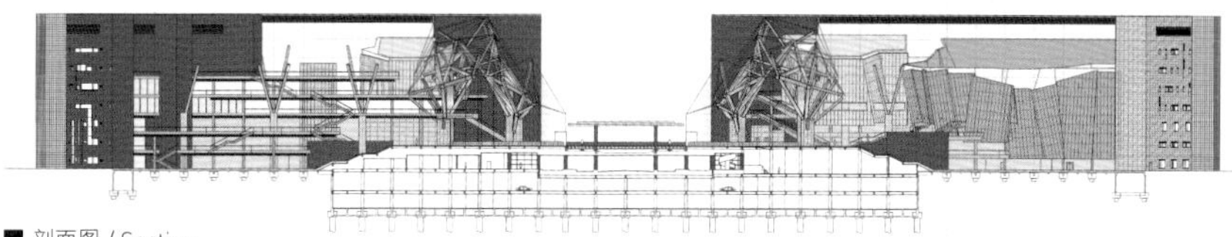

■ 剖面图 / Section

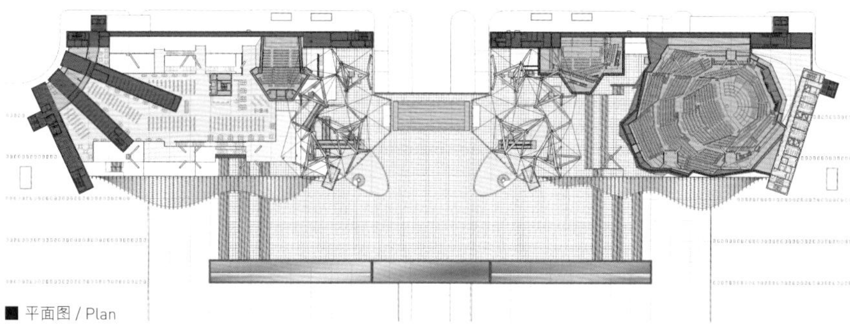

■ 平面图 / Plan

区位图 / Location Map

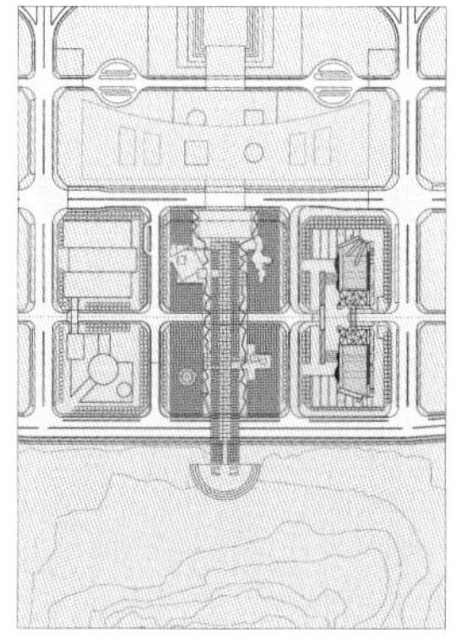

这是矶崎新在中国通过公平竞赛赢得的第一个实施项目。在经济腾飞的深圳，文化教育层次的提高成了深圳城市持续发展的关键。在这个背景下深圳市拟定在福田中心区新建六大重点文化工程，深圳文化中心就是其中之一。文化中心是由深圳音乐厅和中央图书馆两部分组成的复合设施。只有赋予它完全创新的形象才能满足深圳这个新兴城市的需要，这个方向矶崎新在开始设计时就已经明确。经过两个月的努力，一个有五个主要元素构成建筑形体的文化中心竞赛方案终于出炉。它们是作为正立面的好似竖琴琴弦似的玻璃幕墙；入口大厅是由金碧辉煌的 4 组巨大的树状构造形成的。从 1 根树干发散形成多数的树枝，支撑顶部多面体的玻璃。树干和树枝用金箔做成，称作黄金树。文化中心的背立面黑墙与城市尺度相对应，衬托出峡谷梯田式的音乐大厅、如同翻开的三本书的图书馆的文化中心形象。

深圳文化中心的音乐厅是由 1 800 座席的大厅和 400 座席的小厅组成。大厅为葡萄园类型（vineyard typology）的音乐大厅的发展形式，每数十座位为一个单元的观赏席，配置在舞

台周围。观赏席的袖墙和扶手墙有音响上的反射墙的功能。为了考虑每个观赏席的最佳音响效果，反射墙的角度和面积作了细微的调整。并且以计算机反复的模拟记算，讨论反射音响的分布，最后制作了比例 1/10 的模型，进行音响效果实验，才决定了细部的设计。为此出现斜面的碗状空间。舞台上部到顶棚的高度有 23m。现场制作的钢筋混凝土的缓曲面顶棚，也具有声音的反射功能。同时，自然光可从正面管风琴的周围照射进来，窗户打开后，背后的空间加上大厅的气压，可调整余音时间。小厅不仅可演奏室内音乐，也可演出京剧和其他实验性表演。空间各处设置了平台，观赏席和演奏台都能使用。因此观众和演奏者的关系可多样变化。

This is the first project that Arata Isozaki got received in China through fair competition. Shenzhen is a fast-growing city, improve culture and education has become the key to keep the sustainable development of the city. Against this background, Shenzhen decided to build six new major cultural projects in the central area of Futian District. Shenzhen Cultural Central is one of them. This cultural center is a composite building made up by two parts, namely the Music Hall and Central Library. Only a completely innovative image could meet the needs of this emerging city, Arata Isozaki had made this idea very clear at the beginning of his design. After two months of efforts, Arata Isozaki presented his pitch for cultural central, a building consisted of five major elements. A glass curtain wall with the shape of harp strings as the façade; 4 structural column trunks with structural beams branching outward from them form 4 tree-like structures that support the polyhedron glass roof of the atrium entrance space. These structures are all coated with gold leaf finish and named the Golden Trees. The black wall at the back corresponded to the city scale, setting off the image of a canyon-terrace-like music hall and the library with the shape of three open books.

The Music Hall of Shenzhen Cultural Center consists of a large hall and a small hall with 1800 seats and 400 seat respectively. The large hall, a new vineyard typology, has a highly designed acoustic performance. The unitized seat groups has its detailed angle and height, designed through the use of computer simulation and 1/10 actual scale model, to assure a refined and balanced acoustic field for all audience within these units. The hall's specific cone shape with steep inclination, and its total ceiling height of 23m was designed by the same computer and mockup apparatus. Its smooth curved concrete ceiling provides a suitable acoustic reflecting surface. The windows, surrounding the pipe organ, provide natural light. By opening the windows, air volume at the back can be adjusted, thus enhancing the acoustical quality. As for the small hall, it is mainly targeted for Chinese opera, and some other experimental performances. Its mobile stage and platform, allows for flexibility and interchange between performers and audience. 4 structural column trunks with structural beams branching outward from them form 4 tree like structures that support the polyhedron glass roof of the atrium entrance space. These structures are all coated with gold leaf and named the Golden Trees.

* 该项目图纸由矶崎新工作室提供，摄影：王大勇

深圳规划大厦
Shenzhen Planning Building

福田区红荔西路 8009 号

West Hongli Rd. 8009, Futian District

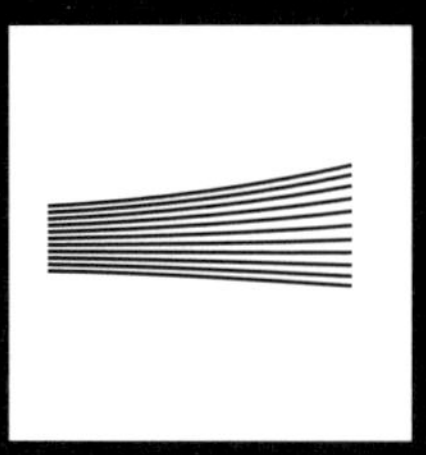

开放 透明 亲民的政府办公大楼

A Transparent Government Building Accessible to the Public

作为改革开放的先行者，深圳市规划与国土资源委员会率先推行窗口式办公方式，这也宣告它的建筑载体应具有非衙门化的形象。

这种要求直接促成开放、透明、谦虚的政府办公建筑设计概念：设计强调建筑与地面没有高差的衔接，使进入建筑成为一种没有门槛的行为；设计强调透明性，使政府建筑不令人畏惧；设计强调简洁、含蓄、尊重地段、不张扬的造型体量，既透出冷静谦虚的建筑仪态，又不失政府办公建筑的庄重、威严。

在湿热气候地区，建筑内部的公共空间是城市空间的延续。近代城市发展中最具有破坏性的因素是机构化，即属于个体或小团体的机构性建筑成为城市公共建筑的主体，却不公开其内部空间，无法被全体市民所享受，人们再也看不到像佛伦罗萨大教堂那样拥有市民共同价值的建筑，那种能够把所有塔斯干人都庇护住的建筑。不同于肢解城市的机构化做法，该政府办公建筑的大厅里是呈现的是一种平和、自然、开放的场景，市民们都能自由地来到这里办事和获取信息。办公楼采用被动式通风的设计，既调和了使用玻璃幕墙所带来的能耗问题，又使得厅堂空间宜人可用，起到促进人们交流作用。

深圳市规划大厦的设计，既是将政府办公项目平民化的一种开创性的尝试，也是用高质量和高完成度的设计来塑造新型政府形象的一种实验性的探索，在当前普遍的政府办公建筑追求浮夸自大的社会风气下，这个设计具有一定的时代意义。

■ 区位图 / Location Map

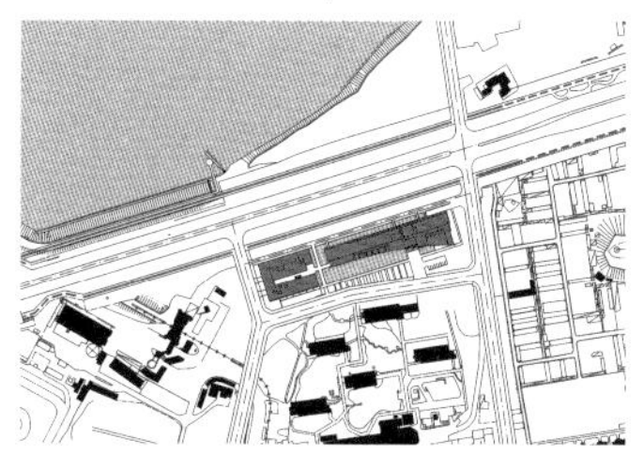

As a forerunner of reform and opening up, Shenzhen Urban Planning, Land & Resource Commission of Shenzhen Municipality initiated an open-window filing system. As a result, a new architectural expression was needed for its updated civic image. This inspired the concept of an open, transparent and modest government building. Firstly, the main floor

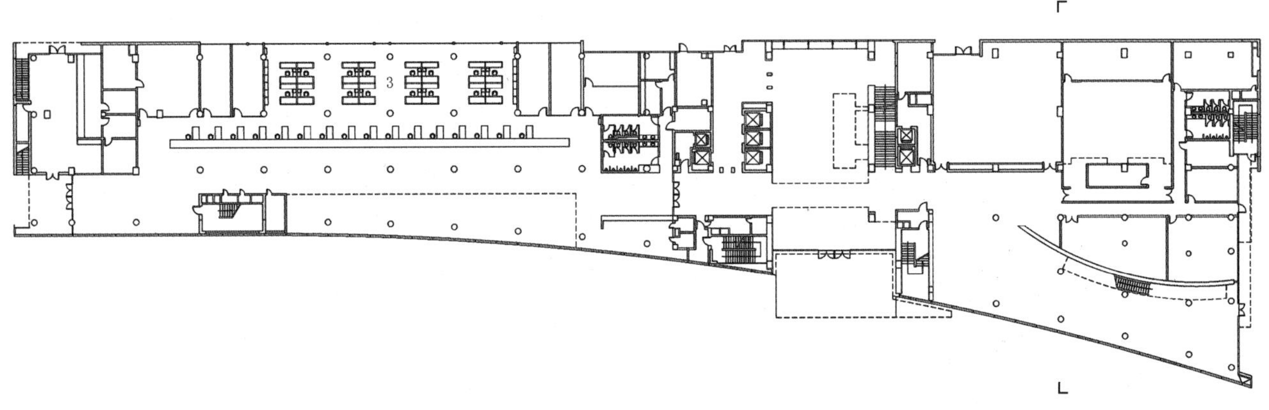

■ 一层平面图 / 1st Floor Plan

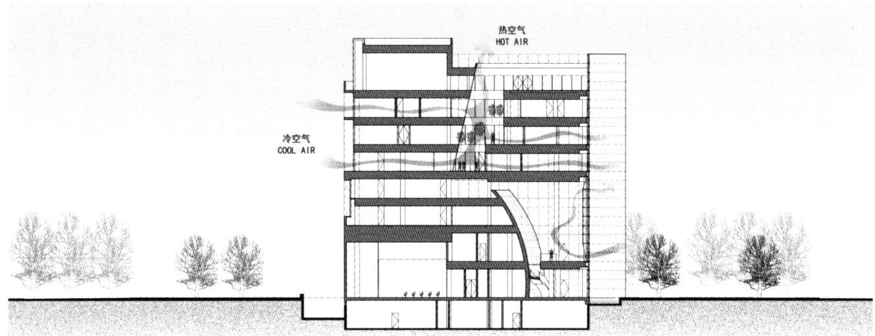

■ 剖面图 / Section

level is flush with the street level to symbolize an accessible government. Secondly, the transparent façade prevents the feeling of intimidation. Thirdly, the simple massing not only expresses calmness, but also its own elegance and solemnity.

Site characteristics shape the project's compositional logic. The main entry is located to the south, facing a pleasant area of low-rise developments, and to the north is a major traffic artery. The project is composed of two main elements. The first is a transparent south-facing volume housing all its public functions: exhibition halls, atriums, and social corridors. The second is a solid mass enclosing all the required office spaces. Thus, an interactive exchange occurs between the open and closed, as well as the public and private, in both a temporal as well as a spatial sense.

In modern cities today, the most destructive elements are overscaled institutional urban structures largely inaccessible to the public. Seldom do we see examples like the Dome in Florence, designed to shelter the entire populace. Similarly, in Shenzhen's hot, humid climate, the project's indoor space is designed to be a welcome and open enclave for urban activities. A passive ventilation system in the atrium creates a comfortable indoor environment to encourage sociability, as well as counteracting the energy inefficiencies of the large curtain wall.

The Shenzhen Urban Planning Building is not only a pioneer in rethinking "the bureaucratic building", but also embracing high-quality design to shape a new image of government. This project emphasizes modesty and elegance, resisting the general trend towards over-monumentalized and over-egotistical government architecture.

* 该项目图片及图纸由都市实践建筑事务所提供

扩展阅读 (Further Readings):

[1] 朱锫 . 开放 , 弹性办公室——深圳规划局办公楼 [J]. 时代建筑 ,2005(06):92-97.
[2] 朱锫 , 王辉 . 弹性办公室 : 深圳规划局办公楼 [J]. 建筑创作 ,2005(04):75-115.
[3] 朱锫 , 王辉 . 开放、弹性办公室——深圳规划局办公楼 [J]. 世界建筑 ,2005(03):114-118.
[4] 方振宁 . 办公建筑走进新时代——深圳规划局办公楼 [J]. 世界建筑 ,2005(03):119-120.

华侨城生态广场
OCT Ecological Plaza

南山区华侨城

Overseas Chinese Town, Nanshan District

城市公共生态空间

Public Ecological Space

■ 设计草图 / Sketch

“生态广场”是欧博设计在中国从事设计实践第一个实现并获得广泛好评的景观、规划与建筑三合一作品。当年的华侨城片区远无今日之文化气象，欢乐谷、燕晗山、暨大旅游学院彼此疏离，立足处野草丛生，“湖滨”“荔海”“汇文”等百米住宅冠以花园之名，虽感名不符实，却长久静谧地俯视着这块林中空地。

设计体现

景观在合：侧重南北维度，蓝绿交织。高低错落，软硬兼施，人为化天工。

规划在隔：侧重上下维度，人上车下。深圳第一座社区型、公共性、土地复合性、全连通地下生态车库。

建筑在折：侧重东西维度，西阖东开。平均两层，场所及情趣尽在转折处。

2000 年初落成，欧博办公场所移至此处，窗外的凤凰木红了十五回，广场的生生不息之态越发浓烈。这个特殊地段的特点在于，与喧闹的欢乐谷仅一路之隔，却能保持自身独有的宁静，以其沉默的力量吸引着大批人流。它在反驳“生态”与“广场”一般性定义的同时，将二者合一并返回到城市生活最日常的层面，守护着平淡真实，日复一日，年复一年。

钓鱼太极广场舞，咖啡料理晒杯盘；林荫蓊郁，老少相偕；十年树木，百年树人；工作在此，生活在此，当会对居伊德波的《景观社会》心有别解。

■ 区位图 / Location Map

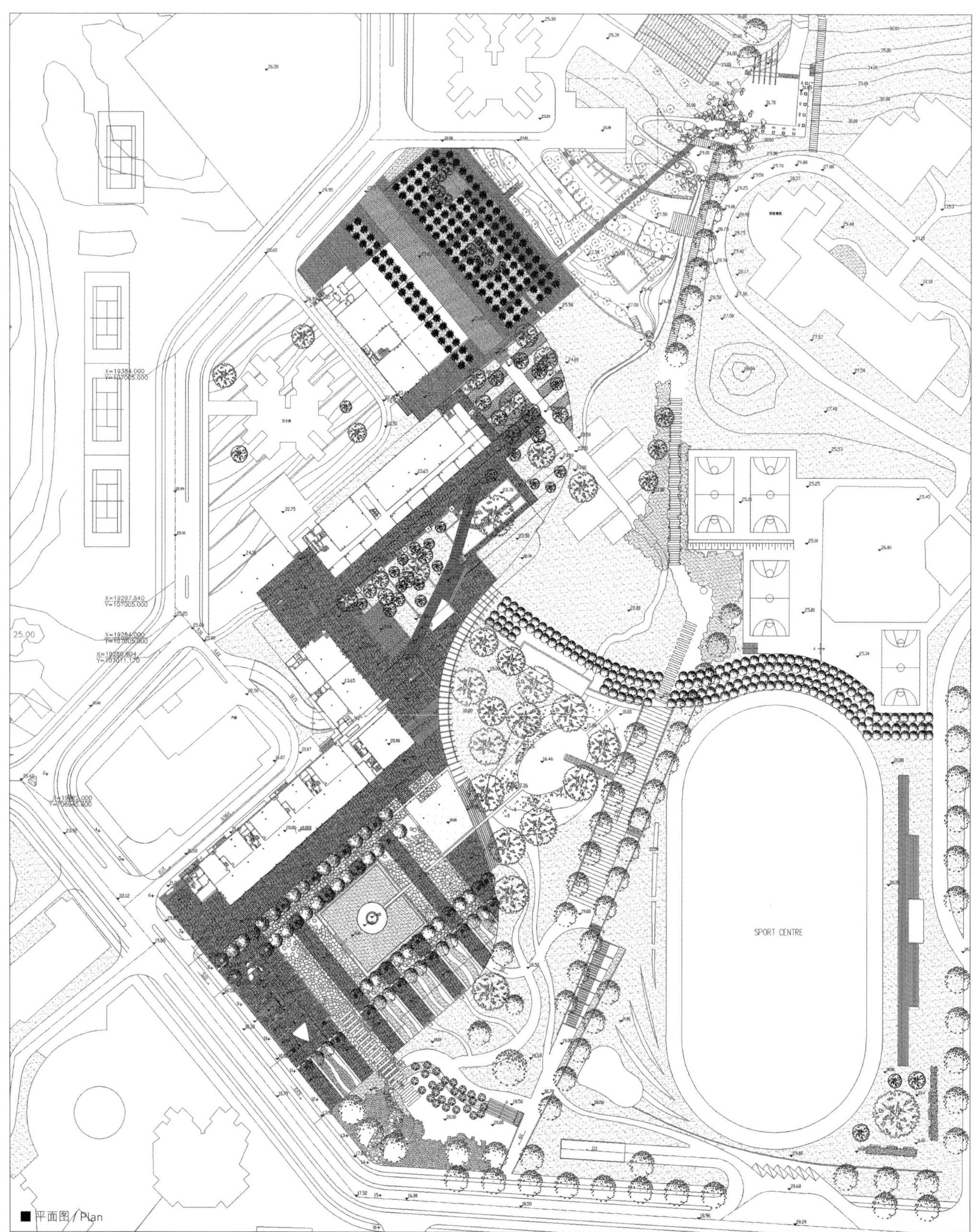

■ 平面图 / Plan

"Ecological Square" is a combination of landscape, planning and building made by AUBE. It is also AUBE's first work in China which is highly recommended. In the past, the zone of Overseas Chinese Town didn't have the cultural atmosphere as it has today. At that time, Happy Valley, Yanhan Mountain and Shenzhen Tourism College of Jinan University were separated from each other. Weeds were everywhere. Some residential buildings a hundred meters away were named "Hubin", "Lihai" and "Huiwen". These names didn't seem to match the reality, but you can still overlook this glade in the woods while standing on the top of these buildings.

Design concept

Combined Landscapes: The south and the north are interwoven with blue and green. The high and low contour and the soft and tough view, what a superb craftsmanship it is!

Partition-based Planning: People walk on the upper roads and cars run on the lower roads. It is the first ecological garage in Shenzhen, which is community-based, public, land-compound and interconnected.

Folding Building: The west side is closed while the east side is open. Interesting places are at the turning of each two floors.

AUBE office was moved to this place when it was completed in 2000. The flame trees have witnessed the pass of fifteen years and the square is becoming more and more vigorous.This zone is close to Happy Valley, but it can keep its own quietness which attracts a large group of people. When the zone opposes the regular definitions of "ecology" and "square", it also brings the two into a daily level with a simple and real atmosphere year after year.

Fishing, Tai Chi, group dance, coffee, and cuisine are all in the zone. Lush woods are everywhere ,which is suitable for the old and young to stay. It takes a long time to grow trees but even a longer time to educate people. When people live and work here, they will have a different understanding of Guy Debord's The Society of the Spectacle.

* 该项目图片及图纸由欧博设计提供

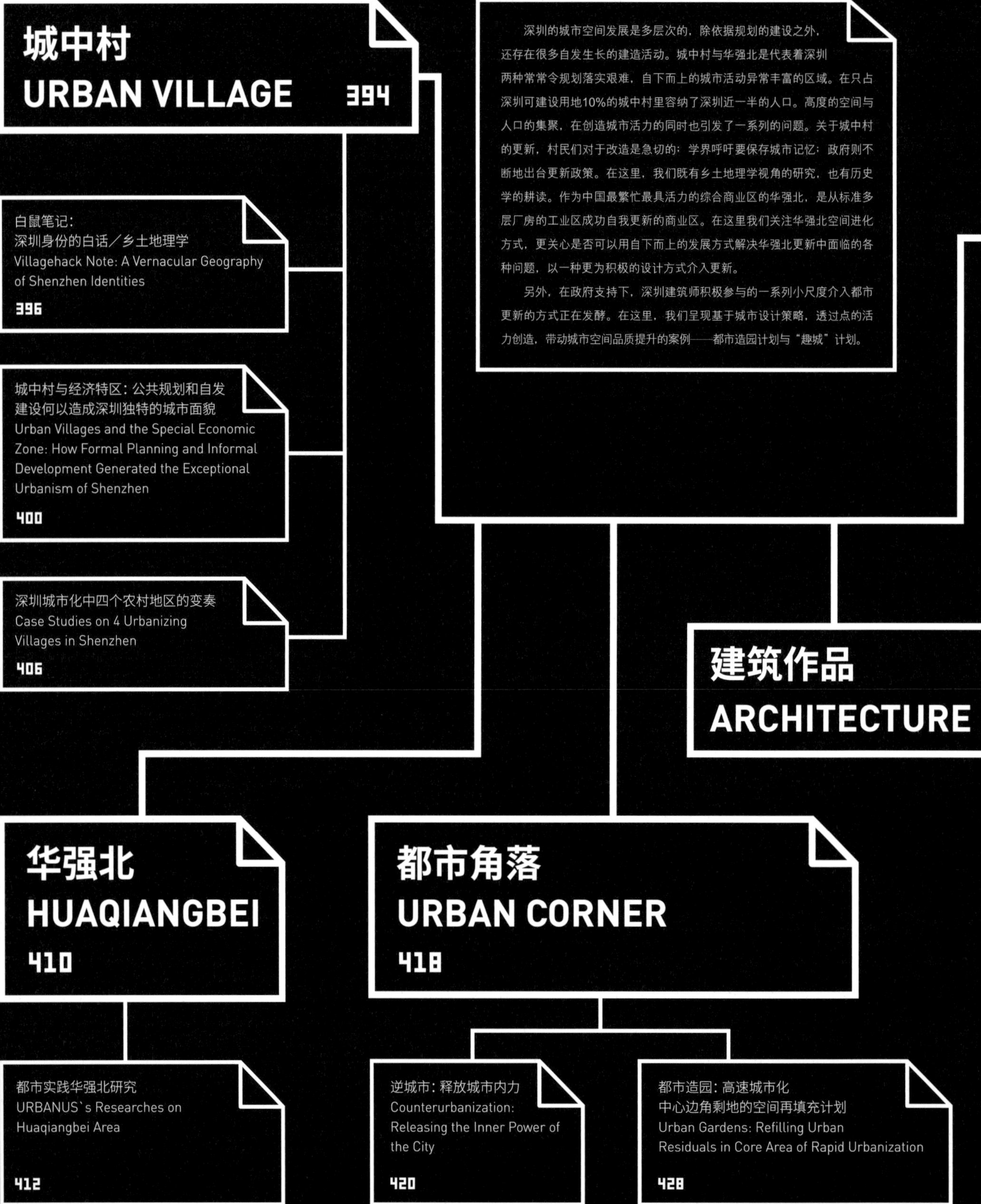

深圳的城市空间发展是多层次的，除依据规划的建设之外，还存在很多自发生长的建造活动。城中村与华强北是代表着深圳两种常常令规划落实艰难，自下而上的城市活动异常丰富的区域。在只占深圳可建设用地10%的城中村里容纳了深圳近一半的人口。高度的空间与人口的集聚，在创造城市活力的同时也引发了一系列的问题。关于城中村的更新，村民们对于改造是急切的；学界呼吁要保存城市记忆；政府则不断地出台更新政策。在这里，我们既有乡土地理学视角的研究，也有历史学的耕读。作为中国最繁忙最具活力的综合商业区的华强北，是从标准多层厂房的工业区成功自我更新的商业区。在这里我们关注华强北空间进化方式，更关心是否可以用自下而上的发展方式解决华强北更新中面临的各种问题，以一种更为积极的设计方式介入更新。

另外，在政府支持下，深圳建筑师积极参与的一系列小尺度介入都市更新的方式正在发酵。在这里，我们呈现基于城市设计策略，透过点的活力创造，带动城市空间品质提升的案例——都市造园计划与“趣城”计划。

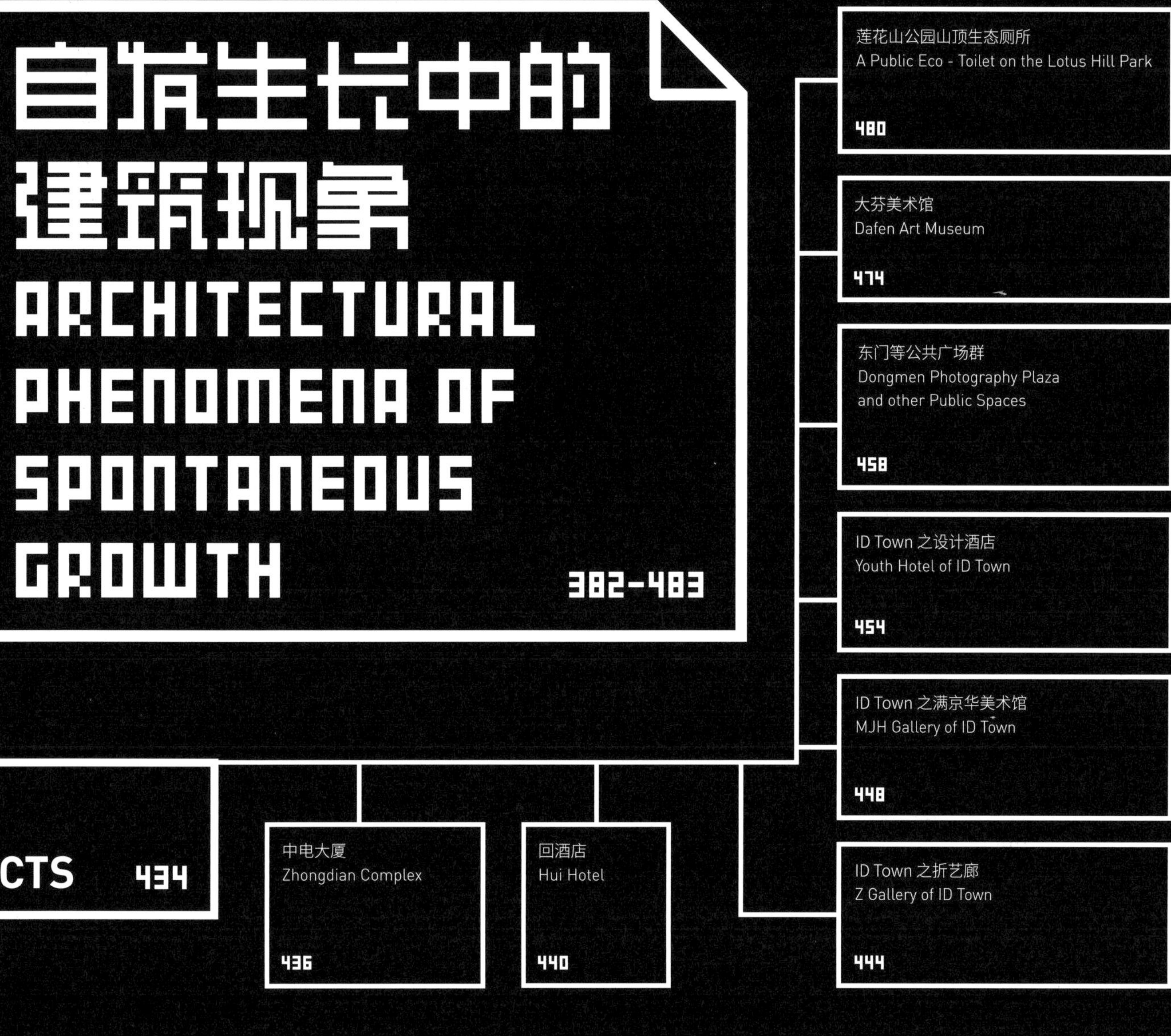

The development of urban space in Shenzhen can be considered multi-layered. In addition to planned development, one can find various modes of spontaneous growth in the city. Urban village and Huaqiangbei represent two types of area with exceptionally high volume of bottom-up urban activities that are outside the reach of planning. Urban villages accommodate nearly half of the population in Shenzhen, but itself only occupies 10% of available land for construction in the city. The high concentration of space and population can generates urban viability, but also causes a series of problems. With regard to urban village regeneration, the villagers are anxious for a change, the scholars are calling for the city to preserve memory, and the government policies are constantly being reviewed and revised. In this section, we include researches from the perspectives of vernacular geography and history. Considered as the busiest and most dynamic comprehensive business district in China, Huaqiangbei has notably transformed itself from multi-level factory buildings into a commercial district. We are concerned with the spatial development of Huaqiangbei, but more importantly, we wonder if this bottom-up approach of development can be adopted to resolve the issues faced by the regeneration process of Huaqiangbei, as a more productive way to intervene the regeneration process.

Moreover, with the support of the government, micro-interventions in which Shenzhen architects actively engage have proliferated in the process of urban regeneration. In this section, we introduce two projects that are stemmed from urban design strategy with an attempt to improve urban spatial quality through vitality generated by a single entity: urban gardens and "fun city".

摄影：陈旧　时间：2007年　地点：深圳龙岗区大芬村　经纬度：N22°36′59.07″ E114°08′41.30″

摄影：王大勇　时间：2016年9月　地点：深南大道　度：N22° 32′ 50.33″ E114° 05′ 15.57″

摄影：张超　时间：2015年12月　地点：白石洲　经纬度：N22°32′19.85″ E113°58′29.5

摄影：张超　时间：2015年12月　地点：白石洲　经纬度：N22°32′19.85″ E113°58′29.52″

摄影：张超　时间：2015年6月　地点：深圳市大鹏新区葵鹏路　经纬度：N22°38′30.04″ E114°25′21.82″

岗厦：
福田CBD唯一
城中村
白石洲：
核心区域的国营
农场遗留物
新羌：
“国营农场”到
“城乡结合部”
石岩塘头：
位置偏远的富裕
社区
在今天的历史语境下，
如何建立城乡互补的市场
关系，是“城中村”的探
讨应有的归结点。
四种城中村的类型
特区前的历史
特区由来
特区前的历史
城中村发展历史
征收土地
早期规划政策与发展
城市工业化
村民自发经济活动
农村到城市的人口迁移
城中村的非法住房
城中村
城中村与
经济特区
城中村里的生活
廉价房屋
日常所需服务设施
同乡聚集，共同文化背景和语言，
自建关系网
让人惊喜的公共空间
历史空间结构
白鼠笔记
什么是白石洲
白鼠笔记
驻村计划
廉价房屋，过渡的经历
经济发射台，多样产业，服务设施
没有邻里，家园的感情依托
不同人群的不同轨迹
在新兴的深圳身份中的中心性
白话，
即在地生活化
城中村
城中村里的优势
影响
不可复制性

城中村
URBAN VILLAGES

白鼠笔记
Villagehack Note

深圳身份的白话／乡土地理学
A Vernacular Geography of Shenzhen Identities

马立安　Mary Ann O'DONNELL

深圳本土地理的“现代化”“城市化”和“适居化”将城中村归为整个城市历史和发展轨迹的一部分，同时也是城市建筑环境规划的一部分。文章介绍了“握手302”公共艺术项目“白鼠笔记”如何利用一次公共艺术项目探索城中村在深圳历史中的意义，“黑客村”如何使用这些类别探索城中村对深圳历史的意义，以及对城市未来的潜在贡献。

The Shenzhen vernacular geography of "modernized", "urbanized", and "inhabited" locates its urban villages within a larger discourse about Shenzhen's history, its development trajectories, and sanctioned interventions in its built environment. This paper describes how the Handshake 302 public art project "Village Hack" used these categories to generate conversation about the meaning of urban villages to Shenzhen's history and their potential contribution to the city's future.

城中村；
现代化；
公共艺术

Urban Villages;
Modernized;
Public Art

“握手 302”艺术空间是一间改造过的小房间，这间 12.5m² 高效公寓就位于白石洲 49 号，一栋六层无电梯建筑的 3 层。白石洲是深圳最臭名昭著的城中村之一。艺术空间取名“握手 302”，既指村中常见的“握手楼”，也暗指每一个新进来的移民为了向其邻居与潜在的雇主表示友好所必需要进行的频繁的“握手”数量。“握手”同时也是移民乱象之中的一种善意姿态。

“白石洲”是白话的叫法，这个工薪阶层片区由五个旧村子的居民点组成，分别是：白石洲、上白石、下白石、塘头和新塘。白石洲片区占地大约有 0.73 km²，分布在深南大道的南北两侧；深南大道是深圳最重要的东西向干道。官方数据统计，白石洲内一共约有 83 000 人，人口密度达到 11.37 万人 / km²。[①]重点是，这些人中只有 1 800 多人为原村民，5 500 多人持有深圳户口。不过，在深圳各媒体的报道中，最常用的白石洲人口数据为 14 万，但其所对应的片区范围也比官方统计要大很多。这些互不兼容的数据反映出深圳在外来人口数据统计口径上的不一致。换言之，现有的城市人口数据是由户口登记制度生成的，而深圳一些在当地社会学研究机构的城市规划者和研究者估测，对应每一个深圳人口，就有另一个人来到又离开过这座城市，这意味着，有另外 1 500 到 2 000 万人可能也到达过深圳，在此工作，而后离开。

与片区同名的村集体白石洲坐落在深南大道以南，以居住功能为主；而其他的四个村集体都坐落在深南大道以北。白石洲大量的灰色经济，包括改变了使用功能的厂房、大大小小的市场和诸多夫妻店都位于深南大道北侧的上白石、下白石、塘头和新塘。除了塘头有 10 栋建于毛泽东时期的宿舍、工厂建筑群外，白石洲的建筑主要都是“握手楼”。握手楼是多层无电梯住宅楼，其建筑容积率通常在 2~12 之间。这些楼房簇拥在一起，人们甚至可以从自己的窗子伸出手来同邻居握手；“握手楼”这个绰号即由此得名。原村民和他们的商业伙伴单独或集体地拥有和 / 或管理白石洲的 2 340 栋建筑，同时为片区接入市政电网并提供安保力量。

我在此提供白石洲的这段基本介绍是为了说明一个要点——在深圳，所谓的“城中村”是指代一种从原村落衍生而出的乡土城市类型，这些原来的村子早已转型或仅有部分还保留着。通常（如白石洲），这些居民点在历史上是不同的村落或村落支系。在深圳，这些城中村的农田被转变为工业园、铺设成公路、建设基础设施，并建造成房屋。实际上，在其他地方，白石洲可能会被称作工薪阶层社区，而非“村庄”。

白鼠笔记驻村计划[②]

“握手 302”的白鼠笔记驻村计划（以下简称“白鼠笔记”），由我和张凯琴联合策划。我们通过组织志愿者，包括参与项目的艺术家、建筑系学生和记者，具体地亲身介入白石洲的生活，能够更广泛地介入城中村以及深圳的历史。我们预想，通过记录非常简单的日常居住行为，如睡觉、洗澡、上厕所、吃饭、购买生活必需品、遇见邻居，以及步行到地铁或公交车站等，以全新的眼光来看这座城市的历史和共同的人文地理特点。我们希望，通过对白石洲以及深圳两百多个城中村的“改造”问题引入全新的观察，能有助于更深入地了解深圳的文化。

毕竟，同城市的摩天大楼和购物商场不同，城中村是深圳具有城市现代性的乡土形式。反过来，城市如何对这些区域进行定义、重新分区、以及重建，同时也对那段历史（以及建设他们的普通百姓）进行评价，并对城市的未来（以及谁在那儿是受欢迎的人）进行定位。早期的“握手 302”项目，如“算术 / Accounting”“白石洲超级英雄 / Baishizhou Super Hero”和“纸鹤茶会 / Paper Crane Tea”探索艺术空间和廉价住宅之间的符号性差异，为白石洲的社会学研究提供思考基础。

什么是真正的白石洲

白鼠笔记的在地观察能否“真正地”反映出居住在城中村的外来人口的生活经验，一直受到质疑，因为身份的不确定性导致我们可能无法贴近真正会定居在白石洲的、也就是成为真正的白石洲居民的人群。

城中村的真正居民，是否应以工薪阶层来定义呢？参与者调查后认为，尽管白领住在白石洲，他们最终将居住在更高档的社区。相比之下，虽然体力劳动者和工人家庭渴望离开白石洲到深圳更高档的区域去，但是经验表明，最终他们只能回到家乡购买住房或者自建房。与此相反，许多白领不仅可以依靠家庭储蓄来支付住房的首付，并且可以凭着工作收入在银行申请抵押贷款。

因此，白鼠笔记所总结的是关于白石洲如何调节外来人口从家乡到深圳生活过渡的一段经历。

首先，白石洲为打工者提供了廉价、便利的卧室。廉价住房在深圳越来越重要。因为其一，城市取消工人的住房补贴；而且只有少数几家公司仍为工人提供集体宿舍，外来打工者被迫转向市场找

1~2. 握手 302
3. 白石洲
4. 白鼠分享会
5. 白石洲的夜晚

1~2. Handshake 302
3. Bai Shi Zhou
4. Meetings of Village Hack
5. Night at Bai Shi Zhou

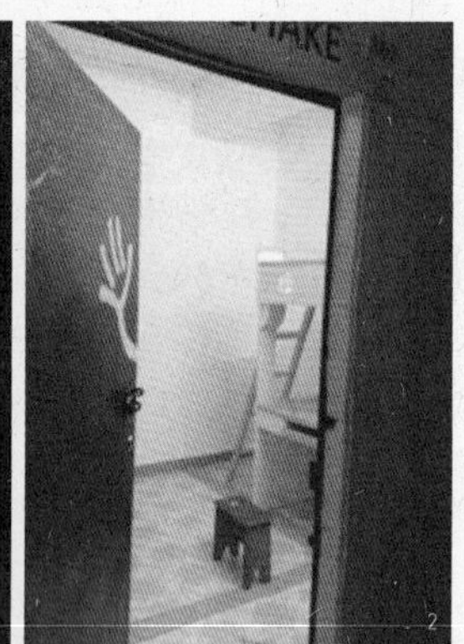

寻住所。反过来，附近人口的增长也使市政府（南山区政府）将注意力转向白石洲。除了社区活动中心，市政府干预最明显的标志是建造白石洲的幼儿园和小学，其中之一由工厂改造而来。

其次，从简单的摆摊到经营店面到重新利用现存的工厂建筑，白石洲一直作为各行业的经济发射台；白石洲也是城际特快专递的一个重要的中转中心。这种经济密度既是邻里的“生活化”（life-like）条件也是其结果。上沙 49 号楼邻里周边包括一整条巷子的多样产业，如旧家具和电器商店、兴旺的夜市、发廊、五金商店、瓶装水输送、垃圾回收和分类，以及各类熟练劳工，如管道工、电工、和网络安装工。总之，在白石洲可以生活得非常便宜，因为当地的商店和小贩可以在住所周边步行或自行车可达的范围内提供所有现代化的服务和便利设施。

第三，尽管白石洲在组织低收入商业和住房上的有重要的经济作用，该片区一直没有引发作为“邻里”或“家园”的情感依托。相反，白石洲的居民、游客和驻村成员无论他们在村里住了多久，几乎普遍认为城中村只是一个过渡的地方。在缺乏邻里情感方面，儿童显然是例外。他们的同学朋友带他们互相串门，并与“老乡”之外的人接触。此外，孩子们走过白石洲的不同区域间的虚拟边界，并且像在健身广场那样，很容易就将空间变成游戏场地。

第四，虽然蓝领和白领移民都将白石洲作为一个走向更美好的生活之前的过渡，但收入的不同塑造各自的生活轨迹。粗略地来讲，蓝领工人和他们的家人预期或被预期将停留在白石洲（或搬到另一个城中村中）。白石洲使得他们能将积蓄汇回家乡，用以购买一个永久的家。相反的，白领期望而且被期望搬离白石洲到深圳某个封闭式的商品房小区中。因此，许多“白鼠笔记”的参与者都指出，白石洲的社会分层状态证实某一句格言中的深圳理想：“来了就是深圳人”。然而，从外来移民到深圳人的转型似乎对于白领移民来说更为容易，那么，从城市和国家的文化地理学角度看，白石洲那里的孩子们到底属于何处？

事实上，深圳使得中国普遍认为的人口迁移学术模型在几个层面上变得复杂。首先，在 20 世纪 80 年代以前，深圳是农村。因此，有关迁移到深圳的早期论述并不被归入“移民”的话语体系中。80 年代改革开放以后，深圳吸引了来自周边城市如武汉、长沙、厦门、以及广东省的城市，包括韶关、梅州和潮州的大量人口迁移。这些外来人口为城市提供了娴熟的管理、技术和设计领域的劳动力量。据估计，以白石洲为例，60%的居民都是相邻的深圳华侨城创意园和科技园的白领员工[③]。第二，大多数到深圳的第一代和第二代居民并不排斥外来移居者，相反，这是归属于这座城市的一个前提。即使是那句陈腐的“来了就是深圳人”也似乎在回应一个已被接受的常识：一个深圳人必须来自外地。第三，深圳的人口迁移文化构成了从乡村到北京和上海等大城市的普遍的迁移模式之外的一个生动的转折。深圳的本地人反而是最有可能被排除在城市和居民对自身理解之外的，因为相对于本地的农村而言，移民已经被投射为城市。

对于这段历史，深圳的城中村充当了门户的角色，这也是它能提供的所有。不仅年轻、单身农民工和工厂工人在城市化的村庄中居住过或仍在居住，也有大中专毕业生和三代同堂的家庭。此外，政府对位于市中心的城中村进行更新的决策时，也更加深刻地意识到城中村对于深圳人在成功迁移到深圳这一过程中扮演角色的重要性，及其在新兴的深圳身份中的中心性。目前将城中村纳入深圳身份的关键时机包括：努力保护全市范围内的历史性（但非经典性）的乡土建筑，包括湖贝村；福田区正在努力选择性地将15个村子整合入旅游行程；以及诸如“握手302”项目和岗厦村口述历史的工作，这些都在使下层农民的声音有机会进入深圳作为一个移民城市的大叙事中。事实上，20年前，当我在深圳开始实地考察，几乎没有一个人自我认定为是深圳人，而今天对于年轻人和老移民，自我认定为深圳人已很常见。

夺回乡土城市：白鼠笔记驻村计划的反响

2004年，深圳市通过两项法令，旨在通过改造城中村和夷平违章建筑来清理城市面貌[④]。当时，有一个普遍的共识是城中村是深圳公共面貌的阴影。但是10年后，公众舆论已经发生转变，“白鼠笔记“也偶见了好奇心和热情。在项目的过程中，挤进效率公寓的客人数量从舒适的8人（第一周）到过去的几个星期中的每次超过20人。一些常客参加每一次活动，但每个周六下午的重要分享会上都能遇到新的面孔、令人愉悦的新问题，并使我们对城市化后的村庄的认识可能又向前推进了一些。此外，在整个驻村过程中，媒体对2014年7月4日的结束项目产生兴趣，并在当天的深圳晚报上发布了一份整页的报告。的确，项目所产生的“小噪声”使得白石洲同深圳居民所理解的城市、它的历史，以及他们所面对的如何创造与共享未来的问题之间的共鸣程度变得更为显著。

握手楼和城市化的村庄代表了在深圳的白话地理学的一个基础性的时刻。对于新移民和低收入家庭，握手楼出租屋为他们提供了低廉便捷的住房。在这个角色上，出租屋实现了深圳价值中的开放和机遇。此外，许多年轻深圳人，尤其是那些参加“握手302”活动的人们，一开始也都是在城中村中居住的，包括白石洲，也有岗厦和蔡屋围这些由于最近刚被夷为平地而成为讨论焦点的城中村。这些30岁出头、事业有成的人们的怀旧感伤之情并非为了这些城中村，而是为了在这些共享空间中所产生的梦想和热情、友谊和决定。在他们的理想形式中，出租屋代表着青春，它的机会和勇气，以及背井离乡、重新开始的意愿。这并不是说，白石洲居民喜欢握手楼，或者说年轻的专业人士并不力争离开城中村去找一个更好的居住环境。相反，这种对城中村的理想化赞誉了他们在融入深圳过程中的现实作用，并强调，一旦他们被夷为平地，重建房屋、商店以及办公空间所需的资本，将使它不可能实现现在的低廉价格。

在语言学和建筑学中，“vernacular”（白话／乡土）一词指的是更普遍的现象的嵌入式迭代，例如国家语言或现代主义建筑。白话既不礼貌也不标准，只是斡旋于当地的政治、技术、经济以及愿景：在深圳的情况下，白话即是在地生活化。的确白话的特殊性在于，它是当地人用以导航日常生活的交通工具。因此，在白话中，当地人辨别出自己属于一个已经使他们成为可识别群体的历史情境中。在这个意义上，时间即是一切。2004年，深圳锁定城中村之时，他们还在建造中。10年的建设停滞给了他们足够的时间在深圳的白话／乡土地理学中产生影响。如马库斯·阿彭策尔曾经的表达：“城中村若说是历史的则太过年轻，但是他已经足够年头被称为是真实的。[⑤]”

（陈海霞 译）

注释 (Notes)：

①万妍（2014）中国社会文脉下的城市建成空间变迁——以深圳白石洲塘头村为例. Master's Thesis, Shenzhen University School of Architecture.

②原文此段还包括对邻居、参与者、问题及微观人类学的调查记录，因篇幅所限，无法保留，请参看 http://villagehack.tumblr.com。

③据报纸报导的数据。

④《深圳市城中村改造暂行规定》及《中共深圳市委深圳市人民政府关于进一步加强查处违法建筑和违法用地工作决定》。

⑤ International New Towns Institute conference on Shenzhen, Almere,Netherlands.

图片来源 (Image Credits)：

1.http://41.media.tumblr.com/8f682367f60075acdcf1696869c0f8e8/tumblr_n664zauD1Z1tzmygko3_540.jpg

2.http://40.media.tumblr.com/4d9cddc2ceabfcb909f293dd563ee2c5/tumblr_n4mz8ngzrF1tzmap6o7_540.jpg

3.https://mauriceveeken.files.wordpress.com/2014/05/img_0396.jpg

4.http://40.media.tumblr.com/78532459cf7f467d8c3e5fdc62309eb2/tumblr_n6sqhiYz4Q1tzmap6o1_400.jpg

5.http://40.media.tumblr.com/63aaa781257537339dfc09bb2d6d27b1/tumblr_n5xme1y4qJ1tzmap6o1_540.jpg

马立安
Mary Ann O'DONNELL

作者单位：“握手302”合作发起人

作者简介：

马立安，布朗大学博士后，1999年获得莱斯大学人类学博士学位。自1995年起在深圳开展人类学研究，希冀明晰中国历史最久以及发展最为迅速的经济特区深圳变动不居的文化景观。

城中村与经济特区
Urban Villages and the Special Economic Zone

公共规划和自发建设何以造成深圳独特的城市面貌
How Formal Planning and Informal Development Generated the Exceptional Urbanism of Shenzhen

杜鹃 Juan DU

深圳是中国的第一个经济特区，其过去30年惊人的发展速度让深圳“一夜之城”的形象深入人心。中国和世界各地都争相效法深圳成功的造城模式来推进城镇化和现代化。可是，对于深圳城市发展过程不完备的理解却很有可能会导致错误地实施政策、配置资源，并引起严重的社会民生问题。因此，本文章意在表述深圳源远流长的社会结构和空间布局如何成就了深圳高速城市化的所谓“奇迹”。深圳的发展经验揭示了城市增长、企业管理及环球经济之间的紧密互动。更重要的是，深圳在面对各方面的挑战之时采用非正规的应急措施，促使其成长为一个中国经济建设的领军城市。从法制和城镇化历程等方面研究现在被称作“城中村”的深圳原住民的村落，揭示出深圳在成为特区之前的历史其实为其成为特区之后30年的城市发展作出了重大贡献。

Shenzhen was the first Special Economic Zone in China. Its unprecedented speed of urbanization in the past 30 years gives the impression that it was a "city grown overnight". Many new cities in China and all around the world were modelled after Shenzhen to foster urbanization and modernization. However, a misunderstanding of the urban development process of Shenzhen may lead to policy failures, misallocation of resources and serious socio-economic problems. This paper argues that it was the past social structure and spatial configuration that facilitated the seemingly "miraculous" rise of the city. The experience of Shenzhen's development shows the significance of the internal forces interacting with corporate control and the global economy that resulted in the city's growth, requiring a closer examination on the formal processes of urban planning and land development, and more importantly, the informal improvisations in response, which in turn facilitated the success of Shenzhen as an economic powerhouse. Examination of the legislative formations and complex transformations of Shenzhen's former villages, now known as "Village in the City", reveals the importance of the former pre-zone history of the city on its development during the past thirty years.

深圳；经济特区；城中村；非正规发展；城镇化历史

Shenzhen; Special Economic Zone; Village in the City; Informal Development; Urbanization History

以特区形式推动的城市发展近来在世界各地都受到密切关注。耶鲁大学建筑系教授凯勒·伊斯特林（Keller Easterling）更是认为特区发展是新自由主义理念下建设新城市的新模式。深圳是中国的第一个经济特区，从各项指标来看，深圳总是让人以为她是从30年前的鱼米之乡一跃成为了今日熠熠生辉的大都市，更是当代亚洲最成功和最触目的经济特区。“深圳速度”和“深圳奇迹”等字眼已然成为深圳城市发展的代名词，深圳成功的城市发展更成为了国内外的典范。在雷姆·库哈斯（Rem Koolhaas）《大跃进》（*Great Leap Forward*）一书里，深圳更被形容为“概念上的空白”和“开放的意识形态”，这样的描绘让深圳是“一夜之城”的形象深入人心。然而，深圳独特的发展历史和现状却证明了以上的论点并不成立。深圳历史不但没有在特区的创造和发展过程中被抹煞，相反，正是过去的社会结构和空间布局成就了深圳30年的奇迹，发展成为一个拥有将近二千万人口的大都市。深圳的发展经验揭示了城市增长、企业管理及环球经济之间的紧密互动，也使我们意识到了解城市规划与土地开发的形态发展是需要多方面的考察。更重要的是，深圳在面对各方面的挑战之时采用非正规的应急措施，这对其成长为一个中国经济建设的领军城市功不可没。从法制和城镇化历程等方面来看，现在被称作“城中村”的地区其实是深圳原住民的村落。而这段发生在深圳在成为特区之前的历史，是如何为其在成为特区之后30年的城市发展作出贡献的呢？

特区与特区前的区域历史

20世纪80年代初，为激发中国停滞不前的经济窘境，当时以邓小平为首的中国政府高层在广东省南部大胆地提出建立经济特区的设想。深圳、与珠海和汕头在1979-1984年间成为了第一批经济特区规划试验的先行者。深圳经济特区的选址座落于珠江口东岸，原属宝安县，毗邻当年英治香港，拥有近2 000km²的农业用地。当时深圳经济特区由罗湖、福田及南山三个区组成，并设有二线关将特区和宝安县明确地划分出来。二线关设有关口，只让持有特区居住证明或海外通关护照的人员通行。这条二线关同时是实体和意识形态上的保护网，以分隔中国内地和这个高风险的“富有社会主义特色的市场经济”的社会实验地。这个例外的区域同时也是中国、香港及国际之间的缓冲区。

纵使成为特区前的深圳经常被形容为“沉睡中的小渔村”，但深圳所在的岭南地区自秦朝（约公元前110年）至20世纪50年代经历了不少重要的历史事件。位于东部的大鹏所城在明清时期主要用于防御海盗，更在在鸦片战争前后与英国海军展开了猛烈对战。除了作为政治和军事中心外，沿海地区的居民更是在过去几百余年间从事着经商、贸易和出口等经济活动。1910年广九铁路的开通增进了英治香港和广州在交通上的联系，口岸附近的罗湖墟则迅速地发展起来。由此可见，这片地区充当跨境贸易枢纽的角色远比其特区发展的历史要长。

此外，这片地区的政治、军事和商业活动的支撑力量还包括几百个拥有上千年农业耕作历史的村庄。在成为经济特区的试验田之前，这里已经有约七万人口在从事着各类农业活动，其中近八成人口以种植水稻为主。与中国各地的村落相似，每个自然村落通常由一个特定的宗族主导，而村民一般都有共同的姓氏。虽然这些村落都经历过各朝代的政权交替，村落的宗族阶层和社区架构都很好地延续了下来。每个村落领导层的组织架构基本上是以一名由村民选举出的村长为首，并由一个由村里颇有名望的长者组成的村议会来对村内的各项事务进行决策。基于不同的治理效率、决策架构及公信力等条件，每个村落在深圳经济特区急速发展的30年历程中面临着不同的命运和发展机遇。

征收农村土地

深圳经济特区在发展初期像一个大规模的实验场，当中受到中央政策、不完善的市场经济和移民涌入等多方面的影响。深圳的规划目标起初只是要建立一个以制造业和工业为主的工业区。受到当时中国社会主义价值观的影响，工业活动是必须与国家的计划经济挂钩的。这样的发展模式很大程度上借鉴了当时苏联的规划模式——以城市建设来应对不平衡的分工、社会分化等富有资本主义色彩的负面影响。但是经济特区的建设亦需要一种截然不同的模式。由于中央和当地政府都没有建设特区的经验，深圳最初的规划仅仅是一个谨慎的推测。深圳第一个城市建设总体规划是由广州市规划局在1980年提出的，规划以工业为基础，占地49km²，预计1990年人口约50万。但是这项规划提案很快被中央规划部门否决了，原因在于中央规划部门希望深圳成为一个更大的工业城市，因此一个能对国家“六五”计划有所呼应的经济发展蓝图显然更契合中央政府的愿景。1982年的深圳经济特区社会经济发展大纲及总体规划图则提议建设一个包含商业、农业、居住和旅游活动的多功能工业城市。该规划预计容纳80万的人口，覆盖98km²的土地，由东到西划分为18个功能区域。这个规划基本上预示者一个沿深港边界进行发展的线形城市，沙头角、罗湖—上埗、蛇口—南头这三个主要版块以一条沿海的交通要道——深南大道进行串联。早期深圳经济特区的发展主要集中于这些工业区域之内，城市整体、区与区之间的形态与功能上的协调并不明显。

早期深圳经济特区的城市规划政策与发展

深圳经济特区发展初期，大量农地被征收作为城市建设开发用地。在中国，土地的所有权分为两种，即农村土地归集体所有和城市土地归国家所有。与直接属于国家的城市土地不同的是，村民集体拥有的土地又分为集体所有的公共用地和农业用地。由于土地所有权本质上的不同，国家对于这些地方的规划、用地和发展的法律和规范也极为不同。当深圳经济特区在 1979 年建立的时候，在城市规划方面首先面临的挑战就是如何把集体所有土地转换为国有土地，进而成为城市建设用地。

土地征收的过程有多种谈判模式。当村民的土地被征收到的时候，政府可以用以下方式作为补偿：房屋安置、替代务农的工作岗位及以各种方法计算得出的现金补偿。法律上政府是有权力去征收特区内的所有土地的，但是为了避开高昂的安置费用和为农民提供工作岗位的难题，当时的政府只是以低价征收农村的农田。这样的策略只是把农田变成了城市用地，而村民们仍旧能够继续居住在还是农村土地的宅基地上，而同属农村土地的集体建设用地则提供给村民经营各类经济活动以替代原来的农业收入。这样的征地方式令绝大部份村落土地范围急剧缩减至原来面积的 8% ~15%。因此，仍旧属于农村属性的各个“小地块”星罗棋布地布满了即将孕育深圳经济特区的城市土地。这一独特的历史背景促成了深圳长期“城一村”共存的局面，可谓土地人口政策上的“一城两制”。很快，各种基础建设和城市发展则会围绕这些村落迅速地发展起来。

城市工业化及其影响

从经济特区成立以来至 1985 年这短短五年间，深圳已经从一个只有 7 万多农民的渔村发展到拥有 47 万多人口的城市，这些人口包括工务员、工程兵、内地移民等。在中央政府的大力支持下，中国城市规划设计研究院与新成立的深圳城市规划部门展开合作，

1. 南头古城城外原练兵场成为了市民消遣的绿地。
2. 南头古城内新安县衙不但吸引游客参观，更为城内的市场、摊贩带来商机。
3. 皇岗村位处深圳福田中心区重点规划的中轴在线。
4. 前景为皇岗村重建后的祠堂，背景为皇岗村村集体建设的住宅大厦。
5. 皇岗村内井井有条的街区。
6. 前景为白石洲，背景为世界之窗内的铁塔。
7. 前景为塘头村的住棚，背景为白石洲的握手楼。
8. 白石洲居民在古井附近清洗及休憩。

1. The original military drill ground outside Nantou Walled City becomes a green open space for leisure activities.
2. The old Xin, an Municipal Complex do not only attract tourists, it provides business opportunities for shops and hawkers.
3. Huanggang village is located on the central planning axis of Shenzhen's new CBD in Futian.
4. Foreground shows the redeveloped ancestral hall of Huanggang village, background shows a residential development by the village collective.
5. Orderly street inside Huanggang Village.
6. Foreground shows Baishizhou, background shows the miniature Eiffel Tower in the theme park- Windows of the World.
7. Residential sheds of Tangtou Village in the foreground with Woshou Building of Baishizhou in the background.
8. Residents of Baishizhou wash cloths and gather around an ancient well.

于 1984 年共同筹备第二个深圳经济特区总体规划大纲蓝图，计划在 2000 年前建成一个占地 123 km²、人口 110 万、以出口贸易为主的新型综合城市。城市的职能由工业延伸到了金融、商业、旅游、房地产等经济活动。随之而来的是更大规模的基建项目。深南大道，这一特区的主要干道，更是从 7m 的宽度增阔到 50m，两边还规划各 30m 宽的绿化带。另外，12 条与深南大道平行布局的干道——包括北环高速公路和海滨大道也都相继动工。中央的特惠政策和集中的本地资源促成深圳经济的腾飞。

村民的自发经济活动

由于特区发展初期征地活动并没有触及所有的农地，无意中也为村民提供参与经济生产及地产活动的机会，进而激发深圳经济特区的崛起。这些自发经济活动很好地配合特区建设初期所急需的本地支持及创业精神，部分村民的土地租借给国有单位来兴建厂房及办公楼。这是因为二元的土地管理制度下城市规划条例只适用于城市土地，而农村土地则不在其管辖之列。村集体将大部分的土地补偿金投资在低技术含量的生产线和轻工业上，因此市内大部分的村落都在特区建设初期经历过一定程度的、自发进行的工业化过程。许多这类村镇企业比政府第一期规划与建设的工厂更早地落成并投入生产。

由农村流向城市的人口迁移

为了向新兴企业提供廉价的劳动力，中央政府自 20 世纪 80 年代后期开始在深圳经济特区实施相对宽松的人口引进政策，这与当时在内地其他省市依然实行的十分严格的人口管制措施相比，具有非常大的吸引力。这一举动不仅缓解了特区在工业化初期对劳动力的大量需求，而且大量的内地迁居人口深深地影响了深圳市的人口组成、城市运作及景观。深圳是中国第一个建立新式劳工合约和颁发临时居住证明给外来务工人员的城市，吸引大量志向高远、有创业精神的年轻人到此大展拳脚。根据中央政府当时的规划，预计深圳市的人口规模在 2000 年达到 100 万左右，但实际上 1992 年相关报告数据显示深圳人口规模已经增长到了 167 万。相当多的高学历外来人员在政府部门和大公司里就职，而外来农民工则主要分散在各大工厂里寻找就业机会。深圳早期人口组成的特殊现象预示深圳今日的人口结构之特色——深圳是中国所有的城市中博士学历人口比例最高的城市，而这与同时期存在的大量低教育水平的农民工形成极为强烈的反差。企业和各大工厂都很依赖农民工的廉价劳动力。对于市政府而言，他们是非户籍居民，一般被称作流动人口。纵然政府的大部分官方人口统计数据中将这些流动人口排除在外，但是实际上流动人口一直占据了深圳常住人口的绝大多数。

城中村内的非法住房

政府和厂商都没有足够的能力为大量的外来移民提供廉价房屋，迫切的住房需求成为城中村大量兴建出租房屋的诱发因素。在 20 世纪 80 年代初期，大部分的深圳村落被工业和商业区域重重包围，很多村落更是毗邻高密度的中心城区。这些在宅基地上自发建造出来的出租房屋为深圳的旧村带来新的活力和职能。根据政府在征收农地过程中与村民的谈判，每个村落都能够保存一部份的土地，并将其划分为每 120 km² 为一格的格状网络。村里的每一位男丁，不论年龄，都能分到其中的一块土地用以建造居住楼房以供其和家人居住，这样一来在这些地块上新建设起来的村落则被村民称为新村。按照当时政府的法规条例，宅基地上的楼房只能供村民及其家人居住之用，不能用作他途，而地面一层建筑占地也必须控制在 80m² 之内，楼层不能超过三层。但是，到了 20 世纪 80 年代后期，大部分的村民不顾法规条例的约束纷纷将原来已经建好的楼房拆掉重建，重建后的楼房达到了四到五层以满足当时外来务工人员租房的需求。之后，随着农民工对出租房屋需求的不断增大，不少村民更是将自己的房屋加建到了六至八层高，甚至有的到达了十二层。虽然大部分的出租房屋只向高空违规发展，但还是会有一些村民将楼房建造突破了地块的界限，使得楼与楼之间的间距一再地缩小。这种高密度伴以逼仄的窗间距离的居住建筑群被人们戏称为“握手楼”或“接吻楼”。

当租金收入远比从事轻工业和制造业带来的利润丰厚时，村民除了出租房屋之外，更是将大部分的集体工业用地租给外面的投资企业。这样一来，原先的农民和渔民就都变成了“地主”，并且形成了一定规模的出租业务。由农业向出租业的巨大转变完全改变了传统村落的整体形态和人文环境。由于旧村的土地不属于市政规划的范畴，所以政府也没有在这些旧村所处的区域规划、实施任何公共基础设施项目。因此，在建造高密度的出租房屋的时候，村民们不但要铺设自己的供水、电力、电讯及燃气等配套网络，同时也要建立自己的消防、废弃物收集等基本的社区服务项目。

起初，政府对城中村违法建设的情况持默许态度，因为当时违法建设的规模并不过分，而且这些廉价房屋也有助于缓解住房紧缺的问题。但随着违建的速度和规模持续上升的态势，市政府于1989年明令禁止城中村的违法建设活动。不过，管理条例一经公布还没有实施就已经引来了大面积的抢建风潮。1992年，深圳市政府在中央政策的支持下，将所有在经济特区范围内的剩余村落土地一并改划为城市用地，并归国家所有。此举将原先村民的农村户口都转通通换成了城市户口。转眼间，深圳特区成为了全中国第一个没有农村和农民的城市。村委会的功能则被街道办和居委会所取代。虽然土地归国家所有，但是土地的使用权和管理权还是由村集体来行使。可是，此项政策还是不能够有效地控制村民的违法建设行为。于是，市政府于1999和2002年分别加大惩罚的力度来对违法建设活动加以制止。但是这两次法规条例的调整又引发龙岗和宝安两区城中村的抢建风潮。直到2004年，市政府设立专门的整治小组来对违建行为进行监管以及下派公务员进入村管理组织内部工作后，城中村里的违建活动才得以控制。

城中村里的生活

由于大量外来人口居住在城中村里，当中自然也蕴藏着不少新的机遇。除了廉价的房租之外，在城中村里他们都能够找到日常生活所需要的所有服务设施，包括社交网络和廉价的社区服务等等。与此同时，来自同一家乡的外来人员集中地住在一个城中村里的情况也比较常见。共同的文化背景和语言促进了他们之间自发建构社会关系网络。除了在工厂上班外，许多外来移民还在城中村里经营着餐饮、服装、家用电器等各种小店。即便大部分的外来居民不能享受政府部门提供的社区服务，他们仍然可以在城中村里找到像诊所、学校、甚至医院这类服务设施。

时至今日，深圳城市里的一些最让人惊喜、最为舒适的公共空间都能够在城中村里找到。早期政府和村代表在谈判中划定的土地肌理和用途，至今依然在影响和塑造着这座城市的空间格局。当年，村集体在划分定居住和工业用地的时候，不少村落都主动将某些地方划归为公共开放空间，这样散落在村里的历史古迹就被保留了下来，以示家族历史的悠长和荣耀。

大部分的村落都保留历史上的空间结构，主要包括祠堂、庙宇和广场。当深圳各处被推土机急速铲平并进行城市建设时，城中村里的景观，包括闸门、水井、古树等都被谨慎地保留了下来。虽然一些设施，比如图书馆、自修室未必会向外来的租客开放，但城中村附近的广场、公园等城市设施则是面向所有公众的。

结语

城市化之前各个自然村落独特的空间格局预示了深圳城市中最经济低廉的住房能够均匀地分布在城市化程度最高的中心城区。这样的空间分布让大部分的就业者能够居住在他们工作场所的附近。而近年来城中村又面临新的变化——近年政府似乎有将城中村完全拆除重建的发展趋势。正如城中村在过去30年里不断地影响着深圳的城市面貌和经济动力，它今后的变化也将会对深圳日后的城市发展建设产生深远的影响。根据2006年的计划，已经有14个旧村面临全面拆除及重建，26个旧村则被规划为部分重建。深圳的上班族会不会由于城中村的消失而不能就近上班，转而以车代步，让城市交通挤塞的问题变得愈来愈严重？深圳会不会因为大规模的城中村重建，使得外来打工者因难以承担愈发高昂的生活成本而触发经济危机？这些问题值得深思。

20世纪90年代后期，深圳特区的试验成果表明邓小平提出建设社会主义的市场经济策略的正确性，进而为中央政府在全国各地大力推行经济改革提供了信心。深圳发展的“奇迹”，和经济建设上的成功使“特区热”传遍中国和世界各地。中央和省政府还采取将权力下放到镇和县等方法来鼓励建立经济新区。这一属于深圳的特殊发展策略很快便被普遍化，成为全国性的激发高速及零散城市化的政策。除了深圳和其他三个经济特区外，中国在1984年将14个海岸城市和在1988年将海南岛相继划为经济特区。房地产开发则成为将农地变成现代产业的最为快捷的方法。早在1993年中国就已经拥有6 000多个开发区，总面积达15 000km²，超过了中国所有城市面积的总和。可是中央政府在1997年推出了第二轮的土地改革，关闭了大部分的出口加工区。通过展示其竞争的优势和深度的改革，深圳经受住这场政策风暴并使其经济持续增长，有惊无险地度过它的90年代。深圳独特的社会政治形势并不是通过复制中国其他城市中政府干预及资本投资的模式而发展形成的。

回顾自20世纪60年代以来，巴西、印度、肯尼亚、马来西亚等发展中国家都设立大大小小的出口加工区来创造就业岗位和推动国际贸易。特区的概念也因深圳和其他地区的成功案例而渐渐在全世界流行起来。朝鲜也正在打造罗先特别市（Rason City），以弹性的政策来建立一个现代化的港口，从而发展国际物流、贸易、旅游和高端制造业。朝鲜的领导层都深信罗先市将会成为他们国家的深圳。缅甸则通过了新的经济特区条例，而位于该国南部的土瓦（Tavoy）则视深圳为他们的发展模型。在拉丁美洲洪都拉斯的宪约城市（Charter City）——一个新式的城市建设模式，亦公开表示深圳是启发他们这一城市发展建设理念的来源。

与此同时，中国也开始在世界各地推广经济特区的发展模式，最受关注的是中国在非洲等发展中国家地区向“经济合作区”大量的投资。在2006至2011年间，中国在非洲一共建立六个特别区域。现在要评估这些特区的经济效益和社会影响力可能为时尚早，但是如果世界各地纷纷将深圳经济特区视为一种城市发展原型，并直接套用到各自特定的地区时，情况却是不容乐观的。草率地将一个城市的发展模式直接移植到另外一个地区很可能会引发极为严峻的后果，比如当地的历史被抹煞以及国际资源与本地实际需求的不匹配。

将深圳笼统地描述成一个缺乏历史和文化、一夜之间形成的城市，这种说法为国家管理和规划强权的介入提供了一个看似合理的理由。当下，全世界超过一半的人口居住在城市里，深圳的发展历程确实为其他城市带来不少宝贵的经验和借鉴的机会，比如文化历史、小区组织、自发建设、弹性规划、可持续增长等等。但深圳的城中村则向我们表明人文和地域特色对于一座城市而言有着不可分割的价值，这些方面在全球争相建立经济特区浪潮中是无法被直接复制的。

参考文献 (References):

[1] 宝安县地方志编纂委员会 . 宝安县志 . 广州 : 广东人民出版社 ,1997.

[2] 陈文鸿 . 深圳的问题在哪里？广角镜 152. 香港 . May 1985.

[3] 陈文定 . 未来没有城中村 [M]. 北京 : 中国民主法制出版社 . 2011: 19-21.

[4] 深圳博物馆 . 深圳民俗文化 [M]. 深圳 : 深圳博物馆 2009.

[5] Brautigam, D. & Tang, X. (2011). "African Shenzhen: China's special economic zones in Africa." Journal of Modern African Studies, 49, 1, pp.27-54.

[6] Cartier, C. (2001b). "'Zone Fever', the Arable Land Debate, and Real Estate Speculation: China's Evolving Land Use Regime and Its Geographical Contradictions." Journal of Contemporary China, 10, no.28, pp.445-469.

[7] Chung, C. J., Inaba, J., Koolhaas, R, Leong, S. T. (2001). Great Leap Forward. Koln: Taschen.

[8] Du, J. (2008). "Don't Underestimate Rice Fields." In Ruby, I. & Ruby, A. (Eds.), Urban Transformation (pp.218-225). Berlin: Ruby Press.

[9] Du, J. (2010). "Shenzhen: Urban Myth of a New Chinese City." Journal of Architectural Education 2010, Vol 63(2), pp.65-66

[10] Easterling, K. (2008). "Zone." In Urban Transformation. In Ruby, I. & Ruby, A. (Eds.), Urban Transformation (pp.30-45). Berlin: Ruby Press.

[11] Engman, M., Onoder, O. & Pinali, E. (2007). "Export Processing Zones: Past and Future Development." OECD Trade Policy Working Paper No. 53, May 22, 2007.

[12] Liu, K. (2007). "The Shenzhen Miracle': The Relationship Between the Migrant Labor Force and Shenzhen's Economic Development." Chinese Economy, May-June 2007, Vol.40 (3), p.47-75.

[13] O'Donnell, M. A. (1999). "Path Breaking: Reconstructing Gendered Nationalism in the Shenzhen Special Economic Zone." Positions: East Asian Cultures Critique 7, no. 2, pp.343-75.

[14] Zhou, R. and Yan, X. (2008). "Urbanization of Village Administrative System in Shenzhen." City Planning Review. 32(4). pp.71-77.

[15] Zhou, X. (2012) "North Korea Investment Zone Promoted to Chinese as Next Shenzhen." Bloomberg. September 12, 2012.

图片来源 (Image Credits):

作者提供

杜鹃

Juan DU

作者单位： 香港大学建筑系

作者简介：

杜鹃，香港大学建筑系副教授，香港大学建筑学院副院长（国际及中国事务）

9. 小孩在白石洲的多用途球场上嬉戏
10. 居民在大街树荫下玩桌球
11. 在城中村里上班的少女
12. 充满农村气息的城中村生活
13. 夜里的城中村

9. Kids playing on the multipurpose sports ground in Baishizhou.
10. People playing billiards on a street under tree shadows.
11. Female workers in an urban village.
12. Lives in an urban village with rural characters.
13. An urban village at night.

深圳城市化中四个农村地区的变奏
Case Studies on 4 Urbanizing Villages in Shenzhen

万妍　WAN Yan

通过深圳四个不同农村地区变迁的要素对比，发现它们在城市化中不同的发展机会与发展结果。通过这些差异性的发展，证明农民在城市化中所获得的“暴富”或“贫穷”的结果均是城乡关系失衡的两种极端表象。

Through the comparison of transition factors in four rural areas in Shenzhen, different development opportunities and results during the urbanization process are found. The diversity of development proves that farmers who suddenly become wealthy or poor are both images of the imbalance between urban and rural areas.

城中村；
城乡失衡
Urban Village;
Imbalance Between
Urban and Countryside

谈起深圳城中村，最容易联想到的词便是“拆迁”和“暴富”。由于深圳土地发展上的存量不足，占据便利交通位置的“城中村”成为城市改造更新的重要机会。不过，乡村聚落在城市化中的归宿，仅仅是催生暴发户这么简单吗？通过深圳不同位置的的四个城中村——新羌、白石洲塘头、石岩塘头、岗厦的发展历史对比，我们很容易发现，其中存在城市化机会的不均等，以及一些戏剧性的矛盾。

岗厦：福田 CBD 唯一城中村

从“拆迁暴富”来看，岗厦村是一个典型代表。岗厦是位于深圳福田区福田街道下的一个社区，分为东西两个片区，其西片区已经拆迁，东片区保持握手楼现状。岗厦是福田中心区唯一的城中村，南临香港，位置优越，交通便利。岗厦四周，被道路和正式规划形成的城市空间包围，在深圳房价奇高的背景下，其相对便宜的房租吸引了近 6 万的白领和低收入群体居住。

从历史上说，岗厦是文姓家族的村庄，已繁衍 25 代，在当地有 700 多年的历史。1979 年以前，这里是国家边缘化的乡村。从当年绘制的福田公社地图看，岗厦集中的居民点和今天的位置一致，并拥有大量耕种土地，包括莲花山、笔架山南面的荔枝林和大量稻田。

岗厦摆脱城市“边缘”的位置，是经由福田中心区规划而实现。由于岗厦所在位置符合规划师对城市中心区“背山面海”的要求，加上这里土地平坦方正，地理位置适宜，政府便选址于此。在中心区规划的过程中，习惯将土地视为一张白纸的规划师，并不知如何处理这一块城中村区域，索性将其视为一块“白斑”，采取回避的态度，无视其存在。而随着城市发展，岗厦由于具备生活上的便利，吸引了周围大量的从业人员在此居住。在政府保障性住房供给严重滞后的情况下，这里客观上解决了城市居住问题，并成为周围正式规划空间的重要生态补给。

2008 年岗厦西因城市更新拆除，岗厦村民拆迁的暴富故事被多次报道。实际上，“村民”只是一种习惯性说法，岗厦文氏约 4 000 余人，其中有 3 000 余人是香港公民或海外身份，户籍还在岗厦社区的文氏仅约 1 000 人。无疑，岗厦村民是一类“失地农民”，但显然他们在经济上并不失落。与此同时，拆迁导致大量租户被迫迁徙，知识分子和专业人士也发出质疑：谁来考虑租户的城市权利？谁承担了城市开发的成本？拆除城中村，将之变为千篇一律的高端商业与办公用地，是一种可持续的城市更新模式吗？

新羌：从“国营农场”到“城乡结合部”

与城市中心岗厦相比，位于深圳光明新区北部紧邻东莞边界的新羌社区，是既有农业地貌，又有低端工业的“城乡结合部”。因为位置偏僻，这里仿佛被排斥在特区发展之外。新羌社区面积 11.02 km²，其地域原属光明华侨畜牧场。

该农场于 1958 年成立，并于 1978 年接纳大量来自越南的华侨作为农场职工。虽然深圳成为特区伊始便拥抱市场经济，但国营农场的职工却一直生活在“体制单位”中。计划经济时代，国营农场职工具有“从摇篮到坟墓”全方位的保障，而随着 90 年代末农场的政企分离，大批职工下岗。对比之下，岗厦村民因有集体土地而在市场经济中握有发展的资本，新羌居民则因为农场国有土地的性质难以发展。在不断与单位博弈的过程中，新羌社区的各个居民点虽然成立代表集体的股份公司，并从农场争取到一些土地，但离散的华侨居民点和本地村民却难以凝聚，导致社区土地的细碎化发展，资源难以整合。

新羌的就业问题同样显著，由于深圳本地户籍相比外来移民有更高的社会保障标准，周边工厂不愿雇用本地社区居民。于是，新羌社区的原农场职工及二代既不从事农业生产，也难以进入工厂工作，这种尴尬局面使得他们越发看重对土地权利的争取。从岗厦和新羌的对比中，我们看到两个条件——地理位置和土地权利——制造了“农民身份”在城市化中发展机会的差异，那么，一个在城市中心的国营农场社区会如何呢？

白石洲：城市核心区域的国营农场遗留物

处于深圳南山区世界之窗西面的白石洲就是一个例子。和新羌一样，这里曾是光明华侨农场的分场，职工包括原本地四个自然村的村民，以及“大跃进”时期因修建铁岗水库而从宝安石岩搬迁来的塘头村村民。显然，从地理位置来说，白石洲因其区位优势，比新羌有更多城市机会，但它和新羌一样，由于农场国有土地对村民土地权利的限制，相较于有集体土地的乡村发展滞后。

1992 年，深圳特区内撤销 68 个行政村，4 万农民改变户籍身份成为“城里人”。在这场“农转非”运动中，许多农村集体成立了股份公司，白石洲五村村民却只是办理了城市户口，没有成立农场化股份公司，没有确权村民宅基地，也没有征收土地补偿和返还集体经济发展用地。他们和新羌居民一样，随农场变更而下岗，因教育和技能的限制，难以参与市场竞争。在同样处于城市核心的岗厦和白石洲案例中，“失地农民”与“暴富户”成为两个对比强烈的身份。如今山雨预来的拆迁改造，是白石洲村民最为期待的财富机会。

石岩塘头：位置偏远的富裕社区

石岩塘头村村民在“大跃进”迁徙中，都是经过挑选“政治出身”的优胜者，“地、富、反、坏、右”无缘进入国营农场。这些没有搬迁的村民如今依然生活在石岩塘头村，他们的发展又如何？

石岩塘头地理位置偏远，但这里的村民相比位于城市核心区的白石洲却更为富裕。由于处于城市偏远地区，较少受到规划干预的影响，他们拥有集体土地，并抓住了工业发展的机遇，其股份公司管理着大面积的工业园区，村民居住在自建的封闭别墅区内，生活优渥。

对比与总结

从四个城中村的快速导览中，可以发现“土地权利”成为村民发展的关键。位于城市中心与边缘的村庄的城市化过程，也并不是简单的非农化、工业化或户籍制度的变更过程。乡村作为一种生活制度和社会关系网络，展现出不同于工业化的发展轨迹，并具有多样性。

这种发展的多样性显著地反应在这几个案例的空间状态中。一般来说，深圳城中村都会涉及到这样几种空间类型：密集的握手楼空间；在城市化过程中被政府征收农田后返还的工商发展用地上的工厂空间；农村宗族社会的遗留空间，比如祠堂、土地庙、牌坊等；

1. 白石洲建筑群隔离现状
2. 深圳南山白石洲，密集的城中村握手楼
3. 岗厦
4. 深圳福田中心区已经拆除的岗厦西和保持握手楼的岗厦东片区
5. 深圳新羌社区居民点，握手楼处于周围农地之中
6. 深圳新羌社区，农业与低端工业混杂的景观
7. 新羌社区，从右自左依次为 70 年代、80 年代、90 年代、新千年后不同时期的农民房类型
8. 石岩塘头村民所居住的别墅小区大门

1. Isolated building clusters in Baishizhou
2. Crowded buildings of urban village in Baishizhou
3. Gangxia
4. The urban village has been cleaned in the west part of Gangxia while that in the east part still remains
5. Residential of Xinqiang community, crowded buildings is located in farm field
6. Xinqiang community, a landscape with the mixture of agriculture and low-end industry
7. Xinqiang community, from left to right are different typologies of farm houses from 70s, 80s, 90s to after 2000
8. Gate of the residential community of the villagers from Shiyantangtou village

周边现代主义规划思想下的正式城市空间，如大型综合体、封闭小区、主题公园、交通路网等。而在这四个案例中，这些空间类型的组合呈现完全不同的景观。

在四个案例中，新羌除了上述的四种空间类型以外，还包括大量农业景观和撂荒的土地。由于滞后发展，农民房的迭代相对缓慢，至今这里保存着许多农场集体时代的瓦房宿舍，同样地处偏远的石岩塘头则没有农业景观。而在白石洲，城中村的开放街道和周围封闭小区的隔离关系产生强烈对比，不同阶级的空间区隔明显，而在经济交换上，白石洲城中村内的商业空间为周边高档封闭小区提供了便利的服务。白石洲的四种空间类型的混杂程度很高，相比之下，已经拆迁一半的岗厦则完全看不到厂房空间，紧密的握手楼被包裹在路网中，农民房的迭代痕迹也不明显。

人们常说“深圳没有历史”，实际上暗含着一种意识形态，即城市本无一物，可以随意清除、无可保留。当我们着眼深圳发展中的“城”与“乡”的脉络，则发现白石洲塘头村民于“大跃进”中的搬迁、新羌农场于越南华侨的避难家园、文氏家族于岗厦 700 年的族谱……这些真实的过往鲜为人知。

对村民来说，历史的认同与否定甚至成为一种博弈策略，渴望拆迁机会的村民，或称他们没有历史，而在赔迁的谈判中，历史——尤其是革命历史的存在——则又可能成为一个获取利益的筹码。

如果以“人”的城市化作为城市化过程的关键，自四个案例的对比中也可看出，在从村到城的过程中，村民们都面对“失地农民”的身份，而“一夜暴富”的差异则基于城市发展中的资源不均。当人们以某种不平衡心态评价城中村的“暴发户”个案时，应该看到基于中国城乡二元体制中，“三农”作为国家工业原始积累的资源供给方，受到极大的压迫。

无论是城市边缘发展困难的的新羌，还是位于城市中心因区位优势受到资本青睐的岗厦，都是基于城乡关系失衡而生的两种极端表象。在今天的历史语境下，如何建立城乡互补的市场关系，寻求生产方式与社会方式的有机结合，而不是由大资本操控的霸权与垄断的市场，是“城中村”的探讨应有的归结点。

图片来源 (Image Credits):

作者提供

万妍
WAN Yan

作者单位：深圳市土木再生城乡营造研究所
作者简介：万妍，深圳市土木再生城乡营造研究所研究员

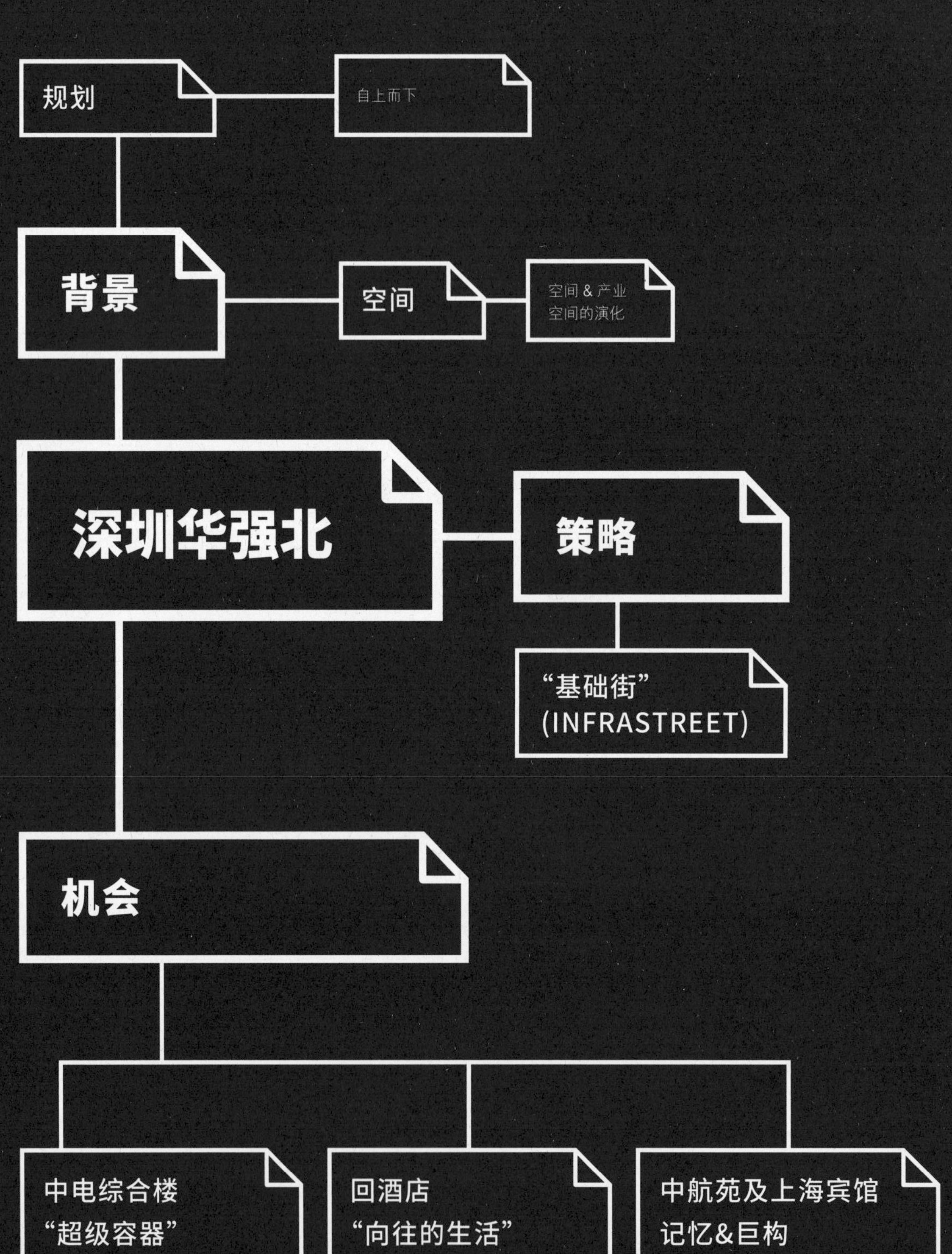

规划
自上而下
背景
空间
空间 & 产业
空间的演化
深圳华强北
策略
“基础街”
(INFRASTREET)
机会
中电综合楼
“超级容器”
回酒店
“向往的生活”
中航苑及上海宾馆
记忆&巨构

华强北
HUAQIANGBEI

都市实践华强北研究

URBANUS' Researches on Huaqiangbei Area

刘晓都 LIU Xiaodu

都市实践华强北研究

URBANUS' Researches on Huaqiangbei Area

刘晓都　LIU Xiaodu

华强北在过去 20 年中从标准多层厂房的工业区成功自我更新为深圳主要核心商圈之一。如今原生多元的小商业街区在巨大的商业地产价值压力之下正面临新一轮改造更新。如何在城市层面理解华强北商圈独特的空间特质与保持其商业活力成为城市面临的重大课题，也是 URBANUS 都市实践长期以来特别关注的现实问题。文章通过都市实践针对华强北现状提出的"基础街"基本策略，以及三个实践案例——中电综合楼、回酒店、中航苑及上海宾馆改造城市设计，展示其对华强北片区的认知及区域更新改造策略的核心思想。

In the past 20 years, Huaqiangbei has successfully transformed itself from a main industrial area with standard multi-storey factories into one of the core business districts of Shenzhen. Nowadays, small and native commercial districts with various functions are faced with a new phase of renovation under enormous pressure from the value of commercial real estate. How to understand the unique spatial characteristics and maintain the commercial vitality of Huaqiangbei from the perspective of the whole city is a major issue that the city is facing. At the same time it is an issue in reality that URBANUS has paid particular concern for a long time. URBANUS has put forward a strategy of "Infra-Street" for Huaqiangbei based on its current situation. This paper, by combining three urban design cases - Zhongdian Complex, Hui Hotel, and the renovation for CATIC City and Shanghai Hotel, presents its cognition of Huaqiangbei and its core ideology for policies of regional renewal.

深圳；PRD；华强北；城市更新；城市设计；城市策略；中电综合楼；回酒店；中航苑；上海宾馆

Shenzhen; PRD, Huaqiangbei; Urban Renewal; Urban Design; Urban Strategy, Zhongdian Complex, Hui Hotel; CATIC City; Shanghai Hotel

华强北

华强北成为著名的电子商务区之前是上步工业区的一部分。在 20 世纪 90 年代黄金时期的华强北曾占据了全国 90% 强的电子元件和商品批发份额。URBANUS 都市实践从 2003 年开始在华强北度过 3 年光阴，对这个地区有非常特别的感情和兴趣。这里表现出的城市现象给了库哈斯“一般性城市”（Generic City）① 这一论点最好的注脚。而作为主要的城市中心之一，它原本应该像库哈斯所说，" 作为城市中 ' 最为重要的地区 '，中心应该最古而又最新，最为稳定而又最具有活力；它还必须紧密而又持续地适应新的情况，尽管这种适应是一个复杂和充满妥协的过程，因为它必须秘而不宣，令肉眼无法察觉。"[1] 华强北便是这样重要的城市研究对象。

历史

深圳号称 " 一夜城 " 显然得益于计划经济时代延续下来的大会战的习惯。深圳特区成立之初，城市基础薄弱，深圳市政府几乎要从无到有兴建一个城市，有的只是土地和经济开放政策，需要的是内地的人力和资源以吸引境外的技术和投资。于是便有八大金刚援建深圳的说法。一时间全国资源集聚深圳，圈地建厂，生产生活。上步工业区以其靠近当时的罗湖城市中心的优势吸引了最早来到投资建厂的一批央企，包括中航技公司、中电公司、华强北名字由来的华强公司，以及后来成立的赛格集团。几大业主加其他几十个小业主的存在令华强北一直处于一种藩镇割据的状态。当然这是粗放的规划和不明确的城市发展图景的必然产物。依托香港繁荣的经济活力，深圳出现爆炸式的增长，产业的更新换代速度惊人，财富的积累也带来城市成本的快速上升。十几年后这些初级的加工业便被逐渐的挤压出特区范围，形成城市空墟。90 年代中期万科拥有的大型超市率先进入该地区华强北路的中段，很快带动一批商家进驻，形成火爆的商业圈。而南段则以中电集团等电子公司为龙头形成电子原配件批发市场，后来进一步发展成为中国最大的电脑和手机产品的批发零售市场和服务中心。经过 20 年的变迁，华强北逐渐从一个电子工业制造基地，转变成混杂着 IT 产业链和各种商业配套服务的著名电子商业街；现在的华强北仍然是中国最繁忙、最具有活力的综合商业街区之一，容纳从业人员 12 万人，接待日人流量约 50 万人次，平均每平方公里贡献 GDP 近 10 亿元。如今“众创”时代的到来预示着产业的又一轮升级。而与硬件创业息息相关的华强北也再度被推到了这次产业转型的风口浪尖。

规划

在华强北城市更新过程中一个突出的问题就是自上而下规划的失效。华强片区最初是几个内地国有单位各自发展起来的，并无规划。然而滞后的城市规划想要介入却困难重重，而后到的规划也往往出现画地为牢的消极结果。例如当深南大道正式建成穿越上步工业区之后，华强南片区便无法与华强北片区同步发展，才有了 " 华强北 " 的区域概念。深圳市政府 2005 年便公布《上步片区发展规划》。2010 年之后陆续公布的 16 个城市更新单元覆盖了华强北差不多 70% 的面积。而政府颁布的整体更新计划却一直无法落实。举一个比较极端的例子，2013 年规划部门又因为更新速度缓慢把一些计划内的更新单元踢出计划，其中就包括华强北第八单元范围内的上步 B2-13 区域。

历史所形成的产权分散的问题是华强北片区改造各自为政，政府统一规划难以执行的主要原因之一。政府主导的《上步片区城市更新规划》从城市整体均衡发展和地区环境容量承载力量方面入手，将地区环境容量控制在 680 万 m^2，总增量 144 万 m^2。而这固定的增量要分配到各个更新单元中，规划研究部门分配的方法比较科学客观，从交通承载力，环境压力，各个单元功能定位，按照理论上的需求来分配，然而这种以公平和效率为出发点的分配方法，明显无法调和各个业主的需求，各方都想要在这固定的 144 万 m^2 增量里多分一杯羹，多方博弈，僵持不下，看似最有效率的自上而下整体规划反而让华强北更新陷入僵局。增量分配之争以外的另一个原因是几个强势大业主因为自身发展定位不同，对片区发展定位不一样，功能很难得到协调。中航科技公司开始向高端零售和商业转型。2009 年的更新项目，中航城被定位为深圳核心区规模至大、至豪华的都市综合体，设有大型综合购物中心、国际甲级写字楼、五星级酒店及豪华酒店式公寓。而中电发展则集中在电子信息方向。华强公司如今主要发展文化科技，电子信息，新开发的华强云谷，走电子平台孵化器路线。赛格则围绕节能半导体器件制造和电子专业市场两个具有竞争优势的核心业务，开拓高新技术新产品领域，发展自持物业为主的实体电子专业市场和电子商务。各大业主对华强北发展方向都有自己的战略定位，规划部门难以整合。同时政府对华强北新发展的高大上定位与作为华强北根基的山寨文化的矛盾也日益凸显。面

1. 华强北夜景
2. 华强北综合商业街区
3. 回酒店
4. 中电综合楼
5. 华强北片区更新改造研究
6. 华强北立体街道城市设计轴测图

1. Night view of Huaqiangbei
2. Huaqiangbei commercial area
3. Hui Hotel
4. Zhongdian Complex
5. Huaqiangbei commercial area renewal research
6. Huaqiangbei 3Dstreet Urban Design

对强势的地主还有复杂的局面，城市规划显得无能为力。

然而规划失效对华强北来说未必就是灾难。我们看到，在规划迟迟难以落实的同时，自下而上的城市活动异常丰富。正是大小业主商户自由发展的模式成就了今天的华强北。所以我们的关注点不应该纠结于如何把规划落实，而在于怎样用自下而上的发展方式解决华强北更新中面对的一系列问题。

空间演化

讨论华强北的空间进化的特征离不开两个关键点：一个是空间特征与产业的关系，一个是空间演化方式。自 20 世纪 80 年代建成来料加工的上步工业区，上百座多层标准厂房排列其中，与深圳同时期建设的工业园形态有强烈的趋同性。在这个商业传奇当中，电子工业制造时期遗留下来的厂房街区的空间肌理是华强北商业街具有旺盛活力的基础。由于没有专业市场的准入门槛，街区内部成为容纳种类繁多的零售商业、物流货运系统、以及各种配套服务商业的天堂。华强北街道表层的繁荣，离不开街区内部丰富物业和复杂物流系统的支持。原来没有特征的多层厂房区的肌理在注入这些外部因素之后反而呈现其整齐有序且包容一切的积极形态。商业、办公和服务业以华强北路形成商业活力和价值的峰岭，逐次向东西两侧辐射发散下去。都市实践曾经的办公室便处于相对安静而又享受商业便利的西部边缘，目睹着这个拥挤混杂而又活力四射的城市片区的不断变迁。华强北的这种空间特征是一种实用主义的思维方式主导的发展结果，是在中国的城市发展中少见的纯粹产业与经济导向的案例。从最初成立到中间几次转型，华强北的空间演化都直接反映了产业的需求。从 80 年代到 90 年代末，它逐渐从一个电子零件加工工业园，转变成混杂着 IT 产业链和各种商业配套服务的综合商业街区。以早期的 40 栋行列式排列的通用厂房为基础，通过新建、改造的方式加入了百货公司，电子市场等功能。需要什么就做什么产业，有什么产业就改造成什么样的空间，整个华强北片区的空间在这种朴实的逻辑下发展起来，就是邓小平结果导向主义、实干主义与摸着石头过河态度的最直接体现。

空间演化方式方面表现出两个特征：一个是与探索式产业升级方式呼应的空间上的“路径依赖式”进化。从开始转型至今，华强北空间更新多数为各个业主自发的行为，因此 30 年来虽然产业的更迭，整个片区的发展基础仍然是最早的 40 栋厂房，呈现出一种新陈代谢的状态，城市肌理也在这种新陈代谢的更新过程中得以保存。另一个特征与华强北的建筑类型有关。一般来说随着空间的老化，老的空间类型不适应新的产业功能需要，建筑空间的价值会贬值。随着城市的发展，老区和周边地块实际空间价值差别越来越大，当这种差距达到一定程度，业主就有足够的驱动力进行空间更新。但是华强北本身的通用厂房的开放性和普适性特征，化解这种常见的矛盾。开放空间可以灵活的改变功能，在早期市场化更新中可以起到积极的作用。但是随着产业和区位进一步升级，多层厂房开放空间的价值被完全释放，空间最终将会成为产业发展的限制。

更新策略

2009 年都市实践启动华强北片区更新改造研究。调研发现，面对着巨大的商业吸引力，在最近十年当中，商业建筑巨构入侵原本的厂房街区肌理的趋势在不断加剧，封闭内向、模式单一的购物中心与原本生长在内部街区连续、多样的小商业之间的矛盾日趋激烈，原有的灵活包容的街区特质正在面临着丧失的危险。与此同时，原本街区内部自发形成的物流系统和配套商业系统也正在遭受冲击和破坏。内部街区的无序和匮于梳理也正在加剧华强北街道交通混乱的状况。与此同时，华强北巨大的经济潜力吸引着城市建设者在华强北商业街区密集地铺设地铁线路和站点。迄今为止，已经有 4 条地铁在长度仅为 940m 的华强北商业区地下贯通，商业街范围内密集的出现了 3 个地铁站点。这一切都表明华强北进入大规模的新开发阶段不可避免。华强北面临着发展的挑战。

对于这样一个充满无限活力和机遇的商业街区，我们急需解答的问题是如何在新一轮的大开发中寻找到一种新的、混合的城市空间形态，在看似密集的大开发下保护华强北商业圈独特的空间特质和包容性，为小尺度的商业提供容身之所。华强北商业街问题的表面在于华强北街道无法缓解的交通压力，然而，在我们看来，问题的症结却在于对于街道两侧的街区内部的梳理以及两侧街区之间合理的立体联系；另外便是可能出于繁华的表象对自发商业价值的高估，没有看到华强北路商业对两侧商业价值的有限辐射能力。由此，我们提出“基础街”（Infrastreet）作为基本策略，希望在沿华强北路东侧街区内部建造一个连续的提供辅助公共功能的构筑物，作为一个基础设施，为未来两侧沿街商业面提供有效的辅助支持，容纳岌岌可危的零售商业，组织街区内部的物流系统，以此支持未来的高密度开发。这些新的开发由基础街连接，成为系统中的活力点。与此同时，作为华强北路上的立体街道、包括连桥和整体地下商业街的开发，为连接两侧街区提供有效支持。总的来讲，"基础街"的策略是一种鼓励华强北路两侧高密度开发的立体城市空间策略，引导这些高密度的商业开发，形成可以具备强辐射能力的业态高地，为华强北商业圈提供适合并合理的城市空间模式。然而这个雄心勃勃的提案最终没有以炫目的城市设计套路为包装而未被采纳。华强北正在以我们

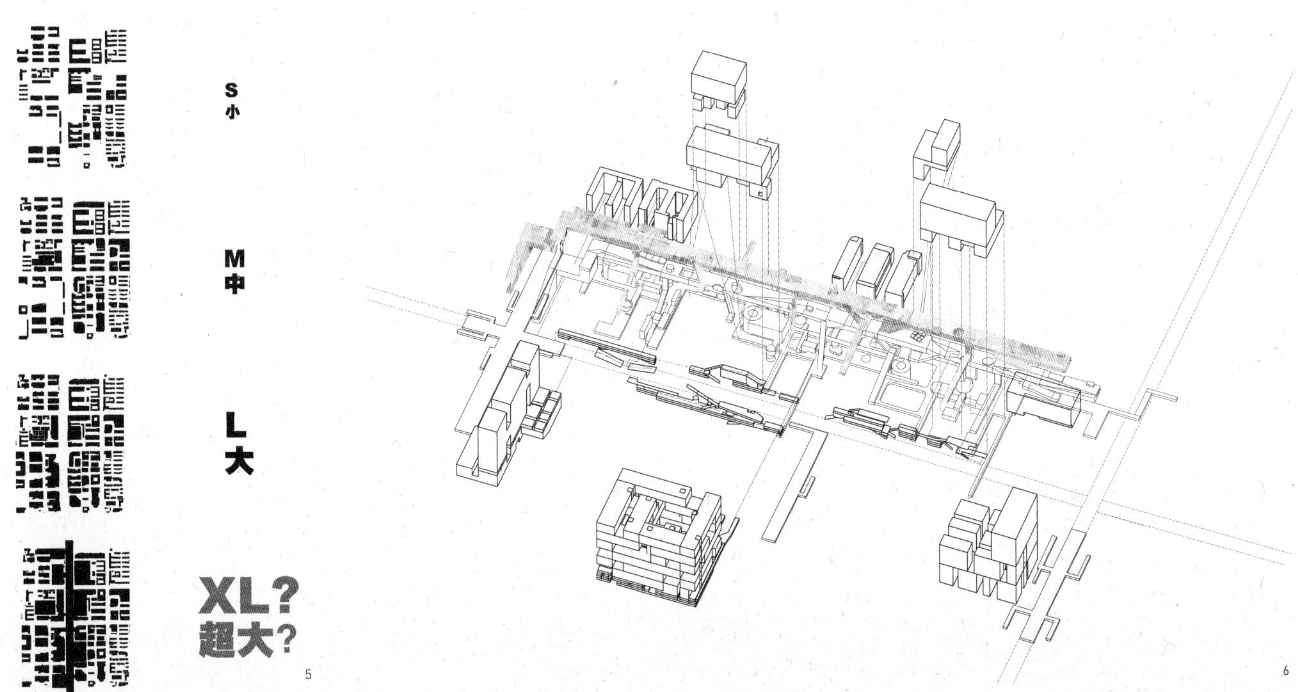

5

6

担忧的方式进行着改造。它的命运取决于华强北自身顽强的生命力，同时城市中其他的街区是否利用这个机会崛起形成新的中心。所幸这个研究为我们承接的片区内两个建筑设计项目和一个局部城市设计研究做了很好的铺垫。

机会：三个案例

中电综合楼

华强北在活力繁华的背后也蕴藏着危机。人行、车行交通的混乱，配套基础设施不足已在华强北由单一的电子配套市场向多功能综合商业街区转化过程中显现出巨大障碍。它需要一些更复杂超级复合的综合体来化解。此项目用地位于华强北背街多栋高层建筑的夹缝之中，一条日流量约 20 万人的通道横穿基地。这样极高密度的城市环境蕴藏着巨大能量，我们面临的挑战是如何在一栋巨大体量的建筑中同时容纳大量的物流、车流和人流，保证其各自系统高运转的同时又制造新的商业机会和非同寻常的城市体验。这座“超级容器”包含垂直叠加的底层物流集散场，沿街的商业及餐饮配套设施，中部的多层立体车库以及顶部的旅馆。场地内一座多层商业楼也被包裹纳入到新的表皮下，建筑表面拉伸金属网的整体包裹满足多层车库的采光通风要求，建筑形体反映了基地的空间限制，而试图挣脱这种限制所产生的扭曲的表皮也造成强烈的视觉效果。大楼中部留出一个巨大的城市通廊，它既连接过街装置又通向商场的入口，同时保留原有街道穿越的方式，并用多方向的坡道做了有次序地引导，使人流在穿越建筑物的同时能够方便的进入到各个商业楼层。同时在立体层面增加若干廊桥连接周围几个超高层建筑的商业裙楼，使许多微观物流和商业人流不必集中到地面层转换。我们称其为 " 城市路由器 "。

回酒店

回酒店西临中央公园，有很好的景观面。从远处可以很容易注意到这个全白的炫目建筑。几个斜放的盒子叠放着从行道树上伸出头，沿街面突出的弧形凸窗参差错落形成动感的立面组合，传达出很强的现代感和时尚感。这个项目的目标就是证明厂房建筑的改造潜力，展示如何从一个没有特征的区域发展出一个个具有标识性的地点。这是一般性城市逃脱樊篱的方式。深圳作为一个充满现实主义精神的城市在初期没有条件对生活产生期望，在成为欲望都市之时有理由让人们期望一种“向往的生活”。这些地点便成为这种向往的标志。尽管库哈斯并不在意一般性城市中

7. 中航苑及上海宾馆改造城市设计
7. Huaqiangbei Catic City Urban Design and Shanghai Hotel Renovation

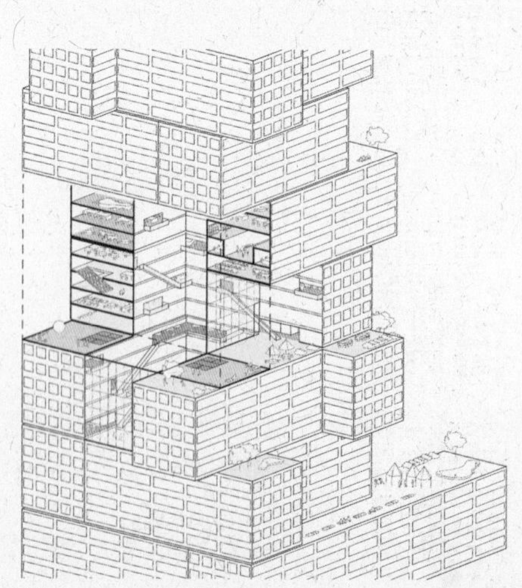

历史和记忆的意义，然而对我们来说，城市中的老房子多多少少都承载了一些历史文化的记忆和一代人的情感。复合起来的这种存在我们称其为地点或场所。城市实际上就是这样的无数地点组成的。城市的特征也是由若干具备高认知度的地点定义的。这些地点可以是自然景物，可以是建筑物，可以是街道和公共广场，也可以是室内的空间。它们逐渐沉淀出一些历史和故事。这些地点越多，差异性越大，城市的丰富感就更强，更有魅力，也更能够产生认同感。城市的认同感表现在，“我们每个人同我们出生、成长的地点，以及曾经和现在居住的地点保持着紧密的联系和深厚的感情”[2]。作为有城市意识的建筑师，就应当以创造、保护抑或再造这些重要的地点为己任。也许我们在承认我们的城市具备一般性城市的特征，坦然地容纳未来的同时，也试图努力摆脱它的魔咒——它给予的“并不向往的生活”。每一次当我们将一个破旧的老建筑经过设计改造而再生一个脱胎换骨的新建筑生命，我们都可以得到一个喜悦的回报和延续历史的慰籍，并引导人们创造他们所向往的生活。

中航苑及上海宾馆改造城市设计

中航苑片区由 2000 年初已经开始不断地进行更新升级，都市实践研究超级密度的建筑类型及城市模型的研究思路，进一步探索在深圳华强北这个产业片区中，如何能够推出更符合深圳特色的城市设计概念。值得一提的是，在场地的西南角的上海宾馆，建筑其貌不扬，但它却承载着深圳人改革开放先驱的集体记忆。对上海宾馆的保留这一课题，都市实践也希望能够在中国城市大拆大建的大背景下，提出另类的城市设计策略。研究的出发点在于揭示这个地方在深圳短暂历史上的定位。在对历史的研究中，我们发现中航苑及上海宾馆在历史上是城市的边界，象征着人们离开深圳城市的最后一站，并进入未知的，但充满机会及梦想的新世界。研究的重点还包括华强北的建筑类型及独特空间组合的研究及超高层建筑的研究。最后三个提案都是尝试超高密度城市综合体的可能：一是以城市边界作为起点，对中心公园东侧的边界进行重塑；二是以建筑类型的研究，提出以叠加的模式，以华强北基本建筑类型为模数，打造三维的华强北建筑体系；三是以超高层建筑研究为起点，尝试打破 2 000m^2 单一核心筒的传统超高层设计方法，以超大单层平面、分散式核心筒、不同的中庭空间及空中公共空间，探讨超级巨构建筑的可能性。无论是建成的单体实例还是着眼未来的城市设计，都试图寻找在原生的活力城市肌理的基础上突破自身的混乱状态和规划的错位之间有机城市更新的有效策略。

注释 (Notes):

① “Generic City ”中文译为“一般性城市”，还有“广普城市”“通属城市”等译法。

参考文献 (References):

[1] [荷] 雷姆·库哈斯，王群 译 . 广普城市 [J]. 世界建筑，2003(2): 64-69.

[2] [美] 安东尼·奥罗姆，陈向明著 . 城市的世界——对地点的比较分析和历史分析 [M]. 曾茂娟，任远 译 . 上海：上海人民出版社，2005: 5.

图片来源 (Image Credits):

作者提供

刘晓都

Liu Xiaodu

作者单位： URBANUS 都市实践建筑事务所

作者简介： 刘晓都，URBANUS 都市实践建筑事务所创建合伙人，主持建筑师

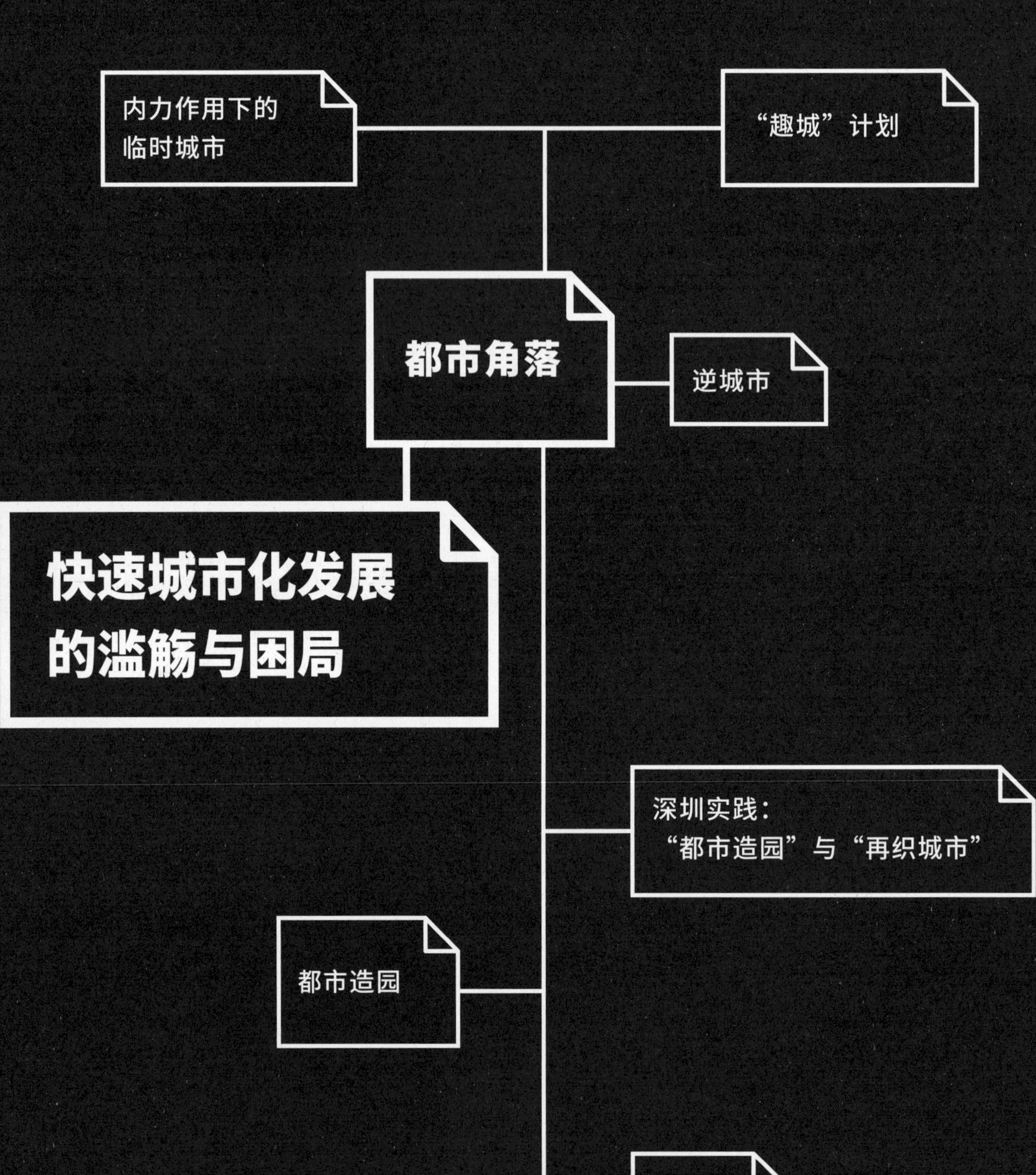

内力作用下的
临时城市
“趣城”计划
都市角落
逆城市
快速城市化发展
的滥觞与困局
深圳实践：
“都市造园”与“再织城市”
都市造园
建筑师

都市角落
URBAN CORNER

逆城市：释放城市内力

Counter-urbanization: Releasing the Inner Power of the City

张之扬 ZHANG Zhiyang

都市造园：高速城市化中心边角剩地的空间再填充计划

Urban Gardens: Refilling Urban Residuals in Core Area of Repid Urbanization

孟岩 MENG yan

逆城市
Counter-urbanization

释放城市内力
Releasing the Inner Power of the City

张之杨　ZHANG Zhiyang

在城市发展当中是否存在一种城市固有的力量——“城市内力”呢？面对自上而下，反应迟缓城市规划，是否存在一种可能：它自下而上，反应敏捷，随时随地对城市问题进行自我填补或修复，并缓解由于城市规划的僵化与忽视所引起的城市疼痛感呢？事实上，由于“城市内力”的作用造就的“临时都市”、“非法都市”在我们身边比比皆是。

Is there an "internal urban force" that inherently exists in urban development? Againest the typical top-down model urban planning, which usually reacts sluggishly toward new urban demand, is there a bottom-up approach available? It could response to or fix emerging urban problems quickly and spontaneously anytime and anywhere, and it could relieve the pain caused by the rigidity and ignorance of conventional urban planning. In fact, temporary and "illegal" cities created by the "city internal force" are ubiquitous.

游牧与定居；城市内力；非法城市；九龙城寨；里约的罗西尼亚；深圳的城中村；临时城市；趣城；集装箱廊桥；高架桥下；自行车雕塑公园；树公园

Nomadic and Settled; City Internal Force;"Illegal" Cities; Kowloon Walled City; Rocinha of Rio; Urban Village of Shenzhen; Temporary City; Fun City; Container Bridges; Under Cloverleaf; Bicycle Sculpture Park; Tree Park

游牧与定居

远古的人类寄居这个星球的时候，出现过两种典型模式——游牧与定居。游牧是一种对环境被动式应变的模式（图 1），而定居则是对环境持续进行人为改造的模式，使之更适应人的需求。定居普遍被认为是人类文明进步的一项重要的标志。人类在定居模式基础之上建立了城市，并由于其规模的不断扩大，功能的持续复杂以及人类欲望的持续叠加，人类将这个系统不断地修整完善，最终成就众多辉煌璀璨的文明样本（图 2）。建造并成功地管理城市证明人类改造世界的能力，使人类的自信心得到空前的满足。

城市内力

人类长期在城市营造过程当中积累大量的经验教训，这些知识逐步汇聚累加成为一门学科，对未来新的城市营造提供指导，这就是城市规划。这门学科在今天越来越变得重要，在很多国家，它的成果的严肃性已经等同于法律，而它的执行也变成一种权利。

在城市规划指导下建造城市的成就当然是不容忽视的(图3)，但这个系统也并非十全十美，它具有其先天的局限和不足。由于城市规划理论的产生是建立在过去城市的经验之上，它只是习惯性地对过去城市出现的问题做出回应和预防。然而，现代的城市很大程度上是难以归纳的复杂系统：不同的地域文化、经济、政治制度对城市的发展都会产生复杂而难以预见的影响。 从城市规划概念的产生、细化、编制乃至形成法规，再到规划落地变成现实常常要经历十几年到几十年的时间，这种“时差”会进一步扩大规划由于过时或僵化而导致对当下城市环境问题的失效。

如果我们类比社会经济体系，就会发现城市规划的体系有点像计划经济，计划经济的问题是不言而喻的。 而市场经济的蓬勃发展是建立在人们对“市场规律”这一存在于市场中固有的、看不见的支配力量的认识之上的。那么在城市发展当中是否存在一种城市固有的力量“城市内力”呢？面对自上而下，反应迟缓的城市规划，是否存在一种可能：它自下而上，反应敏捷，随时随地对城市问题进行自我填补或修复，并缓解由于城市规划的僵化与忽视所引起的城市疼痛感呢？

事实上，由于“城市内力”的作用造就的“临时都市”“非法都市”在我们身边比比皆是。

“非法都市”

九龙城寨

香港九龙城寨（图 4），占地只有 3 ha，到了 20 世纪 80 年代末期，却共有350栋楼宇，住有10 000多个家庭，人口增至5万，平均每人居住面积只有 $4m^2$。从 1948 年进入完全的无政府状态到 1984 年被港英政府拆除改为公园，经历 30 多年的持续混乱的自发搭建与累叠，最终创造人类历史上罕见的极限高密度的居住社区，这种野蛮生长的模式产生一个充满生机与危险的独立王国。

《世界日报》主笔、香港大学前教授黄康显，分别在 20 世纪 50 年代、60 年代、70 年代、80 年代等不同的时间段进入过九龙城寨。在他的印象中，里面治安并不差。那边好像没有法律，但有约束力，这个约束力，便来自街坊会、黑社会及其他一些地方团体。城寨有自发组织起来的治安队。九龙城寨街坊会，原名为“九龙城寨街坊福利事业促进委员会”，成立于1963年5月1日。这个组织至今仍然存在。黄康显认为，九龙城寨提供最便宜的饮食、最便宜的服务、最低的消费，它能让收入低下的人过好生活。居住在里面的人与“香港人”不一样，要求很低，但也很快乐。与纽约哈林的贫民区比较，它的治安好很多，中国人注重教育的传统在九龙城寨里面有着延续。城寨里的人会将自己的孩子送到城外上学读书，这意味着在那里“逃出生天”的机会比哈林区大。不过乱归乱，实践雄辩地证明，无政府主义的地方也绝不是完全混乱的，相反，它会很快生出一种新的秩序。

我们今天很难用任何公认的道德及社会价值体系去评价它的存在，但是它的文化和精神价值的影响力却不容忽视。九龙城寨令西方无比着迷，最终被高度浪漫化和未来化，乃至使九龙城寨成为西方及日本诸多科幻、恐怖和灵异文化的一大主题。今日的九龙城寨遗址成为了一座公园。然而，九龙城寨的传奇色彩并没有削减半分，在西方国家和日本，基于九龙城寨而生的各色电影、游戏、小说和漫画仍然层出不穷（图 5，图 6）。美国漫画家特洛伊 · 波义耳（Troy Boyle）甚至说：“我宁愿他们当年拆了埃及金字塔。”

里约的罗西尼亚

巴西里约的南美最大贫民窟罗西尼亚（图 7）有高达 20 万至 30 万人长居于这块弹丸之地。罗西尼亚因为电影《上帝之城》扬名，成为世界最危险地标之一。它所处的里约热内卢在申办 2016 年奥运会时，曾被《今日美国》描述为“诸如谋杀，强奸，绑架，劫车，武装袭击和盗窃的暴力犯罪是一个正常人的一部分日常生活”。

然而让人意想不到的是，在这个里约乃至南美最大的贫民窟中，竟然还生活着这样一群中国人（图 8）。“生活在这里并没有外人想象的可怕。这里每个区都有负责保护片区居民和店铺的老大。他们比警察更可靠。我住了这么久巴西，相信我，这里才是最安全的地方。” 居民秦先生一副释然的样子，语气轻松得让人吃惊。在他们看来，快乐远比赚钱重要。“中国人可能不会相信，在贫民窟里 90% 的人都会觉得有幸福感。”

深圳的城中村

城中村的选址虽然不能完全说是一种自发的城市现象，但是城中村的建设、功能、运营和管理符合自发城市特征。深圳的城中村，在改革开放的 30 年当中，至少解决深圳 60% 流动人口的临时居住需求，而它的这种功能大大地缓解了城市规划及政府服务的不足，满足了城市爆炸式增长期对劳动力的井喷式需求（图 9，图 10）。

有趣的是这些临时性或者“非法”性的城市自发生长恰恰弥补了“合法”城市力不能及却迫在眉睫的许多城市功能需要，缓解了城市矛盾。遗憾的是现在许多“积极的城市空间的实践成果”依然没有获得合法的身份，他们就像那些为城市建筑建设付出劳动，并作出贡献，却一直没有获得暂住证的流动人口一般，迟早难逃被驱赶或拆除的命运（图 11，图 12）。

所有这些实践，虽然形态各异，但都有一些共同的特征，例如，快速搭建，建造成本低廉，工艺相对简单，就地取材，避重就轻，采用的是被动式适应环境的软性策略。有趣的是这些实践经常由用户自身组织搭建，却鲜有职业建筑师介入。虽然他们缺乏系统性，但是他们却能够十分快速而有效地解决用户当下的需求。

临时城市

如果说非法城市或者临时建筑是对城市规划的公开挑战，那“临时城市”则更像是与传统城市规划对抗的“游击队”。他们像幽灵一般神出鬼没，时隐时现。参与者在经济条件以及场地制约下，创造性地、自发地发展出多种有趣而经济可行的方式来直截了当地解决问题。

香港的旺角步行街（图 13）则是商业空间的代表，在香港有很多的商业街区，由于强大的市场需求，以及空间的局促，商贩们自发设计很多以蛇皮袋、竹竿等简易、轻便拆搭的材料营造出灵活且低成本的商业空间。这种空间，在 24 小时内要经过搭建与拆除的全部过程，然后周而复始。

在广东特别是香港餐饮业也出现大量的这种“临时都市”行为。日常的城市广场或者交通空间，在下班以后神奇地转变用途，大部分常常发生在人流旺盛的城市区域，受到广大市民与游客的喜爱，人们习惯于称之为“夜市”或“大排档”（图 14，图 15）。

在欧美，则流行把小货车机动车改造成流动餐厅或者零售店，在人群密集的广场街道处，特定的用餐时间停放经营（图 16）。移动式居住模式现在主要有两种方向，一种是房车（图 17，图 18），在这个领域的创新今年也是层出不穷，笔者早在 20 世纪 90 年代曾经也做过一个这样的创意（图 19），当这些房车集结在一起时，配备一些必要的公共设施，便可形成大规模的房车社区（图 20）。另一种则是帐篷，帐篷作为一种产业的发展，目前已经做到相当大的规模，以及比较复合的功能（图 21），其便利性和廉价的特征未来具有潜力与建筑居住空间争夺市场份额。

虽然这些“积极的城市空间创新的实践者” 始发于商业利益的驱动，是无政府无意识的行为，但是他们却有效地弥补了城市规划所缺失的功能，其中一部分模式形成了产业或产品，通过迭代更新逐步贴近用户的需求。同样，这个领域很少被传统的建筑设计与规划行业所重视。

近年来，深圳的一些企业开始发现它的价值，例如深圳华侨城创意园的“创意市集”，受到这种模式的启发，有序组织的一种创意、公益型商业以及旅游模式，非常成功，受到青年文化爱好者和游客的喜爱（图 22）。

我们居住的城市在“城市内力”的驱动下正在发生着精彩有趣且有效的进化和突变，为什么职业的建筑师和规划师却没有成为这些变化的倡导者和推动者？

建筑师

一个职业建筑师从 5 年的本科教育，加上 3 年的研究生教育，再加上建筑实习实践，最终获得建筑师资格常常需要至少 10 年的时间，这些职业教育和实践的生涯不仅给建筑师带来了职业的培训和技能，更重要的是让很多精英建筑师获得某种自命不凡的优越感，他们要么习惯于从空中俯瞰城市，设想宏大的未来；要么希望在历史中去审视现在；要么像艺术家一样去设想自己的作品…… 然而当今中国社会在资本和市场的裹挟下，大多数建筑师沦为社会化大建造的工具，在这个宏大的社会利益的链条当中找寻到自己的位置。特别是近期，市场面临大面积萎缩的时候，大量建筑师在思维惯性的驱动下，飞蛾扑火般冲向那些重要的公共建筑和地标竞赛，多少建筑师宝贵的智慧和劳动最终只能永远地存在于纸上。

建筑实践似乎走入了一种悖论。那些通过正规的招标而获得设计权的项目，常常由于市场、决策人好恶的不可预见性而最终改得面目全非，甚至半路夭折。而另一种非正式的甚至违章的临时空间，却通过各种巧思妙想迅速建成，动辄存在几年，十几年甚至几十年，使得那些在规划之外的自发城市功能以一种建筑专业参与缺失的前提下迅速地占领城市。

建筑师基本上已经丧失了迅速观察和认识城市的敏锐性，而更倾向于按照职业套路来思维，对全城市的发展在理论或经验的指导下预测、规划，这种居高临下的姿态，使得我们进一步漠视城市最新的趋势与活力。我们的学科理论对实践的指导思想根本无法应对迅速变化的城市问题。因此，今天建筑师需要重新思考自己的职业角色和思维模式。

趣城

所幸的是，深圳出现了一个叫做的“趣城”计划，它尝试让政府与建筑师联手，避免与现行的城市规划与实施制度正面冲突，而是自下而上、灵巧迂回地解决问题。

“趣城”是深圳市规划与国土资源委员会于 2011 年发起的一项计划，倡导针灸式城市设计的疗法，直接从具体的场地入手，采用小尺度介入的方式加以控制和引导，通过“点”的力量，带动城市空间品质的提升，创造有活力有趣味的深圳；同时强调城

1. 游牧帐篷
2. 景山公园俯瞰
3. 纽约中央公园
4. 九龙城寨
5. 九龙城寨漫画
6. 九龙城寨电影
7. 巴西里约的南美最大贫民窟
8. 贫民窟里的中国人
9. 城中村
10. 城中村之广州黄村
11. 失落的城中村
12. 拆迁征地
13. 香港旺角街景
14. 夜市
15. 香港庙街夜市
16. 拉斯维加斯街头快餐车

1. Tent for nomads
2. Bird view from Jingshan park
3. Central Park of New York
4. Kowloon walled city
5. Comics on Kowloon walled city
6. Movies on Kowloon walled city
7. Largest favela of South America in Rio
8. Chinese in the Favela
9. Urban village
10. Urban village of Huang Cun in Guangzhou
11. Lost urban village
12. Demolition for land expropriation
13. Street view in Mong Kok
14. Night market
15. Night market In Hongkong Temple Street
16. Fast-food vehicle in Las Vagas

市设计与管理手段的结合，并与计划规划、行政许可、土地政策等具体管理手段相结合，推动计划实施，避免了城市设计需要通过法定规划的“转译”过程。当时深圳规划与国土资源委员会与当地建筑师合作，提出了近百个城市创意地点的设想，包括特色公园广场、特色滨水空间、街道慢行生活、创意空间、特色建筑、城市事件六大类计划。

2014 年年底，趣城项目终于迎来一次实施落地的机会，深圳盐田区政府邀请项目进驻盐田。深圳规划与国土资源委员会与盐田区政府共同邀请 6 家深圳本地的独立建筑师团队参与这个计划的设计与实施，笔者有幸参与其中。

与传统建筑师获得项目的方式不同，我们并不是坐在办公室里等待那些有明确需求的客户，然后按照他们写好的任务书来为他们量身定制，而是我们是自己走上街头，发现城市当中的那些问题或者机会，思考公众的需求，并按照场地的现状，以最小程度的干预，来解决城市问题。每一个设计团队所提出的方案必须充分尊重现有城市管理的各种规则，明确解决现有城市空间所存在的问题或者创造新的价值，并且在技术和造价上可实施。

我们团队所关注的主要是：剩余或者消极空间以及废弃物料的再利用；发现和补充缺失的城市功能；提出系统化，产品化，标准化的解决方案，强调项目都可复制性，可延展性；创造性地将以上提及的资源与需求重新整合，释放价值。通过我们的几个项目案例可以更具体地展示我们的观点。

集装箱廊桥

盐田港是深圳规模最大的集装箱港口之一，区内随处可见集装箱堆场，这些工业化城市景观成为盐田区的一个特色（图 23）。同时在著名的海鲜街对面正在兴建盐田最大的商业综合体——翡翠岛（图 24）。海鲜街（图 25）与综合体之间一水之隔，需要建造一座步行桥。于是我们建议回收附近的用集装箱，搭建一个有盐田特色的人行廊桥，由于是用集装箱建成，它不仅遮风避雨可供行人通过，而且桥体可以建成一个面向公众的海上画廊（图 26，图 27）。

高架桥下

盐田区有很多的高架桥，这些由于我们对效率的追求，而产生的巨大城市基础设施，同时也产生了一个不可回避的副产

17. 拖挂房车
18. 房车内部
19. 张之杨设计的便捷式住宅
20. 房车社区
21. 帐篷旅店
22. 创意市集
23. 盐田港立交
24. 翡翠岛综合体

17. Recreational vehicle
18. Interior of the recreational Vehicle
19. Portable house design by Zhang Zhiyang
20. Recreational vehicle community
21. Tent hotel
22. Creative market place
23. Interchange of Yantian Port
24. Jade Island complex

品——尺度巨大的城市剩余空间，有些高达几层楼。像其他城市一样，桥上桥下都是机动车道路。于是我们就思考是否可以将这些冰冷无趣，却又无法回避的城市空间加以利用，把它们转变成有价值，至少有趣的都市空间。我们一度想在桥下悬挂一些可以使用的功能空间，例如咖啡厅甚至廉价住房，但最终被认定为过分异想天开，而且不够安全遭遇否决。于是我们将方案改成了 LED 信息屏幕，至少乘客在百无聊赖的堵车时，可以获得一些有趣的信息和娱乐内容。夜晚时改善桥下的照明，取代路灯的功能，使得这个区域更加安全（图 28，图 29）；另一个方案是请艺术家做一些发光的动物图像，以粗犷的混凝土作为背景给这些发光的小精灵创造一个新的家园，至少使这里的空间变得有趣些（图 30）。

自行车雕塑公园

盐田区早就实现城市公共自行车系统，很多被过度使用或者无法修缮的自行车被成堆地遗弃在城市的角落（图 31）。而同时盐田正在打造一条 “自行车运动山海通廊”，在廊道的两侧计划安放一些与运动主题有关的雕塑作品。我们发现这是一个可以让这些废弃的自行车获得重生的机会：将这些废弃的自行车拆解，再重新组合成若干个自行车公共装置作品（图 32，图 33），沿运动通廊放置。

树公园

我们在盐田的街上行走，注意到这里很多街角的小公园或人行道旁的树木是随意而不规则地排列着，猜想大概这些树木是修了人行道和公园保留下来的。由于在路边，即便是炎热的中午，常常有一些市民站在树荫下乘凉或摆摊，但树下却没有任何可供市民坐下来休息或交流的设施。

于是我们设计一些单元式的小家具，以人的身体与家具产生关系为出发点，我们设计了一个标准的模块，它不同的摆放方式将跟人的身体发生不同方式的互动（图 34），当若干模块组合在一起的时，又会形成非常有趣而独特的空间。比如四个单元可以围合成一个树池，变成树周围的座椅，当它被以线状联系在一起的时候可以形成一个公园长椅，甚至是一个有趣的装饰和城市雕塑（图 35）。由于城市街道和公园的各个场地提供的条件不同，这种百变的组合方式可以自由适应不同场地的特殊限制。模块化的设计实现单元家具生产的标准化，简化了包装、运输及安装的

25. 盐田海鲜街
26. 人行廊桥方案
27. 人行廊桥区位
28~30. 高架桥改造方案
31~33. 自行车公共装置作品
34. 单元式家具的多种组合
35. 单元式家具透视

25. Yantian seafood street
26. Footbridge proposal
27. Footbridge proposal
28~30. Renovation proposal for high bridge
31~33. Installations made of bicycles
34. Combinations of modular furniture
35. Modular furniture perspective

难度。最后我们还是希望这个最简单的单元可以无限延展，在不同城市空间当中被使用者进行自由组合，他们也成为共同创作的设计师。

“趣城”相对于正统的城市规划在思维方式和逻辑上可以说是反其道而行之，传统规划是自上而下，从宏观到微观；而“趣城”则是自下而上，见微知著，从非常细微的地方去认识发现城市当下的问题，是在尊重城市现状的基础上对其进行微调和改造，绝不是大刀阔斧的颠覆或者借科学或理性为由对现状推倒重来。如果说传统的规划师是对环境的征服或重塑，那么“趣城”则更推崇像太极或针灸似的借势而为。通过对现有城市公共空间的观察和研究，策略性的植入新的积极细胞，让城市自身的内力与之相互作用，在有机体内滋长，最终由内而外逐渐地改善城市空间和环境的品质。它的目的不是要取代或者颠覆现有的城市规划逻辑，而是对目前城市规划系统的一个积极补充。

未来

我们相信，趣城计划仅仅是一个实验性的开始，希望在不久的将来会发展成一个越来越完善的体系，借助互联网丰富的技术平台，让更多阶层的社会人士和城市使用者能够加入或者关注到这个计划，对项目的选择、设计、决策以及后续的使用，进行监督和评价。使大众充分意识到每个人都有机会参与到我们身边的环境营造和改变当中来。它更加深远的影响是，让市民通过逐步关注与参与自身生活环境改造活动，对自己生活的社区乃至城市产生强烈的归属感。

在工业发展过程中，曾经出现过一些专门操控机器设备的职业，例如打字员、汽车司机等等；随着复杂技术操控人性化和简单化的发展，这些职业自然将遭到淘汰。随着设计工具逐步的人性化和便利化，未来人人都有可能变成设计师，今天建筑师作为职业的技术壁垒将被打破，同时，我们所拥有的专业话语权也被挑战和质疑，建筑师必须主动地面对这些变革，找到自身独特的核心价值，为这个时代的来临做好准备。

我们相信，未来现行的城市规划执行系统将会与由城市内力所驱动的、自下而上的类趣城系统互为补充，共同塑造出一个既有宏观的策略框架，又有微观细节，可自身进化的有活力的城市空间体系。

图片来源 (Image Credits):

1.http://photo.blog.sina.com.cn/photo/1985268511/7654cb1fgc1e0c30ff1cc
2.http://pp.163.com/shine-style/pp/12118097.html
3.http://bbs.tiexue.net/post_7193399_1.html
4.http://jandan.net/2015/08/10/kowloon-walled-city.html
5.http://cartoon.zwbk.org/serialLZComic.aspx?PartID=39194&ComicIndex=1
6.http://www.yiyingt.com/dongzuo/gongfu/Stills_26302.html#p=193
7.http://www.hinews.cn/news/system/2014/06/26/016759454.shtml
8.http://2014.qq.com/a/20140710/055951.htm
9.http://smileyhdl.lofter.com/post/1cb8d6bc_575fef3
10.http://news.ycwb.com/picstorage/2014-09/28/content_7896031_20.htm
11. http://www.miui.com/forum.php?mod=viewthread&tid=2263703&mobile=1
12.http://www.zshpw.com/thread-44568-1-1.html
13.http://itbbs.pconline.com.cn/dc/topic_14145016-12320081.html
14.http://bbs.zol.com.cn/dcbbs/d17_2861.html#p=23121582
15.http://hongkong.baike.com/article-27795.html
16.http://photo.blog.sina.com.cn/photo/1938915884/7391822cn79580bb5bcb9
17.http://www.qixing365.com/thread-26012-1-1.html
18.http://www.nhzy.org/48329.html
19.http://www.ikuku.cn/post/24141\
20.http://www.snopes.com/obama-opens-first-concentration-camp/
21.http://www.cleartrip.com/hotels/info/hidden-cove-eco-retreat-683389
22.http://blog.163.com/bsy001%40yeah/blog/static/122681800200962921937229/
23.http://iyantian.sznews.com/yantian-ltyt/contents/2012-10/08/content_7265602_2.htm
24.http://bbs.szhome.com/commentdetail.aspx?id=172717343&projectid=60008
25. http://blog.sina.com.cn/s/blog_54b068460100mqyg.html
26. 作者提供
27. 腾讯地图
28~30. 作者提供
31~32.https://mymoma.wordpress.com/2013/03/18/mark-grieve-ilana-spector-bicycle-art/
33.http://www.buro247.com/me/culture/news/ai-weiwei-bert-benally-art-installation.html
34~35. 作者提供

张之杨
ZHANG Zhiyang

作者单位： 深圳市局内设计咨询有限公司
作者简介： 张之杨，深圳市局内设计咨询有限公司创始人

都市造园
Urban Gardens

高速城市化中心边角剩地的空间再填充计划
Refilling Urban Residuals in Core Area of Rapid Urbanization

孟岩　MENG Yan

URBANUS 都市实践事务所在深圳的早期实践起始于一系列“都市造园”，从 2001 到 2011 十年间先后有七个小公园在罗湖区陆续建成，之后在几轮旧城更新中又有几个被拆除或改建。从今天的视角来看，相对于时下大量为美化城市环境而进行的“景观设计”，那一特定时期的“都市造园”更专注于深圳 20 余年高速城市化后紧迫的城市现实问题，这一计划紧跟城市空间快速演进的步伐、通过同步植入更具文化内涵的城市公共空间积极地介入和重塑城市。文章回溯了这一历时十年的“都市造园”计划如何孕育发生和落地实施，重点梳理零散的城市“景观”项目如何转化为一系列独具针对性的城市设计策略。

都市造园；城市填空；城市策略；新文人园

Urban gardens; Urban refill; Urban strategy; Neo- literati-garden

The early practice of URBANUS in Shenzhen started with a series of "urban gardens" from 2001 to 2011. For a decade, more than seven gardens were built in Luohu District, later, a few more were demolished or renovated during later phase of urban renewal. From today's perspective, while "landscape design" is widely used in the city to beautify the environment, "urban gardens" in that special period of time focused more on pressing problems of rapid urbanization in twenty years. This plan followed closely to the fast change of city space, and actively involved in the reconstruction of the city by implementing public space with more culture elements. This article reviewed on the birth and implementation of "urban garden", which lasted for a decade, and emphasized the transformation of fragmented urban "landscape" into a series of unique targeted urban design strategies.

“都市造园”——大都会中的人文天地

缘起与思考 ——“新文人园”

在20世纪80年代末我开始对传统文人园林的研究，用两年多的时间实地考察加上对比阅读中西方文献，这项研究力求在当时文化讨论的大背景下解析与重构文人园林。它不仅想解读一种古代雅士艺术的传统，也试图提供一个审视历史和未来的新视点。在一篇6万余字的论文《文人园林：观念、风格与形式法则的演变》最后一章 ——“文人园林之后”，我分析80年代中期新潮美术运动兴起前后的新文人艺术思潮以及当时在建筑和园林领域重寻文人精神的零星探索，其中也包括了冯纪忠先生的松江方塔园等造园实践。这类“新文人园”试图给当代都市人带来一方新的精神安居地，以现代的笔调重新改写文人园林古老的文本来重新建构园林与城市、建筑与自然新的空间和情感联系。在最后一节“重构策略：通向再生之路”的论述中，我设想重构文人园林作为未来一种新的城市园林类型：“新文人园”，注重历史传承的精神性，但不再仅仅诠释古老的文人传统，园林也不再是从城市现实中孤立出来的一个纯粹和完美的封闭世界。城市中的杂乱纷呈，在观念上不被拒斥而与自然和谐一道，作为不同的造园修辞，并置、拼叠成为一个混合了现实世界与文人理想的新的园林空间模型。新文人园也会成为更具城市属性的开放领地，并能够重新建立高雅文化与公众生活的有效连接。

接续与转变 —— 现代大都会与“城市山林”

何为大都会生活之诗意？90年代后期在纽约的一段生活经历给了我直面现代大都会生存状况的机会，超高密度的都市空间和“拥挤文化”对都市人身体和心灵造成巨大压力的同时，也给想象力拨开无限的空间，使都市人更加倍寻求精神的庇护所。田园不再而诗意犹存，更令人感慨系之。伴随着现代大都市发展的历史进程，人们也从未停止力图挣脱城市自身缠绕的种种困境的努力。纽约人经历从战后逃离城市中心到后来回归城市中心，人们不再回避而是正视大都会生存的残酷现实，从而积极地适应和创造一种基于高密度都市空间的大都会生活方式，也可以说是当代大都会磨砺和重塑新一代大都会人。一个极端的例子是有一对纽约夫妇为了享受大都会挤压之下的诗意和想象，购买位于一座高楼顶上的天台作为他们的小小花园。而他们并不住在这座大楼里面，每当他们想去享受这座花园的时候，就先要在城里走上一段，乘上封闭狭小的电梯缓缓到达顶层天台，而瞬间在他们的眼前展开了大都会的全景图。站在纽约高楼的天台上俯瞰城市，从近到远无穷无尽的高楼高下参差如“群山”环绕，高架在顶楼上的钢梯和尖尖的老式水塔好似山间的亭台，间或空调冷却塔冒出的缕缕白雾幻化成了山间的浮云；俯身下望百米深的街道是峡谷中的溪流，宽阔的大道川流不息的车灯汇成了奔腾的江河；城市的噪声成了群山中的回响，偶尔呼啸而过的救护车和消防车化成了混凝土森林中的虎啸龙吟。面对这谜一般的都市风景，我一直在想着与中国的“桃花源”中渔人弃舟上岸，走过“若有光”的洞中，最终“豁然开朗”来到一片“屋舍俨然”的田园景象何其相似，城市山林只是把时间经历从水平延展转化成垂直攀升而已。纽约高楼丛中隐藏的千奇百态的城市生活，街边咫尺庭园和小广场上的生活场景正是现代大都会万般压抑之下产生的独特文化，正是在极度人工化的城市环境中散落的边角和残留缝隙滋生出了纽约奇异的都市文化与诗意。

回归与机遇 ——“都市造园”在深圳

URBANUS都市实践成立于世纪之交的纽约也得益于这座大城市的滋养，而彼时的纽约身上仍闪耀着20世纪“世界之都”（Capital of the World）、“万城之城”（City of the City）的光环，满载着经济的自信和文化的雄心。基于这一特定历史焦点下对20世纪末世界大都会文化的思考，都市实践从一开始就关注新世纪中国急剧城市化正不断产生的新问题，并致力于研究新的城市和建筑学的应对策略。此后的实践也一直坚持以当下紧迫的城市问题为导向的设计与研究方向，而早期的“都市造园”计划即是针对中国高速城市化过程中随着旧有城市空间结构快速消解而新的城市公共空间普遍缺失的状况所提出的一系列城市策略。基于此前积累近十年的思考和研究，这一计划从1999年第一个项目落地开始，就立即展开以深圳作为当代中国城市化的样本，结合城市设计、城市策划、建筑与景观设计以及艺术介入等诸多手段去织补和重构城市开放空间，并借此激发新一层城市生活的产生。“都市造园”计划摒弃模糊的“景观设计”概念，力图超越对城市环境在视觉上的“美化”和“修饰”，而注重解读城市现实、发掘历史、积极与城市发生关联且具有激发城市事件的功能：“都市造园”也试图在当今全球化和商业主义泛滥的情形下重新限定富有含义的公共场所，以弥补日益缺失的城市精神价值。

“都市造园”与“再织城市”

深圳模式（Shenzhen Model）的滥觞与“物体城市”（City of Objects）的困局

在当今中国几近白热化的高速城市化浪潮之中，深圳也许不再是最为耀眼的热点，然而它的意义却不容忽视。深圳创建一个中国城市发展的全新模式：权力和资本的强势推进保证了造城运动的超高速度，在短短30几年的时间里，一座全然人工打造的现代大都市几乎是一蹴而就。在20世纪最后20年，作为融合了政治和资本双重雄心的一项超级实验，深圳被打造成一个时代的精神样板。那时的深圳几乎成为效率、速度和金钱的代名词，官方媒体对“深圳精神”的颂扬更使它的意义远超一座新兴城市的物质和空间层面，成为融政治理想、经济雄心以及大众文化心态的一种新生活的模板。之后深圳这块模板在全国范围内被迅速复制，从珠三角、长三角和京津冀的超大城市群到二、三线城市都热衷于在最短时间内建成一座座深圳式的奇迹，人们似乎有充足的理由相信海市蜃楼般涌现的新城勾画了无限美好的未来生活图景。在全中国的城市都已经“深圳化”的时代，深圳却已然进入更加成熟的发展阶段，因而对于深圳城市问题的应对策略也就有了更为普遍的意义。

早期深圳造城模式的起点是一个精心设计的城市规划蓝图，它是真正意义上按照毛泽东说的“一张白纸，没有负担，可以画最新最美的图画”设计建造的“理想之城”。深圳模式最终带来了一座有着良好车辆交通和充足绿化的城市，缺乏任何关联的建筑物被并列在一起匀质地充斥于城市中，相互之间并不构成能够激发丰富的城市生活的城市外部空间；深圳模式中规划在高速开发的过程中一次次滞后和不断被打破最终让位于速度，发展和速度成为造城运动的根本目标。城市建筑成为经济发展价值指标的三维呈现，结果是基于极端有序的规划蓝图却建造几何规整却空间无序的城市（Well Planned Chaotic City），或者形象地说是一种由建筑物简单堆积而构成的“物体城市”（City of Objects）。这种状况直到90年代中期对于详细城市设计的重视之后才逐渐得以修正。

都市造园——高速城市化中心边角剩地的空间再填充计划

从1979年到1999年的20年间，深圳大规模快速、粗犷发展造就了一座典型的既缺乏历史与地域传承又缺乏清晰特征的“通属城市”（Generic City），当人们开始从关注建筑个体转移到关注城市空间的品质时，世纪之交的深圳酝酿美化装点、弃旧迎新的强烈渴望。在这种普遍的社会心态下，出现一场自上而下的大规模的城市整治和美化运动，希望这一匀质的“物体城市”加上充足的绿化可以造就一个新加坡式的南方“花园城市”。但

1.《文人园林》 1. *Garden of Literati*
2~3. 翠竹文化广场 2~3. Jade Bamboo Cultural Plaza
4. 地王城市公园 I 4. Diwang Urban Park I
5. 东门摄影广场 5. Dongmen Photography Plaza

清华大学硕士学位论文

文人园林

观念、风格与形式法则的演变

GARDEN OF THE LITERATI:

CHANGING VIEWS OF IDEA, STYLE AND PRINCIPLES OF FORM

研究生：孟岩
指导教师：周维权 教授
专 业：建筑设计与理论
培养单位：清华大学建筑学院

一九九一年三月

1

3

城市美化运动对城市的作用往往流于形式而缺乏通盘考虑，而恰逢对城市公共空间潜在的改造机遇，URBANUS 都市实践提出作为城市策略的都市造园计划，希望借助环境整治、景观设计实现开放的城市公共空间系统。它可以顺应人们对高品质的公共空间的需求，借机填充那些在高速造城过程中剩余的边角空地，织补支离破碎的城市外部空间。每一个"景观设计"项目都可以是一次从城市局部对更大范围的周边地区实施作用的机会，来修正和重新建立建筑物与城市公共空间的联系。未来进一步去梳理、连接、充实和转化高速城市化所形成的"物体城市"。

（1）离散城市空间的链接——深圳地王城市公园

地王城市公园是 1999 年都市实践在罗湖地王商务中心区一项大规模城市环境改造计划中唯一得以实施的片段，计划的起点是改善各自孤立的建筑物和机构所分隔的城市外部空间，长远目标是通过对城市表层空间结构的重整，逐渐编织成一层无限伸展的公共空间网络以注入到已有的"物体城市"之中，进而形成激发新的城市公共生活的场所。这座坡地园林戏剧性地保存了一块在高速城市发展中被遗留的土地，造园成了在原有自然地貌上叠加新的人工景观的实验。它也是一次文化拼贴的尝试，通过对文人传统的诠释和移植，在新兴城市商业中心置入一方别样的风景，几组园中小筑也提供了一系列重新对视周边城市的窗口。

然而不无讽刺意味的是这方以城市策略入手的近 1 万 m^2 的城市公共空间却在建成仅仅两年后就被拆除，被原本规划位于公园南侧的华润万象城吞并，一座小小公园的命运恰恰成了当今中国城市发展种种疯狂和急功近利的注解。

（2）城市表层地形的重塑——深圳摄影大厦绿地公园

与隔路相对的地王城市公园几乎同时设计，但与前者"当年设计，当年建成，两年拆除"的命运不同，这一公园的实施却一直拖到 6 年之后，其间针对现场条件的不断改变持续调整，最终也仅仅完成原设计的一个片段。起伏的人工地貌暗示其下掩盖的城市原貌：一条流经基地的暗河以及一座违建大楼被拆除后残存的基座。对地表的重塑解读了城市中极端人工化与被压抑的自然之间的糅合、交织与力量的此消彼长，大型灯箱装置把日常城市中的工业元素钢网和玻璃与文人趣味的屏风和丛竹共冶一炉。

（3）混杂商业娱乐区的文化注射——深圳公共艺术广场

公共艺术广场设计始于 2000 年，历时六年才建成。在罗湖区紧邻香港的一片高密度街区中，城市规划部门与建筑师在不断对话之中共同策划了这片场地的内容。我们希望植入周边缺失的艺术空间来刺激新的城市生态，从而提升整个周边地区的城市公共生活品质。它不仅是观赏性的休闲场地，而是一个生动、另类的城市生活舞台，也是公众触摸艺术的界面。不同的是，这种文化氛围的引入不是城市演进中自然而然发生的，就像深圳这座极端人工化的城市一样，它是一项精心策划的文化注射。

公共艺术广场采用素色和简单的材质造成与周边商业娱乐氛围的强烈反差，但它并非全然自我孤立，而是试图与周边繁杂市

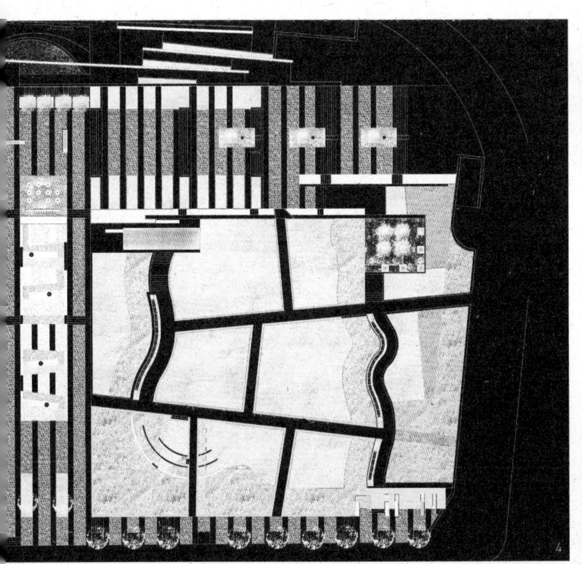
4

5

并对话并彼此互为参照；透过它对空间简单清晰的切割，人们可以获得重新解读周边城市经验新的视角，这种强制产生的互为因借，反观和彼此映衬的空间句法其实与传统的文人造园并无二致。

（4）裸露空间中的城市绿洲——深圳笋岗中心广场

大面积的仓储、物流与批零商业混合区是当前城市的一种片区类型，笋岗中心广场基地便是这样一个典型地段。在一种极其空旷、零散的城市肌理之间强力推出一个聚人的市民空间无疑将是对这一地区未来产业转型升级注射的一剂兴奋剂，同时将有力加速提升这一区域的公共生活品质。

当都市实践介入项目之时，原设计的地下停车场已施工了一半以上，甲方强调填平下沉广场同时要求尽可能保持地下部分不变，重新设计广场的表层。在周边环境身处快速变化之中且无法提供任何可确定的参照前提下，广场就需借用强有力的视觉和空间手段形成自身完整的形态，并且同时具有适应性。漂浮在广场之上的五个花岛辟出了几个小尺度的亲切的活动空间，它们各自具有不同的主题，与地表流动的线条一起编织成一方城市绿洲。

（5）田园精神的回归之旅——翠竹文化广场

深圳在80年代大规模建设之前曾遍布丘陵，如今原始地貌大多因快速建设早已铲平。翠竹公园是城市中心为数不多的仍保留原始山丘地形及植被的地方，但她早已被密集的建筑包围，且与周边街道缺乏联系。

罗湖区政府决定打通翠竹公园北入口与北侧街道的连接，与相临住宅区的开发商协商决定利用一片开发残余剩地做公共广场，作为回报在广场下方为紧邻小区提供50个停车位。设计保留了早年开发残留的一半小山丘，采用传统台地园林的形式，从庭院东北角引出一条折线形爬山廊，蜿蜒上升到公园新的入口。基地由北至南坡度高差有13m，沿山体逐级抬升的折廊是参照传统造园的手法沿着基地最不利的一侧行进，与现存的小区挡土墙之间若即若离、重新界定东侧边界，同时让人的视线可以专注于西侧较好的景观。行走于廊中，步移景易，这种系列性的空间体验正是中国传统园林精髓所在。狭长的坡地被切割成形状各异的台地园圃，栽种花、草与药用植物，通过鼓励附近居民参与体验种植的乐趣，引导公众参与社区环境的创建与维护。从繁闹的城市生活到田园实践和林间休闲，是对都市人回归山野、远离尘嚣的内心渴望的积极回应，这一精神的回归之旅建立了将传统、自然与现代城市链接的纽带。

（6）商业空间中的城市舞台——罗湖区东门摄影广场

从一个村镇“墟市”开始，位于罗湖的东门地区虽历经改造，却一直是深圳历史上最活跃的民间商业中心。2007年罗湖区决定将其核心的东门商业广场改造为以摄影与城市记忆为主题的文化广场。

设计的策略是在周边混杂的商业环境中整合已有的支离破碎、舞台布景式的历史片断，从对现实环境的整理入手智慧地植入新的元素，添加而非清理、杂化而非纯化，改造后令广场仍然充满大众文化的气氛。这个设计在传承历史文化的城市空间中注入了充满活力的当代元素，也为新的“深圳故事”提供了最佳道具和舞台背景。

（7）城市边角绿地的再编织——文锦花园广场

30几年来深圳的城市建设快速向外拓展，而内部大量残留的边角空间并非都得到有效的利用和管理。

地块位于罗湖区深南大道与文锦中路交汇处，长期以来只是一个存留了茂密树木的消极场地。这种现状为我们提供了一个反

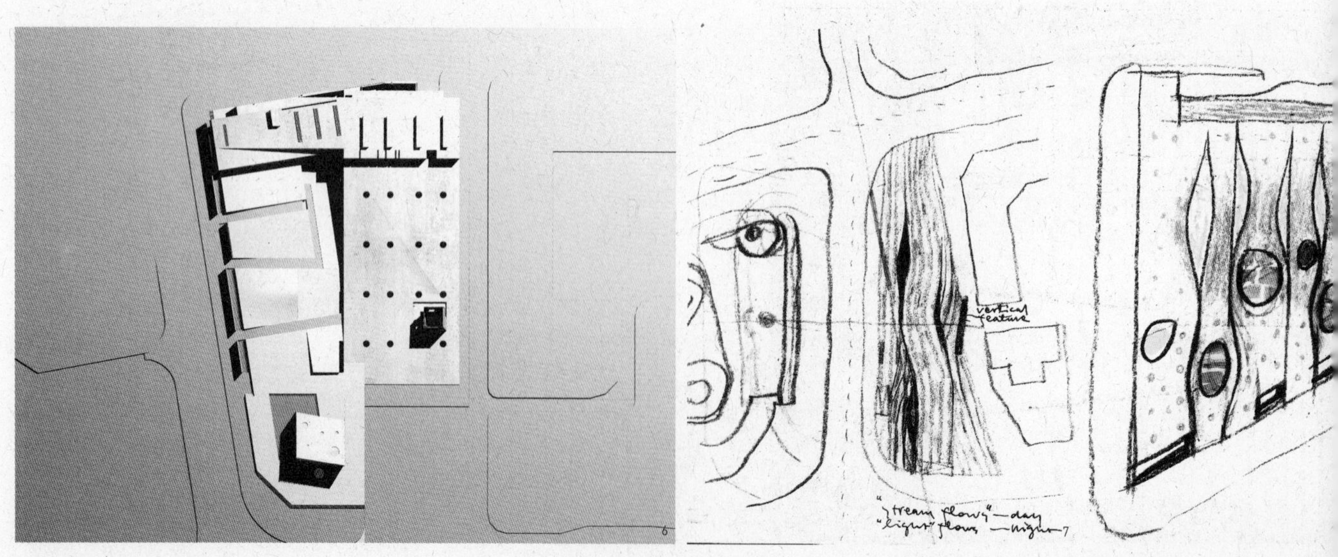

6 7

思消极公共空间的机会：公共资源需要以一种平易近人的方式让公众享有平等的使用权利。

为了创造一种介于绿地与广场空间之间、城市与自然之间新的园林空间，设计基于现有树木位置采用均质、流动的“岛屿”与甬路重新分割场地，将封闭的绿地转化为易于穿行的街边庭园，开合有序的休息空间吸引公众进入，提供了多样化的空间舞台。这个设计体现了都市实践一贯的策略：景观设计从一种作为背景的角色，变成触发城市故事的发生、激发城市活力的孵化器。

（8）情景式的社区空间——深圳社区公园计划

2006 年是深圳市 “社区公园年”，政府又一次大力推进公园进入社区的运动，这似乎会成为继 20 世纪末以来深圳城市整治美化运动之后的又一次公共空间建设高潮。URBANUS 都市实践再次应邀参加了罗湖区五个小社区公园的设计，在此我们把每个小公园看作是介入某一特定社区生活和街道体验的一次试验：我们设想根据每个地区不同的空间和文化特性采取不同的介入策略，这些小小的“口袋式园林”将与周边住区的生活紧密结合，它们逐渐可以形成一组组具有特定情节的城市场景，游览这些隐藏在高密度大都市中的小公园，成了一幕幕都市戏剧的段落场景，串联这些场景也许会构成对这座新兴城市体验的一条不同的文化线索。

结语

“都市造园”是一项带有浓重的中国寓意的城市公共空间再造计划，面对城市外部空间的种种问题，它试图以一种中国人更易于理解和乐于接受的方式，去发展出既有别于深深根植在市民文化和民主传统之中的纯粹西方式的“广场”，又不止于中国式的“园林”或“绿化”的一种新的城市空间类型。当代中国城市整体形象上的全球化，趋同化和混乱无序几乎是不可逆转的现实，而且我们也看到这种新的城市状态所展示出来的合理性和生机勃勃的活力；然而人与城市最直接的接触注定发生在城市的表面，外部城市空间仍是极具潜力的新的城市前沿。对城市高速发展所遗留下来的这些边角剩地的再利用标志着城市已经向纵深发展并具有更加成熟的自我更新能力，而“都市造园”计划作为一种城市策略正是实现这一目标的有力手段。

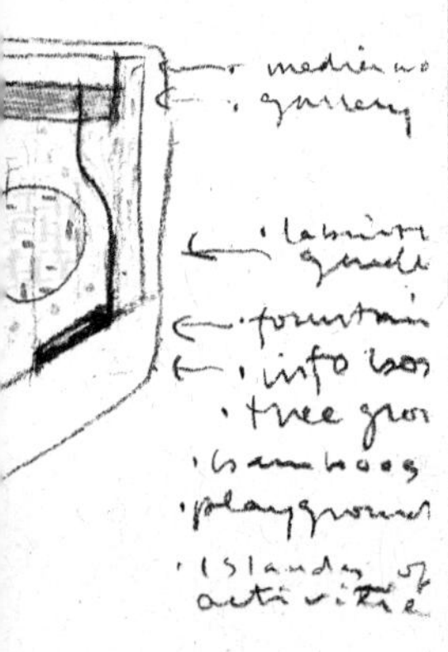

8

9

6. 罗湖公共艺术广场
7. 深圳摄影大厦绿地公园
8. 深圳笋岗中心广场
9. 文锦花园广场

6. Public Art Plaza, Luohu
7. Shenzhen Photography Plaza Green Park
8. Shenzhen Sungang Central Plaza
9. Wenjin Garden Plaza

孟岩
MENG Yan

作者单位：URBANUS 都市实践建筑事务所
作者简介：URBANUS 都市实践建筑事务所创建合伙人、主持建筑师

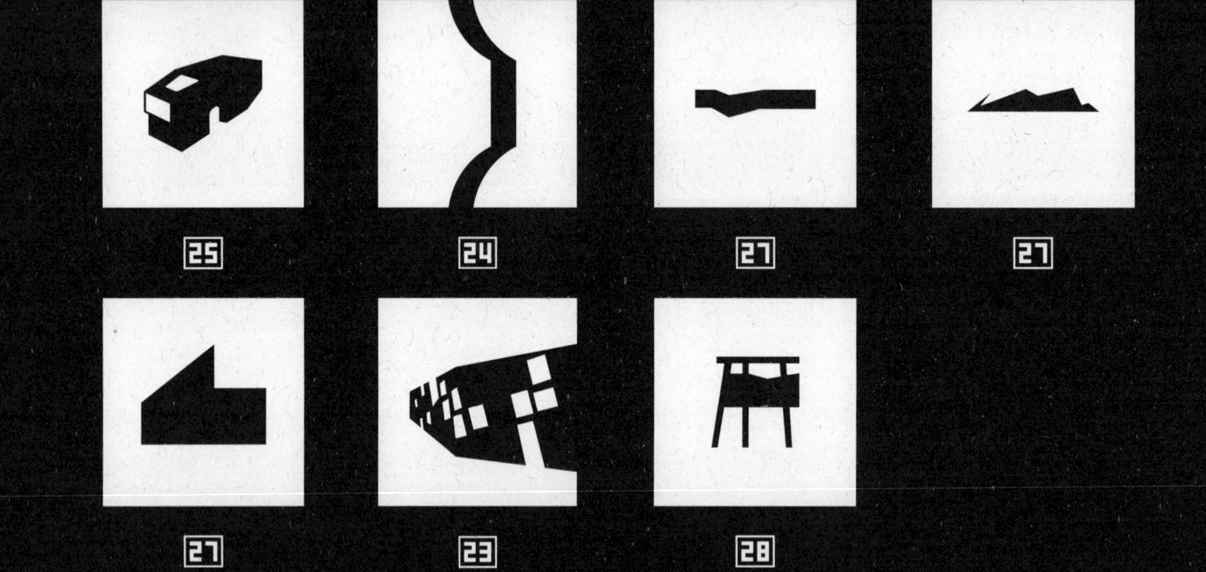
25
24
27
27
27
23
28

建筑作品

Architecture Projects

中电大厦
Zhongdian Complex

福田区深南路与华发路交汇处
The Intersection of Shennan Avenue and Huafa Avenue, Futian District

城市路由器

Urban Router

项目名称： 中电大厦
项目地点： 福田区深南路与华发路交汇处
项目时间： 2007-2017
用地面积： 15 292m²
建筑面积： 41 000m²
建筑层数： 8
建筑高度： 48m
业主： 深圳中电投资股份有限公司
建筑设计： 都市实践建筑事务所
主持建筑师： 孟岩
项目组： 饶恩辰，陶剑坤，张震，涂江，姚晓微，李强，尹毓俊（建筑），姚殿斌（技术总监）

施工图： 中汇建筑设计
结构： 广州容柏生建筑结构设计事务所
机电： 深圳市天宇机电工程设计事务所

Project: Zhongdian Complex
Location: The Intersection of Shennan Avenue and Huafa Avenue, Futian District
Project Period: 2007-2017
Site Area: 15,292m²
Floor Area: 41,000m²
Building Levels: 8
Building Height: 48m

Client: China Electronics Shenzhen Company
Architectural Design: URBANUS
Principle Architect: Meng Yan
Team: Rao Enchen | Tao Jiankun, Zhang Zhen, Tu Jiang, Yao Xiaowei | Li Qiang, Yin Yujun (Architecture) Yao Dianbin (Technical Director)
LDI: Shenzhen Zhonghui Architectural Design Firm
Structure: RBS Architectural Engineering Design Associates
MEP: Shenzhen Tianyu Dynamo-electric Engineering Design Firm

华强北是深圳最具活力的商业旺区，然而繁华的背后蕴藏着巨大的危机。人行、车行交通的混乱，配套基础设施不足已在华强北由单一的电子配套市场向多功能综合商业街区转化过程中显现出了巨大障碍。

本项目用地位于华强北背街多栋高层建筑的夹缝之中，一条日流量约 20 万人的通道横穿基地。任务要求设计多层立体车库，同时也包含商业，餐饮和旅馆等功能，更重要的是希望通过这座建筑重新梳理基地周边的人车交通系统，同时与周边的数栋商业建筑立体相联。

这样极高密度的城市环境蕴藏着巨大能量，我们面临的挑战是如何在一栋巨大体量的建筑中同时容纳大量的物流、车流和人流，保证其各自系统高速运转的同时又制造新的商业机会和非同寻常的城市体验。

于是一座“超级容器”包含了垂直叠加的底层物流集散场，沿街的商业及餐饮配套设施，中部的多层立体车库以及顶部的旅馆。场地内一座多层商业楼也被包裹纳入到新的表皮下，建筑表面拉伸金属网的整体包裹满足了多层车库的采光通风要求，建筑形体反映了基地的空间限制，而试图挣脱这种限制所产生的扭曲表皮也造成了强烈的视觉效果。大楼中部被开凿出一个巨大的城市通廊，它既连接过街装置又通向商场的入口，此外我们保留了原有街道穿越的方式，并用多方向的坡道做了有次序的引导，使人流在穿越建筑物的同时能够方便地进入到各个商业楼层。巨大的采光井将自然光从高空引下，在通廊内弯的曲面上随时间而变化，每日几十万人流将从这里穿过。

Huaqiangbei, which is recognized as the most active commercial center of Shenzhen, is currently encountering a great urban crisis: the chaotic pedestrian and vehicular circulation as well as the lack of urban infrastructure and facilities became an obstacle in its transformation from a single-programmed electronic market to a mix-used commercial district.

The site is located on the main street of Huaqiangbei, in a void surrounded with overwhelming skyscrapers and crossed by a path with approximate 200,000 people flow per day. The design brief requests designers to design a multi-level parking structure, with retails, restaurants and hotels. More importantly, it is hoped to improve the local traffic condition and to connect the nearby commercial buildings.

Urban area with such high density usually contains a great amount of energy. The challenge of the design is to accommodate, within a large scale of architectural volume, the movements of people, vehicles and other kinds of logistics. Thus, the design should reinforce the efficiency of each system while creating new commercial opportunities and extraordinary urban experiences.

■ 区位图 / Site Plan

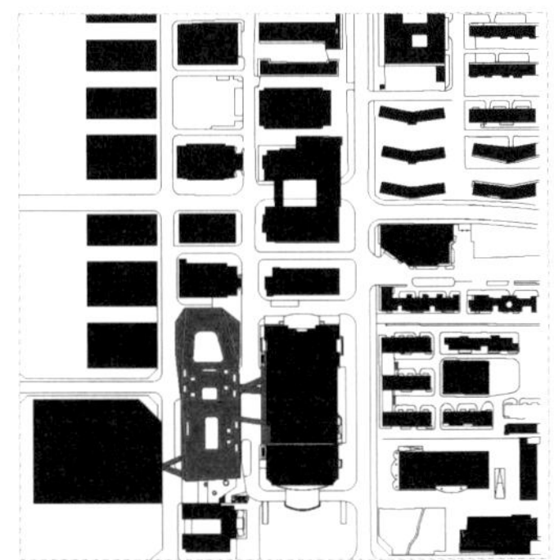

Therefore, this "Super Container" consists of vertical distribution dock at the lower level, commercial activities and food and beverage on the street level, a mechanical parking system on the mid-levels, and a hotel on the top floor. Reacting to the current situation on the site, an existing five-story commercial building is embedded within the design. It is entirely wrapped around with a stretched metal mesh, to ensure that the inner space of this "Super

CEC

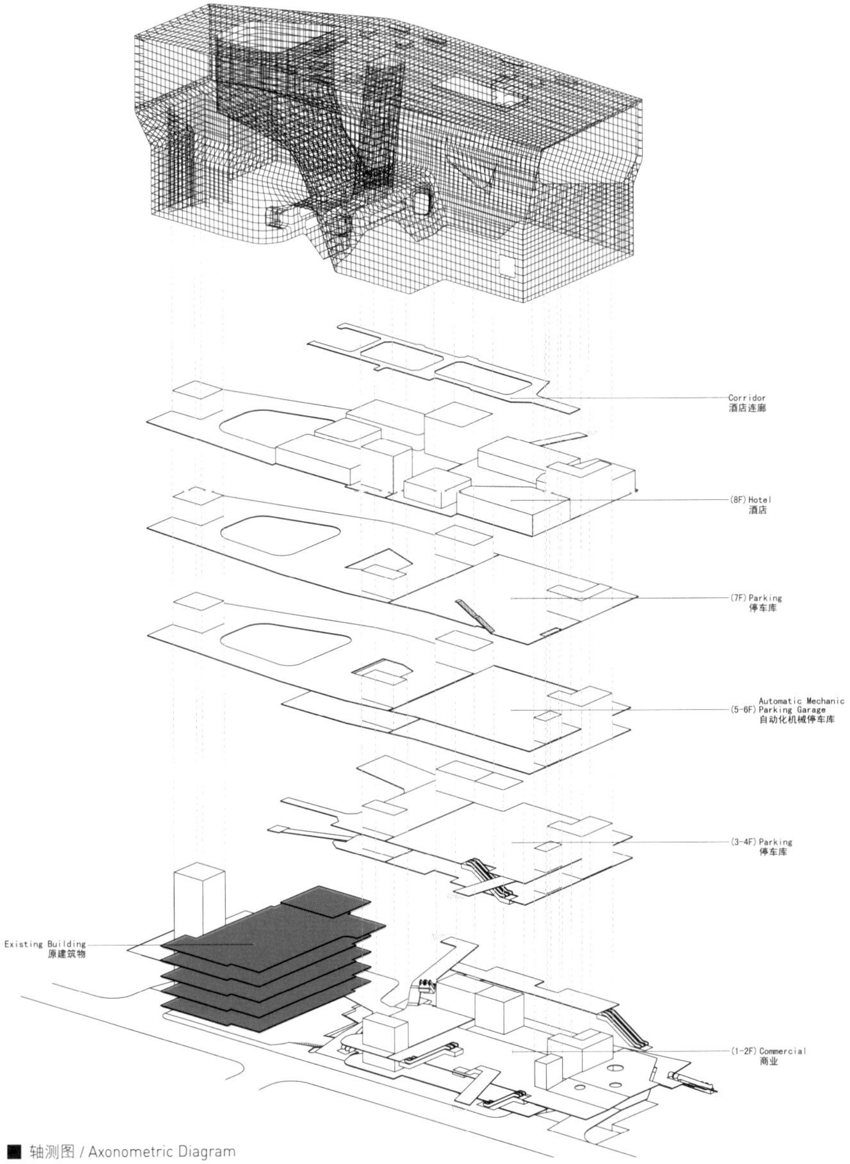

Corridor
酒店连廊
(8F) Hotel
酒店
(7F) Parking
停车库
(5-6F) Automatic Mechanic Parking Garage
自动化机械停车库
(3-4F) Parking
停车库
Existing Building
原建筑物
(1-2F) Commercial
商业

■ 轴测图 / Axonometric Diagram

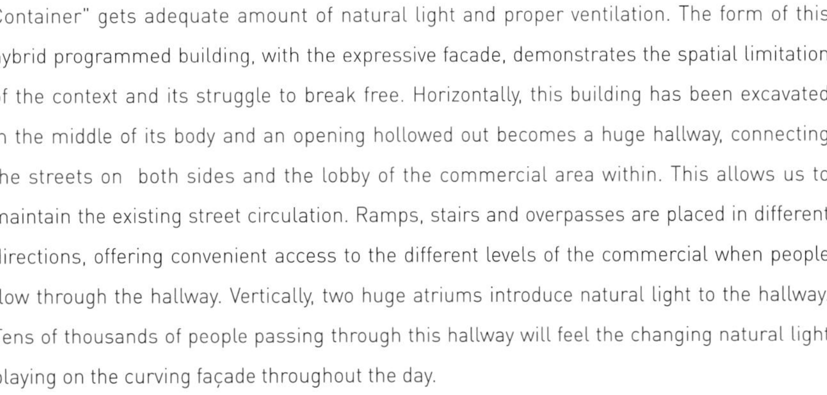

Container" gets adequate amount of natural light and proper ventilation. The form of this hybrid programmed building, with the expressive facade, demonstrates the spatial limitation of the context and its struggle to break free. Horizontally, this building has been excavated in the middle of its body and an opening hollowed out becomes a huge hallway, connecting the streets on both sides and the lobby of the commercial area within. This allows us to maintain the existing street circulation. Ramps, stairs and overpasses are placed in different directions, offering convenient access to the different levels of the commercial when people flow through the hallway. Vertically, two huge atriums introduce natural light to the hallway. Tens of thousands of people passing through this hallway will feel the changing natural light playing on the curving façade throughout the day.

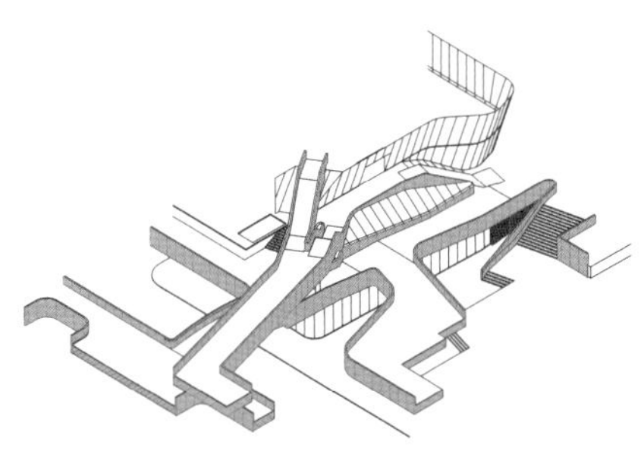

* 该项目图片及图纸由都市实践建筑事务所提供，摄影：陈冠宏

回酒店
Hui Hotel

福田区华强北红荔路 3015 号
No. 3015 Hongli Road, Huangqiangbei, Futian District

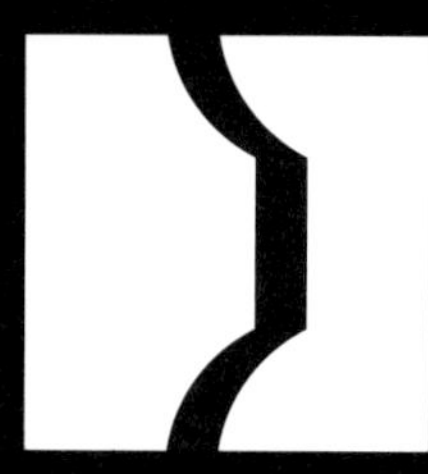

见证旧厂房的可塑性与价值的设计酒店
A Design Hotel Witnessing the Adaptability of Old Factory

项目名称： 回酒店
项目地点： 福田区华强北红荔路 3015 号
项目时间： 2010-2014
用地面积： 1 937m²
建筑面积： 10 915m²
建筑层数： 6 层
建筑高度： 28.2m
业主： 回酒店，杨邦胜酒店设计集团
建筑设计： 都市实践建筑事务所
主持建筑师： 刘晓都
项目组： 王俊，姜轻舟，张震，李强，李嘉嘉，梁广发，姚晓微，林怡琳，谢盛奋
室内： 杨邦胜酒店设计集团
结构： 同济人建筑设计
机电： 筑道建筑工程设计
幕墙： 深圳市光华中空玻璃

Project: Hui Hotel
Location: No. 3015 Hongli Road, Huangqiangbei, Futian District
Project Period: 2010-2014
Site Area: 1,937m²
Floor Area: 10,915m²
Building Levels: 6
Building Height: 28.2m
Client: Hui Hotel, YangBangsheng & Associates Group
Architectural Design: URBANUS
Principle Architect: Liu Xiaodu
Team: Wang Jun, Jiang Qingzhou, Zhang Zhen, Li Qiang, Li Jiajia, Liang Guangfa, Yao Xiaowei, Lin Yilin, Xie Shengfen
Interior Design: YangBangsheng & Associates Group
Structural Design: Tongji Architects
MEP:
Shenzhen Zhudao Architectural Engineering Design Co.,Ltd.
Curtain Wall: Shenzhen Guang Hua Insulating Glass Engineering Co.,Ltd.

项目基地位于深圳市华强北片区的西北角。20 世纪 80 年代中期，这片曾是以生产电子、通讯电器产品为主的工业区。而深圳城市的飞速发展，已经使这个区域从工业区转型为繁华的超级电子交易商圈。基地上原有的工业厂房，因其单调陈旧的建筑形式，早已成为与该区域飞速发展不相符的残留物。

规划部门希望保留此片区原有的肌理，对原有厂房采取改造而不是拆除的策略。该项目投资方是一家高端服装品牌设计公司，考虑到基地所处的优越地理位置具有极大的商业潜力，决定将其改造为设计酒店，希望建筑师能给酒店做出特殊定位，体现前卫、时尚、独特的企业精神。

基地四面的景观资源差异很大：北面临接城市主干道，为最重要的迎街面，原有立面的窗墙体系不能适应高端客房视线要求，其改造策略采用视野开阔、大小不一的凸窗。以标准客房单元为造型元素，窗户向外偏心凸起并做导角处理，与墙面平滑相接，形成四种基本模数，再通过重复、旋转、镜像，变异等手法排列出动态变化的三维立体效果。西面处在街道转角，面向优美的城市中心公园，视野开阔，在此面处理上将凸窗变异，扩大客房的开窗面积，将最高级套房设置于此，让客人能够享受到最好的自然景观。而南面为酒店的背面，面对陈旧的厂房宿舍，无景观可言，同时存在严重的对视问题，因此采取侧向开窗的造型单元，在满足自然采光的同时，避免客人在客房里正视对面极为杂乱的景象。

The project sits at the northwest corner of Huaqiangbei district in Shenzhen, which used to be a manufacturing basis for electronic and media communicating devices in the '80s. The recent rapid development of Shenzhen's urbanization progress has transformed this particular area from a simple industrialized manufacturing basin into a vigorous digital commercial center. The original factory buildings, remaining on site with their disrepaired structures and generic monotonous building forms, have become left-over residues that do not accommodate the future development of the city.

区位图 / Location Map

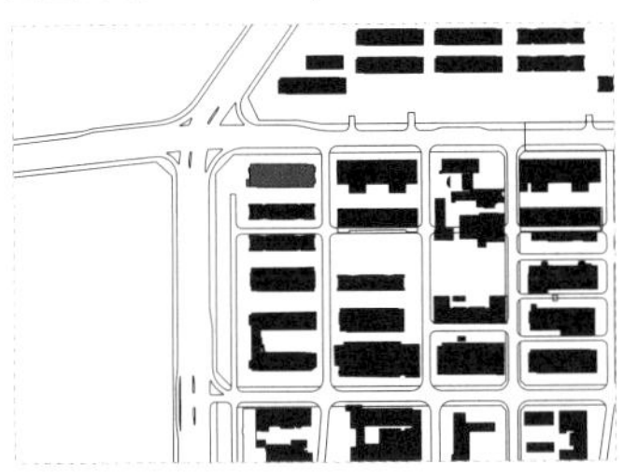

The planners suggested preserving the original urban fabric of the site to incorporate a strategy based on revitalizing and regenerating the existing buildings, rather than a tabula rasa strategy. Being a high-end fashion design corporation, the client considered the site to have vast commercial potential with its excellent location; the project has been defined as a design themed hotel. The architect was asked to provide a distinct character which would elaborate the cutting-edge fashion expression with the corporate's creative-oriented culture.

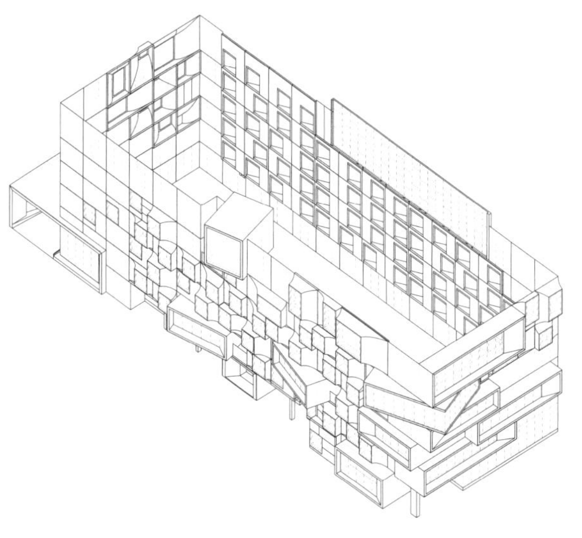

■ 表皮更新设计 / Façade Renovation Design

The most important façade which defines the hotel image is on the north, facing the main road of the city. The façade opening modules are re-designed to adapt the viewing purpose of hotel rooms. Using the typical hotel room opening as designing module elements, the windows are projected away from the façade to provide maximum viewing possibilities, and the frames are off-centered then filleted smoothly back into the solid wall panels. This modular element is then repeated, rotated, mirrored and deformed to array a dynamic three-dimensional effect.

The same module on the west façade is repeated and enlarged; the ensuites units are planned on the west end to provide the best viewing direction towards the city park. Contrarily, the south façade, facing a factory dormitory with no viewing pleasure at all, was ensured with privacy and natural lighting, in order to facilitate the hotel program.

* 该项目图片及图纸由都市实践建筑事务所提供，摄影：吴其伟 陈冠宏

扩展阅读 (Further Readings):

[1] 刘晓都．从深圳华强北更新到回酒店改造 [J]. 时代建筑 ,2014,04:92-99.

[2] 刘晓都．当老厂房想做回酒店好建筑 [J]. 时尚国际 2013(5-6)：116-123.

ID Town 之折艺廊
Z Gallery of ID Town

大鹏新区葵鹏公路 106 号

No. 106 Kuipeng Road, Dapeng New District

与场地历史的对话

A Spatial Dialogue to the Site's Historic Past

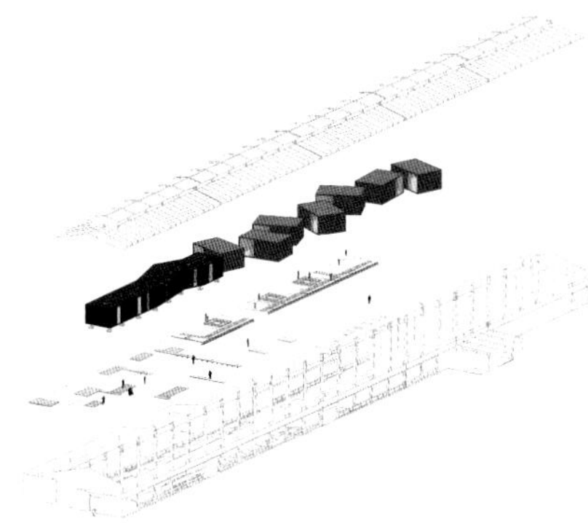

■ 轴测图 / Axonometric Diagram

ID Town 项目的场地是位于深圳大鹏旅游新区的葵涌乡，建于 20 世纪 80 年代中期的鸿华印染厂。整个厂区占地 8ha，藏身于深圳东海岸山峦的谷地之中，坚固的钢筋混凝土结构加上荒弃之后锈迹斑驳的墙身，厂区俨然成为一个没落的工业“卫城”。我们的设计也就从这个“卫城”的遗址感开始。

厂区分为生活区和生产区两部分。生活区在位于基地北侧的山坡地，包括餐厅和几栋宿舍建筑，设计称之为“山城”；生产区位于生活区南侧平整过的谷地上，面积约为生活区的两倍，包括五栋极为宏伟的生产车间和仓库建筑以及数栋其他配套用房，设计称之为“谷城”。五栋建筑中除坯布仓库外的四个生产车间均为标准 6m 开间，剖面双层坡顶屋面的钢筋混凝土结构厂房。破败建筑的门窗缺失造就了一个青山环抱的在数个大坡屋面底下的透明而流通的独特首层平面。

项目的首个改造目标是将“谷城”中东西向最长的厂房——漂炼车间改造为新厂区的接待中心——折艺廊，以及一系列个人艺术工作室。新的建筑介入是希望与原工业遗址框架保持适度的距离并激发与场地历史的对话，以维系厂区现存的人为力量和自然力量双重作用后独特的室内外空间关系。

折艺廊被建构为一道蜿蜒于原有机器设备基座残骸之上的黑色线性钢铁匣子，内置了展览、咖啡、会议和小型接待功能。为了适应不同的空间活动需求以及应对沿南中国海岸夏季潮湿炎热的气候，钢匣的表皮由一系列可开闭的转轴门和玻璃推拉门组成，可让艺廊在不同的活动气氛、不同季节下呈现各异的表情，并有效降低空调能耗。

另外，七个灰色的艺术家个人工作室匣子作为艺廊黑匣子在遗址空间中的线性延续，因循着地表工业遗迹的走向而布局。艺术家的生活和创作可自由地发生在匣里匣外，蔓延至原车间之外的残墙庭院乃至整个工厂区域。新建筑介入体与现状建筑和整体景观介入的联系通过一组垂直于建筑体的金属廊桥和平台连接实现，散漫地将新的设计和艺术精神传输到被自然力量所渗透的人工场地之中。

The iD Town project originates from the abandoned Honghua Dyeing Factory, located in Dapeng New Tourist District in East Shenzhen. The 8-hector factory finds itself surrounded by the mountain near the coast of Southern Chinese Sea. The old-temple-like workshop buildings evoke one's impression of an Acropolis in the nature. Our design starts from this special on-site ruining atmosphere in the nature.

■ 区位图 / Location Map

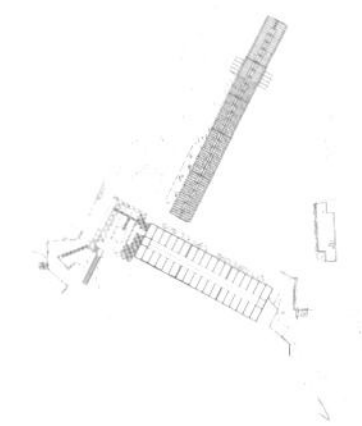

The factory is topographically divided into two quarters - the living quarter built in the north on the slope hill side, which we call Hill Town (H–Town), and the production quarter built on the valley platform in the south, which we call Valley Town (V-Town). The main buildings of V-Town is 5 large workshops; 4 of them are single-level double-sloping roof concrete structural buildings with standard column distance of 6 metres. The absence of windows and doors of grates creates a unique transparent ground space underneath those huge concrete sloping roofs in the heart of the green hilly area.

The first reconversion project in iD Town is to transform the longest workshop, which used to be dedicated to purify the rough cloth, into a reception centre of iD Town, namely Z Gallery, together with 7 individual artist studios. The new building intervention tries to keep a critical

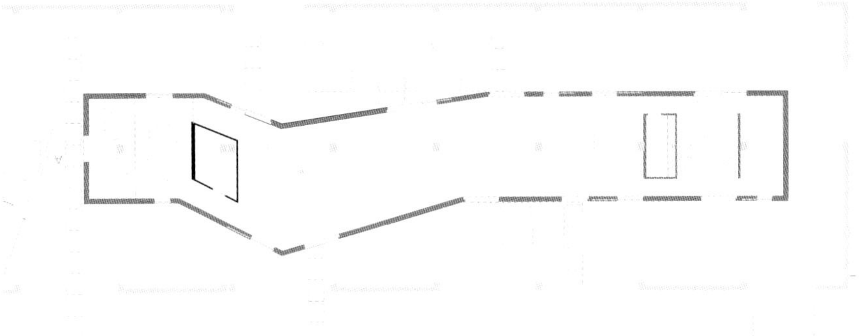

■ 折艺廊平面 / Plan of Z Gallery

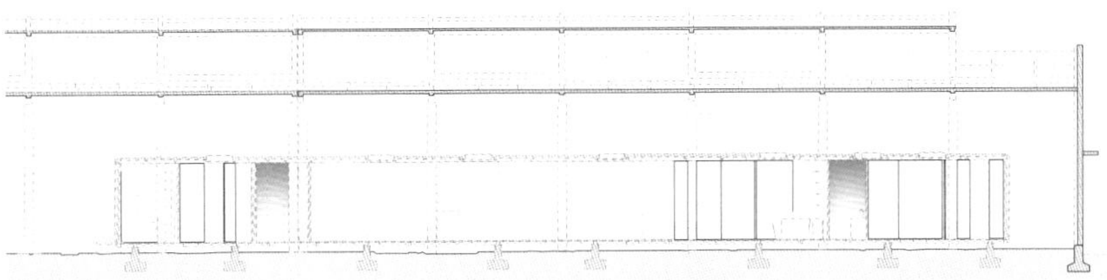

■ 折艺廊长剖面 / Long Section of Z Gallery

distance from the existing building relics so as to inspire a spatial dialogue to the site's historic past, and to maintain a strong site presence of the interweaving of artificial and natural powers.

Z Gallery is conceived as a linear black steel box floating on the ground ruins of the former purification workshop. Exhibition, café, meeting rooms and small reception are set up within the box. In order to respond to the diverse demands on the space, and to cope with the Southern China's heat and humidity in summer, the black box's façade are composed of a series of rotating wall-doors and sliding glass doors. They can create different expressions during different events or in different seasons, while reducing the energy cost for air conditioning.

The 7 grey boxes of individual artist studios are in line with Z Gallery, extending the spatial creation into the post-industrial ruins and zigzagging in-between the abandoned machine substrates. Each box is both an incubator and a showcase of one artist, who can explore the built space and the whole factory site from this single box base. A semi-outdoor metal bridging and platform system connects the new architectural intervention into the broader landscape master plan of the site, spreading the new design and art spirit to the future space of ID Town.

* 该项目图片及图纸由源计划建筑事务所提供 摄影：LIKYFOTO

ID Town 之满京华美术馆
MJH Gallery of ID Town

大鹏新区葵鹏公路 106 号
No. 106 Kuipeng Road, Dapeng New District

厂房空间的重新叙事组织

Restructuring the Spatial Narratives of the Vacant building

项目名称： ID Town 之满京华美术馆
项目地点： 深圳市大鹏新区葵鹏公路 106 号
建成时间： 2014.11
建筑面积： 2 800m²
业主： 满京华集团
建筑设计： 源计划建筑师事务所

主持建筑师： 何健翔，蒋滢
设计团队： 董京宇，Thomas ODORICO, 陈晓霖

Project: MJH Gallery of ID Town
Location: Kuipeng Road 106, Dapeng New District, Shenzhen, China

Completion: November 2014
Building Area: 2,800m²
Client: MJH Group
Architecture Design: O-office Architects
Principal Architect: He Jianxiang, Jiang Ying
Design Team: Dong Jingyu, Th[illegible] ODORICO, Chen Xiaolin

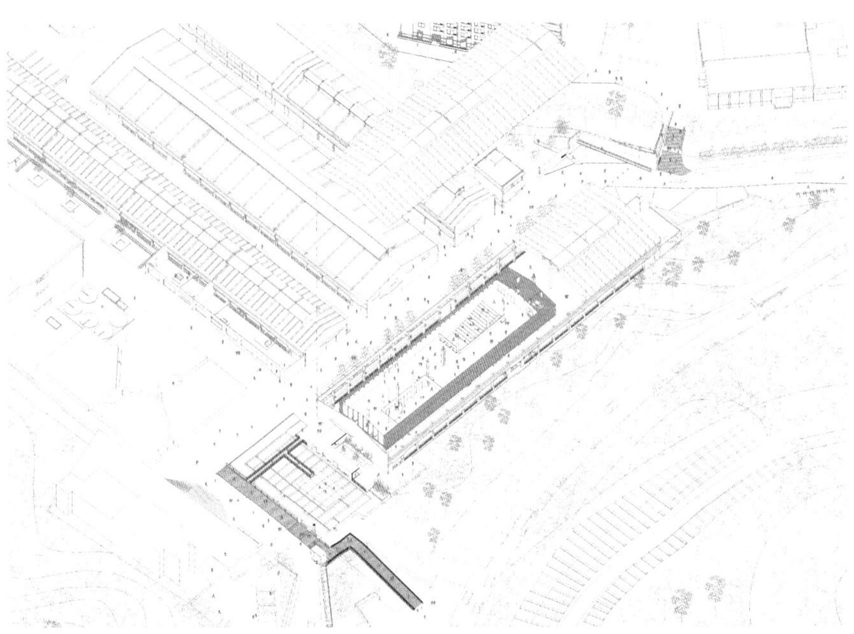

■ 对场地的干涉 / Intervention to the site

■ 区位图 / Location Map

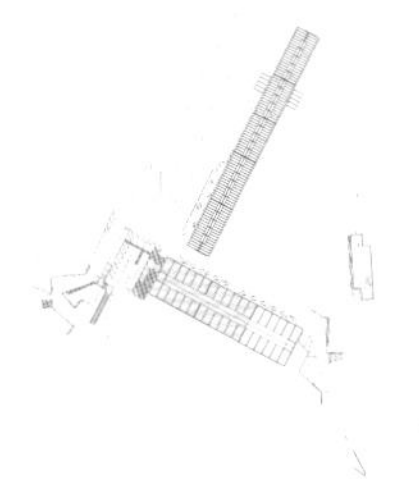

满京华美术馆的前身是鸿华印染厂的整装车间厂房，其构想源于对这幢空置厂房空间纵横向剖面空间的重新叙事组织。新馆的空间植入延续了我们在艺象厂区的建筑介入策略——将原厂房框架看作一个巨大的开放“凉亭”，而将新的建造体独立地成长于原始内地坪之上，以营造一个多重内外的空间逻辑，并在“内”与“外”之间建立一个介于空间上新与旧、时间上过去与将来的特殊区间。

核心的内部空间——主展厅被设计成悬置在厂房空中的黑色钢盒体，她的特别之处在于顶部是原厂房空间的采光排风结构，为展厅提供的柔和的顶光。这个长 67.3m、宽 18.9m 的封闭展厅的原色钢板盒体通过独立的几片混凝土剪力墙和细钢柱列支承，平面上线性延展的支承结构物在竖向连接与室外联通的首层地坪和二层展厅之间的观展交通，并区隔和定义美术馆首层架空开放空间的不同功能模块，包括前台、入口展厅、阶梯大厅、艺术品商店和可以灵活间隔的多功能空间。首层空间与户外景观相连，营造一个流动的半户外叙事空间，连接艺术与自然，连接驿动与宁静。

美术馆的主入口设于厂房南山墙面，以一个 T 形平面的清水混凝土建构体与被改造为景

 平面图 / Plan

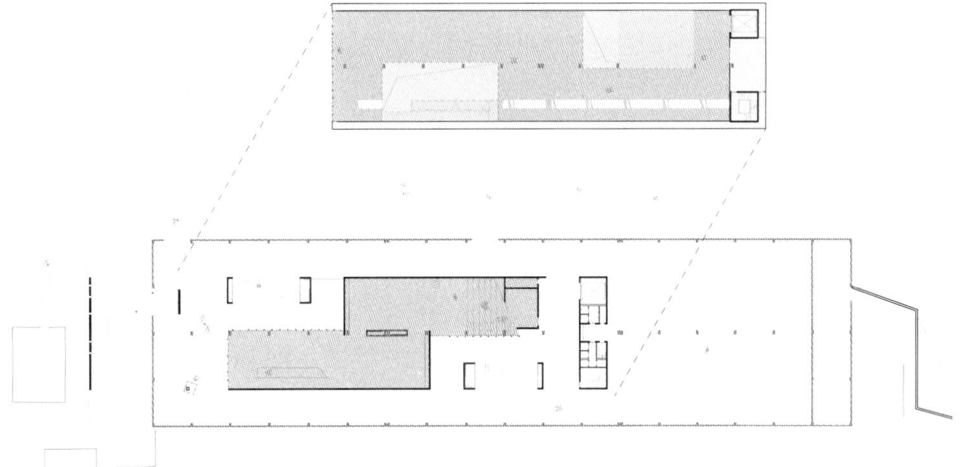

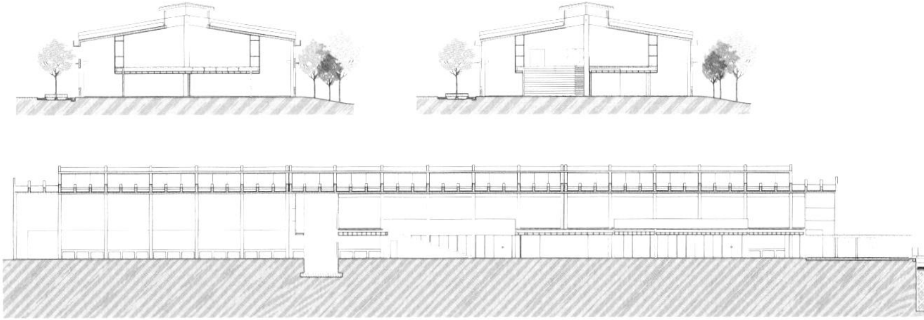

■ 剖面图 / Section

观水池的原印染厂的过滤池相连。嫁接于过滤池上的景观浮桥与玻璃平台步行系统在美术馆的主山墙前展开与艺术园区主广场的自然山景相对的游园戏台。沿着这条不经意的游园路径步入美术馆，仿若穿行于自然与人造物、工业与后工业文明之间，以及在不同的时间端点之间游走。

Formerly the packing workshop of Honghua Dying Factory, MJH Gallery was conceptualized from (re-)structuring the spatial narratives of this vacant building. The new architectonics was independently implanted onto the original inner ground of the old workshop, which was regarded as a large open concrete pavilion, in order to build the new multi-layered spatial/time logic into the industrial relic.

The inner core space of the gallery, the main exhibition hall, is lifted up in a black steel box in the center of the old building, under its special double-roof skylight, which gives gentle diffused top-light to the exhibition space. The enclosed exhibition box connects to the ground floor via two semi-glass halls. Several free-standing functional blocks, on the one hand, support the elevated mail hall, and on the other, define the ground space and functions that contain an entry show room, an auditorium, an art shop and related dividable multifunctional spaces. The ground floor is open in all directions to the original ground of the factory, as well as to the surrounding natural landscapes.

The main entrance of the gallery, with a half-open T-shape concrete box plugged-in, uses the original entrance on the south gable of the workshop, confronting a landscape pool that converted from the abandoned filtering basin of the factory. A sequence of landscaping walls, pedestrian and vehicle ramps cultivated from the topography were designed to link the gallery's main entrance to the lower plaza that connects the suburban road. This landscape path from the plaza to the gallery detours between nature and artefacts, industrial and post-industrial landscape, through which, one could experience and memorize the whole time line of the site's history.

* 该项目图片及图纸由源计划建筑事务所提供，摄影：张超

ID Town 之设计酒店
Youth Hotel of ID Town

大鹏新区葵鹏公路 106 号

No. 106 Kuipeng Road, Dapeng New District

■ 区位图 / Location Map

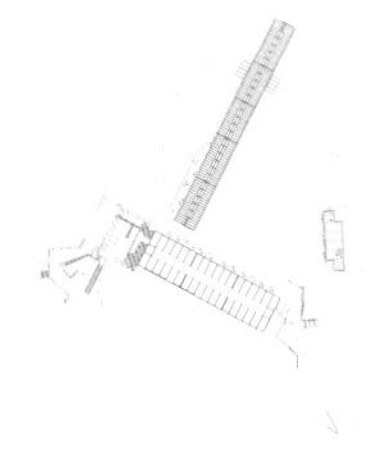

位于艺象“山城”（原印染厂生活区）中的 x 栋员工宿舍是深圳工业化与开放政策后的第一批产业工人的居住地。这幢依山而建的四层砖混结构建筑在荒废多年后显得沧桑、凋零，南面道路边上的一排与厂区年纪相仿的细叶榕与藤蔓相连，却在工业撤离后更生机勃发。她们的旺盛生命力正是引发我们对破败的建筑内部重新植入艺术生活空间的冲动。

建筑更新的操作由两个竖向层面始发：一是内部中间宿舍走到连同建筑基础配套的更新，作为新的居住生活的中枢；二是外部南北两个与山体和林木相视的建筑立面，作为内部居住与外部自然重建互动的景视界面。这两重界面之间便是我们计划引发的青年和家庭的居住和交往。二至四层作为酒店的客房部分，空间上基本遵循原有的单元式分隔和空间建构。首层是整个新青年社群的公共交往空间：接待、休息、咖啡、多功能活动甚至开放厨房等各种可能，通过局部的建筑结构变更而成为自由联通的连续区间。交往空间的景视界面也因此而呈现多样和变化，进化成为一栋栋榕树林间的艺术小屋。

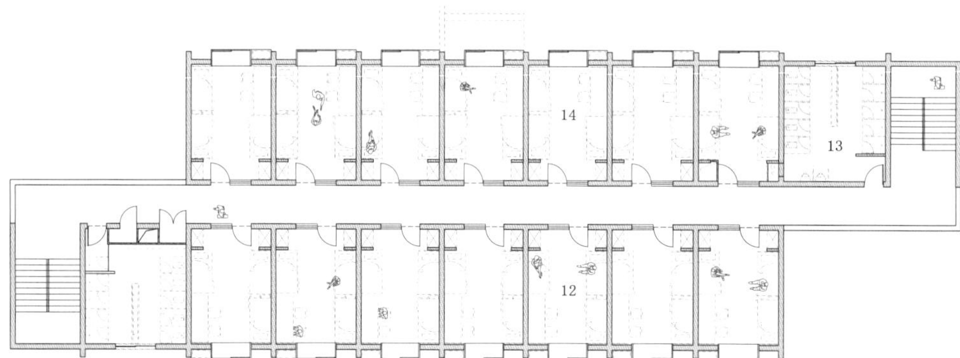

■ 二层平面图 / 2nd Floor Plan

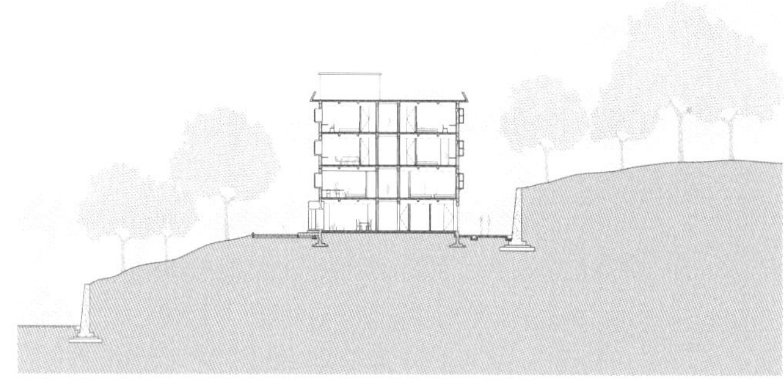

■ 横向剖面图 / Cross Section

Youth Hotel of iD Town, on the hilltop of the seaside valley, was originally served as one of the dormitory building in Honghua Dying Factory's residential area, representing the settlements of the first batch of immigrant labors after the open-reform policy and industrialization that firstly took place in Shenzhen.

The renovation process mainly consists of two spatial actions: firstly equipping the central corridor with new hotel infrastructure to facilitate new living units, and secondly installing a sequence of prefab steel opening box on the existing facade to create a more dynamic interaction between the building and the surrounding nature. The ground floor functions as a multi-purpose social space with a variety of facilities containing reception, cafe, open kitchen and common space. By a subtle alteration of the original structure, this handful of functions dynamically relate to one another. The living units, located from the 2nd floor to the 4th, brought back to life by small adaptations of the original framework, bringing the opportunity of a new perspective to the original spatial composition. All these subtle but influential alterations create new life into this once ruined structure.

* 该项目图片及图纸由源计划建筑事务所提供，摄影：张超

东门等公共广场群
Dongmen Photography Plaza and other Public Spaces

罗湖区
Luohu District

东门摄影广场
Dongmen Photography Plaza

文锦花园广场
Wenjin Garden Plaza

翠竹公园
文化广场
Jade Bamboo
Cultural Plaza

笋岗片区中心广场
Sungang Central Plaza

罗湖公共艺术广场
Public Art Plaza, Luohu

地王公园 II
Diwang Urban Park II

地王公园 I
Diwang Urban Park I

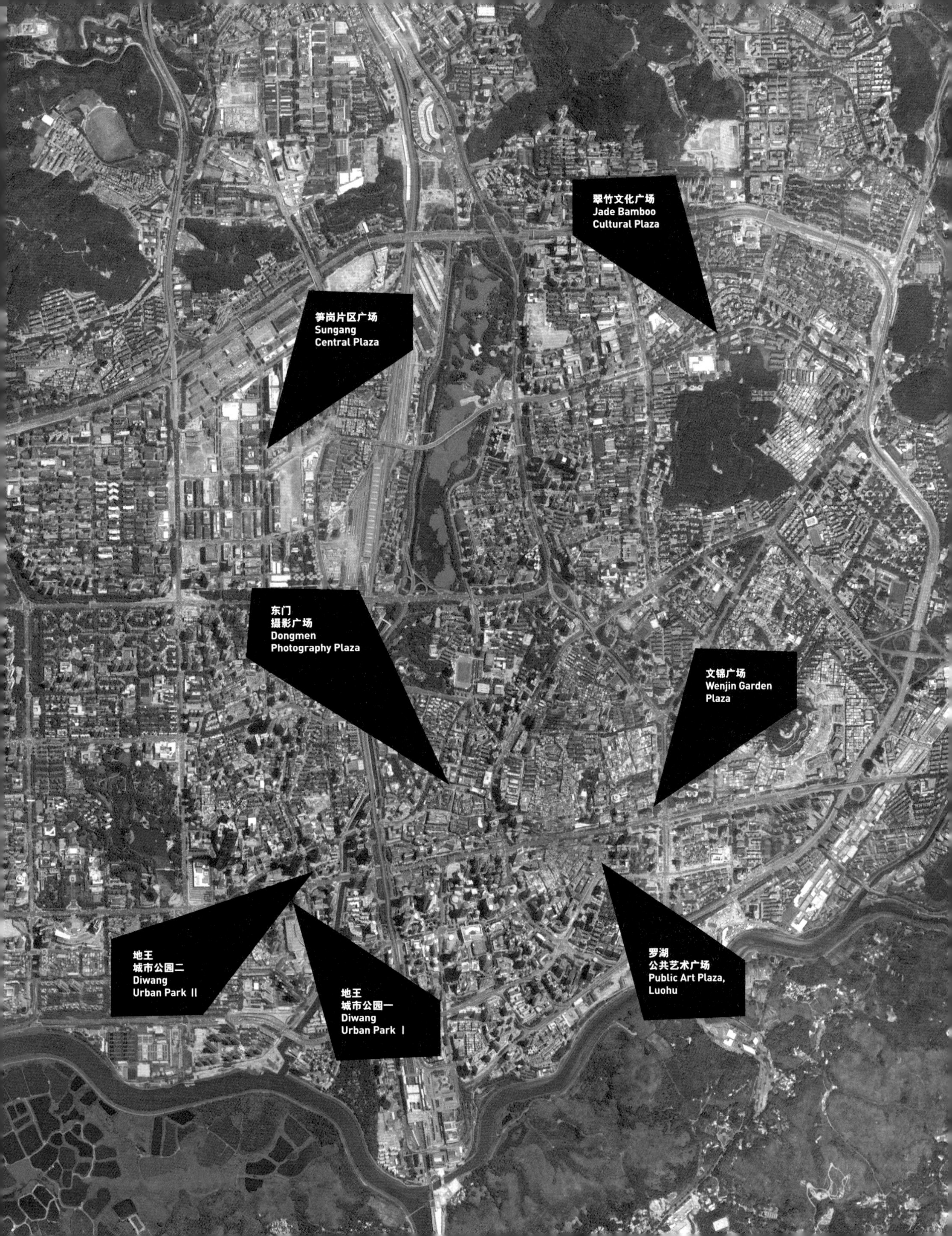
翠竹文化广场
Jade Bamboo
Cultural Plaza
笋岗片区广场
Sungang
Central Plaza
东门
摄影广场
Dongmen
Photography Plaza
文锦广场
Wenjin Garden
Plaza
地王
城市公园二
Diwang
Urban Park II
地王
城市公园一
Diwang
Urban Park I
罗湖
公共艺术广场
Public Art Plaza,
Luohu

东门摄影广场
Dongmen Photography Plaza

项目名称： 东门摄影广场
项目地点： 深圳罗湖
设计时间： 2007-2008
建成时间： 2009
用地面积： 4 000m²
业主： 深圳市罗湖区建筑工务局
建筑设计： 都市实践建筑事务所
主持建筑师： 孟岩
项目组： 左雷，涂江，姚晓微，夏淼，张博，张震，罗琦（建筑），朱加林（技术总监）
施工图： 筑诚时代建筑设计
平面： 黄扬设计

Project: Dongmen Photography Plaza
Location: Luohu District, Shenzhen
Design Period: 2007-2008
Completion: 2009
Site Area: 4,000m²
Client: Public Works Bureau of Luohu District
Architectural Design: URBANUS
Principle Architect: Meng Yan
Team: Zuo Lei, Tu Jiang, Yao Xiaowei, Xia Miao, Zhang Bo, Zhang Zhen, Luo Qi (Architecture) Zhu Jialin (Technical Director)
LDI: BST Architecture and Design
Graphic: HuangYang Design

■ 轴测图 / Axonometric Drawing

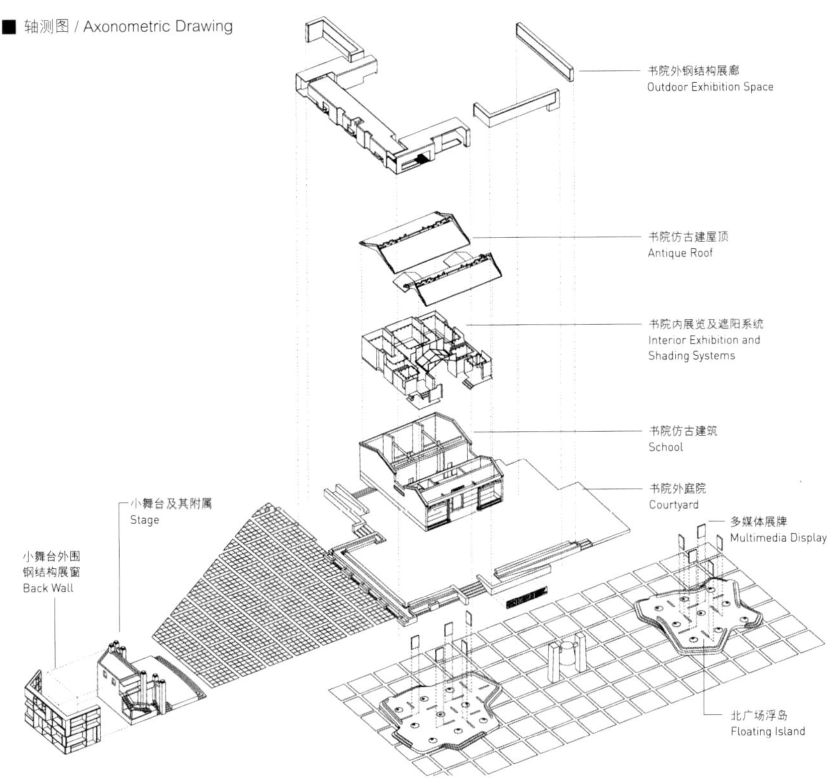

设计任务是将位于深圳历史上最活跃的商业中心罗湖东门中心的小广场改造为以摄影为主题的文化广场。这里有描绘古老市集的浮雕壁画、仿古大挂钟、旧书院和以仿古照壁作背景的小舞台，还有动物雕像和小天使，支离破碎地淹没在商城的嘈杂环境中。设计保留了这些深圳仅存的历史片断，书院改造为展示空间，加建的 L 型展廊围合出一个方形小院衬托出书院宁静的气质，展示影像的同时与椰树丛中两个广东俚语图案的彩色瓷砖浮岛，为人群提供了驻足休息的空间。这个设计在传承着历史文化的城市空间中注入了充满活力的当代元素，也为新的“深圳故事”提供了最佳道具和舞台背景。

The purpose of this design is to transform a small square in Dongmen, Luohu District, the most active business center in Shenzhen, into a photography plaza. In this small square, there are murals depicting ancient bazaars, an antique big clock, an ancient academy and a small stage using antique screen wall as its backdrop, as well as animal statues and cherubs, located quietly in the noisy environment of the shopping mall. Our design preserved these historical fragments of Shenzhen. The academy was tranformed into an exhibition space, by adding a L-shaped gallery, showing the quiet temparement of the academy in a square yard. While showing images, two floating islands made by colored tiles with patterns of Guangdong slangs, hidden in the palm groves, provide a stop for the crowds to take a rest. This design puts vibrant contemporary elements into a traditional city space carrying history and culture of the city, providing best props and stage for performing new "Shenzhen Story".

* 该项目图片和图纸由都市实践建筑事务所提供，摄影：孟岩 吴其伟

文锦花园广场
Wenjin Garden Plaza

项目名称： 文锦花园广场
项目地点： 深圳深南大道与文锦中路交汇处
设计 / 建成时间： 2011.03-05 / 2011.05-08
用地面积： 4 800m²
业主： 深圳市罗湖区城市管理局
建筑设计： 都市实践建筑事务所
主持建筑师： 孟岩
项目组： 林挺，魏志姣，于晓兰，刘洁，张丽丽

Project: Wenjin Garden Plaza
Location: the Intersection of Shennan Avenue and Wenjin Zhong Road, Shenzhen
Design/Completion: 2011.03-05/2011.05-08
Site Area: 4,800m²
Client: Luohu Urban Management Bureau, Shenzhen
Architectural Design: URBANUS
Principle Architect: Meng Yan
Team: Lin Ting, Wei Zhijiao, Yu Xiaolan, Liu Jie, Zhang Lili

■ 总平面图 / Site Plan

在过去的十年间，不断地有乔木被引入基地，但植物的种类与生长并没有得到良好的维护和管理。这个较大的场地在无公众监督或治安监督的情况下，成为消极的“避难所”。设计采用均质的、流动的形态与均等通行的道路系统。均质且具有方向感的形态基于场地植物位置调整而产生，并依此形成一个通行系统。将南侧封闭的绿地空间转化为可通达的公共空间，激活该区域并吸引公众进入。不同尺度的休息平台与围合空间等手段的介入，提供了多样化的通行路径及丰富的空间体验。这个设计体现了都市实践一贯的策略：景观设计从一种作为背景的角色，变成触发城市故事的发生、激发城市活力的孵化器。

In the past decade, trees are continuously introduced into the base, but the growth and species of the plants has not been well maintained and managed. Without public scrutiny or oversight, this large venue will become a negative "sanctuary". This design uses homogeneous and homgeneous, fluid shape and road system with equal traffic. A homogeneous shape with a sense of direction is generated based on the position of the plants in the field, forming a traffic system. The south side of the enclosed green space was tranformed into a public space which is accessible to the public, attracting people to enter. Resting platforms of different scales and intervention of enclosed spaces provide travel paths with variety and rich spatial experience. This design reflects URBANUS' consistent practice principle: the design of landscape, from being a background to an incubator, that generates new stories and stimulates urban vitality.

* 该项目图片及图纸由都市实践建筑事务所提供，摄影：吴其伟

翠竹公园文化广场
Jade Bamboo Cultural Plaza

项目名称： 翠竹公园文化广场
项目地点： 深圳罗湖太宁路
设计时间： 2005-2006
建成时间： 2009
用地面积： 6 871m²
建筑面积： 地下车库 1 433m²
业主： 深圳市罗湖区翠竹街道办事处
建筑设计： 都市实践建筑事务所
主持建筑师： 孟岩
项目组： 邢果，廖志雄，刘小强，吴凯茂，黎靖，丁钰，魏志姣，左雷，夏淼，刘浏，朱加林（技术总监）
施工图： 北方一汉沙杨建筑工程设计

Project: Jade Bamboo Cultural Plaza
Location: Taining Rd., Luohu District, Shenzhen
Design: 2005-2006
Completion: 2009
Site Area: 6,871m²
Floor Area : 1,433m² (Underground Parking)
Client: Jade Bamboo Neighborhood Administration Office
Architectural Design: URBANUS
Principle Architect: Meng Yan
Team: Xing Guo, Liao Zhixiong, Liu Xiaoqiang, Wu Kaimao, Li Jing, Ding Yu, Wei Zhijiao, Zuo Lei, Xia Miao, Liu Liu, Zhu Jialin (Technical Director)
LDI: NHY Architectural Engineering Design Company, Ltd.

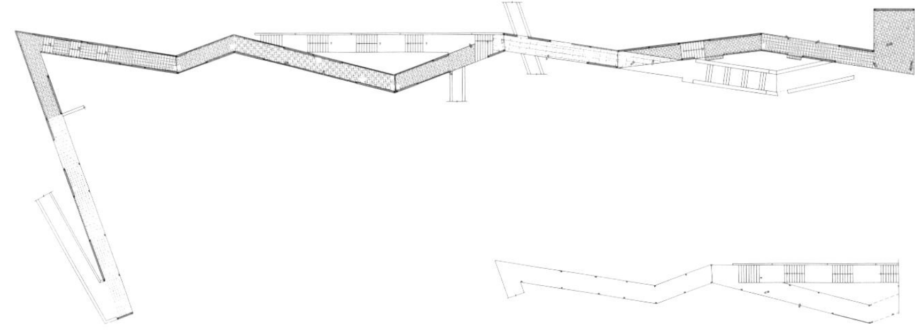

■ 长廊平面图 / Corridor Plan

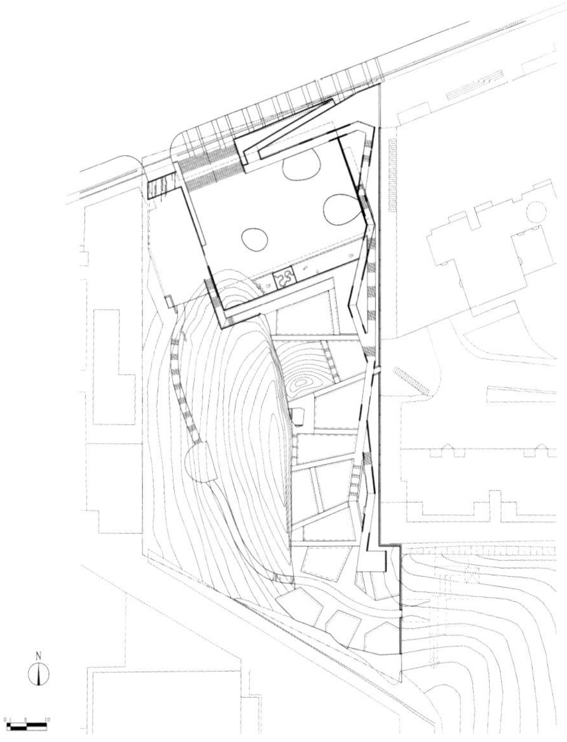

■ 总平面图 / Site Plan

翠竹公园文化广场设计保留了西侧城市开发后残留的原始地形和植被，东侧以通向翠竹公园入口的折线形爬山廊和沿山体抬升的台地花园构成步移景异的园林空间。广场用质朴、自然的材料塑造出简洁现代同时又能完美展现中国传统精髓的当代中国园林。

The design of Bamboo Cultural Plaza preserved the remaining topography and vegetation left by development to its west side. To its east, the mansard gallery that leads to the entrance of Bamboo Cultural Plaza and the uplift terraced garden constitutes the space of the plaza with various views. By using simple and natural materials, this plaza creates a modern contemporary garden while perfectly exhibiting Chinese traditional essence.

* 该项目图片和图纸由都市实践建筑事务所提供，摄影：孟岩

笋岗片区中心广场
Sungang Central Plaza

项目名称：笋岗片区中心广场

项目地点：深圳罗湖区宝安北路与梅园路交汇处

设计 / 建成时间：2005-2006 / 2007

用地面积：9 500m²

业主：深圳罗湖区工务局

建筑设计：都市实践建筑事务所

主持建筑师： 孟岩

项目组： 朱加林，邢果，丁钰，刘春海，吴凯茂，黎靖，刘子荣，

施工图合作：北方一汉沙杨建筑工程设计有限公司

Project: Sungang Central Plaza

Location: The Intersection of Baoan North Rd. and Meiyuan Rd., Luohu District, Shenzhen

Design/Completion: 2005-2006/ 2007

Site Area: 9,500m²

Client: Shenzhen Luohu Bureau of Construction Works

Architectural Design: URBANUS

Principle Architect: Meng Yan

Team: Zhu Jialin, Xing Guo, Ding Yu, Liu Chunhai, Wu Kaimao, Li Jing, Liu Zirong

LDI: Norindor Homzoh &Yeang Architectural Engineering Design Co.,Ltd.

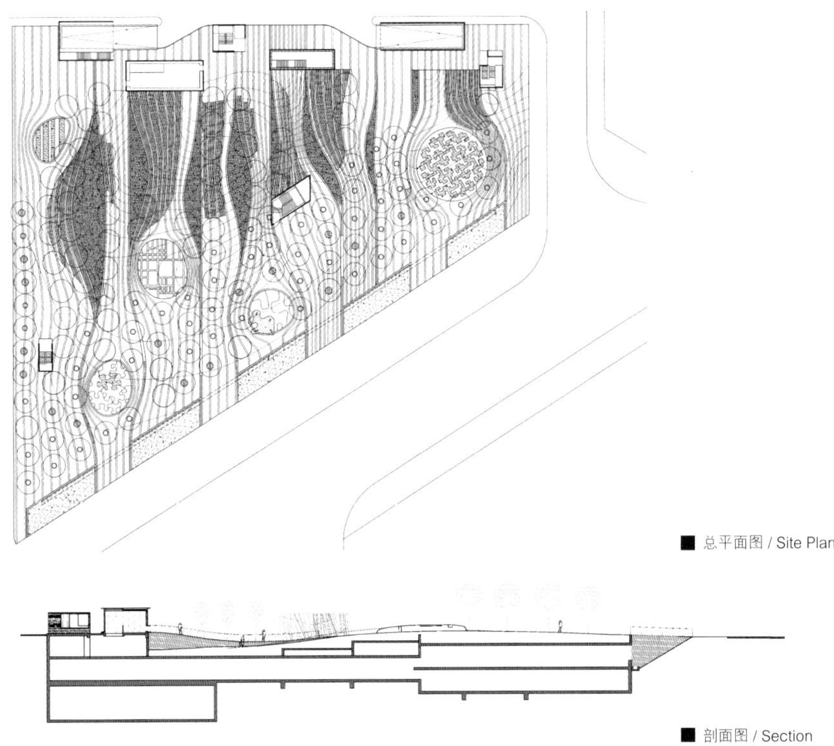

■ 总平面图 / Site Plan

■ 剖面图 / Section

整个广场表面被设计成一张薄薄的膜，原有的下沉广场形成了自然凹下的表面，一方面减少了覆土厚度，同时也提供了更为直接地进入地下空间的方式。我们设想在地下局部设立小型展览和活动空间、公共洗手间等配套空间。用地北侧几个用玻璃、木材、钢板等材料构成的构筑物，轻轻勾勒出广场北侧的边界轮廓，增加围合感的同时，也把北侧混杂的外部环境略微加以屏蔽。五个花岛漂浮在空旷的广场之上，辟出几个小尺度的亲切的活动空间，它们各自具有不同的主题，却用其表面肌理强有力的方向感引导人们的活动，以此把用地南北两侧的街道连结起来，与地表流动的线条一起编织成一方城市绿洲。

The entire surface of the plaza is designed into a thin "membrance". The original sunken plaza forms a naturally concave surface. On one hand, this design can reduce the depth of soil; on the other hand, it provides a more direct way to the underground space. We conceive to establish small exhibition and activity spaces, public toilets and other ancillary spaces in parts of the underground space. On the north side, structures made of glass, wood, steel and other materials lightly sketch out the outline of the square on the north side of the border, increasing the sense of enclosure and shielding to the mixed external environment on the north side. Five flower islands float on the open square, giving intimate spaces, with their own unique themes. However, by using the strong sense of direction of their surface textures, the five islands guide people's acitivities, so as to link the roads on the north and south sides of the road. Together with the flowing lines on the surface, they weave into an urban oasis of the city.

* 该项目图片和图纸由都市实践建筑事务所提供，摄影：陈旧 孟岩

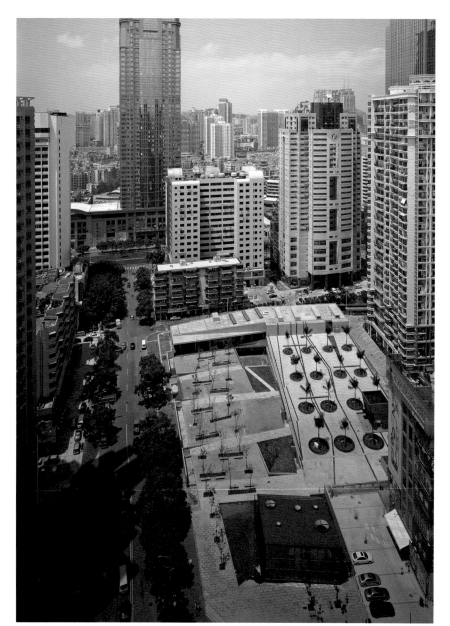

罗湖公共艺术广场
Public Art Plaza, Luohu

项目名称： 罗湖公共艺术广场
项目地点： 深圳罗湖区春风路南极路口
设计 / 建成时间： 2000-2003 / 2006-2007
用地面积： 8 690m²
建筑面积： 5 590m²
建筑层数： 2
建筑高度： 10.85m
业主： 罗湖区工务局
建筑设计： 都市实践建筑事务所
主持建筑师： 孟岩
项目组： 姜玲，郑颖，邢果，丁钰，陈耀光，林栋，钟乔，汤斗斗，吴思蓓，刘子荣，魏燕，张晓奕，崔宝义，李昊，朱加林（技术总监）
施工图配合： 蒋红薇，廖鄂先，任才龙，潘燕，陈汝俊，蒋丹翎，王忠礼

Project: Public Art Plaza，Luohu
Location: the Intersection of Chunfeng Road and Nanji Road, Luohu District, Shenzhen
Design/Completion: 2000-2003 / 2007-2007
Site Area: 8,698m²
Floor Area: 5,593m²
Building Storey: 2
Building Height: 10.85m
Client: Luohu Bureau of Construction Works
Architectural Design: URBANUS
Principle Architect: Meng Yan
Team: Jiang Ling, Zheng Ying | Xing Guo, Ding Yu, Chen Yaoguang, Lin Dong, Zhong Qiao, Tang Doudou, Wu Sibei, Liu Zirong, Wei Yan, Zhang Xiaoyi, Cui Baoyi, Li Hao, Zhu Jialin (Technical Director)
LDI: Jiang Hongwei, Liao Exian, Ren Cailong, Pan Yan, Chen Rujun, Jiang Danling, Wang Zhongli

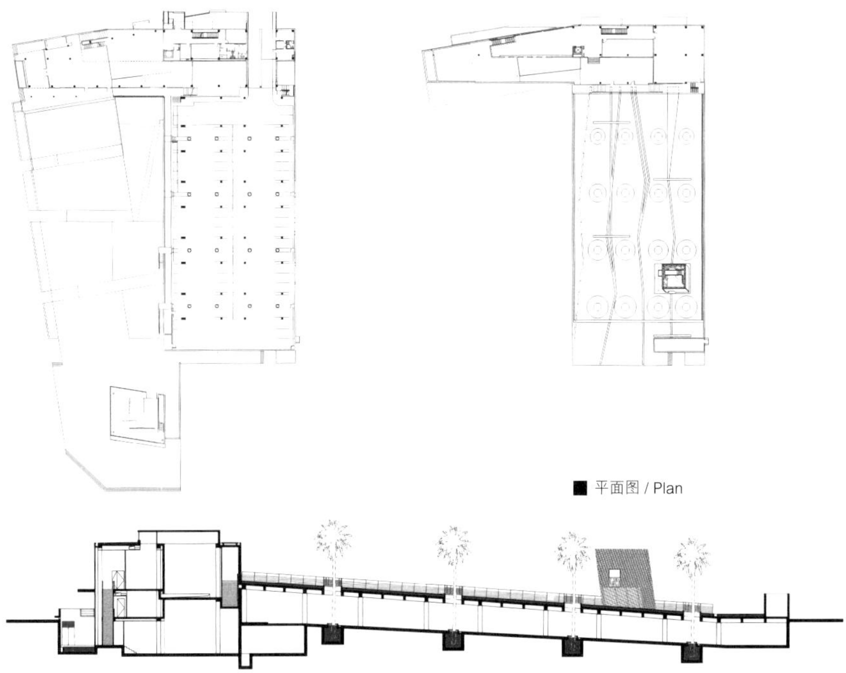

■ 平面图 / Plan

■ 剖面图 / Section

深圳公共艺术广场位于高密度的深圳市罗湖区，场地原为露天停车场，周边环境嘈杂，临近火车站和娱乐区。在这个项目中，建筑师不是被动的执行者，而是与城市规划部门共同制订项目定位和经营策略，使得简单的停车场项目变成一个区域的文化中心。它的功能包括室外公共艺术展示广场、室内艺术画廊、书店、艺术酒吧、艺术家工作室以及可容纳 100 辆车的半地下车库。

设计试图延伸、叠合传统的建筑、广场与园林的概念，使建筑不再是用来界定广场的边界，而成为广场及园林空间的延伸。设计起始于对这块用地平坦地表的重塑，结合不同的使用内容进行倾斜、折叠、延展、剪切、凸现、凹陷、隆起、断裂、包裹等人工构成，以创造一种新的、有活力的城市地貌。

Located in one of the most densely populated areas of downtown Shenzhen, the Public Art Plaza is a program initiated by both the city administrator and the architect. Under the program, this once shabby parking lot will be converted into a semi-underground parking garage integrated with arts programs such as outdoor display area, gallery, bookshop, cafe, artist studio, and lecture hall.

Sculpted deeply into the ground, the building stretches horizontally to the outermost corners of the site. The flat surface of the site is remoulded, folded, fractured, and warped to create new urban geography. The whole plaza is divided into different geographic zones, like hillside, stream, dry land and green slopes in response to the built geometry and the designated specific events. The design tries to blur the boundary of contrasting elements, such as building and plaza, indoor and outdoor, roof and ground, etc.

* 该项目图片和图纸由都市实践建筑事务所提供，摄影：杨超英

地王城市公园 I
Diwang Urban Park I

项目名称： 地王城市公园 I

项目地点： 深圳罗湖区宝安南路与深南东路口西南侧

设计 / 建成 / 拆除时间： 1999 / 2000 / 2003

用地面积： 11 000m²

业主： 深圳市规划与国土资源局

建筑设计： 都市实践建筑事务所

主持建筑师： 孟岩 刘晓都

项目组： 汤斗斗，朱鸿晶，陈蕴

施工图： 深圳市建筑设计总院城市所

Project: Diwang Urban Park I

Location: The Intersection of Baoan South Rd. and Shennan East Rd. Shenzhen

Design/ Completion, Demolition: 1999/ 2000，2003

Floor Area: 11,000m²

Client: Shenzhen Planning & Land Resources Bureau

Architectural Design: URBANUS

Principle Architect: Meng Yan, Liu Xiaodu

Team: Tang Doudou, Zhu Hongjing, Chen Yun

LDI: Shenzhen Institute of Architectural Design

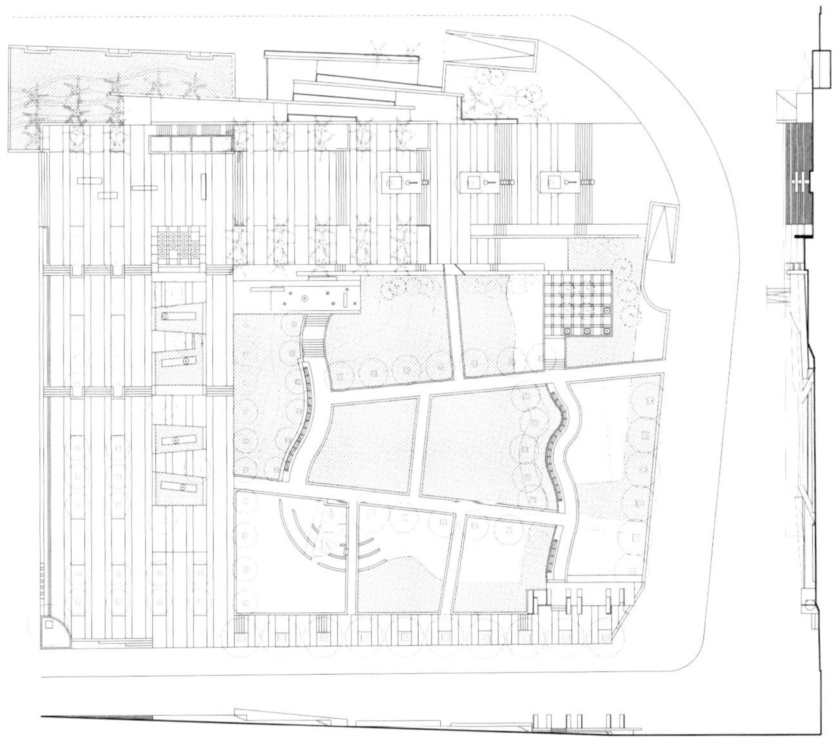

■ 平面图 / Plan

设计尝试对被分割的城市空地进行整合，将新的地铁出入口、过街桥以及地下商业空间链接到被快速交通打断的城市公共空间体系中。其空间构成为：两条相互垂直且逐渐抬升的步道，西侧连接被不同高差割断的步行空间和地铁站，南侧连接大型综合商业项目，向北连接计划中的跨越深南路直达地王大厦的跨路桥，剩余坡地形成有主题的台地园林。新的园林是在这块自然地貌上叠加新的人工景观的实验，也是一次文化拼贴的尝试。地王公园一年建成两年后被拆除，成为当今中国城市发展过程中种种疯狂和不确定性的一个小小注脚。

The design tries to intergrate the divided city space which was interrupted by rapid transportation into an urban public space system by linking new subway entrances, overpasses and underground shopping malls. Its space consists of two mutually perpendicular and gradually rising trails. The west part connects the walking space and the metro station cutting off by different heights. The south side connects large-scale integrated commercial projects. To the north, it connects a brigde, still in planning, across Shennan Road and leading towards Diwang Tower. The remaining slope will become a theme garden. The new garden is an experiment in which new artificial landscape was added upon its natural landscape, and also an attempt of cultural collage. It took one year for the constrcution of Diwang Park. However, two years later, it was teared down, becoming one of the little footnote of the craziness and uncertainty during China's urban development.

* 该项目图片和图纸由都市实践建筑事务所提供，摄影：孟岩 刘晓都

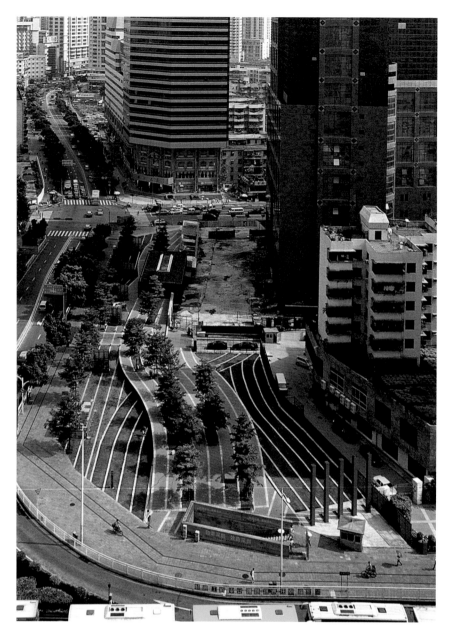

地王城市公园 II
Diwang Urban Park II

项目名称： 地王城市公园 II
项目地点： 深圳罗湖区宝安北路与深南路交汇处
设计时间： 2000-2005
建成时间： 2005
用地面积： 4 000m²
业主： 深圳市规划与国土资源局
建筑设计： 都市实践建筑事务所
主持建筑师： 孟岩
项目组： 朱加林，林栋，林海滨，李晖，丁钰，黄妙艳，傅卓恒，邓龙

Project: Diwang Urban Park II
Location: The Intersection of Baoan North Rd. and Shennan East Rd., Shenzhen
Design Period: 2000-2005
Completion: 2005
Site Area: 4,000m²
Client: Shenzhen Planning & Land Resources Bureau
Architectural Design: URBANUS
Principle Architect: Meng Yan
Team: Zhu Jialin, Lin Dong, Lin Haibin, Li Hui, Ding Yu, Huang Miaoyan, Fu Zhuoheng, Deng Long

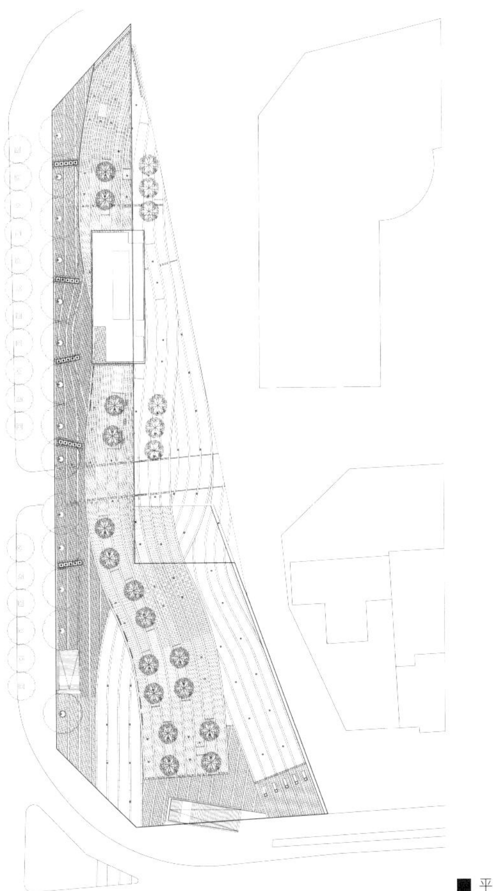

■ 平面图 / Plan

这个公园设计策略是在这块狭长地带中通过夸大一条人行步道的设计来放大人们在步道上的步行体验。两组扭动、起伏的线条重叠和交错，覆盖了带形不规则的用地。通过塑造人工地形，使人在城市中的行走这一最为常见的活动更加有趣和值得记忆。步道下是缓缓弯曲的绿色，绿色不时地从隆起的步道上窜出，成为绿色的斑块和树木。起伏的地表暗示其下覆盖着的城市基地原貌：一条暗河以及一片已被拆除的原有违章建筑的基座。通过对地表的重塑，基地成了一个特殊的场地，启发人们各种不寻常方式的使用获得不同的经验。

The design strategy of this park is to exaggerate a pedestrian walkway and emphasis people's walking experience in a narrow strip. Two twisting and undulating lines overlap and stagger, covering the irregular shape of the land. By shaping an artificial terrain, walking, what used to be a most common activity, will become more interesting and memorable. A piece of gently curved green, which from time to time springs up from the ridges, is becoming green patches and trees under the walkway. The undulating surface hints that it coveres the original base of the city: a river and an original foundation of a building which was demolished due to illegal construction. By reshaping the surface, the site has become a special venue, inspiring people to explore innovated uses and experiences.

* 该项目图片和图纸由都市实践建筑事务所提供，摄影：孟岩 刘晓都

大芬美术馆
Dafen Art Museum

龙岗区大芬村

Dafen Village, Longgang District

位于深圳市龙岗区布吉镇的大芬村，是深圳著名的油画产业村，村中遍布油画复制品的创作坊。这里的油画出口到亚、非、欧、美各大洲，每年创造数亿元人民币的销售额。

然而大芬村的油画长久以来是被视为一种低俗艺术，是庸俗品味与商业运作的奇妙混合体。但政府看到这种创意产业的价值，于是在一个似乎最不可能出现美术馆的地方，大芬美术馆出现了。这一决策引发另一个问题，作为一项政府行为是否能在另一层面上促成当代艺术的介入，并且通过这一公众设施将周边的城市肌理进行调整，使日常生活、艺术活动与商业设施混合成新型的文化产业基地。设计策略是把美术馆、画廊、商业、可租用的工作室等等不同功能混合成一个整体，让几条步道穿越整座建筑物，使人们从周边的不同区域聚集于此，从而提供最大限度的交流机会。美术馆在垂直方向上被夹在商业和各种公共功能之间，并且允许在不同的使用功能之间有视觉和空间上的渗透。其结果是展览、交易、绘画和居住等多种活动可以同时在这座建筑的不同部位发生，各种不同的使用方式可以通过不断的渗透和交叠诱发出新的使用方式，并以此编织成崭新的城市聚落形式。以肯定大芬村油画产业为初衷的大芬美术馆的产生，如果机构化的气氛太浓，或许会不经意地埋葬大芬村油画产业。将美术馆与村落结合，既是一种形式上的调和，也是从本质上让自发的生活形态能在被设计的环境中得以延续和发展的策略。

■ 区位图 / Location Map

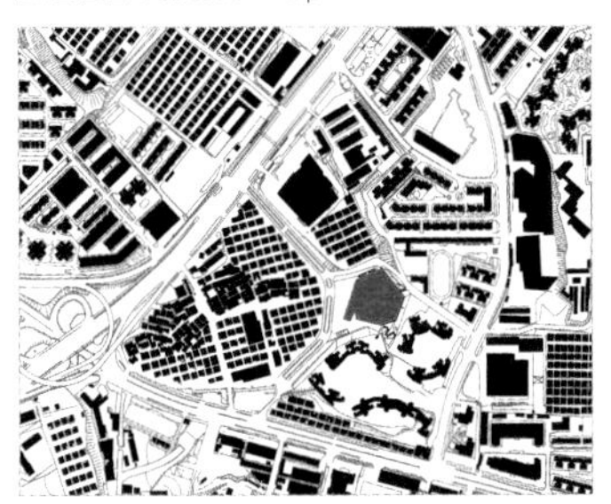

深圳市叶子文化艺术培训中心
JD Coffee
金典咖啡
中西餐 茶艺 棋牌
84732688
Xin Xin Frame Co., Ltd.

大芬社区工作站

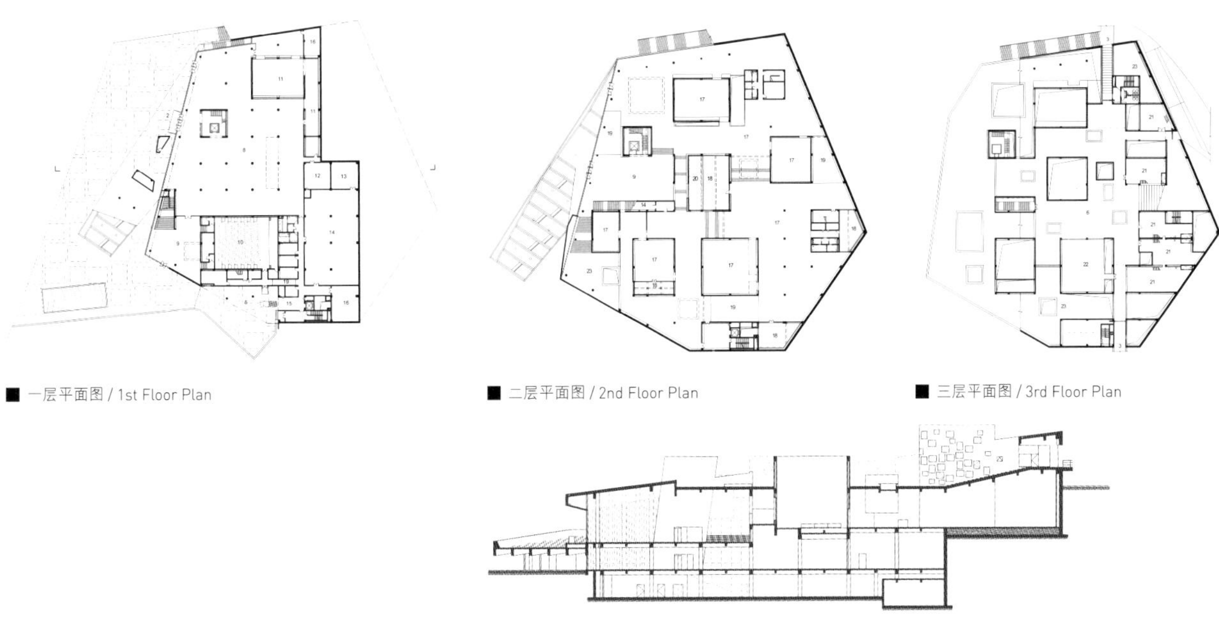

■ 一层平面图 / 1st Floor Plan

■ 二层平面图 / 2nd Floor Plan

■ 三层平面图 / 3rd Floor Plan

■ 剖面 / section

1. 展厅出入口 / Gallery Entrance
2. 油画销售厅出入口 / Oil Painting Fair Entrance
3. 屋顶广场出入口 / Roof Plaza Entrance
4. 地下车库出入口 / Parking Entrance
5. 辅助出入口 / Rear Entrance
6. 室外广场 / Plaza
7. 屋顶广场 / Roof Plaza
8. 油画销售厅 / Oil Painting Fair
9. 门厅 / Lobby
10. 多功能厅 / Multifunctional Hall
11. 洽谈室 / Conference Room
12. 办公室 / Office
13. 特藏室 / Art Archive Storage
14. 库房 / Storage
15. 卸货厅 / Loading Dock
16. 空调机房 / HVAC
17. 展厅 / Gallery
18. 露天庭院 / Courtyard
19. 坡道 / Ramp
20. 天窗 / SkyLight
21. 工作室 / Artist Studio
22. 咖啡厅 / Cafe
23. 上空 / Void

Dafen Village is in Buji Township, Longgang District, Shenzhen. Best known for its replica oil painting workshops and manufacturers, its exports to Asia, Europe and America bring in billions of RMB each year to the area.

Our concept focuses on reinterpreting the urban and cultural implications of Dafen Village, which has long been considered as a strange mix of pop art, bad taste, and commercialism. A typical art museum would be considered out of place in the context of Dafen's peculiar urban culture. The question is whether or not it can be a breeding ground for contemporary art and take on the more challenging role of blending with the surrounding urban fabric in terms of spatial connections, art activities, and everyday life.

Therefore our strategy is to create a hybridized mix of different programs, like art museums, oil painting galleries and shops, commercial spaces, rental workshops, and studios under one roof. It also creates a maximum interaction among people by creating several pathways through the building's public spaces. The museum is sandwiched by commercial and other public programs which intentionally allow for visual and spatial interactions among different functions. Exhibition, trade, painting, and residence can happen simultaneously, and can be interwoven into a whole new urban mechanism.

* 该项目图片及图纸由都市实践建筑事务所提供，摄影：杨超英 吴其伟 琚宾

扩展阅读 (Further Readings):

[1] 孟岩．“城中村”中的美术馆 深圳大芬美术馆 [J]. 时代建筑 ,2007(05):100-107.

[2] 都市实践．“中国·大芬”油画工场 ,《住区 Design Community》, 2006(1), 24-31.

莲花山公园山顶生态厕所
A Public Eco - Toilet on the Lotus Hill Park

福田区莲花山公园

Lotus Hill Park, Futian District

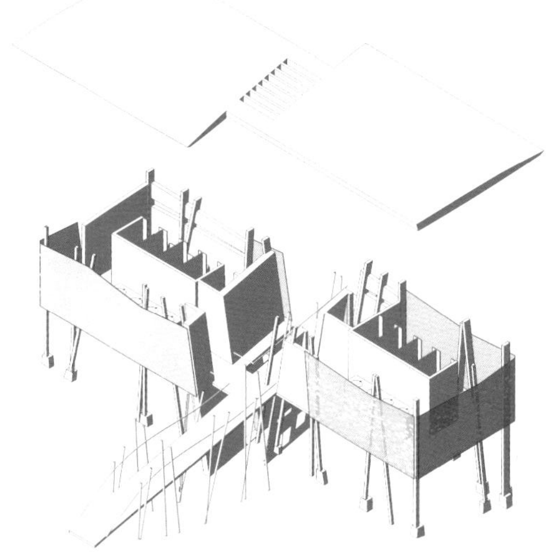

■ 轴测图 / Axonometric Diagram

■ 区位图 / Location Map

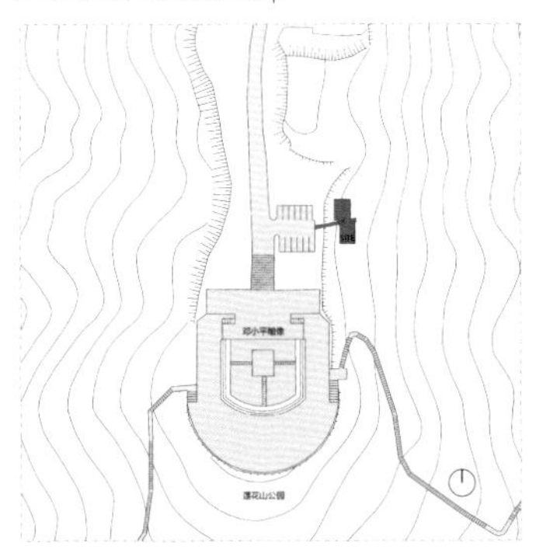

这是一个 78m² 的建筑物，坐落于深圳莲花山公园的山脊，一个中国南方最炎热的城市，为位于山顶的邓小平纪念广场提供配套服务。

场地位于斜林陡坡。透过林木，从东面人们可以欣赏到城市的全景。为了保持原始的生态环境，建筑物腾空凌立于山坡上并象巢居一样溶入山间林海之中，西面通过一条作为入口的曲面栈桥连接到一个小型停车场。为了水平和垂直通风，白色钢柱组成开敞的围护结构。出挑深远的檐板形成天然的遮阳伞。

为了创造一个舒适、有趣的室内空间，玻璃幕墙通过磨砂处理并在上面布置了大小不一的树叶状的矩形透明斑纹。如厕的时候，置身其中的人们可以观赏到室外大自然的山色和城市风光；洗手的时候，可以与室外的人互动交流。

当人们看到这座厕所的时候，建筑物形象被玻璃墙上的树叶斑纹与白色钢柱组合所创造出的“树群”画面所替代，建筑师希望这些“树群”能永远活在人们的心中。

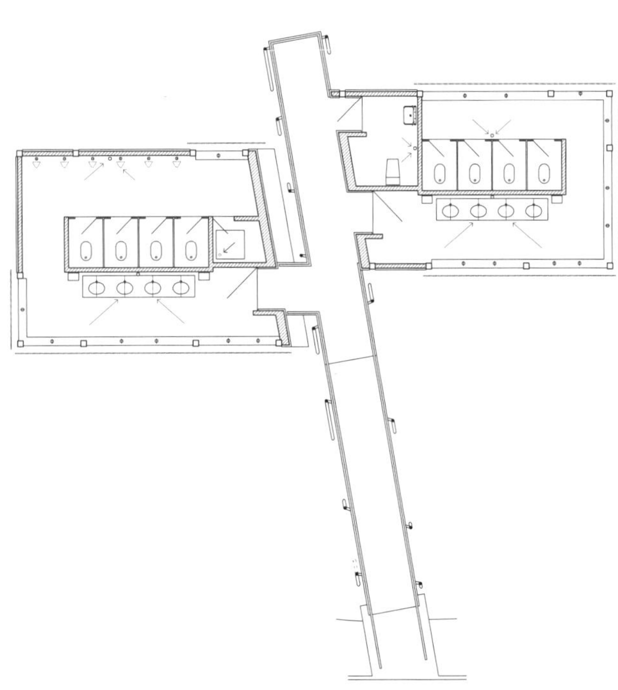

■ 平面图 / Plan

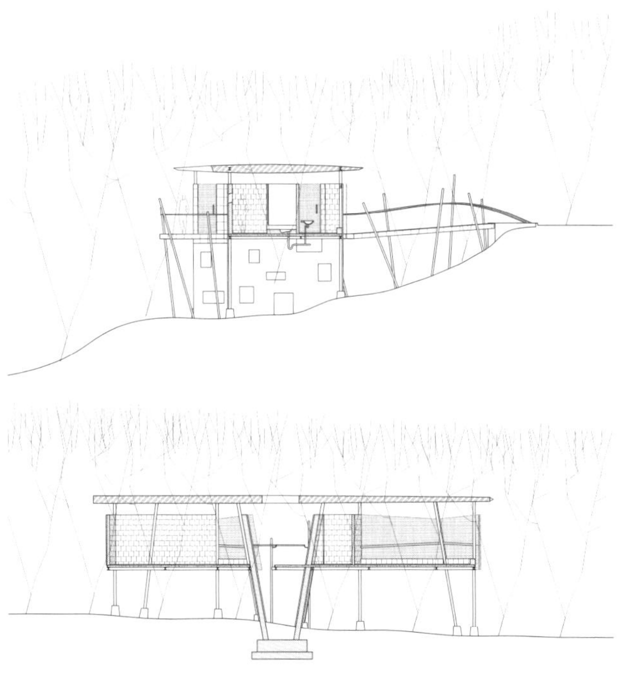

■ 剖面图 / Section

It is a building of 78m², located at the ridge of Lotus Hill in a park, Shenzhen, a tropical city in southern China, servicing for Deng Xiao Ping Memorial Square on the top of Lotus Hill.

The site is a forestry slope. Through trucks of trees, people can enjoy the panoramic view of the city in the east. To maintain the original ecological environment, the building is like a nest that floats above the ground and hides in the forest, linked by a curve bridge working as an entrance with a small parking lot in the west. Unenclosed envelopes are fixed on the sides of white steel columns for horizontal and vertical ventilations. The deep cantilever roof is built for sunshade.

In order to create a comfortable and interesting interior space, the glass curtain is frosted in portion and leaves some leaf-shape pattern scattered transparent. When tourists are using the toilet, they can enjoy the landscape, and while they are washing hands, they can communicate with people outside.

The combination of leaf-shaped pattern on the curtain with white steel columns recreates an image of a bunch of trees removed for the building when people view the toilet. The architect hopes that those trees would relive forever in people's mind on the site.

* 该项目图片及图纸由雅本建筑事务所提供

扩展阅读 (Further Readings):

[1] 宇轩 . 从一个厕所设计谈起——访 X-Urban 公司建筑师费晓华 [J]. 时代建筑 ,2003,03:64-67.

[2] 费晓华 , 沈桦 . 公厕设计亦有作为——深圳市莲花山公园厕所建筑设计 [J]. 建筑学报 ,2003,02:50-52.

深圳城区背山面水、东西狭长，是多组团带状发展的城市。深圳有两个突出的关于都市边缘的热点，一个是因深港之间长达 27.5km 的边界而形成的“一线关”“二线关”；另一个是因深圳坐拥 230km 的海岸线，却长期以一个内陆城市发展的状态及其面向海洋的转变轨迹。因此，当我们把目光聚焦于深港之间无从绕开的“通关”活动时，其载体就是“口岸建筑”“口岸地段”，这成为深圳一个可以独步世界的建筑与城市“现象”。当我们将视线转向深圳的滨海，很长的时段由于深港边界与以“蛇口工业区”为代表的西部滨海地带的发展，令深圳人的生活远离大海；今天以高品质旅游为主的东部山海地带，以滨水生活功能为主的中部滨水地带发展迅速，西部滨海地带透过转型更新成为城市公共空间，让深圳真正成为滨海城市；另外，前海开发、深圳湾超级总部基地建设等，更让深圳走向区域辐射力强劲的湾区城市。与之相应的城市与建筑设计面临更多挑战，也更多地呈现出创新性。

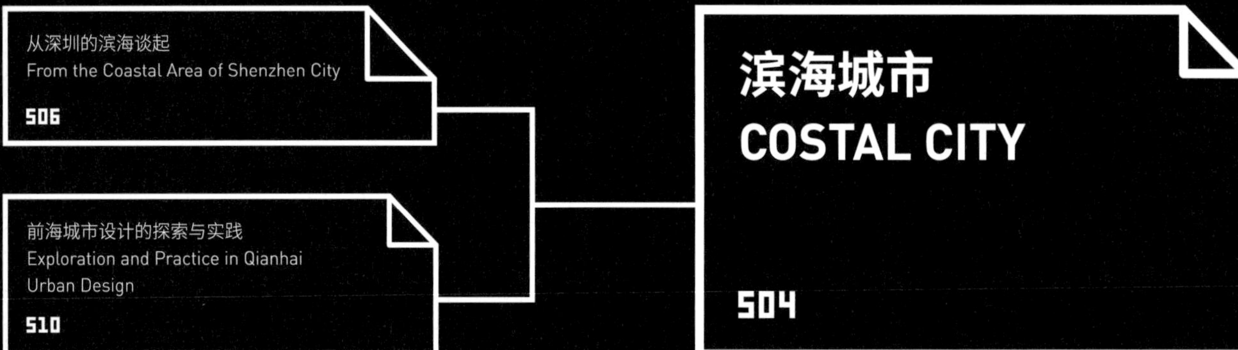

都市口岸
URBAN PORT 496

特区口岸 - 城市窗口
Border and the Window of City 498

都市边缘中的特殊建造

UNUSUAL CONSTRUCTION ALONG THE URBAN EDGE

484-527

Geographically, the urban area of Shenzhen faces towards the sea with its back against the mountains, sprawling along east to west. It is a city shaped by polycentric ribbon development. In regard to urban edge, the city has two prominent focal points. One involves the "First Boundary" and "Second Boundary" derived from the 27.5 kilometer-long border between Shenzhen and Hong Kong. The other concerns the city's 230 kilometer coastline and Shenzhen's transition from inland development towards the direction of a bay area city. Therefore, we direct our attention to the inevitable event of "border crossing" between Shenzhen and Hong Kong, which are presented here in the form of "port architecture" and "port area". It becomes a worldwide unique phenomenon of architecture in relation to the city. When shifting our focus to Shenzhen's coastline, one can notice that, for a long period of time, the development of Shenzhen had revolved around the western coastal area including the Shenzhen-Hong Kong border and the "Shekou Industrial Zone". As a result, the public life of Shenzhen was distanced from the sea. Today, the fact that eastern coast-mountain area has developed into an area focusing on high-end tourism, the development of central waterfront focuses on waterfront recreational life, and western coastal area has transformed into an urban public space through regeneration, makes Shenzhen truly become a coastal city. In addition, the development of Qianhai and Shenzhen Bay Super headquarters base moves Shenzhen towards a bay city with regional influence. As a result, the city and its architectural design are faced with more challenges, which can also lead to more innovative approaches.

摄影：王大勇　时间：2014年9月　地点：蛇口渔港　经纬度：N22°29′6.06″ E113°56′5.03″

摄影：王大勇　时间：2016年8月　地点：蛇口　经纬度：N22°29′21.80″ E113°55′43.17″

摄影：王大勇　　时间：2015年9月　　地点：沙河西路后海大桥　　经纬度：N22° 31′ 35.22″ E113° 57′ 2.34″

摄影：王大勇　　时间：2014年9月　　地点：海上世界　　经纬度：N22°29′18.56″ E113°55′20.28″

摄影：王大勇　　时间：2013年6月　　地点：蛇口　　经纬度：N22°29′21.80″ E113°55′43.17″

宝利来1号
BAO LI LAI YI HAO
27786

历史沿革

晚清—1949年：深港开端
1949—1978年：“重内地，轻沿海”
1978—1997年：“对外吸盘、对内漏斗”
1997年至今：新建、优化、繁荣

特区口岸
城市窗口

口岸与
城市发展

“据点”式发展时期
皇岗口岸与福田区
深圳湾口岸与前海区

口岸的
建筑变迁

屏蔽关卡时期
辐射孔道时期
成熟繁荣时期

都市口岸
URBAN PORT

特区口岸－城市窗口

Border and the Window of City

涂劲鹏 TU Jingpeng

特区口岸 — 城市窗口
Border and the Window of City

涂劲鹏　TU Jinpeng

深港口岸经历了“屏蔽边界”“辐射孔道”“联系枢纽”的演变历程。文章通过对这一过程的回顾，剖析了口岸建筑、口岸地段、口岸城市的发展，以及其中的内在关联。

The ports between Shenzhen and Hongkong, have developed from "shielding boundary" to "radiant channel", then to "link of connection". By reviewing this progress, this article analyses "the ports of SEZ", "the city development", "the port building's evolution", and finds out the relationship between them.

特区口岸；城市发展；口岸建筑变迁；

Ports of SEZ; City Development; Port Building's Evolution

2015年6月5日，恰逢笔者落笔此文，一条“深圳拆除二线关”的新闻登上各大网站头条。细看方知，所谓“拆除”实为“改造重建”，与公众期待相去甚远。二线关作为阻碍深圳特区内外一体化交通瓶颈的状况，恐怕还将持续下去。“二线关”，实因深圳与香港交界处长达27.5 km的“一线关”而得名的。事实上，在从改革之初的满目荒夷，到现在的活力之都，“通关”是这几十年间每一个和深圳发生过、发生着关联的人，始终无从绕开的一道“无形墙”。而“通关”所必经的那些“口岸”（图1，图2），毫无疑问影响着深圳的城市发展，已日趋成为独步世界的建筑与城市“现象”。

时光荏苒

晚清时期—1949年

将时钟拨回至中国封建社会晚期，明清两朝因各种内外原因执行“海禁政策”，广府得以独口通商，成就畸形繁荣（图3，图4）。鸦片战争及五口通商之后，广州在社会动荡之中失去了外贸垄断优势，先是被上海取代全国外贸中心地位，后又被香港取代华南首港地位。《南京条约》《北京条约》签署之后，港岛、九龙先后被割让，坐拥维多利亚天然良港的香港开启“国际自由贸易港城”的发展道路。1898年《拓展香港界址专条》签署，深圳河以南的整个新界被英殖民者强行租借，今日之深港边界由此形成。此后，英政府将中英边界的关卡从九龙推进至今深圳河北侧，并于罗湖与沙头角设立两个“深圳河税收关卡”，这便是今日之深港口岸的开端（图5）。

彼时之“一线”边界，就民间往来而言，实际基本是自由开放的。罗湖与文锦渡两处关卡，分别为广九铁路省港公路的通车枢纽。借助这两条通道，躲避频繁战乱的中国内地移民，源源不断地为香港的早期开发提供着人力、技术、资本的支持。

1949—1978年

新中国成立初期，所有沿海地区成为阶级斗争的前哨。对于深圳河边界这一“资本主义前沿地”，推行“封锁戒备”“屏蔽边界”的政策，严厉打击偷渡、走私、外逃。闭关锁国的大背景下，仅存“广交会”与“罗湖桥”这两个“半”开放窗口（图6）。那时的罗湖铁路桥，仅让侨胞返乡探亲以及内地供给香港鲜活产品“三趟快车”通过。

在“重内地、轻沿海”的谨慎经济战略之下，上海由东方经济贸易大港和全国财富汇聚中心，成为全国建设的技术和资金支持中心，发展受困。香港从而接替了上海的东方大都会角色，跻身“亚洲四小龙”，实现了经济腾飞。

1978—1997年

改革开放之后，国家重心从“以阶级斗争为纲”转向“以经济建设为中心”。中国要打开国门，要走向世界，就不可能不利用港澳这两条国际通道。作为世界级自由港与贸易中心的香港，成为中国与世界的联系捷径，成为不同社会体制之间的联系缓冲地。通过与香港的合作，吸收其资金、技术和管理经验，也正是深圳经济特区与城市建设发展早期的原动力。香港之繁荣，近在咫尺、咄咄逼人，“一线”两侧的巨大经济级差，使得深港边界的口岸，由“屏蔽边界”变为“辐射孔道”。交通运输、人员往来、商品进出、技术资金交流……，催生着深港边界各口岸的陆续开通。继罗湖、文锦渡口岸恢复通行之后，沙头角、皇岗口岸以及蛇口港相继开启通关。与日递增的人流、物流，在“对外吸盘、对内漏斗”的双重作用之下，汇聚于这些特区口岸，也使它们成为珠三角地区乃至整个中国大陆对外交往最重要的门户（图7，图8）。

1997年至今

香港回归祖国之后，实行一国两制基本国策，深港之间的“一线”边界，性质转而介乎“国界”与“省界”之间。而随着全国各地改革开放的大力推进，尤其是长三角经济区的崛起，深圳经济特区作为改革开放试点的历史使命业已完成。至2001年中国加入WTO之后更为明显。同年，特区边防证制度开始淡出历史舞台；2003年，中央与香港签署CEPA（Closer Economic Partnership Arrangement，即“内地与香港关于建立更紧密经贸关系安排”协议），随后开放“港澳自由行”；2004年向香港开放人民币业务；近年来，“水客”“大陆孕妇”“走读儿童”等各种争议话题的涌现，也佐证着深港边界的柔化与融合的加速。

拥有“近水楼台”优势的深圳，成为大陆最发达的经济特区，并成为经济融资、国际贸易、技术转移、人才培养等方面的“窗口”，综合经济实力已跃居一线城市行列。深圳与香港，逐步实现“互补式”合作模式，在城市基础建设、口岸建设和口岸管理体制、交通运输、金融、环保、治安等领域的衔接与合作进一步加强，并在金融、贸易、国际航运、制造业发展、过境交通、生产及生活空间等方面形成功能互补。深港之间更加密切的往来对通关效率和通关环境提出了更高的要求，罗湖、皇岗口岸改造，深圳湾口岸开通，福田口岸开通等深港口岸的各项规划与建筑工程建设热火朝天，或新建扩容、或优化完善，繁荣发展、方兴未艾（图9—图11）。

口岸与城市发展

在改革开放之前，深圳是一个因绵延不绝的偷渡潮而名扬海内外的边陲小镇。作为政治性的国防前哨，城镇建设与口岸发展几乎完全停滞。但在改革开放与经济特区成立之后，深圳城市发展建设在短短数十年间取得的成就，可以用“难以置信、难以理解、不可复制”这几个词来形容。究其原因，很大程度上在于香港这个“巨型拉动引擎”，而深港边界口岸，就好比是引擎动力的辐射孔道与输送纽带。

“据点”式发展时期

深圳特区开发建设之初，城市空间发展主要从蛇口、罗湖、沙头角这三个毗邻香港的口岸区域开始，实施“据点式”开发策略，并在三个“据点”之间形成外展交通性触角，进而形成“三点一线”的城市空间格局。利用与香港毗邻的空间级差和区位优势，利用引进港资的边境导向，深圳特区建设取得发展的先机，拉开发展的基本骨架。尤其是依托着罗湖口岸、文锦渡口岸的“罗湖 - 上步”组团，以每年 12 km^2 的开发建设速度，获得空前发展，对周边商业办公和工业区产生明显的极化效应。

皇岗口岸与福田区

至 1990 年代，在经历了早期“据点式”的试探性发展之后，深圳的口岸与城市发展进一步铺开。在市场竞争和政府调控的双重作用下，传统工业企业得以纷纷迁出特区或让出繁华地段，特区开始向现代化国际性城市迈进。由于最早的罗湖商业中心区密度过大，已没有发展空间，于是城市建设的重心开始向未来 10 年开发的重点地区——福田区转移。皇岗口岸便作为深港之间的新联系通道而出现，并取代文锦渡口岸成为全国最大的（客货综合）公路口岸。皇岗口岸和福田保税区位于福田区最南端，与香港仅一河之隔，这再次说明来自香港的辐射与拉动力，始终是深圳发展不可或缺的外在动力。

深圳湾口岸与前海区

香港回归之后，深港口岸的人流物流通关量继续攀升，既有口岸不断经历着扩充与改造。与深圳地铁一号线工程同步，对罗湖口岸及深圳火车站地区完成全面改造；皇岗口岸则扩建跨河公路二桥，并另建专供旅检通关的皇岗地铁口岸（后更名为福田口岸）。然而最具战略意义的，是 2007 年香港回归十周年之际建成开通的深圳湾口岸（西部通道）。

在“一线”“二线”包夹的有限空间下，罗湖区、福田区相继饱和，城市发展重心自然向西“溢出”，特区内的城市发展重心朝着现有土地存量最大的城市组团——前海区（南山区）转移。在文锦渡口岸、皇岗口岸相继达到负荷极限之后，深圳湾口岸将成为连接深港规模最大、设施最先进的公路口岸，大大减轻之前几个深港口岸的客货疏运压力。在分流过境交通压力作用上，“沿海高速公路 - 深圳湾口岸”将削减“广深高速 - 皇岗落马洲口岸”一线过境交通对深圳城区产生的不利影响，从而改善深港双方的口岸格局。

可以肯定的是，随着深圳口岸建设的不断发展，口岸交通分布的不断优化，深港两地实现无缝连接，特别是随着“东进东出、西进西出、中进中出”总体战略布局的逐步实现，深港、粤港之间的合作将更趋紧密，深港口岸对于深圳经济社会的发展，乃至整个珠江三角洲地区经济发展也将发挥出更加突出的作用（图 12）。

口岸建筑的变迁

深港口岸建筑虽然数量有限，但却是极为重要的城市（群）节点与交通节点，影响深远。不认识到这一点，我们可能难以想象罗湖口岸联检楼这样一栋看似寻常的建筑，如何能够被评选为“深圳改革开放十大历史性建筑”。口岸的建筑变迁，就好似一扇时光的窗口，让我们从中洞悉社会与城市的发展历程。

屏蔽关卡时期

新中国成立之初，中国人民解放军接管了九龙海关，由罗湖口岸返乡探亲的侨胞就在铁路桥上排队，等候查验过关。直至 20 世纪 60 年代的罗湖口岸联检楼建成，才标志着口岸通关建筑的真正诞生。彼时的深港口岸，实为面向资本主义前沿的关卡与要塞，戒备森严，口岸建筑与设施简陋，查验手段严格、原始（图 13），也从侧面体现出经济困难时期的建造实力与投入力度。

辐射孔道时期

改革开放初期，被抑制几十年的往来需求得到释放，加上香港与内地的巨大经济级差的刺激作用，短时间内，罗湖、皇岗、沙头角等一批口岸建筑落成并开启通关，却又很快跟不上通关流量急速膨胀的需求。这一时期的口岸建筑，在特区建设中，往往率先落成，并在经济距离原理的作用下，使得其周边城市区域迅速繁华、乃至饱和拥堵。

这一时期的口岸建筑，也真实地反映了八九十年代的建筑风貌。在极富政治权威色彩的“国门”思维定势之下，都采用坡屋顶檐口、白墙、红柱、琉璃瓦等“中国元素”（图 14）。之所以出现这种模式化趋同，还有其时代原因：早期口岸建筑都由胡应湘、霍英东等侨商出资兴建，偏爱中国元素。加之改革之初的政治经济原因，建造时间与经济技术水平都非常紧张，因此往往求快求简，这种“摸索式”设计方式，确实也难以做到长远谋划。

成熟繁荣时期

随着中国改革开放与经济建设的深化推进，深圳经济特区的发展建设也取得了巨大的成就。内地与港澳之间的经济级差一步步缩小，合作交融更为全面深入。与之相应的，是深港“一线”边界的相对“柔化”，以及“自由行”“24 小时通关”“八秒自助通关”“电子无纸化通关”“一地两检”等新事物的不断涌现。口岸运营管理的原则导向开始从“政治权威型”向“通关服务型”转变。口岸建筑与规划设计也从侧重“通关管制”转向“快速集散疏导”。从“卡”到“通”，追求更加便利与高效，无疑是时代发展与进步的体现。新涌现的口岸建筑，如福田口岸、深圳湾口岸、（新）文锦渡口岸等（图 15—图 17），将策划与设计的重心更多落在交通流线组织与通关环境营造上。口岸与城市、城际交通的衔接，口岸的内部动线，快捷顺畅、导向明确；建筑的内部空间转而更加通透、明亮、高敞，利于开阔视野形成方向感；建筑的外部形象则不再片面强调“国门”“关楼”寓意，更多地呈现“交通建筑”“集散枢纽”的形态。新建口岸在规模策划上也考虑了足够的超前性与弹性，将“动态发展、适应调整”纳入到设计的考虑之中。与新建口岸同步的，是既有口岸的改造。以罗湖和皇岗口岸为代表。这些改造的核心内容之一就是“扩容”，包括增加候检大厅的数量和面积、扩展查验通道数量等；另一项核心内容就是在与城市（城际）交通衔接效率上的不断提升、与时俱进。比如深圳罗湖口岸与深圳火车站、地铁一号线的整体改造工程（图 18）。

当然，由于总通关量增长放缓，以及新辟口岸逐渐增强的分流作用，部分既有口岸还会出现通关量趋于稳定甚至回落的情况，这就为这些口岸的重新设计与建设创造了前提条件。近年关于此类口岸的建筑设计竞赛中，不乏新颖案例，在这些案例当中（图 19，图 20），对于口岸“管道化交通”本质，给予了高度关注，因而呈现出诸多颇具启发意义的设计理念。

1. 1982 年，修建中的特区“二线”
2. 2001 年春节期间，罗湖口岸通关人潮
3. 19 世纪初，广州商馆区
4. 19 世纪 60 年代，香港维多利港城
5. 深港口岸早期变迁
6. 特殊时期仍保持通关的罗湖口岸

1. Zone Boundary under construction in 1982
2. People in Luohu Port During the Spring Festival of 2001
3. Commercial Area in 1800s
4. City Of Victoria in 1860s
5. Early Transformation of Shenzhen-Hongkong ports
6. Luohu Port during the special period of time

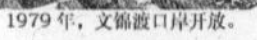

1979年，文锦渡口岸开放。

文锦渡口岸车检通道。

1980年代，中英街的购物人群。

時間就是金錢
效率就是生命
1985年，蛇口工业区门口的标语。

7. 20 世纪 80 年代，早期各口岸
8. 20 世纪 80 年代，建设中的罗湖口岸
9. 罗湖口岸地段改造过程及其全貌
10. 福田口岸（原名皇岗地铁口岸）
11. 深圳湾口岸车检场及跨海大桥（西部通道）

7. Early Ports in 1980s
8. Luohu Port in construction
9. Renovation of Luohu Port Area
10. Futian Port (the original name is Huanggang Port)
11. Shenzhen Bay Port and bay bridge

12. 深圳各阶段的城市生长与主要口岸发展的联系对比
13. 解放初罗湖桥通关旧照
14. 香港回归之前的口岸建筑风格
15. 深圳湾口岸
16. 福田口岸
17. （新）文锦渡口岸
18. 罗湖口岸（及火车站地段）环境景观
19. 莲塘口岸竞赛方案之一
20. 莲塘口岸竞赛方案之二

12. Comparison between the urban growth of Shenzhen and the development of main ports
13. Photo of Luohu Bridge around the establishment of People's Republic of China
14. Architectural appearance before the return of Hongkong
15. Shenzhen Bay Port
16. Futian Port
17. (New) Wenjindu Port
18. Landscape of Luohu Port (and the train station)
19. One proposal for Liangtang Port Competition
20. Another proposal for Liangtang Port Competition

未来

正如“二线关”拆除的众望所归，我们有理由相信，随着地缘格局的不断演变，深港之间的“一线”边界终极趋势将会是柔化与淡化。改革开放的三十多年来，深港关系先后经历了“取代式”“融合式”“后院式”“互补式”的演变历程。“深港都市圈”已成事实，甚至关于“深港同城化”的“一都两区、双子城”等模式的讨论再度成为热点话题。

也许有一天，这批口岸建筑真的会像“现象”一般，淡出历史舞台。但是来自政治、经济、行为等社会空间要素方面的原因，决定了这些预期会是一个渐进式的漫长过程。深港之间的隔离界线和口岸疏通管制还将保持相当长的时间，未来深港口岸作为大型跨境基础设施，将对深圳、香港乃至整个珠三角的稳定繁荣起到持续的积极作用。

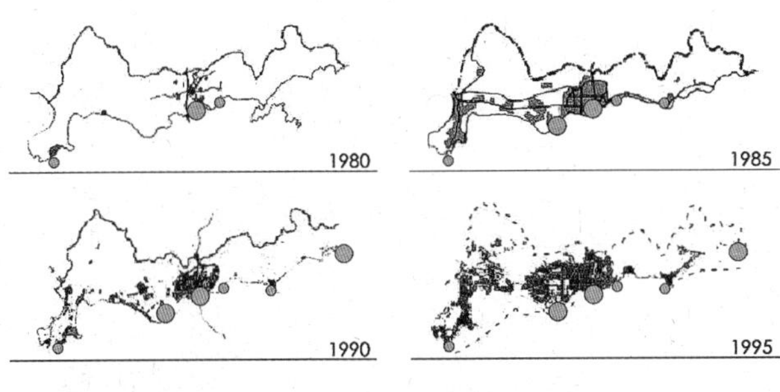

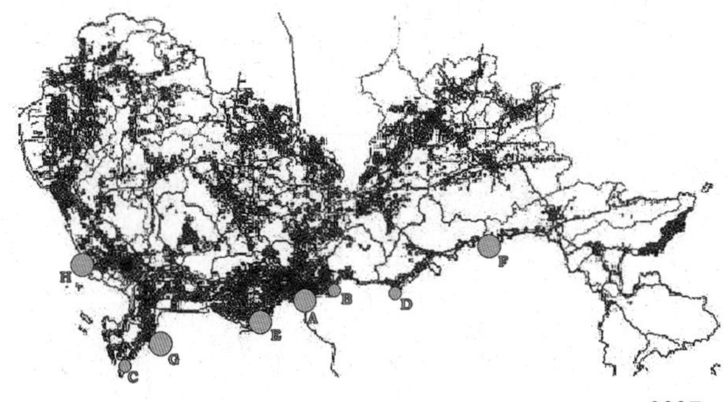

A）罗湖口岸　B）文锦渡口岸　C）蛇口港口岸　D）沙头角口岸　E）皇岗口岸　F）盐田港口岸　G）深圳湾口岸　H）大铲湾口岸

12

参考文献（References）：

[1] 中国口岸协会．中国口岸与改革开放 [C]．北京：中国海关出版社，2002．

[2] 中国口岸协会官方网站 [OL]．http://www.caop.org.cn/．

[3] 梁启超．世界史上广东之位置．经典大家为广东说了什么 [C]．广州：广东人民出版社，2006．

[4] 香港市政局．珠江风貌—澳门、广州及香港 [M]．香港：香港市政局，1996．

[5] 香港市政局．十八及十九世纪中国沿海商埠风貌 [M]．香港：香港市政局，1996．

[6] 澳门市政厅．昔日乡情 [M]．澳门：澳门市政厅，1996．

[7] 深圳市人民政府口岸办公室 [OL]．http://www.szka.gov.cn/．

[8] 深圳口岸百年沧桑 1900 ～ 2000[G]．深圳：深圳口岸，2000．

[9] 深圳市人民政府口岸办公室 [G]．深圳：深圳口岸，1998．

[10] 走过深圳百年故事 [A/OL]．http://www.szonline.net/Channel/content/2007/200706/20070629/31078.html．

[11] 深圳文化之窗——深圳口岸展现国门风采 [N/OL]．2008.09.09.http://www.szwen.gov.cn/whlt/whlt.asp?gate=1．

[12] 涂劲鹏．珠江三角洲陆路口岸建筑发展研究 [C]．北京：中国建筑工业出版社，2012．

图片来源（Credits of Images）：

1.http://www.bfpolice.com/photos/sh/200812/23555.html。

2. 宋芸 文，余朝东 拍摄．新闻报导《情满罗湖第一春》．2001。

3. 香港市政局．《珠江风貌——澳门、广州及香港》．1996．p158。

4. 香港市政局．《珠江风貌——澳门、广州及香港》．1997．p80。

5.《深圳口岸百年沧桑 1900 ～ 2000》．p20。

6. 本书编委会．《深圳口岸百年沧桑 1900 ～ 2000》．2000．p55、p65。

7. 本书编委会．《深圳口岸百年沧桑 1900 ～ 2000》．2000．p134

8. 本书编委会．《深圳口岸百年沧桑 1900 ～ 2000》．2000．p114，立面分析作者自绘。

9. 图片素材引自“中国城市规划网”，经作者整理归纳。

10. 北京市建筑设计院深圳分院提供。

11. 引自《30 年深圳 30 年香港》一文。

12. 口岸分析标注自绘，底图引自《城市空间空间发展自组织研究——深圳为例》一文。

13.《深圳口岸》．p27。

14. 作者自拍。

15. 作者自拍及深圳市建筑设计研究院提供。

16. 作者自拍及北京市建筑设计研究院深圳分院提供。

17.http://bbs.szhome.com/commentdetail.aspx?id=151627458&projectid=25003。

18. 作者拍摄。

19.http://design.yuanlin.com/HTML/Opus/2013-4/Yuanlin_Design_6613.HTML。

20.http://design.yuanlin.com/HTML/Opus/2013-4/Yuanlin_Design_6613.HTML。

涂劲鹏
TU Jingpeng

作者单位： 华南理工大学建筑设计研究院
作者简介： 涂劲鹏，华南理工大学建筑设计研究院建筑师

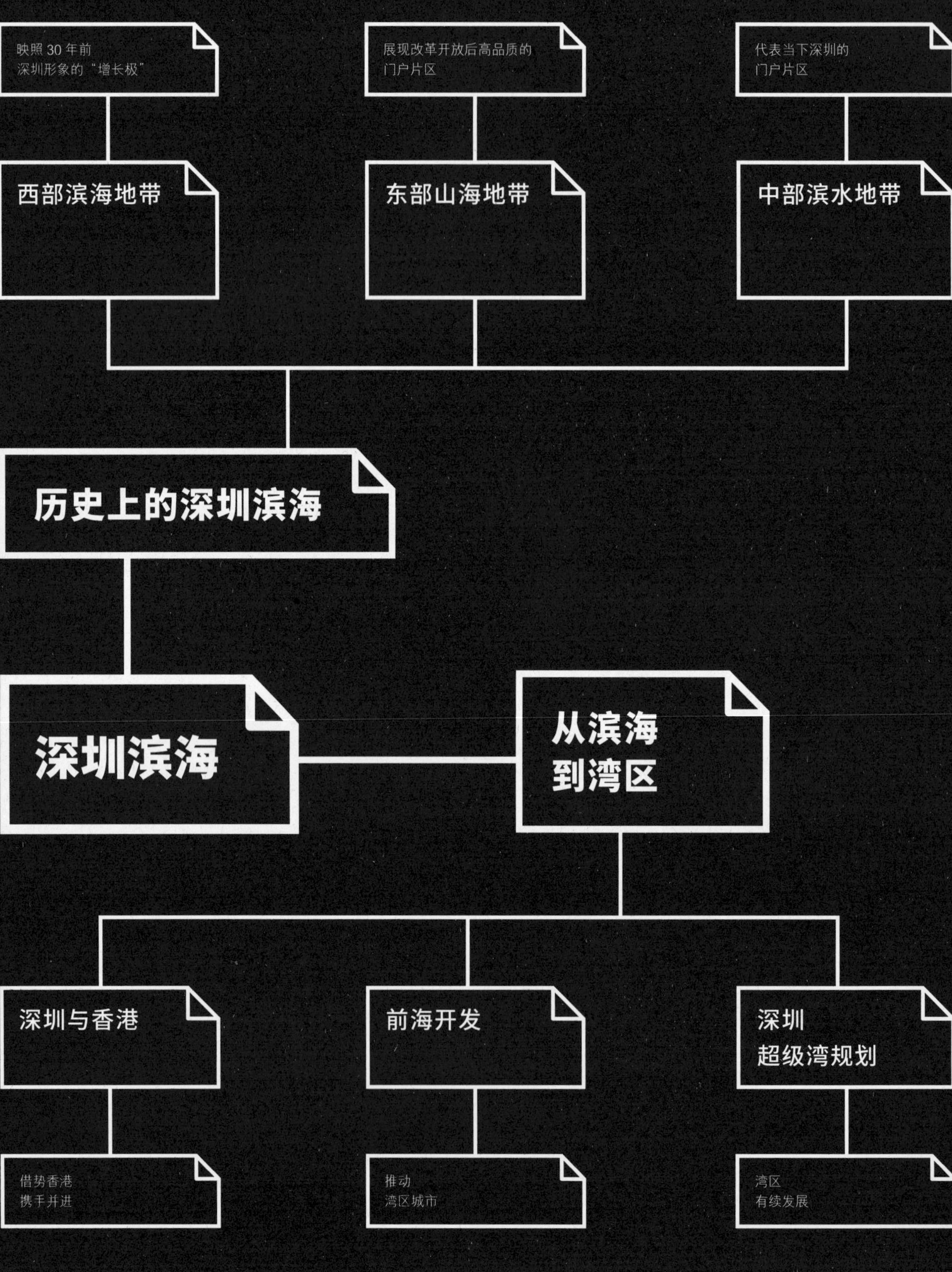
映照 30 年前
深圳形象的“增长极”
展现改革开放后高品质的
门户片区
代表当下深圳的
门户片区
西部滨海地带
东部山海地带
中部滨水地带
历史上的深圳滨海
深圳滨海
从滨海
到湾区
深圳与香港
前海开发
深圳
超级湾规划
借势香港
携手并进
推动
湾区城市
湾区
有续发展

滨海城市
COASTAL CITY

从深圳的滨海谈起

From the Coastal Area of Shenzhen City

郭湘闽 冀萱 GUO Xiangmin, JI Xuan

前海城市设计的探索与实践

Exploration and Practice in Qianhai Urban Design

程亚妮 金延伟 CHENG Yani, Jin Yanwei

从深圳的滨海谈起
From the Coastal Area of Shenzhen City

郭湘闽，冀萱　GUO Xiangmin, JI Xuan

经过改革开放以来三十余年的发展，深圳的滨海区域由最初的工业功能，到发展休闲度假旅游，再到发展高科技产业、现代物流业，现在已经渗入未来的全球超级总部定位。文章通过深圳滨海特色及效用的变迁，去捕捉深圳城市进化的轨迹以及深圳城市定位的转变，从中勾勒出深圳从滨海内陆型城市向面向远洋的湾区城市转变的轨迹。

深圳；城市定位；内陆型城市；湾区城市

Shenzhen; City Orientation; Inland City; Bay City

After more than thirty years of fast development, Shenzhen's coastal areas have been changed from industry use, to the vacation tourism, and then to high-tech industries and modern logistics, finally into the use of global super headquarters. In this paper, by studying the change of Shenzhen coastal function, we can see Shenzhen's path from an inland city to an international bay City.

要解析一座城市的特色，究其实质离不开对于其城市成长路径的观察。因此，要解析深圳的城市特色，或者说探讨其滨海生活的特点与价值，也离不开对城市变迁的观察。

历史上的深圳滨海

深圳，作为中国改革开放的尖兵和试验田，在不同的历史时期一直随着外部因素的变化而激发出不同的都市状态。从不同的角度去进行剖析和描述，可以在这些历史的横断面上清晰地看出这座城市进化的年轮。

一般而言，城市在不同的历史阶段往往伴随着产业和经济生态的变化，体现出不同的形态特色。这些形态特色可以在微观的建筑层面和宏观的都市层面以不同的方式显现出来。例如，如果从微观层面观察，深圳主要的建筑遗产无非为两样：一是工业厂房，二是城中村。它们都深刻地映射出深圳在改革初期快速城镇化过程中的历史痕迹。

同样道理，如果放大到城市层面，我们同样可以捕捉到深圳城市进化的轨迹。而这个轨迹，鲜明地反映在它的滨海特色及其效用的变迁上。

深圳是一座从海边小渔村发展而来的大都市，在 2 000 多 km² 的行政区域内，拥有 230 km 长的海岸线，东临大亚湾，西濒珠江口，北与东莞市和惠州市接壤，南与香港仅一河之隔，堪称一座典型的滨海城市。

深圳是一座滨海城市，这是地理上不可变更的自然事实。但是在大海边上的城市并不能必然称得上滨海之都。深圳给人的整体印象是每天繁忙的人群、滚滚的车流、密集的建筑，海洋在深圳人忙碌的生活中是遥远的。而且深圳滨海在很长时间内是深港边界，人们的居住、休闲等活动远离大海。但是，人们在不同的历史时期都在关注滨海，热议滨海，津津乐道于这片土地上每块滨海空间所浓缩着的每段历史印记。

可以从几个不同的片区来扫描一下深圳的滨海区域与历史的关系。

西部滨海地带——映照 30 年前深圳形象的“增长极”

深圳的西部滨海地带，其岸线从蛇口港至深莞交界区域，总长度约 60 km，是深圳重要的滨海产业区。该地带以蛇口工业区为代表，映照出的是 30 年前白手起家时期的深圳形象。同时，西部滨海地带还是未来深圳的发展轴，是深圳发展的“增长极”。

深圳的西部滨海地带拥有蛇口工业区，隔海与香港的上环工贸区和中环金融区相望。它是最早打响特区开山第一炮的地方，也是最早喊出“时间就是金钱，效率就是生命”这句脍炙人口口号的地方。回想 1979 年以前，深圳一直都是一个以传统农业和渔蚝业为主要产业的南疆边睡小镇（图 1），直到 1979 年 1 月深圳撤县设市并由香港招商局在蛇口创办工业区。蛇口工业区的建立，标志着深圳城市建设的开始（图 2），也由此将深圳正式开展城市规划的时间锁定在 1979 年。

西部滨海地带还是 30 年前的旧深圳与当今新深圳相互碰撞之处。蛇口工业区的发展兴衰记录着片区发展的过程，也记录着整个城市的发展过程。产业的不断升级、第三产业的兴起，使蛇口工业区从当年叱咤一时的知名工业区发展到如今雏形初现的具有滨海气质的集商业、旅游及居住为一体的特色片区。21 世纪后成功改造更新形成的娱乐综合体“海上世界”（图 3）就是其中典型代表，在一片繁华的商业休闲区中央，静静地停泊着改革开放总设计师邓小平视察过的“明华轮”，与之隔路相望的是女娲补天雕塑，共同守护着那段难忘的记忆（图 4）。

东部山海地带——展现改革开放以来深圳形象的高品质旅游片区

深圳的东部地带，东临大亚湾与惠州接壤，西临大鹏湾遥望香港西贡地区，展现出的是改革开放以来蓬勃发展中的深圳形象，同时还是深圳绿色岸线的代表，也是高品质旅游片区的代表。

东部滨海地带，地形以山地型海岸为主，拥有众多高品质旅游资源。最早承载深圳人生活休闲期望的大小梅沙，素有“东方夏威夷”之称，是市民及外来游客消暑、赶海的理想之地。大梅沙度假区建成于 1999 年，是深圳东部地区第一个真正意义上的免费向市民开放的度假区（图 5），从此便拉开了东部滨海度假区的开发序幕。2000 年后至 2010 年东部滨海度假区的开发进入发展期，这一时期深圳市东部开始涌现出大量的度假区，2007 年开发的五星级度假胜地东部华侨城是国内首个大型综合性国家生态旅游示范区（图 6）。东部华侨城的开发建设尊重山地自然条件，依山就势，顺应地形，错落有致地形成自山岭到海岸不同高差、层次丰富的观景节点和活动空间。2010 年之后东部滨海度假区开发进入大发展时期，推动东部滨海地带升级成为高品质的旅游片区。此外，东部滨海地带的大鹏半岛被誉为深圳的后花园。东部滨海地带这些资源的开发代表的是深圳从单纯的生产中心和制造中心，开始转向一座综合性的生活城市，乃至引领文化创意和旅游产业发展的先锋城市。

东部海岸线上还有著名的盐田港（图 7），自开港以来，已发展成为全国集装箱吞吐量最大的单一港区，它还是目前中国大陆远洋集装箱班轮密度最高的单个集装箱码头。在此，还有一个标志性景观，那就是曾经首开国内海洋娱乐先河的海上主题乐园——明斯克号航母（图 8）。这里，满盛的是改革开放蓬勃发展中的深圳印记——深圳在起航、在拼搏，更在奋力地前行。

中部滨水地带——代表当下深圳形象的门户片区

深圳的中部地带主要濒临深圳河，滨水岸线总长度 49.8 km，拥有以深圳河—港深都市核心圈为起点的中部发展轴线，是深圳的门户片区，展现的是深圳当下的形象。

深圳中部的福田保税区致力于发展高科技工业和现代物流业。坐落于此的罗湖口岸，是连接深港的最主要通道之一，也是我国目前客流量最大的旅客出入境陆路口岸。除此之外还拥有沙头角，其辖区内的中英街曾经是深圳改革开放时期最具代表性的景观之一。中部滨水地带具有重要的滨水功能和生活功能，呈现出生产和生态和谐发展的趋势。

中部滨水地带还拥有众多展现深圳当下风貌的资源。例如绵延数十里的深圳湾公园（图 9），是深圳市民乐于全家出游之地；创造了若干国内之最的商业娱乐休闲综合型区域——华侨城欢乐海岸（图 10）；深圳湾和深圳河这样的深圳门户岸线；以及红树林保护区和滨海大道景观走廊。这些资源代表的是发展水平更上一个台阶之后的深圳，充满了鲜活的商业气息和自由的市场氛围，体现出浓烈的市民社会精神。由此折射出的是当下的深圳身影——洋溢着自主、自信和乐观精神的未来之城。

从滨海到湾区

深圳人的工作、生活、休闲、发展都离不开滨海这片热土，这里面承载着深圳这座城市的过去、现在、未来的发展之梦。

讨论深圳与海洋的关系，离不开讨论深圳与香港的关系。毋庸置疑，深圳的崛起离不开香港。深圳利用特殊区位优势、政策优势，借助香港飞速发展，而香港则通过深圳及内地资源条件，带动自身经济转型，适应国际竞争。

鸦片战争前，深圳、香港同属具有 1 650 余年历史的宝安县，两地仅隔深圳河相望。在深圳的发展过程中，“香港因素”发挥着举足轻重的作用。改革开放 30 多年来，深港关系发生了深刻变化，时过境迁，当今天的深圳在密锣紧鼓地筹划未来更大的发展战略时，意外地发现往日的贵人香港正在经受经济衰落和城市地位衰落的双重煎熬。深圳与香港，这对昔日伙伴的密切关系，也正在经历着悄然的变化。

如今，前海的开发赋予深圳过去的滨海城市定位以新的内涵，

1. 1979 年的蛇口
2. 如今的蛇口
3. 娱乐综合体海上世界
4. 蛇口港区
5. 1999 年开发的大梅沙旅游度假区
6. 2007 年开发的东部华侨城旅游度假区
7. 1999 盐田港
8. 明斯克号航母
9. 深圳湾公园
10. 深圳湾公园欢乐海岸

1. Shekou in 1979
2. Today's Shekou
3. Seaworld City Complex
4. Shekou Port Station
5. Dameisha Resort Developed By 1999
6. OCT East developed by 2007
7. Yantian Port in 1999
8. Minsk Aircraft Carrier
9. Shenzhen Bay Park
10. Harbor in Shenzhen Bay Park

或者说，促使深圳的城市物态发生了质的变化。这片土地，正在推动深圳向辐射力更为强劲的“湾区城市”跨越。前海邻近香港与深圳国际机场，汇聚众多重要的城际轨道和综合性基础设施，独特的区位和交通优势，使其成为深圳提升国际影响力的中心地区和标志地区。前海的开发标志着建立一个多方合作的平台。未来，香港通过前海拓展经济发展空间，从而继续保持竞争力；深圳通过前海推动产业结构优化升级、加速转变经济发展方式，向“湾区城市迈进”。

就在前海之后，我们又紧接着看到深圳湾超级总部的规划。深圳湾超级总部基地位于华侨城地区南部的滨海地区，总用地面积 117.40 hm^2，建设规模总量为 450 万 m^2 至 550 万 m^2，片区规划就业人口为 18 万～22 万人，是塘朗山—华侨城—深圳湾城市功能空间轴的核心城市功能区之一。该区域紧邻深圳湾滨海休闲带、欢乐海岸主题社区、华侨城内湖，具有得天独厚的区位资源、自然条件资源，承载了大众对深圳未来滨海生活的期望。

结语

30 年的风雨兼程见证了深圳从自我定位为背靠内陆的滨海城市到面向远洋的湾区城市的历程。美丽的滨海岸线，给予深圳城市生活品质的提升，使深圳从滨海、山海、滨水地带，逐渐走向更为开阔的面海的湾区地带。

深圳的滨海，在未来必然会承载更多城市跃迁的举动，我们看到的也许是大幕刚刚开启的一刻。

参考文献（References）:

[1] 王幼鹏，徐荣，贲放．滨海·深圳：当城市与海相遇 [J]. 时代建筑，2006.

[2] 王玮．深圳城市规划发展及其范型的历史研究 [D]. 武汉理工大学，2005.

[3] 何姝．深圳市蛇口片区旧工业地段更新策略研究 [D]. 哈尔滨工业大学，2010.

[4] 董观志．海滨城市旅游发展模式与对策：以深圳为例 [J]. 社会科学家，2005.

[5] 张韧柘．城市岸线地区产业发展的空间布局模式研究 [D]. 哈尔滨工业大学，2008.

[6] 刘杰武．深圳东部滨海度假区发展特点及建议 [J]. 特区经济，2013.

[7] 阎小培，冷勇．深圳 - 香港双城协调发展研究 [J]. 地理学报，1997.

[8] 叶伟华，黄汝钦．前海深港现代服务业合作区规划体系探索与创新 [J]. 规划师，2014.

图片来源（Credits of Images）:

1. 参考文献 [3]
2. http://www.cmhk.com/n6/n41/n365/c28703/content.html
3. http://www.cnss.com.cn/html/2013/gngkxw_0510/101785.html
4. http://you.ctrip.com/sight/furano14583/5812-dianping10963005.html
5. http://jingdian.tuniu.com/guide/tupian-view/333428/2/
6. http://www.dili360.com/cng/article/p5350c3d9de4ac98.htm
7. http://dp.pconline.com.cn/dphoto/3392352.html
8. http://inanshan.sznews.com/content/2014-02/27/content_9150733_6.htm
9. http://www.yuanlin8.com/thread-21865-1-7.html
10. 作者提供

郭湘闽，冀萱

GUO Xiangmin, JI Xuan

作者单位： 哈尔滨工业大学深圳研究生院

作者简介：

郭湘闽，哈尔滨工业大学深圳研究生院副教授

冀萱，哈尔滨工业大学深圳研究生院硕士研究生

前海城市设计的探索与实践
Exploration and Practice in Qianhai Urban Design

程亚妮，金延伟　CHENG Yani, Jin Yanwei

近年来城市设计百花齐放，有重意象发现，有重秩序建构，有重过程把控，当代城市设计已不再像传统城市设计，仅仅简单地通过物质形态的设计进行空间环境的塑造，而是必须应对城市建设动态的发展过程，通过设计控制和引导，落实到后续的具体建筑设计和工程建设之中。设计为“体”，发展为“用”。然而，一般的城市设计方法，大多是基于林林总总、各种层次基于“体”的思考，多缺少将“体”与“用”对应起来，即缺少面向开发的城市设计路径的思考与应对。

During recent years, various design approaches have been taken in the field of urban design with stresses on different directions, such as unveiling urban image, constructing urban order and guidance, and control within the urbanization process. Unlike traditional urban design, contemporary urban design is no longer merely about spatial and environmental shaping through physical forms, but needs to respond to the dynamic development process of urban construction. It needs to put design into action in the design and construction of specific building through control and guidelines. If design can be described as massing, then development can be described as using. However, most urban design methods are based on the thinking of massing at different levels and lack the correlation between massing and using. In other words, we need a thinking of urban design that is development-oriented.

前海；城市设计；规划实施；开发导控；建筑管理

Qianhai; Urban Design; Planning Application; Development Guidance and Control; Architectural Management

前海深港现代服务业合作区（以下简称“前海”），地处深圳西部，位于珠江口东岸，蛇口半岛西侧，毗邻香港与深圳两大国际空港，汇聚珠三角湾区众多城际联系交通资源（图 1）。2010 年 8 月 26 日，国务院批复同意《前海深港现代服务业合作区总体发展规划》，确定了前海“粤港现代服务业创新合作示范区”的战略定位。2014 年 12 月，国务院批复设立中国（广东）自由贸易试验区，包括深圳前海蛇口、广州南沙新区、珠海横琴新区片区，前海肩负起国家的战略使命，成为推动粤港深度合作，建设我国金融业对外开放试验示范窗口的热点所在。

作为国家深港现代服务业合作平台、“一带一路”的重要战略支点、广东自贸试验区的重要板块，前海将是国内开放度最高、比较优势最突出的区域之一。为了更好地落实前海的高品质建设目标要求，前海管理局在规划理念、编制体系、成果表达、实施管理等方面均进行积极的探索与创新，遵循系统性、前瞻性、实用性和时效性原则，初步建立了“1（主干体系）+6（支干体系）+3（基础研究）”的规划编制体系，基本实现各层次规划的全覆盖。其中，“1”指前海主干规划体系，包括《深圳城市总体规划》《前海总规》《前海深港现代服务业合作区综合规划》等；“6”指六大专项规划构成的支干体系，包括近期建设规划和年度实施计划、单元规划和城市设计、交通及市政专项规划、景观及绿化专项规划、绿色建筑专项规划、其他功能空间构成要素规划等；“3”指由规划研究、技术标准和政策法规研究构成的基础研究支撑系统（图 2）。

《前海深港现代服务业合作区综合规划》是落实《前海深港现代服务业合作区总体发展规划》的战略要求，指导前海合作区规划建设工作的总体层次规划，已于 2013 年 6 月编制完成并通过深圳市政府审批。该规划确定了前海以金融业、信息服务、现代物流、科技及专业服务四大生产性服务业作为发展主题，确定了前海“三区两带”的规划结构，倡导兼容复合的综合功能用地控制，以体制机制创新为突破，规划理念创新为先导，确定了建设成为具有国际竞争力的现代服务业区域中心和现代化国际化滨海城市中心的功能定位，形成了以规划实施为目标，融合多学科、运用新技术、引导多方利益相关者共同参与的综合性解决方案。规划的主要内容包括：目标定位、产业导向、规划结构、活力水城、单元开发、公共设施、综合交通、市政工程、开放空间、地下空间、低碳技术、环境保护、协调发展、土地整备建设时序、实施建议等方面。

综合规划稳定后，为推动规划的实施，前海创新性地提出以 22 个开发单元为抓手进行更为详细的城市规划和设计。开发单元规划是直接指导开发建设的法定规划，是在综合规划的框架要求下，综合城市设计、市政、交通、建筑等多专业研究的详细规划。规划成果作为行政许可依据，指导各类开发建设。2014 年底，前海 22 个开发单元规划成果已全面稳定。

千里之行始于足下，前海开发单元的城市设计及其建筑实现，是一个开创性的工作，需要回答与解决的问题亦极富挑战性：

前海未来将以极高的开发建设强度跻身于世界超高密度中心区之林，在空间紧张的约束条件下，开发单元规划直面落实《前海综合规划》小尺度街区要求，同时营造高品质人性化空间的挑战；此外，前海轨网密集，中运量公交、地下道路、高快速路、共同管沟、区域冷站等交通市政工程条件错综复杂，面临着多专业协调、在三维向度整合设计的综合挑战；在市场化运作的过程中，街坊联合开发与地块分散开发模式并存，规划设计及导控技术的适应性和实效性亦面临巨大挑战。

本文将以前海开发单元城市设计、开发导控、建筑设计实践为例，在市场开发活动校验及反馈的过程中总结经验，把设计之“体”与发展之“用”对应起来思考，对“更绿色、更有活力、更人性化的中心城区”发展模式进行探索，并形成有推广意义的创新示范。

立纲：有“道理”的城市公共发展框架

前海的未来，对于达成一个“有道理”、共识性的空间设计意象相对容易，难的是在具体的空间实现方式上，原因就在于其特定的单元 - 街坊 - 地块三级开发模式。所谓街坊，即依据城市干路、自然边界进行划分，平均规模在 5~10 ha，是前述开发单元空间控制的基本单位。基于前海管理及其市场开发的闭环特征，其整体性、时效性及实效性要求极高，而街坊开发模式，即鼓励开发单元内的建设项目以街坊为单位进行整体开发，能够促进单元内产业及配套的快速集聚，通过市场运作高效推进地区的开发建设。这就意味着，我们的城市设计，需要灵活应用底限思维，明确“哪些必须做，哪些不能做，哪些可以放开”，在单元 - 街坊 - 地块三个层级中差异化指导实施，对关乎价值目标实现的核心元素严格把控，同时亦为后续建筑创作充分预留弹性空间。这要实现，挑战巨大，我们必须努力为此提供有“道理”的设计策略与发展框架。

所谓“道”，就是在文明观和价值观上回归“以人为本”，关注目标人群对城市的使用和观感需求，营造人文魅力生活；回归“以城为本”，依托特色，塑造特色，从而加速先进发展要素在新城的生长与集聚。所谓“理”，就是知行合一，把特色做到位的同时，设计需要务实可操作，进而获得有效的依据与支撑。

超高密度小街区的街道生活体验设计

首先，我们将重点精力放到关乎价值目标实现的核心要素上来，在物质空间层面便是“为人营城”、与人的活动息息相关的“公共系统”，包括了滨水（海）空间、绿地、街道、建筑灰空间等。前海“世界级中心”的目标定位，决定了其未来将以高端就业人群为核心，工作生活场所也应更亲近自然、更友好、更有趣味。我们从人的体验角度设计公共空间，并重点关注以下细节的实现。

（1）街道生活

一方面，为最大程度降低高密度城市核心区内由交通、工程条件引致的公共空间 “裂隙”，我们塑造一个由跨街公园、半地下街道组成的立体复合的公共空间网络，强化各单元、街坊之间公共空间有机联系的同时，“缝合”城市与自然。最终，5 条水廊道、1 条滨海休闲带、数条井字型的片区带状公园和社区公园，奠定高度可达、通山达海的前海水城公共骨架，也使各地块具有更均好、易达的景观（图 4）。

另一方面，我们尝试借鉴全球高强高密度中心地区的先进设计经验，引入高效的小尺度街区组织方式，营造精致宜人的小街区场所空间。

所谓“小尺度”的街道，其空间价值在于兼顾开发价值与友好尺度。我们基于 16 ～ 18m 宽的支路系统骨架，以不同速度的人群的视野体验，对各型街道的一次街廓建筑高度、退贴线率、高宽比与裙房轮廓线等要素进行分类设计。同时通过连续商业界面位置及大致形态的引导，增大活力界面，实现功能混合使用的最大化，营造活力、宜人的街道场所体验。

同时，小尺度街区肌理之于开发的重要意义，在于其对街区地块的灵活划分，以“提前的细分”来应对未来不确定的开发模式。基于《综合规划》的支路网基准框架，前海开发单元城市设计中综合考虑地块的区位、功能、交通、环境等因素，进一步深化了街块基准尺寸，一方面，保证经营性、开发地块的大小，使其具备高强度建设的可操作性；另一方面，刚弹性路网规则的制定，为轨道站点、城市过境交通干道周边可能出现的超大街廓综合体开发做好准备，也为建筑设计留足余地。

（2）综合体式街区

街区肌理反映了与公共活动相关场所的组织规律，然而一些意向开发主体更期待 “超大街廓式” 的综合体开发，希望通过有吸引力的大型城市主题产品获得合理的投资回报和持续的价值提升。应对于深圳市开发运作的现实需求，我们认识到，小尺度街区并不应是均质化的千篇一律，诸如轨道站点周边地块需要采用 TOD 模式开发时，为了削减超大街廓带来的非人性化尺度失衡，保持小街区的宜人体验，局部地块在把握好一次街廓、裙房高度等近人空间关系的前提下，我们尝试着提出综合体式的情景主题街区开发模式。

其中 2 单元的核心项目“金融峡谷”，则是设计构思新颖、创造性与操作性兼备的街区综合体开发实例。这是由单元内 2 个街坊 16 个地块共同打造形成的金融街区综合体空间，空间结构上具有通山达海的廊道特征；通过对立体步行场所、人性尺度的裙房基面、三维水景观的综合一体化设计，营造溪水潺潺、富有趣味的场所情境。“金融峡谷”是从设计角度出发，在市场开发与人性空间营造之间寻求平衡所进行的一次探索（图 5，图 6）。

（3）全季候、无内外的交往空间设计体验

应对于南粤夏季湿热、暴雨频发的亚热带季风气候，以人群的感知和交往需求为切入点，开发单元城市设计重点营造风雨无阻的全天候连续步行体验，通过林荫道、架空层、建筑公共大厅、面向绿色庭院打开的穿越捷径、人行道咖啡座……营造遮挡炎夏和暴雨的灰空间，强化环境的流通和交互属性，模糊室内外的空间界限（图7）。

以街坊为集成单元的绿色系统集成设计

单元小尺度开发地块往往仅允许单栋建筑开发，且面临着复杂的轨道、市政工程限制条件，在紧凑空间内，复杂而高标准的公共环境、基础设施和绿色设施的建设落实成为本规划的重要挑战。街坊是开发单元实施落地的基本单位，基于此，设计以街坊为绿色技术集成单元，通过街坊综合开发实施，高效推进绿色基础设施成片建设，促使绿色目标落地。

其一，适应于超高密度中心区寸土寸金、效率为先的集约用地需求，我们以街坊公园为载体，设立复合开发绿地，于公园地面和负一层鼓励适量小型商业服务开发，并在贯通各街坊的绿廊地下空间预留大型市政、交通设施通道。

其二，规划对街坊绿色交通进行集成设计：地面以公共交通及外来访客交通为主，倡导慢行；通勤交通及服务交通由外围城市主干道借街坊间地下车行道，引入街坊内部地下停车分区，以减少小街区地块车行出入口过多给地区交通带来的压力，同时避免其对街道步行安全产生过度干扰。

其三，通过市政建筑设计创新，将区域冷站、220kV 变电站等大型市政设施集中附设在复合绿地下方，并一改摊大饼的建设模式，将 70% 的设施用房立体分层附设于地下，为地面留足绿色活动空间，同时对出地面建构筑物进行景观化处理，实现工程设施与城市空间的最大程度铆合。

其四，引入低冲击技术，结合裙房屋顶绿化、透水铺装地面、雨水收集利用设施，实现对暴雨径流的滞蓄和净化。

笃行：实施导向、持续反馈的城市设计导控技术

美国学者乔治（R. V. George）提出：城市设计是一种二次订单设计（Second-Order-Design）。城市设计的本质在于为塑造城市制定一系列的政策和过程，其成果必须转译为有效的城市建设管理语言，才能最终实现设计城市的目标。

在导控文件编制工作过程中，通过参与前海土地出让相关的规划设计要点审批表与合同的编制、地价评估等规划服务上的事宜，我们的设计不断被检验，我们逐渐明确要从“设计”出发，从避免我们最不希望的情况出现去界定“控”与“导”的思路，同时，又要给后续的建筑、景观设计者及开发主体留出创造更有想象力的空间的可能性。前海开发单元中城市设计的导控实现，主要关注以下两个方面。

工程实施导向的小街区空间统筹管控

小地块街区实施存在诸多挑战：规划规范标准支持不足、立体空间内工程项目过于集中，相邻地块因建设时间不同而难以对接协调等。

故单元规划需对同期相关的各类工程建设进行统筹、协调与预控，并在制定各地块空间控制标准及用地指标的同时，特别注重对地上地下复杂制约要素的立体考量。

（1）地下空间复杂系统联通的立体控制实现

开发单元地下空间，由地下步道、共同沟、地下道路、轨道交通盾构及地下商业、停车库等构成，是涵盖规划、建筑、环境、交通、市政工程等多个设计集群的巨系统。规划通过综合设计，建立面向实施的空间统筹平台，对地下空间各连接系统的立体搭接关系进行研究，并进行三维坐标控制，成为不同实施主体、不同时期建设的共同依据。

（2）量体裁衣的小地块三维退线设计

小尺度街区地块空间有限，若严格执行深标一刀切退线规定，将无法满足超高层建筑的开发建设需求。我们综合考虑地上、地下各类复杂工程限制条件，进行精细化、多情景的设计模拟，量体裁衣，对小地块退线值及退线控制方式进行创新：

其一，通过专业技术论证，有选择地借用小地块周边支路作为消防登高面，制定相应退线值；

其二，针对超高层建筑基坑及支护结构的空间需求，设定临绿地步行界面的小退线值；

其三，综合各类工程设施需求和结构可行性校验，设定地下室水平净距退线、地下室垂直净距退线等三维退线控制。

1. 珠三角区位关系图
2. 前海深港合作区“1+6+3”规划编制体系
3. 前海深港合作区规划效果图
4. 以“公共系统”为核心价值的前海 2、9 开发单元总平面

1. Regional relationship of the Pearl River Delta
2. "1+6+3" Planning System for Qianhai Shenzhen-Hong Kong cooperation zone
3. Rendering for Qianhai Shenzhen-Hong Kong cooperation zone
4. Master Plan for Qianhai 2,9 Developing Unit with the core value of "Public System"

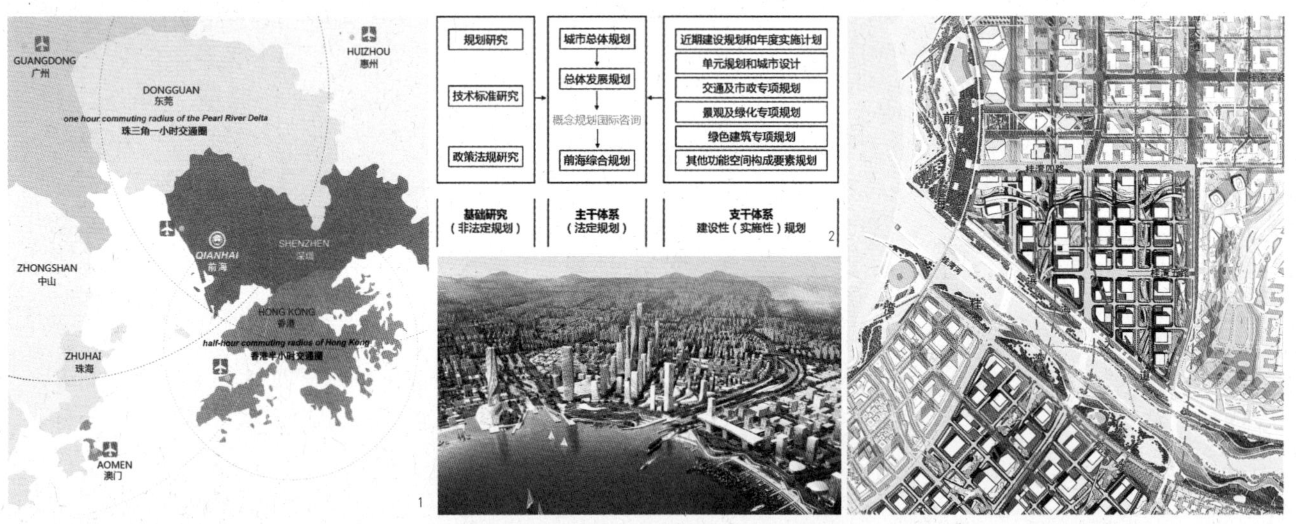

城市产品的项目化设计与导控实现

市场经济条件下，城市设计越来越依赖于市场化运作下的城市开发行为，以明确开发片区内的行为活动为基础的开发项目，是城市设计众多参与者和相关利益主体沟通和对话的物质平台。在前海开发单元规划中，各意向开发主体的全过程参与更是强调和验证开发项目的有效导控对于城市设计策划的作用，它不仅对于设计意象与框架具有一定的影响，同时亦使城市设计过程中的很多不确定性变得易于掌控。

我们尝试以城市产品营造思维进行项目化设计与导控，以二单元“金融峡谷”为例，通过城市产品意象设计，有效引导各方主体达成共识；通过制定兼顾城市价值和开发价值的设计导控规划，有效指导后续建筑设计、开发建设的全过程。

（1）城市产品设计与主题引导

城市产品的营造涵盖城市设计与建筑设计领域，在二单元山海廊道上，我们以“流动的峡谷公园”为主题统领建筑群，并对立体步行场所、裙房基座建筑界面、三维水景观进行一体化设计，营造富有趣味的场所情境。凭借其独特的项目个性和品质预期，“金融峡谷”得到管理者和市场方的一致认可。

（2）识别核心公共要素，明确刚性控制要求

通过对“金融峡谷”的核心公共价值要素进行识别和转译，刚性控制峡谷地面及地下公共空间下限规模、裙房退台负空间、峡谷两侧建筑退线等要素（图8）。

（3）基于市场自调节需求，设定空间导控弹性规则

在街坊式综合开发的前提下，我们创新性地制定有限度的弹性调整规划。相较传统单地块控制，街坊式导控在单元及街坊整体开发规模不变的基础上，为街坊内地块间的建筑量转移、功能混合比例等制定弹性调整规则，给建筑设计再创造留足空间，使其能根据开发实施需求进行自调整和自平衡，适应市场高效运作的同时，给建筑师留足创作的余地。

实践：建筑设计单元规划的实施

单元规划作为前海城市设计的实践工具，对综合规划实施和建筑设计管理起到承上启下的作用。以前海最早出让的二单元02街

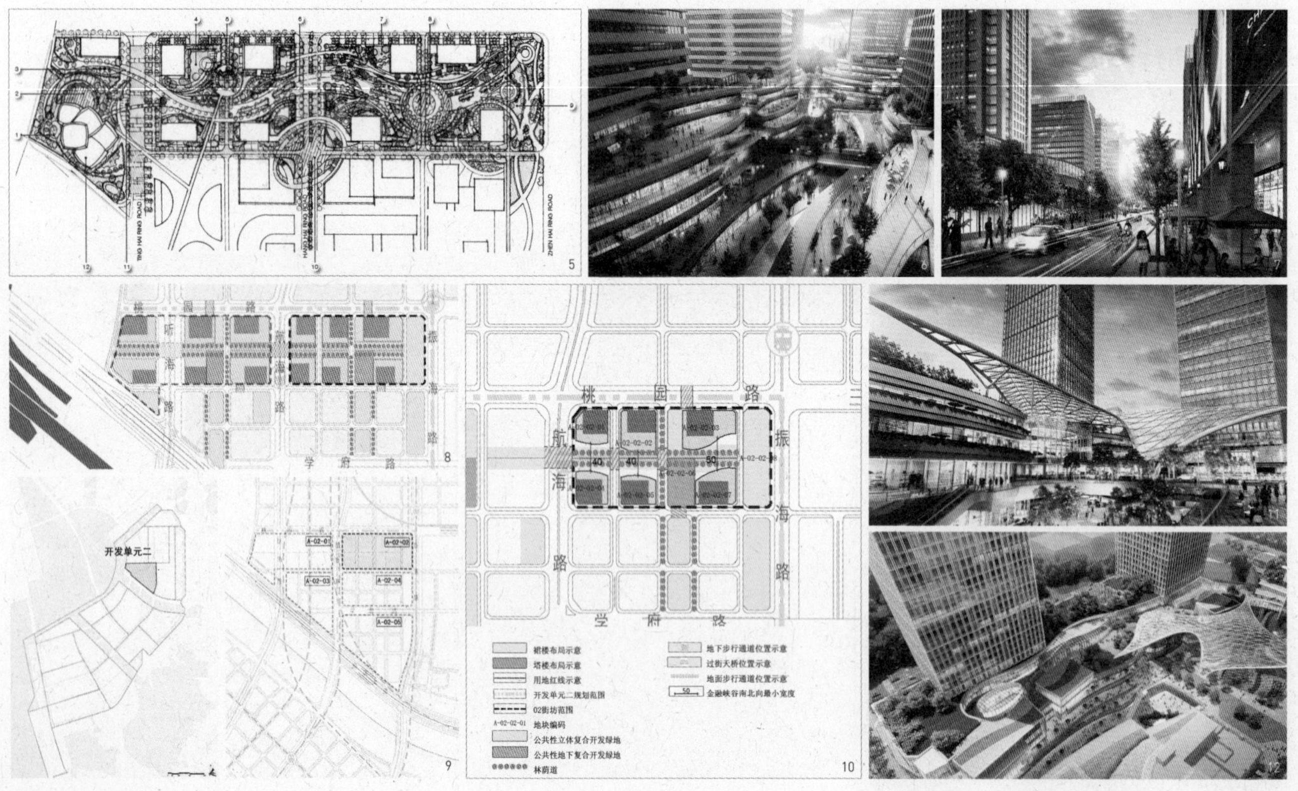

5 6 7 8 9 10 11 12

坊华润项目为例，华润项目位于深圳前海深港合作区桂湾片区，2单元02街坊，项目占地6.5ha，地上建筑面积50.3万m^2，其中商业5.2万m^2，办公34万m^2，酒店5万m^2，公寓5.6万m^2，另有3万m^2地下商业。

02街坊在单元规划阶段提出了整体开发模式，规划导控是通过“导控文件”与“金融峡谷公共空间建筑景观设计要求”共同实现的。导控文件综合各专项规划成果，对建筑项目的功能规模、公共空间、建筑形态、户外广告、综合交通、地下空间、市政工程、低碳生态等部分均提出弹性及刚性引导内容。对于规划提出的金融峡谷公共空间的设计更详细地提出具体的边界、尺度的设计要求，保证峡谷空间形态的形成。

基于以上设计导控提出的边界条件，在建筑设计管理中逐条落实，最终建筑设计方案对于规划的落实尤其是规划理念重点提出的金融峡谷的实施度达到了预期效果。

结语

城市设计不仅仅是一种产品的设计，是面向城市设计和管理过程的公共政策。前海开发单元城市设计及其建筑实现，是对面向开发的设计路径的思考，是对如何在设计为“体”、发展为“用”这两者之间搭建桥梁的一次探索。诚然，已正式进入开发与建设阶段的前海在未来仍将面临复杂而多变的挑战，随之而来的建筑设计、景观设计、市政管网与道路施工设计仍将对城市设计成果进行校核与检验，同时在这个动态、长期的设计过程中不断检讨、学习与完善，不断探索“体”与“用”之间的对应关系。

5.“金融峡谷”雏形（美国捷得建筑师事务所）
6.“金融峡谷”建筑组群
7. 人性化尺度下的活力街道空间
8.“金融峡谷”设计导控
9. 华润地块区位
10. 金融峡谷公共空间建筑景观设计要求示意图
11. 前海华润中心效果图1
12. 前海华润中心效果图2

5. "Financial Valley" (The Jerde Partnership)
6. Building Groups in "Financial Valley"
7. Vibrant street with human scale
8. Design control over the "Financial Valley"
9. Location of China Resources's Block
10. Design requirements for public space, architecture and landscape in Financial Valley
11. Rendering 1 of China Resources Qianhai Centre
12. Rendering 2 of China Resources Qianhai Centre

图片来源 (Credits of Images):

1~10. 前海综合规划和单元规划
11~12. 前海华润项目方案设计文本

程亚妮，金延伟
CHENG Yani，Jin Yanwei

作者简介：
程亚妮，深圳市前海管理局规划建设处建筑师
金延伟，深圳市前海管理局规划建设处规划师

29
30

建筑作品

Architecture Projects

万科十七英里
17 Miles East Coast

龙岗区溪涌村
Xi Chong Housing, Longgang District

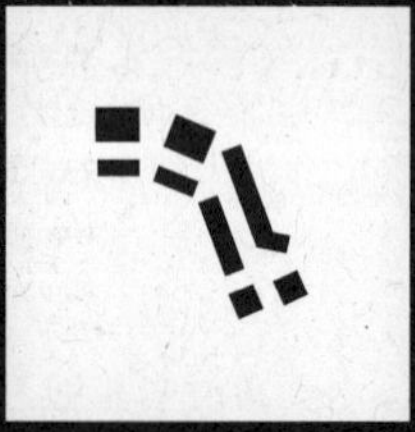

最大限度利用地形高差和海景资源

To Make the Best Use of Different Geological Attitude and Sea Landscapes

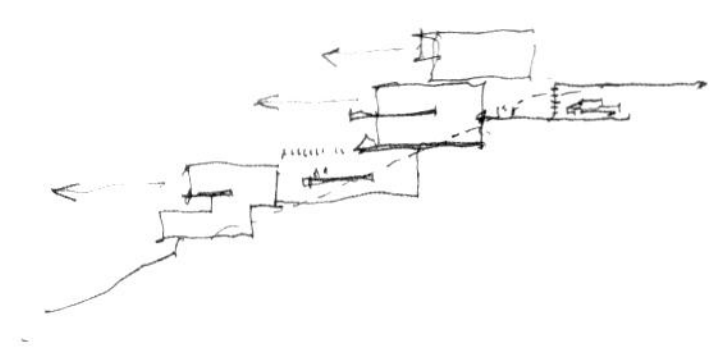

■ 草图 / Sketch

十七英里是一座现代小山城，傲然屹立于深圳东海岸的天然山坡上，面向蓝天碧海。一组组房子依山而建，由蜿蜒的人行小径连结起来。下车后拾级而上，既可欣赏沿途明媚的风光，又能促进邻里互动。

这个座落在深圳东岸的住宅群，借用历史山城的形态，创造出当代面貌：一组组独立别墅、排屋和低矮楼房，面向大海，依山而建。整体设计力求建筑与山坡结合，让住客尽享大鹏湾的空阔景观，同时又能保障私密的生活空间。住宅群的大阳台、露台、空地，以至整体的亲密感，连同曲尺形的简单建筑设计美学，都让人住得宁静安心。

白色的建筑主体以大量玻璃或色调不同的铜、石相间的，建筑语言统一不同的组件；铜板是十七英里的代表元素，使整个建筑与自然的联系更为紧密。山坡上各个住宅，甚至个别房间或不同空间，简单自然、含蓄协调，各显特色。斜坡走道、广场、庭园、阳台、水池和眺望南中国海的平台，交织在建筑群中，由蜿蜒的人行小径连结。公众空间营造出宁静平和的气氛，适合隐逸生活。为了配合斜坡地形，房子的正面和主体都虚实交错，令立体空间充满活力，也令外观彷如传统村庄，起落有致。层与层，或层与半层的空间关系充满动感，视觉可以从户内延伸至户外，把身心融进一片碧海青天。这种设计鼓励住户走出室外，放开怀抱，与自然接触融合；同时各户独立，可享受惬意的渡假气氛。可以说，十七英里是旧村庄模式结合现代居所的新典范。

Energized by the sea and the natural sloping terrain, this contemporary hill town marries the landscape and celebrates the pedestrian journey from the car drop-off, relegated intentionally to the upper fringes of the development, to the dwelling's front door, creating in the process changing vistas and opportunities for interaction with neighbors.

■ 总体规划图 / Masterplan

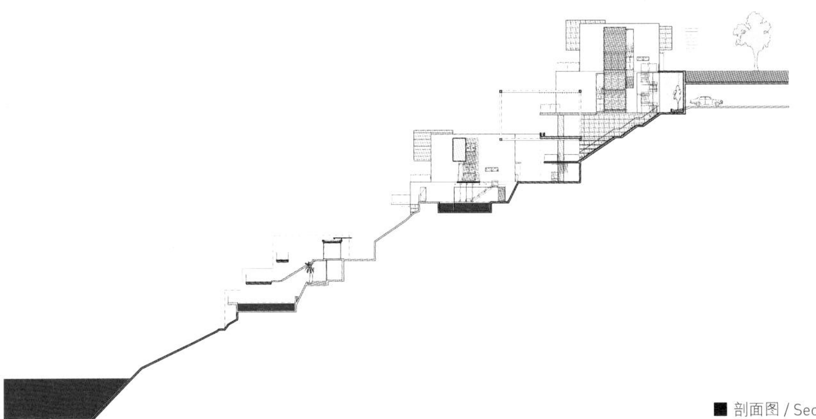

■ 剖面图 / Section

This residential complex on the east coast of Shenzhen draws on historic hill-town morphologies to recreate a contemporary version in form, composed of groupings of villas, row houses and low-rise blocks displaced along the sloping site. Master-planning is organised in terms of massing and height in order to exploit panoramic views from each unit and to maximize privacy. Terraces, balconies, large openings and the overall scale of intimacy imbues each residence with a relaxed and tranquil atmosphere, even as the angular simplicity of the architecture establishes a clear, unadorned general aesthetic. The building volumes are rendered as white boxes punctuated by ample glazed surfaces and planes of contrasting tones or materials such as copper or stone. Thus a unifying language ties the collection together while individual homes and even rooms or spaces can quietly distinguish themselves, enlivening the massing and elevations as the buildings climb the hillside. Physically divorced from the city of Shenzhen itself, the design concentrates on its relationship with the sea, in particular on the experience of the route, from the site entry to the front door.

Weaving through the complex is a series of sloped walkways, small public plazas, gardens, terraces and landscaped water pools as well as lookout decks surveying the South China Sea. The shared public areas are sympathetic to the general character of restorative seclusion and peacefulness. The play of solid and void in the façades and the massing of the buildings are intended to compliment the sloped site section, energizing the three-dimensionality of the whole and supplying a constantly varying visual experience, much like traditional village precedents. The spatial relationship of the many levels and half-levels produce dynamic overlooks and connections within homes and between homes and the public areas, even outward to the coastline and sea. This encourages the residences to open themselves to the outdoors, expanding their perceptual territory because of the dramatic backdrop of the site, making the small spaces perceptually larger and connected to the vistas. At the same time the architecture seeks to preserve the sense of independence and personal seclusion, conducive to a vacation atmosphere. 17 Miles is a formula for contemporary living that updates an antique village type of this century.

* 该项目图片及图纸由许李严建筑事务有限公司提供

扩展阅读 (Further Reading):

[1] 严迅奇，肖蓝，罗蓉．深圳“十七英里”[J]. 建筑学报,2006,04:60-63.

[2]. 万科·17 英里，深圳，中国 [J]. 世界建筑 ,2006,03:62-69.

香港大学深圳医院
The University of Hong Kong Shenzhen Hospital

福田区海园一路

Haiyuan First Road, Futian District

生态“医院城”

Ecological "Hospital City"

深圳市政府于 2007 年举办香港大学深圳医院的国际竞赛，该医院即是竞赛的获胜作品。医院座落于深圳湾填海区域 16 地块，周边均为城市道路，南侧为红树林生态保护区和深圳湾海景，使其拥有得天独厚的环境资源。

英国建筑师约翰·威克斯在医院建筑设计上倡导“机变论”，他指出：“功能变化很快，初始的功能要求本身并不是医院固定不变的设计基础，设计者不应再以建筑与功能一时的最适度为目的，真正需要的是设计一个能适应医院功能变化的医院建筑。”香港大学深圳医院即是“机变论”的现实作品。设计以一条宽约 28m 的医院街串联起门诊医技各个医疗单元，形成有机整体。医院街的东侧端部为开放尽端，可随医院的发展对各个部分进行扩建。由于医院街的控制，扩建后的建筑依然能够成为一个相互融合的有机整体，充满张力，契合场地。医院街不但是医院规划的控制主轴，而且是医院的交通主轴：它以弧形大厅为起点，贯穿医院整体，可方便到达每一科室。街内布置绿化，银行、花店、商店、咖啡厅、茶室、书店、环保电瓶车搭乘站，呈现出一幅动态的生活场景，打破了传统医院冷漠的室内景象。

为缓解医院规模过大所带来的不便，门诊部每一科室呈中心化布局，科室内设置诊室、基本的诊断设备及专科药房和收费处，简化流线，提高效率。

门诊、急诊急救、感染门诊、特需诊疗中心、体检中心、行政后勤、住院部均有独立的出入口：急诊急救与感染门诊位于负一层，门诊、特需诊疗中心、体检中心位于一层，入院就诊患者在院区入口处经立体分流进入各自科室，妥善处理了医院众多流线交叉的问题。三座“L”形住院大楼与特需诊疗中心一起有节奏地布置在门诊医技楼南侧，行政信息楼与后勤服务楼位于门诊医技楼北侧，三者之间通过两条南北向的走道取得联系，结合东西向的医院主街构成院区的主要交通骨架，同时在主街两侧还衍生出多条就诊“巷道”，从而形成逻辑性极强、主次分明的鱼骨式交通网络体系。

住院大楼朝向南侧或东南侧，楼前为开阔的绿化庭院，在视觉上与红树林原生态景区连为一体，并延展至深圳湾海面，为住院患者提供丰盛的视觉盛宴，起到辅助治疗的作用：大楼负一层地下室为生活街市，布置普通营养餐厅、VIP 营养餐厅及其特需诊疗中心理疗部，北侧连续的下沉庭院为生活街市提供充足的阳光、新鲜的空气和优美的景观。

医院主入口以大气舒展的弧形“凹”口空间与城市形成良好对话，建筑也以倾斜的弧线造型与入口空间契合，在加强建筑群统一性的同时结合具有动感的出挑雨棚构成独特的入口形象。

The Shenzhen Municipal Government held an international contest for the construction of The University of Hong Kong Shenzhen Hospital. The design of the hospital is the winning scheme of the contest. The hospital is located at the reclamation area of Shenzhen Bay Area 16. The city roads surround the complex. On its south is the Mangrove Nature Reserve and Shenzhen Bay seascape, forming its unique environmental resources.

■ 总平面图 / Site Plan

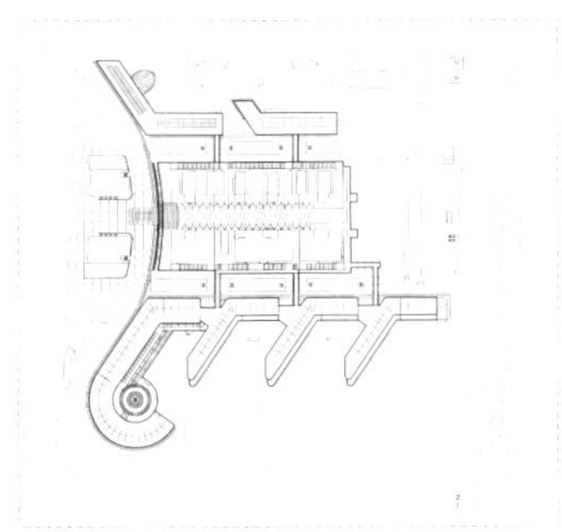

The British architect John Vickers proposed the concept of Constant Changes. He points out that the function of health care institutions is undergoing constant changes and alterations. Thus the demands of initial functions themselves cannot restrain the basis for hospital architecture design. The architect cannot solely focus on the temporary coordination of architecture and its function. Instead, he remarks that what an architect needs to do is to build architecture which suits the functional changes of the hospital. The University of Hong

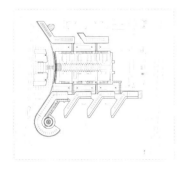

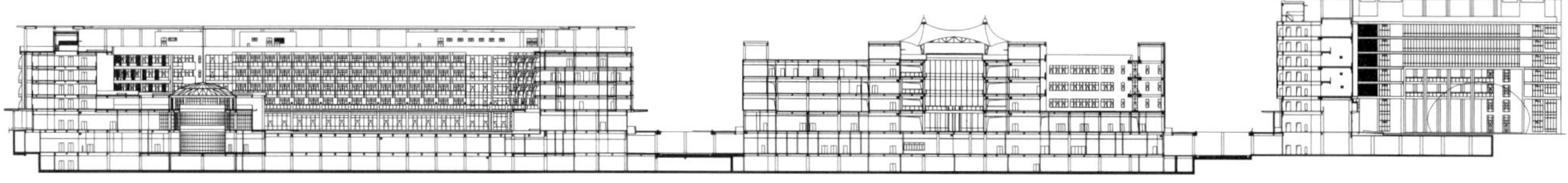

■ 剖面图 / Section

Kong Shenzhen Hospital is a realization of this concept. In this program, a twenty-eight-meter-wide hospital street joins the different medical units and incorporates them all into an organic whole. The east edge of the hospital street is an open end which enables possible developments for future expansion. With the hospital street in a dominant position, the structures can remain an organic whole even after expansion. The hospital street is not only the controlling main axis of the whole medical program, but also serves as the main traffic

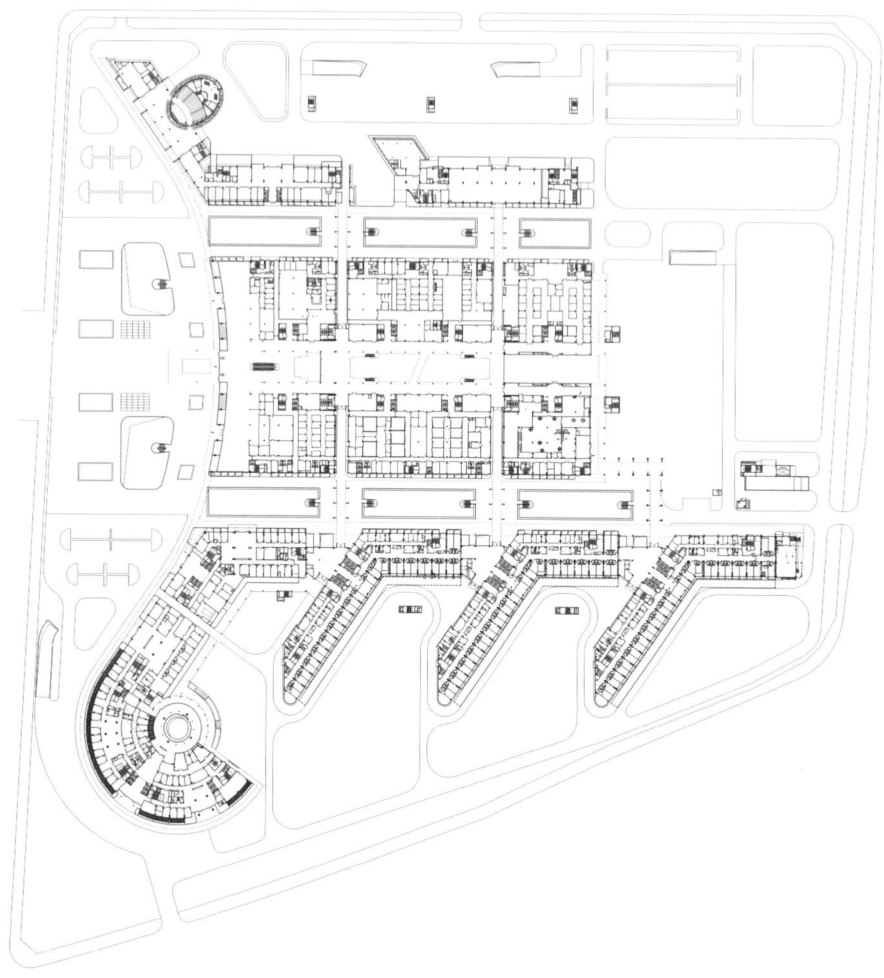

■ 一层平面图 / 1st Floor Plan

line. It begins with an arching lobby, traverses the whole hospital and reaches the destination of each department. The green street is lined with banks, flower stores, shops, cafes, tea houses, bookstores, and environment friendly electro mobile stations. The whole street is a dynamic and lively life scene which breaks the impersonal and indifferent indoor scenes.

To help ease the inconveniencies brought by too large a scale, each department in the clinic is organized independently. There is the diagnosis room, fundamental equipments, specialty pharmacy, and the cashier office within each department so as to simplify the medical process and improve efficiency.

There are independent entrances and exits to the outpatient clinic, the emergency and the first-aid, the infectious clinic, special clinical lab, medical checkup center, the administration and logistics, and the inpatient. The emergency and the first aid room are on the underground floor; the clinic, special clinical lab and the medical checkup are on the first floor. Patients who enter the hospital are divided at the entrance and arrive at different medical departments. In this way, the problem of many intersecting streamlines is solved. Three L-shaped inpatient wards and the special clinical lab are placed rhythmically to the south of clinic and technical department building. The administration and information building and the logistics building are situated to the north of clinic and technical department building. Two paths, running in a south-north direction, connect the three buildings, combined with the main hospital street running in an east to west direction, composing the main traffic structure of the hospital area. Meanwhile, many alleys are attached to the main street, which produces a logically connected fishbone traffic network.

The inpatient building faces south or east south, and before it, lies a green courtyard. Together with the Mangrove Nature Reserve, the green courtyard produces a visual wholeness which further extends to the sea of Shenzhen Bay. Such a fantastic visual feast provided for patients facilitates therapeutic effect. The underground floor has general blocks, nutrition restaurants for commoners and for VIPs, and the department of physical therapy affiliated to the special clinical lab. The continually descending courtyard supplies the blocks with sufficient light, fresh air and beautiful scenery.

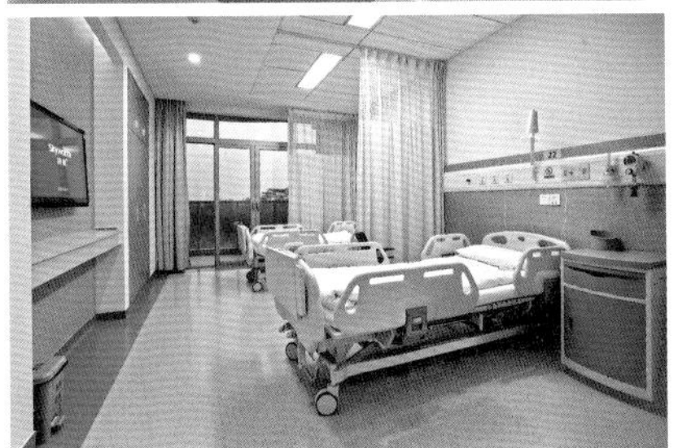

The main entrance of the hospital forms a large and smooth arch which coexists in harmony with the city. The arching architecture of the hospital agrees with the main entrance in style, which produces an artistic whole and makes for a unique entrance image together with the dynamic protruding awning.

* 该项目图片及图纸由深圳建筑设计研究院有限公司提供

扩展阅读 (Further Reading):

[1] 孟建民，侯军，王丽娟，甘雪森，吴莲花．香港大学深圳医院 [J]. 城市建筑，2013(11):90-101.

深圳进行时
SHENZHEN IN PROGRESS

528-575

建筑作品
ARCHITECTURE PROJECTS

532

深圳城市与建筑发展在持续，从城市建筑双年展到设计周，关于城市关于建筑的讨论从未间断。对建筑而言，一个方案的落地需要一个复杂而艰辛的过程，很多我们前面探讨的专题中涉及的建筑尚未建成。在这里我们希望透过一些正在建设的优秀项目，呈现设计理想实现过程中的状态。

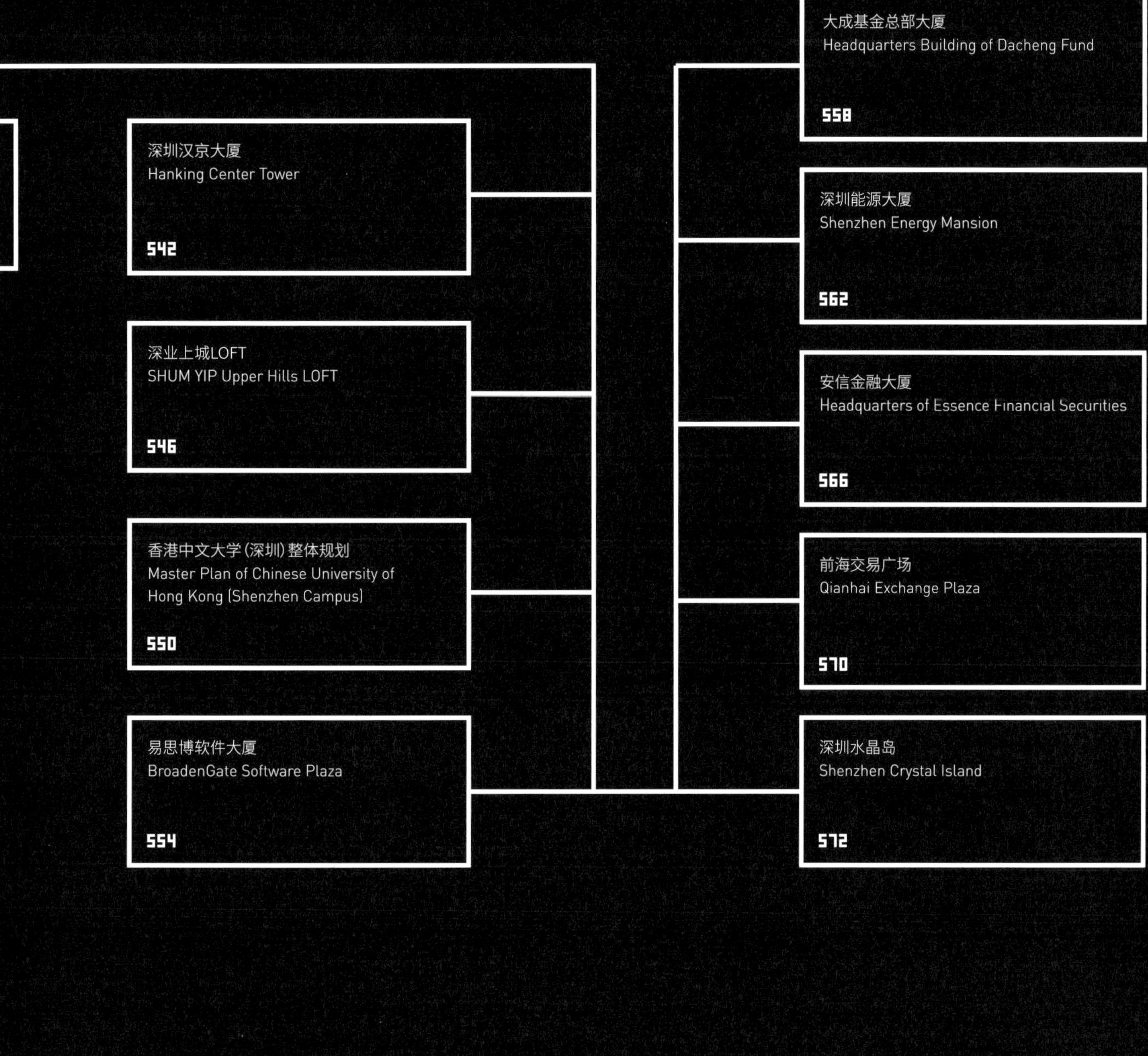

The urban and architectural development in Shenzhen is moving forward in a steady pace. From the Urbanism\Architecture Biennale to the Design Week, the discussion of urbanism and architecture never takes a break. For architecture, realizing a project requires a complex and difficult process. Many projects that touch upon topics in previous sections are still in progress. In this section, by presenting some of the brilliant projects that are still under construction, we hope to illustrate a process through which design ambitions become reality.

摄影：王大勇　　时间：2016年4月　　地点：滨海大道科苑立交　　经纬度：N22°31′37.15″ E113°57′1.95″

86628999

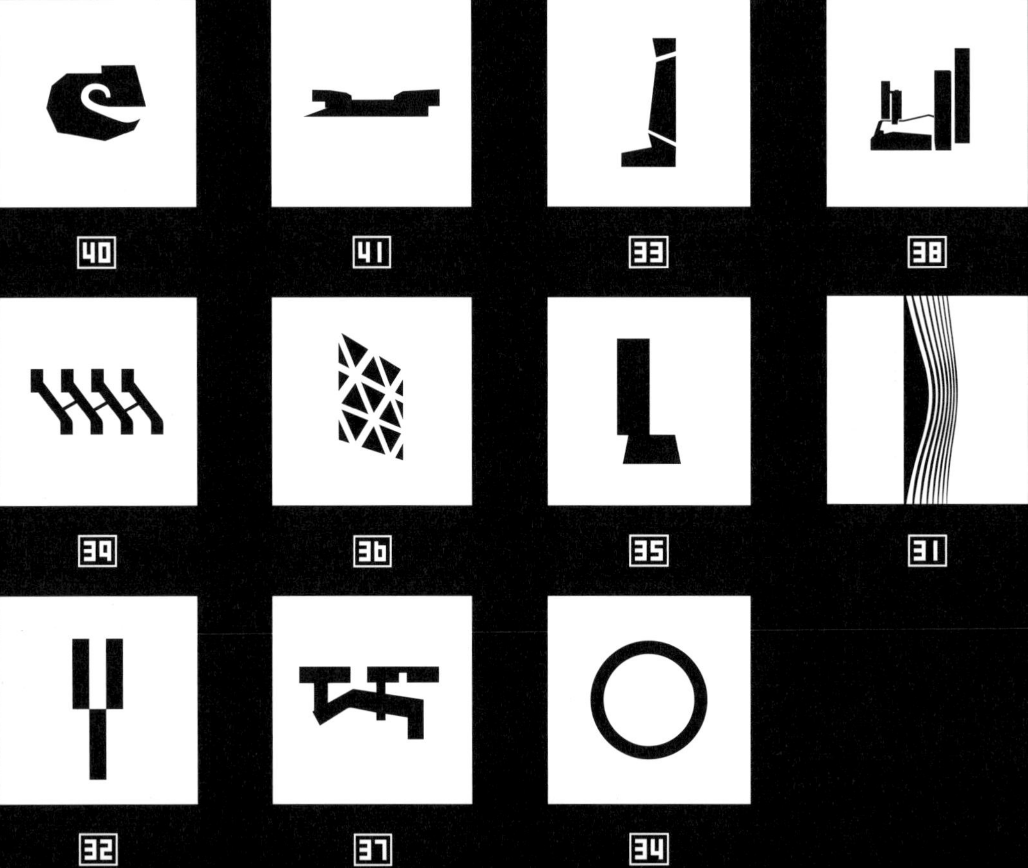
40
41
33
38
39
36
35
31
32
37
34

建筑作品

Architecture Projects

深圳当代艺术博物馆与城市规划展览馆
Museum of Contemporary Art & Planning Exhibition
40

深圳海上世界文化艺术中心
Shenzhen Sea World Cultural Arts Center
41

深圳汉京大厦
Hanking Center Tower
33

深业上城 LOFT
SHUM YIP UpperHills LOFT
38

香港中文大学（深圳）整体规划
Master Plan of Chinese University of Hong Kong (Shenzhen Campus)
39

易思博软件大厦
Broaden Gate Software Plaza
36

大成基金总部大厦
Headquarters Building of Dacheng Fund
35

深圳能源大厦
Shenzhen Energy Mansion
31

安信金融大厦
Headquarters of Essence Financial Securities
32

前海交易广场
Qianhai Exchange Plaza
37

深圳水晶岛
Shenzhen Crystal Island
34

深圳当代艺术博物馆与城市规划展览馆
Museum of Contemporary Art & Planning Exhibition

福田区福中路与金田路交界处西北角
Northwest the Intersection of Fuzhong Road and Jintian Road, Futian District

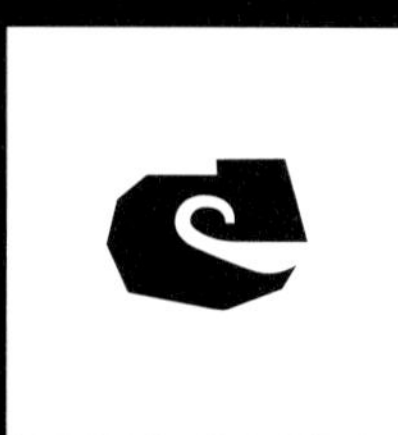

项目名称： 深圳当代艺术博物馆与城市规划展览馆
项目位置： 福田区福中路与金田路交界处西北角
竞赛（一等奖）： 2007
开始规划： 2008
启动建设： 2013
完成时间： 2016
用地面积： 21 688m²
总使用面积： 80 000m²
建筑高度 / 长 / 宽： 40m / 160m / 140m
楼层数： 7
业主： 深圳市文化局，深圳市规划局
建筑设计： 库柏 · 西梅布芬事务所
设计主持： Wolf D. Prix
项目合伙人： Markus Prossnigg
设计建筑师： Quirin Krumbholz, Jörg Hugo, Mona Bayr
项目建筑师： Angus Schoenberger, Veronika Janovska
项目协调： Xinyu Wan
项目团队： Tyler Bornstein, Jessie Castro, Jessie Chen, Jasmin Dieterle, Luis Ferreira, Peter Grell, Paul Hoszowsky, Dimitar Ivanov, Ivana Jug, Zhu Yuang Kang, Alexander Karaivanov, Nam La-Chi, Rodelle Lee, Feng Lei, Megan Lepp, Samuel Liew, Thomas Margaretha, Jens Mehlan, Ivo de Nooijer, Reinhard Platzl, Vincenzo Possenti, Pete Rose, Ana Santos, Jutta Schädler, Günther Weber, Chen Yue
数字项目团队： Angus Schoenberger, Matt Kirkham, Jasmin Dieterle, Jonathan Asher, Jan Brosch
合作建筑师： HSArchitects，深圳，中国
结构： B+G Ingenieure, Bollinger und Grohmann GmbH 德国法兰克福
机电： Reinhold Bacher, 奥地利维也纳
灯光： AG Licht, 德国波恩
成本管理： Davis Langdon & Seah, 中国香港

Project: Museum of Contemporary Art & Planning Exhibition
Location: Northwest the Intersection of Fuzhong Road and Jintian Road, Futian District
Competition (1st Prize): 2007
Start of Planning: 2008
Start of Construction: 2013
Completion: 2016
Site Area: 21,688m²
Total usable Floor Area: 80,000m²
Building Height/Length/Width: 40m / 160m / 140m
Number of Stories: 7
Client: Shenzhen Municipal Culture Bureau, Shenzhen Municipal Planning Bureau
Planning: COOP HIMMELB(L)AU Wolf D. Prix & Partner
Design Pricipal: Wolf D. Prix
Project Partner: Markus Prossnigg
Design Architects: Quirin Krumbholz, Jörg Hugo, Mona Bayr
Project Architects: Angus Schoenberger, Veronika Janovska
Project Coordination: Xinyu Wan
Project Team: Tyler Bornstein, Jessie Castro, Jessie Chen, Jasmin Dieterle, Luis Ferreira, Peter Grell, Paul Hoszowsky, Dimitar Ivanov, Ivana Jug, Zhu Yuang Kang, Alexander Karaivanov, Nam La-Chi, Rodelle Lee, Feng Lei, Megan Lepp, Samuel Liew, Thomas Margaretha, Jens Mehlan, Ivo de Nooijer, Reinhard Platzl, Vincenzo Possenti, Pete Rose, Ana Santos, Jutta Schädler, Günther Weber, Chen Yue
Digital Project Team: Angus Schoenberger, Matt Kirkham, Jasmin Dieterle, Jonathan Asher, Jan Brosch
Local Architects: HSArchitects, Shenzhen, China
Structure: B+G Ingenieure, Bollinger und Grohmann GmbH, Frankfurt, Germany
MEP: Reinhold Bacher, Vienna, Austria

深圳市当代艺术馆与城市规划展览馆（两馆）是深圳新城市中心福田区的总体规划的一个组成部分。这一项目包含两个相互独立却同处于一座建筑内的机构：作为文化汇集地的当代艺术馆（MOCA）和作为建筑展览场所的城市规划展览馆（PE）。两个场馆共用入口大厅、多功能展厅、观演厅、会议室和服务区域。

两馆（MOCAPE）被设计为两个独立的个体，以强调各自的功能和艺术需求，而在建筑形态上两者却形成了一个被多功能表皮所包裹的整体。这一透明的立面和成熟的室内灯光设计概念使得建筑的入口大厅和两馆之间的过渡区域在室外就清晰可见。在室内，参观者如同置身于一个被稍稍覆盖的户外空间，城市景观一览无余。6 ~17m 高的完全开放的无柱展览空间更是加深这种体验。

在位于门厅后两馆之间的区域，参观者可以乘坐自动扶梯或者通过楼梯到达建筑的主楼层，进入到“广场”中。作为游览两馆的出发点，参观者可以从广场到达用于举办多种文化活动的区域、大型多功能厅、数个观演厅和图书馆。

一朵闪着银光的、造型圆润的“云”雕塑形成建筑的中心和“广场”的导向元素。云雕塑内部的数层空间包含一系列诸如咖啡厅、书店和博物馆商店的公共功能空间，同时也通过天桥和坡道将两个馆区的展览空间联系在一起。云雕塑的弯曲的表面通过反射喻意着两馆同处一个屋檐下的理念。

城市设计理念

MOCAPE 使得城市中心总体规划的东侧部分变得完整，同时也填补福田文化区深圳少年宫北侧和深圳市图书馆 / 音乐厅南侧之间的空隙。

与这一地区的其他建筑类似，MOCAPE 的主楼层位于地面上方 10m 处，从而营造出一个颇具舞台感的平台，形成了 MOCAPE 和周边建筑的一个统一的元素。

表皮、灯光和能源设计

建筑外表皮的外层为天然石材制成的遮阳板，内层为起到隔热作用的中空玻璃。这些元素组成了极富张力的外表皮，与两馆建筑的空间结构相对独立。这层功能性的外表皮将两个展馆、垂直交通、趣味元素（云雕塑）、公共广场以及多功能底座统统包裹起来。

建筑机械设备的选用旨在减少建筑的整体能耗。为了达到这个目标，两馆配置一系列无污染的系统和使用如太阳能、地热能（包括地下水冷却系统）等可再生能源的设备，并且只采用了高能源效率的设备。博物馆的屋顶通用过滤日光为展厅采光，减少人工照明的需求。

最先进的技术设备、紧凑的建筑体量、高效的隔热保温措施以及遮阳措施，这些使得 MOCAPE 不仅是一座建筑学意义上的地标，也是生态和环保方面的标杆性项目。

总平面图 / Site Plan

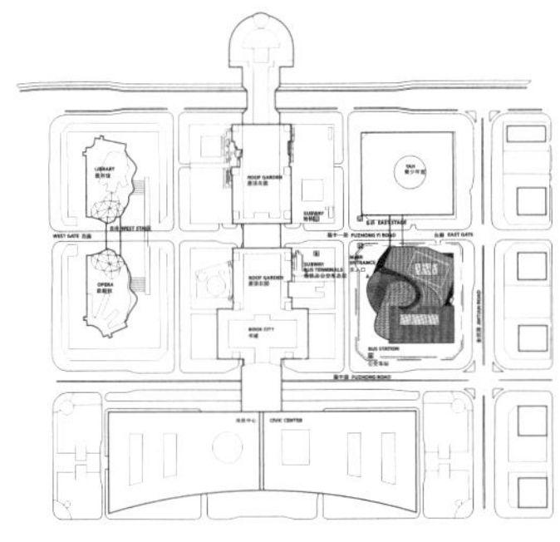

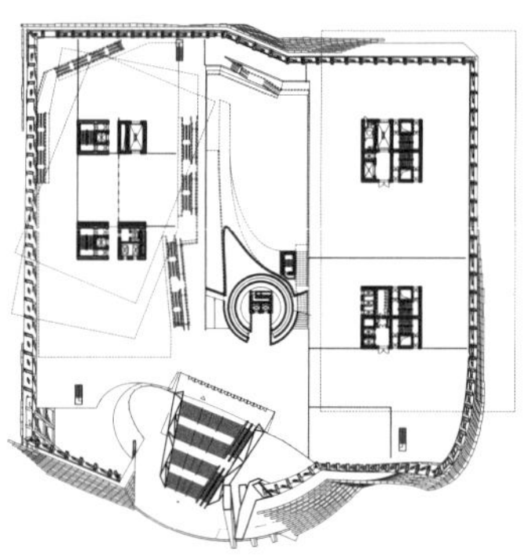

10m 平面图 / 10m Plan

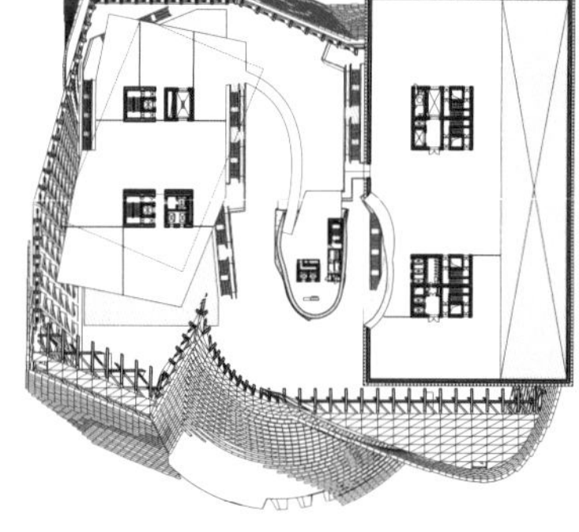

30m 平面图 / 30m Plan

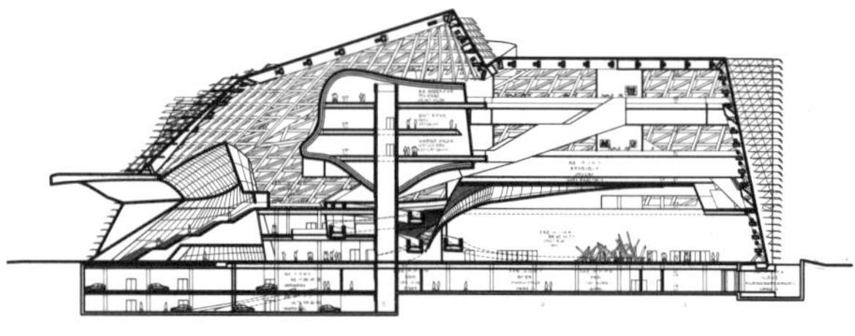

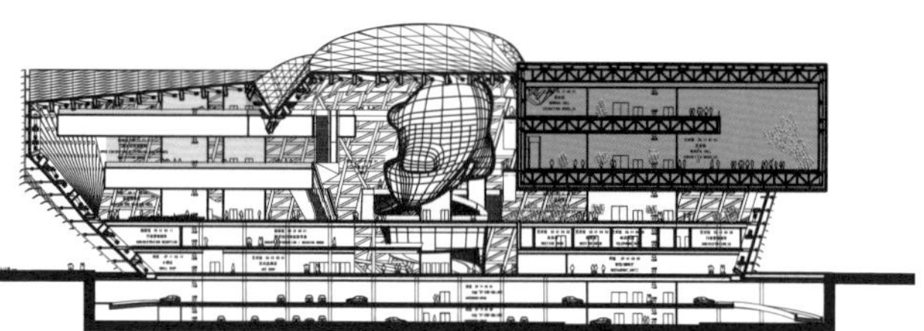

剖面图 / Section

The Museum of Contemporary Art & Planning Exhibition (MOCAPE) is part of the master plan for the Futian Cultural District, the new urban center of Shenzhen. The project combines two independent yet structurally unified institutions: The Museum of Contemporary Art (MOCA) and the Planning Exhibition (PE) as a cultural meeting point and a venue for architectural exhibitions. The lobby, multifunctional exhibition halls, auditorium, conference rooms and service areas will be used jointly.

Both museums are designed as separate entities emphasizing their individual functional and artistic requirements and yet are merged in a monolithic body surrounded by a multifunctional facade. This transparent facade and a sophisticated internal lighting concept allow a deep view into the joint entrance and transitional areas between the buildings. From the inside, visitors are granted an unhindered view onto the city suggesting they are somewhere in a gently shaded outdoor area, an impression enhanced by 6 to 17 meter high, completely open and column-free exhibition areas.

Behind the entrance area between the museums, visitors ascend to the main level by ramps and escalators and enter the "Plaza", which serves as a point of departure for tours of the museums. From the Plaza the rooms for cultural events, a multi-functional hall, several auditoriums and a library can be accessed. A silvery shining and softly deformed "Cloud" serves as a central orientation and access element on the Plaza. On several floors the Cloud hosts a number of public functions such as a café, a book store and a museum store and it joins the exhibitions rooms of both museums with bridges and ramps. With its curved surface the Cloud opens into the space reflecting the idea of two museums under one roof.

The Urban Concept

The MOCAPE monolith completes the eastern part of the master plan for the city center and fills the last gap in the Futian Cultural District between the "Youth Activity Hall" (YAH) to the north and the opera-library complex to the south. Similar to other buildings in this district, the main level of the MOCAPE lies 10 meters above the ground level and so creates a stage-like platform, which acts as a unifying element with the adjacent buildings.

Skin, Light and Energy Concept

The exterior skin consists of an outer layer of natural stone louvers and the actual climate envelope made from insulated glass. These elements form a dynamic surface, which is structurally independent from the mounting framework of the museum buildings. This functional exterior envelops the two museums, a vertical access and entertainment element (Cloud), the public Plaza, and the multifunctional base.The technical building equipment is designed to reduce the overall need of external energy sources: Pollution free systems and facilities use renewable energy sources through solar and geothermal energy (with a ground water cooling system) and only systems with high energy efficiency have been implemented. The roof of the museum filters daylight for the exhibition rooms, which reduces the need for artificial lighting. With this combination of state of the art technological components, a compact building volume, thermal insulation and efficient sun shading, the MOCAPE is not only an architectural landmark but also an ecological and environmentally friendly benchmark project.

* 该项目图片及图纸由蓝天组建筑事务所提供

扩展阅读 (Further Readings):

[1] 深圳市当代艺术馆与城市规划展览馆建筑 [J]. 建筑创作 ,2009,04:62-65.

[2] 当代艺术馆与城市规划展览馆 [J]. 世界建筑导报 ,2009,06:74-79.

[3] 深圳市当代艺术馆与城市规划展览馆 [J]. 城市环境设计 ,2010,Z2:154-159.

[4] 沃尔夫·狄·普瑞克斯 ,W. Dreibholz, Partner ZT GmbH, 柳恒 . 中国深圳当代艺术馆和规划展览馆 [J]. 城市环境设计 ,2010,12:56-61.

[5] 郑竹 , 许璇 , 杨鸿 , 张良平 . 三维建模软件 DigitalProject 在深圳当代艺术馆与城市规划展览馆项目中的应用 [J]. 钢结构 ,2012,S1:44-49.

[6] 张良平 , 马臣杰 , 杨鸿 , 尚文红 , 许璇 , 焦禾昊 , 郑竹 . 深圳当代艺术馆与城市规划展览馆结构设计综述 [J]. 建筑结构 ,2011,04:20-23.

[7] 陈虎 , 张良平 , 马臣杰 , 杨鸿 , 顾磊 . 深圳市当代艺术馆与城市规划展览馆表皮钢结构非线性稳定性分析 [J]. 建筑结构 ,2011,S1:716-721.

深圳海上世界文化艺术中心
Shenzhen Sea World Cultural Arts Center

南山区蛇口

Shekou, Nanshan District

始于 1872 年的招商蛇口（CMSK），是百年企业——招商局集团旗下城市综合开发旗舰企业。在过去的几十年中，它积极地致力于深圳蛇口半岛地区的发展，2016 年 3 月 19 日，招商蛇口（CMSK）创建海上世界文化艺术中心，并联合英国国立维多利亚与阿尔伯特博物馆（V&A）公布新型文化综合机构品牌“设计互联”。

“设计互联”文化综合机构位于深圳市南山区蛇口海上世界文化艺术中心，属于海上世界城市综合体，毗邻女娲公园。海上世界文化艺术中心占地面积 2.6 万余 m^2，建筑面积 7.1 万 m^2，地上四层、地下两层，包括 V&A 展馆在内的蛇口设计博物馆（筹），深圳观复博物馆，剧场，滨海多功能发布厅，多处室内外公共空间，以及宝库艺术中心与宝库 1 号，餐饮和文化商业设施。由普利兹克奖得主、著名新陈代谢派建筑大师槇文彦（Fumihiko Maki）主持的日本槇综合计划事务所担纲建筑设计。作为槇综合计划事务所在中国的首个项目，海上世界文化艺术中心的建筑主体空间分别面向山、海、城市三重景观，开放联通的空间引发文化的对话和人与人的交流。正在建设中的海上世界文化艺术中心将于 2017 年正式开放。

在中心内部设有三个主要广场，它们是位于主入口的文化广场，位于建筑中部的中央广场和靠近海边的滨海广场，每个广场都被赋予一种不同的色彩，文化广场为红色，中央广场为绿色，而滨海广场则为蓝色。这些广场不仅仅作为贯穿不同楼层的节点，形成这个巨大的综合体内部的空间停顿，也作为垂直方向上的联系使得人们能够瞥见其上方或下方的空间。

位于建筑最南端的滨海广场以呼应着蔚蓝海湾的蓝色花岗岩为特色。螺旋状的阶梯引导着来访者拾级而上至位于四层的、800m^2 的多功能厅。台地状的滨水步道缓缓地将人们从滨海广场引至开阔的海湾一侧，与相邻公园的地景式的坡顶融为一体。

中央广场以绿色花岗岩和白色树枝状的柱子为特色。它在三层与绿色庭院相连，为开阔的中央广场提供充沛的自然光。

文化广场以红色的石材和木材为特色，形成了一种契合文化中心的温馨氛围。围绕着文化广场的则是一座博物馆和通向位于三层和四层的剧场门厅（可容纳 350 人）。

■ 区位图 / Location Map

Established in 1872, China Merchants Shekou Holdings (CMSK) is a flagship company engaged in comprehensive urban development under the century-old China Merchants Group (CMG). The company has been energetically developing in the Shekou peninsula area in Shenzhen over the last few decades. On March 19th, 2016, China Merchants Shekou

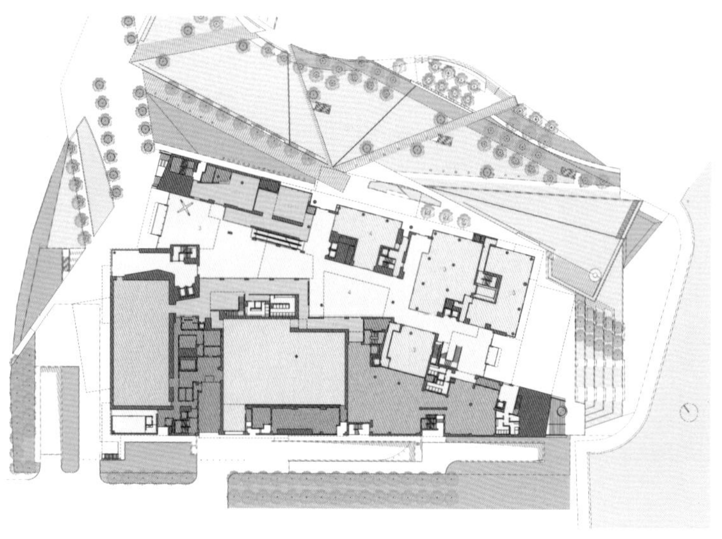

■ 一层平面图图 / 1F Plan

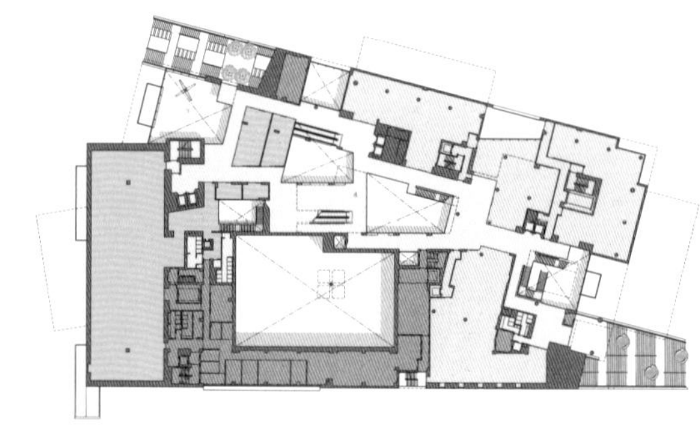

■ 二层平面图图 / 2F Plan

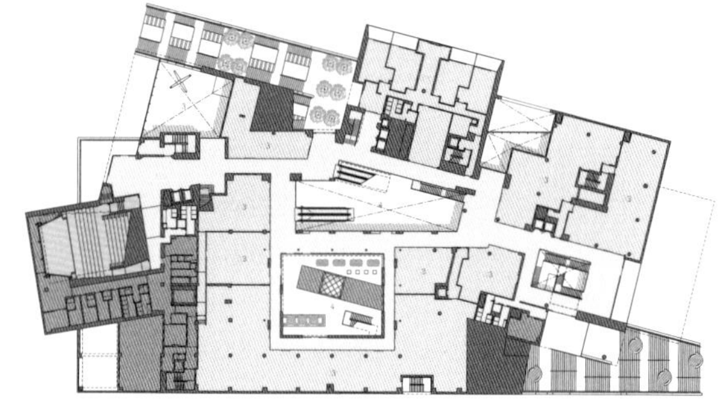

■ 三层平面图图 / 3F Plan

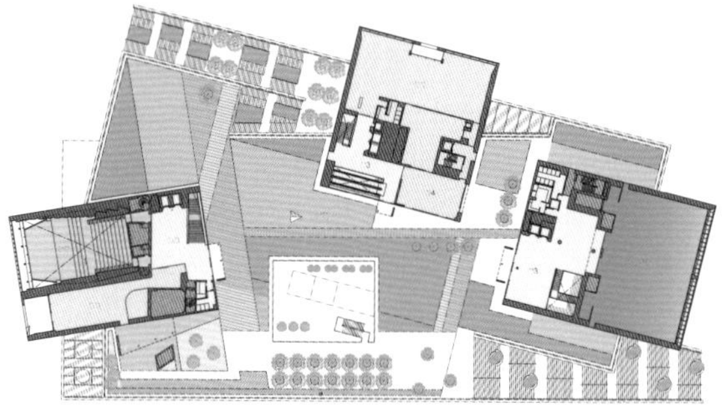

■ 四层平面图图 / 4F Plan

1.博物馆广场
2.海滨长廊
3.文化广场
4.中央广场
5.海滨广场
6.美术馆入口
7.V&A展厅
8.主展厅
9.2层展厅
10.特展博物馆
11.小展厅
12.博物馆商店
13.零售
14.咖啡厅
15.画廊
16.公共教育工作室
17.办公室
18.儿童艺术馆
19.剧场
20.多功能发布厅
21.餐厅
22.剧场门厅
23.餐厅门厅
24.露天庭院

1. Museum Square
2. Waterfront Promenade
3. Culture Plaza
4. Central Plaza
5. Waterfront Plaza
6. Museum Entry
7. V&A Exhibition Hall
8. Main Exhibition Hall
9. 2F Exhibition Hall
10. Special Museum
11.Small Exhibition
12.Museum Shop
13.Retail
14.Cafe
15.Gallery
16.Workshop Room
17.Office
18.Children's Museum
19.Auditorium
20.Multi-Purpose Hall
21.Restaurant
22.Foyer
23.Lobby
24.Courtyard

■ 模型 / Model

Holdings (CMSK), in association with founding partner the Victoria and Albert Museum (V&A), has announced the brand - DESIGN SOCIETY - a new cultural hub that will be located in the Shekou Sea World Culture and Arts Center.

DESIGN SOCIETY is located in Sea World Culture and Arts Center, within Sea World's coastal city complex in Shekou, Nanshan District, Shenzhen, near Nu Wa Coastal Park. Sea World Culture and Arts Center has a footprint of 26,000 square meters with 71,000 square meters of floor space. It will feature four floors above the ground and two floors underground with a design museum where the V&A Gallery will be located, Shenzhen Guanfu Museum, a theatre, a multi purpose hall, public event programming, alongside BAOKU Art Center and BAOKU Treasury, restaurants and cafes, and retail. Renowned architectural studio Maki and Associates, led by Fumihiko Maki, has been commissioned to design the building, its first in China. Maki's design features three cantilevered volumes atop a deconstructed plinth, opening up horizons to the mountain, the sea and the city, where interconnected space enable cultural conversation and dialogue. Currently under construction, Sea World Culture and Arts Center opens in 2017.

Three main plazas are planned within the Center - Culture Plaza at the main entry, Central Plaza in the center, and Waterfront Plaza by Shekou Bay. Each plaza is designated with a distinct color - Culture Plaza with red, Central Plaza with green, Waterfront Plaza with blue. The plazas are intended to act not only as multi-storey nodes that provide spatial breaks to the large complex, but also as vertical connectors that offer glimpses of the spaces above and below.

Located at the southern end of the building, Waterfront Plaza is marked by blue granite stone, which echoes the blue of Shekou Bay. Spiraling stairs lead visitors up to the fourth floor, which houses an 800-square-meter Multi-purpose Hall. The stepping landscape of the Waterfront Promenade gradually leads visitors from the Waterfront Plaza to the open bayside, which merges with the sloping peak of the adjacent park.

The Central Plaza is marked with green granite and white, branch-shaped columns. The plaza connects to the green courtyard at the third floor, which allows for ample natural light into the vast interior.

The Culture Plaza is marked with red stone and wood, together creating a warm atmosphere appropriate for a culture center. Surrounding the Culture Plaza are the museum and a foyer leading to the 350-seat auditorium on the third and fourth floors.

* 该项目图片及图纸由槙综合计划事务所（Studio Maki and Associates）所提供

剖面图 / Section

深圳汉京大厦
Hanking Center Tower

南山区深南大道与科技中一路

Shennan Boulevard and Keji Middle First Road, Nanshan District

汉京中心通过创新的方式，重新诠释公共空间、工作空间、和交通动线空间，打破了商业办公楼的传统模式。作为全球不断增长的专业人士集中地，汉京中心将会给南山郊区增加新活力。中心裙房提供高端零售和餐饮，办公塔楼则提供灵活开阔的办公空间。

汉京中心占据深南大道上得天独厚的位置，以修长的轮廓重新定义当地的天际线。大楼采用折面的手法，优雅地联合裙房的公共空间和塔楼的私密办公空间， 打破传统摩天大楼中不同功能分开单独体量的常规。裙房与周边开阔的公共广场与空间变幻的景观共同创建一个新地标， 同时提升了街道的公共活力。

开创性的钢结构系统主宰了塔楼独一无二的形体，同时使交通核心筒和服务空间移到主体大楼之外成为可能。此举大大解放了塔楼的内部空间，最大限度地提供开放空间， 显著减少建筑的占地面积。建筑主体内的两个副核心筒屏蔽在主核心筒之后， 给主体楼梯提供结构强化的同时也承载 VIP 电梯，货梯和机电服务。一系列交替排列的空中连桥和大型结构斜撑牢固地连接着主体大楼和主核心筒。落地玻璃大堂大厅和每 15 层的空中花园给所有办公用户提供了公共社区空间。

■ 区位图 / Location Map

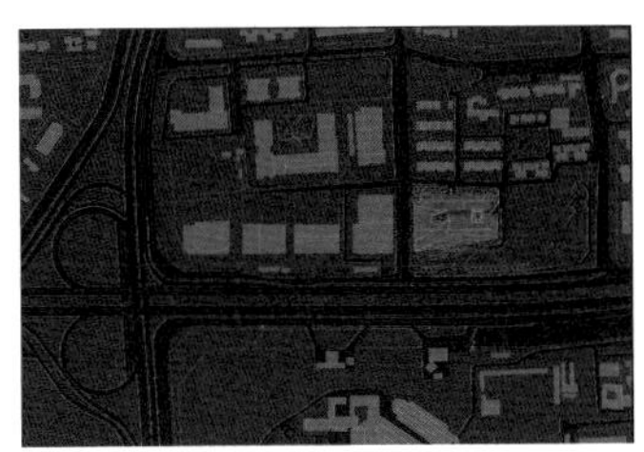

作为高新技术产业领域的新地标，汉京中心的设计为高新技术提供培育场所，满足成长型企业不断变化的空间需求。通过把主核心筒外移，使开放式的楼板成为可能，大大提高空间规划的灵活性。加强的自然采光和通风提供健康的工作环境。从外移核心筒的交通空间到大楼周边区安静的全景私人办公室，分离核心筒满足不同程度的私密性要求。室内通道和公共空间从功能空间解放出来，获得自然采光和城市景观，从传统空间转变为充满活力的公共空间。

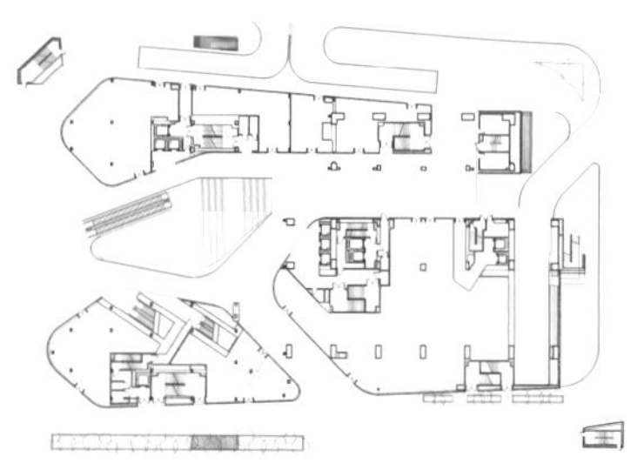
■ 一层平面图 / 1st Floor Plan

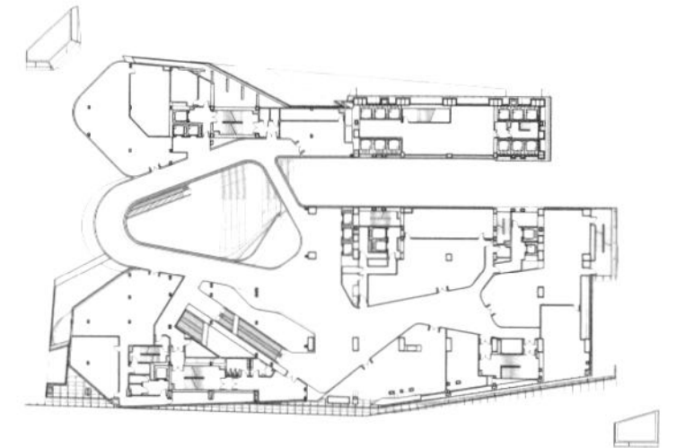
■ 二层平面图 / 2nd Floor Plan

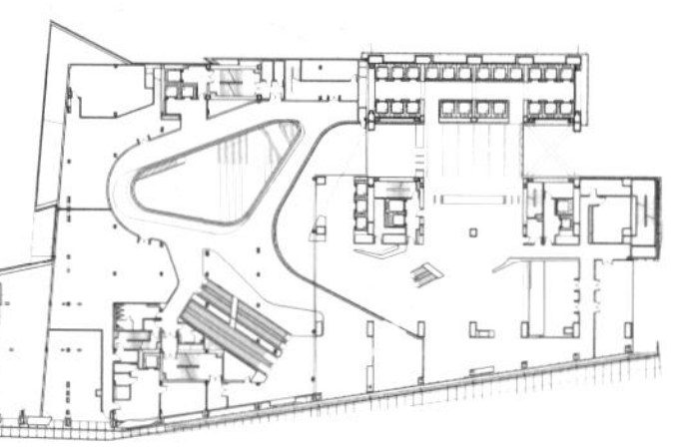
■ 三层平面图 / 3rd Floor Plan

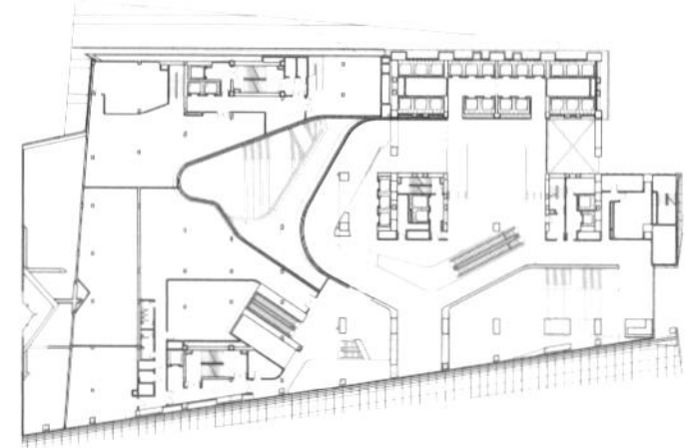
■ 四层平面图 / 4th Floor Plan

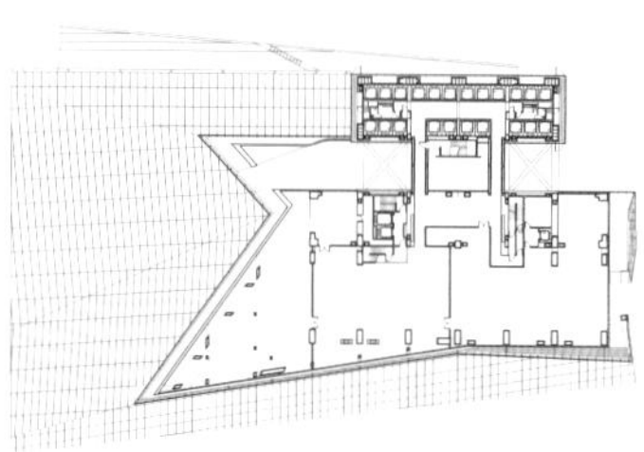
■ 六层平面图 / Floor Plan

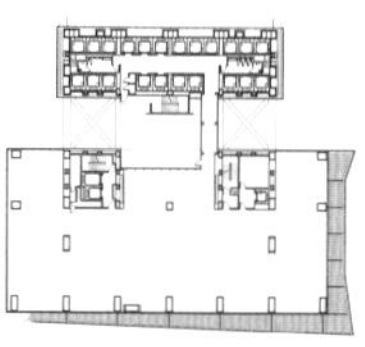
■ 七层平面图 / 7th Floor Plan

■ 立面细部模型 / Facade Detail Model

Hanking Center Tower reinterprets the traditional commercial office building through an innovative approach to circulation, social, and working spaces. Offering flexible tower office space anchored by high-end retail and dining in the podium, the Tower serves Shenzhen's growing body of global professionals and brings density to the suburb of Nanshan.

Occupying a place of prominence on Shennan Boulevard, Hanking Tower's slender profile redefines the local skyline. The Center utilizes folded angles to elegantly merge public components in the podium with private commercial space in the tower – a departure from conventional towers, where differing program is often relegated to separate and disjointed volumes. Surrounding the tower's podium, a grand plaza and dimensional hardscape create a new neighborhood landmark and enhance public activity at the street level.

The form of the tower is primarily defined by its pioneering steel structural system, which offsets the primary movement and service cores to the exterior of the floorplate. Shifting the cores open the main body of the tower, significantly minimizing the building's structural footprint while maximizing open space. Shadowing the offset circulation core, two secondary cores in the body provide structural reinforcement and house private elevators for VIP users, freight elevators, and mechanical services. A series of sky bridges and diagonal mega-braces rigidly link the offset core to the main tower. Glazed lobbies and skygardens in every fifteen floors create a communal hub for all tenants.

As the new icon of the high-tech industrial sector, the Hanking Center Tower is designed as an incubator for emerging technologies, providing for growing firms with evolving space requirements. The open floor plate, made possible by the tower's offset core, dramatically increases space-planning flexibility and offers healthier work environment with enhanced natural light and airflow. Offsetting the core also allows for a public to private gradient of activity on each floorplate, as tenants move from circulation and social spaces around the core to quieter perimeter offices with panoramic views. Freed from the interior of the building, circulation and amenity areas can gain natural light and exterior views, transforming from a conventional place to a vibrant public space.

* 该项目图片及图纸由 Morphosis Architects 事务所提供

深业上城 LOFT
SHUM YIP UpperHills LOFT

福田区笋岗西路与皇岗路交汇处西北侧
Northwest corner of West Sungang Road and Huanggang Road, Futian District

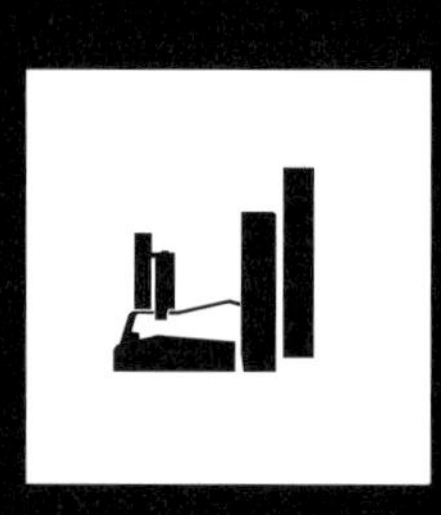

项目名称： 深业上城 LOFT
项目地点： 福田区笋岗西路与皇岗路交汇处西北侧
项目时间： 2012-2017
用地面积（大型购物中心顶部）： 64 000m²
建筑面积： 105 000m²
LOFT 各区设计层数： A 区 4~14 层，B 区 3~9 层，C 区 4~6 层，D 区 4~11 层
LOFT 各区建筑高度： A 区 67.5m，B 区 57.35m，C 区 36.45m，D 区 57.65m
业主： 深业置地有限公司，深圳市科之谷投资有限公司
建筑设计： 都市实践建筑事务所
主持建筑师： 孟岩，刘晓都，王辉（室内）
项目组： 周娅琳，张新峰，林海滨，张佳佳，赵佳，Travis Bunt，Juliana Kei，张海君，林俊仪，王燕萍，孙艳花，臧敏，曹健，韩潇，张英，王平，李念，陈冠宏，余欣婷，谢盛奋，刘勘，Silan Yip，Darren Kei，Sam Chan，Neo Wu，Danil Nagy，Daniel Fetcho，袁能超，廉丽丽（建筑），郑娜（室内），魏志姣，林挺，张映园（景观），徐罗以（技术总监）
结构和机电： 奥雅纳工程咨询（上海）有限公司深圳分公司
建筑施工图： 深圳市华阳国际工程设计有限公司
室内施工图： 深圳市深装总装饰工程工业有限公司
景观施工图： 深圳市北林苑景观及建筑规划设计院有限公司
幕墙： 珠海市晶艺玻璃工程有限公司
灯光： SPEIRS+MAJOR
标识： Corlette Design

Project: SHUM YIP UpperHills LOFT
Location: Northwest corner of West Sungang Road and Huanggang Road, Futian District
Project Period: 2012-2017
Site Area（Top Area of Shopping Mall）: 64,000m²
Floor Area: 105,000m²
LOFT Building Levels: A Zone: 4~14, B Zone 3~9, C Zone 4~6, D Zone 4~11
LOFT Building Height: A Zone 67.5m, B Zone 57.35m, C Zone 36.45m, D Zone 57.65m
Client: Shum Yip Land Company Limited, Shenzhen Kezhigu Investment Co., Ltd.
Architectural Design: URBANUS
Principle Architect:
Meng Yan, Liu Xiaodu | Wang Hui (Interior)
Team: Zhou Yalin, Zhang Xinfeng, Lin Haibin, Zhang Jiajia | Zhao Jia, Travis Bunt, Juliana Kei, Zhang Haijun, Lin Junyi, Wang Yanping, Sun Yanhua, Zang Min, Cao Jian, Han Xiao, Zhang Ying, Wang Ping, Li Nian, Chen Guanhong, Yu Xinting, Xie Shengfen, Liu Kan, Silan Yip, Darren Kei, Sam Chan, Neo Wu, Danil Nagy, Daniel Fetcho, Yuan Nengchao, Lian Lili (Architecture), Zheng Na (Interior), Wei Zhijiao, Lin Ting, Zhang Yingyuan (Landscape), Xu Luoyi (Technical Director)
Structure & MEP: ARUP
Construction Documents: CAPOL
Interior: Shenzhen Decoration and Construction Industrial Co.,Ltd.
Landscape: Shenzhen BLY Landscape & Architecture Planning & Design Institute
Facade: Zhuhai Jingyi Glass Engineering
Lighting: SPEIRS+MAJOR
Logo: Corlette Design

©深业置地

基地为包含 6 栋超高层办公、酒店及商务公寓的高端综合体，毗邻深圳 CBD 及华强北商圈，位于两大城市中心公园之间。都市实践的设计任务是在其占地逾 6 万 m² 的大型购物中心顶部，建造 10 万 m² 的居住及办公 LOFT。

为消解地块自身的超高层垂直向的巨大压力，我们利用面积较大的居住 LOFT 和办公 LOFT 营造出两座人工山形体量，回应超高层塔楼的巨大尺度，并呼应周边的莲花山和笔架山。同时向内围合出一个安静的空间，以细致的步行街道联结 3-4 层的高密度的办公 LOFT，排列出一个高低错落，空间变化丰富的小镇，其中纳入 LOFT 剧场、展示交易中心等公共活动空间，从外围的“大”和“实”逐渐过渡到内部“小”而“虚”非常有活力的区域。让商业、办公与住宅人流在同一街区活动，创造了一种居住、办公、商业与文化空间融合的聚落式都市生活新模式。

This base is a high-end commercial complex with 6 high-rise towers containing offices, hotels and business apartments. Adjacent to the CBD and Huaqiangbei shopping district, it is also located between two center parks in Shenzhen. URBANUS' design task is to construct a 100,000m² loft of apartments and offices on the top of a shopping center larger than 60,000m².

To release the enormous pressure from the vertical dimension of the high-rise tower, we take advantage of the large area of the LOFTs, creating two artificial mountain volumes, in response to the huge scale of the towers. At the same time, the design connects the project to the natural form of the surrounding Lotus and Penholder Mountains. This design also encloses a quiet space by connecting the 3-4 level high-density office LOFT through exquisite sidewalks, creating a small town with rich spatial variations. There are also some public spaces, such as the LOFT Theater and the Trading & Exhibition Center that gradually transform the "big" and "solid" periphery space to a "small" and "virtual" inner dynamic region. The Loft Town has accommodated a shopping mall, business offices and apartments, creating a new model of settlement which integrates residents, offices, shopping malls and cultural spaces.

* 如无特别注明，该项目图片及图纸由都市实践建筑事务所提供

■ 区位图 / Location Map

■ 剖透视图 / Section Perspective

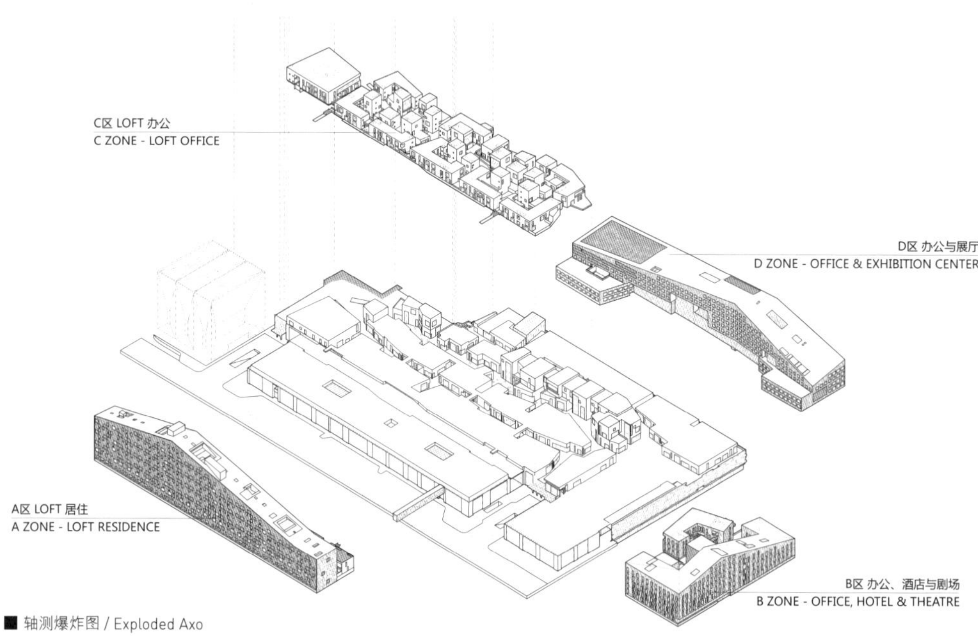

■ 轴测爆炸图 / Exploded Axo

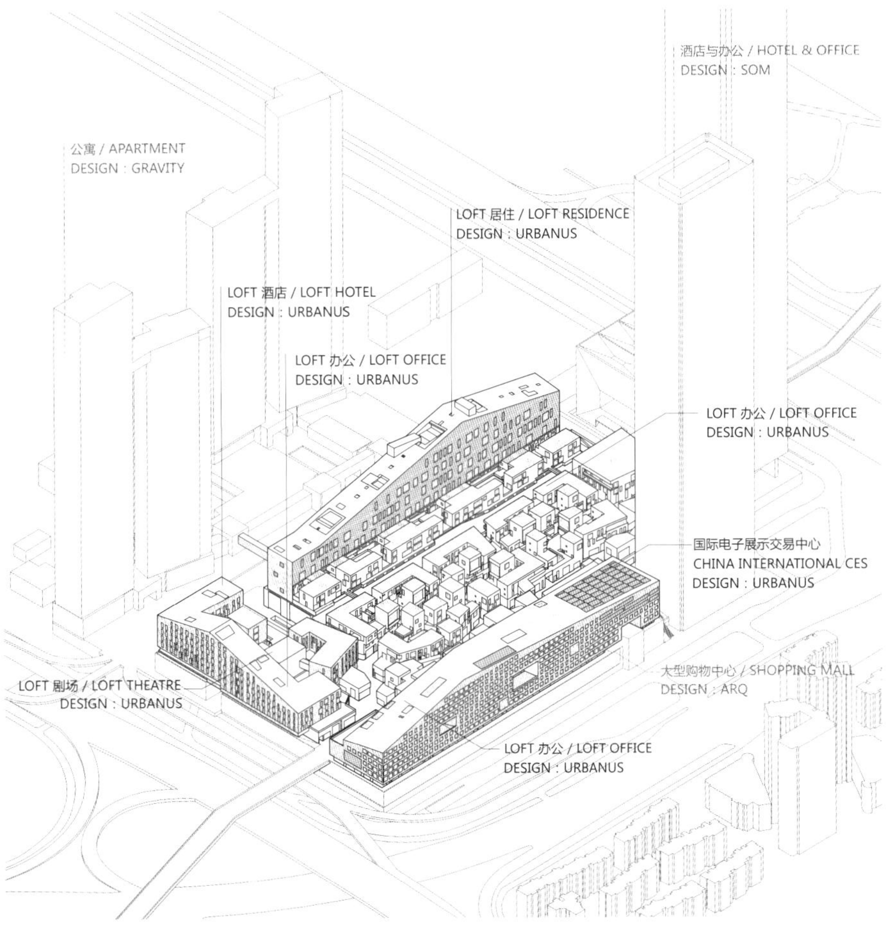

酒店与办公 / HOTEL & OFFICE
DESIGN：SOM
公寓 / APARTMENT
DESIGN：GRAVITY
LOFT 居住 / LOFT RESIDENCE
DESIGN：URBANUS
LOFT 酒店 / LOFT HOTEL
DESIGN：URBANUS
LOFT 办公 / LOFT OFFICE
DESIGN：URBANUS
LOFT 办公 / LOFT OFFICE
DESIGN：URBANUS
国际电子展示交易中心
CHINA INTERNATIONAL CES
DESIGN：URBANUS
大型购物中心 / SHOPPING MALL
DESIGN：ARQ
LOFT 剧场 / LOFT THEATRE
DESIGN：URBANUS
LOFT 办公 / LOFT OFFICE
DESIGN：URBANUS

■ 轴测图 / Axonometric Diagram

香港中文大学（深圳）整体规划
Master Plan of Chinese University of Hong Kong (Shenzhen Campus)

龙岗区

Longgang District

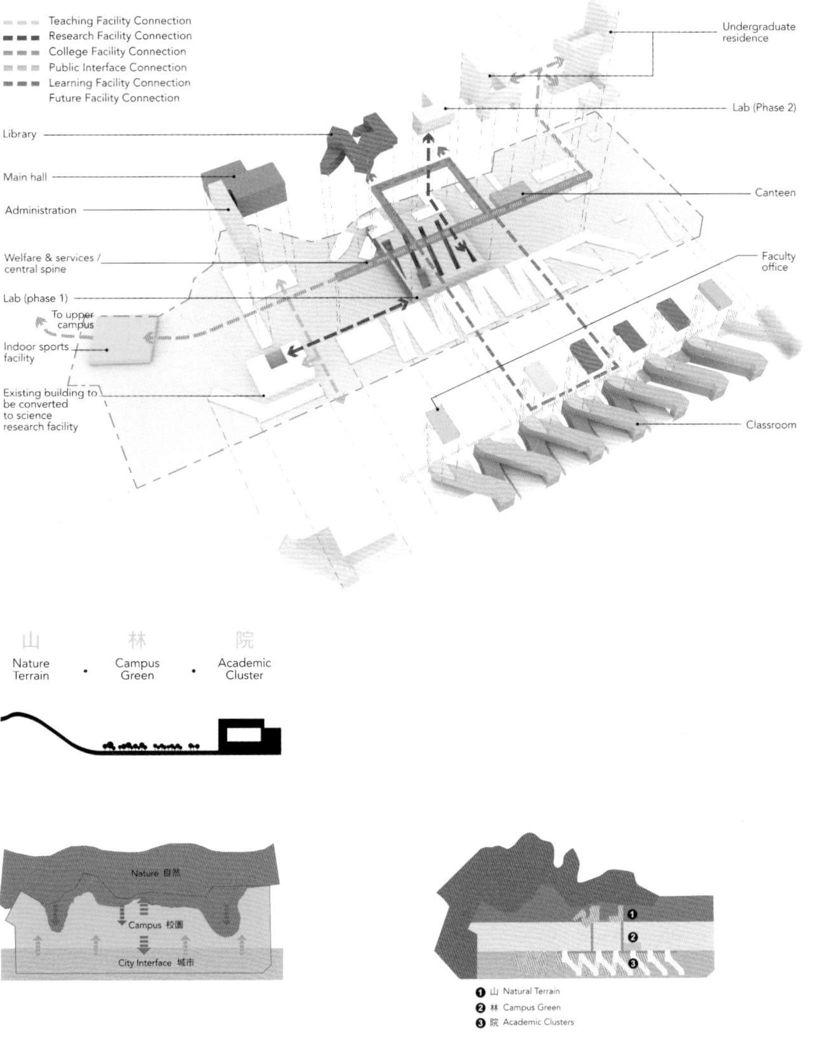

■ 概念分析图 / Concept Diagram

项目意图为 7 000 多名学生创造一个可持续的学习环境。设计以“山、林、院”为主旨，从而促进研究、学习、工作和生活之间的联系，同时尽可能多地保留现有脊线及郁郁葱葱的绿色自然景观。

“山”是项目的自然地貌，与书院及图书馆建筑有机共融地结合；“林”是校园的中央绿带，构成大学的核心，它一方面将山体绿化带入校园；另一方面也是校舍教学空间的延伸，提供不同性质的户外空间，让师生在课室外的自然环境中，延续学术讨论与生活的交流；“院”是学术研究的聚落，包括校内大部份课室、演讲厅、学生活动等配套设施，综合成集中、高效率、方便各学系沟通交流的教学大楼，当中亦穿插很多人性化的院落空间，将林荫绿化中轴延伸到大楼内，既加强建筑的自然采光和通风，亦为师生提供舒适的休闲活动空间。

校园整体规划设计倡导具有互联性、便利性的流线设计和多样连接点，提供可以多样化选择的一系列活动，从而鼓励多学科交叉和创新。

■ 区位图 / Location Map

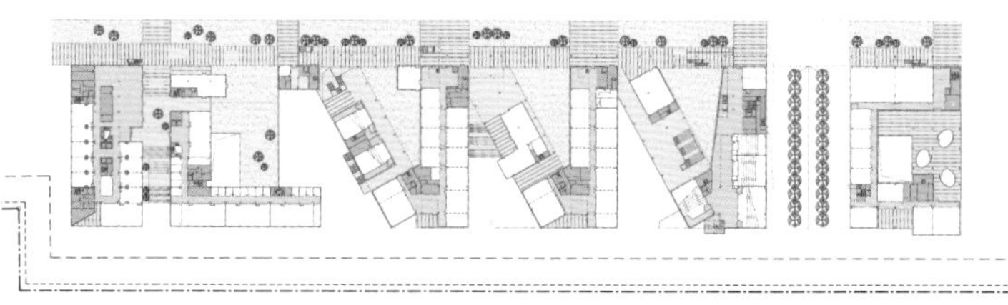

一层平面 / 1st Floor Plan

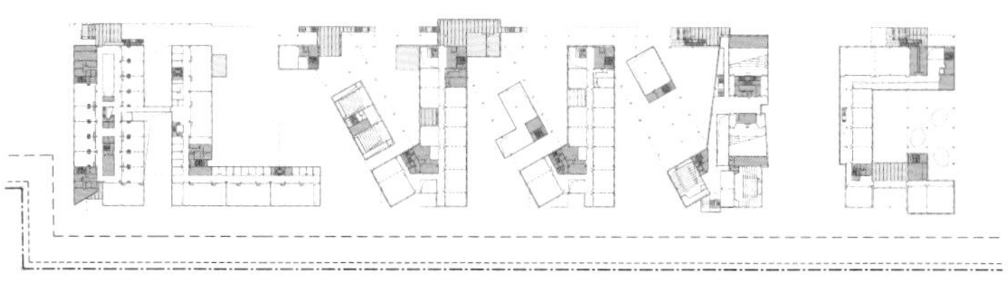

二层平面 / 2nd Floor Plan

The design intends to create a sustainable learning environment for 7000 students. By zoning the campus as "Academic Clusters", "Campus Green" and "Natural Terrain", communities are formed in order to promote interaction between research, learning, working and living while the existing ridgelines and the lushly vegetated environment are preserved as much as possible.

The "Natural Terrain" preserves the hilly nature of the site. Pavilion-type buildings such as college, library and student amenities are then positioned to preserve the natural valleys and the vista to the hill beyond. "Campus Green" is the soft heart of the campus. It draws the valleys into the campus, and allows students activities to be extended to it from the surrounding academic facilities. The "Academic Clusters" are composed of teaching facilities, laboratories and lecture theatres. They are grouped together not according to one particular faculty, but rather, to encourage multiple uses and flexibility.

The campus suggests interconnectivity, convenience of circulations, multiple points of contact, array of activities with diverse choices, encouraging multi-disciplinary cross-overs and innovative creativities.

* 该项目图片及图纸由嘉柏建筑师事务所有限公司、王维仁建筑设计研究室、许李严建筑师事务所有限公司提供

扩展阅读 (Further Readings):

[1] 香港中文大学（深圳）整体规划及一期工程设计 [J]. 世界建筑导报 ,2014,04:64-67.

[2] 香港中文大学（深圳）整体规划及一期工程设计 [J]. 城市环境设计 ,2013,08:244-245.

易思博软件大厦
Broaden Gate Software Plaza

南山区科技园区

Technology Park, Nanshan District

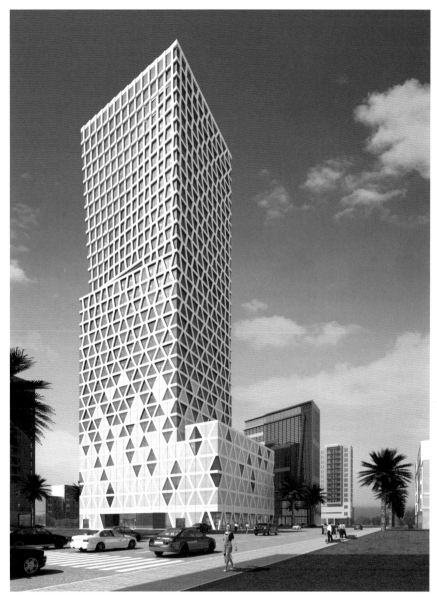

外部效果图 / Exterior Rendering

总平面图 / Site Plan

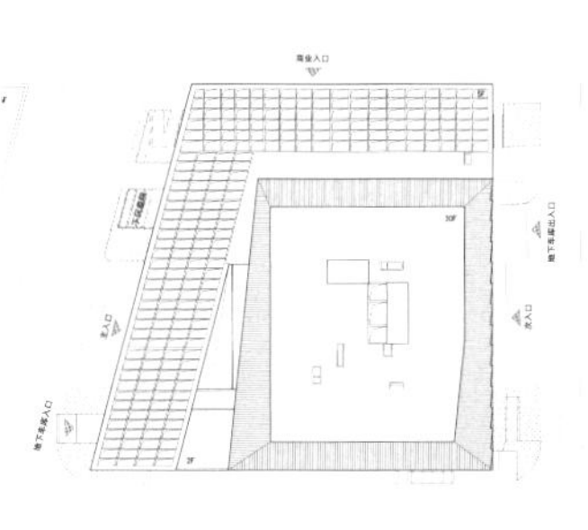

易思博是深圳的一家新兴的软件设计与开发公司。在经历快速发展的十年之后，易思博决定建造一座办公大楼来容纳日益扩展的研究机构及其团队。项目基地位于深圳市南山新科技园区，南依滨海大道，北侧为规划中的海天二路。

基地面积对于项目而言非常紧凑，只有 4 893m²，但需要建造 150m 高、建筑面积达到 68 000m² 的办公塔楼，因此，建筑设计策略采用在建筑上部提供若干空中平台，以提供公共空间和自然环境。易思博的总部设在建筑的 19 层，建筑形体在此进行一些扭转，以形成一个面向深圳湾的观景夹层。而在建筑的基座部分，裙楼与塔楼之间留出一道狭缝，使人们从门厅空间的上方可以体验到整幢大楼的上升趋势，并使空间感受与易思博的名称 Broaden Gate 相适应。

■ 外部效果图 / Exterior Rendering

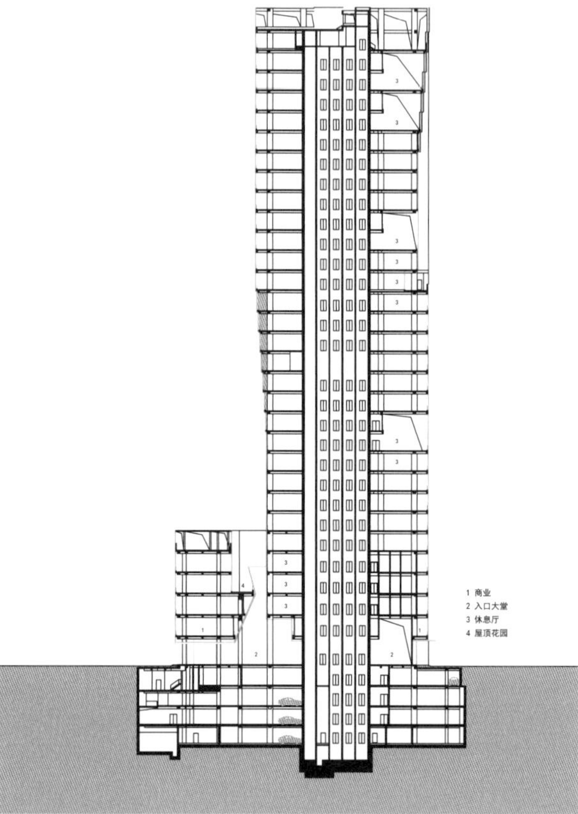

■ 剖面图 / Section

■ 一层平面图 / Ground Floor Plan

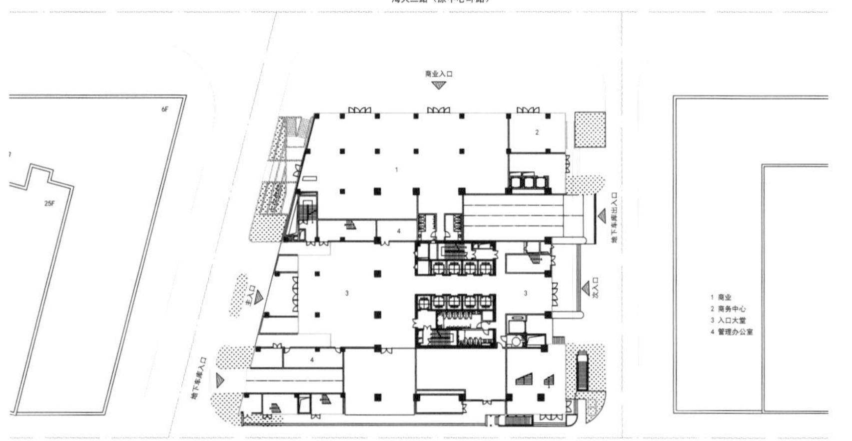

■ 典型楼层平面图 / Typical Floor Plan

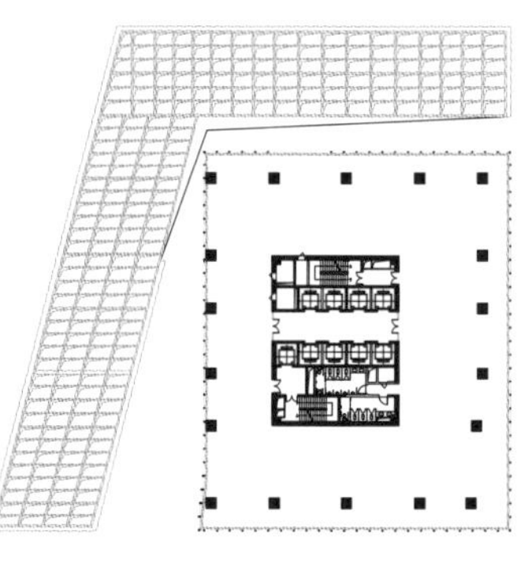

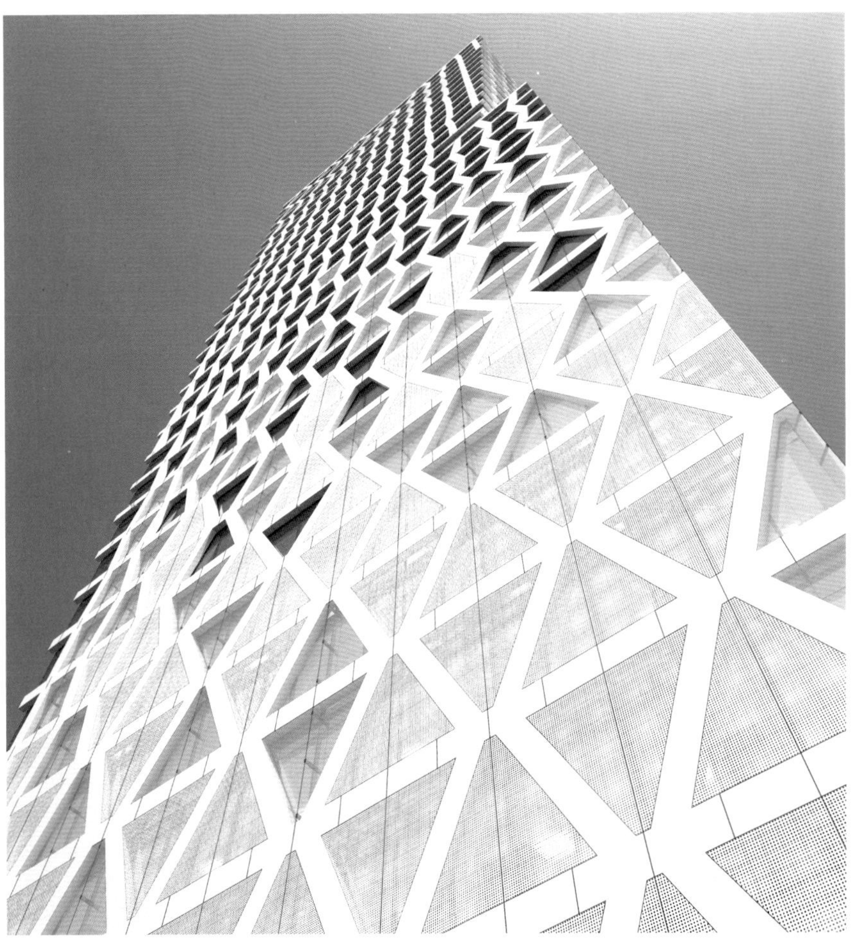

Broaden Gate is a software design and service company in Shenzhen. After a fast development in the past ten years, Broaden Gate planned to develop an office tower to accommodate its radical expending teams and facilities. The project will be located in the High-Tech Park of Shenzhen, with a southeast view to the Shenzhen Bay.

The site for the project is tight, only 4, 893m², but it needs to hold a building of 150meters high, 68, 000m² floor area. Therefore, the design strategy is to provide several platforms in the upper floors, in order to support more public and natural spaces of the tower. The shape of the building is twisted on top of the podium and at the 19th floor, where the Broaden Gate headquarter starts, so the volume of the tower is splitted apart a bit to leave an gap for the air lobby to enjoy an open and broad view to the Shenzhen Bay. There is another gap design in the entrance lobby, right on the top of the reception desk. When entering the building, the visitors will be deeply impressed by a sky window on the top, which will let in the unforgettable image of the vertical tower, and coincide the meaning of the title of the company, the Broaden Gate.

* 该项目图片及图纸由童明工作室提供

大成基金总部大厦
Headquarters Building of Dacheng Fund

南山区科苑大道
Keyuan Avenue, Nanshan District

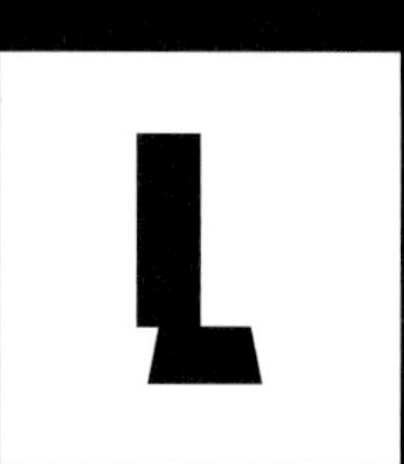

项目名称： 大成基金总部大厦
项目地点： 南山区科苑大道
项目时间： 2012-2018
用地面积： 4 101m²
建筑面积： 71 511m²（地上 57 991m² / 地下 13 520m²）
建筑层数： 地上 30 层，地下 5 层
建筑高度： 129.9m
业主： 大成基金管理有限公司
建筑设计： 都市实践建筑事务所
主持建筑师： 孟岩
项目组： 林怡琳，姚晓微，姜玲，王俊，李耀宗，张佳佳，谢盛奋，廖俊，朱伶俐，姜轻舟，冯绚，沈振中，林挺，劳康勇（建筑），魏志姣，陈丹平，刘勘，唐伟军，刘洁（景观），徐罗以（技术总监）
合作： 深圳华森建筑与工程设计顾问有限公司（施工图），深圳市力鹏建筑结构设计事务所（结构顾问），VS-A 万山丹香港有限公司（幕墙顾问），深圳市思考力装饰设计有限公司（室内设计），柏坚联创工程顾问（北京）有限公司（机电顾问），深圳市大晟环境艺术有限公司（室外泛光）等

Project: Headquarters Building of Dacheng Fund
Location: Keyuan Avenue, Nanshan District
Project Period: 2012-2018
Site Area: 4,101m²
Floor Area: 71,511m² (57,991m² aboveground /13,520m² underground)
Building Levels: 30 aboveground, 5 underground
Building Height: 129.9m
Client: Dacheng Fund Management Co.,Ltd.
Architectural Design: URBANUS
Principle Architect: Meng Yan
Team: Lin Yilin, Yao Xiaowei, Jiang Ling, Wang Jun, Li Yaozong, Zhang Jiajia, Xie Shengfen, Liao Jun, Zhu Lingli, Jiang Qingzhou, Feng Xuan, Shen Zhenzhong, Lin Ting, Lao Kangyong (Architecture), Wei Zhijiao, Chen Danping, Liu Kan, Tang Weijun, Liu Jie (Landscape)|Xu Luoyi (Technical Director)
Collaborators:
(LDI) Structure / MEP (Mechanical, Electrical, Plumbing): Huasen Architectual and Engineering Design
Interior: B+SW Design
MEP Consultant: PKL Engineering Consultants
Lighting: DASUN Environmental Art Co., Ltd.
Structural Consultant: LPS Architectural Engineering Design Associates
Façade Consultant: VS-A.HK Ltd.

大成基金总部选址于深圳正在兴起的后海商务中心区，其用地仅 4 100m^2，容积率 14.2，建筑高度 130m。塔楼占据基地北侧并向西悬挑，创造一个供市民自由徜徉和休闲的城市广场，并朝区域景观绿轴方向创造出三面视野开阔的室内大空间。结构上，悬挑部分利用内部斜撑与主体相连，加强空间的戏剧性，更创造出不同体量的异质空间。

在用地规划“建筑零退线”的条件下，建筑师将公共空间分为功能各异大小不一的异质空间混入标准层。跨越两层的会议室衔接不同的办公层，带来日常办公与会议的灵活转换；二层通高的共享空间办公区成为各部门交流合作的场所；阶梯式临时办公空间提供了非正式办公区的新体验；行政办公层则通过螺旋楼梯与下层展示区及上层会所连通，不同功能楼层通过西侧置入的通高共享空间可任意转换。同时，员工休息仓、休闲角、阶梯视听区、室外竹园等功能各异的小型公共空间也散布楼内各处，让人们有机会重新思考金融办公固定模式以外种种的空间使用方式，体验网络时代的“非正式”办公场所，拓展其更多的可能性和可变性。

■ 区位图 / Location Map

考虑到金融企业的形象定位稳重精致，立面幕墙采用独特的凸凹式单元模块，远观楼体表面不易透视温润如玉，近看有细节且实用不至呆板。通过五种基本模块的特定排布，立面呈现出自东向西的疏密变化，与室内功能由私密到公共的变化相互照应。

The headquarters of Dacheng Fund located in the rising Houhai business center in Shenzhen has an area of 4,100m^2, a plot ratio of 14.2 and a height of 130m. The tower occupies the north side of the site and extrudes westward, providing citizens with an open space to interact and relax as well as a panorama opening to the regional green axis of the landscape from the

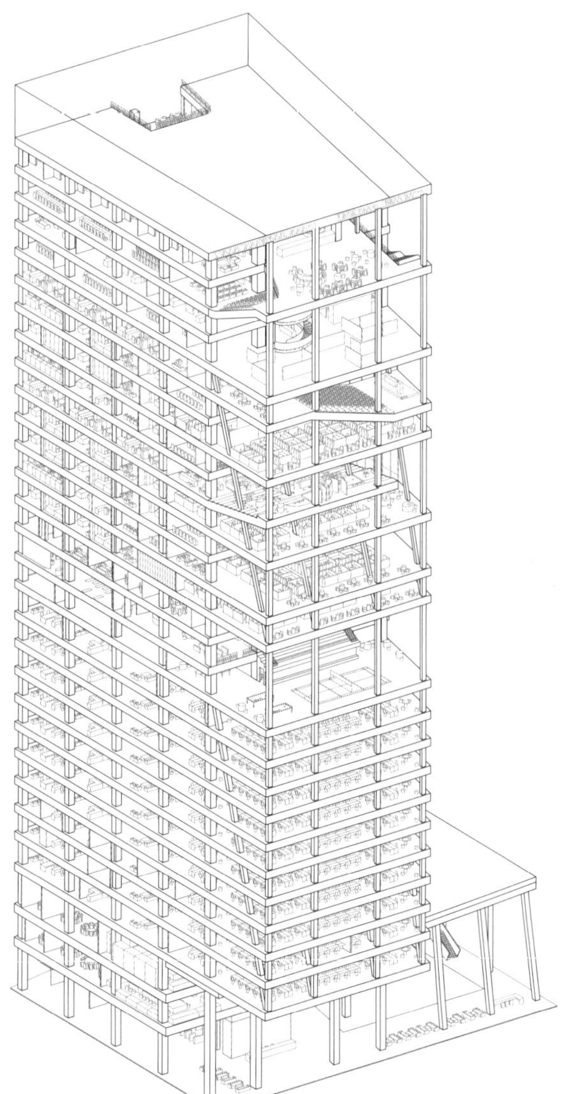

■ 轴测图 / Axonometric Diagram

1 金融办公区	1 Financial Office Area
2 员工食堂	2 Canteen
3 洗手区	3 Hand Washing Area
4 茶水区	4 Tea Room
5 备餐	5 Meal Preparation
6 厨房	6 Kitchen
7 食库	7 Food Storage
8 排风机房	8 Ventilation Room
9 空调机房	9 Air Conditioning Room
10 更衣室	10 Changing Room
11 裙房屋顶花园	11 Podium Roof Garden
12 景观水池	12 Water Feature
13 开放式办公区	13 Open Office Area
14 大型会议室	14 Large Conference Room
15 控制室	15 Control Room

■ 五层平面图 / 5th Floor Plan

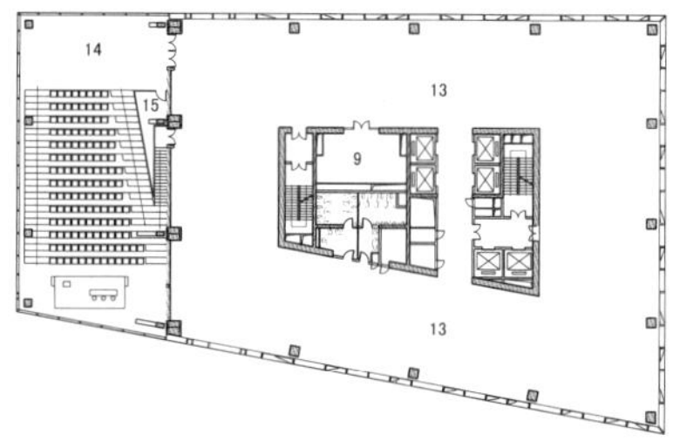

■ 二十六层平面图 / 26th Floor Plan

inside. Structurally, the cantilever fully utilizes the interior diagonal bracing to connect to the main structure, not only enhancing the dramatic effects the space provides, but also creating heterogeneous spaces with different volumes.

Under the government's "no setback" policy on urban sites, the architect divides public spaces and puts them into the building as areas vary in both size and function. The two-storey meeting room connects different office levels, smoothly switching between the daily office work and formal business meetings. This shared working space becomes the main spot for all staff to socialize and interact. The temporary laddered offices provide a new working experience while the administrative level communicates with the lower reception area and the upper clubhouse through a spiral staircase. And all of these office levels are interchangeable through the cantilever on the west side of the building. At the same time, leisure spaces with different functions such as areas for staff to relax, rest and view as well as an outdoor bamboo garden are scattered throughout the building, encouraging people to think outside the box and break free from the programmed thinking pattern of the financial industry. This type of working environment is an example of the "informal" working space that exists the information age nowadays, exploring the adaptability and all endless possibilities.

Taking the serious, careful and elite characteristics of the finance industry into account, the building's curtain façade is designed to have a unique concave-convex module. From the far, it is hard to see through the smooth surface of the building while one can observe the elegant details and practical functionalities of it from up close. Through the specific arrangement of the five basic modules, there appears a density change across the façade as the interior of the building also shifts from private to public.

* 该项目图片及图纸由都市实践建筑事务所提供，摄影：王大勇

深圳能源大厦
Shenzhen Energy Mansion

福田区金田路 2028 号

No.2028 Jintian Road, Futian District

创作新的深圳能源大厦远比设计一座可持续办公楼的挑战更大。新的总部大楼将成为深圳新市区中心的标志性建筑，也是深圳能源公司展示企业愿景及价值的窗口。

我们所提议的设计将在着重建筑的生态可持续性的同时，关注社会及经济可持续性。我们的目标是建造一幢能够实用并且高效布局的楼宇，并采用可持续立面，通过被动及主动途径减少建筑的能源消耗。我们的设计将采用灵活且高效的楼层方案，建筑内外将设有多处特定区域，以打造舒适的工作环境，并构成独特的建筑特征。

设计的演进

熔岩在慢速冷却过程中形成垂直岩柱的天然几何作用，构成由玄武岩组成的曲线形墙面。棕榈叶在适应外部环境的过程中形成了其层叠结构。棕榈表面的包围式曲线使棕榈变得更加轻盈，并具有一定的结构柔韧性和灵活性。与此同时，棕榈叶中央的凹处形成自然的排水渠道。形似灯笼的折纸结构设计灵感来自于自然界不断演进的植物。传统的梯田式稻田景观是人们为满足居住与食物生产需求而逐渐形成的自然景观。同样地，为了向工作人员提供功能灵活且具备足够照明的工作区域，具有高效性的摩天大楼也应运而生。然而，到目前为止，普通摩天大楼的设计只是提供了空气调节及照明，却忽略环境影响或能源短缺情况。新型的可持续摩天大楼需要在保留灵活程度、日光、视野、密集程度以及可用性的同时，不断尝试结合新的环境因素，例如将自然光线最大化与日光照射最小化相结合， 从而大幅度减小机动制冷的需求。

我们建议将深圳能源大厦建造为首个新型可持续性办公大楼，充分利用建筑与日光、空气、湿度以及风速等外部因素。利用这些资源打造建筑内部无可比拟的舒适性以及良好品质。

针对当地气候优化建筑几何设计

深圳地处热带区域边界。根据 Köppen-Geiger 气候划分模式，该区域属于潮湿型亚热带气候，温度较为温暖，但较多月份内湿度较高。由于毗邻赤道，太阳照射角度较高，可高达 90°，全年每日太阳移动几乎为东西向直接移动。要在这样的气候条件下获得舒适的工作环境，办公楼应具备以下两个条件：防止太阳光线直接照射的遮阳装置以及室内空气除湿措施。

深圳的热带气候特征需要全新的办公楼设计方案。我们面临的挑战是如何在一个热带气候条件下创建舒适的工作环境，同时减少能源消耗？传统型现代办公楼施工原理被广泛应用于全球各地，其优势包括切合实际的楼层规划以及经济型结构系统。但是，在热带气候条件下，玻璃幕墙立面往往会导致用于空气调节的大量能源消耗，涂层窗户的使用也使视野受到一定影响。我们建议，大楼的设计应基于高效出色的楼层方案，外观则应根据当地气候条件进行具体的设计及优化。根据我们的研究与实验，仅通过建筑立面外层的改革，就能够显著提高建筑的可持续性能。

■ 区位图 / Location Map

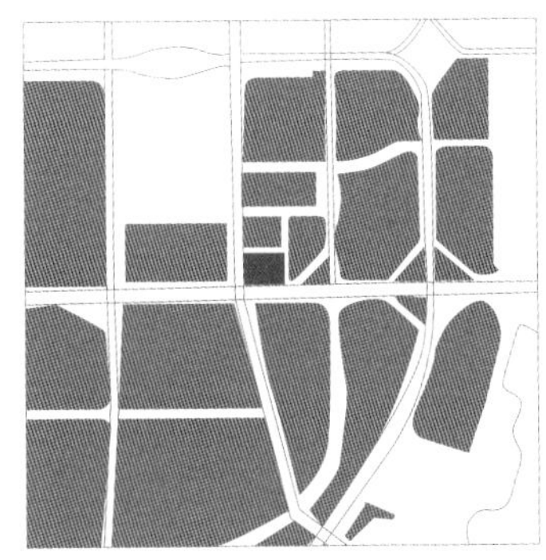

Creating the new Shenzhen Energy Company headquarters is an architectural challenge greater than designing a sustainable office building. The New headquarters will be significant landmark in the new Shenzhen city center, and will be a showcase for the vision and values of the Shenzhen Energy Company. We are proposing a design that focuses not only on the ecological sustainability, but as much on the social and the economical sustainability. Our vision is to create a building that combines a practical and efficient layout with a sustainable façade that both passively and actively reduces the energy consumption of the building. A design that allows for flexible and efficient floor plans as well as a series of indoor and outdoor specific spaces throughout the building, creating a comfortable working environment and a unique identity for the building.

■ 剖面图 / Section

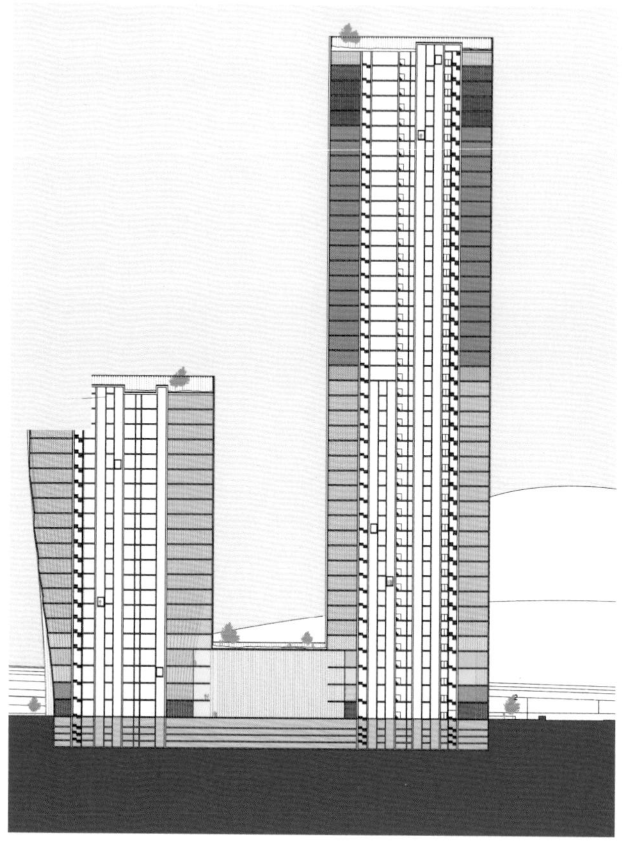

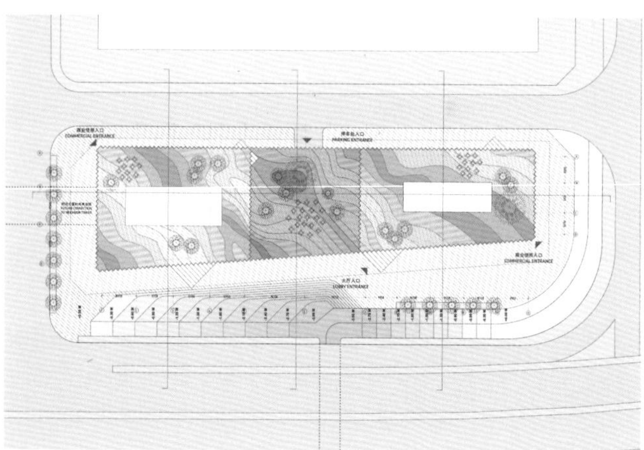

■ 总平面图 / Site Plan

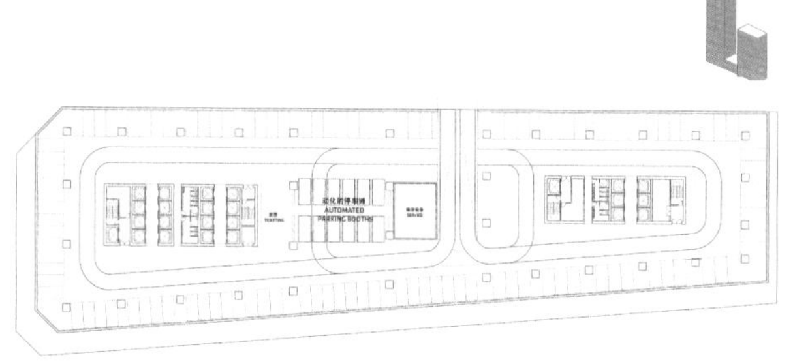

■ 贵宾停车处和自动化的停车位
VIP Parking and Automated Parking Booths

Design evolution

The rippled walls of basalt rocks have evolved naturally from the geometric behavior of lava cooling at very slow speeds into vertical compounds of rocky columns. The folded structure of a palm leaf has evolved by adapting to the requirements of the exterior environment. The folded ripples in the surface of the palm provide a light sheet of material with structural rigidity and flexibility. The chlorophylle exploits sunlight to create energy through photosynthesis. The vanes along the ripples channel water to the extremities of the structure. The origami like structure of a paper lamp is designed inspired by the ingenuity observed in naturally evolved plants. The traditional stepped landscapes of rice paddies have evolved by man adapting the natural landscape to meet their needs for inhabitation and food production. In the same way the skyscraper has evolved as an economically efficient way to provide flexible, functional and well illuminated work spaces for dense populations of professionals. It has however evolved at a time when air conditioning and electric lighting were merely seen as modern solutions to modern demand, with no thought of the environmental consequences or energy shortage. Today the skyscraper needs to evolve into a new sustainable species. It must retain its highly evolved qualities such as flexibility, daylight, view, density and general usability, while evolving new and untested attributes such as ways of combining maximum daylight exposure with minimal sunshine exposure or integrated ways of limiting the need for cooling.

We propose to make the Shenzhen Energy Mansion the first specimen of a new species of office buildings that exploit the buildings interface with the external elements - sun, daylight, air humidity, wind – as a source to create a maximum comfort and quality inside.

A geometry optimized for the local climate

Shenzhen is located on the border of the tropical belt of our planet. In the Köppen-Geiger climate classification model the area is described as a humid, sub-tropical Climate. The temperatures are warm, but especially the humidity is high in the area most months Due to the proximity to equator the solar angles are high, up to 90 degrees, and the solar movement during a day is close to direct east to west all year round.

To achieve a comfortable working environment in these conditions an office building in these conditions would especially need two things: Shading from direct exposure to sunlight, and dehumidification of interior air.

The tropical climate of Shenzhen calls for a new approach to designing office buildings. How can we create comfortable working spaces in a tropical climate while reducing our energy consumption?

The construction principle of the typical modern office tower is replicated all over the world. It has the advantage of a practical floor plan, and economical structural system. But in tropical conditions the glazed curtain wall facades normally result in high energy consumption for air conditioning and poor views through coated windows. We are proposing a tower based on an efficient and well-proven floor plan, enclosed in a skin specifically modified and optimized for the local conditions. We propose to drastically enhance the sustainable performance of the building drastically by only focusing on its envelope, the façade.

* 该项目图片及图纸由 BIG 事务所提供

扩展阅读（Further Readings）:

[1] BIG. 深圳国际能源大厦，深圳，中国 [J]. 世界建筑，2011,02:78-83.

[2] Cat Huang,Alex Cozma,Kuba Snopek,Flavien Menu, Stanley Lung. 深圳国际能源大厦 [J]. 建筑技艺，2011,Z3:110-117.

安信金融大厦
Headquarters of Essence Financial Securities

福田区

Futian District

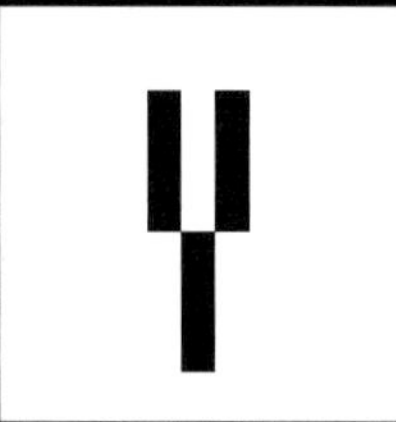

安信金融大厦项目位于福田中心区金融发展用地区域内，向西可尽览深圳高尔夫俱乐部的美景。

塔楼的主要功能包括两个企业总部办公室，可出租的标准办公室和金融营业厅。方案的设计既考虑外部公共空间的塑造，也顾及内部复杂功能的需求。

在外观上，建筑体量在底层沿街展开，上部的主要体量则被抬起，形成一段连接入口大厅和福田区中央绿轴的通廊，从而模糊了内与外之间的边界。

在内部设计上，简洁而高效的布局反映不同功能区的要求。这些功能区各自有着独特的空间特征，它们被垂直地叠加在一起。在它们之间的则是空中花园及一些可为这一充满活力的垂直城市所共享的设施。

该方案采用了偏心筒设计，由横向桁架形成加固的外部结构。这一结构体系解放楼板的中央区域，形成能为企业总部办公室所使用的中央共享庭院。在这些共享庭院中，人们可以尽享高尔夫球场的优美景观。诸如会议室、图书馆等共享设施被布置于这共享庭院中，使它成为一个交流的枢纽。庭院也为建筑提供自然采光与通风，并提升其热力学性能，从而形成一个更可持续化的工作环境。

■ 总平面图 / Site Plan

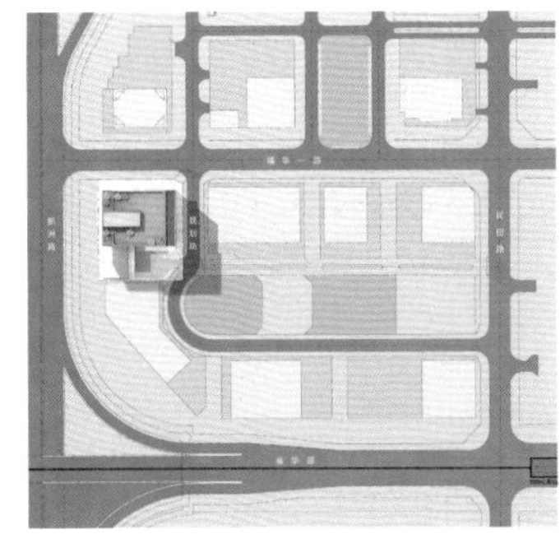

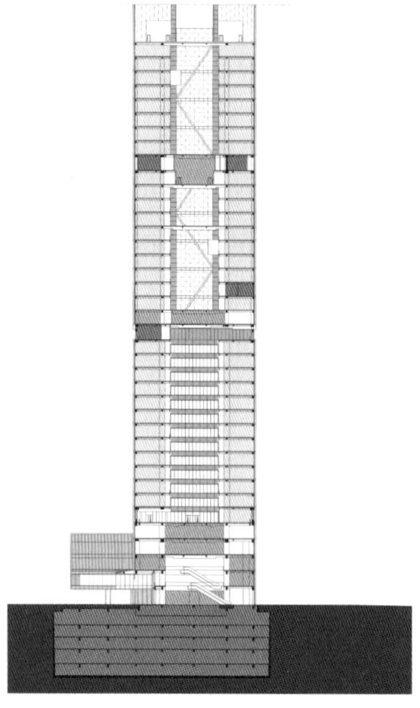

■ 剖面图 / Section

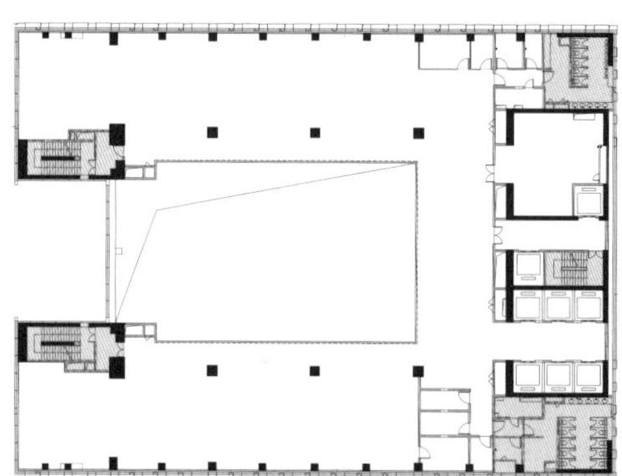

■ 办公区平面图 / Office Plan

The site is located at the central financial district of Futian, Shenzhen with a stunning view of the Shenzhen Golf Club at the west.

The core complex program of the tower includes two different headquarter offices, rental offices and financial trading halls. The design is shaped both externally by the public realm and internally by the complex functional needs:

Externally, the building envelope extends the street frontages while the main building bulk is elevated above ground to create a clear passage that connects the entrance plaza and the central green axis of the district, blurring the boundary between inside and outside.

Internally, the simple and efficient layouts reflect the programmatic requirements of the different zones. Different functional zones with unique spatial configurations are stacked vertically and sandwiched with sky gardens and communal facilities to create a vibrant vertical city.

The design adopts a twin side core structure with exoskeleton reinforced by horizontal trusses. This structural system frees the central area of the floor and allows the creation of central communal court for the headquarter offices with a magnificent view of the golf course. Communal facilities such as conference rooms and library are distributed inside the communal court, creating a central hub for interaction. The court also helps to provide natural lighting, ventilation and improves the thermal performance of the building for a more sustainable working environment.

* 该项目图片及图纸由许李严建筑师事务有限公司提供

前海交易广场
Qianhai Exchange Plaza

南山区桃园路

Taoyuan Road, nanshan District

■ 剖面图 / Section

前海交易广场是一个包括办公、酒店、公寓及商业的建筑群。项目结合贯穿东、西的绿化带，创造一个横跨道路的立体中央公园，汇聚四方人流。南北双塔以及低层建筑互相呼应，围合了中央公园，并创造出一个具有丰富空间肌理，又有互动对话的微型城市。

■ 区位图 / Location Map

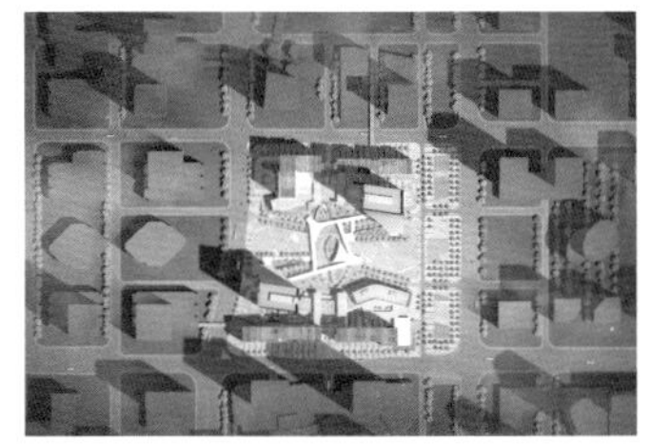

The Qianhai exchange Square consists of offices, hotel, apartment and commercial functions. The central green belt is turned into a 3 dimensional public park. It attracts people from the surroundings and becomes the nodal public space for the district. The office towers and the lower blocks at the east and west sides echo with each other and embrace the central park. It creates a MINI-CITY with rich urban texture and interactive relationships.

* 该项目图片及图纸由许李严建筑师事务有限公司提供

深圳水晶岛
Shenzhen Crystal Island

福田区
Futian District

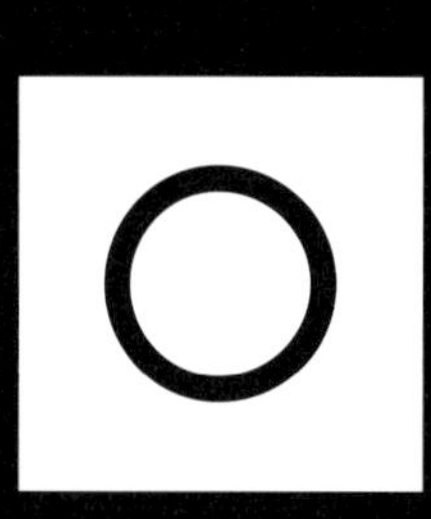

项目名称： 深圳水晶岛
项目地点： 福田区
项目时间： 2009 至今
用地面积： 360 000m^2
建筑面积： 361 000m^2
业主： 深圳市规划和国土资源委员会
建筑设计： 大都会建筑事务所、都市实践建筑事务所
主持建筑师（都市实践）： 孟岩 刘晓都
项目组名单（都市实践）： 苏爱迪，张天欣，梁广发，胡伊硕，张丽娜，罗仁钦，曾冠生，林秀清，成直，Samuel T. Ruberti

Project: Shenzhen Crystal Island
Location: Futian District
Project Period: 2009-now
Site Area: 360,000m^2
Floor Area: 361,000m^2
Client: Urban Planning, Land and Resources Commission of Shenzhen Municipality
Collaborator: OMA (Office For Metropolitan Architecture)
Architecture Design: OMA + URBANUS
URBANUS Principle Architect: Meng Yan, Liu Xiaodu
URBANUS Team: Su Aidi, Zhang Tianxin, Liang Guangfa, Hu Yishuo, Zhang Lina, Luo Renqin, Zeng Guansheng, Lin Xiuqing, Cheng Zhi, Samuel T. Ruberti

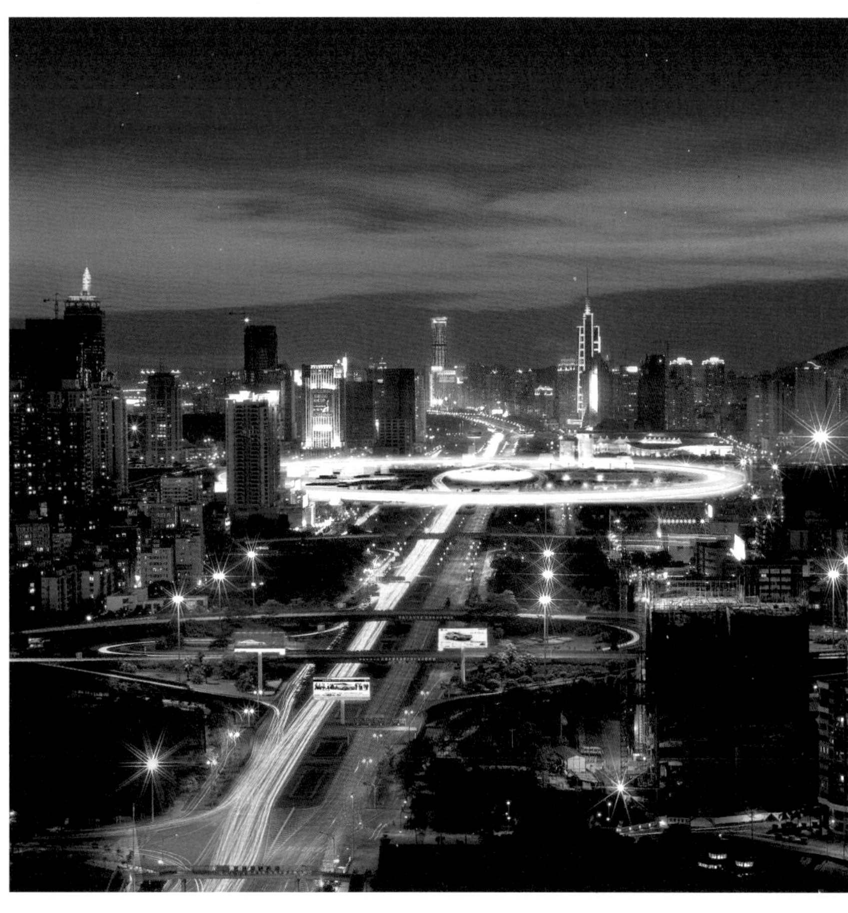

深圳水晶岛是深圳市中心一个主要的文化中心、交通枢纽、以及公共地标。2008 年深圳被联合国教科文组织授予“设计之都”的称号，设计方建议在市民中心前广场打造“深圳创意中心”——城市的创意工业焦点。

地上部分的深圳创意中心包含 20ha 的景观公园和广阔绿地，遍布由小展馆与小楼房聚落组成的设计村落，形成一个活跃的微观都市。架高环形天桥穿插连接整个区域，将多样性的元素和基础设施融合起来。

地下部分快捷衔接系统连接起现有的及未来的铁路和地铁车站，并构成中央交通枢纽，为公交、出租车、购物、市中心及创意中心之间提供连接，同时也可容纳各种与设计相关的展示与活动。

在两个系统中间为“深圳之眼”，它将成为深圳的新地标。与传统意义的地标不同，“深圳之眼”不是单一的物体，而是一片圆形的空地，寓意“想象空间”——它开放、自由，将为深圳未来的创意产业发展汇聚能量和愿景。深圳创意中心提升城市的都市魅力，但没有增加其密度，并透过互相联系的活动促成汇聚。原本分散的创意产业将被基础设施连接起来，并形成面向创意活动的具有多样性、渗透性和开放性的景观。

■ 区位图 / Location Map

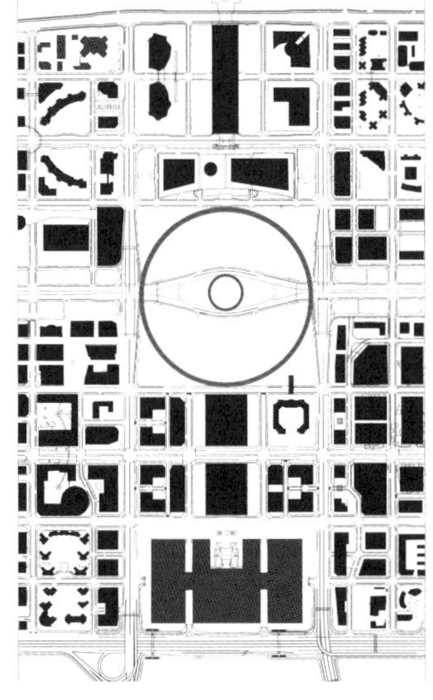

Shenzhen Crystal Island is a major and new cultural center, transport hub, and public landmark in the heart of the city of Shenzhen. The scheme builds on Shenzhen's newly

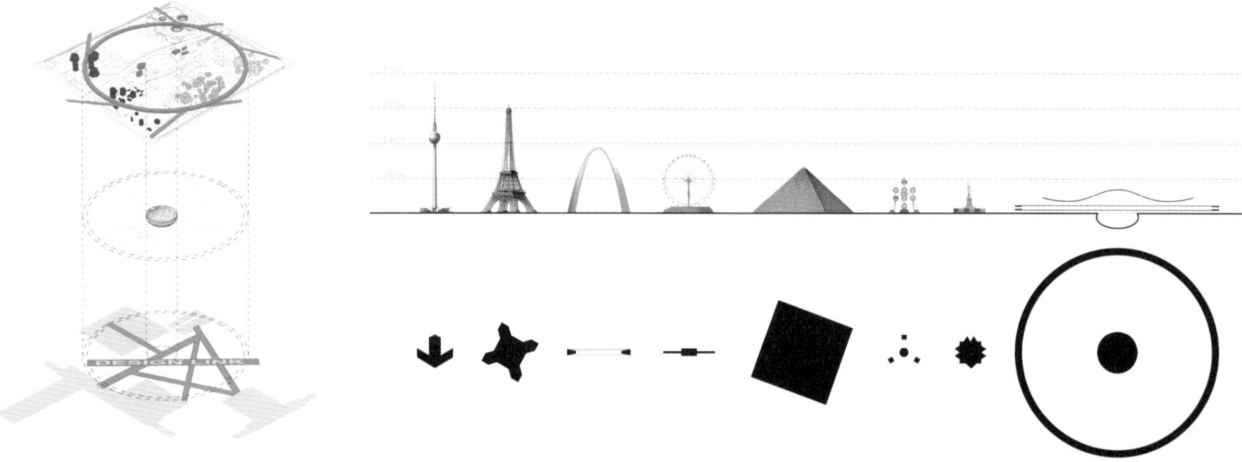

■ 轴测图 / Axonometric Diagram

■ 高度与足迹分析图 / Heights and Footprints Diagram

acquired status of "City of Design", awarded by UNESCO in 2008, and proposes the formation of "Shenzhen Creative Center": a focal point for the city's creative industries in front of Shenzhen's iconic city hall. Above the ground, Shenzhen Creative Center consists of a 20-hectare landscape of parks and gardens, populated by clusters of pavilions and small buildings – "Design Villages" – that form a vibrant micro-urbanism of public activity. The site is encompassed by an elevated pedestrian "Ring Connector", an urban walkway joining its multiple elements and infrastructures. Below the ground, a system of "Shortcut Connectors" links the existing and future train and subway stations and provide access to buses, taxis, shopping areas, city hall, and the Creative Center, while accommodating diverse design-related display and activity zones. At the heart of these two systems is the "the Eye of Shenzhen", a new landmark of the city. Instead of being an object, it is a spherical void and symbolic "Space of Imagination" – open, unoccupied, a zone of creativity that concentrates Shenzhen's energy and vision for the future. Shenzhen Creative Center introduces a space that fosters urbanity without density and supports aggregation through interconnected activities. Previously dispersed creative industries will be gathered through connective infrastructure and cultivated in a landscape of multiplicity, permeability, and openness towards creative activity.

* 该项目图片及图纸由大都会建筑事务所、都市实践建筑事务所提供

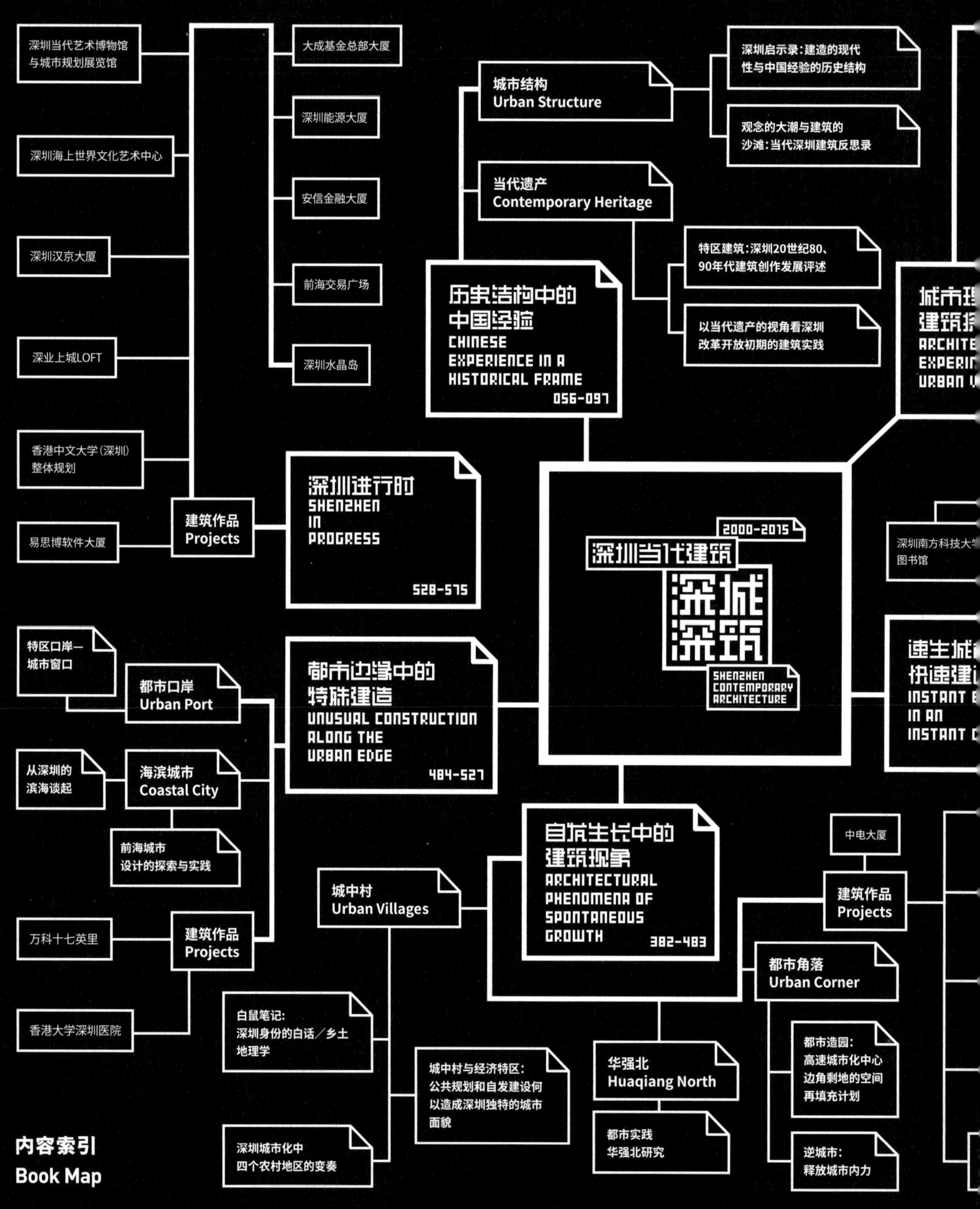

内容索引
Book Map

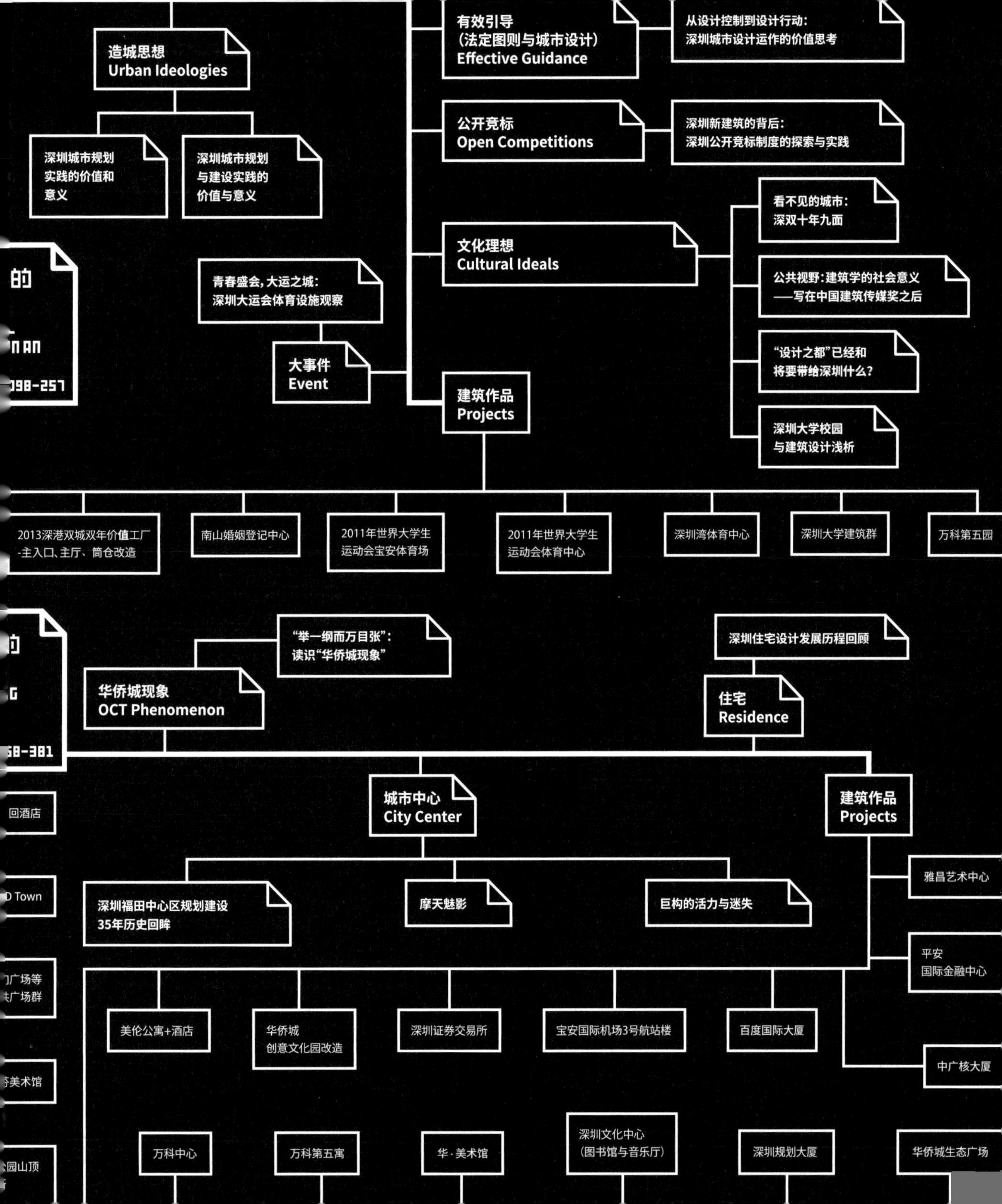

造城思想
Urban Ideologies
深圳城市规划实践的价值和意义
深圳城市规划与建设实践的价值与意义
有效引导
(法定图则与城市设计)
Effective Guidance
从设计控制到设计行动:
深圳城市设计运作的价值思考
公开竞标
Open Competitions
深圳新建筑的背后:
深圳公开竞标制度的探索与实践
看不见的城市:
深双十年九面
文化理想
Cultural Ideals
公共视野:建筑学的社会意义
——写在中国建筑传媒奖之后
青春盛会,大运之城:
深圳大运会体育设施观察
"设计之都"已经和
将要带给深圳什么?
大事件
Event
建筑作品
Projects
深圳大学校园
与建筑设计浅析
2013深港双城双年价值工厂
-主入口、主厅、筒仓改造
南山婚姻登记中心
2011年世界大学生
运动会宝安体育场
2011年世界大学生
运动会体育中心
深圳湾体育中心
深圳大学建筑群
万科第五园
"举一纲而万目张":
读识"华侨城现象"
深圳住宅设计发展历程回顾
华侨城现象
OCT Phenomenon
住宅
Residence
城市中心
City Center
建筑作品
Projects
雅昌艺术中心
深圳福田中心区规划建设
35年历史回眸
摩天魅影
巨构的活力与迷失
平安
国际金融中心
美伦公寓+酒店
华侨城
创意文化园改造
深圳证券交易所
宝安国际机场3号航站楼
百度国际大厦
中广核大厦
万科中心
万科第五寓
华·美术馆
深圳文化中心
(图书馆与音乐厅)
深圳规划大厦
华侨城生态广场

2000

华侨城生态广场

2002

莲花山公园山顶生态厕所

2003

深圳大学科技楼

深圳大学建筑与城市规划学院院馆

2005

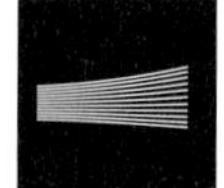

深圳规划大厦

深圳大学文科教学楼

万科十七英里

2006

万科第五园

2007

大芬美术馆

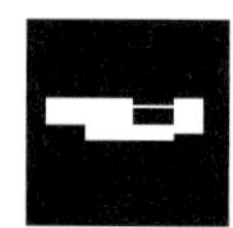

深圳大学图书馆（二期）

深圳文化中心

深圳大学师范学院教学实验楼

2008

华·美术馆

2009

万科中心

万科第五寓

2011

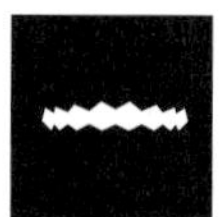

世界大学生运动会宝安体育中心

世界大学生运动会宝安体育场

深圳湾体育中心

南山婚姻登记中心

建筑索引
Architecture Index

2012	2013	2014	2015	进行时	未来时

深圳大学
南校区学生公寓

华侨城创意文化
园改造

价值工厂

回酒店

雅昌艺术中心

中电大厦

深圳汉京大厦

深圳水晶岛

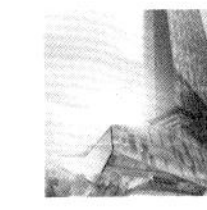

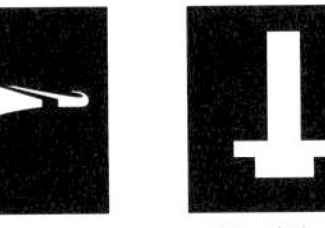
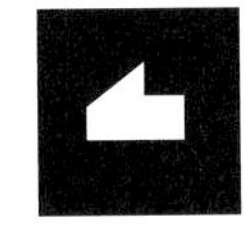

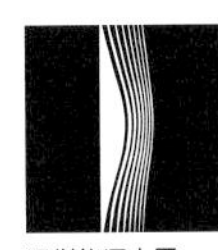

美伦公寓＋酒店

香港大学深圳医院

深圳证券交易所

Id Town
之设计酒店

中广核大厦

深业上城 LOFT

香港中文大学
（深圳）整体规划

深圳能源大厦

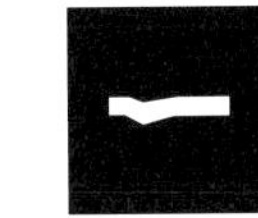

南方科技大学
图书馆

Id Town 之折艺廊

平安国际金融中心

易思博软件大厦

前海交易广场

宝安国际机场
3 号航站楼

Id Town
之满京华美术馆

深圳海上世界
文化艺术中心

大成基金
总部大厦

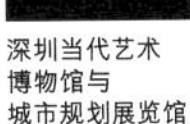

百度国际大厦

深圳当代艺术
博物馆与
城市规划展览馆

安信金融大厦

建筑地图
Architecture Map

01 万科第五园
Vanke Fifth GardenS

02 南山婚姻登记中心
Nanshan Marriage Registration Center

03 2013深港城市/建筑双城双年展浮法玻璃厂、价值工厂及筒仓设计改造
Renovations of Fufa Glass Factory, Value factory and Silo for 2013 Shenzhen Hong Kong Bi-City Architecture and Urbanism Biennale

04 2011年世界大学生运动会体育中心
Universiade 2011 Sports Center

05 2011 年世界大学生运动会宝安体育场
Universiade 2011 Bao'an Stadium

06 深圳湾体育中心
Shenzhen Bay Sports Center

07 深圳大学建筑群
Buildings in Shenzhen University

08 南方科技大学图书馆
Library of South University of Science and Technology of China

09 深圳华侨城生态广场
OCT Ecological Plaza

10 雅昌艺术中心
Artron Art Center

11 华·美术馆
OCT Art & Design Gallery

12 华侨城创意文化园改造
OCT-LOFT Renovation

13 深圳文化中心（图书馆与音乐厅）
Shenzhen Cultural Center (Library and Concert Hall)

14 深圳规划大厦
Shenzhen Planning Building

15 深圳证券交易所
Shenzhen Stock Exchange

16 平安国际金融中心
Ping An International Financial Center

17 百度国际大厦
Baidu Headquarters

18 宝安国际机场3号航站楼
Terminal 3 of Bao'an International Airport

19 万科中心
Vanke Center

20 美伦公寓+酒店
Maillen Apartments & Hotel

深圳当代建筑
SHENZHEN CONTEMPORARY ARCHITECTURE
2000-2015

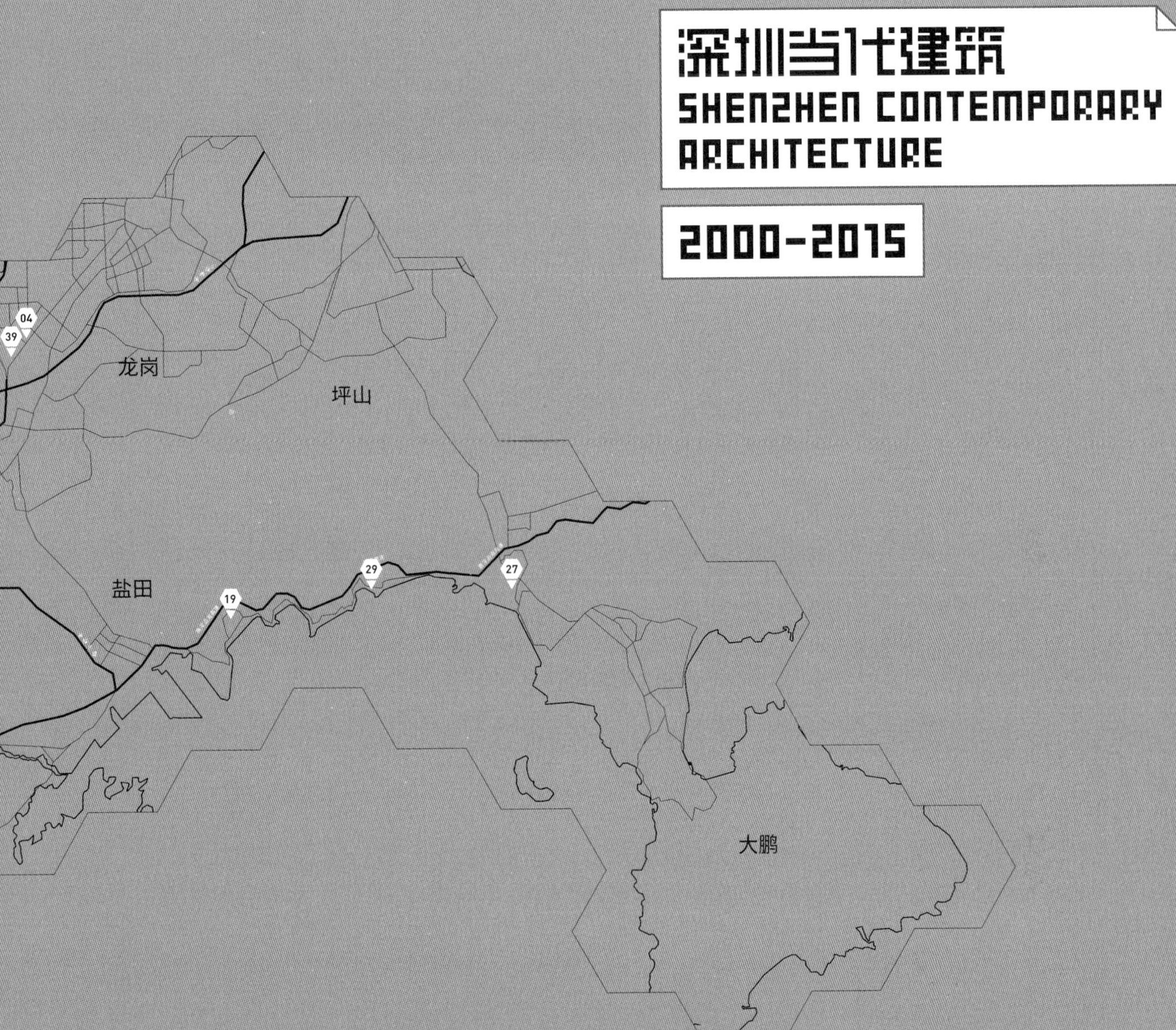

21 万科第五寓
Vanke Fantasy Mansion

22 中广核大厦
CGN Headquarters Building

23 大芬美术馆
Dafen Art Museum

24 回酒店
Hui Hotel

25 中电大厦
Zhongdian Complex

26 东门广场等公共广场群
Dongmen Photography Plaza and other Public Spaces

27 艺象ID Town
iD Town-Acropolis

28 莲花山公园山顶生态厕所
A Public Eco-toilet on the Lotus Hill Park

29 万科十七 英里
17 Miles East Coast

30 香港大学深圳医院
The University of Hong Kong Shenzhen Hospital

31 深圳能源大厦
Shenzhen Energy Mansion

32 安信金融大厦
Headquarters of Essence Financial Securities

33 深圳汉京大厦
Hanking Center Tower

34 深圳水晶岛
Shenzhen Crystal Island

35 大成基金总部大厦
Headquarters Building of Dacheng Fund

36 易思博软件大厦
BroadenGate Software Piaza

37 前海交易广场
The University of HongKong Shenzhen Hospital

38 深业上城LOFT
SHUM YIP UpperHills LOFT

39 香港中文大学（深圳）整体规划
Master Plan of Chinese University of Hong Kong (Shenzhen Campus)

40 深圳当代艺术博物馆与城市规划展览馆
Museum of Contemporary Art & Planning Exhibition

41 深圳海上世界文化艺术中心
Shenzhen Sea World Cultural Arts Center

后记
Epilogue

作为专业的建筑媒体，在2014年《时代建筑》杂志出版《深圳：一个可以作为当代世界文化遗产的速生城市》专刊，我们邀请各位专家学者探讨深圳30多年来城市与建筑实践的价值与意义。出版后在中国建筑界引起很好的反响，随着影响力的提升，也促成深圳市规划和国土资源委员会与《时代建筑》杂志团队对本书的编撰工作。整个编撰团队经过比原设想更漫长的研究与写作、项目选择、资料整理、翻译校对、文字编辑、版式设计与制作等图书编撰工作。期间，深圳市规划和国土资源委员会与《时代建筑》杂志也曾组织多次关于深圳城市建筑的研讨会，探讨关于深圳市的华侨城、城中村、深圳大学等城市与建筑发展中的各种问题。历经近2年的工作，《深圳当代建筑》一书终于得以出版，全书超过600页，收录深圳市45个代表性的建筑作品，27篇研究深圳的学术文章。

在编著过程中，我们得到众多建筑事务所的热情的支持和积极配合，为我们提供照片和资料。另外，国际知名建筑师雷姆·库哈斯，马克西姆里亚诺·福克萨斯，矶崎新，斯蒂芬·霍尔，槙文彦，汤姆·梅恩，沃尔夫·D·普瑞克斯，严迅奇等在百忙之中专门接受编撰团队的采访，我们相信这些采访能够帮助读者更深入地理解建筑师眼中的深圳，在此由衷地对他们表示感谢！

本书能顺利出版得益于许多人的共同努力，首先特别感谢深圳市规划和国土资源委员会的各位领导，他们为本书的出版提供许多帮助。感谢各位学术编委对本书的支持与建议。感谢感观·山河水对本书的装帧设计和排版。感谢摄影师王大勇和张超提供专业图片。感谢《时代建筑》编辑部以及同济大学出版社的同仁给予的支持。再次对参与本书的所有工作人员表示由衷的感谢。在既繁琐又辛苦的编辑过程中，大家齐心协力，历经反复修改和确认，研究与编撰成果才得以呈现。

As a professional architectural publication, *Time+Architecture* Journal published a special issue titled "*Shenzhen: An Instant City as a Cultural Heritage of Contemporary World*" in 2014, in which we invited experts and scholars to reflect on the values and meanings of urban and architectural practices in Shenzhen over the course of past thirty years. After its launch, this issue was well received by the architectural community in China. With the increasing of its influence, Urban Planning , Land & Resources Commission of Shenzhen Municipality and the editorial team at *Time+Architecture* Journal decided to expand the issue into a book. The editing process of this book, including research and writing, project selection, data compilation, translation and proofreading, text editing, layout and production, took much longer than we originally expected. In parallel to the editing process, Shenzhen Urban Planning and Land Resources Committee and *Time+Architecture* Journal organized a series of symposiums on the topic of urbanism and architecture in Shenzhen to reflect on the problems and issues emerged from urban and architectural development projects such as OCT, urban villages, and the Shenzhen University. After nearly two years of work, *Shenzhen Contemporary Architecture* was finally published. Of more than 600 pages, it includes 45 representative architectural projects in Shenzhen and 27 academic essays on Shenzhen related researches.

During the editing process, we have received enthusiastic support from many architecture firms, providing us images and research materials. In addition, internationally renowned architects including Rem Koolhaas, Massimiliano Fuksas, Arata Isozaki, Steven

深圳市规划和国土资源委员会
《时代建筑》杂志
Urban Planning, Land & Resources Commission of Shenzhen Municipality
***Time+Architecture* Journal**

Holl, Fumihiko Maki, Thom Mayne, Wolf D. Prix, and Rocco Yim generously gave interviews to our editorial team regardless of their busy schedules. We strongly believe these interviews can provide the readers with an in-depth understanding of Shenzhen from the architects' perspectives. We would like to express our sincere appreciation for these architects and firms!

It has been a collective effort to make this book happen. First, special thanks to all the leaders of Urban Planning, Land & Resources Commission of Shenzhen Municipality , who provided valuable resources to publish this book. Thanks the Academic Committee for their support and advice. Thanks… for the graphic design and typesetting. Thanks photographers Wang Dayong and Zhang Chao for the high-quality images. Thanks the editorial team at *Time+Architecture* and colleagues at Tongji University for their support. Once again, our sincere gratitude towards everyone who has worked on this book. Editing process can be tedious and painstaking. It requires a good sense of teamwork and a series of revisions, so that the research results can be presented to the public.

图书在版编目（CIP）数据

深圳当代建筑 / 深圳市规划和国土资源委员会 ,《时代建筑》杂志编著 . -- 上海 : 同济大学出版社 ,2016.11

ISBN 978-7-5608-6569-0

Ⅰ . ①深… Ⅱ . ①深… ②时… Ⅲ . ①建筑设计Ⅳ . ① TU2

中国版本图书馆 CIP 数据核字 (2016) 第 246045 号

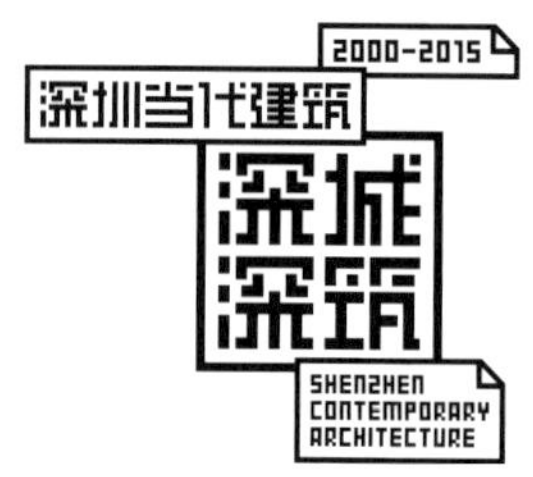

《深圳当代建筑》<SHENZHEN CONTEMPORARY ARCHITECTURE>

著　　者：深圳规划与国土资源委员会、《时代建筑》杂志

出 品 人：华春荣　　　　责任编辑：荆华

装帧设计：SenseTeam 感观 · 山河水

责任校对：徐春莲

出版发行：同济大学出版社

地　　址：上海市杨浦区四平路 1239 号

邮政编码：200092

网　　址：http://www.tongjipress.com.cn

经　　销：全国各地新华书店

印　　刷：雅昌文化（集团）有限公司

装　　订：本书如有破损、缺页、装订错误，请与本社联系调换

开　　本：889×1194　1/16　　　字　　数：1216 千字

印　　张：38.00　　　版　　次：2016 年 12 月第 1 版

印　　次：2016 年 12 月第 1 次印刷　　　书　　号：ISBN 978-7-5608-6569-0

定　　价：480.00 元（全 1 册）